AF618514

TECHNIK UND KULTUR

in 10 Bänden und einem Registerband

Band I	Technik und Philosophie
Band II	Technik und Religion
Band III	Technik und Wissenschaft
Band IV	Technik und Medizin
Band V	Technik und Bildung
Band VI	Technik und Natur
Band VII	Technik und Kunst
Band VIII	Technik und Wirtschaft
Band IX	Technik und Staat
Band X	Technik und Gesellschaft

Im Auftrage der Georg-Agricola-Gesellschaft
herausgegeben von
Armin Hermann (Vorsitzender des Wissenschaftlichen Beirats)
und
Wilhelm Dettmering (Vorsitzender der Gesellschaft)

Gesamtredaktion: Charlotte Schönbeck

TECHNIK UND KUNST

Herausgegeben von Dietmar Guderian

VDI VERLAG

Die Deutsche Bibliothek – CIP-Einheitsaufnahme

Technik und Kultur : in 10 Bänden und einem Registerband / im Auftr. der Georg-Agricola-Gesellschaft hrsg. von Armin Hermann und Wilhelm Dettmering. – Düsseldorf : VDI-Verl.
Teilw. hrsg. von Wilhelm Dettmering und Armin Hermann
ISBN-13: 978-3-642-95793-2 e-ISBN-13: 978-3-642-95792-5
DOI: 10.1007/978-3-642-95792-5
NE: Hermann, Armin [Hrsg.]; Dettmering, Wilhelm [Hrsg.]

Bd. 7. Technik und Kunst. – 1994
Technik und Kunst / hrsg. von Dietmar Guderian. – Düsseldorf : VDI-Verl., 1994
(Technik und Kultur ; Bd. 7)
ISBN-13: 978-3-642-95793-2
NE: Guderian, Dietmar [Hrsg.]

Bildredaktion: Margot Klemm
Fotoarbeiten: Werner Kissel u. a.

ISBN-13: 978-3-642-95793-2

Zum Gesamtwerk „Technik und Kultur"

Wir dürften die Vertreibung aus dem Paradies nicht als einen Verlust beklagen: im „Ausschlagen des Paradieses", so meinten Georg Agricola und Paracelsus, eröffne sich dem Menschen vielmehr ein „neues, seligeres Paradies", das er sich selbst auf der Erde schaffen könne durch seine „Kunst". Mit „Kunst" war alles vom Menschen künstlich Hergestellte gemeint, wie die „Windkunst" (oder Windmühle), die „Wasserkunst" und die „Stangenkunst", also auch das, was wir heute mit „Technik" bezeichnen.

Die Gestaltung der Natur galt im 16. und 17. Jahrhundert als ein dem Menschen von Gott erteilter Auftrag: Wir müssen versuchen, schrieb René Descartes 1637, die „Kraft und die Wirkung des Feuers und des Windes" und überhaupt aller uns umgebenden Körper zu verstehen; dann würde es möglich, alle diese Naturkräfte für unsere Zwecke zu benutzen: „So könnten wir Menschen uns zu Herren und Besitzern der Natur machen."

Diese Visionen schienen sich am Ende des 19. Jahrhunderts tatsächlich zu erfüllen. Bezwungen wurden die großen Geißeln der Menschheit, die Cholera, die Pest und die anderen Seuchen, die einst in wenigen Tagen Hunderttausende hingerafft hatten. Die Ernteerträge stiegen, und nur noch die ganz Alten erinnerten sich an die schrecklichen Hungersnöte, die zum Alltage des Menschen gehört hatten wie Sonne und Regen. Mit dem Beginn des neuen Jahrhunderts wurde auch ein Anfang gemacht mit der Befreiung des Menschen von der Fron in den Fabriken. Ohne daß die Arbeiter hätten angestrengter schaffen müssen und ohne Verminderung der Produktion gelang es, die Arbeitszeit herabzusetzen.

Die religiöse Motivierung des technischen Schaffens war im 19. Jahrhundert verlorengegangen; die allgemeine Säkularisierung hatte auch die Arbeitswelt erfaßt. Was blieb, war der Glaube an den ununterbrochenen, durch Wissenschaft und Technik herbeigeführten wirtschaftlichen und gesellschaftlichen Fortschritt. „Man glaubte an diesen Fortschritt schon mehr als an die Bibel", hat Stefan Zweig in seinen Lebenserinnerungen geschrieben, „und sein Evangelium schien unumstößlich bewiesen durch die täglich neuen Wunder der Wissenschaft und der Technik."

Ein gutes Beispiel für diese Fortschrittsgläubigkeit gibt uns Werner von Siemens. Bei der Versammlung der Deutschen Naturforscher und Ärzte 1886 in Berlin sprach Siemens vor 2700 Tagungsteilnehmern von der ihnen allen gemeinsamen Überzeugung, „daß unsere Forschungs- und Erfindungstätigkeit“ die Lebensnot der Menschen und ihr Siechtum mindern, „ihren Lebensgenuß erhöhen, sie besser, glücklicher und mit ihrem Geschick zufriedener machen wird“.

Es war eine Illusion zu glauben, daß die Macht, die uns die Technik verleiht, die Menschheit notwendigerweise, das heißt von selbst und ohne unser Zutun, auf eine „höhere Stufe des Daseins“ erheben werde. Vielmehr müssen wir alle unsere Anstrengungen darauf konzentrieren, daß die uns durch die Technik zugewachsene Machtfülle nicht mißbraucht wird, sondern daß sie tatsächlich die gesamte Menschheit – und nicht nur privilegierte Teile – auf die apostrophierte „höhere Stufe des Daseins“ erhebt. Hier liegt die größte politische Aufgabe, die uns am Ende des 20. Jahrhunderts gestellt ist.

Wie sollen wir es halten mit der Technik? Bei fast jedem gesellschaftspolitischen Problem – und so auch hier – gibt es ein breites Spektrum von Meinungen. Das eine Extrem ist die blinde Technikgläubigkeit, wie sie vor allem im fin de siècle geherrscht hatte, und wie sie vereinzelt auch heute noch vorkommen mag. Das andere Extrem ist die unreflektierte Technikfeindlichkeit.

Schon Georg Agricola hat sich mit der Meinung auseinandersetzen müssen, daß der Mensch ganz die Finger lassen solle von der Technik.

In seinem Werk „De re metallica“ (1556) nimmt Agricola gleich auf den ersten Seiten Stellung zur Kritik, die sich gegen die Verwendung der Metalle und überhaupt jede technischen Betätigung wendet: „Wenn die Metalle aus dem Gebrauch der Menschen verschwinden, so wird damit jede Möglichkeit genommen, sowohl die Gesundheit zu schützen und zu erhalten als auch ein unserer Kultur entsprechendes Leben zu führen. Denn wenn die Metalle nicht wären, so würden die Menschen das abscheulichste und elendeste Leben unter wilden Tieren führen; sie würden zu den Eicheln und dem Waldobst zurückkehren, würden Kräuter und Wurzeln herausziehen und essen, würden mit den Nägeln Höhlen graben, in denen sie nachts lägen, würden tagsüber in den Wäldern und Feldern nach der Sitte der wilden Tiere umherschweifen.“

Mit Agricola sind wir der Meinung, daß ein menschenwürdiges Leben ohne Technik eine Illusion ist. Der Mensch kann der Technik so wenig entfliehen, wie er der Politik entfliehen kann.

Bleiben wir bei diesem Vergleich: In den zwanziger und dreißiger Jahren wollten viele Menschen in Deutschland mit Politik nichts zu tun haben. Die Konsequenz war, daß die Entscheidungen von anderen und in durchaus unerwünschter Weise getroffen wurden. Diesen Fehler dürfen wir heute mit der Technik nicht wiederholen: Wir müssen uns mit ihr entschlossen auseinandersetzen und mit entscheiden, welche Technik und wieviel wir haben wollen und worauf wir uns besser nicht einlassen.

Zur funktionierenden Demokratie gehört das Engagement und die politische Bildung der Bürger. Genauso gehört zur modernen Welt ein Verständnis für die Rolle der Technik.

Genau darum geht es:
Einen verständigeren Gebrauch zu machen von der Technik.

Wir wissen alle noch viel zu wenig von der Bedeutung der Technik für unsere Gesellschaft und unser Denken. Tatsächlich spielte bei der Entwicklung der Menschheitskultur die Technik von Anfang an eine entscheidende Rolle, weshalb auch der französische Philosoph und Nobelpreisträger Henri Bergson den Begriff des „homo faber" geprägt hat. Für Bergson begründet die Fähigkeit, sich mächtige Werkzeuge für die Gestaltung der Welt schaffen zu können, das eigentliche Wesen des Menschen.

Da nun überall die Auseinandersetzung um die Technik voll entbrannt ist – und neben klugen Vorschlägen auch viele törichte und gefährliche zu hören sind –, fühlt sich die Georg-Agricola-Gesellschaft aufgerufen, den ihr gemäßen Beitrag zu dieser Diskussion zu leisten. Zu Beginn der Neuzeit hat sich Georg Agricola, unser Namenspatron, Gedanken über den sinnvollen Gebrauch der Technik gemacht. Mehr als vierhundert Jahre später, zu „Ende der Neuzeit", wie manche sagen, stellt sich die Georg-Agricola-Gesellschaft die Aufgabe, eine Bestandsaufnahme vorzulegen, welche Rolle die Technik bisher in der Entwicklung der Menschheit gespielt hat.

Dabei soll es zwar auch um die auf der Hand liegende wirtschaftliche Bedeutung der Technik gehen und natürlich um die Spannung von Natur und Technik, aber ebenfalls um die weniger bekannten Aspekte. Dazu gehört etwa die zu Beginn dieses Vorwortes angesprochene ursprüngliche religiöse Motivierung des technischen Schaffens oder auch die Rolle, die der Technik in den verschiedenen Ideologien zugewiesen wird. Weitere Beispiele sind die Veränderung der „Bedingungen des Menschseins", etwa durch die modernen Kommunikationsmittel, und die Veränderungen der Gesellschaftsstruktur. Dazu gehört etwa das Entstehen des „vierten Standes“ durch die industrielle Revolution und der sozusagen umgekehrte Prozeß, der sich heute vor unseren Augen vollzieht: das Verschwinden des Unterschiedes zwischen dem Arbeiter und dem Angestellten.

Wie läßt sich ein derart komplexes Thema sinnvoll gliedern? Ein Vorbild haben wir in den 1868 ausgearbeiteten „Weltgeschichtlichen Betrachtungen“ von Jacob Burckhardt gefunden. Dem Basler Historiker ging es seinerzeit um die Entwicklung von Staat, Religion und Kultur. Nach einer kurzen Betrachtung über Staat, Religion und Kultur behandelt Burckhardt nacheinander die „sechs Bedingtheiten“, das heißt den Einfluß des Staates auf die Kultur und umgekehrt der Kultur auf den Staat und so fort.

Dieses anspruchsvolle Programm hat Burckhardt vermöge seiner umfassenden Bildung bewältigen können. Einen Nachfolger aber wird er wohl kaum finden, der aufarbeitet, wie sich das Verhältnis von Staat und Kultur von der Mitte des 19. Jahrhunderts bis heute gestaltet hat. Inzwischen sind viele neue Staatsformen entstanden (und einige zum Glück wieder verschwunden). Auf dem Gebiete der Kultur hat es tiefgreifende Aufspaltungen gegeben, wobei man nur an das Schlagwort von den „zwei Kulturen“ zu denken braucht. Mit einer pauschalen Behandlung der „Kultur“ ist es heute also nicht mehr getan.

Selbst der Unterbereich „Wissenschaft“ ist, was zum Beispiel die „Bedingtheit durch den Staat“ betrifft, in ganz unterschiedliche Sektoren zu gliedern. Hatte der Staat dereinst, im Deutschland der Dichter und Denker, Philosophie, klassische Philologie und die Altertumswissenschaften bevorzugt gefördert, so stand um 1850 die Chemie in der Sonne der staatlichen Gunst und um 1950 die Physik. Ganz offensichtlich könnte heute kein einzelner Historiker mehr das Burckhardtsche Programm bewältigen.

Einen Teil dieser großen Aufgabe hat sich nun die Georg-Agricola-Gesellschaft vorgenommen, und zwar den Teil, der sich auf die Technik bezieht. Untersucht werden zehn „gegenseitige Bedingtheiten“: (I) Technik und Philosophie, (II) Technik und Religion, (III) Technik und Wissenschaft, (IV) Technik und Medizin, (V) Technik und Bildung, (VI) Technik und Natur, (VII) Technik und Kunst, (VIII) Technik und Wirtschaft, (IX) Technik und Staat, (X) Technik und Gesellschaft.

Diese zehn Themenbände und ein Registerband bilden das Gesamtwerk. Jeder Band ist einzeln für sich verständlich; seinen besonderen Wert freilich erhält er erst durch die Vernetzung mit den übrigen Themen.

Ehe wir nun die Bände nacheinander vorstellen, noch eine abschließende Bemerkung zum Gesamttitel. Das Gesamtwerk haben wir „Technik und Kultur" genannt, weil es zwar nicht ausschließlich, aber doch in der Hauptsache darum geht, die engen Beziehungen und vielfältigen Verschränkungen zu zeigen, in denen die Technik zu allen Bereichen der menschlichen Kultur steht. Wer sich auf diese Weise mit der Technik beschäftigt, dem wird wohl deutlich, daß bei allem Mißbrauch, die vielen von uns die Technik suspekt gemacht hat, diese einen integrierenden Teil unserer Kultur darstellt.

Das Generalthema des vorliegenden Werkes ist die Beziehung zwischen Technik und Kultur. Damit ist bereits stillschweigend eine bestimmte Grenze gezogen: Es kommen hier nur diejenigen Aspekte der Technik zur Sprache, die in einem Zusammenhang mit der Kultur stehen. So sind spezielle ingenieurwissenschaftliche Fragen und im engeren Sinn technikhistorische Gesichtspunkte ebenso ausgeschlossen wie ins Einzelne gehende psychologische oder soziologische Fragestellungen.

Das vordringliche Anliegen dieser Reihe – zu einem tieferen und umfassenderen Verständnis des Phänomens Technik in Gesellschaft und Kultur beizutragen – läßt sich nur verwirklichen, wenn sich die Leitgedanken des Gesamtwerkes auch in der inneren Architektur der einzelnen Bände widerspiegeln: die wechselseitigen Beziehungen und engen Verschränkungen zwischen der Technik und anderen Kulturbereichen sollen in ihrer Entwicklung nachgezeichnet und in ihren systematischen Zusammenhängen bis zur Darstellung der gegenwärtigen Situation herangeführt werden. – Um eine Auswahl aus der Vielfalt der wechselseitigen Einflüsse zu gewinnen, wird in allen Bänden immer wieder folgenden Fragen nachgegangen:

Welche technischen Ideen, Erfindungen und Verfahren haben zu einer grundsätzlichen Änderung in der Denkweise und den Methoden anderer Kulturbereiche geführt? – Man denke dabei nur an die revolutionierende Wirkung des Buchdrucks auf das Bildungswesen, an die Fortschritte der Medizin durch die Erfindung des Mikroskops und die tiefgreifenden Einflüsse von Radio und Fernsehen auf das Verhalten der Menschen.

Welche theoretischen Vorstellungen, Strukturbedingungen oder drängenden Lebensprobleme gaben den Anstoß für technisches Forschen, Erfinden und Konstruieren? – Hierher gehört die Vielfalt technischer Lösungen für bestimmte wirtschaftliche oder politische Aufgaben.

Die verschiedenen Themenkreise und ihre Aufeinanderfolge in den einzelnen Bänden sind so ausgewählt, daß charakteristische Wesenszüge und übergreifende Strukturen der Technik sichtbar werden.

Die gegenwärtige Diskussion über die Technik ist zwar oft emotional und irrational bestimmt, aber sie beruht nicht nur auf Eindrücken und Gefühlen. Sobald dabei Argumente ins Feld geführt werden, interpretiert man Tatsachen und appelliert an die vernünftige Einsicht. In dieser Situation ist die Philosophie gefordert. Sie ist nämlich zuständig, wenn es darum geht, Begriffe zu klären und grundsätzliche theoretische Zusammenhänge der Technik aufzuzeigen. Am Anfang des Gesamtwerkes steht daher der Band

TECHNIK UND PHILOSOPHIE (Band I)

Dieser Eingangsband beginnt mit der Erörterung des Technikbegriffes. Es folgen Ausführungen zur Bewertung der Technik in der Geschichte der Philosophie, Untersuchungen zum technischen Problemlösen und zur instrumentellen Verfahrensweise sowie Darlegungen zum geschichtlichen Wertwandel, Überlegungen zu den drängenden Fragen der Verantwortung für den technischen Fortschritt und zur möglichen Abschätzung der Technikfolgen. Die Diskussion über die Ambivalenz der Technik, über ihre weltweit kulturgeschichtlichen Auswirkungen, über ihre erhofften und realisierten Leistungen und auch ihre Gefahren schließen diesen Band ab.

Die moderne Technik in der Form, wie wir sie heute kennen, ist nicht denkbar ohne zwei Elemente, durch die die europäische Tradition entscheidend geprägt wurde: das Christentum und die Entstehung der modernen Naturwissenschaften in der Renaissance. So werden in dem Band

TECHNIK UND RELIGION (Band II)

in einem weitgespannten historischen Zusammenhang die wechselseitigen Beziehungen zwischen technischem Wandel und religiösen Vorstellungen untersucht. Um für die Beiträge dieses Bandes eine gemeinsame Ausgangsbasis zu finden, werden in dem Eingangsartikel die Begriffe Religion, Theologie und Kirche gegeneinander abgegrenzt.

Die folgenden Kapitel des Religionsbandes behandeln den allgemeinen Zusammenhang zwischen der technischen Entwicklung und den großen außerchristlichen Religionen und den christlichen Kirchen bis hin zur Gegenwart. Überlegungen zu esoterischen Strömungen der

Gegenwart und mögliche Modelle einer Religiosität in einer zukünftigen technischen Weltzivilisation beschließen den Band.

Moderne Technik konnte erst entstehen, nachdem das theoretische Denken, die mathematische Methode und das gezielte Experiment in die Naturwissenschaften Einzug gehalten hatten. Die Anwendung naturwissenschaftlicher Methoden und Ausnutzung der Naturgesetze sind die Grundvoraussetzungen technischen Schaffens. In welcher Weise sich die Beziehungen zwischen Technik und Naturwissenschaften in verschiedenen Epochen darstellen, ist ein Hauptthema des Bandes

TECHNIK UND WISSENSCHAFT (Band III)

Der Wissenschaftsbegriff, dessen Erörterung den Ausgangspunkt der Untersuchungen bildet, wird hier so weit gefaßt, daß er nicht nur Naturwissenschaften und Technikwissenschaften einbezieht, sondern auch die Geisteswissenschaften mit angesprochen sind. Die folgenden Beiträge sind daher zunächst den wechselseitigen Einflüssen von Technik und Geisteswissenschaften gewidmet, Untersuchungen zum Verhältnis von Technik und Rechtswissenschaften bzw. Wirtschaftswissenschaften schließen sich an. Die Entstehung der spezifischen Technikwissenschaften und ihre Verknüpfung mit praktischer technischer Tätigkeit sind Themen in den abschließenden Darstellungen des Bandes.

Innerhalb der Wissenschaft nimmt die Medizin einen so wichtigen Platz ein, daß ihr ein eigener Band gewidmet wird:

TECHNIK UND MEDIZIN (Band IV)

Aus der immer weiter anwachsenden Vielfalt der technischen Hilfsmittel für die Arbeit des Arztes wurden vor allem diejenigen behandelt, die zu einer grundlegenden Wandlung der medizinischen wissenschaftlichen Auffassungen und Methoden führten.

Die Möglichkeiten des technischen Handelns und der Spielraum realisierbarer Erfindungen hängen ab vom Stand des Wissens und Könnens. Das jeweils erreichte Niveau einer Epoche wird durch die weitgefächerten Bildungseinrichtungen an die nachfolgende Generation weitergegeben. Es ist charakteristisch für das Kulturverständnis jeder Zeit, welche Techniken von ihr tradiert werden und welche technischen Vorstellungen auf Akzeptanz stoßen.

In dem Band

TECHNIK UND BILDUNG (Band V)

stehen die Beziehungen zwischen technischer Entwicklung und unterschiedlichen Bildungsvorstellungen und Bildungsinstitutionen im Mittelpunkt. Neben der technischen Ausbildung und den Bildungswerten der schöpferischen Tätigkeit von Ingenieuren und Technikern wird dabei insbesondere die Herausforderung der traditionellen Bildungsideale durch moderne Medien und Technologien behandelt.

Die realisierte Technik ist immer Umgestaltung der physischen Welt, Beherrschung und Nutzbarmachung der Natur für die Zwecke des Menschen. Ideen und Pläne des Ingenieurs lassen sich nur in konkreten und materiellen Gebilden verwirklichen, die in letzter Konsequenz – oft unter komplizierten Umformungen, Umwandlungen und Umwegen – aus der unberührten Natur hervorgehen. Technik beruht immer auf dem Zusammenhang – dem Gegensatz oder dem Einvernehmen – mit Vorgängen der Natur. Diesem Themenkreis gelten die Beiträge des Bandes

TECHNIK UND NATUR (Band VI)

Die Themen reichen von Untersuchungen zur Bionik und Biotechnik bis hin zu den drängenden Umweltproblemen, die heute durch technische Entwicklungen entstehen.

Technisches Entwerfen und Tun ist seit Beginn der Menschheitsgeschichte eng verknüpft mit handwerklichem und künstlerischem Schaffen. Diese Verknüpfungen stehen im Mittelpunkt des folgenden Bandes

TECHNIK UND KUNST (Band VII)

Die wechselseitigen Beziehungen zwischen Technik und Kunst haben sich im Laufe der Geschichte vielfach gewandelt; sie reichen von einer krassen Gegenüberstellung bis zur Identifikation und einem gemeinsamen Ausdruck für kreatives Tun. Ein Beispiel für diese letzte Sichtweise finden wir bei den Künstleringenieuren der Renaissance. In diesem Band wird ferner untersucht, in welcher Weise technische Hilfsmittel die künstlerische Arbeit unterstützen und die Ausdrucksmittel vervollkommnen oder durch ihre Unzulänglichkeit die Realisierung künstlerischer Ideen hemmen oder unmöglich machen. Die künstlerische Darstellung ist ein besonders sensibler Ausdruck für das

Zeitempfinden – auch in bezug auf die Technik. Die Kunst ist ein untrügliches Indiz für die positiven Erwartungen, aber auch für die Ängste gegenüber der Technik. Deshalb ist ein umfangreiches Kapitel dieses Bandes der Darstellung der Technik in Kunstwerken gewidmet. Hier wird nicht nur aufgezeigt, wie sich die Technik als Thema der Malerei, der Graphik oder Plastik widerspiegelt, sondern es wird auch die Darstellung der Technik in Literatur, Musik und Theater einbezogen. Ausblicke auf die vieldiskutierten Grenzgebiete zwischen Technik und Kunst, wie Computergraphik oder Videokunst, runden das Bild ab.

Die moderne Technik befreit den Menschen von einem großen Teil der körperlichen und sogar der geistigen Arbeit. Die technischen Geräte und Maschinen und die angewandten Verfahrensweisen wirken aber unvermeidbar wieder auf den Menschen zurück. Neben die genannten Merkmale der Technik – ihre enge Verknüpfung mit den Wissenschaften und die Auseinandersetzung mit der Natur – tritt die im umfassendsten Sinn verstandene soziale Dimension als drittes Charakteristikum.

Die Einwirkungen der Technik auf das Leben des Menschen und ihr Einfluß auf die unterschiedlichen Strukturen der Gesellschaft sind außerordentlich vielschichtig und weitreichend. Diesen umfassenden Themenkreis behandeln die letzten drei Bände des Gesamtwerkes.

Die enge Verbindung zwischen wirtschaftlicher Entwicklung und der Entstehung neuer Techniken und Industrien, aber auch die Suche nach neuen technischen Lösungen für wirtschaftliche Probleme bilden die zentralen Fragen des Bandes

TECHNIK UND WIRTSCHAFT (Band VIII)

Technische Entscheidungen sind oft von politischen Gegebenheiten abhängig, und politische Probleme haben ihren Ursprung in der Anwendung neuer Techniken. In wie vielfältiger Weise das staatliche System auf die technische Entwicklung eines Landes einwirkt und wie sehr die wirtschaftliche und militärische Leistungsfähigkeit eines Staatsbildes von seinem technischen Stand abhängig ist, behandelt der Band

TECHNIK UND STAAT (Band IX)

Alle Verflechtungen zwischen der Technik und anderen Kulturbereichen, die bisher aufgezeigt worden sind, haben eine soziale Dimension. Diese steht im Mittelpunkt des abschließenden Bandes

TECHNIK UND GESELLSCHAFT (Band X)

Hier kommen die wesentlichen Gesichtspunkte der vorangegangenen Bände unter allgemeinen, gesellschaftlichen Aspekten noch einmal zur Sprache. Die zusammenfassenden Betrachtungen über das Verhältnis von Technik und Mensch bilden den natürlichen Abschluß des Gesamtwerkes.

Ganz gleich, wie man das Thema „Technik und Kultur“ strukturiert, es gibt immer enorme Überschneidungen. Das gilt auch für das vorliegende Werk. So wird zum Beispiel die Frage nach der Verantwortung für die Folgen der Technik vor allem aus philosophischer Sicht thematisiert, aber auch unter medizinischen, pädagogischen, politischen und ökologischen Gesichtspunkten behandelt. Und die Veränderungen durch neue Medien und Computertechnik sind nicht nur für das Bildungswesen, sondern auch für die wirtschaftliche Entwicklung des Arbeitsmarktes und die Einflüsse auf das Leben der Familie ein wichtiger Gesichtspunkt. Querverweise machen bei wichtigen Themen auf den sachlichen Zusammenhang zwischen verschiedenen Beiträgen und Bänden aufmerksam.

Das Gesamtwerk „Technik und Kultur“ erstrebt in erster Linie eine Bestandsaufnahme der Forschung. Dabei wurden von den Autoren die wesentlichen Veröffentlichungen auf den verschiedenen Gebieten herangezogen. In vielen Beiträgen werden aktuelle Forschungsprobleme dargestellt, und es wird auf neue Fragestellungen und zukünftige Aufgaben hingewiesen. Im Registerband XI sind alle Querverweise, Literaturübersichten, ein ausführliches Personen- und Sachwortregister und Bildnachweise zusammengestellt.

Die von der Georg-Agricola-Gesellschaft verpflichteten Autoren sind nach ihrer Sachkompetenz ausgesucht und haben zu komplexeren Problemen nicht immer eine einhellige Meinung. Differenzierte und naturgemäß auch heterogene Darstellungen machen dies deutlich. Das ist aber kein Mangel, sondern geradezu unerläßlich, wenn der Leser zu einer eigenen, fundierten Beurteilung der Technik kommen will. Und diese ist notwendig, wenn die von der Technik aufgeworfenen drängenden Probleme unserer Zeit gelöst werden sollen.

Düsseldorf, im November 1989 Georg-Agricola-Gesellschaft

Wilhelm Dettmering
Armin Hermann
Charlotte Schönbeck

Benutzerhinweise

Querverweise: Da es sich bei den Beziehungen zwischen Technik und Kultur um ein sehr komplexes Phänomen handelt, wird eine Thematik gelegentlich mehrfach unter verschiedenen Aspekten behandelt. Um dieses Beziehungsgeflecht aufzubereiten, wurden Querverweise eingeführt. Für Analogstellen in Beiträgen, die bereits fertiggestellt sind, wird dabei zunächst auf die Nummer des Bandes, danach auf das Kapitel und die Nummer des Beitrages verwiesen. Beispielsweise bezieht sich der Querverweis [V-3.1] auf den 1. Beitrag im 3. Kapitel des Bandes V. Sind dagegen die Manuskripte eines Beitrages, auf den verwiesen wird, noch nicht abgeschlossen, wird nur auf den entsprechenden Band bzw. das Kapitel in einem Band aufmerksam gemacht. Eine Übersicht aller vollständigen Querverweise aus den zehn Inhaltsbänden ist im Registerband enthalten.

Literaturnachweise: Belegstellen für die in einem Beitrag auftretenden Zitate sind im Anschluß an jeden Beitrag zusammengestellt.

Literaturanhang: Auf Überblicksartikel und weiterführende Literatur zur Thematik eines Beitrages wird im Literaturanhang am Ende jeden Bandes hingewiesen. Zusätzlich zu den in den Literaturnachweisen aufgeführten Angaben werden hier zu einzelnen Gesichtspunkten der Beiträge Hinweise und Vergleichsliteratur zu finden sein.

Registerband: Dieser Band wird für alle Bände die Inhaltverzeichnisse, die Literaturanhänge und die Zusammenstellung aller vollständigen Querverweise enthalten. Zur Orientierung im Gesamtwerk dienen ein ausführliches Personenregister, ein Sachwortverzeichnis und der Bildquellennachweis.

Inhalt

Einleitung

Dietmar Guderian

Dieser Band hat die Aufgabe, die wechselseitigen Beziehungen zwischen Technik und Kunst in einem möglichst breiten Spektrum aufzuzeigen. Obwohl sich wesentliche Beiträge dieser Untersuchung mit der historischen Entwicklung dieser Beziehung auseinandersetzen und in einigen Beispielen bis zu den Hochkulturen des Altertums zurückgehen, befaßt sich die Mehrzahl der Beiträge jedoch mit der Zeit seit Beginn der Industriellen Revolution, denn von diesem Zeitpunkt an kommt dem Einfluß der Technik auf das Leben des Einzelnen und der Gesellschaft ein besonderer Stellenwert zu. In vielen Abhandlungen steht darüber hinaus die aktuelle Standortbestimmung in dem Wechselspiel zwischen Technik und Kunst im Mittelpunkt der Betrachtung. Gerade im Hinblick auf die heutige Situation muß allerdings bedacht werden, daß ein Band mit unserer Zielsetzung wegen der unglaublich schnellen Entwicklung auf diesem Gebiet niemals den aktuellsten Stand einfangen kann: Künstler selbst regen heute oft zu technischen Innovationen an, sie treten zum Beispiel an Entwicklungslabors heran, wenn sie bestimmte technische Vorkehrungen für ihre künstlerischen Installationen brauchen, sie fordern Betriebe auf, bestimmte Metalle gierungen, Schutzfilme, Computerprogramme usw. zu entwickeln, um ihre künstlerischen Vorstellungen konkretisieren zu können.

Eine umfassende Darstellung des Themenkreises, die zugleich alle Bereiche der Kunst und das komplexe Geflecht aller technischen Disziplinen umfaßt und auch noch alle Kunstarten einschließt, die neue Technologien berühren, würde den Rahmen eines Bandes sprengen. Abgesehen davon ist der Kunstbegriff heute so weit gefaßt, daß auch deswegen ein Werk wie das vorliegende nicht alle Richtungen und Tendenzen gerecht darzustellen vermag. So bleibt nur der Weg der Beschränkung und Auswahl.

Die zeitliche Eingrenzung auf die Zeit seit Beginn der Industriellen Revolution mit besonderer Gewichtung der Gegenwart klang bereits an. Räumlich konzentrieren sich die Untersuchungen im wesentlichen auf den europäischen Kulturbereich und dort in erster Linie auf den deutschsprachigen Raum. Der Themenkreis weitet sich aber besonders bei den Rückgriffen auf die Vorgeschichte und die Zeit der Hochkulturen des Altertums und ebenso bei der Betrachtung der aktuellsten Kunsttendenzen auf andere europäische und außereuropäische Kulturkreise aus.

Bei der großen Stoffülle reichen diese zeitlichen und räumlichen Einschränkungen noch nicht aus. Um den weiten Problemkreis straff zu strukturieren, wurden folgende Schwerpunkte gewählt: Beziehungen zwischen Technik und Kunst lassen sich auf verschiedenen Ebenen und unter verschiedenen Gesichtspunkten knüpfen. Wir haben hier im wesentlichen zwei Grundideen voneinander getrennt betrachtet, die in vielen Teilgebieten der Kunst und der Technik – allerdings in unserem Fall immer nur exemplarisch – behandelt werden können:

1. Technik kann Hilfsmittel zur Gestaltung von Kunstwerken liefern und viele Kunstwerke und Kunstrichtungen erst möglich machen. Technik trägt seit Anbeginn menschlicher Kulturgeschichte wesentlich zur Entstehung von Kunstwerken bei.

2. Technik kann selbst das Thema, d. h. der Inhalt von Kunstwerken sein.

Einige Gebiete, die in unser Thema gehören, entziehen sich allerdings der Zuordnung dieser beiden Grundaspekte des Bandes. Dazu gehören einerseits das Kunsthandwerk und seine enge Verquickung mit handwerklichem und technischem Schaffen, aber auch technische Erscheinungen von ästhetischem Reiz, die naturwissenschaftlichen und technischen Methoden zur Analyse und Datierung von Kunstwerken und noch weitere Problemkreise aus den Grenzbereichen zwischen Technik und Kunst.

Die exemplarische Skizzierung solcher Fragen und die Erarbeitung der Grundaspekte führten zu folgendem Aufbau des Bandes:

In das Eingangskapitel „Was ist Kunst?“ führen zwei grundsätzliche Beiträge ein. Hans-Georg Gadamer setzt sich mit dem Wandel des Kunstbegriffes von der Antike bis zur Gegenwart („Der Kunstbegriff im Wandel“) auseinander, während Bazon Brock den Begriffaufbau von einer anderen Warte aus versucht („Über die Schwierigkeiten, moderne Kunst zu vermitteln“). In Brocks Beitrag standen seine Besucherschulen zu mehreren documenta-Ausstellungen in Kassel Pate.

Das zweite Kapitel widmet sich dem ersten Hauptpunkt des Konzeptes: Technik als Werkzeug zur Gestaltung von Kunstwerken. Die Technik bietet in allen Bereichen der Kunst Werkzeug zur Gestaltung von Kunstwerken an: Das reicht von Farben, Farbaufträgern und Bilduntergrund bei Gemälden über Druckstock, Papierqualität und Druckverfahren bei Vervielfältigungen bis hin zur Ausstattung des Schnürbodens, der Beleuchtungs- und Beschallungseinrichtung im

Theater. In diesem Buch wird an einigen wenigen Beispielen der Zusammenhang zwischen Technik und Kunst und deren Weiterentwicklung aufgezeigt: Zunächst kommen drei Autoren zu verschiedenen Aspekten der Technik der Metallskulptur zu Wort: Peter C. Bol erläutert – als für das klassische Altertum zuständiger Kunsthistoriker – in seinem Beitrag die antiken Techniken zur Herstellung von Bronzeabgüssen („Kunst und Technik im klassischen Altertum – die antike Bronzetechnik").

Willy Rotzler bietet als Kunsthistoriker einen allgemeinen Überblick über die historische Entwicklung des Eisengusses mit besonderem Augenmerk auf die Schweiz („Eisen in der modernen Kunst"). Schließlich stellt Eberhard Fiebig die Probleme moderner Metallskulpturgestaltung aus der subjektiven Sichtweise des Künstlers vor („Technik und Kunst in der Skulptur der Moderne").

Kunst umfaßt auch die Musik: Welche technische Entwicklung hinter heutiger Instrumenteherstellung und Tonerzeugung liegt, zeigt Hubert Henkel in zwei umfassenden Artikeln. Dabei zeichnet er die Entwicklung von Technik und Musik vor allem am Beispiel der Herstellung von Klavier und Geige nach („Die Technik der Musikinstrumentenherstellung am Beispiel des klassischen Instrumentariums"; „Die Entwicklungsgeschichte des künstlich erzeugten Tons").

Es folgt ein Beitrag von Erika Billeter, in dem die Autorin in der Entwicklung der Fotografie die fotografischen Techniken aufzeigt, die jeweils sofort nach ihrem Bekanntwerden von Künstlern zur Herstellung von Kunstwerken genutzt werden: zum Beispiel fotografische Arbeiten, die selbst bereits Kunstwerke sind oder Fotos als Vorlage oder zur Unterstützung bei der Herstellung von Gemälden.

Im Bereich zwischen den beiden Hauptaspekten des Bandes – zwischen Technik als Werkzeug und Technik als Inhalt von Kunstwerken – ist zunächst mit einem eigenen Kapitel das Kunsthandwerk angesiedelt. Der Beitrag von Astrid Guderian („Kunsthandwerk und Technik") versucht eine Standortbestimmung des Kunsthandwerks. Es folgt ein Artikel von Bernhard Bischoff („Möbel: Konstruktion und Gestaltung"), in dem exemplarisch für das gesamte Kunsthandwerk technische und geistige Strömungen am Möbelbau verschiedener Epochen zur Sprache kommen.

Dem Grenzbereich zwischen Kunst und Technik wendet sich das folgende Kapitel zu: Es gibt weite Bereiche, in denen Arbeiten entstehen, die im engeren Sinne der traditionellen Vorstellung von Kunstwerken nicht entsprechen, die heute jedoch weitgehend – zum Beispiel als Installationen – als Kunstwerke akzeptiert und anerkannt sind.

Ihnen widmet Dietmar Guderian einen eigenen Beitrag („Künstlerische Auseinandersetzung mit neuen Technologien"). Hier wird auch ein Gebiet behandelt, das sich in den letzten Jahren zu einem eigenen Bereich der Kunst entwickelt hat und von Jahr zu Jahr auch mehr Anerkennung findet: Die Kunst aus dem Umkreis des Computers. In „Computergraphik als Kunst", zeigt Herbert W. Franke die ganze Spannweite der durch Computer entstehenden Kunstwerke und die Geschichte ihrer Entwicklung auf. David Galloway stellt Arbeiten und Arbeitsweisen vor, die sich um die neuen Medien, insbesondere um den Computer herum gruppieren, teilweise ohne diese gar nicht realisierbar gewesen wären: Arbeiten, wie sie jährlich in der von Galloway während der Hannover-Messe gezeigten „artware" zu betrachten sind („Künstler, Computer und tanzender Bär").

Als Abschluß skizziert Dietmar Guderian in dem Beitrag „Technische Erscheinungen von ästhetischem Reiz" ein Thema, das sich mit Erscheinungen auseinandersetzt, die a priori von ihren Erzeugern nicht als Kunstwerke geplant waren, wegen ihrer manchmal unerwarteten, manchmal jedoch auch bewußt erzeugten ästhetischen Aspekte von Betrachtern spontan als ansehenswert, interessant und mit Kunstwerken vergleichbar akzeptiert werden.

Das letzte Kapitel behandelt die Technik als Thema, d. h. als Inhalt von Kunstwerken. Auch hier mußten Beschränkungen erfolgen: Da Technik gerade in der Gegenwart mehr und mehr zum Inhalt von Kunstwerken wird, kommen Tendenzen unserer Zeit verstärkt zur Sprache.

Die ersten Beiträge wählen die Beispiele zu dem Themenkreis aus dem Gebiet der Bildenden Kunst, sie untersuchen die Fragestellung des Kapitels in der Malerei, der Skulptur bis hin zur künstlerischen Installation.

Rainer Slottas Arbeit „Der Bergbau des 16. und 17. Jahrhunderts in seinem künstlerischen Ausdruck" führt ein in die Darstellung der Technik in der vorindustriellen Zeit am Beispiel eines traditionsreichen Industriezweiges, des Bergbaus. Deutlich wird hier, daß die technischen Phänomene von den Künstlern zunächst fast kritiklos wiedergegeben werden. Doch schon in den Artikeln von Christoph Bertsch („Industrielle Revolution in der Bildenden Kunst des 19. Jahrhunderts") und Dietmar Guderians („Der Arbeitsprozeß und der Mensch im Arbeitsprozeß – Vom Beginn der Industriellen Revolution bis zur Gegenwart") scheinen die Wünsche und Zwänge der Künstler durch, je nach Standort Technikschilderung im Kunstwerk mit Begeisterung und Lob oder mit Furcht und Tadel zu verbinden. Der Beitrag von

Dietmar Guderian zeichnet nach, wie der Arbeitsprozeß als solcher im Laufe unseres Jahrhunderts zunächst realistisch beschrieben, dann nachempfunden und schließlich in seinen Grundzügen in den Entstehungsprozeß von Kunstwerken einbezogen wird. Schließlich macht ein umfangreicher Beitrag („Kunst als Ventil – Technikangst und Technikbegeisterung") von Dietmar Guderian zur Technik im allgemeinen und am Beispiel der Fortbewegungsmittel im speziellen deutlich, daß Kunst ein Ventil sein kann, um alle Empfindungen von Künstlern gegenüber der Technik auszudrücken: Das Spektrum reicht von der Existenzangst vor den Gefahren technischer Entwicklung bis hin zur enthusiastischen, kritiklosen Begeisterung und zur Übernahme neuester Technologien.

Im High-Tech-Zeitalter dringt Kunst mehr als je zuvor in Bereiche der Anwendung, insbesondere in den Bereich des Designs vor. Mit Karl Duschek meldet sich ein Designer zu Wort, der wie wenige andere zusammen mit Anton Stankowski die Idee des Corporate Designs, des totalen Durchformens des Erscheinungsbildes eines Werkes und seiner Produkte beherrscht und diese Idee für viele Unternehmen in die Wirklichkeit übertragen konnte. Karl Duschek stellt – als ein selbst in dem Bereich Tätiger – diese neue Kunstsparte, die sich zwischen abhängiger und unabhängiger Kreativität bewegt, exemplarisch an einem speziellen Beispiel zur Corporate Identity vor („Graphik, Design und Technik – die visuelle Kommunikation der Industrieunternehmen").

Der Anlage des Architektur-Abschnitts liegt die Methodik des Abschnitts über die technischen Grundlagen der Metallskulptur im zweiten Kapitel zugrunde: Ein Architekt der Gegenwart, Fritz Leonhardt – durch seine ästhetisch anspruchsvollen Realisierungen technisch ungewöhnlicher Bauwerke berühmt geworden – stellt seinen subjektiven Standpunkt zur modernen Architektur vor („Moderne Architektur und Ästhetik"). Eva-Maria Schumann-Bacia – zugleich Architektin und Journalistin –, spannt anschließend in einem Übersichtsartikel den Bogen von der klassischen Moderne am Anfang des 19. Jahrhunderts bis zu heutigen Entwicklungsströmen der modernen Architektur. Auch wichtige, in jüngerer Zeit entstandene Bauwerke wie das Centre Pompidou in Paris und die Stuttgarter Staatsgalerie werden hier berücksichtigt („Architektur im 20. Jahrhundert – vom Floralen Stil zum Dekonstruktivismus").

„Technik als Thema in der Musik des 20. Jahrhunderts" von Hans-Joachim Braun wurde als exemplarischer Beitrag zu der Fragestellung dieses letzten Kapitels aus dem Bereich der Musik ausgewählt. Der

Beitrag beschränkt sich hier auf die Darstellung technischer Themen in der sogenannten E-Musik. Gerade in den letzten beiden Jahrzehnten hat sich verstärkt die Pop-Musik mit der Technik auseinandergesetzt, man denke nur an Namen von Pop-Gruppen wie „Kraftwerk". Eine Untersuchung der Pop-Musik wäre sicher reizvoll, um gerade der Einstellung der jüngeren Generation zur Technik nachzuspüren.

Bühnen- und Aufführungstechniken, die von der Beleuchtungstechnik über die Tontechnik und Videotechnik bis hin zu kompletten technischen Apparaturen reichen und die mit Darstellern oder mit denen die Darsteller agieren, bieten eine Palette der Anwendungen von Technik. Auch hier mußte eine Zäsur geschaffen werden, indem auf diese technischen Werkzeuge zugunsten einer ausführlicheren Vorstellung technischer Inhalte in Literatur und Schauspiel verzichtet wurde.

Die Einführung in diesen letzten Teil bildet der Beitrag von Astrid Guderian über „Technik und Sprache". Der Wandel der Sprache, der Wortwahl wie der neueren Struktur unter dem Einfluß der Technik spiegelt eindrucksvoll die tiefgreifenden kulturellen Veränderungen unter der prägenden Einwirkung der Technik wieder. Dem Verhältnis von Literatur und Technik sind die Arbeiten von Dietrich von Engelhardt („Technik in der Literatur der Neuzeit"), Susanne Päch („Das literarische Gedankenexperiment – zur Technikgeschichte der Science Fiction") und von Astrid Guderian („Technik und Lyrik – Geschichte eine Beziehung") gewidmet.

Wir sind der Überzeugung, daß die hier getroffene Auswahl der Themen trotz der bewußten Beschränkung dennoch eine exemplarische Bestandsaufnahme zum Verhältnis von Technik und Kunst – mit dem besonderen Gewicht auf der Gegenwart und der gegenwärtigen Einstellung zur Technik – zu geben vermag.

WAS IST KUNST?

Der Kunstbegriff im Wandel

Hans-Georg Gadamer

Zum Titelblatt:
Ein weiter Bogen durch die Kunstgeschichte ist gespannt vom berühmten „Torso vom Belvedere" im Vatikan zum „Goliath" von Miguel Berrocal aus dem Jahr 1972.
Der antike Torso aus der Mitte des 1. Jahrhunderts v. Chr. stammt wohl von Apollonius, dem Sohn des Nestor von Athen. Ob es sich hier um eine Darstellung des Herakles, Polyphems, Philoktets oder des Boxers Amykos handelt, wird in vielfachen Abhandlungen von Kunsthistorikern untersucht. Nach der Wiederentdeckung antiker Bruchstücke beginnt man in der Renaissance, den Torso als Studie oder als Antikennachahmung herzustellen. Der „Torso vom Belvedere" regt zum Beispiel Michelangelo zu seinen eigenen Entwürfen und Ausführungen von Torsen an. Seit dem 17. Jahrhundert erscheint der Torso entweder als Vergänglichkeitssymbol oder als Attribut des Bildhauers. In neuerer Zeit gilt der Torso als autonomes Motiv – wie bei Auguste Rodin oder Henry Moore – und zwar entweder als eine „Monumentalisierung eines Entwurfs" entsprechend einer allgemeinen Neigung zur Skizzenhaftigkeit, oder auch als Verkörperung einer künstlerischen Idee. In dieser Weise läßt sich der Messingtorso von Berrocal verstehen, der aus 78 Einzelteilen besteht, von denen zahlreiche um die Skulptur herum liegen und nicht eingeordnet worden sind.

Es ist eine im eigensten Sinne philosophische Aufgabe, sich über den Kunstbegriff in seinem Wandel Rechenschaft zu geben. Denn gewiß ist es eine Fragestellung für jeden Menschen, der zur Kunst ein Verhältnis hat oder ein Verhältnis sucht, sich über den Wandel in der Kunst selbst und in ihrer Auffassung Gedanken zu machen. Im Grunde kann niemand dieser Aufgabe für sich selber ausweichen, und so ist es in Wahrheit ein Thema, das nicht so sehr dem Kunstkenner oder gar dem Kunstforscher, dem Kunsthistoriker vorbehalten ist, sondern dem Philosophen, der von jeher das Selbstverständliche zum Selbstverständnis zu bringen als seine Aufgabe ansieht. Er muß die treffenden Begriffe finden, in denen sich ein jeder ausgesprochen sieht.

Nun ist es gerade nichts Selbstverständliches, sondern etwas zutiefst Beunruhigendes, was in unserem Verhältnis zur Kunst unserer heutigen Gegenwart gelegen ist. Wie läßt sich der Begriff von Kunst, der durch die Geschichte unserer Kultur zur Ausfaltung gelangt ist überhaupt noch, in dem, was heute als Kunst gilt und als Kunst geschätzt wird, wiedererkennen?

Die Behandlung dieser Frage stößt auf die Grenzen eines jeden Einzelnen, der das zu tun unternimmt. Sie liegen in seiner eigenen Kunsterfahrung und insbesondere in dem verschiedenen Verhältnis, das verschiedene Generationen heute Lebender zur je gegenwärtigen Kunst besitzen. Wenn ich es überhaupt wage, theoretische Aussagen über diese Dinge zu machen, so berufe ich mich auf große Vorbilder. So ist es vor allem Immanuel Kant (1724–1804), der in seiner „Kritik der Urteilskraft" zum Begründer der klassischen Ästhetik in Deutschland geworden ist, ein Mann, der niemals die Grenzen seiner Heimatstadt Königsberg und seines Heimatlandes verlassen hat, der niemals bedeutende Originale gesehen hat und dessen Kunstgeschmack in der Tat nicht gerade vorbildlich genannt werden darf. Begreifen, was Kunst ist, kann auch demjenigen gelingen, der nur schmale eigene Erfahrungen mit Kunst hat. Überdies ist es die eigentlich brennende Frage von heute, ob die Vertrautheit mit der reichen Traditionsgeschichte der Kunst, in der wir leben und die uns überkommen ist, uns überhaupt noch leiten kann. Der Zweifel an der Bestimmung der

Kunst und der Zweifel an der Rolle, die die Kunst gespielt hat, als sie der höchste Ausdruck menschlicher Bildung war – in der bürgerlichen Epoche, die hinter uns liegt –, wird langsam allgemein. Eine traditionsferne Haltung, ja, eine traditionsfeindliche Stimmung breitet sich unter den Jüngeren aus, wie sie einer durch die Technik immer stärker geformten Zivilisation entspricht, sie sieht die Prosa der Maschinenhallen und Büros als Modell aller Organisationsmöglichkeiten des menschlichen Lebens an oder wehrt sich ohnmächtig gegen das, was durch seine zwingende Sachlogik nun auferlegt ist. Wie kann dies neue Lebensgefühl mit dem Begriff künstlerischer Kultur und ästhetischer Bildung noch zusammen bestehen, der sich allein aus dem Prozeß der Wandlung und Anreicherung hat aufbauen können, der unsere Kultur trägt?

„Wandel im Begriffe der Kunst" – das ist eine Formulierung, die nicht ganz befriedigt. Ob Begriffe einen Wandel kennen? Was sich wandelt, ist unser Begreifen der Kunst und damit in Wahrheit unser Bemühen, das, was Kunst ist, angemessener oder tiefer zu begreifen. Wir haben gelernt, solche Fragen auf dem Weg über die Dimension der Sprache an uns selbst zu richten. Was ist mit dem Wort „die Kunst" gemeint? So fragen, heißt sogleich, sich die Aufgabe stellen zu untersuchen, wie es überhaupt dazu gekommen ist, daß man so ohne jedes Beiwort sagt: „die Kunst". Der absolute Gebrauch des Wortes „die Kunst" stellt das Problem dar. Seit wann redet man so und was bedeutet es? Wenn man im Alemannischen die Ofenbank in den Bauernhäusern „die Kunst" nennt, so ist auch das zwar ein absoluter Gebrauch des Ausdrucks „die Kunst" – offenbar, weil diese Leistung der Keramik sich eines Tages dort so durchgesetzt hat, daß sie als etwas unerhört Kunstvolles empfunden wurde. Aber das ist ganz gewiß nicht der Sinn von „die Kunst", der von uns unserem eigenen Sprachgebrauch und Sprachgefühl von heute her vertraut ist. Man hat bis ins 19. Jahrhundert hinein die „schöne Kunst" sagen müssen, wenn man nicht mißverstanden werden wollte. Alles, was zur Technik, zum Handwerk, zum Können überhaupt gehört, war damals mit dem Begriff „Kunst" noch mitgemeint. Ja, das wirkt noch heute in unserem Sprachgebrauch nach. Denn es ist wohl die Verbindung zum handwerklichen Können, die Grund dafür ist, daß man heute bei dem Begriff „moderne Kunst" oder gar „postmoderne Kunst" an die literarischen Künste oder die Musik zunächst überhaupt nicht denkt, sondern an die statuarischen oder, wie wir auch sagen, die bildenden Künste, die durch Künstlerhand ein Bildwerk zustande bringen. Das ist interessant und wird für die Aufgabe der Selbstverständigung bei dem Begriff der Kunst beachtet werden müssen. Gleichwohl ist es für die philosophische Reflexion klar, daß wir mit „die Kunst" einen viel weiteren Inhaltsbereich meinen, der außer allen literarischen Künsten vor allem auch noch die Baukunst umfaßt – trotz ihrem Zusammenhang mit der Gebrauchswelt und der modernen Technik.

Wenn wir „die Kunst" sagen, so folgen wir damit einem Sprachgebrauch, der sich aus der deutschen Romantik herleitet und dort seine Prägung gewonnen hat. Was vergangene Generationen im Zusammenhang mit Religion und Mythos als Kunst schufen und verstanden, ist damals zum selbständigen Bewußtsein seiner selbst erwacht. Das hat den Gegensatz der mechanischen Künste und der schönen Künste sozusagen aus dem Blickfeld verschwinden lassen. Die Kunst hat sich abgelöst, im wörtlichsten Sinne „absolut" gesetzt. Das bedeutete zugleich ihre innere Aufladung mit dem ganzen großen Erbe der Vergangenheit. All das ist seit der Romantik in den Begriff der Kunst zusammengekommen und nicht zuletzt das beinahe „religiöse Pathos", das die Sphäre der Kunst seitdem erfüllt. Ein Gedicht von Novalis (1772–1801) mag die religiöse Stimmung illustrieren, die damals in den Umkreis des Begriffes Kunst eingedrungen ist:

Wenn nicht mehr Zahlen und Figuren
sind die Schlüssel aller Kreaturen,
wenn die so singen oder küssen
mehr als die tief Gelehrten wissen,
wenn sich die Welt ins freie Leben
und in die Welt wird zurückbegeben,
wenn dann sich wieder Licht und Schatten
zu echter Klarheit werden gatten,
und man in Märchen und Gedichten
erkennt die ew'gen Weltgeschichten,
dann flieht vor einem geheimen Wort
das ganze verkehrte Wesen fort.

Die Verse begegnen in einem Roman, wie es in der romantischen Erzählkunst keine Seltenheit ist, dem „Heinrich von Ofterdingen". Sie sind also in einen Erzählzusammenhang eingefügt und behalten bei allem lyrischen Schmelz etwas von erzählerischer Sorglosigkeit in der Formgestaltung. Um so klarer verdeutlicht sich an diesen Versen unsere Frage: wie ist es gekommen, daß der Begriff der Kunst einen solchen fast religiösen Beiklang erhalten hat? Ich möchte in drei kurzen Schritten die Geschichte dieses Begriffes skizzieren, um an ihr abzulesen, wie die „schöne Kunst" zur Kunst überhaupt und schließlich zur „nicht mehr schönen Kunst" geworden ist.

Der griechische und der lateinische Ausdruck Techne und Ars hat noch gar nichts von der speziellen Auszeichnung dessen, was wir die Kunst nennen, an sich. Er bezeichnet vielmehr etwas, was zwischen den mechanischen und den schönen Künsten gemeinsam ist, auch wenn es sich bald differenzieren mußte. Das besondere Können, das den mechanischen wie den schönen Künsten zugrunde liegt, läßt sich begrifflich durch einen gemeinsamen Begriff fassen und ist durch Plato (428/27–348/47 v. Chr.) so gefaßt worden. Beide sind „nachmachen" von etwas Vorbildlichem. Das gilt für den Handwerker, der sozusagen den idealen Schuh nachmacht, und es gilt noch mehr für den Maler, der den Schuh schön malt. Beides ist mimesis, imitatio, Nachahmung, wenn man Plato folgt. Doch gehört die Kunst des Malers auch für Plato in einem engeren Sinne zu den nachahmenden Künsten: ihr Produkt ist kein wirklicher Gegenstand der Gebrauchswelt. [I-1.1]

Darin liegt zweitens, daß der weite Begriff von Kunst, der bei den Griechen und Römern im Sprachgebrauch von Techne und Ars liegt, einen direkten Zusammenhang mit dem Begriff der Natur besitzt und „Kunst" als dasjenige charakterisiert, was die Freiräume, die die bildende Natur gelassen hat, durch den Erfindungsgeist des Menschen auszufüllen weiß und dabei vielleicht auch zu höheren Bildungen von Mimesis aufzusteigen vermag.

Hier wird nun drittens ein Sachverhalt sichtbar, über den man nachdenklich wird. Unter der Auszeichnung der Techne, wissendes Können zu sein, in dem sich das herstellende Vermögen vollendet, erscheint auch die Poesie – und zwar mit Vorrang. Schon das Wort „Poesie" besagt das. Denn wörtlich heißt das Wort „machen, herstellen". Hier ist offenbar „Herstellen" in einem eminenten Sinne gemeint: das Herstellen ist nicht nur abgelöst von den verschiedenen Bereichen, in denen das Handwerk seine Objekte erstellt, sondern auch von den verschiedenen Materialien, in denen die „bildenden Künste" arbeiten. Poesie heißt Poesie, weil es ein Herstellen von allem schlechthin ist, wie es Plato an einer berühmten Stelle des „Sophistes" vor uns ausbreitet, allerdings nicht, ohne sogleich die „bildende" Nachahmung (und nicht die Poesie) zu erörtern. Die Poesie ist das „reine" Machen, das keines Handanlegens bedarf und keines Materials. So ist die Poesie die einzige Kunst, die sozusagen von Anfang an auf dem Wege zu einer neuen „Freiheit" ist. Sie hat in ihrem „Herstellen" keinen Widerstand der Materie zu überwinden, mit dem das

Handwerk so gut wie die bildende Kunst es aufzunehmen hat. Sie besitzt die rätselhafte Auszeichnung, aus dem Nichts, aus vergehenden Sprachlauten und aus gefrorenen Schriftzeichen alles entstehen zu lassen. Es war diese Geistigkeit der Poesie, die dem Poeten in der antiken Kultur eine Sonderstellung gegenüber all den anderen Künstlern verliehen hat, die Banausen blieben, da sie nicht wirklich mit der Hand arbeiten wie die Handwerker.

Die Auszeichnung, die hier der Poesie zukommt, deutet auf eine größere und weit in die Ferne greifende Freiheit menschlichen Erfindungsgeistes und menschlicher Gestaltungskraft. Wir spüren sofort: hier ist eine neue Souveränität erreicht, die Souveränität einer produktiven Gestaltung, die von vornherein alles und von überall her gleichsam in eine neue Gleichzeitigkeit stellt. Das ist das geheimnisvolle Rätsel der Literatur, daß sie nicht wie andere Dinge etwas ist, das sich vor uns in seiner materiellen Gegebenheit und in festen Beziehungen zu seiner Umwelt darstellt, sondern aus Zeichen und Symbolen immer neu reaktiviert wird und eben deshalb nicht an Raum und Zeit gebunden erscheint. Wenn man sich diesen Zusammenhang deutlich macht, beginnt man zu verstehen, wie sich aus solcher mündlicher und später schriftlicher Überlieferung der ποιεθιζ ein allgemeiner Begriff des schöpferischen Künstlers und der schöpferischen Kunst herausgebildet hat und warum er im Zeitalter des Rationalismus zu einer ersten Selbständigkeit begrifflicher Klarheit aufgestiegen ist, die wir mit dem Begriff der philosophischen Ästhetik bezeichnen. Die Ästhetik, als philosophische Disziplin eine Schöpfung des 18. Jahrhunderts, bedeutet offenkundig eine Kompensation für den übermäßigen Anspruch des Zeitalters der Aufklärung, allein durch die Klärung von Begriffen, alle Wahrheit verbindlich erfassen zu können. Der oben verfolgte Zusammenhang mit der Allgewalt des Wortes, der dem Begriff „Poiesis = Poesie" zugrunde liegt, bestätigt sich: noch für den ersten Schöpfer einer philosophischen Ästhetik, Alexander Baumgarten (1714–1762), steht – wie man meist nicht beachtet – der Vorrang der – fast wie eine bloße Modifikation der Rhetorik – fest, und daß Poesie auch dann noch, wenn er die Erkenntnisweise, um die es sich in der Kunst handelt, eine „Cognitio sensitiva" nennt, das heißt eine Erkenntnis, die nicht durch den Begriff vermittelt wird, sondern durch die Sinne. Das meint offenkundig nicht, daß einem in den Sinnen ein bloßes Abbild für die Allgemeinheit des Begriffes begegnet, wie etwa in einer Allegorie, sondern daß im Gegenteil im Partikularen, im Einzelnen, im Bildwerk oder im dichterischen Wort das Allgemeine selber und auf sinnliche Weise da ist.

Das setzt im Grunde etwas voraus, was wir als einen tiefen Wandel in unseren Weltbegriffen begreifen müssen. Es gibt ein Wort, an dem der Übergang sozusagen ablesbar wird. Es ist das Wort „Kosmos". Kosmos meint Schmuck, schöne Ordnung. Nur weil das Universum eine so überwältigende Regelmäßigkeit und Harmonie des unhörbaren Sphärengesanges besitzt, nur weil das All der Realitäten eine solche Wohlordnung ist, konnte sich das Wort Kosmos im Laufe der griechischen Denkgeschichte als Bezeichnung des Universums festsetzen. Das Urbild von Wohlordnung und Schönheit begegnet sich im Sternenlauf und zeichnet, (bis hin zum Anwendungsgebiet der Kosmetik) im Grunde alles vor, was wir als schön gelten lassen.

Nun muß man freilich den Begriff schön, wie diese Überlegung schon lehrt, in einem ganz weiten philosophischen Sinne nehmen, wenn man das verstehen will. Was heißt schön? Schön ist das, von dem niemand, der bei Sinnen ist, fragt, wozu es da ist. Es ist die Auszeichnung des Schönen, daß es jede Frage nach seinem Nutzen, Zweck, Sinn oder Gebrauch zwingend niederhält. Es überzeugt durch sein Dasein. Der Begriff schön schließt also das Freisein von Zwecken ein. So kommt der bekannte Ausdruck „Artes liberales" zustande, der die Künste des spätantiken Schulsystems auszeichnet, die keinen Gebrauchswert meinen. Sie heißen frei, weil sie keinen unmittelbar anwendbaren Zwecken dienen. Der Begriff des Schönen besitzt also so etwas wie eine Selbstrechtfertigung. Es liegt aber nochmehr darin, ein Hinweis darauf, daß überhaupt der Rahmen zweckhaften Denkens nicht weit genug ist. Wenn man die Frage, wozu etwas da ist, abweist, überschreitet man offenkundig den Rahmen, der durch das Vitalziel der Selbsterhaltung gesetzt ist und der alles umfaßt, was diesem eindrucksvollsten Naturzweck dient, der auch das menschliche Wesen als Naturwesen bestimmt. Auch in der außermenschlichen Natur begegnet solches, was über die zweckhaften Verhaltensweisen hinaus ins Spiel überfließt, und nicht dem Prinzip der Selbsterhaltung dient. Der Mensch aber hat im langsamen Aufbau seiner Zivilisation von früh an einen solchen ungeheuren Erfindungsreichtum und eine solche einzigartige Könnerschaft entwickelt, daß er seine Lebensräume und selbst seine Todesräume, die Gräber und Gräberstätten, mit „Schönem" ausfüllt.

Nimmt man den Begriff des Schönen in solcher Weite, so begreift man den systematischen Ort, den die philosophische Ästhetik im 18. Jahrhundert bezogen hat. Es ist gleichsam eine letzte Verteidigungsposition, auf die sich die universale Ordnungserfahrung des Kosmischen zurückgezogen hat. Was in der geschlossenen Ordnung der antik-mittelalterlichen Astronomie und im Vor-Bild der Weltordnung, das sie für die menschlichen Dinge bedeutete, alles durchherrschte, hat seinen kosmischen Rückhalt verloren. Die neue Unendlichkeit des Universums weckt ein anderes Empfinden: das des Erhabenen. Auch in einem nachkopernikanischen System verteidigt jedoch die Kunst, und in ihrem Lichte das Naturschöne, das Recht des Schönen. Die neue Ästhetik rückt das Erhabene und das Schöne, in Natur und Kunst eng zusammen. So nimmt die Kunst einen neuen Rang ein, gerade weil sie nicht mehr das glänzende Dekor eines wohlgeordneten Wirklichkeitsganzen ist. Jetzt erst ist Kunst als Kunst da, nicht mehr als das Beiherspielen an einem großen geordneten Lebens- und Kultzusammenhang: sie ist auf sich selbst gestellt. Damit hängt unmittelbar die neue religiöse Aufladung des Begriffes der Kunst zusammen: sie beschränkt sich nicht auf die selbstverständlichen Inhalte der griechisch-jüdisch-christlichen Tradition, die dem Schaffen der Kunst ihren Rahmen vorzeichnete, sie horcht ringsumher nach dem Mythos, erfüllt vom Heimweh nach den mythischen Zeiten. Aber gerade die Suche nach einer neuen Mythologie leitet nun den Freilauf der Imagination ein, die in immer neuen Verdichtungen geheimisvolle Ordnung schafft, die mehr ist als das Nützliche. Aus der romantischen Kunstverehrung ist gegen das Dogma der Kirchen und gegen das Dogma der Aufklärung „die Kunst“ zu ihrer eigenen Geltung aufgestiegen.

Die Frage, zu der sich die Kunstrevolution und das Denken über Kunst in unserem Jahrhundert zugespitzt hat, ist nun, ob dieser allgemeinste Begriff des Schönen, der aus der antiken Kosmologie stammt und bis in die moderne philosophische Ästhetik führend geblieben ist, unser Denken über Kunst noch bestimmen kann, oder ob uns die immanente Entwicklung des Kunstschaffens der neuesten Zeit nötigt, sogar den Begriff der Kunst und des Kunstwerkes selbst in Zweifel zu ziehen und neue Denkmöglichkeiten entgegenzusetzen.

Will man dieser Frage ins Gesicht sehen, so muß man zunächst ein Mißverständnis ausschalten, das hier naheliegt. Wenn wir uns über den Wandel der Kunst und ihren etwaigen Einfluß auf den Begriff der Kunst verständigen wollen, dürfen wir das nicht mit dem Wandel des Geschmacks verwechseln. Der Wandel des Geschmacks ist ein Phänomen, dessen Hintergründe primär gesellschaftlicher Natur sind, auch wenn dabei ästhetische und psychologische Momente des Individuums, des Künstlers und der Generation, die er prägt, mitspielen mögen. Die russischen Formalisten haben das besondere Verdienst, über die Gesetze von Reizerzeugung und Reizabstumpfung, die da herrschen, aufzuklären. Der Rhythmus, in dem sich Empfänglichkeiten abstumpfen, ist offenbar unabhängig von der eigentlichen Aussagekraft, die das Schaffen der Kunst besitzt. Die Kunst läßt sich von der Perspektive des Geschmacks, dieser sinnlichen Haut unserer Erfahrung des Schönen, durchaus ablösen. So können wir von einem Bilde oder einem Dichtwerk höchster Qualität gleichwohl sagen, daß es nicht nach unserem Geschmack ist, und vielleicht müssen wir sogar eines Tages zugestehen, daß wir den Geschmack daran doch inzwischen gefunden haben. Es kann nicht diese Dimension des Geschmacks sein, an der sich der Begriff der Kunst und sein Wandel beschreiben läßt. Wir folgen damit dem entscheidenden Schritt in der Entfaltung der philosophischen Ästhetik, der zwischen Kant und Hegel (1770–1831) erfolgt ist und in Hegel seine Vollendung gefunden hat. Hegel hat den Standpunkt des Geschmacks, an dem noch Kant das Prinzip der ästhetischen Urteilskraft entwickelt hatte, als einen untergeordneten Standpunkt erkannt und die Souveränität des Standpunktes der Kunst in aller Pluralität und Wandelbarkeit ihrer Erscheinungsweisen in den Mittelpunkt gerückt. Hegels Vorlesungen über Ästhetik sind die Grundakte der neuen Weltperspektive, die sich vom Standpunkt der Kunst aus öffnet: sie hat eine ganze geschichtliche Dimension, die Dimension des Geschichtlichen freigelegt. Als die Geschichte der Weltanschauungen, das heißt der Folge von Anschauungsweisen der Welt, stellt Hegels Ästhetik den ersten Grundentwurf einer Kunstgeschichte dar.

Nicht das aber ist das Wesentliche, sondern daß damit der Standpunkt der Kunst in seiner universalen Geltung über alle geschichtlichen Dimensionen hin zur Begründung gelangt ist. Der Begriff der Kunst, so drückt sich das bei Hegel aus, tritt neben Religion und Philosophie als eine Gestalt des absoluten Geistes. Das will heißen, daß es nicht mehr bloße bedingte und überholbare Wahrheiten sind, die in der Gestalt der Anschauung im geschichtlichen Entwicklungsgange der Kunst begegnen. Die Kunst als die Mannigfaltigkeit der Weltanschauung ist vielmehr zugleich von souveräner Gleichzeitigkeit. Was mir zugänglich wird, ist nicht ein geschichtlich Bedingtes, und vermittelt trotz seiner geschichtlichen Bedingtheit kein relatives Wissen dessen, was wahr ist – auch wenn es kein Wissen in der Gestalt der Wissenschaft oder des Begriffes ist und sich daher auch nicht in der Weise des Wissens und der Wissenschaft mitteilen läßt. Hegel hat diesen Souveränitätsanspruch der Kunst freilich zugleich begrenzt, und zwar durch seine Lehre von dem Vergangenheitscharakter der Kunst. Was er damit hat sagen wollen, ist zunächst, daß die Zeiten vorüber sind, in denen die Kunstschöpfungen, insbesondere die der großen griechischen Skulptur, unmittelbarer Gegenstand kultischer Verehrung waren. Auch die religiöse Kunst des Mittelalters hat er nicht in ähnlicher Weise charakterisieren können, aber er hat allen neuromantischen Versuchen, diese Form religiöser Kunst zu erneuern, entgegen gehalten, daß wir die Knie vor diesen Schöpfungen der Kunst nicht beugen. Das ist das Faktum, das Hegel sieht und von dem aus er nicht etwa der Kunst ihr Ende nachsagt oder voraussagt, sondern ihren Bezug auf die Vorstellungswelt der Religion und die Gedankenwelt der Philosophie sozusagen ortet. Die Verschmelzung des Beitrages der Kunst mit der Vorstellungswelt der Religion und der Gedankenwelt der Philosophie ist zu Ende.

Wenn wir so mit Hegel denken oder auch mit Schelling (1775–1854, der in der Kunst das „Organon" der Philosophie sah, oder mit uns selbst, die wir am Anspruch der Kunst messen, was Philosophie in einer Epoche der Wissenschaft und gegenüber dem Universum der Erfahrungswissenschaften überhaupt zu sein vermag, müssen wir uns zugleich die innere Aporie eingestehen, in die der Wahrheitsanspruch der Kunst uns weist: die ganze weite Geschichte der Kunst ist eine Geschichte der sich nicht als Kunst wissenden Kunst. Sie ist in religiösen oder profanen gesellschaftspolitischen Lebenszusammenhang eingebettet, dem sie Schmuck und Schönheit und erhöhtes Dasein gewährt. Aber wo sie als Kunst, als bloßes sinnentfremdetes Können ihre Virtuosität beweist, ist sie im Verfall. „Ars latet arte sua": „durch ihre eigene Kunst verbirgt sich die Kunst". Wo sie sich aufdrängt, sinkt sie zur kunstvollen Virtuosität herab.

Welch ein Paradox: da sehen wir Kunst als Kunst und nichts als Kunst, und eben damit ist der selbstverständliche Aussageinhalt der Kunst um seinen Ernst gebracht. Fast zwei Jahrhunderte lang lebt der Nachhall der europäischen Aufklärung im Zeitalter der Emanzipation des Bürgertums als Kunst unter uns wie eine selber fast religiöse Botschaft fort, gerade weil weder Religion noch Metaphysik noch all die traditionellen religiösen oder profanen Inhalte der Kunst für uns unmittelbare Bindekraft besitzen. In ruhelosen Versuchen, sei es durch Wiederaufnahme vergangener Stilformen, die wir Historismus nennen, sei es in immer grenzenloser sich ausweitenden Wagemut des Experiments, leben Kunst und Künste am Rande der Gesellschaft. Im ausgesparten Freiraum einer durchgeplanten Arbeitswelt ist es überdies mehr der Bildungsgenuß vergangener Kunstschöpfungen, als der künstlerische Beitrag der eigenen Gegenwart, der Resonanz findet. Das war und ist unleugbar ein Symptom für das Auseinanderfallen der

Inhaltsbedeutung des Kunstwerkes und seiner gestalterischen Qualität. Es ist die Verdrängung der Begegnung mit der Kunst durch den Bildungsgenuß. Sie hat die Problematik des Kunstbegriffs selber mehr und mehr zum Ausbruch gebracht.

Man muß diesen Hintergrund im Wandel der Kunst unserer Jahrhunderte sehen, wenn man den radikalen Bruch mit der Gegenständlichkeit im Kunstschaffen der letzten Jahrzehnte und seine Wirkung auf das Denken über Kunst verstehen will. Solange gemeinsame Traditionen religiösen und weltanschaulichen Inhalts den Stil der Kunst beherrschten, gab es ein homogenes Kontinuum zwischen der naiven Wiedererkennung zutiefst vertrauter Wahrheit und der verfeinerten Auffassung der ästhetischen Qualität von Kunstwerken. Seit dieses Kontinuum auseinandergefallen ist, steht die naive Wiedererkennung der eigentlichen Erfahrung des Kunstwerkes geradezu im Wege. Hier scheint mir etwas in unserer Kultur merkwürdig unterentwickelt geblieben. Gewiß, wir sind kein Volk von Analphabeten. Alle haben schreiben und lesen gelernt. Aber haben wir sehen gelernt und haben wir hören gelernt, so wie man sehen lernen muß, wenn man bildende Kunst erfahren will oder wie man hören lernen muß, wenn man Poesie oder Musik verstehen will? Hier ist mit dem Hinschmelzen der gemeinsamen Inhalte eine neue Aufgabe gesetzt, wie sie etwa in den ostasiatischen Kulturen aus langer Tradition heraus erfüllt ist. Wir müssen es erst lernen, im Sehen und im Hören, auch unabhängig von inhaltlicher Mitteilung, die Bedeutsamkeit künstlerischer Gestaltung zu erfahren.

Dabei haben wir ein Vorbild, das gerade in der okzidentalen Kultur zur besonderen Vollendung gesteigert worden ist, das Vorbild einer gegenstandsfreien Kunst: die absolute Musik. In ihr ist gleichsam antizipiert, was durch das Hinschwinden greifbarer gemeinsamer Bedeutungen die Kunsterfahrung unserer Tage fordert. Es war die große Stunde der Wiener Klassik, aber auch im gewissen Umfange der protestantischen Orgelmusik des Barockzeitalters. In letzter Ablösung von dem vokalen Hintergrund der abendländlichen Musikgeschichte wird hier die Instrumentalmusik autonom. Die Musik ist nicht länger eine festliche Begleitung, Verzierung oder Ausgestaltung des Chorals. Das Werk schließt sich selber zur Einheit eines Kosmos, wie vor allem die Wiener Satztechnik lehrt, deren kompositorische Einheitlichkeit wir bewundern, und die uns die Autonomie der klassischen Musik vor Augen stellt. Das ist absolute Musik, deren Deutung im Wort sich den Interpreten offenbar bis zur Verzweiflung ins Ungreifbare verliert. Erst kürzlich ist das durch ein geistreiches Buch von Wolfgang Hildesheimer über Mozart illustriert worden, in dem sich der Autor nicht ohne Berechtigung darüber lustig macht, wie völlig verschiedene Deutungen desselben Musikstückes bei Mozart von den Experten vorgelegt worden sind. Der Schritt zur absoluten Musik hat den Wandel der Kunsterfahrung, der uns heute zum Nachdenken vereinigt, in gewissem Sinne antizipiert. Ähnlich hat sich im Felde der sprachlichen Künste die symbolistische Lyrik im Begriff der „Poesie pure" diesem Ideal angenähert, indem sie die Grenzen und Regeln der Grammatik wie der Rhetorik gesprengt hat und in der Vieldeutigkeit ihrer Wort- und Klangbezüge fast etwas wie absolute Musik zum Vorbild nimmt, undeutbar und bedeutsam wie diese selbst. Vor allem aber wird an der großen Revolution der bildenden Kunst am Anfang unseres Jahrhunderts dieser Zusammenhang deutlich. Da wird einem durch Bildungswissen irregeleiteten Beschauer zugemutet, Abstraktion von allem Wiedererkennbaren zu akzeptieren oder auch Deformation von Vertrautem – bis zum völligen Verzicht auf Wiederkenntnis von Gegenständlichem – und zugleich wird an die Kooperation des Betrachters, des Hörers oder Lesers, appelliert der gleichsam die Sinnlinien des gestalteten Werks auszuziehen und zu vernehmen lernen muß – so wie er am „traditionellen" Kunstwerk das Gewohnte des Sujets ins Ungewohnte, das Wiedererkannte ins schlechthin Einzigartige auszuziehen hat.

Eben damit aber stellt sich die Frage, ob es sich am Ende nur um einen Wandel der Kunst handelt, die von den mythischen und geschichtlichen Vertrautheiten ihrer vergangenen Inhaltswelt Abschied nimmt und sich gleichsam auf ihr reines Wesen reduziert sieht. Einem so verstandenen Wandel der Kunst entspräche eine nicht-mehr-romantische universelle Poetik, in der sich die experimentelle Kühnheit des Gestaltens ohne alle Begrenzungen absolut setzt. Die radikale Gegenposition wäre, daß der Begriff der Kunst selbst und der des Kunstwerkes am Ende auflöst bzw. in Produktionsformen zurücknimmt, die selbst noch die Rede von dem Werke und seiner Einzigartigkeit, seiner Aura, gegenstandslos macht. So aber ist es, wo Produktion von vornherein Reproduktion meint, wie das von jeher im Handwerk und heute in der Industrieproduktion selbstverständlich ist. Die Frage ist eine echte Frage. Ist es wirklich etwas, was den Begriff der Kunst und des Kunstwerkes erschüttert, was sich in unserem Zeitalter vollzieht? Jeder muß sich fragen, ob er bei der Beantwortung dieser Frage nicht selbst dem Wandel des Geschmacks, des eigenen erworbenen und gepflegten Geschmacks unterliegt, ob er sich nun gegen die Zumutungen neueren Kunstschaffens versperrt – oder vielleicht umgekehrt gegen die herkömmlichen Formen des Kunstschaffens sich wie ein völliger Neuerer, der er nie ist, auflehnt. Das ist nicht erst von heute, sondern von jeher in der Geschichte der Kunst eine wohlbekannte Tatsache. Eine neue Kunst wird oft so geschmackswidrig erscheinen, wie etwa im Zeitalter des französischen Klassizismus der wiederentdeckte Shakespeare – und so neu, wie sie in Wahrheit gar nicht ist. Vor der Diskussion der gestellten Frage ist es wohl am Platze, die begrenzten eigenen Erfahrungen mit moderner Kunst einzugestehen, die ich vor Augen habe. Daß ein Angehöriger meiner Generation versucht hat, in seinen jungen Jahren mit dem damals Modernen mitzugehen, mit der kubistischen Formzertrümmerung, mit der Wendung ins Gegenstandslose in der Malerei und mit der entschlossenen Deformation, wie sie etwa mit dem Expressionismus verknüpft war, versteht sich von selbst. Das muß man als Vorbelastung sozusagen in Rechnung stellen, wenn ich die Erfahrungen mit Kunst erwähne, die mir nach dem zweiten Weltkrieg begegnet sind, und die ich mit Jüngeren teile. Da war vielleicht das Erste, fast Erschreckende Henry Moores (geb. 1898) Skizzen aus der Unterwelt der Londoner Untergrundbahn – von denen er später zu den machtvollen Gestaltungen von Masse und Form in seiner monumentalen Plastik weiterschritt. Für mich war auch die plötzliche Wendung bedeutsam, die Nicolas de Stael (1914–1955) in seinen letzten Lebensjahren zu monumentaler, nicht mehr abstrakter Gegenständlichkeit geführt hat, nachdem er sich von dem bewunderten Vorbild seines Freundes Braques (1882–1963) gelöst hatte. Aber auch neuerdings hat der Plastiker Segal (geb. 1924) mich überzeugt, jener Künstler, der aus Pappmaché seine Figuren macht und auf diesem Wege in der Tat eine neue Wirklichkeitsdeutung zustande bringt, die nicht nur durch die erschreckende Totenbleichheit dieses Materials, sondern auch durch die plastische Kraft und abstrakte Realistik der Sujets Eindruck macht. In der Literatur vollends konnte es nicht anders sein, als daß der „nouveau Roman" mich begleitet hat, von seinem ersten großen Vorstoß, Rilkes (1875–1926) Aufzeichnungen des „Malte Laurids Brigge" angegangen und über Proust (1871–1922) und Joyce (1882–1941) bis zu Musil (1880–1942) und Beckett (geb. 1906). In der Reihe fehlt die Musik. Sie blieb mir, ganz gleich, ob vorklassische, klassische oder modernste Musik, ein „Rätsel, das mich martert": anziehend und vielsagend und doch das Verlangen, zu begreifen, nicht erfüllend. Im Theater bekenne ich, noch immer als ein Heimwehkranker das literarische Theater zu suchen, das sich der Dichtung unterordnet, auch wenn ich weiß, daß ich damit einer vielleicht vorübergehenden, im 17. Jahrhundert einsetzenden und in unserem Jahrhundert erlöschenden Tradition anhänge.

Meine eigenen Erfahrungen mit der Kunst unseres Jahrhunderts boten, wie man sieht, durchaus keinen Anlaß, den Begriff des Kunstwerkes in Frage zu ziehen. Das aber ist ohne Zweifel der Grundgedanke, der heutigem neuen Nachdenken über das Wesen der Kunst zugrunde liegt: die Kritik am Werkbegriff überhaupt. Ob das nun die Form hat, daß man ein Gedicht zu den nicht mehr schönen Künsten zählt, weil es durch das Dahinschwinden ins Undeutbare die Grundforderung eindeutiger Verständlichkeit unerfüllt läßt, oder ob es eine prinzipielle Leugnung der Identität des Kunstwerkes überhaupt ist, die er ganz den Aufnehmenden oder dem reproduzierenden Künstler überläßt, was er aus der Vorlage macht und welche Wirkung er herausholt. Man denke etwa an die serielle Musik, die dem Musiker mehr Angebote bietet als Vorschriften macht oder an das Happening. Die angebliche Undeutbarkeit moderner, nicht mehr schöner Künste käme dem nahe, sofern sie mit dem Anspruch verknüpft ist, daß eine jede Interpretation, ein jedes Verständnis des Textes die gleiche Deutungsberechtigung habe. Hält da die Identität des „Werkes" stand – oder hängt man einem überlebten Platonismus nach, wenn man so denkt?

Vielleicht kann einiges Nachdenken über den Begriff des Werkes zur Klärung beitragen. Es liegt von jeher im Begriff des Werkes, des Ergon, daß es von dem Herstellungsvorgang abgelöst ist und eine Art An-sich-sein besitzt. Es ist fertig, teleion. Das heißt im Bereich der herstellenden Technik ein Doppeltes: es ist in den Gebrauch entlassen und damit auch dem Mißbrauch und der Abnutzung ausgesetzt – und auf der anderen Seite ist es für den Gebrauch erstellt, und das heißt der Gebraucher und nicht der Hersteller hat das bestimmende Wort. Der Hersteller mag sich rühmen, etwas zu machen, was gut zu brauchen ist, aber eben damit erkennt er die Priorität des Gebrauchers an.

Dem gegenüber ist ein Kunstwerk etwas, das nicht zu einem Gebrauch bestimmt ist oder mindestens nicht in ihm aufgeht, sondern das durch seine bloße Gestaltung seine eigentliche Bedeutung ausspielt. Es wird nicht so sehr hergestellt, das heißt zum Gebrauch bereitgestellt, als daß es aufgestellt oder ausgestellt wird. Das heißt: es ist zu nichts anderem da, als da zu sein, gezeigt zu werden oder aufgeführt zu werden oder wie immer. Das Kunstwerk ist sozusagen das absolute Werk, – darin vergleichbar mit der oben behandelten Auszeichnung der Poesie als des absoluten Machens. Sein Anspruchssinn klingt in dem Fremdwort des oeuvre auf, das sich im Bereich der bildenden Künste eingebürgert hat. Was in den Augen seines Schöpfers keinen Bestand hat, rechnet ein Künstler nicht zu seinem oeuvre. Hat die

Rede vom Oeuvre ihre Gültigkeit verloren, seit man, in Aufnahme einer antimusealen Tendenz in unserer geschichtlichen Erfahrung von Kunst, die Einschmelzung des künstlerischen Schaffens in eine Aktionswelt fordert? Für die Sprachlichen Künste, und vielleicht nicht nur für sie, würde das Analoge die Rückstellung derselben in die Rhetorik bedeuten, und wenn man die Reintegration alles künstlerischen Schaffens in die Gebrauchswelt fordert, wäre dem Dekorativen und dem Primat der Architektur in der Gestaltung des Lebenszusammenhanges alles untergeordnet.

Es ist also die Frage, ob die Unterscheidung des Werkes, das wir ein Kunstwerk nennen, von anderen Erzeugungen menschlicher Handfertigkeit „an sich" Gültigkeit besitzt, oder ob sie schon einen Begriff von Kunst voraussetzt, der selber erst mit der beschriebenen Entwicklung der Kunst und des Begriffes von Kunst am Ende ihrer großen okzidentalen Geschichte, mit der Wendung zum 19. Jahrhundert, seine volle Entfaltung erfahren hat und damit vielleicht auch seine Fragwürdigkeit verrät. Ein Punkt ist zum Beispiel, daß nicht in allen Epochen der Kunst die Rede von der Person des Künstlers, der ein Werk geschaffen hat, einlösbar ist. Nicht nur, daß man den Namen nicht kennt. Man fragt sich, ob von dem Schöpfer oder den Schöpfern von Felszeichnungen oder von olmekischen Skulpturen zu reden, überhaupt Sinn hat. Man fragt sich, ob die Felszeichnung von anderen Riten des Jagdzaubers oder ob die präkolumbianischen Skulpturen als Geräte eines Kultverhaltens von beliebigen anderen Handwerkserzeugnissen täglichen Gebrauchs unterscheidbar sind. Selbst wenn wir die „künstlerische Qualität" des einen und die Banalität des anderen unter solchen Erzeugnissen unterscheiden, ja selbst wenn der Erzeuger solcher Dinge in gereiften Kulturen sich als solcher weiß und „sein Werk" mit seinem oder seiner Werkstatt Namen „zeichnet" – reden wir da immer mit Recht von Kunst und Künstlern? Wir brauchen uns doch nur zu fragen, wie es in unserer industriellen Welt von heute aussieht. Da gibt es den Künstler, der – ohne Auftrag oder im Auftrage – „Werke" schafft, und den Designer, der die Formgestaltung unserer Industrieproduktion entwirft. Da gibt es den Dichter und den Texter, da gibt es den Prosaschriftsteller und den Journalisten, die oft ein und dieselbe Person sind und vielleicht nicht einmal von sich selbst zu sagen wüßten, ob sie Kunstschaffende und Künstler sind oder Arbeiter im Weinberge des Industrieherrn.

Das sind radikale Fragen, denen gegenüber die Behandlung der „nicht mehr schöne Künste" vielleicht noch an der Oberfläche der eigentlichen Probleme bleibt. Vielleicht reicht auch die Kritik im

Werkbegriff, die in den heutigen Formen von Aktionismus und Antikunst herumgeistert, nicht tief genug.

Das kann einem etwa an Heideggers Denkweg bewußt werden. Da ist der Versuch über das Kunstwerk in dem eine Welt aufgeht und der Versuch über das Ding, das eine schlichte Kanne sein mag und doch nur dann zum Ding wird, wenn es „aus Welt gering". Beides, Kunstwerk und Ding rückt bis zur Ununterscheidbarkeit zusammen, gerade weil es beides im Schwinden ist. Das Schwinden der Dinge im technisch-industriellen Zeitalter der Wegwerfgesellschaft liegt auf der Hand. Aber ist es nicht auch mit der Aufhebung der Einzigartigkeit des Kunstwerks im Zeitalter der Kunstindustrie ähnlich? Da haben wir vor allem die immer perfekter werdende Reproduzierbarkeit. Die Aura schwindet um das Werk. Insbesondere die Schöpfungen der Baukunst, aber auch Werke der bildenden Kunst, die in dunklen Kirchen oder schlecht beleuchteten Sälen kaum sichtbar waren, rücken durch die moderne Reproduktionstechnik in eine neue, verfügbare Nähe. Ebenso wird die Originalmusik heute oft von der Schallplatte übertroffen, wenn es sich um die Qualität der Interpretation handelt, und ebenso drängen Film und Fernsehen unter dem Gesichtspunkt der mimischen Qualität das Theater mehr und mehr an den Rand. Behält es also Sinn, von der Einzigartigkeit des Kunstwerks auszugehen und von der Aura, die es von daher umgibt? Ist der Begriff des Werkes nicht ebenso in Auflösung, wie die tatsächliche Funktion des originalen Werkes in unserer Welt selber?

Nun soll man sich von der Frage der Reproduzierbarkeit nicht beirren lassen. Es hat von jeher in der Neuzeit Kunstschaffen gegeben, das die Reproduzierbarkeit von vornherein im Auge hatte, und zwar als eine gleichartige und gleichwertige Vervielfältigung des Eignen: das sind die graphischen Künste, aber auch gelegentliche Repliken in der Malerei und vor allem die Bronzeskulptur gehören dahin. Und gilt es nicht ganz allgemein von dem, was wir „Literatur" nennen, das heißt, von der Seinsweise der Poesie? Man muß offenbar den Begriff der Einzigartigkeit in einem genaueren qualitativen Sinne nehmen. Es geht hier nicht um den wörtlichen Sinn, sondern darum, ob das so geschaffene Werk eine Identität in sich hat, die es zur Einmaligkeit seines Werkcharakters erhebt. Nicht die Reproduzierbarkeit im Sinne der äußeren Zugänglichkeit steht hier dem Original gegenüber, sondern die Imitation. Dieser Gegensatz impliziert für das Original einen eindeutigen Begriff von Identität, den ich hermeneutische Identität nennen möchte. Er ist nicht notwendig der abgelöste Bestand des geschaffenen Werkes, der hier Originalität, Ursprünglichkeit definiert. Selbst eine Orgelimprovisation, die gelingt, gewinnt, trotz ihrer Unwiederholbarkeit, eine unaufhebbare Identität, die in dem Urteil des Hörers sich niederschlägt. Man sagt, sie war gut oder sie war es nicht, und wenn sie gut war, war sie eine originale Schöpfung. Gewiß ist es schwierig, was hier „gut" genannt wird, in seinem Sinne zu charakterisieren. Aber auch wenn man ganz in Rechnung stellt, welche Aufnahmebedingungen, zum Beispiel Vorurteile des Geschmacks, solche Qualifikationen beeinflussen, bleibt doch ein Sinn in dieser Aussage, und das ist nicht nur der Qualitätssinn überhaupt, der sich im Kunsthandel als eine Vorbedingung erfolgreicher geschäftlicher Tätigkeit deutlich markiert. Es geht um mehr. Es geht um die Frage, warum das Einzigartige an einem Werk so zum Vorschein kommt, daß es sich aus allen möglichen Präsentations- und Rezeptionsbedingungen heraushebt und seine eigene Aussagekraft bewahrt, so verschieden es auch immer im Wandel von Zeit und Geschmack wirken mag. Plato spricht einmal in einem mythischen Zusammenhang von dem Schönen in diesem Sinne.

In der herrlichen Schilderung der Himmelfahrt und des Erdensturzes der Seele im Phaidros-Dialog feiert Plato die Auszeichnung des Schönen und sagt da, daß das Schöne das am meisten aus allem Herausscheinende und am meisten zur Liebessehnsucht Erweckende sei, weil es die Erinnerung an das wahre Sein bewirke. Was hier vom Schönen insgesamt gesagt wird, gilt ganz gewiß im besonderen von dem Kunstwerk. Wahrlich ist es nicht die Künstlichkeit der Kunst, durch die sie aus allem herausscheint, sondern das, was da gesagt wird, woran da erinnert wird, macht es. Um dieses Unsagbare zu charakterisieren, gebraucht man heute gern den Begriff der Aussage, und mit Recht. Was man eine Aussage nennt, ist ja unter allem Gesagten das, das Bestand hat, wie etwa die Aussage, die man vor einem verantwortlichen Forum im Verhör macht. So auch hebt sich die Erfahrung des Kunstwerkes aus den gemeinen Erfahrungslinien des Weltlebens heraus. Wenn es sich um ein Bauwerk handelt, stehen wir plötzlich wie gebannt, können nicht einfach hineingehen, um unser Geschäft zu besorgen, sondern müssen verweilen, um es aufzunehmen. Ebenso ist es, wenn uns ein Bild, wenn uns ein literarischer Text, wenn uns Musik förmlich bannt. Offenbar ist es da niemals das Einzelne als solches, wie es da vorkommt, was uns anzieht, sondern daß es ein Einzigartiges ist, etwas, was in sich selbst an ein Allgemeines erinnert. Einzigartig ist ja das, was als das Eine, das es ist, eine ganze Art, ein ganzes Allgemeines zur Darstellung bringt. Aristoteles (384–322 v. Chr.) hat einmal einleuchtend gesagt, der Historiker sei nicht so philosophisch – und das heißt hier: so reich an Erkenntnis des Wahren – wie der Dichter. Der Historiker sage nur, wie es wirklich gewesen ist, der Dichter sage, wie es immer zu geschehen pflegt, wie es im allgemeinen ist. Etwas davon gilt von jeder Erfahrung von Kunst. In der modernen Gesellschaft, die sich in einen wohlgegliederten Apparat eingefügt weiß, der alles in wohlgeplanten Erwartungen vorterminiert, bildet sich ein ständig dichter werdender Hintergrund, der sozusagen als unmerklich funktionierbar da ist, und gegen den sich erst recht abhebt, was wie eine Aussage da ist. Selbst Dinge, die man aus trivialen Funktionszusammenhängen gerissen „aufstellt", empfangen etwas von allgemeinerer Bedeutung, wie etwa die Provokationen von Duchamp gezeigt haben. Es ist nicht mehr diese „Gießkanne", was sich als eine im Museum aufgestellte Gießkanne darbietet.

Alles Erkennen ist Wiedererkennen. Was wir am Werk der Kunst erkennen, ob wir nun etwas Kunst oder ein Kunstwerk nennen oder nicht, ob wir den romantischen oder nachromantischen Sinn, den das Wort „Kunst" für uns hat, in Anspruch nehmen oder nicht, die Erfahrung als solche ist unleugbar, daß der pragmatische Lebenszusammenhang überschritten wird. Das gilt, wenn die Griechen die Phidias-Statue der Athene oder den olympischen Zeus bewunderten oder wenn sich die großen Schöpfungen etwa der ägyptischen Pyramiden oder anderer Heiligtümer der Vorzeit als ein Stück des zu lebenden Lebens und Sterbens um die damals lebenden Menschen schlossen. Wir erkennen an, daß dies Werke der Kunst sind. Wir erkennen auch an, daß in veränderten Welten wie der unseren, in der uns rings das von Menschen Geformte und Verformte umgibt, auch das von Menschen bildnerisch Geschaffene anders aussehen wird und dennoch auf sich zieht, auf sich versammelt und zur Aussage wird. Es bleibt legitim, darin die gleiche Kraft des Ordnens, die Schaffung eines in sich stehenden Kosmos zu erkennen und als die Erfahrung auszuzeichnen, die wir mit dem Begriff Kunst und ein Kunstwerk bezeichnen. Dem stimmt in Wahrheit jeder, der Kunst schafft und jeder, der etwas als Kunst erfährt, zu.

Auch die Kunst der eigenen Zeit ist obendrein niemals ablösbar von dem Ganzen der Geschichte und der Überlieferung der Kunst, deren Erzeugnisse wir so ehrfurchtsvoll sammeln und bewundern. Es wird wahr sein, daß der Zugang zu älterer Kunst für eine jüngere Generation, der vieles an historischer und gelehrter Kenntnis fehlen mag, schwerer zugänglich ist, als die aus unserer eigenen Industriewelt emporwachsende Produktion. Umgekehrt mag es für die Älteren schwer sein, von dem großen Reichtum und der Bedeutungsfülle, die aus den großen Werken der Kunst vergangener Zeiten zu uns spricht, abzusehen, wenn man sich dem heutigen Schaffen öffnen will. Wir haben alle unsere Grenzen, die wir nicht überschreiten können. Manchmal mag uns einer etwas zeigen wollen, was wir auch dann noch nicht sehen. Vorurteile des Geschmacks, der Bildung, auch der Unbildung, Wirkungen der Gewohnheit und der Erwartung mögen in den Weg treten – und dann wieder erfahren wir die Wirklichkeit dessen, was Kunst ist, wenn etwas in die Aura des Einzigartigen gehüllt ist, das uns ergreift, das uns begrenzt und das wir bewundern.

Über die Schwierigkeiten, moderne Kunst zu vermitteln

Bazon Brock

Entgegen landläufiger Auffassung ist die Schwierigkeit, *moderne* Kunst zu vermitteln, keine andere und keine größere als die Vermittlung *vormoderner* Kunst.

Die Tatsache, daß die moderne Kunst weitgehend nicht gegenständlich arbeitet, also keine konventionell identifizierbaren Bildsujets verwendet, sondern diverse Varianten „abstrakter" Darstellung nutzt, besagt keinesfalls, daß die moderne Kunst nicht nach Bildthemen aufschlüsselbar oder unter formalen Aspekten bestimmbar wäre.

Für die „Lesbarkeit" von Bildern macht es keinen Unterschied, ob etwa ein vormoderner Rubens „Kühe auf einer Weide" zum Bildthema erhebt, oder ein moderner Künstler wie Kasimir Malewitsch dem Betrachter ein schwarzes Quadrat auf einer Leinwand präsentiert [1].

Bildleseverfahren wie zum Beispiel die Ikonografie und Ikonologie sind auf moderne und vormoderne Werke gleichermaßen anwendbar. Dasselbe gilt für Methoden der Formanalyse, wie sie Alois Riegel entwickelte, und für stilgeschichtliche Untersuchungen, bzw. problemgeschichtliche oder gestaltpsychologische, die Kunstwissenschaftler wie Ernst Gombrich entfaltet haben.

Von den kunstwissenschaftlichen Formen des Umgangs mit Kunstwerken und mit angewandter Kunst, dem Design her gesehen, unterscheiden sich die Schwierigkeiten mit moderner und vormoderner Kunst nicht.

Erwartung von Laien bei Betrachtung von moderner Kunst

Bei dem nicht explizit theoretisch, also nicht wissenschaftlich begründeten Umgang von Kunstinteressierten mit Werken scheinen sich Schwierigkeiten der Vermittlung deshalb zu ergeben, weil die Laien glauben, es müsse einen unmittelbaren Zugang zu den Werken geben; die Laien setzen auf ihre Fähigkeit, in der bloßen „gefühlsmäßigen"

Hinwendung und voraussetzungslosen Betrachtung sich den Werken annähern zu können.

Sicherlich kann man sich der Wirkung von „Bildern" auf diese Weise aussetzen wollen – was aber dabei herauskommt, reicht nicht hin, sich der Kunstwerke unterschiedlicher Kulturlandschaften und Epochen, sowie unterschiedlicher künstlerischer Haltungen und Konzepte zu vergewissern; denn unser Gefühlshaushalt ist im Vergleich zu unseren kognitiven Fähigkeiten auffällig beschränkt. Deshalb reduzieren sich die Äußerungen der Laien vor Kunstwerken auf Aussagen wie „das gefällt mir", „das sagt mir etwas", „das berührt mich, das ist schön"; was aber da berührt und gefällt (oder eben nicht), können die Laien weniger spezifizieren.

Wenn jemandem ein Gemälde von Peter Paul Rubens (1577–1640) gleichermaßen gefällt wie eines von Roy Lichtenstein, so ist damit über die Werke selbst so gut wie nichts gesagt. Laien, die Kunstwerke – wie sie häufig sagen – mit dem Bauch wahrnehmen, können historische und konzeptuelle Kontexte, Wirkungsgeschichte und kulturelle Prägungen, die mit den Werken und in den Betrachtern selbst vorgegeben sind, nicht auf ihre Besonderheit, ja Einmaligkeit, hin wahrnehmen; ihnen muß deshalb gerade das entgehen, was die spezifischen Qualitäten und Bedeutungen eines Rubens oder eines Lichtenstein ausmacht.

Die äußerst schmale Basis gefühlsmäßiger Einlassung auf Kunstwerke beruht auf der Annahme, die Bedeutung stecke in den Objekten, wie ein Keks in der Schachtel[2].

Der Laie meint, von der Erscheinung unmittelbar, also unvermittelt, auf das Wesen schließen zu können; er geht von der Identität von Inhalt und Form, von Darstellung und Dargestelltem, von Zeichen und Bezeichnetem aus. Demzufolge glaubt er, bei Werken moderner Kunst auf größere Schwierigkeiten zu stoßen als bei denen der Vormoderne, weil sie ihm keine Belege für seine Vermutung bieten, von der versunkenen Betrachtung in die Anmutung des Werkes auf dessen Wesen und Bedeutung rückschließen zu können.

Folgerichtig kommen die Laien vor modernen Kunstwerken zu der Behauptung, diese Werke hätten also gar keine Inhalte; sie seien bloße Zeugnisse eines beliebigen Operierens mit Formen und Farben, respektive Materialien, die Jedermann, ja jedes Kind genauso hervorbringen könnten.

Der Laie fragt sich nicht – und zwar gleichermaßen vor Werken der Moderne wie vor denen der angeblich gesicherten Traditionen –, warum eigentlich beispielsweise um 1500 Künstler der gleichen Kul-

Laien erwarten meist einen unmittelbaren persönlichen Eindruck von einem Kunstwerk. Das gilt für die Moderne ebenso wie für die vormodernen Epochen. Vergleichende Fragen etwa der folgenden Art sind ihnen fremd: Warum kommen um 1500 Künstler ein und derselben Kulturlandschaft zur gleichen Zeit, bei gleichen Verwendungszwecken und ähnlichen Auftraggebern zu ganz unterschiedlichen künstlerischen Auffassungen? Deutlich wird dies an den folgenden drei Gemälden (S. 29, S. 30, S. 31):
In dem Portrait des Paolo Cornaro von Tintoretto (1518–1594) aus dem Jahr 1561 wird das Kunstwerk zur Darstellung der sozialen Stellung des Bürgers benutzt. Musée des Beaux-Arts, Gent.

turlandschaft für die gleichen Auftraggeber und gleiche Verwendungszwecke zu ganz unterschiedlichen Fassungen der Aufgabe gekommen sind, die Geburt Christi dazustellen; oder aber, warum um 1904 Maler ein- und derselben Generation in Dresden vor den gleichen Landschaften zu so unterschiedlichen Landschaftsdarstellungen gekommen sind, wie sie von den Malern der „Brücke" überliefert wurden.

Tizians (um 1477–1576) Portrait des Jacopo Strada aus dem Jahr 1566.
Das Bild des venezianischen Gelehrten zeigt einen Kunstkenner, der ein Kunstwerk als Handelsware gegen bare Münze feilbietet. Kunsthistorisches Museum, Wien.

Tafeln 1 und 2, S. 287: Auch Anfang unseres Jahrhunderts kommen Maler der gleichen Generation zur gleichen Zeit bei vergleichbaren Motiven zu verschiedenen Ergebnissen.

Der auf unvermittelte Konfrontation mit den Werken bestehende Laie hat keinen Zugang zu deren ästhetischer Dimension. Er glaubt, das Ästhetische als festgeschriebene Größe für Schönheit behaupten zu können, ohne darüber nachzudenken, wie eine solche normative

Portrait eines Bildhauers von Paolo Veronese (1528–1588), etwa aus dem Jahr 1565. Hier ist das Kunstwerk Ausdruck für die personale Identität des Künstlers mit dem von ihm geschaffenen bildhauerischen Werk. Metropolitan Museum, New York

Wertskala – gäbe es sie denn – für Künstler und Betrachter verbindlich etabliert werden könne; er hält, naiverweise, solche Schönheit zu erreichen, für eine selbstverständliche Aufgabe der Künstler, und beläßt den Begriff der Schönheit irgendwie im Ungefähren als überindividuelle ahistorische und transkulturelle Größe.

Die augenfällige Abweichung von solchen Schönheitsnormen versteht der Laie nur als Resultat mangelnder handwerklicher Fähigkeiten der Künstler, wobei die angeblich großen Künstler der Vormoderne ihr Handwerk eben noch meisterlich beherrschten, die modernen Künstler aber solche Befähigung nur vortäuschten, um ihre persönlichen Defekte oder ideologischen Beschränkungen vergessen zu lassen. Wer anders male, als es dem verbindlich gesetzten Schönheitsideal des Betrachters entspreche, sei entweder das bedauernswerte Opfer seiner „kranken" Wahrnehmungsorgane, vornehmlich der Augen, oder er sei gefühlspervers bzw. ideologisch entartet, zum Beispiel als „kulturbolschewistisch agitierender jüdischer Verschwörer", dem man nicht auf den Leim gehen wolle und dessen politisch-sozialer Umstürzlerei der Boden zu entziehen sei [3].

Der Begriff des Ästhetischen

Alle bisherigen Versuche, das Ästhetische mit dem Schönen gleichzusetzen und normativ zu bestimmen, bzw. zu messen, sind gescheitert. Auf unser Jahrhundert bezogen scheiterten gleichermaßen die Versuche totalitärer, nationalsozialistischer, faschistischer oder sozialistischer Regime, ästhetische Normen verbindlich durchzusetzen, wie auch die Versuche von Informationsästhetikern – zum Beispiel Max Bense – scheiterten, den ästhetischen Rang von Kunstwerken messend zu erfassen. Diese Versuche gingen ins Leere (um so bedauernswerter ihre zahllosen Opfer), weil sie auf einen Begriff des Ästhetischen rekurierten, der im Rahmen bestimmter philosophischer Problemstellungen, der Ontologie, zwar sinnvoll zu sein schien, aber für die Hervorbringung und Aneignung konkreter Kunstwerke unbrauchbar war.

Mit der Umorientierung der Wissenschaft von der Ontologie auf die Biologie der Erkenntnis entstand ein anderer Begriff des Ästhetischen [4]. Die ästhetische Dimension aller menschlichen kommunikativen Handlungen läßt sich auf Konstante unseres Weltbildapparates und seiner funktionalen Leistungen gründen. Das Ästhetische wird dieser Auffassung zufolge als unaufhebbare Differenz zwischen psychischen und gedanklichen Operationen einerseits, so wie deren sprachlichen Manifestationen andererseits verstanden.

Außer in Tautologien und mathematisch definierter Eineindeutigkeit von Zeichen gibt es weder für den Urheber einer kommunikativen Handlung, noch für deren Adressat oder Beobachter die Möglichkeit, Ausdruck und Ausgedrücktes, Inhalt und Form, Anschauung und Begriff, Zeichen und Bezeichnetes identisch zu setzen. Die Nichtidentität von sprachlichen Zeichen – als Wort, als Bild, als Geste, als Handlung – mit den ihnen zuordenbaren Gedanken und Vorstellungen, läßt sich aber auch nicht lexikalisch oder in irgendwelchen anderen Festschreibungen analoger Zuordnungen „enträtseln", wie man Geheim- oder Privatsprachen aufschlüsseln zu können glaubt.

Die Schwierigkeiten im Umgang mit Kunstwerken sind demzufolge keine anderen als die, die uns in jeder Kommunikation zwischen Menschen zugemutet werden. Insofern Künstler als Spezialisten für das Ästhetische angesprochen werden können, resultieren ihre je besonderen Arbeiten aus dem Versuch, die prinzipiell unaufhebbare Differenz von Anschauung und Begriff oder Zeichen und Bezeichnetem gerade zum Thema ihrer Arbeiten zu machen.

Im Unterschied zu Kommunikationstrainern, Kunsttherapeuten und Sprachlehrern heben Künstler nicht darauf ab, die ästhetische Differenz zu eliminieren, sondern sie fruchtbar werden zu lassen für die Entfaltung abweichender Vorstellungen und Gedanken. Sie nutzen andererseits die ästhetische Dimension produktiv, indem sie die Unmöglichkeit demonstrieren, etablierte Gedanken oder Vorstellungen eindeutig zu vergegenständlichen. Das reiche Werk vieler Künstler besteht aus den immer erneuten Versuchen, sich ihren relativ wenigen Formvorstellungen, kognitiv entwickelten Begriffen und ihren Emotionen anzunähern. Dennoch sind ihre Arbeiten nicht bloße Variationen des immer gleichen Themas, da jede Zeichenfiguration in hohem Maße offen und unbestimmt bleiben muß, also nicht kalkulierbare Abweichungen von jenen Visionen, Gedanken oder Emotionen erzwingen, mit denen der Künstler ans Werk ging.

Anleitung zu produktivem Umgang mit Kunstwerken

Kunstvermittlung als Anleitung zu einem produktiven Umgang mit Werken kann nicht darauf ausgerichtet sein, den Rezipienten einen Kanon verbindlicher Deutungen und Bedeutungen zur Verfügung zu stellen. Ihr bleibt nichts anderes übrig, als sich darauf auszurichten, die Unterscheidungsfähigkeit der Rezipienten zu entwickeln, wobei die Kriterien der Unterscheidung und deren – je nach Interesse – methodischen Konventionen und in Handlungskontexten spezifisch vorgegebene Verknüpfung die wichtigste Rolle spielen.

Kunstvermittlung ist aber dem Vorgehen nach nichts anderes als die vermittelte Einlassung auf irgendeine Gegebenheit in der Welt. Wer einem anderen zum Beispiel die Möglichkeit eröffnen will, sich mit einigen Quadratmetern Wiese zu konfrontieren, geht nicht anders vor als der Kunstvermittler. Was die Quadratmeter Wiese wahrnehmbar werden läßt, ist die Unterscheidung der in diesem Wahrnehmungsfeld gegebenen Phänomene. Um diese voneinander zu unterscheiden, kann man Kriterien und ihre Verknüpfung benutzen, wie sie von Pflanzen- und Insektenkundlern, oder Landwirten, oder Bodenkundlern oder Landschaftsaquarellisten oder Ausflüglern benutzt werden. Je nachdem, welche Kriterien für die Unterscheidung der gleichen Phänomene auf dem gleichen Stück Wiese zum Zuge kommen, wird die „Bedeutung", die Bearbeitung, die Wertschätzung, das Erlebnis der Nutzungsform der Wiese ausfallen. Natürlich wird die Konfrontation mit der Wahrnehmungsaufgabe „Wiese" um so reicher, je mehr Kriterien der Unterscheidung der Wahrnehmende zu verwenden vermag. Aber die Kriterien und ihre Ordnung, die der Pflanzenkundler in Anschlag bringt, sind mit denen des Aquarellisten oder des Bodenkundlers oder des Ausflüglers nicht in Übereinstimmung zu bringen; man kann also die Konfrontation mit irgendwelchen Gegebenheiten in der Welt ebenso wenig wie die Konfrontation mit Kunstwerken dadurch ins Unüberbietbare steigern wollen, indem man alle möglichen Unterscheidungsformen addiert; denn auf jeder Ebene und in jeder Form der Unterscheidung setzt sich die ästhetische Differenz durch.

Für die Kunstvermittlung ergeben sich aber zusätzliche Probleme: Ein Pflanzenkundler wird wohl kaum die Unterscheidung der Gräser, Moose, Blumen nach Kriterien vornehmen, die irgendwann einmal gegolten haben. Er wird sich an die Kriterien halten, die seiner Zunft durch Herrn Carl von Linné (1741–1783) zur Verfügung gestellt wurden, und auf die sich die Pflanzenkundler geeinigt haben. Selbst wenn er ausgestorbene aber irgendwie noch dokumentierte Pflanzen sieht, wird er die heute unter seinen Kollegen geltenden Unterscheidungskriterien für die Bestimmung dieser Pflanzen benutzen. Das ist bei der Kunstvermittlung anders.

Kunstwerke sterben nicht aus, und zu ihrer Bestimmung gehören auch Kriterien der Unterscheidung, die in jenen Zeiten galten bzw. genutzt wurden, in denen die Kunstwerke entstanden. Der Kunstvermittler sieht sich – über die Zumutungen der ästhetischen Differenz hinaus – gezwungen, in der Gegenwart nicht mehr genutzte, ja auch kaum noch verstehbare Wahrnehmungs- und Urteilsformen zu berücksichtigen; er kann sich also nicht darauf beschränken, den Kunstbetrachtern ein Beispiel für eine der gerade für sinnvoll gehaltenen Einlassungen auf Kunst zu geben. Er wird auch Beispiele für jene Arten der Einlassung auf Kunst bieten müssen, die nicht die seinen sind, die nicht zeitgemäße sind, und mit denen man als Zeitgenosse auch nicht mehr arbeiten kann. Soweit er also einerseits die Betrachter anleitet, das befremdlich Neue in der Konfrontation mit Kunst zu bestimmen, zu erkennen und zu nutzen, so wird er andererseits – gegenüber Werken früherer Epochen – die vermeintliche Vertrautheit des Betrachters mit vormodernen Traditionen zerstören müssen, indem er Wahrnehmungs- und Urteilsformen vorführt, die als historisch frühere von den Zeitgenossen nicht verstanden werden können, wodurch das vermeintlich vertraute vormoderne Kunstwerk zu einem erheblichen Teil wieder unbestimmt und unbekannt gemacht wird. Gegen diese Wirkung der Kunstvermittlung, dem Betrachter

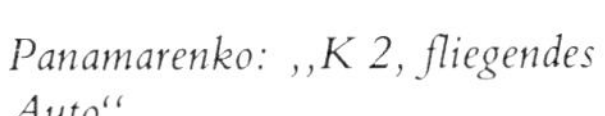

Panamarenko: „K 2, fliegendes Auto“.
Dieses fliegende Auto Panamarenkos aus der K-2-Serie war auf der „documenta 8“ 1991 in Kassel ausgestellt.
Panamarenko zählt zur zeitgenössischen künstlerischen Avantgarde. Gehören seine Kunstwerke zur „neuesten“ Kunst, weil sie uns veranlassen, neue Sichtweisen für die vermeintlich bekannten Werke der Tradition zu entwickeln? Oder sind Werke der Avantgarde nur solche, die uns zwingen, neue Traditionen auszubilden?

das Vertraute zu entziehen, sträuben sich viele Liebhaber der Künste. Da Kunstwerke im Laufe der Epochen zu einem gewissen Anteil auch immer durch Bezug auf schon vorhandene, also historisch frühere Kunst entstehen, kann die Betrachtung von modernen Werken oder unmittelbar zeitgenössischen in keinem Fall von der Betrachtung früherer abgekoppelt werden. Da aber jeder Kunstvermittler nur als Zeitgenosse zu seiner Klientel sprechen kann, wird er die Beziehung der neueren auf die älteren Werke dezidiert ausweisen müssen. Das geschieht beispielsweise so: Zeitgenössische Avantgarde, also das Neueste, erweist sich erst darin als tatsächlich neu, indem es uns veranlaßt, neue Sichtweisen auf die vermeintlich bekannten und vertrauten Werke der Tradition zu entwickeln. Oder: Avantgarde ist nur das, was uns zwingt, neue Traditionen auszubilden. Damit werden die historisch frühen Werke auf jene Distanz des befremdlichen Anderen, ja Unbekannten gebracht, in der sie zu uns ohnehin stehen – nämlich einerseits durch ihre ästhetische Dimension und andererseits durch ihre historische Dimension.

Wie man heute von der Wahrheit nur noch mit Bezug auf das Falsche vernünftig reden kann, da nur das erkannt Falsche als solches noch als wahr ausgewiesen werden kann, so kann man von den Kunstwerken nur vernünftig reden, wenn Betrachtung und Urteil dazu führen, die Distanz, die Ambivalenz und die Ambiguität, die Fremdheit und uneingrenzbare Offenheit der Werke als eine ihrer wesentlichen Qualitäten akzeptieren zu können.

Dazu sind diejenigen nicht bereit, die vom Kunstvermittler tiefschürfende umfassende Interpretationen der Werke als verläßliche Aussagen einfordern. Alle Botaniker wenden heute die gleichen Bestimmungsformen ihrer Objekte an – Kunstvermittler hingegen können auf solche allgemein akzeptierten Distinktionsverfahren nicht zurückgreifen.

Ein- und dasselbe Gemälde, ob modern oder vormodern, wird so viele Deutungen oder Aneignungsformen gleichermaßen provozieren, oder über sich ergehen lassen, wie es beispielhafte, dennoch häufig aber nur von einem Individuum getragene Wahrnehmungs- und Urteilsformen gibt. In der Kunstvermittlung sind diejenigen Aneignungsformen, die von einem oder wenigen Vermittlern genutzt werden, prinzipiell genauso bedeutsam, wie diejenigen, hinter denen größere Gruppen von Wissenschaftlern oder gar ganze Schulen stehen. In dieser Tatsache einen Freibrief für bloß individuelle, meist subjektiv genannte Geschmacksurteile vermuten zu dürfen, ist ein logischer, wie ein von der Erfahrung widerlegter Kurzschluß. Auch wenn man annähme, daß in Kunstfragen alle Urteile individuelle Geschmackssache seien, so gilt diese Annahme doch nur unter der Voraussetzung, daß das betreffende Individuum einen Geschmack hat, und das heißt, daß es nach Kriterien zu unterscheiden weiß und in der Lage ist, diese Kriterien auf produktive Weise zu verknüpfen.

Diese Produktivität erweist sich in der Kunstvermittlung nicht darin, daß die Betrachter ihrerseits zu künstlerischem Arbeiten befähigt würden; das anzustreben, läßt viele bemühte Veranstaltungen in Volkshochschulen und Museen so peinlich fehlgehen, erst recht, wenn diese Zielsetzung mit der generellen Feststellung untermauert wird, jeder Mensch sei ein Künstler. Er ist es gewiß nicht auf der Ebene der Hervorbringung von Werken; er vermag es aber auf der Ebene ihrer Aneignung zu sein, sobald er begriffen hat, daß die Rezeption und alle mit ihr verknüpften Leistungen genauso produktiv, so „künstlerisch" wie das Malen oder Schreiben oder Designen zu sein vermögen.

Der Betrachter entnimmt nämlich den Werken nicht Botschaften oder sonstige in ihnen vorhandene Gegebenheiten. Kommunikation, also auch Wahrnehmen und Verstehen, sind keine Austauschprozesse, sondern eigenständige parallele und analoge Leistungen der Sprechenden und Zuhörenden, der Malenden und Betrachtenden, der Komponierenden und Musizierenden.

Der Kunstvermittler ist also kein Zwischenträger, kein Medium, sondern wirkt eher wie ein Katalysator oder ein Enzym in Beziehung zwischen Werk und Betrachter – wenn auch wohl nicht ganz so unberührt und unbeschädigt wie Katalysatoren und Enzyme in chemischen Prozessen; denn er ist ja immer auch Sprechender und Zuhörender zugleich, Betrachter und Gegenstand der Betrachtung. Das verlangt einen Grad von Selbstdistanzierung durch Selbstreflexion, zu dem man nur schwer gelangen kann.

Wie schwer das ist, mag für den Autor dieser, hiermit abgeschlossene Text belegen, dessen Vermittlung an den Leser nur darin bestehen kann, ihn zugleich evident erscheinen zu lassen und andererseits als krause Zumutung. Wer aber von einem Text oder von irgendeiner anderen Form der Äußerung nur die Bestätigung oder Einlösung dessen verlangt, was er erwartet, bräuchte solche Texte oder Äußerungen anderer gar nicht erst zur Kenntnis zu nehmen. Er wird sich wohlig auf die Unmittelbarkeit des Zugangs zu den Werken zurückziehen, wie sich der selbstgefällige Protestant auf die Unmittelbarkeit seiner Beziehung zu Gott zurückzieht. Aber gegen solche Machtphantasien der Kunstgläubigen wie aller anderen Gläubigen ist kein Werk gewachsen, erst recht kein Kunstvermittler.

Literaturnachweise

1 *Brock*, Bazon: Ikonografie der modernen Kunst. In: Ikonografia. Festschrift für Donat de Chapeaurouge. Hrsg. v. Brock, Bazon/Preiß, Achim. München 1990
2 *Brock*, Bazon: Besucherschule zu documenta 6. Kassel 1977; *Brock*, Bazon: Ästhetik gegen erzwungene Unmittelbarkeit. Köln 1986
3 *Brock*, Bazon: Genie und Wahnsinn, Therapie durch Kunst? DIE REDEKADE. München 1990
4 *Brock*, Bazon: Übersichtseinführung. In: Ästhetik als Vermittlung. Köln 1977

TECHNIK ALS WERKZEUG ZUR GESTALTUNG VON KUNSTWERKEN

Kunst und Technik im klassischen Altertum – die antike Bronzetechnik

Peter C. Bol

Zum Titelblatt:
Bautechnik und Bauhandwerk entfalten sich im Mittelalter zur höchsten Blüte im Kirchenbau. Kreuzrippengewölbe, Dienst und Spitzbogen sind die wichtigsten technischen Elemente gotischer Baukunst. Die Gewölbe sind durch tragende Kreuzrippen unterlegt, von steinernen Diensten als Wand- und Pfeilervorlagen getragen und von Strebebogen und -pfeilern am Außenbau funktional abgesichert. Dieses Struktursystem macht eine durchbrochene Wandgliederung und den Einbau mächtiger farbiger Fensterverglasungen in der dünnen Füllwand möglich.
Ein prachtvolles Beispiel gotischer Baukunst ist das Innere des Veitsdoms in Prag, ein Werk von Matthias von Arras und Peter Parler. Die Abbildung zeigt die Spitzbogenverzierungen einer der Kapellen des Domes.

Die Beziehung zwischen Kunst und Technik bei den Griechen ist schon deshalb nur sehr schwer zu beschreiben, weil diese einen Unterschied zwischen beidem bestenfalls ahnten, aber eins von dem anderen nicht streng schieden. So sagt im 2. Jahrhundert n. Chr. der Reiseschriftsteller und Kunstautor Pausanias in seiner Beschreibung Griechelands (I 26.2) über den um 400 v. Chr. lebenden Bildhauer Kallimachos, daß jenem die Erfindung gelungen sei, Steine zu durchbohren und er sich dafür prahlerisch den Beinamen Kakizotechnos (κακιζότεχνος, d.h. Kunstkönner) beigelegt habe, daß er an wahrer Kunstfertigkeit jedoch nicht an die ersten seiner Zeit heranreichte. Pausanias hält technisches Können offenbar für eine wesentliche Voraussetzung künstlerischer Vollendung, die sie allein jedoch noch nicht ausmache.

Sucht man auf der anderen Seite in der griechischen Sprache ein Äquivalent zu dem deutschen Wort „Kunst" oder dem lateinischen „ars", kann hierzu allenfalls der Ausdruck „Techne" dienen, der handwerkliches und künstlerisches Können in gleichem Maße einschließt. Als Pendant zu dem heutigen Inhalt des Wortes „Technik" könnte dagegen bis zu einem gewissen Grad der Ausdruck „Sophia" (σοφία) gelten. Er gilt für das übernommene und erlernte aber auch selbständig entwickelte Wissen, welches zur angemessenen Ausübung einer Tätigkeit gehört. [I-1.1; VII-2.3]

Diese Sophia (σοφία) bezeichnet zwar keineswegs nur den mechanischen Teil künstlerischen Handelns, sondern schließt dessen Theorie mit ein. Sie impliziert jedoch nicht unbedingt auch das künstlerische Ethos. Der wahre Künstler bedarf daher nicht nur der technischen Sophia. Zur Vollendung führt ihn erst die „Arete" (ἀρετή), die „Tugend", der ethische Anspruch, mit dem er schafft und der ihn zu schöpferischen Leistungen erhebt.

Wie durch die griechische Sprache der Unterschied zwischen Kunst und Technik nur schwer auszudrücken ist, trennt diese nicht grundsätzlich zwischen dem Handwerker und dem Künstler. Beide gelten als Technitai (τεχνίται), als Techniker, oder als Demiourgoi (δημιουργοί), als Männer, die der Allgemeinheit dienen, während die Bezeichnung Banausos (βάναυσος) erst spät zum Schimpfwort für jenen Handwerker wird, der seinen Beruf rein mechanisch und geistlos ausübt. [I-1.1]

Aus der Identität von Künstlern und Handwerkern ergibt sich, daß schon der Mythos die großen Künstler als Erfinder und Entdecker neuer Gerätschaften oder technischer Verfahren rühmt. Daidalos, der irdische Stammvater aller Künstler, dessen Namen bereits umfassende Fertigkeit ausdrückt, der Erfinder des Labyrinths wie auch der Flügel, durch die er seine Freiheit wiedererlangte – der Topos von der Freiheit als Voraussetzung künstlerischen Arbeitens hat hier seinen Ursprung – lehrt daher die Menschheit den Gebrauch der Säge und der Axt wie auch des Leims und des Lots. Mit der Technik Material zu zerteilen und zu verbinden hätte er somit die Grundvoraussetzung mechanischer Metamorphosen geschaffen.

Die Frage nach dem Protos Heuretes (πρῶτος εὑρέτης), dem Entdecker und Erfinder, entspricht dem agonalen Denken der Griechen, die Verdienste ungern der Anonymität einer gesellschaftlichen Gruppe überlassen. Bereits die mythischen Errungenschaften von Kultur und Technik werden daher mit Namen verbunden und dies gilt natürlich auch für historische Epochen. Aber wie sich die mythologische Überlieferung oft kaum mit archäologischen Erkenntnissen verbinden läßt, sind auch für historische Zeiten verbürgte Entdeckungen meist nur schwer mit der Aussage der Denkmäler zu verknüpfen. Von dem um 400 v. Chr. tätigen Bildhauer Kallimachos, der Pausanias zufolge die Technik erfand, Steine zu durchbohren, war bereits die Rede. Bearbeitungsspuren an älteren Skulpturen zeigen indessen an, daß bereits die Steinmetzen des 7. Jahrhunderts v. Chr. fast alles Gerät kannten, das bis weit in die Neuzeit der Gestaltung von Steinen diente und man schon damals Steine durchbohren konnte. Das jüngste Werkzeug, das die griechischen Bildhauer benützten, das sog. Zahneisen, mit dem man größere Flächen eben abarbeitete, ist schon um 530–20 v. Chr., also viele Generationen vor Kallimachos erfunden worden, wie überhaupt die wesentlichen technischen Erfindungen zur Bildhauerkunst bereits in archaischer Zeit geglückt waren.

Zu den großen Erfindern der griechischen Kunstgeschichte zählte der Samier Theodoros, auf den das Winkelmaß, die Drehbank, die

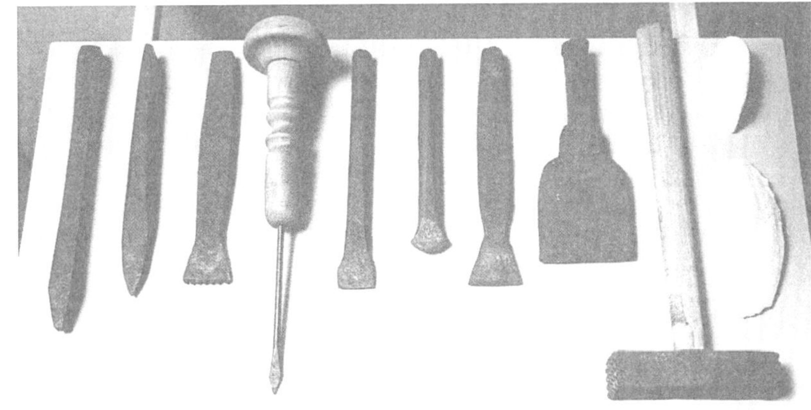

Moderne Nachbildungen antiker Steinmetzwerkzeuge. Die Abbildung zeigt von links nach rechts: Sprengeisen, Spitzeisen, Zahneisen, Bohrer, Flacheisen, Rundeisen, Flacheisen, Scharіereisen, Stockhammer und Poliermittel.

Mit den vorgestellten Werkzeugen bearbeitete Partien eines Marmorblocks.

Wasserwaage und der Schlüssel zurückgehen sollen und der vor allem erstmals monumentale Bronzestatuen geschaffen haben soll. Die Lebenszeit des Theodoros ist einigermaßen sicher zu bestimmen. Werke seiner Hand waren der berühmte Siegelring, welchen er für den Tyrannen Polykrates geschaffen hatte, der in der 2. Hälfte des 6. Jahrhunderts v. Chr. regierte und ein silberner Mischkrug, den der um die Mitte jenes Jahrhunderts herrschende Lyderkönig Kroisos in Auftrag gegeben hatte. Theodoros Erfindungen müßten demnach in den mittleren Abschnitt des 6. Jahrhunderts fallen. Monumentale Bronzestatuen sind jedoch schon aus sehr viel früherer Zeit bekannt.

In Ägypten blieben in einer Mischtechnik aus getriebenen und gegossenen Teilen zusammengesetzte Bronzestatuen erhalten, welche bis in das Alte Reich, bis in das 3. Jahrtausend zurückführen. Ebenso alt ist ein aus Kupfer oder Bronze gegossener, lebensgroßer männlicher Kopf, der in Niniwe, in Mesopotamien, zutage kam und zu einer in ähnlicher Technik geschaffenen Bronzestatue gehört haben dürfte. In Griechenland wurden bereits im 8. Jahrhundert v. Chr., also viele Generationen vor Theodoros, monumentale Kunstwerke geschaffen, die gleichfalls aus getriebenen und gegossenen Teilen bestanden. Im Widerspruch zu der literarischen Überlieferung waren den Griechen monumentale Bildwerke aus Bronze demnach schon lange vor Theodoros bekannt. Dennoch haben wir die relativ dichte Überlieferung zu einer technisch-künstlerischen Erfindung ernstzunehmen, die sich keineswegs in grauer Vorzeit ereignet haben soll, sondern in eine historische Zeit fiele. Wir können die Mitteilungen des Plinius (23–79), des Pausanias (um 110–nach 180) und anderer nicht einfach ignorieren, sondern haben eher zu fragen, von welchem Ereignis sie in Wahrheit ausgehen, was also Theodoros in Wirklichkeit erfunden haben könnte. Monumentale Bronzewerke, von denen die Überlieferung spricht, gab es, wie gesagt, schon lange vor seiner Zeit. Sie bestanden jedoch sowohl aus getriebenen als auch aus gegossenen Teilen. Einige Gußformen, die um die Mitte des 6. Jahrhunderts unter die Erde gekommen waren, deuten jedoch darauf hin, daß zur Zeit des Theodoros in Griechenland erstmals monumentale Statuen geschaffen wurden, die nicht mehr in der hergebrachten Mischtechnik gefertigt waren, sondern ganz aus gegossener Bronze bestanden. Auch wenn unsere antiken Gewährsmänner dies nicht ausdrücklich äußern, liegt es nahe, ihre Mitteilungen über Theodoros mit diesem Ereignis zu verbinden. Ihm wäre es somit erstmals gelungen, umfassendere figürliche Gußstücke herzustellen und gewichtige Bronzepartien haltbar miteinander zu verbinden.

Seine technische Erfindung reduzierte sich damit freilich auf die Weiterentwicklung und Übertragung bekannter Techniken auf neue Aufgaben. Das klingt bescheiden. Um die Bedeutung dieser Leistung abzuschätzen, empfiehlt sich jedoch ein Blick auf die vorausgehende technische Entwicklung der Bronzekunst. Anders als in Ägypten oder in Mesopotamien hat man in Griechenland erst sehr spät begonnen, Gegenstände größeren Formats aus Bronze herzustellen. Mannshohes Bronzegerät finden wir hier erst seit dem 8. Jahrhundert v. Chr. In

Steigender und fallender Guß einer massiven Bronzestatuette im Wachsausschmelzungsverfahren.
a Statuette; b tönerner Gußmantel; c Eingußkanal für die Bronze; d Auslässe für die eingeschlossene Luft. a bis d wurden zunächst in Wachs gebildet, das sich nach der Ummantelung ausschmelzen ließ.

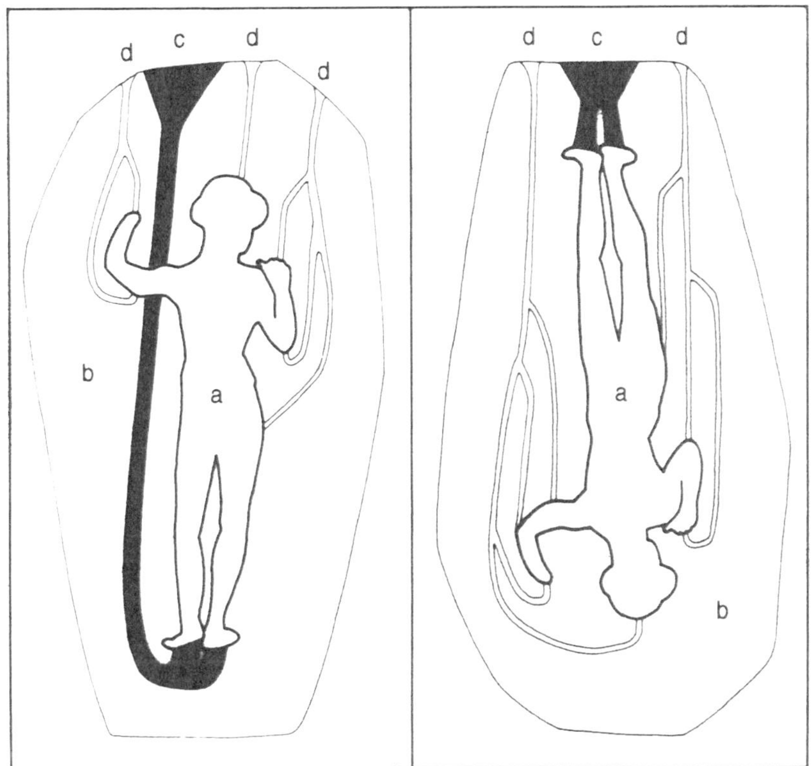

dieser Zeit wurden von Werkstätten in Attika und der nördlichen Peloponnes monumentale Bronzekessel geschaffen, die auf drei hohen Beinen standen. Diese „Dreifüße" dienten ursprünglich dem täglichen Gebrauch, zum Kochen von Speisen über dem offenen Feuer. Als wertvollstes Gerät, das in einem frühgriechischen Haushalt zu finden war, wurden die Dreifüße bald zur geziemenden Gabe an einen geehrten Gast und dann zum würdigen Geschenk an die Gottheit, der man solche Kessel in großer Zahl weihte.

Die eigentlichen Kessel bestanden immer aus getriebenem Kupfer oder Bronze. Dagegen hat man die Beine, auf denen das Gewicht der Kessel samt Inhalte ruhte, und die Henkel, an denen sie getragen wurden, zunächst massiv gegossen. Schon bald entdeckte man, daß sich das Gewicht bei unverminderter Standfestigkeit und Haltbarkeit wesentlich herabsetzen ließ, wenn man den nach wie vor gegossenen Beinen eine π-förmigen Querschnitt verlieh. Zwar waren die Beine

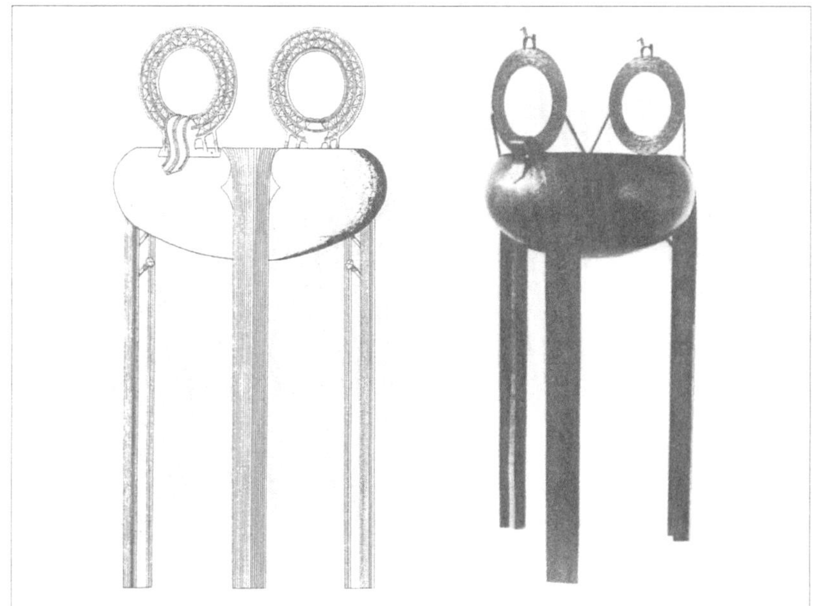

Rekonstruktion eines Dreifußkessels des 8. Jahrhunderts v. Chr. Die Konstruktionszeichnung und die Rekonstruktion zeigen den gehämmerten Kessel mit gegossenen Henkeln und Beinen.

dann an der ohnehin kaum einsehbaren Rückseite offen. Davon abgesehen waren auf diese Weise jedoch schon wesentliche Vorteile des Hohlgusses vorweggenommen. Diese Beine wurden im sogenannten Wachsausschmelzverfahren mit verlorener Form hergestellt. Alle Gußstücke wurden demnach zunächst in Wachs modelliert. Danach wurde das Wachs tonummantelt und ausgeschmolzen. Der so entstandene Hohlraum wurde mit flüssiger Bronze gefüllt, nach deren Erkalten der Tonmantel zerstört werden konnte, so daß Bronze, die nun noch von der rauhen Gußhaut zu säubern, zu schleifen und zu ziselieren war, zum Vorschein kam.

Die Ornamente wurden bei den frühen, massiven Beinen in das Wachsmodell eingeschnitten oder als Wachsfäden aufgelegt. Dieses Verfahren hat man zunächst auch bei den Beinen mit π-förmigem Querschnitt beibehalten. Schon bald erkannte man jedoch, daß sich mit einer neuen Technik die Herstellung des Ornamentschmucks vereinfachen und seine formale Perfektion und Regelmäßigkeit steigern ließe. In derselben Zeit, in der man bei den Terrakotten immer seltener frei modellierte und immer häufiger ganze Figuren oder auch nur Teile von ihnen aus Hohlformen ausprеßte, ging man auch in den Bronzewerkstätten dazu über, die Ornamente nicht mehr frei einzugraben oder aufzulegen, sondern sie aus Modeln abzudrücken. Dabei wurden in regelmäßigem Rapport Ausformungen 6–8 cm breiter und etwas über 10 cm langer Matritzen übereinandergesetzt.

In einer etwas späteren Phase hat man Beine mit π-förmigem Querschnitt nicht mehr gegossen, sondern aus je drei Streifen dicken Blechs zusammengenietet. Zur Verzierung solcher Blechstreifen waren die Matritzen nicht geeignet. Die aus ihnen abgedrückten Ornamente wurden nun durch andere ersetzt, die sich in Einzelteile zerlegen ließen. So traten zum Beispiel an die Stelle von Spiralbändern Friese, die aus konzentrischen Kreisen bestehen, welche durch Tangenten miteinander verbunden sind. Für diese Kreise oder Linien wurden Punzen entwickelt, die mit starken Hammerschlägen in das Blech eingeprägt wurden. Auf diese Weise ließen sich allerdings nur relativ einfache Muster, nicht aber kompliziertere Motive oder gar Figuren reproduzieren. Der figürliche Schmuck solcher Dreifüße mit getriebenen Beinen beschränkt sich daher auf Aufsatzfiguren, die nach wie vor massiv gegossen wurden. Als dann aber das Bedürfnis nach reicherem Figurenschmuck wuchs, griff man auf unterschiedliche Techniken zurück. Einige Werkstätten blieben bei der Tradition der gegossenen Beine mit π-förmigem Querschnitt und versahen die ursprünglich rein ornamentalen Matritzen mit reicherem Figurenschmuck. Andere Toreuten trieben dagegen aus Blechen den Figurenschmuck der Beine heraus. Nuancenreichere Formen waren allerdings nur mit einem schmiegsameren – und das bedeutete gleichzeitig auch dünneren – Blech zu erreichen, das daher nicht mehr in der Lage war, das Gewicht der Kessel zu tragen. Das Metall verlor nun seine ursprüngliche, tragende Funktion und diente nurmehr der Verkleidung einer Konstruktion aus Holz oder Stein.

Im 7. Jahrhundert erhielt der Dreifußkessel einen bedeutenden Konkurrenten in der Gestalt des sogenannten Protomenkessels, der nicht mehr fest mit seinen Beinen verbunden war, sondern auf einem eigenen Untersatz ruhte. Über die Ränder dieser Kessel erhoben sich als Protomen auf langen Hälsen die Köpfe von Greifen oder anderer Wesen. Wie die Verkleidungen der Beine und später die Dreifüße bestanden diese Greifenprotomen aus dünn getriebenem und gehämmertem Blech. Ihrer Verfestigung diente allerdings kein Holz, das wegen der komplizierten Form der geschwungenen Hälse und detailreichen Köpfe nur in aufwendiger Schnitzarbeit dem Metall anzugleichen gewesen wäre. Man füllte den Hohlraum vielmehr mit einer Mischung von Sand, Lehm und Asphalt. Bei den frühesten Greifen sind Kopf und Hals aus einem einzigen Stück Kupfer oder Bronze von innen herausgetrieben. Angesichts der keineswegs gewaltigen Dimensionen der nur faustgroßen Köpfe und der 30 cm langen, dünnen Hälse ist diese technische Meisterleistung kaum gebührend zu würdigen. Im Laufe des 7. Jahrhunderts gewann die Gestalt der Greifen in der Vorstellung der Griechen jedoch eine immer kompliziertere Form, die in der gewohnten Treibtechnik immer schwieriger zu erreichen war. Man verzichtete deshalb darauf, die Protomen aus einem einzigen Stück Blech zu hämmern, sondern setzte sie aus mehreren Teilen zusammen, die miteinander vernietet oder durch eingeknickte Falze verbunden wurden. Das setzte jedoch die Haltbarkeit dieser Gebilde herab. Aus diesem Grund ging man dazu über, nurmehr die verhältnismäßig einfachen Hälse aus Blech zu treiben, die Köpfe hingegen als Hohlgüsse im Wachsausschmelzverfahren zu fertigen. Die ganze Protome bestand somit nurmehr aus zwei Einzelteilen.

Die Gußtechnik bot aber noch einen weiteren Vorteil. Die Greifenprotomen ragten nie einzeln auf der Schulter eines Kessels auf. Zu sechsen oder mehr bildeten sie vielmehr einen dichten Kranz. Die mehrfache Wiederholung ihrer Gestalt muß ihre dämonische Wirkung in den Augen der Griechen erheblich gesteigert haben. Ihre Gleichartigkeit war deshalb ein besonders Anliegen, dem im Bronzeguß besonders gut nachzukommen war, wenn man die Wachsmodelle für den Guß nicht frei modellierte, sondern über Modeln reproduzierte.

Der Vorteil der mechanischen Reproduzierbarkeit war allerdings mit einem bedeutenden Nachteil erkauft. Die aus gegossenen Häuptern und getriebenen Hälsen zusammengesetzten Protomen waren sehr kopflastig und ihr Zusammenhalt daher besonders gefährdet. Zwar hätte man mit dem Kopf auch den Hals gießen können, doch wäre bei gleicher Größe das Gewicht einer solchen Protome insgesamt ungeheuer gewachsen. Man hat diesen Ausweg daher erst gewählt, als die Greifen in den Augen den Griechen ihre ursprüngliche dämonische Kraft teilweise eingebüßt hatten und zum Zierrat herabgesunken waren, der auf monumentale Größe verzichten konnte. Mit der Größe schwand allerdings auch der formale Anspruch. Die Protomen wurden einfacher. Man konnte daher dazu übergehen, die Gleichartigkeit der zahlreichen Protomen eines Kessels, die man zuvor über die Reproduktion der wächsernen Gußmodelle erreicht hatte, direkter zu erzielen, indem man die metallenen Protomen mittels wiederverwendbarer Teilformen goß.

Auch der Einsatz mehrfach verwendbarer Gußformen ist streng genommen nicht neu. Nach diesem Verfahren hatte man schon sehr viel früher einfacheres Gerät, Pfeilspitzen, Äxte, Klammern usw. gegossen, die man in großer Zahl benötigte. Bei den Greifenprotomen wurde diese Technik jedoch erstmals auf künstlerisch anspruchsvollere Aufgaben übertragen. Dies war nur möglich, indem man sie weiterentwickelte. Bis dahin hatte man mittels wiederverwendbarer Gußformen nur Gegenstände gegossen, die keinerlei Unterschneidungen aufwiesen und deren Gestalt daher in zwei Halbformen festgehalten werden konnte. Dies ließen bei den Greifenprotomen die steil aufragenden, langen Ohren nicht zu. Für die Partie zwischen den Ohren bedurfte man erstmals einer dritten Teilform. Und noch etwas ist neu. Die Greifenprotomen sind die ersten wirklichen Hohlgüsse, die mittels Teilformen gegossen wurden, während man früher allenfalls die Schäfte von Pfeil- oder Lanzenspitzen, die in dieser Technik hergestellt wurden, hohl gegossen hat, die übrigen Gußteile aber massiv waren.

Offenbar war der Guß von Greifenprotomen über wiederverwendbare Teilformen nur bei kleineren Stücken möglich und erforderte formale Vereinfachungen. Wohl aus diesem Grund hat sich diese Technik in der griechischen Kunst nicht durchsetzen können. Auf das Bedürfnis, eine offenbar als ausgereift empfundene Form möglichst getreu in größerer Serie zu wiederholen, hat die griechische Bronzekunst in der Folge dadurch reagiert, daß sie Hohlformen, wie sie schon bei den Dreifüßen angewandt worden waren, neu einsetzte und für weitere Aufgaben weiterentwickelte. Besonders umfassend haben die Waffenschmiede solche Matritzen eingesetzt.

Die Schlagkraft griechischer Heere beruhte vor allem auf dem Aufgebot schwerbewaffneter Fußsoldaten, der „Hopliten". Diese brauchten einerseits eine möglichst viele Körperpartien deckende Rüstung, die auf der anderen Seite für längere Fußmärsche oder Sturmangriffe besonders leicht sein mußte. Gewicht wurde nicht zuletzt durch die Verbindung verschiedener Materialien eingespart. So bildete man zum Beispiel die Schilde aus leichtem Holz, aus Pappel oder Weide, und überzog dieses mit einer dünnen Metallhaut. Obwohl man die Technik des Metall-Walzens noch nicht kannte und die Bronze nur durch Hämmern austreiben konnte, gelang es, quadratmetergroße Bleche überaus gleichmäßig papierdünn zu hämmern und der Wölbung der Holzschilde exakt anzugleichen. Bei diesem Ausdünnen wuchs die Schmiegsamkeit der Bleche, die man auch zur Verzierung der Schilde ausnützte. Randmuster und andere Ornamente, die zuvor individuell graviert und getrieben worden waren, konnte man nun aus metallenen Modeln gewinnen, in deren Höhlungen das Blech von der Rückseite her hineingetrieben wurde. Dabei war weder die Verwendung von Matritzen noch ihr Einsatz bei Metall-Treibarbeiten neu. Für weiches und schmiegsames Goldblech hatte man Modeln schon Jahrhunderte früher benützt. In der Bronzekunst war diese Technik jedoch erst zu einer Zeit einzusetzen, in der man ein Bronzeblech besaß, das Dank seiner Dünne der Geschmeidigkeit von Goldblech nahe kam und somit auch die feinsten Nuancen der Model-Oberfläche nachbildete.

Wie so oft in der griechischen Kunst bestand also auch hier die „Neuerung" nicht in einer Erfindung, sondern in der zeitgemäßen Übertragung längst bekannter Techniken auf neue Aufgaben und Materialien, aus der sich dann wieder neue technische und künstlerische Herausforderungen ergaben.

Ähnlich ist wohl auch die „Erfindung" des Theodoros von Samos zu beurteilen. Die Herstellung monumentaler Bronzestatuen, die der Überlieferung zufolge ihm erstmals gelang, war wie gesagt schon länger vor ihm bekannt. Wohl aber könnte man zu seiner Zeit und vielleicht unter seiner Anleitung Statuen erstmals ganz aus gegossenen Bronzeteilen zusammengesetzt haben. Die eine Voraussetzung hierfür war der Hohlguß, den man, wie erwähnt, schon vor Theodoros beherrschte. Dessen besondere Leistung könnte jedoch darin gelegen haben, Gußstücke dauerhaft miteinander zu verbinden. Solange es darum gegangen war, gegossene und getriebene Teile miteinander zu vereinen, genügte es, diese mit Nieten zu verbinden. Wie ein in Spanien gefundener, getriebener Bronzelöwe, der etwa zu der Zeit des Theodoros von Samos entstanden sein könnte, zeigt, hat man dies zunächst auch bei gegossenen Teilen versucht. Die Köpfe der Nieten, die Unter- und Oberteil zusammenhalten, hat man dort an schwer einsehbare Partien verlegt. Die Fuge selbst ist jedoch kaum zu übersehen. Als befriedigend konnte eine solche Lösung kaum gelten. Die angeblich von Daidalos erfundene Verbindung durch ein weiches Lötmetall, durch Blei oder Zinn kam aber noch weniger in Betracht, da die Lötmasse von der Bronze farblich abstach und überdies schwererer Belastung nicht gewachsen war.

Die einzige Technik, die man zuvor kannte, schwerere Bronzeteile ohne Nieten dauerhaft miteinander zu verbinden, war der Überfangguß. Dabei wurden die beiden Gußstücke aneinandergelegt, die Naht mit Wachs ummantelt, dieses Wachs wiederum in Ton gehüllt und sodann ausgeschmolzen. Den Hohlraum, den das Wachs hinterließ, konnte man nun mit flüssiger Bronze füllen, die nach dem Erkalten alles zusammenhielt. Diese Methode hat allerdings den Nachteil, daß die Nahtstellen dicker sind als die angrenzenden Partien. Aller Wahrscheinlichkeit nach hat Theodoros von Samos den alten Überfangguß zu einer Technik weiterentwickelt, mit der sich Gußstücke so gut wie unsichtbar miteinander vergießen ließen. Wie diese Technik im einzelnen aussah, ist noch nicht ganz klar, da aus der Zeit des Theodoros nur Fragmente aber keine vollständigen Bronzestatuen erhalten und somit nur Rückschlüsse aufgrund jüngerer Bronzestatuen möglich sind. Vielleicht begnügte sich Theodoros damit, die Verbindungsbronze, das sogenannte Hartlot, nur von innen über die Naht zu gießen. Von innen füllte dann die flüssige Bronze die Fuge. Nach außen ausfließende Überstände ließen sich nach dem Erkalten leicht abarbeiten und Fehlstellen mit eingehämmerten Bronzepflastern verdecken, so daß am Ende die Nahtstelle kaum mehr zu entdecken war. Vielleicht hat sich Theodoros jedoch noch enger an den Überfangguß gehalten und die Bronze auch von außen aufgegossen, aber, um die herkömmlichen Verdickungen zu vermeiden, in die an die Naht angrenzende Bronze Bettungen eingemeißelt, die das Hartlot aufnahmen.

Zwar wissen wir nicht, welche Technik auf Theodoros zurückgeht. Eine hohe Wahrscheinlichkeit spricht jedoch dafür, daß eine der gepriesensten technischen Leistungen der griechischen Kunst, die „Erfindung" in Bronze gegossener Standbilder letztlich „nur" in der Übertragung längst bekannter Methoden und in deren Anpassung an neue Aufgaben bestand.

In der Bronze-Großplastik gipfelt und endet letztlich die Entwicklung der antiken Bronzetechnik. Was später noch hinzukam, zum Beispiel die Einführung von Blei-Bronzen, welche wesentlich dünnwandigere Güsse erlaubte, blieb marginal. Im letzten Viertel des 6. Jahrhunderts hatte sich die Bronze-Großplastik überall in Griechenland durchgesetzt, wobei es wohl kein Zufall ist, daß in eben dieser Zeit auch die Steinbearbeitung mit der Einführung des Zahneisens ihre letzte große Neuerung erfährt.

Im Nachherein stellt sich die Bildung monumentaler Statuen aus gegossener Bronze als das Ziel der Entwicklung der Bronzetechnik dar. Ihren Weg hat diese Entwicklung jedoch über verschiedene Gattungen genommen, wobei die Bronzewerkstätten immer wieder auf wechselnde Bedürfnisse einzugehen hatten. Besonders eindrucksvoll stellt sich dieser Prozeß am Beispiel der Stadt Argos dar, die über Jahrhunderte hin zu den führenden Zentren der Bronzekunst zählte.

Im 8. Jahrhundert hatten argivische Ateliers an der Ausprägung des Dreifußkessels besonderen Anteil. Als dieser im 7. Jahrhundert v. Chr. seine Beliebtheit zum Teil einbüßte, verlegte man sich hier auf die Herstellung von Protomenkesseln und erwarb auch darin solches Ansehen, daß man diese Gefäßgattung bald in ganz Griechenland nach der Stadt Argos als argolische Kessel zu bezeichnen pflegte. Als im späteren 7. Jahrhundert auch diese Kessel weniger gefragt wurden, verlegte man sich auf das Waffenschmieden und gewann vor allem bei der Herstellung und Ausstattung von Rundschilden ein solches Renommee, daß – wie einst von den argolischen Kesseln – nun ebenso allgemeinverständlich von der „argolischen Wehr" gesprochen wurde. Im späten 6. Jahrhundert waren dann auch die argolischen Schilde weniger gefragt und gewiß nicht von ungefähr befaßte man sich nun in Argos mit dem Guß monumentaler Bronzestatuen. Als Begründer dieser Bildhauerschule galt Ageladas von Argos (frühes 5. Jahrh.), aus dessen Lehre die Bildhauer Polyklet (2. Drittel des 5. Jahrhs.), Myron (tätig von 450–410 v. Chr.) und vielleicht auch Phidias (tätig von 460–430 v. Chr.) hervorgingen, in deren Schaffen nach einer in der Antike weit verbreiteten Auffassung die Geschichte der Kunst ihren Höhepunkt fand.

Eisen in der modernen Kunst

Willy Rotzler

Als vielfältig verwendbarer Werkstoff tritt Eisen am Ende des zweiten Jahrtausends v. Chr. ins Bewußtsein der frühgeschichtlichen Menschheit. Im ersten Jahrtausend entwickeln sich die eigentlichen eisenzeitlichen Kulturen. Waffen und Geräte aller Art werden aus Eisen gefertigt. Urgeschichtliche Sammlungen bewahren eine Vielfalt erhaltener Fundstücke. Aus schriftlichen Quellen wissen wir jedoch auch von plastischen Werken aus Eisen, so etwa von der „Ehernen Schlange" (4. Moses) oder dem Kultgerät des „Ehernen Meeres" (1. Könige), die als offensichtlich große Erzgüsse zum Tempel König Salomos gehörten. Von dieser frühen Kunst des Erzgusses bei vielen Völkern hat sich außer einer eisernen Säule in New Delhi wenig erhalten. Nur in China und Japan sind plastische Eisengüsse seit der vorchristlichen Han-Zeit bekannt.

Eisenguß war in China bereits früh entwickelt. Die Abbildung zeigt Statuetten in „cast iron" aus der Han-Dynastie (206 v. Chr.–220 n. Chr.). Der Mann und die Nachbildungen der Tiere wurden als Grabbeigaben in der westlichen Honan-Provinz gefunden.

In Europa blieb die Verwendung des Eisens – vorwiegend mit Schmiedetechniken – auf die Herstellung von Waffen, Geräten und Werkzeugen, ferner von Bau- und Möbelbeschlägen, Gittern, Schlössern u. a. beschränkt. Gelegentlich hören wir aus dem Mittelalter auch von gußeisernen Geschützen und Öfen. Für viele Jahrhunderte, d. h. bis zur Schwelle unseres Zeitalters, blieben Arbeiten in Eisen, soweit überhaupt künstlerische Ansprüche damit verbunden sind, im Bereich des Kunstgewerblichen. Die Erzeugnisse der Schmiede können allerdings die Kraft volkstümlich naiven Gestaltens zeigen; sie können auch, vor allem im Zeitalter des Barock und des Rokoko, auf glanzvolle Weise die Stiltendenzen ihrer Zeit zum Ausdruck bringen. Und was den Eisenguß betrifft, so diente er vor allem für die oft kunstvoll reliefierten Ofenplatten, für reizvolle Gußöfen, gelegentlich für Brunnen- oder Denkmalgüsse. Gerade im 19. Jahrhundert, dem Zeitalter des eigentlichen Aufschwungs der Eisenindustrie, trägt Eisen kaum etwas zur Geschichte der Plastik bei.

Zuschneiden, räumliches Verformen, Treiben und Zusammenfügen von Blechen – auf diese Weise haben Pablo Gargallo (1881–1934) und Julio Gonzalez (1876–1942) in kubistischem Geist zunächst Masken und Figuren geschaffen. Gonzalez ist bald dazu übergegangen, in Schmiedetechnik Stäbe und massive Platten zu verformen und zu gerüsthaften Gestalten zusammenzuschweißen. Er ist damit um 1930 zum Begründer der eigentlichen Eisenplastik geworden. Unabhängig von ihm hat damals im gleichen Paris Alexander Calder (1898–1976) seine ingeniösen Drahtwaagen konstruiert und mit blattförmigen Blechscheiben in das labile Gleichgewicht seiner „Mobiles" gebracht. Erst in der Nachkriegsskulptur aber haben diese Pioniertaten eine breite Nachfolge gefunden. Von etwa 1950 an entwickelt sich in Europa wie in Amerika eine eigentliche Eisenplastik. Sie fächert sich rasch in viele, teils gegensätzliche Tendenzen auf.

Einerseits gibt es die eigentlichen Eisenschmiede, die in individueller Ausprägung das Erbe von Gonzalez weiterführen und, je nach ihren persönlichen Anlagen, schalenhafte Gestaltungen aus dünnen Blechen oder aber gerippe- und gerätehafte Gebilde aus massiven Stäben und Platten bevorzugen. Urtümliche Züge und ein stark expressives Element zeichnen solche Gestaltungen aus. Andere Plastiker nutzen für ihre Gestaltungen Halbfabrikate, wie sie auf dem Markt verfügbar sind. Die Werke gewinnen dadurch den Charakter rationaler oder aber phantastischer Materialmontagen. Groß ist das Interesse vieler Eisenplastiker an den Zufallsfunden auf Schrotthalden. Obsolete Formstücke und Formfragmente werden in ihrer Form umgedeutet

Julio Gonzalez (1876–1942): „Daphné", 1932; geschmiedetes Eisen.
Gonzalez stammt aus einer katalanischen Goldschmiede- und Kunstschlosserfamilie. Nach frühen Erfolgen als Kunstschmied kommt er – angeregt durch die Freundschaft mit Pablo Picasso und seinem Kreis – 1926/27 schließlich zu einem eigenen Stil seiner eisenplastischen Werke. Die Figuren werden zunehmend abstrakter, gleichzeitig lösen sich die geschlossenen Körper zu offenen Raumgerüsten auf. Mit der „Daphné" wird Gonzalez zum Begründer der modernen Eisenplastik.

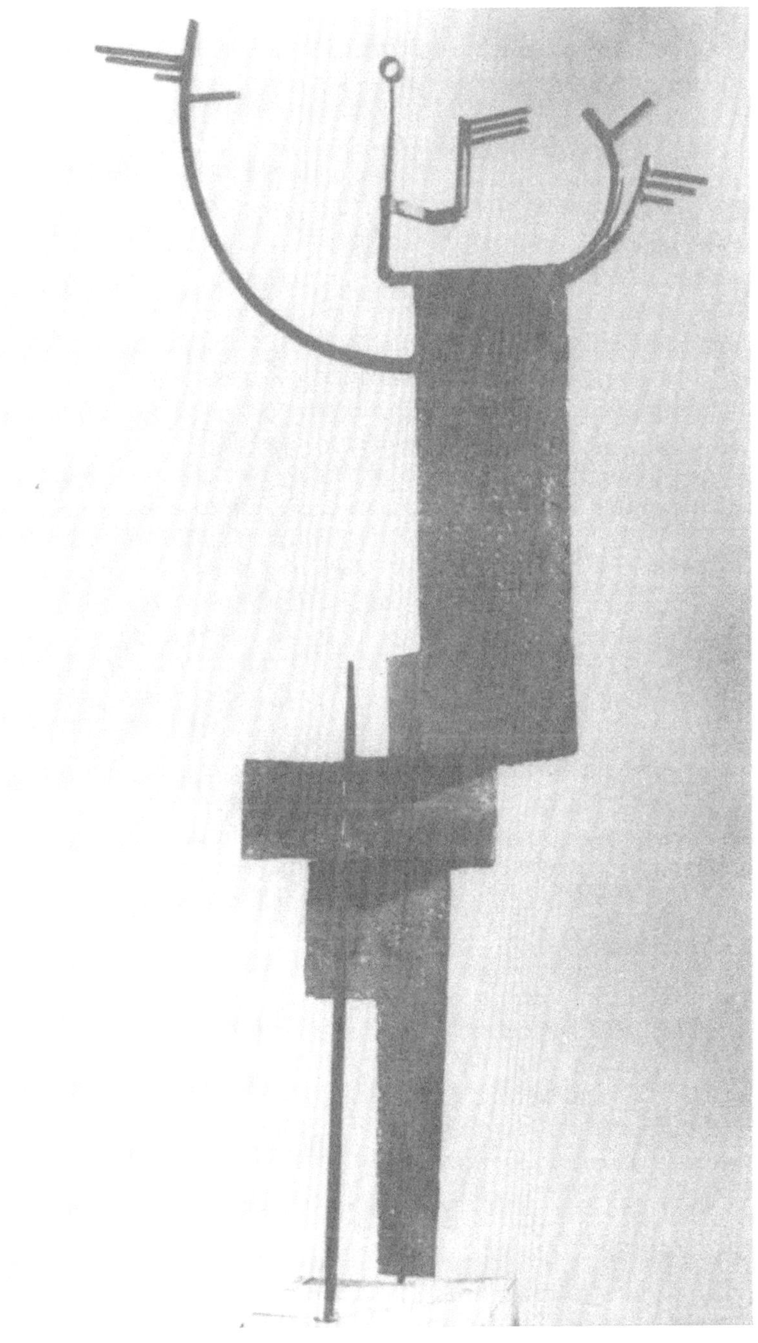

und gewinnen im Verband mit anderen Formstücken im Werk neuen Sinn und Ausdruck. Andere, mehr am Volumen interessierte Plastiker, formen mit den verschiedenen Schweißtechniken aus zugerichteten Blechen komplexe plastische Körper.

Neben die handwerklichen Verarbeitungen von Eisen in der Werkstatt der Bildhauer tritt die Zusammenarbeit mit mechanischen Werkstätten, für Gußplastiken auch mit Industriebetrieben. Vor allem für Werke rational-konstruktiven Charakters wird die Präzisionsarbeit in solchen Werkstätten – mit ihrer technischen Ausrüstung und ihrem Know-how – gesucht. Dabei werden oft von exakten Formvorstellungen her bedingte Forderungen an die Ausführenden gestellt, die an die Grenze des technisch Möglichen gehen. Das gilt vor allem für das in jüngster Zeit bevorzugte Arbeiten mit Chromstahlblechen.

Generell kann gesagt werden, daß in der aktuellen Eisenplastik nicht nur alle unter dem Sammelbegriff Eisen zusammengefaßten Materialien genutzt werden, sondern auch alle für den Künstler greifbaren Verarbeitungstechniken und Handelsformen des Werkstoffes. Es scheint, daß für viele der heterogenen formalen Vorstellungen und Konzepte der zeitgenössischen Plastik die Materialqualitäten und Verarbeitungstechniken des Werkstoffes Eisen die idealen Voraussetzungen bieten. Kaum ein zweiter Werkstoff hat in der neueren Plastik solche Bedeutung wie Eisen. Überblickt man das Schaffen der vielen heutigen Eisenplastiker, dann wird auch erkennbar, daß subtile plastische Vorstellungen und ein waches Sensorium für die Eigenschaften des Materials einen unvergleichlichen Reichtum an Anwendungsmöglichkeiten gezeitigt haben – erstaunlich für die Kunstinteressierten, erstaunlich vielleicht aber auch für die Eisenfachleute.

In der Entwicklungsgeschichte der europäischen Plastik spielt Eisen bis in unsere Zeit praktisch keine Rolle. Die wechselnden Zielsetzungen der Plastik ließen sich offensichtlich in den traditionellen Materialien – Stein und Marmor oder aber Bronze und gelegentlich Holz – sinngemäß und am besten zum Ausdruck bringen. Wieweit für den Bildhauer das im praktischen Leben des Maschinenzeitalters dominierende Eisen ein zu wenig „kunstwürdiges" Material war, bleibe dahingestellt. Die kühnen Eisenkonstruktionen der Ingenieure des 19. Jahrhunderts fanden jedenfalls in der Kunst keine Parallelen.

Merkwürdigerweise sind es zwei Katalanen gewesen, die um 1920 Eisen als plastisches Material entdeckt haben: Pablo Gargallo und Julio Gonzalez. Beide schöpfen aus einer Kunstschmiede-Tradition, die um die Jahrhundertwende durch den genialen Architekten und Plastiker Antoni Gaudì (1852–1926) in Barcelona erneuert worden war. Die

Norbert Kricke (geb. 1922): Raumplastik „Chi" (Der Chinese); rostfreier Edelstahl. Krickes Raumplastiken bestehen aus Stahldrähten von gleicher Dicke. Die Drahtbündel werden „orchestriert" und suggerieren ruhige oder auch dramatische Bewegungen im Raum.

seit 1910 rasch um sich greifende Absage der Kunst an das Figürliche und damit an die organische Geschlossenheit des plastischen Körpers gipfelt um 1910 im Kubismus in einer vollständigen Demontage der Wirklichkeit. Nach der Formzerlegung in elementare, vorwiegend geometrische Grundformen werden aus diesen Bausteinen neue „Kunstwirklichkeiten" eigener Gesetzlichkeit gebaut, zunächst in der Malerei, bald auch in der Skulptur. Im Bereich des plastischen Schaffens tritt neben das Interesse am geschlossenen Volumen immer mehr ein verstärktes Interesse am Raum. Es entwickelt sich eine sogenannte Raumplastik: das plastische Gebilde baut sich aus Flächen auf, die in den Raum hinausgreifen oder Raum in sich eindringen lassen. In weiteren Entwicklungen wird der plastische Körper in ein skelettartiges Gerüst von Gestängen aufgelöst, das vom Raum umspült oder durchspült werden kann. Solchen neuen plastischen Auffassungen, die seit dem zweiten Jahrzehnt des Jahrhunderts sich entwickeln, ist die geschlossene Masse des Steins nicht mehr das adäquate Medium. Aber auch mit der Bronze, die ja Abguß eines in Wachs, Ton oder Gips modellierten plastischen Gebildes ist, läßt sich der Gedanke der Durchdringung von Skulptur und Raum nur begrenzt realisieren. Genau an diesem Punkt der Entwicklung neuer plastischer Ideen kam die Stunde des Eisens. Sie kam um so mehr, als die Künstler nun sich als Angehörige der modernen Zeit empfanden, als Repräsentanten des Industrie-Zeitalters. Viele verstanden sich nun als Konstrukteure oder Monteure. Eisen war nun ein würdiges, ihnen gemäßes Material.

Anmerkung: Dieser Beitrag von Willy Rotzler wurde übernommen aus: „Ferrum", Jubiläumsschrift zum 175jährigen Bestehen der Georg Fischer AG, Schaffhausen: „Eisen in der modernen Kunst".

Technik und Kunst in der Skulptur der Moderne

Eberhard Fiebig

Die Frage nach der Rolle der „Technik als Werkzeug in der Skulptur – mit besonderer Berücksichtigung der Moderne" ist eine akademische Frage. Sie stammt von Intellektuellen. Ein Bildhauer würde sie nicht stellen. Das verstärkt in mir den Verdacht, daß Urteile über „Kunst" und „Technik" sich nicht vom Verstehen her ableiten, sondern mehr auf das Auslegen ideologischer Positionen zielen. Auslegungen, in denen uns statt Analysen Deutungen geliefert werden, in denen nur die Argumente Anerkennung finden, die dem jeweils bevorzugten Standpunkt entsprechen. Sie basieren in der Regel auf einem naiven, praxisfremden Verständnis von „Kunst" und „Technik".

„Kunst" und „Technik". Zwei geläufige Worte, zwei Abkürzungsdefinitionen. Verdächtig schon die Einzahl beider Begriffe. Denn immer wenn wir „die Technik" oder „die Kunst" sagen, meinen wir die Summe aller Techniken und Künste, die es gibt, über die wir verfügen. Wir sprechen von „der modernen Technik" oder „der modernen Kunst", wenn wir die „modernen Techniken", die „modernen Künste" meinen, und wir unterstellen damit Einheit, die es nicht gibt. Schließlich sind nicht alle Techniken, alle Künste historisch gleich alt und „Modernes" existiert als modern nur innerhalb eines bestimmten historischen Zusammenhangs. Wir dürfen also „moderne Technik" und „moderne Kunst" nicht als fest gefügte Systeme auffassen, sondern nur als sich ständig verändernde Zustände betrachten. Bestenfalls als eine ständig wechselnde Häufung und Summierung sich gegenseitig beeinflussender Momente. „Technik" und „Kunst" unserer Zeit sind die heterogene Summe prähistorischer, mittelalterlicher, veralteter moderner und tatsächlich moderner Elemente, deren wir uns, unseren wechselnden Zielen und Absichten gemäß „nach Lust und Laune" bedienen. Trotz elektronischer Textsysteme schreiben wir noch immer mit Feder und Tinte. Wir arbeiten mit Hebel und Rolle, obwohl wir über ein Arsenal hochentwickelter automatischer Hebezeuge verfügen. In der Praxis wählen wir unter einer Fülle von Verfahren und Techniken. Vernünftigerweise entscheiden wir uns stets für die Anwendung der „Technik", die uns der Sache nach als angemessen erscheint. Dabei fragen wir nicht, ob es sich um eine altertümliche oder um eine moderne „Technik" handelt, die wir einsetzen. Betont werden muß auch, daß aus der Anwendung „moderner Technik" nicht zwangsläufig „moderne Produkte" hervorgehen. Die Bestände und Tendenzen einer Epoche sind nicht in einer kompakten einheitlichen Form des technischen Fortschritts gefaßt. Wir müssen vielmehr erkennen, daß, wo technischer Fortschritt totalisiert wird, unser Denken in Ideologie abgleitet.

Uns sollte immer bewußt sein, daß die „Technik" auch dann noch „der große Mensch" ist, wie es Arnold Gehlen (1904–1976) formuliert, wenn sie mit Energien und Wirkungen hantiert. In jeder Form der „Technik", auch wenn diese das vorstellbare Maß zu überschreiten scheint, wenn sie uns als übermächtig entgegentritt, begegnet der Mensch nur sich selbst, seinen eigenen Wissenschaften, Erfindungen, Entwürfen und seiner eigenen Arbeit.

Im Sinne des Aristotelischen Begriffs bedeutet „Technik" Kunstfertigkeit in der Form praktischen Könnens. Also individuelles oder zunftmäßig tradiertes Wissen, in dem die manuellen Fähigkeiten dominieren. Ausgehend von diesem Sprachgebrauch verstehen wir heute unter „Technik" die Gesamtheit aller Mittel, die Natur auf Grund der Kenntnis und Anwendung ihrer Gesetze den Menschen nutzbar zu machen. Wir fassen unter „Technik" auch die Gesamtheit aller Werkzeuge, Geräte und Maschinen zusammen, die wir bei der Arbeit anwenden, ebenfalls die technischen Methoden und Verfahren und schließlich deren Auswirkungen auf den Einzelnen und die Gesellschaft. [I-1.1]

Die elementaren Maschinen – Hebel, Keil und schiefe Ebene – kommen noch wie „natürlich" zur Welt. Später ändert sich das und Gebilde treten auf, die eine derartig „natürliche" Entsprechung nicht mehr besitzen.

Unsere Welt ist von „Technik" geprägt. Das ist die unwiderrufbare Realität dieser Welt. Die Menschen existieren nicht nur in einer technischen Welt, die „Technik" ist für die Menschen nicht nur ein Modus des Möglichen. Die „Technik" ist sozusagen die „zweite Natur" der Menschen. Wenn also „Technik" die Form ist, in der sich die Menschen entfalten und definieren, wenn „Technik" so etwas ist, wie das Weltgeschick, wie sollte dann die Arbeit der Bildhauer ohne „Technik" auch nur zu denken sein? Sie hat eine technische Basis, gleichgültig, was die Theoretiker der „Kunst" oder die Künstler selber darüber wissen, und welchen Begriff sie davon haben.

Offensichtlich gibt es aber Menschen, die diesen einfachen Tatbestand nicht anerkennen. Für diese Menschen gehören „Technik" und „Kunst" unterschiedlichen Sphären an. In diesen Menschen geistern zwei Phantombilder. Eines von der „Kunst", ein anderes von der „Technik". Es gehört zum guten Ton dieser Menschen, wann immer sie Gelegenheit dazu haben, die „Kunst" gegen die „Technik" auszuspielen. Denn für sie ist die „Kunst" jenes Ideal, durch das die Menschen der „Entzauberung" der Welt durch Wissenschaft und „Technik" widerstehen.

Derartige Gedanken zu „Kunst" und „Technik" stammen von Menschen als Zuschauern. Entspringen der Sicht von Menschen, die selbst keine Kunstwerke herstellen. Die, weil sich ihnen weder die „Kunst" noch die „Technik" als praktische Tätigkeit erschließt, zu leicht vergessen, daß Kunstwerke, wie alle Dinge, geschaffen werden müssen und nicht einfach entstehen.

Für diese Menschen ist die Frage nach dem Zusammenhang von „Kunst" und „Technik" zu einem eigenen Thema geworden. In den sich immer stärker verzweigenden Argumentationen haben sich die Worte „Kunst" und „Technik" immer mehr vom unbefangenen Gebrauch entfernt.

Die Frage nach dem Unterschied von „Technik" und „Kunst" ist zum Gegenstand differenzierender Urteile und schließlich zum Objekt sich selbstgenügender Sprachspiele von Intellektuellen geworden. Mit ihren zur Ideologie erstarrten Ideen, die nicht mehr auf Begreifen oder Verstehen gründen, beargwöhnen sie die „Technik", in der sie den Erzfeind der „Kunst" vermuten. Sie übersehen dabei, daß sie mit ihren Definitions-Kunststücken nur die Kluft zwischen der theoretischen akademischen Bildung und der praktischen Ausbildung und Arbeit vergrößern. Denn die theoretischen Überlegungen der Intellektuellen, die für die Bedingtheit ihrer Theorien längst blind geworden sind, zeitigen Aussagen, die mit den Einsichten der Menschen, die sich aus ihrer praktischen Erfahrung heraus zu dieser Frage ebenfalls Gedanken machen, nicht mehr übereinstimmen.

Da bei jeder praktischen Arbeit an der Abhängigkeit von „Technik" nicht gezweifelt werden kann, steht die Frage nach der Beziehung von „Technik" und „Kunst" und vor allem zur Bildhauerkunst nicht ernsthaft zur Debatte. Es geht in der Bildhauerkunst auch heute noch um nichts anderes als die Herstellung ebener, sphärischer, glatter oder rauher Oberflächen an Körpern, oder um Passungen von Körpern. Insgesamt also um Aufgaben, deren handwerkliche Bewältigung wir seit Ewigkeiten beherrschen.

Die Arbeit der Bildhauer ist ohne Handhabung von Werkzeugen, die Anwendung von Maschinen und die Einhaltung handwerklicher oder technischer Regeln und Methoden nicht zu denken. Ohne Nachahmung und Einübung der in Handwerk und „Technik" geltenden Verfahren sind die Künste nicht vorstellbar.

Der notwendige Umgang mit Werkzeugen und Maschinen erfolgt im wesentlichen sprach- und theoriefrei. Dem Bildhauer genügt die durch Praxis gewonnene Vertrautheit mit dem jeweiligen technischen Verfahren. Wenn aber gesprochen wird, dann immer in Hinblick auf praktisches, methodisches Vorgehen. Die Sprache entspringt hier der an sich unsprachlichen Praxis. Was darauf hinweist, daß der Bildhauer jenseits theoretischer Reflexion die von ihm angewendeten Techniken unmittelbar oder intuitiv versteht. Ein Verstehen, das sich der Anerkennung der „Technik" und deren regelgerechter Anwendung verdankt.

Es ist nicht möglich, sich Kunstwerke, Skulpturen jenseits von „Technik" sozusagen voraussetzungslos vorzustellen. Kunst und Technik hatten in der Antike zunächst die gleiche Bedeutung. [I-1.1]

Die „Kunst" läßt sich auch als Geschehen innerhalb der „Technik" begreifen. Wir müssen uns nur daran erinnern, daß die Malerei und die Bildhauerkunst der Renaissance aus dem sich entwickelnden technischen Bewußtsein hervorgegangen sind. Waren es doch die Künstler der Renaissance vom Schlage eines Filippo Brunelleschi (1377–1446), Donatello (1386–1466), Leonardo da Vinci (1452–1519), Leon Battista Alberti (1404–1472) die, Folge ihrer Euklid-, Archimedes- und Vitruv-Rezeption, die Mathematik zum gemeinsamen Werkzeug der Künste und der Wissenschaft erklärten und damit das technische Zeitalter, die Moderne vorbereiteten. Diese Künstler haben uns als erste die Vorstellung von einer umfassenden technischen Existenz vermittelt. Es ist darum vielleicht – nach meiner Überzeugung – nicht ganz falsch, die Beziehung von „Technik" und „Kunst" als das zu beschreiben, was wir heute ein rückgekoppeltes System nennen. Als ein System, in dem die „Technik" als „Kunst" auf sich selbst reagiert. In dem die „Kunst" sozusagen vom Rücken der „Technik" aus, im freien Gebrauch der „Technik" durch die gesamte „Technik" hindurchgreift, um die Utopie eines aufgeklärten Schöpfertums zu entfalten. Gedacht ist dabei an eine Entwicklung, in der die Menschen nicht nur technische Wirkungsreihen in Bewegung setzen und damit die Welt zweckhaft verändern. Gedacht ist an Menschen, die fähig sind, das

Bestehende in einem bündigen zweiten Schöpfungsprozeß, in dem der Mensch das Subjekt ist, als „Werk" zu vollenden. Weshalb die Idee des „regnum hominis" auch nach dem Modell des Künstlers, der ein Werk vollendet, gedacht ist.

Ich möchte darauf hinweisen, daß die Beherrschung der Herstellungspraxis schon sehr früh ein Gütekriterium war. Denn auch Kunstwerke erfahren mit der Erweiterung der technischen Möglichkeiten erweiterte Differenzierung. Es ist mir kein Beispiel bekannt, das belegt, daß der Verlust technischer oder handwerklicher Fähigkeiten die „Kunst" etwa belebt habe. Dagegen müssen wir erkennen, daß der Verzicht auf handwerkliche oder technische Kompetenz immer ein Absinken der Gestaltungshöhe zur Folge hat.

Um das in einer Epoche Grundsätzliche zu erfassen, ist es wichtig, sich mit den in dieser Epoche geltenden Produktionsverhältnissen vertraut zu machen. Das heißt, wer das Verhältnis von „Technik" zu „Kunst" analysieren will, muß die Denkmuster der Rezeptions- und Wirkungsästhetik endgültig verlassen. Er muß die herrschenden materiellen Produktionszusammenhänge analysieren und den Bildhauer – wie jeden Künstler – vorrangig als Produzenten unter anderen Produzenten betrachten. Auf der Grundlage einer solchen Produktionstheorie der Kunst wird er dann erkennen, daß die Entwicklung der Bildhauerkunst maßgeblich von Höhe und Struktur der geltenden Produktionsverhältnisse geprägt ist. Daß darüber hinaus der einzelne Bildhauer in seiner Produktion und der Entwicklung seiner Formvorstellungen elementar von der unmittelbaren Verfügung über die Produktionsmittel abhängt.

Der Bildhauer als Handwerker teilte sich Jahrtausende lang Werkzeuge und Gerät mit allen anderen Handwerkern. Der Bildhauer als Künstler handhabte die Werkzeuge, die von allen anderen Handwerkern ebenfalls genutzt wurden. Alle arbeiteten auf ein und der selben Höhe der entwickelten Produktionskraft. Die Produktion erfolgte überwiegend autonom, mit geringer Arbeitsteilung, und war gekennzeichnet durch die Herrschaft der einzelnen Produzenten über den gesamten Produktionsprozeß. Künstler und Handwerker machten gleiche Erfahrungen. Dieser Zustand dauerte solange, wie die handwerklichen, technischen Probleme in manueller Praxis bewältigt wurden. Obwohl mit der Renaissance eine gravierende Änderung der Produktionsverhältnisse einsetzt, die auch zur Scheidung von Handwerk und Kunst führt, wirkt diese Bindung der Produktionstechniken an einzelne Personen, wenn auch in sehr schwacher Form, bis heute nach.

Der Bildhauer, wie jeder manuell arbeitende Handwerker, beherrscht seine Produktion nicht auf der Basis abstrakten Wissens, sondern in der Form praktisches Können. Er weiß, wie man Dinge macht, nicht wie man sie erklärt. Dabei müssen wir uns aber gleichzeitig über die Grenze klar sein, die dieser persönlichen, unmittelbaren Einheit von Hand und Kopf gesetzt sind. Von dem Augenblick an, wo die Vielfalt der Probleme mit den herkömmlichen Mitteln der handwerklichen „Technik" nicht mehr lösbar sind, müssen sich die Künstler mit Gelehrten, vor allem solchen mathematischer Bildung, beraten. Als ein vorbildliches Modell solcher Kooperation und als Beispiel für viele andere kann die Beziehung zwischen Filippo Brunelleschi und dem Mathematiker Paolo Toscanelli (1397–1482) gelten.

Indem Handwerker wie Brunelleschi mit Mathematikern wie Toscanelli kooperieren, überspringen sie die mittelalterliche Trennung von Gelehrtem und Handwerker, schaffen aber gleichzeitig eine neue tiefgreifende Trennung zwischen Kopf und Hand in der Produktion selbst.

Durch Kooperationen dieser Art wurde es schließlich möglich, Vorgänge unabhängig von praktischer Erfahrung und Handarbeit zu begreifen und ihren Verlauf zu bestimmen. Die damit verbundene Veränderung der Produktionsverhältnisse hatte selbstverständlich auch ein verändertes Bewußtsein und ein verändertes Denken zur Folge.

Trotz der Eindeutigkeit dieser Entwicklung halten die Künstler und ihre Theoretiker noch immer an einer Art Robinsonaden-Theorie fest, derzufolge die „Kunst" isoliert, außerhalb der gesellschaftlichen Verhältnisse existiert, jenseits der gesellschaftlichen ökonomischen Entwicklung, getrennt von Arbeit und „Technik". Das Widerstreben, die konkrete Abhängigkeit anzuerkennen, die Neigung, an einem undiskutablen Idealismus festzuhalten, vergrößert die Distanz zwischen manueller und geistiger Arbeit, zwischen „Kunst", „Wissenschaft" und „Technik".

Aus dieser Entwicklung ergibt sich als Konsequenz, daß, wenn der Handwerker-Künstler die Mathematik, so wie er sie braucht, begriffen und sich gefügig gemacht hat, selbst mit der Produktion nur noch in der Form der Kopfarbeit befaßt sein wird. Dieses Stadium wird spätestens dann erreicht, wenn es gelungen sein wird, die Erkenntnisse und Erfahrungen, die aus Beobachtung und handwerklicher Praxis gewonnen wurden, vollständig in mathematische Begriffe zu fassen. Dennoch wird es auch in Zukunft keine menschliche Arbeit geben, bei der nicht Hand und Kopf gemeinsam tätig sind. Für die Gegenwart kann gesagt werden, daß die Bildhauer längst nicht mehr auf der Höhe

Eberhard Fiebig: „Tor des irdischen Friedens" in der Universität Kassel. Entstehungszeit 1986–1987, Stahl. Fiebig entwickelt mit Hilfe des Rechners eine Vielfalt von Entwürfen für Skulpturen aus Metall: „Der Bildhauer hatte bisher nur sein Material als Grundlage. Die Arbeit des Bildhauers war gebeugt unter der Herrschaft der Schwere. Die Geschlossenheit der Skulptur erlaubte ihm nicht, das Innere der Form zu entfalten. Von außen her konnte sich der Bildhauer nur langsam der Form nähern. Denn die Form war eingenistet im Material. Erst der Rechner und das 3/D-CAD machen es dem Bildhauer möglich, die Haut der Form zu durchdringen, ihren Kern und ihre innere Konstruktion sichtbar zu machen. Das ‚Frei-beweglich-Werden' der Teile macht ihren mühelosen Wechsel in Reihenfolge, Zuordnung, Lage, Rhythmus und Proportion möglich". *Das blaue Tor von Kassel gehört zu den von Fiebig realisierten Skulpturen aus seiner Arbeit mit computergestützten Entwürfen.* ▶

der Zeit arbeiten. Sie verfügen nicht über die in der „Technik" üblichen Werkzeuge, Maschinen und Aggregate. Von den sich entwickelnden Produktivkräften getrennt, haben sie häufig inzwischen sogar ihr Handwerk verlernt. Die Geringschätzung des Handwerklichen, Technischen, die Vorstellung ohne „Technik" auskommen zu können; sowie das hartnäckige Vorurteil „Technik" und „Kunst" schlössen einander aus, hat zur Folge, daß, was bei den Künstlern ursprünglich Nicht-Wollen war, in Nicht-Können umgeschlagen ist.

Von ökonomischen Verhältnissen geduckt, im Glauben an eine autonome, von gesellschaftlichen Umwälzungen unbetroffene „Kunst" leugnen viele Künstler jede praxisbezogene Funktion der „Kunst" und

Tafel 3, S. 288: Eberhard Fiebig: Computergraphik.

fordern, daran interessiert, den Schein der Autonomie der Kunst selbst mitzuproduzieren, von der Gesellschaft nur noch Freiheit und Autonomie der „Kunst". Bis heute sind die meisten Künstler nicht in der Lage zu erkennen, daß diese Autonomie sie endgültig von der realen Teilnahme am gesellschaftlichen Produktionsprozeß ausschließt, und sie der Mittel materieller Produktion beraubt werden. Das hindert aber niemanden daran, beiläufig und beschwichtigend die Frage nach der Beziehung von „Kunst" und „Technik" immer von neuem zu aktualisieren. Doch nie auf dem Boden der realen Produktionsverhältnisse, der wirklichen Basis der Existenz. Gefragt wird nicht: welche gesellschaftlichen Verhältnisse begünstigen, welche behindern das Zusammengehen von „Kunst" und „Technik"?

Bevor die Beziehung von „Kunst" und „Technik" auf der einzig realen Basis, nämlich der einer Produktionstheorie, erörtert werden konnte, sind die spekulativen Köpfe, die „Avantgarde" der Theoretiker schlechtester Sorte, schon wieder zur Tat übergegangen. Ohne jede Vorstellung von ökonomischen Zusammenhängen postulieren sie eine „Medienkunst", ein „differenziertes multimediales Instrument", das von nun an die Stelle der bekannten, technischen Produktionsformen einnehmen soll. Die Rede ist von der Versöhnung von „Kunst" und „Technik".

In Wahrheit geht es auch hier nur um die hinlänglich bekannte Harmonisierung gesellschaftlicher Widersprüche. Um einen neuen Kunstfetisch, als Trost und Entschädigung für das enttäuschende von „Technik" geprägte Leben. Es darf darum nicht überraschen, wenn es bei diesen „Medien-Modellen" , die sich alle in ihren Manifesten auf Leonardo berufen, zu nichts anderem kommt als zu einem trivialen Technizismus. Einem Technizismus billiger Effekte, einer elektronischen Trivialkultur, die sich selbst auch noch als „Antitechnik" versteht. Aber die Defizite der „Technik" werden nicht durch „Antitechnik" aufgehoben, wie ja auch die „Kunst" nicht durch „Antikunst" überwunden wird. Nur eine grundlegende Veränderung der Lebenspraxis könnte die längst fällige „zweite Renaissance" bewirken.

Die Technik der Musikinstrumentenherstellung am Beispiel des klassischen Instrumentariums

Hubert Henkel

Es ist bemerkenswert, daß das Stichwort „Technik“ im Zusammenhang mit der Herstellung von Musikinstrumenten in keinem der großen Musiklexika der Vergangenheit und Gegenwart enthalten ist. Wenn der Begriff Technik gebraucht wird, und das geschieht oft auf vielen Gebieten des Musiklebens, dann in einem ganz anderen Sinne. So hat im allgemeinen Sprachgebrauch das Wort „Klaviertechnik“ keinen direkten Bezug zum Instrument, sondern es bezeichnet die Fähigkeit des Virtuosen, schwierigste Passagen exakt und mühelos zu spielen. In gleichem Sinne werden Worte wie Grifftechnik bei Blas- und Streichinstrumenten, Bogentechnik für die Fähigkeit der Führung des Streichbogens, Schlagtechnik für das Spiel von Trommeln und Pauken oder Pedaltechnik für das Spiel auf der Orgel, aber auch für die jeweils ganz spezielle Bedienung der Pedale der Harfe oder des Hammerflügels angewendet. [I-1.1]

Bemerkenswert ist auch, daß sich die Musikwissenschaft bisher nur wenig mit Fragen der Herstellung von Musikinstrumenten beschäftigt hat. Auch die vielen technischen Veränderungen, die unmittelbar zu einer oft erheblichen Wandlung der Klangqualität führten, haben das Interesse der Wissenschaftler nur selten erregt, es wird der neue Klang beschrieben und seit Jahrzehnten auch analysiert, aber der Ausgangspunkt, die technische Veränderung und die Art und Weise der neuen Herstellung, blieb weitgehend unberücksichtigt.

Dennoch gibt es eine ganze Reihe von Büchern, in denen exakt die Herstellung von Instrumenten verschiedenster Art beschrieben und mit Stichen, in neueren Werken auch mit Fotos dokumentiert wird, für besaitete Tasteninstrumente zum Beispiel von Peter Nathanael Sprengel 1773, Carl Kützing (1798–1862) 1833 und 1844, Heinrich Welcker von Gontershausen (1811–1873) 1853 und 1855, Julius Blüthner (1824–1910) und Heinrich Gretschel 1872, Siegfried

P. N. Sprengels

Handwerke

und

Künste

in Tabellen.

Mit Kupfern.

Bearbeitung des Pflanzenreichs.

Fortgesetzt

von

O. L. Hartwig.

Elfte Sammlung.

Berlin,

im Verlag der Buchhandlung der Realschule.

1773.

Titelblatt von Peter Nathanael Sprenglers ,,Handwerke und Künste" von 1773. Es gehört zu einer Reihe von einschlägigen neueren Werken, in denen die Herstellung von Musikinstrumenten verschiedener Art exakt beschrieben wird.

Hansing (1842–1913) 1909 und Herbert Junghanns, in letzter Auflage 1979, also vom ausgehenden 18. Jahrhundert bis in unsere unmittelbare Gegenwart [1]. Die Verfasser sind aber keine Musikwissenschaftler, sondern fast ausnahmslos Klavierbauer. Ähnliche Titel könnte man für wohl alle Instrumentenarten aufstellen, für Flöten, Harfen oder Violinen wie für das komplizierteste Instrument, die Orgel. Auch hier sind es Praktiker, die die Werke verfassen, der Flötenmacher und Virtuose Theobald Boehm (1794–1881), der Organist Johann Gottlob Töpfer (1791–1870), der Geigenbaumeister Klaus Osse (geb. 1936). Bemerkenswert und völlig in die Regel der Instrumentenmachermeister als Autoren passend ist, daß diese Bücher im vergangenen Jahrhundert oft von den Polytechnischen Vereinen herausgegeben wurden, Heinrich Gretschel war sogar Sekretär der Polytechnischen Gesellschaft in Leipzig, und daß sie in Reihenpublikationen wie „Handwerk und Künste in Tabellen" oder „Schauplatz der Künste und Handwerke" erschienen sind, wobei unter Künste zunftfreie Gewerke wie eben der Instrumentenbau verstanden wurde. Die Zielrichtung dieser Schriften ist klar vorgegeben. Im Zeitalter der damaligen technischen Revolution, der Einführung der Dampfkraft und des Baus großer Fabriken anstelle kleiner Handwerksbetriebe sollten die neuesten Erfindungen und technischen Verbesserungen so rasch als möglich einem großen Kreis von Interessenten bekanntgemacht werden. Auch die Werke des 20. Jahrhunderts wenden sich vorwiegend an den Instrumentenmacher, oft auch an den auszubildenden Nachwuchs, und an den Liebhaber, der sein Instrument kennenlernen und selbst pflegen will, nicht an den Musikwissenschaftler.

Dabei hätte das Problem den Wissenschaftler sehr interessieren sollen, denn immer hat die Technik der Konstruktion und der Herstellung nicht nur bedeutenden Einfluß auf die erzeugten Klänge, sondern – seit es komponierte Musik gibt – auch auf die Komposition gehabt. Wenn sich aber Wissenschaftler für die Technik interessierten, dann waren es, von einzelnen Ausnahmen abgesehen, zumeist Physiker, die akustische Probleme zu lösen suchten. Es wäre aber nun sicher nicht sinnvoll, wollte ich das, was bei Blüthner/Gretschel oder Junghanns über die einzelnen Schritte bei der Herstellung eines Klaviers von der Holzauswahl bis zur letzten Feinstimmung ausführlich beschrieben steht, hier in Kürze nachvollziehen. Es soll vielmehr versucht werden, einen Zusammenhang zwischen Konstruktion, Herstellung und klanglichem Ergebnis in verschiedenen, instrumentengeschichtlich bedeutenden Perioden herzustellen, der von den genannten Autoren nur für ihre Zeit und auch nur beiläufig angesprochen wird.

Betrachten wir nur die letzten zweihundert Jahre von der Spätzeit Mozarts bis heute, so haben sich die Musikinstrumente in technischer Hinsicht in mehreren Richtungen entwickelt. Da ist zunächst bei fast allen Instrumenten eine Vergrößerung des Tonumfangs zu beobachten. Von den Komponisten wurden hohe Töne als Klangbereicherung und Klangreiz entdeckt und gefordert oder auch tiefere Töne als bisher, Franz Liszt (1811–1886) für das Klavier oder Carl Maria von Weber (1786–1828) und Richard Strauss (1864–1949) für das klassische Orchester können als Beispiele stehen. Auch eine ständige Vergrößerung der Lautstärke und der Tonintensität ist festzustellen, erforderlich durch die immer größer werdenden Konzertsäle, vor allem aber durch den Anspruch der Komponisten auf Weitung ihrer Ausdrucksmöglichkeiten. Das ist besonders gut an jenen Instrumenten zu erkennen, bei denen sich Struktur und Herstellungsweise in Jahrhunderten nur wenig veränderten, zum Beispiel bei der Posaune oder der Violine. Mit dieser Entwicklung einher geht das Verlangen nach größeren Möglichkeiten der Differenzierung des Ausdrucks. Das Orchester und die Soloinstrumente sollen nicht nur zu einem zartesten Pianissimo und äußerstem Forte fähig sein, sondern auch die Darstellung seelischer Stimmungen jeglicher Art ermöglichen. Partituren wie die des Tristan oder der Salome leben davon. Es erfolgt weiterhin bei einigen Instrumentenarten, auch in der Gegenwart keineswegs bei allen, eine Entwicklung hin zur gleichschwebenden Temperatur, das heißt zur Aufteilung der Oktave in zwölf gleich große Halbtonschritte und, dies nun bei allen Instrumenten, zur Sauberkeit der Töne, also der genauen Höhe jedes Einzeltones und seiner Oktaven, bei einigen Instrumentenarten auch zu gleichen oder sich nur langsam verändernden Obertonverhältnissen der Nachbartöne. Eine weitere Forderung der Komponisten an die Instrumentenmacher, insbesondere der Virtuosen unter ihnen, war die Ermöglichung schnellerer, schwierigerer und bisher nicht ausführbarer Tonfolgen und seit jüngster Zeit die Erzeugung neuer, bisher nicht verwendeter Klänge und Geräusche. Diese Entwicklungen sind keineswegs abgeschlossen, auch wenn das klassische Instrumentarium sich in der Zukunft nicht mehr wesentlich wandeln dürfte, solche Veränderungen vollziehen sich jetzt vielmehr auf dem Gebiete der elektronischen Musikinstrumente.

Alle die genannten Veränderungen werden besonders an der Entwicklung des Hammerflügels deutlich. Bei den Werken von Wolfgang Amadeus Mozart (1756–1791) reicht der Klaviaturumfang des typischen Wiener Flügels der Jahre um 1780 mit seinen fünf Oktaven von F1–f3 noch aus, Ludwig van Beethoven (1770–1827) verlangte schon mehr, und Liszt schrieb für den modernen Flügel mit dem Umfang A2–a4, der heute bis c5 und bei Bösendorfers Modell Imperial in der Tiefe bis C2 erweitert ist. Nun sind solche Forderungen der Komponisten nicht einfach dadurch zu erfüllen, daß eben links und rechts neben der bisherigen Klaviatur noch ein paar Tasten mehr samt ihren Saiten angebaut werden. Die Erweiterung von F1 auf A2 in der Tiefe und noch bedeutender die von f3 auf c5 in der Höhe verlangt vielmehr eine durchgreifende, das ganze Instrument und den Prozeß seiner Herstellung verändernde Produktion, verlangte auch andere Halbfabrikate, vor allem reißfestere Saiten und den Eisengußrahmen. Nicht immer waren die Instrumentenmacher mit den Wünschen der Komponisten einverstanden. Carl Kützing, keinesfalls ein Verfechter rückwärtsgewandter Anschauungen, sondern ein Pionier des Pianofortebaus, dem wohl zwei Generationen von Klaviermachern wesentliche Anstöße zur Verbesserung ihrer Instrumente verdankten, schrieb 1844: „Man sollte der Vollkommenheit wegen den Umfang des Fortepianos auf 6 Oktaven beschränken. Alle Töne, welche über das f4 und unter das F1 gehen, tragen den Stempel der Unvollkommenheit zu deutlich, und sind nichts weniger als angenehm für das Ohr. Die Herren Componisten sollten sich mehr um die Natur der Töne bekümmern, als um den Tastenumfang, die Folgen davon würden sein, daß wir vollkommenere Pianos hätten“ [2]. Die Herren Componisten, Liszt allen voran, bekümmerten sich aber nicht, und so mußten die Klaviermacher darauf sinnen, die Unvollkommenheit ihrer Instrumente zu beheben, was ihnen ja auch glänzend gelungen ist.

Aber es ist eben nicht mit dem schon angeführten Anbau von ein paar Tasten mehr zu machen gewesen, damit waren nur die unvollkommenen Töne zu erzeugen, von denen Kützing sprach. Eine so große Erweiterung des Klaviaturumfangs oder jede wesentliche Veränderung am Klavier oder an jedem beliebigen anderen Instrument verlangt vielmehr eine völlige Neukonstruktion, wenn man nicht von vornherein klangliche oder spieltechnische Einbußen in Kauf nehmen will. Und jede Neukonstruktion solcher Art verlangt in der Regel eine Veränderung der Herstellung und hat als Resultat eine Veränderung des Klanges. Konstruktion, Herstellungstechnik und klangliches Ergebnis stehen in engem Zusammenhang. Dies ist bei allen Instrumentenarten der Fall und ließe sich, betrachtet man die Entwicklung über einen längeren Zeitraum, an jedem Instrument belegen.

Wenn wir zunächst beim Klavier als einem besonders technisierten Gerät innerhalb des klassischen Instrumentariums bleiben – kann doch allein die Mechanik eines modernen Konzertflügels aus rund 7000

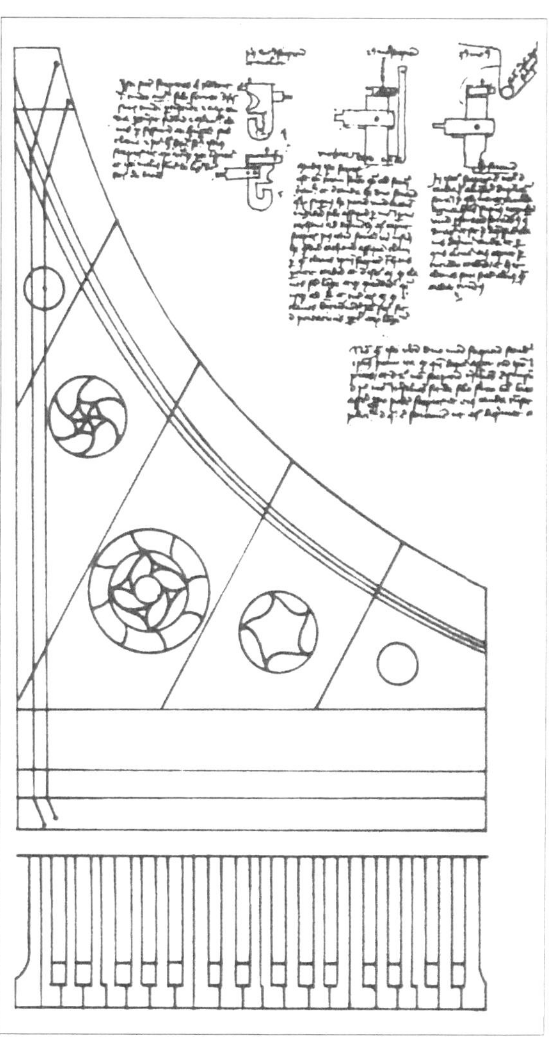

Das Clavichord nach einer anonymen flämischen Malerei um 1450 mit einer Konstruktionszeichnung von Henri Arnaut de Zwolle aus der Zeit 1436–1454 (burgundisches Harpsichord).

Einzelteilen bestehen – und wenn wir noch einen Schritt zurückgehen und den Vorgänger unseres Hammerflügels, das Cembalo, in die Betrachtung einbeziehen, so können wir erstaunliche Entdeckungen bezüglich der Entwicklung von Konstruktion, Herstellungstechnik und klanglichem Ergebnis machen.

Die früheste Konstruktionszeichnung eines Cembalos finden wir bei Arnault de Zwolle, Paris um 1450. Arnault gibt als Verhältnis von

Breite zu Länge des Instrumentes 8 zu 13 an, die Stoßwand, das ist die Zarge rechts neben der Klaviatur, soll sich zur Länge wie 4 zu 13 und die Baßwand, die kurze Zarge an der Spitze des Instrumentes, zur Länge wie 1 zu 13 verhalten. Damit entsteht ein kurzes, gedrungenes Instrument, dessen geringe Länge vermutlich auf die niedrige Reißfestigkeit der damaligen Saiten zurückzuführen ist. Die 13 steht aber hier nicht zufällig, sie hat konstruktionelle Bedeutung.

Nur rund einhundert Jahre später, 1561, baute Franciscus Patavinus (nachweisbar 1527–1562) ein jetzt im Deutschen Museum München stehendes Cembalo, die Wände ganz aus Ebenholz, mit Elfenbein ausgelegt, mit prächtig verzierten Klaviaturbacken und sorgfältiger Bemalung der Innenwände über dem Resonanzboden. Es ist sicher eins der schönsten Instrumente, die uns aus dem 16. Jahrhundert erhalten geblieben sind. Musikinstrumente sind ja immer mehr gewesen als bloßes Gerät zum Erzeugen von Tönen, sie hatten kultische Bedeutung oder waren schönes Möbel, in jedem Falle – und das bis zum heutigen Tag – mußte die äußere Erscheinung den ästhetischen Ansprüchen der Zeit entsprechen, bei manchen prunkvoll, bei anderen schlichter. Auch von einer modernen Baßtuba oder einer Elektronenorgel verlangt man, wie wir heute sagen, Design. Die Grundlagen dafür haben sich jedoch wesentlich gewandelt.

Patavinus hat auf dem Unterboden innen die Lage der Saiten aufgerissen, er hat diesen also für seine „Konstruktionszeichnung" benutzt. Meist wird solches Verfahren nur bei der Neuentwicklung eines Instrumentes angewandt, beim ersten Instrument einer bestimmten Größe und Form. Für die folgenden gleicher Größe hat dann der Meister Maßstäbe oder Mensuren, die sich vielfach archivalisch nachweisen lassen und die er sich beim Bau des ersten Instrumentes, so können wir vermuten, angefertigt hatte. Wir haben es beim Cembalo des Patavinus mit einem sogenannten Grundmodell zu tun. Solche sind außerordentlich selten erhalten geblieben, Unterbodenrisse sind nicht oft zu finden und die angefertigten Maßstäbe sind später zumeist nach den Anforderungen der Praxis verändert worden, erkennbar aus den Verhältnissen der Teile zueinander.

Die Aufzeichnung der Saitenlängen auf dem Unterboden ist jedoch noch kein Beweis, daß es sich um ein von Grund auf neu konstruiertes Modell handelt. Bewiesen ist das erst, wenn die Korpusmaße in bestimmten Verhältnissen zueinander stehen und die wichtigsten von ihnen nach dem örtlich verwendeten Fußmaß aufgehen.

Tafel 4, S. 289: Cembalo von Johannes Goermans, gebaut 1754 in Paris.

Das Cembalo des Patavinus ist sehr lang, 243 cm gegenüber etwa 95 cm bei Arnault, hier sieht man besonders die Entwicklung des

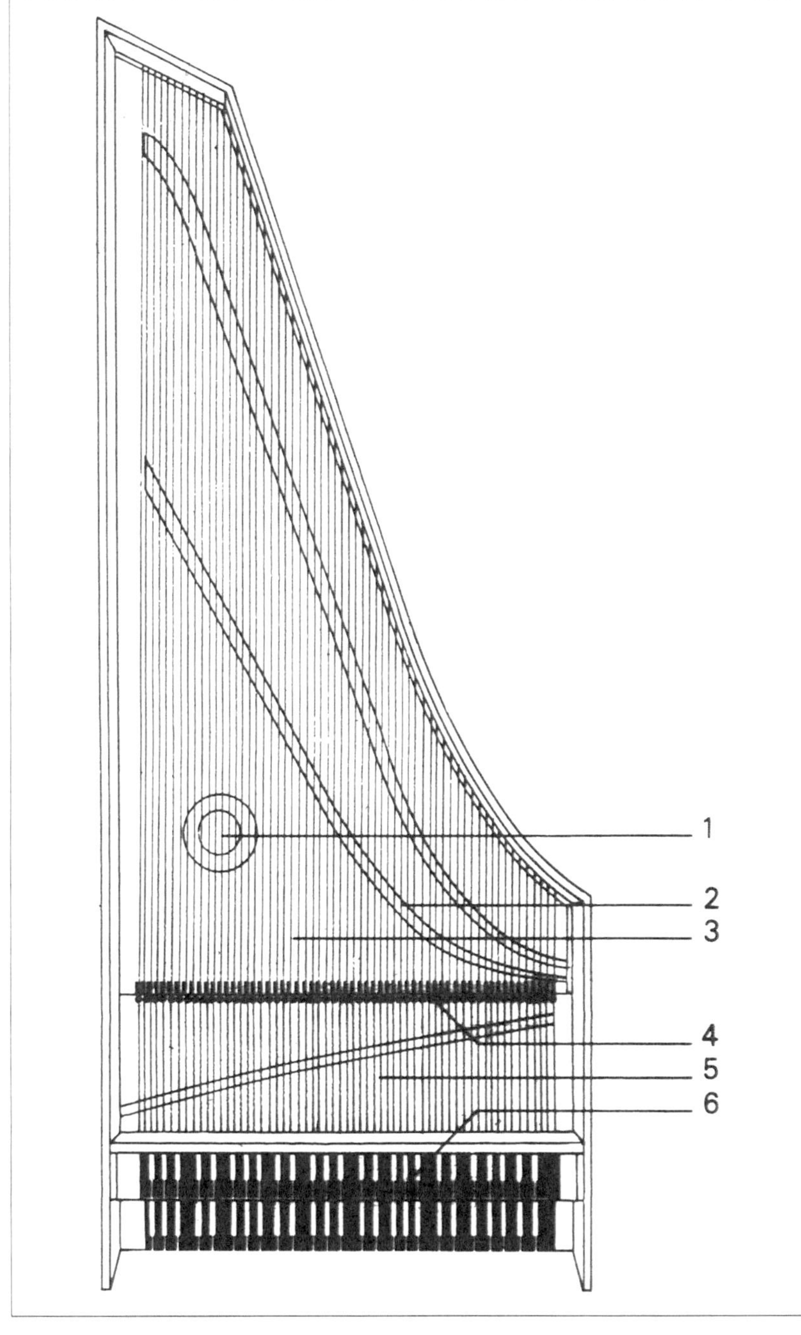

Das Cembalo ist das größte und bedeutendste Tasteninstrument mit gezupften Saiten. Nach fast zwei Jahrhunderten des Experimentierens gelang es schließlich im 16. Jahrhundert italienischen Instrumentenmachern, brauchbare Exemplare zu bauen. Später gab es wichtige Werkstätten in Deutschland, Frankreich, Flandern und Großbritannien. Für die Komponisten des 17. und 18. Jahrhunderts gehörte es durch seinen klaren Klang zu den bevorzugten Soloinstrumenten. Die Zeichnung zeigt die Teile eines Cembalos:
1 Schalloch, 2 Steg,
3 Resonanzboden, 4 Docken,
5 Saiten, 6 Klaviatur.

musikalisch-klanglichen Anspruchs, des ästhetischen Geschmacks, des handwerklichen Könnens und – als technischer Grundlage – der größeren Reißfestigkeit der Saiten innerhalb dieser vergangenen einhundert Jahre, aber es ist nur 80 cm breit. Wie fast alle Cembali hat es einen schräg liegenden Rechenschlitz, das ist die Aussparung zwischen Stimmstock und Resonanzboden, in welchem die Springer stehen, die die Saiten anzupfen, und es hat vier Rosetten, drei kleinere und eine größere, die dem Resonanzboden eine prächtige Verzierung geben. Diese wichtigsten Grundrißmaße müssen sich also sowohl in bestimmte Verhältnisse als auch in das örtliche Fußmaß einpassen. Franciscus hat sich selbst als aus Ungarn kommend bezeichnet, sein Nachname weist ihn als in Padua lebend aus und nach archivalischen Quellen hat er auch in Venedig gearbeitet. In Padua waren drei, in Venedig gar sechs verschiedene, allerdings zum Teil sehr dicht beieinander liegende Fußmaße in Gebrauch. Dabei darf man aber nicht von den Außenmaßen ausgehen, Patavinus hat ja den Unterboden als Zeichenplatte benutzt, und in italienischen Cembali, anders als in den meisten der nördlich der Alpen entstandenen, werden die Wände um den Unterboden herumgelegt, der Unterboden liegt zwischen den Wänden, in den nördlichen Ländern stehen die Wände auf dem Unterboden.

Der Boden ist 2416 mm lang und 785 mm breit, Stoß- und Baßwand sind 464 mm und 186 mm lang. Hier verhalten sich Breite zu Länge wie 39 zu 120 oder 3×13 zu $3 \times 5 \times 8$, Stoßwand zu Länge verhält sich wie 23 zu 120 und Baßwand zu Länge wie 1 zu 13, nur dieses letzte Verhältnis hat sich seit Arnault nicht verändert. Nimmt man die ersten Werte zugleich als Zollmaße, dann erhält man mit 20,133 mm eine Größe, die ganz dicht an einem der in Venedig gebrauchten Zölle liegt (20,161 mm). Wir können also bisher feststellen, daß das Instrument nach venezianischem Maß gebaut und nach der sogenannten Ersten Goldenen Reihe konstruiert ist.

Goldene Reihen entstehen, indem, immer mit 1 beginnend, das Folgeglied aus der Summe der beiden vorangegangenen Glieder gebildet wird. Die wichtigste ist die mit 1 und 2 beginnende Erste, auch als Fibonaccische Reihe bezeichnet. Benannt wird sie nach dem Mathematiker Leonardo Fibonacius von Pisa (1170 – nach 1240), der sie als erster 1202 niederschrieb, sie lautet 1, 2, 3, 5, 8, 13, 21, 34, 55, 89, 144 (. . .). Ihre Glieder werden bevorzugt direkt verwendet, aber, wie wir bei 39 und 120 sehen, auch miteinander multipliziert oder, wie wir noch bei 17 gleich 34/2 sehen werden, dividiert. Ihr ästhetischer Wert beruht darauf, daß höhere Glieder, direkt in ein Verhältnis gesetzt, zu

Tafel 5, S. 289: Cembalo, gebaut von Faby von Bologna im Jahr 1677.

einer Teilung nach dem Goldenen Schnitt führen. Liegt 1:2 noch bei 0,5:1, 2:3 bei 0,666:1, so 21:34 oder 34:55 mit 0,618:1 genau auf dem Goldenen Schnitt. Diese Goldenen Reihen wie auch der Goldene Schnitt hatten in der Architektur, der Bildhauerei, der Malerei, in vielen Gewerken und eben auch im Instrumentenbau für Entwurf und Konstruktion eine so überragende Bedeutung, wie das heute bei unserer fast ausschließlichen Berücksichtigung von akustischen Gesetzen und spieltechnischen Forderungen kaum noch vorstellbar ist.

Nun will das Verhältnis Stoßwand zu Länge wie 23 zu 120 hier nicht passen, die 23 fügt sich nicht in die Goldene Reihe ein. Bei näherer Betrachtung ist aber der Abstand von Vorderkante des Unterbodens bis Stimmstock gleich 6 Zoll und der Abstand von dort bis zum Beginn des Rechenschlitzes gleich 7 Zoll, zusammen also 13 Zoll, dann der Abstand bis zum Ende der Stoßwand 10 Zoll, mit dem vorigen zusammen 17 gleich 34/2 Zoll. An der Baßseite beginnt der Rechenschlitz bei 16 gleich 2 × 8 Zoll. Die Breite des Instrumentes an der gebogenen Wand ist bei ¼, ½ und ¾ der Länge 13, 20 gleich 2 × 5 × 5 und 34 Zoll.

Der Mittelpunkt der vier Rosetten ist nicht in einem Kreisbogen zu treffen, der Erbauer hat zwei Zirkelschläge benutzen müssen, zunächst für die drei vorderen mit einem Radius von 685 mm, dann unter nochmaliger Einbeziehung der beiden mittleren mit der hinteren, in der Spitze des Instrumentes liegenden Rosette mit einem Radius von 2310 mm. Das entspricht 34 und 115 Zoll. Daß hier vom Erbauer auch 117 gleich 3 × 3 × 13 Zoll gemeint sein könnte, was trotz der Differenz von 40 mm durch nur geringfügige Verschiebung der ohnehin schwer zu messenden Rosettenmittelpunkte zu erreichen ist, sei nur angedeutet, die geringsten der möglichen Differenzen zu errechnen ist ein Computerspiel für Mußestunden. Der Mittelpunkt der ersten und dritten Rosette liegt 21 und 54 Zoll von der Vorderkante entfernt. Hier will sich die 54 nicht einpassen, nach der Goldenen Reihe sollten es 55 Zoll sein, bestenfalls läßt sich das Maß mit 2×3^3 erklären. Der Mittelpunkt der zweiten und vierten Rosette läßt sich so nicht bestimmen, er liegt aber 17 Zoll gleich 34/2 und 64 Zoll gleich 8^2 von der Rechenkante im Baß entfernt. Da im wesentlichen alles stimmig ist, ließe sich dieses Spiel noch weiter treiben. Verbindet man zum Beispiel die Mittelpunkte der beiden ersten Rosetten, so ist diese Strecke gleich der halben Breite des Instrumentes, also 39/2 Zoll, nimmt man diese Strecke als Hypotenuse eines rechtwinkligen Dreiecks, so ist die eine Kathete exakt 13 Zoll. Es sei betont, daß die entstehenden Differenzen zwischen Ist- und Sollwert in der Regel weniger als einen Millimeter betragen. Bei größeren Differenzen stünde denn auch die Beweisführung auf recht schwachen Füßen.

Patavinus hat aber auch die akustische Anlage, also die klingenden Längen der schwingenden Saiten, nach der Ersten Goldenen Reihe konstruiert, wenn auch hier die Differenzen zwischen Ist- und Sollmaß wie immer bei Mensuren und in der Herstellungsweise begründet nur etwa zur Hälfte unter einem Millimeter, sonst aber bei 2 bis maximal 5,5 mm liegen. Die c-Saiten des tieferen Registers, C, c, c1, c2 und c3, sowie der höchste Ton f3 sind 5×21, $3^2 \times 3^2$, 2×21, 21, 11 und 8 Zoll lang, die des Oktavregisters 5×13, 2×21, 21, 2×5, 5 und, nun wegen der Kürze doch ausgefallen $3^3/4$ Zoll, das kann bestenfalls als $3 \times 5/2^2$ gedeutet werden.

Aus alledem ist ein langes, schlankes Instrument entstanden mit dem typischen hellen, klaren Klang italienischer Cembali, auch für den ungeübten Beobachter und Hörer deutlich unterscheidbar von dem robusteren Aussehen und dem rauschenden Klang der nördlichen Gegenstücke.

Auch der Erfinder unseres Klaviers, Bartolomeo Cristofori (1655–1732), wird beim Bau seines ersten Hammerflügels in ähnlicher Weise vorgegangen sein, die von seiner Hand erhaltenen Instrumente lassen diesen Schluß zu. Selbst bei einigen Hammerflügeln aus dem späten 18. Jahrhundert kann man noch die Goldenen Reihen als Konstruktionsgrundlage erkennen, aber bei weitem nicht mehr bei allen. Das hat seinen Grund zunächst darin, daß ein Modell nicht immer neu konstruiert, sondern schrittweise verändert wurde, wobei sich die Proportionen veränderten, sodann, daß das Bemühen um stärkeren und tragfähigeren Klang immer größere Bedeutung bekam. Die Flügel wurden wegen des größeren Klaviaturumfangs immer breiter und zunächst kürzer gebaut als das Cembalo des Patavinus. Entsprach die größere Breite dem Wunsch der Komponisten nach mehr Tonvorrat, so die Verkürzung dem Wunsch nach mehr Tonstärke und Tragfähigkeit. Denn kürzere und dafür dickere Saiten sind bei gleicher Tonhöhe straffer gespannt als lange und entsprechend dünne Saiten, und auch die Klangerregung durch Hammeranschlag verlangt eine straffer gespannte Saite als die Erregung durch Zupfen beim Cembalo. Außerdem verloren die Goldenen Reihen ihre Bedeutung als Konstruktionsgrundlage, in der Architektur ebenso wie im Instrumentenbau, und hier treten akustische Überlegungen in den Vordergrund. Noch aber wurde allen schriftlichen Quellen zufolge und auch an den Instrumenten nachmeßbar in ähnlicher Weise konstruiert. Man legte die Länge und Breite des Instruments nach Erfahrungswerten und, häufig be-

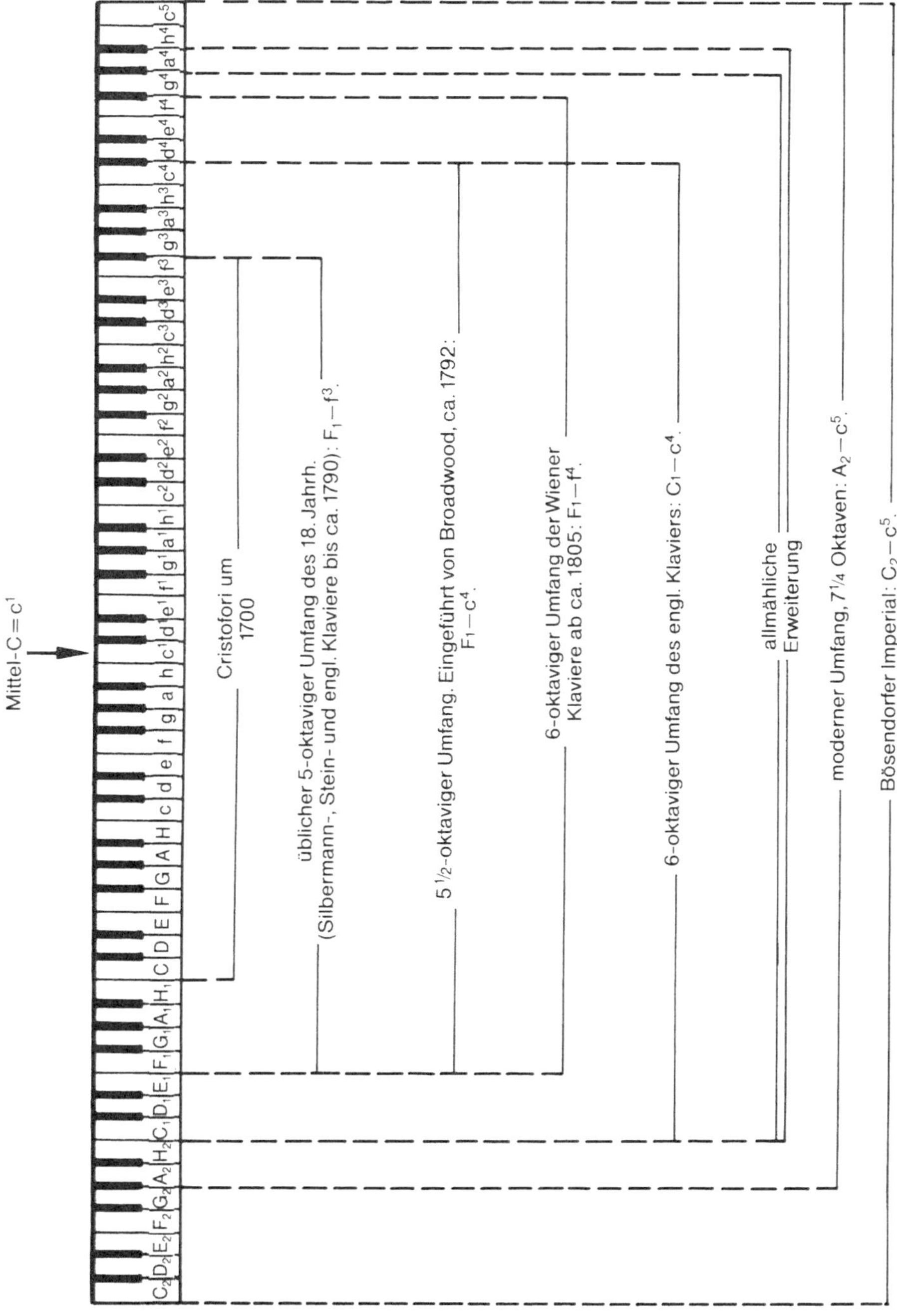
Mittel-C = c^1
C_2 D_2 E_2 F_2 G_2 A_2 H_2 C_1 D_1 E_1 F_1 G_1 A_1 H_1 C D E F G A H c d e f g a h c^1 d^1 e^1 f^1 g^1 a^1 h^1 c^2 d^2 e^2 f^2 g^2 a^2 h^2 c^3 d^3 e^3 f^3 g^3 a^3 h^3 c^4 d^4 e^4 f^4 g^4 a^4 h^4 c^5
Cristofori um 1700
üblicher 5-oktaviger Umfang des 18. Jahrh. (Silbermann-, Stein- und engl. Klaviere bis ca. 1790): $F_1 - f^3$.
5 1/2-oktaviger Umfang. Eingeführt von Broadwood, ca. 1792: $F_1 - c^4$.
6-oktaviger Umfang der Wiener Klaviere ab ca. 1805: $F_1 - f^4$.
6-oktaviger Umfang des engl. Klaviers: $C_1 - c^4$.
allmähliche Erweiterung
moderner Umfang, 7 1/4 Oktaven: $A_2 - c^5$.
Bösendorfer Imperial: $C_2 - c^5$.

Die Erweiterung des Tonumfanges beim Klavier von 1700 bis heute. Sie erfolgte jeweils schrittweise um eine Terz bis zu einer Quinte. Die früheste Tastatur von C–f^3 vergrößerte sich schnell auf FF–f^3 und hatte dann Bestand bis ins letzte Jahrzehnt des 18. Jahrhunderts. In den neunziger Jahren wurden dann Klaviere mit einem weiteren Umfang eingeführt. Seit 1792 war der Normalumfang in England FF–c^4, doch bald erfolgte eine Erweiterung des Umfanges auf 6 Oktaven.
Der Klavierbau in Wien und in Deutschland machte eine ähnliche Entwicklung durch. Der Umfang begann hier mit 5 Oktaven, wurde auf 5 ½ und auf 6 Oktaven erweitert und erreichte einen endgültigen Umfang mit FF–f^4.

tont, nach den Wünschen des Käufers fest, gab diesen Maßen in der Regel einen vollen Zollwert und konstruierte die akustische Anlage in den Umriß hinein.

Die Zeit nach Kützing brachte eine wesentliche Veränderung, die möglicherweise mit der Erfindung neuer Gußstahlsaiten mit beträchtlich höherer Reißfestigkeit durch Moritz Poehlmann (1823–1902) 1858 zusammenhängt. Jetzt ging man davon aus, die Grenze der Belastbarkeit der neuen Saiten zu nutzen, denn zumeist klingen diese am besten, wenn sie einen Halbton bis einen Ganzton unter ihrer Zerreißgrenze gespannt werden. Zugleich setzte sich in eben dieser Zeit ein schon vielen Generationen von Klaviermachern bekanntes Klangideal langsam durch, das bei ständiger relativer Verkürzung der Saiten von c5 an abwärts entsteht.

Cristofori hatte noch mit peinlicher Genauigkeit die schwingenden Saitenlängen der Oktaven von seinem höchsten Ton, c3, bis etwa c abwärts verdoppelt. Jetzt nahm man die tiefere Oktave nicht mehr doppelt lang, sondern um 1/16 bis 1/20 kürzer, wenn c4 80 mm lang war, dann c3 nicht 160 mm, sondern nur 150 bis 152 mm. Und schließlich wurde der Anschlagstelle eine andere Bedeutung beigemessen als noch zu Beginn des Jahrhunderts, man legte sie jetzt in möglichst kontinuierlicher Veränderung auf 1/7 bis 1/10 der schwingenden Länge. Auch wenn sich dieser Umschwung in den einzelnen Firmen sehr unterschiedlich vollzog, so hatte er doch eine grundlegende Veränderung der Konstruktion zur Folge. Blüthner und Gretschel beschrieben sie 1872 so: „Den Anfang der Zeichnung des Grundrisses bildet die Angabe der Hammerlinie, d. h. derjenigen Linie, längs welcher die einzelnen Saiten des fertigen Instruments von den Hämmern getroffen und erregt werden“ [3]. Dann legte man die schwingenden Saitenlängen fest, bei 1/7 Anschlaglänge von dieser gezeichneten Linie 1/7 in Richtung der Klaviatur, 6/7 in Richtung der Spitze des Instruments. So erhielt man als erstes die akustische Anlage des Flügels und um diese herum wurde das Korpus konstruiert. Man baute also jetzt – und so bis heute – von innen nach außen, nicht mehr von außen nach innen. Dieser Wechsel bei der Konstruktion ist aber nur eine Seite der Veränderungen im Klavierbau, die sich um die Mitte des vergangenen Jahrhunderts vollzogen, er ging einher mit der Einführung des Eisenrahmens und einer stärkeren Rast, beides um den gewaltigen Zug abzufangen, der von etwa 300 kg bei Cristofori auf 2500 kg zu Beginn des Jahrhunderts nun auf 15 000 bis 20 000 kg gestiegen war, einem dickeren Resonanzboden mit anderer Berippung, anders geformten Stegen, einer Befilzung der Hämmer statt der bisherigen Belederung

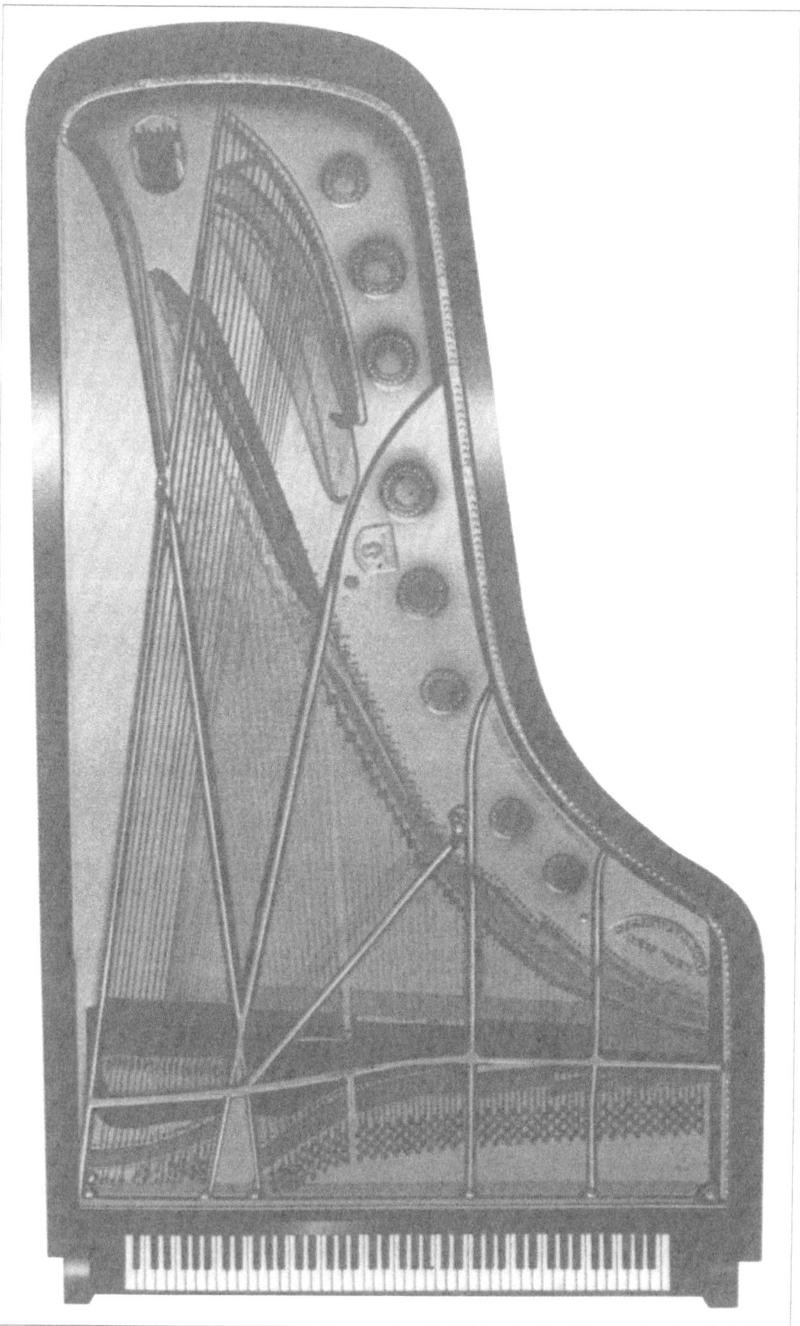

Ein Steinway-Flügel von 1892. Er stimmt im wesentlichen schon mit dem modernen Konzertflügel überein.

Bekanntmachung.

Breitkopf & Härtel in Leipzig empfehlen sich mit ihren Pianofortes eigener Fabrik, in nachstehenden Sorten, wovon sie stets Vorrath halten:

Tafelförmige Pianofortes in Mahagony-Gehäuse, 6 Octaven, mit 2 Veränderungen und Rollen-Füssen.

Flügelförmige Pianofortes in Mahagony-Gehäuse, 6 bis 6½ Octaven, 4 bis 5 Veränderungen, und mit Säulen- und Rollen-Füssen.

Aufrechtstehende Pianofortes (en Giraffe) in Mahagony-Gehäuse mit seidener Draperie, 6 Octaven und 4 Veränderungen.

Diese Instrumente zeichnen sich durch ihre solide Bauart, sowie durch ihren schönen und vollen Ton ganz vorzüglich aus. Auch sind die tafelförmigen Pianofortes nach der neuesten Bauart, vorn zu stimmen, und von ausserordentlich starkem und schönem Ton. Die Preise wird man, hinsichtlich der Vorzüglichkeit dieser Instrumente und im Vergleich mit andern, gewiss billig finden.

Firmenzeichen der bekannten Klavierbauer Breitkopf & Härtel (Leipzig) aus dem Jahr 1719.

und manches anderem mehr. Es änderte sich auch die Technik der Produktion. Breitkopf & Härtel, um 1850 eine der drei größten Leipziger Klavierfabriken, hatte in dieser Zeit eine Jahresproduktion von etwa 100 Instrumenten und der als Fachmann erster Güte geltende Leipziger Pianofortefabrikant Gustav Fiedler (1832–1900), der ausschließlich Flügel baute, begrenzte bis zu seinem Tode im Jahre 1900 bewußt seine Produktion so, daß er selbst jedes fertige Instrument intonieren konnte. Die Firmen der neuen Jahrhundertwende hielten sich nicht an solche noch handwerklichen Traditionen, wenn auch ein handwerklicher Anteil bei der Endfertigung und Intonation bis zum heutigen Tag geblieben ist, der bei Konzertflügeln sogar erheblich wird. Patavinus hatte noch alle Arbeiten mit Ausnahme der Anfertigung der Saiten und Stimmwirbel in einer sicher nur zimmergroßen Werkstatt verrichtet. Auch alle Gründer der großen deutschen Klavierfabriken, seien es Gerhard Adam (1797–1879), Carl Bechstein (1826–1900), Julius Blüthner (1824–1910), Julius Feurich (1821–1900), August Förster (1829–1897) oder Wilhelm Schimmel (geb. 1854), haben allein oder mit einem Gehilfen in einer Hinterhofwerkstatt begonnen. Blüthner gründete seinen Betrieb im November 1853 mit drei Mitarbeitern, das waren viele. Und er fertigte von den zehn Instrumenten des Jahres 1854 – es waren nicht 700, wie in allen Lexika geschrieben steht – alles selbst, wieder mit Ausnahme der Saiten und der Metallteile, die ihm zu einem Teil ein Dorfschmied der Leipziger Umgebung lieferte. Fünfzig Jahre später beschäftigte Blüthner mehr als 800 Arbeiter in einer ein ganzes Straßengeviert umfassenden Fabrik, nicht gerechnet ist dabei das riesige Holzlager mit Trocknungsanlagen vor der Stadt. In einem fließbandähnlichen Verfahren mit genauester Arbeitsteilung wurden jährlich über 2500 Instrumente produziert, die im Konstruktionsbüro entworfen worden waren und von einem weltweiten Handelsnetz vertrieben wurden. Und aus der Dorfschmiede war eine Metallbestandteilefabrik geworden, spezialisiert auf den Pianofortebau. Bei den anderen großen Firmen in den deutschen Zentren des Klavierbaus wie Berlin, Dresden oder Stuttgart war das nicht anders, Europas größte Klavierfabrik der Jahrhundertwende, die erst 1885 gegründete Aktiengesellschaft der Gebrüder Zimmermann in Leipzig, brachte es auf 6000 Instrumente pro Jahr. Diese Steigerungen schadeten keinesfalls der Klangqualität, sie brachten im Gegenteil ein Maximum an Klang, Tonstärke und Haltbarkeit, jedenfalls bei den bedeutenden Firmen.

Seit Ende des letzten Jahrhunderts sind am Klavier keine wesentlichen Veränderungen mehr vorgenommen worden, und wenn noch um 1870 jede bedeutende Firma ihre eigene, zumeist patentierte Mechanik baute oder von einer Spezialfirma bauen ließ, so hat sich inzwischen längst die auf Sebastian Erard (1752–1831) zurückgehende Stoßzungenmechanik mit doppelter Auslösung durchgesetzt, die nur in zwei Varianten, mit einfacher oder zweischenkliger Feder, verwendet wird.

Viele Erfindungen oder Veränderungen waren nicht von Dauer. Man denke nur an den Janitscharenzug, also Pauke und Glocke, mit Pedal zu betätigen, an den Fagottzug und andere Moderatoren, bei denen Filz-, Stoff-, Seiden- oder Lederzungen zwischen den anschlagenden Hammer und die Saiten geschoben wurden, alles modern in Flügeln ab 1780 bis etwa 1840, oder an die Jankó-Klaviatur, die, 1880/82 erfunden, noch um 1900 Furore machte, aber bald darauf trotz hartnäckiger Belebungsversuche einiger Anhänger vergessen war. „Schuld" daran hatten immer die Komponisten, die die neuen Möglichkeiten nicht mit zeitüberdauernden Werken bedachten, der Schlußsatz der A-Dur-Sonate von Mozart reichte eben nicht aus, dem Janitscharenzug einen dauernden Verbleib im Flügel zu sichern, zumal gerade diese Musik auch ohne solchen Effekt überzeugt.

In der Gegenwart ist das Klavier eigentlich ein unmodernes Instrument geworden. Es hat eine feststehende Tonhöhe, einen nach dem Anschlag leiser werdenden Klang, und sein Ton ist nach dem Entstehen nicht mehr vom Spieler beeinflußbar, wenn man von einigen Pedaleffekten und der Möglichkeit des Berührens der Saiten absieht. Moderne Komponisten verwenden das Klavier längst auch als Rhythmusinstrument, verlangen Klangtrauben, besonders in der Tiefe, mit der ganzen Hand oder dem Unterarm hervorzubringen, lassen Reißnägel oder anderes in den Filz der Hämmer einstecken, dann klingt das Instrument einem Cembalo ähnlich oder auch wie ein Klavier der zweiten Hälfte des 18. Jahrhunderts mit unbelederten Holzhämmern, sie lassen die Saiten mit dem Finger oder einem Plektrum anzupfen oder mit dem Paukenschlegel anschlagen, der aber nicht nur auf die Saiten, sondern auch auf den Deckel oder das Korpus klopfen kann. Die fest eingebaute Pauke, mit Pedal zu betätigen und gegen den Resonanzboden oder gegen ein Trommelfell schlagend hatten wir ja schon vor 200 Jahren. So wiederholen sich manche Effekte. Auch die Elektronik hat schon Einzug gehalten, doch damit entsteht ein neues Instrument.

Stärker als das Klavier, dessen schwingende Saitenlängen in bestimmten Grenzen variiert werden können, ist ein Blasinstrument akustischen Gesetzen unterworfen. Bei der Oboe wird der Ton durch

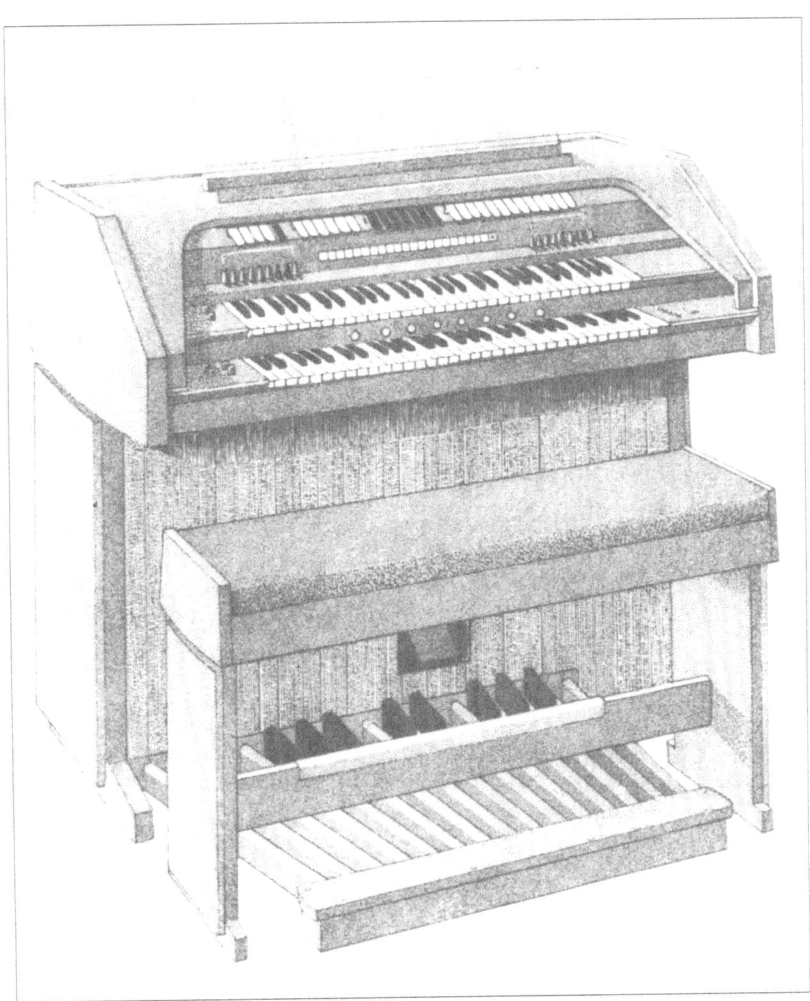

Gulbransen-President-Elektroorgel mit Schwell- und Hauptmanual, zweioktaviger Pedalklaviatur und vielen verschiedenen Registern.

das doppelte Rohrblatt angeregt, es wirkt dabei wie ein Ventil. Indem es sich in schnellem Wechsel öffnet und schließt, führt es der im Rohr des Instrumentes stehenden Luftsäule Schwingungsenergie zu, deren Frequenz sich aus den Druckschwankungen der Luftsäule ergibt und fast ausschließlich von der Länge der nun schwingenden Luftsäule bestimmt wird. Masse und Elastizität der beiden Rohrblätter bestimmen Klangqualität und Ansprache, haben aber nur sehr wenig Einfluß auf die entstehende Tonhöhe. Diese läßt sich aber nicht nur durch

Veränderung der Frequenz mittels höherem Anblasedruck, sondern vor allem durch Öffnen der seitlichen Grifflöcher musikalisch verwertbar variieren. Nach dem Öffnen schwingt nur noch der Teil vom Rohrblatt bis etwa zur Mitte des offenen Grifflochs. Natürlich müssen diese Löcher so gebohrt sein, daß genau die gewünschte Tonhöhe erklingt, und zwar in jeder Lage, also auch bei verändertem Anblasedruck. Man sollte meinen, ein solches System ließe sich mit Hilfe der Goldenen Reihen nicht erfassen, aber genau das wurde von den Instrumentenmachern des 16. und noch des 18. Jahrhunderts angestrebt. Johann Stephan Walch gab seiner dreiteiligen Oboe aus der Zeit um 1760, jetzt im Deutschen Museum München, eine Gesamtlänge von 488 mm, Ober- und Mittelstück sind je 187 mm, der Becher ist 114 mm lang, der Abstand der äußeren Grifflöcher entspricht mit 301 mm der Länge von Mittelstück und Becher. Setzt man alle diese Maße gegeneinander in ein Verhältnis, so erhält man die Werte 8:34, 13:34 und 21:34 bei Differenzen von 0,4 bis 0,8 mm. Diese geringen, über die Grenzen der Meßgenauigkeit stoßenden Unterschiede zeigen, daß Walch bewußt auf der Basis der Ersten Goldenen Reihe konstruiert hat. Auch bei vielen anderen und gerade den bedeutendsten Holzblasinstrumentenmachern des 16. bis 18. Jahrhunderts ließe sich solches nachweisen, Johann Heinrich Grenser (1764–1813) in Dresden, dessen Instrumente für historische Aufführungen ihrer Klangqualität wegen gern im Original benutzt oder kopiert werden, und andere wären hier zu nennen. Die einzelnen Tonlöcher lassen sich natürlich nicht mehr innerhalb der Zahlen der Goldenen Reihe anbringen, aber immerhin liegt bei Walch das zweite – der Abstand der äußeren war ja schon durch die Reihe bestimmt – bei etwa 3:8 im Verhältnis zur Gesamtlänge, das dritte liegt fast in der Mitte, also bei 1:2, die Differenz beträgt allerdings knapp 4 mm, das vierte und fünfte bei genau 6:11 und 3:5 mit jeweils nur 0,2 mm Differenz, die folgenden bei 3:9 und 7:8. Es gehört schon Kunstfertigkeit zu solch ausgeklügelter Bauweise, denn das Instrument soll ja vor allem gut und im Rahmen des Möglichen sauber klingen.

Die Weiterentwicklung der Holzblasinstrumente wurde wesentlich von den Verbesserungen an der Querflöte bestimmt. Auch hier schwingt eine Luftsäule, die durch Öffnen der Grifflöcher verkürzt werden kann, aber die Erregungsart ist eine gänzlich andere: Der Luftstrahl des Bläsers trifft auf die Kante der Anblasöffnung, die Luftsäule im Inneren der Röhre wird davon zum Schwingen angeregt und diese Schwingungen lenken den Strahl abwechselnd in die Bohrung hinein und wieder heraus.

Im 18. Jahrhundert war die Querflöte ein Lieblingsinstrument von Spielern und Hörern, überreich bedacht mit Sololiteratur, mit weithin berühmten Virtuosen, deren Spielkunst auf außerordentlicher Höhe gestanden hat. Die Komponisten kannten und beachteten die Grenzen der Querflöte, es entstand eine instrumentengerechte Literatur, Johann Sebastian Bach (1685–1750), Georg Friedrich Händel (1685–1759), Philipp Telemann (1681–1767) und die vielen italienischen und französischen Komponisten wären hier zu nennen, auch die nächste Generation der Bach-Söhne noch. Die Flöte mußte zum unvollkommenen Instrument werden, als ihre technischen Möglichkeiten nicht mehr Schritt hielten mit den musikalischen Anforderungen. Aber da wie bei keiner anderen Instrumentenart große Virtuosen ihrer Zeit auch zu den besten Instrumentenmachern zählten oder dazu wurden, weil sie die Unvollkommenheit ihres Instrumentes empfanden, hier also wie nirgends sonst eine Personalunion zwischen Erbauer und Spieler bestand, mußten solche Probleme über kurz oder lang gelöst werden können. Es ist bezeichnend, daß Johann Georg Tromlitz (1725–1805), Flötist am Leipziger Gewandhausorchester, seinen Entschluß, selbst Flöten zu bauen, so begründete: „Der Mangel richtig gebauter Instrumente bewog mich dazu". Er schrieb weiter, daß er selbst Gründe aufsuchen mußte, worauf er seinen Bau befestigen konnte, und er fand diese durch „geometrische Berechnung der inneren Weiten"[4]. Tromlitz ging also anders vor als der etwa gleichaltrige Grenser, er stützte sich bereits auf akustische Untersuchungen, aber dennoch gab er dem äußeren Erscheinungsbild einer von ihm um 1800 gebauten vierteiligen, jetzt im Musikinstrumentenmuseum Leningrad befindlichen Querflöte Proportionen der Ersten Goldenen Reihe. Setzt man die einzelnen Teile miteinander in ein Verhältnis[5], so ergibt sich die Folge 2:3:5:8:13. Das ist schon erstaunlich, daß sich ein Musiker und Instrumentenmacher, der sich ausdrücklich auf eine „Berechnung der inneren Weiten" beruft, also das Verhältnis von Länge zu Durchmesser an den verschiedenen Stellen der noch konischen Bohrung, wie immer er diese Berechnungen auch ausgeführt haben mag, nicht von den als ästhetisch schön empfundenen Teilungen des Goldenen Schnittes lösen will. Dabei stammt dieses Instrument aus den letzten Lebensjahren von Tromlitz.

In der Zeit um 1800 setzten intensive Forschungen auf dem Gebiet der musikalischen Akustik ein. Zwar gab es solche früher schon; die Gelehrten des klassischen Griechenland wären zu nennen, in der Neuzeit Martin Mersenne (1588–1648), Leonhard Euler (1707–1783) Gottfried Wilhelm Leibniz (1646–1716) und Isaac Newton (1643–1727), dann Brook Taylor (1685–1782) und Daniel Bernoulli (1700–1782), die die Abhängigkeiten der Tonhöhe einer gespannten Saite von ihrer schwingenden Länge, ihrem Durchmesser, ihrem Material und der angewandten Zugkraft erforschten und in eine Formel brachten, die im ganzen 19. Jahrhundert immer wieder praktiziert wurde und bis heute Grundlage der Berechnung der Mensur eines Klaviers ist. Aber obwohl sich Mathematiker und Instrumentenmacher mühten, es gelang nicht, die komplizierten Schwingungsvorgänge in einem konischen Flötenrohr zu berechnen, das ist in der Grundlage erst 1927 und befriedigend zuverlässig erst vor wenigen Jahren gelungen[6]. So war man nach wie vor mehr auf Probieren denn auf Berechnungen angewiesen, um die bedeutenden Schwächen der Flöte des 18. Jahrhunderts zu korrigieren. Auch in der Grundskala D-Dur waren nicht alle Töne der drei Oktaven ihres Tonvorrates „stimmig", zudem bewußt nicht gleichschwebend temperiert angelegt, und auch, zumindest bei vielen Instrumenten, in den Oktaven unsauber, doch konnte der Spieler durch verschiedenen Ansatz die Tonhöhe etwas korrigieren. Ihr Klang wird als „hell, schneidend, dick, rund, männlich, scharf" beschrieben, Charakteristika, die uns heute nicht unbedingt einfallen, wenn wir in einem historischen Konzert eine solche Flöte vorgeführt bekommen. Den Tönen der Grundskala gegenüber standen die leiterfremden Töne, vor allem f, gis, ais und c, die durch Gabelgriffe erzeugt werden konnten und gedeckt und verschleiert klangen. Die älteren Generationen hatten diesen Gegensatz als einen Vorzug angesehen, der jüngeren um Johann Joachim Quantz (1697–1773), ebenso Virtuose wie Flötenbauer und Flötenlehrer Friedrichs des Großen von Preußen, und dem schon erwähnten Tromlitz war es ein Nachteil. Die Vermehrung der bisher zwei Klappen verbesserte zwar die Stimmung erheblich, aber dies fand nun weder bei Spielern noch bei manchen Instrumentenmachern Verständnis. Viele Spieler waren es wohl leid, auf ein neues System mit vielen Klappen umzulernen, und Heinrich Grenser, Neffe des Firmengründers in Dresden, nicht weniger bedeutend als dieser und auch ob seiner gewandten, scharfen Feder gefürchtet, schrieb: „Zur Verbesserung dieses oder jenen Tones aber eine Klappe anzubringen, ist weder Schwierigkeit noch Kunst. Auch sind die Klappen ganz nichts neues, denn als Knabe habe ich mich ihrer zur Verstärkung der schwachen Töne bedient, und es wurde mir leicht, ihnen den richtigen Platz anzuweisen (. . .). Da jedoch die Hauptkunst darin besteht, Flöten zu bauen, auf denen man alles, ohne Klappen, leisten kann, so ist erforderlich, die in solchen Tönen noch herrschenden Mängel auf eine Art zu heben, welche ebenso entsprechend als eine Klappe ist." Das war ebenso deutlich wie sein Fazit: „Nicht in der Anzahl der Klappen, nein, in der möglichsten Einfachheit der Flöte, ohne deren Eleganz etwas aufzuopfern, muß die wahre Vervollkommnung dieses schönen Instruments gesucht werden" [7]. Dennoch war die Flöte das am meisten gescholtendste Instrument des klassischen Orchesters wegen der Unreinheit und Unausgeglichenheit ihrer Töne und der für die neuen, großen Konzertsäle zu geringen Tonstärke. Die drohende Bedeutungslosigkeit, die schon Tromlitz gespürt hatte, veranlaßte die Instrumentenmacher trotz Grensers gegenteiliger Forderung, die Klappenzahl weiter zu erhöhen, und auch dieser folgte gegen Ende seines Lebens diesem unausweichlichen Trend. Die Lösung, bis heute gültig, fand der geniale Münchener Virtuose und Instrumentenmacher Theobald Boehm nach akustischen Berechnungen und langjährigen Versuchen. Sein 1847 fertiggestelltes Modell ist etwa 670 mm lang mit einer im Mittelstück und Fuß zylindrischen Bohrung von 19 mm Durchmesser und einem Kopfstück mit parabolischer Bohrung.

Das vordem kleinere, ovale oder runde Mundloch wurde zum länglichen Viereck mit abgerundeten Ecken und zwölf große sowie drei kleinere Tonlöcher, mit einem genial konstruierten Deckel- und Klappensystem zu öffnen und zu schließen, ermöglichten einen Umfang c1 – cis4 bei klanglich ausgeglichener Tongebung und ebenso ausgeglichener Intonation. Trotz mancher zeitgleicher und späterer Entwicklungen, mit denen das alte Instrument weiter verbessert wurde, zu nennen wären Heinrich Friedrich Meyer (1814–1897) in Hannover, Franz Karl Kruspe (1808–1885) in Erfurt oder Maximilian Schwedler und Kruspe in Leipzig, setzte sich die Boehmflöte bis heute durch. Wieder stellen die jetzigen Komponisten wie ihre Vorgänger vor 200 Jahren der Flöte neue Aufgaben, für die sie vielleicht nicht konstruiert ist. Aber der Reiz, einem Instrument ungewöhnliche Töne und auch Geräusche zu entlocken, ist eben doch groß. Es ist eine Vielzahl solcher neuen Ausdrucksmittel möglich, Vierteltöne zum Beispiel und vor allem Mehrklänge, die erst in den sechziger Jahren unseres Jahrhunderts entdeckt wurden. Auf mehreren Arten der Holzblasinstrumente lassen sich Zweiklänge und Akkorde erzeugen, weil es möglich ist, mehrere Schwingungsfrequenzen gleichzeitig in einem Schallrohr anzuregen. Weitere Spielarten sind nur als Klangeffekte zu betrachten wie etwa Lufttremolo ohne Ton, tonloses Spielen mit den Klappen, Glissandi durch Einführen eines Glasfiberstabes in die Schallöffnung, in das Instrument summen oder singen und anderes mehr. Wenn man davon absieht, daß der Spieler gerade für solche Effekte äußerst präzis gebaute Instrumente benötigt – das kann man heute allgemein voraussetzen –, dann haben diese Spielmöglichkeiten nicht mehr mit Konstruktion und Herstellungstechnik zu tun als bei der Verwendung des gleichen Instrumentes in einer Sinfonie von Johannes Brahms (1833–1897) oder Anton Bruckner (1824–1896).

Wenn wir abschließend noch die klassischen Streichinstrumente betrachten, so werden wir bei Konstruktion und Herstellung die geringsten Veränderungen während der letzten 300 Jahre feststellen, gelten doch die Geigen eines Antonio Stradivari (um 1644–1737) oder Pietro Giovanni Guarneri (1655–1720) als nicht zu übertreffen. Bei aller Hochachtung vor den Arbeiten dieser Meister, die man, falls einmal die seltene Gelegenheit besteht, nur mit Ehrfurcht in die Hände nimmt, bleibt doch festzustellen, daß die besten Geigenbauer der Gegenwart durchaus in der Lage sind, ebenbürtige Instrumente herzustellen. Der alten italienischen Geige haftet viel Geheimnisvolles an, der Holzauswahl zum Beispiel, den Holzdicken und – wohl am wenigsten berechtigt – dem Lack. Im ganzen Instrumentenbau bleibt immer ein Rest Geheimnis, selbst beim modernen Konzertflügel großer Firmen und oft dem Erbauer nicht bewußt, aber am meisten wohl noch immer dem Bau der Geige. Das mag vielleicht daran liegen, daß nur Instrumente mäßiger Qualität in Reihe produziert werden können mit einer Spezialisierung, bei welcher der Eine nur Decken, der Andere nur Böden baut, ein Dritter leimt die Schachteln, also das Korpus, der Nächste macht nur Hälse, leimt zusammen oder lackiert. Die Meistergeige wird noch immer so gefertigt wie vor 300 Jahren, wenn auch mit modernisiertem Werkzeug.

Der vielleicht ideale Typ der Konzertgeige ist von Stradivari geschaffen worden. Ihre Größe, die Umrißform mit ihren Proportionen, die flache Wölbung von Boden und Decke, die Höhe ihrer Zargen und die Form der f-Löcher hatte er nach jahrzehntelanger Arbeit aus dem Amati-Modell entwickelt. Diese Merkmale können, ja müssen vom heutigen Geigenbauer modifiziert werden, wenn er Gleichwertiges schaffen will, zu übertreffen ist Stradivari sicher nicht, denn kein Stück Holz gleicht dem anderen und keine Geige kann alle Forderungen erfüllen, kann nicht zugleich dunkel, brillant, offen, nasal und süß sein, wie der Geiger Ruggiero Ricci (geb. 1918) einmal gesagt hat. Zugleich zeigt die moderne, auch die modernisierte ältere Geige, wesentliche Unterschiede zur originalen Stradivari. Der Hals und das Griffbrett sind länger und stehen in deutlich stumpfem Winkel zum Korpus, das Griffbrett ist schmaler, der Steg höher, der Baßbalken stärker und die Saiten sind aus anderem Material, alles Änderungen, die auf größere Tragfähigkeit des Tones und mehr Umfang in der

Niccolò Paganini (1782–1840) feierte als „Teufelsgeiger" Triumphe in ganz Europa und gilt als der größte Geiger aller Zeiten. Sein geniales Spiel mit Doppelgriffen, Flageolett, Doppelflageolett, Verbindung von Pizzicato in der linken Hand mit dem Springbogen versetzte die Zuhörer in Staunen und Begeisterung. Paganinis Lieblingsinstrument war eine Guarneri del Gesù.

Höhe, am wenigsten auf die Möglichkeiten größerer Virtuosität abzielen. Auch der Bogen hat sich verändert und ebenso die Spielweise. Hatte einst Arcangelo Corelli (1653–1713) den Stradivari zum Bau seiner Meisterwerke herausgefordert, die sich nun nicht mehr nur durch Gesanglichkeit, Süße und Klarheit wie die Amati-Geigen auszeichnen mußten, sondern auch durch Kraft und Größe des Tons, so führte Niccolo Paganini (1782–1840) die alten, nun modernisierten italienischen Meistergeigen auf die Höhe ihres Ruhms. Er gilt als der technisch versierteste und genialste Geiger der bisherigen Musikgeschichte. Heutige Komponisten fordern Virtuosität und die besonderen Klangeffekte, die in ihrer Art auch bei Streichinstrumenten möglich sind. Diese ändern am Bau des Modells nichts, weiten nur die Ausdrucksmöglichkeiten in bisher nicht genutzte Bereiche.

Ferruccio Busoni (1866–1924), Komponist und Pianist, hatte schon vor dem ersten Weltkrieg geschrieben: „Plötzlich, eines Tages, schien es mir klargeworden: daß die Entfaltung der Tonkunst an unseren Musikinstrumenten scheitert (. . .). Vergeblich wird jeder freie Flugversuch des Komponisten sein: in den allerneuesten Partituren und noch in solchen der nahen Zukunft werden wir immer wieder auf die Eigentümlichkeiten der Klarinetten, Posaunen und Geigen stoßen, die eben nicht anders sich gebärden können als es in ihrer Beschränkung liegt." Und, dies zitierend, führt Fred K. Priberg mehr als 50 Jahre später, also fast noch in unserer Gegenwart, erweiternd hinzu: „Diese klassischen Instrumente sollten in die Museen verschwinden. Gemessen an dem gegenwärtigen Standard der technischen Perfektion sind sie hoffnungslos veraltete Fehlkonstruktionen, eine Qual für die Orchestermusiker, ein Hindernis für die Qualität der Konzerte, jämmerlicher Kram mit klappernden Ventilen, sich verstimmenden Saiten, mit Röhren, aus denen der Speichel rinnt; plumpe und ungefüge Formen aus Blech, Holz, Draht und Pferdehaar" [8].

Vielleicht sollte man solche Gedanken nicht am Leben erhalten, denn sie beruhen auf einer fatalen Fehleinschätzung der Forderungen der Musikpraxis, die vom klassischen Repertoire lebt, das wiederum nur von dem dafür geschaffenen Instrumentarium voll befriedigend zum Klingen gebracht werden kann, und es muß schon jemand überragende Lust am Provozieren oder nicht das geringste Gefühl für Schönheit und Ästhetik haben, um die Form einer heutigen Trompete oder die der wiederbelebten Langtrompete der Bachzeit, die kunsthandwerkliche Schönheit einer guten Geige, aus dem lebendigen, unter dem Lack leuchtenden Werkstoff Holz geschaffen, selbst die Wucht eines großen Konzertflügels oder die schlanke Eleganz eines Streichbogens als plump und ungefüge zu bezeichnen. Aber richtig ist, daß gänzlich andere Musik auch neuer Instrumente bedarf, sich auszudrücken, das hatten wir schon zu Beginn der Renaissance. So werden wohl die Klangwerkzeuge der modernen Komponisten in der Elektronik mit ihren kaum noch überschaubaren Möglichkeiten liegen.

Literaturnachweise

1 *Sprengel*, Peter Nathanael: Handwerk und Künste in Tabellen. Berlin 1767–1797; *Welcker von Gontershausen*, Heinrich: Der Flügel oder die Beschaffenheit des Pianos in allen Formen. Frankfurt a.M. 1853; *Blüthner*, Julius/*Gretschel*, Heinrich: Lehrbuch des Pianofortebaus in seiner Geschichte, Theorie und Technik. Weimar 1872; *Hansing*, Siegfried: Das Pianoforte in seinen akustischen Anlagen. Schwerin [2]1909; *Junghanns*, Herbert: Der Piano- und Flügelbau. In: Das Musikinstrument. Frankfurt a.M. [5]1979

2 *Kützing*, Carl: Das Wissenschaftliche der Fortepiano-Baukunst. Bern/Chur/Leipzig 1844, S. 13

3 *Blüthner*, Julius/*Gretschel*, Heinrich: Lehrbuch des Pianofortebaus in seiner Geschichte, Theorie und Technik. Weimar 1872, S. 115

4 Zit. nach *Demmler*, Fritz: Johann Georg Tromlitz (1725–1805). Ein Beitrag zur Entwicklung der Flöte und des Flötenspiels. Berlin 1961, S. 36

5 *Heyde*, Herbert: Musikinstrumentenbau. Kunst – Handwerk – Entwurf. Leipzig 1986, S. 186

6 *Spektrum der Wissenschaft:* Die Physik der Musikinstrumente. Mit einer Einf. v. Winkler, Klaus. Heidelberg 1988, S. 31

7 Zit. nach *MGG – Musik in Geschichte und Gegenwart*. Bd. 5. Kassel/Basel 1956, Sp. 816

8 Zit. nach *Prieberg*, Fred K.: Musica ex Machina. Über das Verhältnis von Musik und Technik. Berlin/Frankfurt a.M./ Wien 1960, S. 35

Die Entwicklungsgeschichte des künstlich erzeugten Tons

Hubert Henkel

Unter diesem etwas ungenauen, aber einer Präzisierung sich widersetzenden Thema soll die Entwicklungsgeschichte aller musikalisch verwertbaren und verwerteten Schallprodukte verstanden werden, die nicht von der menschlichen Stimme erzeugt werden, sondern zu deren Hervorbringung ein Instrument, also ein Werkzeug, ein Gerät, notwendig war und ist. Eine wissenschaftlich genaue Abgrenzung ist dennoch nicht möglich, gibt es doch Musikinstrumente, die erst in ihrer typischen Art erklingen, wenn man in sie hineinsingt oder hineinsummt. Dagegen ist der Gebrauch der Atemluft zum Spiel der traditionellen Blasinstrumente durchaus mit dieser Abgrenzung zu vereinbaren, weil immer ein „Werkzeug" zum Hervorbringen der Töne vonnöten ist. Nicht immer ist erforderlich, daß der Mensch selbst die stets notwendige Spielenergie liefert. Hier soll als eine Abgrenzung gelten, daß der Mensch das Klangwerkzeug gebaut hat und in Spielstellung bringt, zum Beispiel die Aeolsharfe, deren Klänge vom Wind erzeugt werden, oder die Spielbereitschaft auslöst, beispielsweise durch Einschalten eines Hebels in einer Schweizer Spieldose oder in einem pneumatischen Reproduktionsklavier.

Eine zweite Abgrenzung ist notwendig hinsichtlich der schon verwendeten Termini Ton und Klang. In der musikalischen Akustik wird unter Ton nur eine sinusförmige Grundschwingung verstanden, die aber musikalisch bestenfalls im Stimmgabelklavier verwendet wird. Ein Ton mit seinen Obertönen, wie ihn alle anderen Musikinstrumente erzeugen, wird Klang genannt, der sich wiederum durch periodische Schwingungen seines Mediums auszeichnet, während alle unperiodischen Schwingungen ein Geräusch erzeugen, von dem jedoch zahlreiche Musikinstrumente Gebrauch machen, erwähnt sei nur die Trommel. Der in der Überschrift gebrauchte Terminus Ton soll aber hier in jedem Sinne, also als Ton, Klang oder Geräusch verstanden werden, sofern er nur durch ein Werkzeug entsteht, das wir im weitesten Sinne Musikinstrument nennen.

Unberührt davon kann bleiben, daß Töne solcher Art vom Singen begleitet werden oder umgekehrt, daß Musikinstrumente die Singstimme begleiten. Musikgeschichte beginnt ja nicht erst mit dem Vorhandensein einer selbständigen Instrumentalmusik, der Beginn wäre in Europa im 16. oder bestenfalls im 15. Jahrhundert anzusetzen, sondern umfaßt die gesamte Menschheitsgeschichte. Und hier sind Gesang und Instrumentalton, auch mit Tanz oder (anderer) kultischer Handlung gekoppelt, immer verbunden gewesen.

Aber dieser frühen Geschichte kann hier wenig Raum gegeben werden. Zum einen verbietet es die notwendige Kürze der Abhandlung, zum anderen sind exakte Belege über die Klangqualitäten früherer Musikinstrumente eine Seltenheit. Selbst Rekonstruktionen können da wenig helfen, weil vor allem über die Spielpraxis älterer Jahrhunderte zu wenig bekannt ist. Eine Beschränkung auf allgemeingültige Aussagen scheint daher geboten.

Die gebräuchlichste Systematisierung unterscheidet die Musikinstrumente nach dem Material des primär in Schwingungen zu versetzenden Stoffes. Es entstehen vier Hauptgruppen, von denen Vertreter schon seit der frühesten Geschichte der Menschheit nachweisbar sind: die *Idiophone* (Selbstklinger, zum Beispiel das Becken, Steinspiele oder die Glocke), die *Membranophone* (Fellklinger: Trommeln, Pauken usw.), die *Chordophone* (Saitenklinger: der Musikbogen, Violine und das Klavier) und schließlich die *Aerophone* (Luftklinger mit Flöten, Oboen und Trompeten). Erst in unserem Jahrhundert kamen die Elektrophone neu hinzu, die deshalb hier außer acht gelassen werden können. Jede Hauptgruppe, jede Untergruppe und jede Art hat ihre eigene Entwicklungsgeschichte. Nur in groben Zügen, mit vielen Ausnahmen, ja gegenläufigen Entwicklungen lassen sich allgemeine Tendenzen aufzeigen.

Bezieht man die frühe Geschichte der Menschheit ein, so gewinnen folgende Beobachtungen Gestalt: Frühe Instrumente werden von den Spielern selbst hergestellt, erst mit der beginnenden Neuzeit sondern sich die Instrumentenmacher ab, ohne daß diese Trennung je eine vollständige gewesen wäre. Für den entstehenden Ton hat dies unmittelbare Auswirkungen, der Spieler baut das Instrument nach seinen Klangvorstellungen. Man kann auch feststellen, daß ein ungemein reichhaltiges Instrumentarium – die Vielfalt der außereuropäischen Musikinstrumente zeugt noch heute davon – zu immer weniger Arten zusammengeführt wird, die Quantität der künstlich erzeugbaren Töne unterschiedlichen Klangcharakters wird geringer. Auch zu Beginn der selbständigen Instrumentalmusik in Europa gab es wesentlich

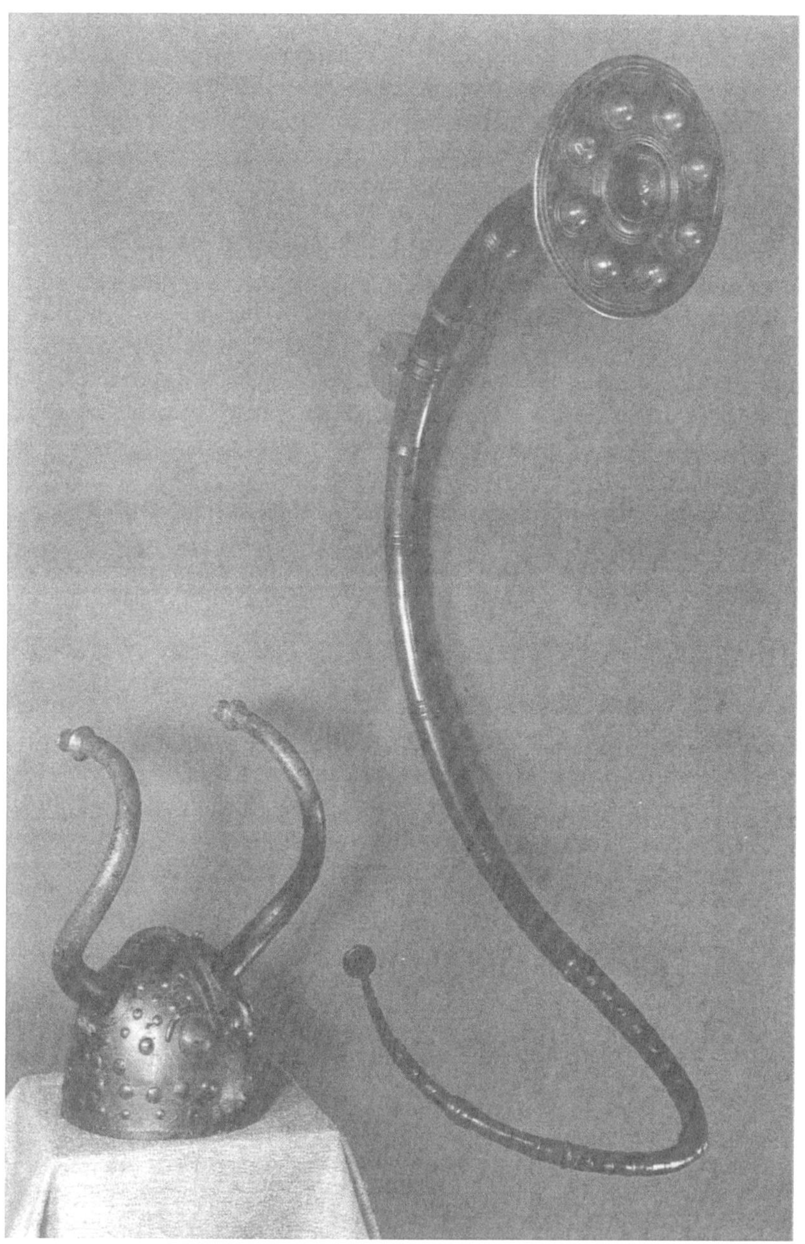

Lure aus dem 6. Jahrhundert v. Chr., gefunden in Husby/Dänemark; Nationalmuseum, Kopenhagen.
Die meisten Musikinstrumente, die sich aus vorgeschichtlicher Zeit oder der Antike erhalten haben, sind aus Ton, Horn oder Stein gefertigt. Nur wenige Instrumente aus Holz oder Metall sind bis auf unsere Zeit gekommen. Zu diesen Ausnahmen gehören Instrumente, die unter ungewöhnlich günstigen Bedingungen – wie den Grabkammern in Ägypten – bewahrt wurden. Ähnlich günstige Umstände sind in den Moorlandschaften Südskandinaviens gegeben. Seit 1797 haben die Moore eine beachtliche Anzahl bronzezeitlicher Blasinstrumente vom Typ der Luren freigegeben.
Die Röhre der Lure und ihr flacher Zierteller an der Schallöffnung sind mit großer handwerklicher Meisterschaft gegossen. Das Kesselmundstück läßt sich – im Gegensatz zu unseren modernen Blasinstrumenten – nicht abnehmen. Vermutungen der Historiker über das Alter der Luren reichen von 3000 v. Chr. bis in das 6. Jahrhundert v. Chr. Umstritten ist auch, ob es sich um ein Kult- oder ein Kriegsinstrument handelt. Luren erzeugen rauhe und gellende Klänge, ihr erstaunlich präzise gefertigtes Mundstück ermöglicht Töne bis hinauf zum 11. Oberton.

mehr Instrumente als heute, die Beschreibungen und Abbildungen im ‚Syntagma musicum' des Michael Praetorius 1619 zeigen die ganze Reichhaltigkeit damaliger Musizierpraxis. Andererseits ist der Tonvorrat des Einzelinstrumentes ständig vergrößert worden. Das ist optisch besonders deutlich zu bemerken an der Erweiterung des Tastenumfangs der Klavierinstrumente von etwa 1450 bis heute. Bei vielen Instrumentenarten können sich die letztgenannten beiden Beobachtungen zu einem Prozeß vereinigen. So haben manche der frühen Holzblasinstrumente nur einen Tonvorrat von etwa eineinhalb Oktaven. Um diesen zu erweitern, baute man die Instrumente in Familien vom Großbaß bis zum Kleindiskant. Veränderte Bau- und Spielweisen ergaben einen größeren Tonvorrat im Einzelinstrument, ein „neues" Instrument ersetzte zwei oder drei der Vorgänger. Dabei veränderte sich auch die Tonqualität, es entstand im Ganzen ein neues Instrument, das zumeist auch einen neuen Namen erhielt, und die alten gerieten in Vergessenheit.

Natürlich spielt für die Tongebung die Qualität des zur Verfügung stehenden Materials eine Rolle und auch die Fähigkeit der Erbauer, dieses Material zu verarbeiten. Darüber sollte man nicht leichtfertig urteilen. Die mehrfach aufgefundenen, aus der Bronzezeit stammenden nordischen Luren bezeugen eine große kunsthandwerkliche Fertigkeit in der Verarbeitung des Materials und ebensolche Erfahrung in der Herstellung von Blasinstrumenten. Und wer je solche immer paarweise gespielte Instrumente gehört hat, wird bezeugen, daß sie mit ihrem wahrhaft edlen Klang einem heutigen Horn in nichts nachstehen. Unbestimmt bleibt freilich, ob die Altvorderen das gleiche Klangempfinden hatten wie wir heute und ob sie die Luren mit gleicher Technik blasen konnten wie heutige Musiker. Auch darüber darf man nicht vorschnell urteilen. So weit schriftliche Quellen reichen, ist die Aussage zu finden, daß es in jeder Zeit den Inbegriff des Unüberbietbaren und Vollkommenen gegeben hat, sowohl die Qualität der Instrumente wie die Virtuosität einzelner Spieler betreffend. So sind denn auch die Hammerflügel der Mozartzeit, wenn sie von den damals führenden Meistern gebaut waren, für die Zeitgenossen ebenso vollkommen gewesen, wie es die besten Konzertflügel der Gegenwart für uns sind. In diesem Sinne gibt es keine Höherentwicklung, sondern nur gute und schlechte Qualität eines meist genau zu definierenden Höchststandes.

Bei manchen Instrumenten scheint die Entwicklung abgeschlossen. Die Kunst des Geigenbaus hatte um 1700 einen Stand erreicht, der nicht mehr übertroffen, sondern nur wiedergewonnen und weitergeführt werden konnte. Was seither geschah, diente einer geringen Vergrößerung des Tonvorrats und einer Verstärkung des Tons, die ständig größer werdenden Konzertsäle zu füllen. Aber auch unser Konzertflügel dürfte am Ende seiner Entwicklung stehen. Dem aufmerksamen Leser wird nicht entgehen, daß hier ebenso argumentiert wird wie schon vor 250 oder mehr Jahren: die Instrumente der Gegenwart sind der Inbegriff des Vollkommenen, die Zukunft ist nicht denkbar, es sei denn in der atemberaubend schnellen Entwicklung der elektronischen Musikinstrumente. Dennoch lehrt uns schon das Abhören älterer Schallplatten, wie sehr sich das Klangideal in den letzten 50 Jahren verändert hat, und das bei annähernd gleichem Instrumentarium in unseren klassischen Orchestern. Wie viel mehr hat sich das Klangideal der letzten 500 Jahre mit dem Wechsel und der Entwicklung der Instrumente verändert.

Damit ist ein neuer Terminus eingeführt. Selbst mit dem gleichen Instrument können von verschiedenen Spielern Tonqualitäten unterschiedlichen Charakters erzeugt werden, immer unterstellt, daß diese Spieler Virtuosen von Rang sind. Auch diese Beobachtung kann man auf die gesamte Musikgeschichte ausdehnen.

In ihren Anfängen gehört die Musik zum Kultbereich, sie dient der Beschwörung und Verehrung von Gottheiten, ihre Klänge müssen nach heutigem Empfinden und unserer Vorstellung als mystisch oder magisch bezeichnet werden, sie besaßen in Verbindung mit Tanz und Ritus große emotionale Ausdruckskraft. Den Klang dieser Musik kennen wir nicht. Abbildungen und einzelne Funde belegen die Leier bei den Sumerern schon um 3000 v. Chr. Es waren übermannshohe, gezupfte Saiteninstrumente, in einzelnen Fundbeispielen mit Gold, Silber und Muschelplatten verziert; um 1500 v. Chr. gab es auch Laute und Harfe und im neubabylonischen Reich die Trommel und die Pauke. In Fünf- und Siebentonreihen, penta- und heptatonisch, ist ein- und mehrstimmig, solistisch und in kleinen Besetzungen musiziert worden. Das Instrumentarium ist über die wenigen angeführten Beispiele hinaus außerordentlich reich gewesen, die Klänge sind entsprechend vielfältig. Es gab keine Berufsmusiker. Eine gewisse Bevorzugung einzelner Menschen, zumal für das Spiel der kostbaren Instrumente, wird man voraussetzen können, und besonders Frauen werden bei Spiel, Gesang und Tanz abgebildet. Neben der Kultmusik gab es Volks- und Hirtenmusik. Sie war Sache aller.

Eine ähnliche Entwicklung vollzog sich im alten Ägypten mit der Harfe als dem bevorzugten Instrument, mit Trompeten, Flöten, Schalmeien, Pauken und Trommeln, die auch schon um 3000 v. Chr. von

Die Lyra gehörte zu den beliebtesten Musikinstrumenten der Antike. Die Abbildung zeigt eine Griechin beim Spielen der Lyra nach einer antiken Vasenmalerei.

einzelnen Berufsmusikern gespielt wurden. Deutlich ist eine kultische Tempelmusik von der Hof- und Volksmusik zu unterscheiden. Um 1500 v. Chr. entwickelten sich hier Tonsysteme mit Halbtonschritten. Im alten Indien wurde dagegen die naturgegebene Oktave in 22 Tonschritte unterteilt, jeder Schritt etwas größer als ein Viertelton. Auch die Rhythmik war vielfältig, die Polyrhythmik, also zwei und drei Rhythmen gleichzeitig übereinander, ist typisch. Das alte China kannte dagegen unser auf zwölf Quinten beruhendes Tonsystem.

Das antike Griechenland bescherte uns u. a. die Worte Musik, Chromatik und Rhythmus. Das Instrumentarium war ungemein reichhaltig, der Ausdrucksgehalt der Musik hat auf ekstatischer Höhe gestanden und es gab Virtuosen im heutigen Sinne des Wortes. Die Musiktheorie bekam wesentliche Bedeutung, auf ihr und auf den griechischen Tonleitern fußt die abendländische Musik. Die Römer konnten dies nur ergänzen, wenn auch gerade die Musiktheorie in bewußt historischem Sinne neu durchdacht und wesentlich bereichert wurde.

Die folgenden eintausend Jahre Musikentwicklung im europäischen Mittelalter muß man sich als außerordentlich reichhaltig und in ihren Wandlungen stürmisch vorstellen. Es gab die charakteristischen „Wellen neuer Musik", die hier zu kennzeichnen unmöglich sind. Man wird getäuscht, wenn man in einem Konzert Musik aus drei Jahrhunderten dieser Zeit mit gleicher Instrumentalbesetzung, gleichartig gespielt und mit gleich artikuliertem Gesang hört. Aber die Unlösbarkeit der entscheidenden Fragen, wie ein bestimmtes Instrument gespielt wurde, wie sein Ton in gänzlich anderer Umgebung klang und vom damaligen Menschen gehört und empfunden wurde, wird immer zu solchen Kompromissen führen müssen. Das Instrumentarium entspricht im wesentlichen noch dem des Altertums, die unruhige Zeit bewegter Entwicklungen ließ keine zielstrebige Vervollkommnung einzelner Instrumente zu. Charakteristisch ist vielmehr, insgesamt der Musikausübung entsprechend, eine bunte Vielfalt mit unterschiedlichsten Erscheinungsformen der einzelnen Instrumententypen. Den Instrumentalklang muß man sich in hoher, heller Lage vorstellen, auch schreiend scharf und ohne tiefe Bässe als Fundament, ausgeführt von Solisten oder kleinen Gruppen von Solisten und immer aus Mischung von Blas-, Saiten und Schlaginstrumenten. Das Fehlen von Instrumenten der Baßlage mag mit darauf zurückzuführen sein, daß große Instrumente schwieriger zu bauen sind als kleine. Und es ist bekannt, daß in der Zeit der Völkerwanderungen manche hohe Handwerkskunst der römischen Antike verlorenging und ein Jahrtausend später neu entdeckt werden mußte wie zum Beispiel das Biegen von konischen

„Der Musiklehrer am Spinett", Gemälde von Jan Steen (1626–1679).
Das Spinett zählt neben dem Cembalo zu den verbreitetsten Tasteninstrumenten vor der Entwicklung des Klaviers. Es fand nicht nur als Konzertinstrument, sondern auch für viele Möglichkeiten der Hausmusik weite Verbreitung.

Bayerische Hofkapelle in München unter ihrem Meister Orlando di Lasso (um 1532–1594), Zeichnung von Hans Mielich.

Metallrohren. Doch ist gerade dieses Gebiet keineswegs genügend erforscht. Immer hat es den Instrumentenmacher gegeben, der aus sich heraus ein neues Instrument erfand und dessen Schicksal dem Spieler überließ, und ebenso den Spieler oder später Komponisten, der vom Instrumentenmacher ein neues Instrument mit genau vorgegebenen Klangeigenschaften forderte. Da man aber für das europäische Mittelalter noch weitgehend eine Personalunion von Instrumentenmacher und Spieler annehmen kann, sind wohl Schwierigkeiten bei der Herstellung tiefklingender Instrumente wie auch ihre fehlende Notwendigkeit zu vermuten. Das Klangideal der Zeit verlangte nach dem hellen, scharfen, durchdringenden Laut.

Eine grundlegende Veränderung der Musik, einhergehend mit Wandlung des Instrumentariums, das die Grundtypen der heutigen Musikinstrumente herausbildete, erfolgte in der Renaissance. Es ist die Zeit der bewußten Begegnung des Menschen, der zum Maß aller Dinge wurde, mit der Antike, verbunden mit der neuzeitlichen Entdeckung der Natur und der Welt. In der Musik wurde die einfache Melodie zum Ideal, die sich nach dem menschlichen Atem zu gliedern hatte. Voller natürlicher Lebendigkeit trat sie an die Stelle der komplizierten gotischen Linien und Rhythmen, akkordisch gesetzt, wenn auch noch linear gedacht und empfunden und mit Terzen und Sexten bereichert, mit dem vollen Klang eines wohl wechselnden, aber einheitlichen Instrumentariums ausgeführt, in dem vor allem die Baßregion neu entdeckt wurde.

Zum wesentlichen Faktor wurde die Entstehung eines professionellen Instrumentenbaus, ermöglicht durch die technische Entwicklung des Werkzeugmacherhandwerks und gefordert vom kulturellen Anspruchsniveau einer neuen Zeit. Das verfeinerte Klangempfinden verlangte nach subtilerer Gestaltung der Instrumente, die fähig sein mußten, unterschiedlichste Empfinden auszudrücken. Es entstanden neue Klangwerkzeuge und neue Klangfarben, die alle bis in die tiefe Baßregion geführt wurden, die tiefen Streichinstrumente und die Posaunen seien als Beispiele genannt. Zudem wurde der Raum akustisch erschlossen, Mehrchörigkeit entstand, vokal und instrumental ausgeführt. Die unterschiedliche Besetzung der Instrumentalchöre führte zu einer Erweiterung und Gegenüberstellung der Klangfarben, sie waren ein äußeres Zeichen von Macht, Prunkentfaltung und Darstellung emotionaler, sinnlicher Wirkung von Musik. Hier ist Musik Kunst im höchsten Sinne des Wortes geworden, sie führte hin zum barocken Musizieren.

Grundzug dieses barocken Musizierens ist starker Gefühlsausdruck, die Darstellung menschlicher Leidenschaften und seelischer Erregungszustände. Die Verwendung von Dur- und Molltonarten, die jetzt voll ausgeprägt sind, stehen für Freude oder Trauer, Dissonanzen erzeugen Spannung, die sich in Konsonanzen löst, hohen Lagen und schnellem Tempo stehen tiefe Lagen und langsames Tempo gegenüber. Die Instrumente mußten diesen Anforderungen genügen. Diese mußten fähig sein, alle chromatischen Töne hervorzubringen, die vor allem für Leidenschaft und Erregung standen, am Cembalo reichten selbst die zwölf Halbtöne nicht, die temperierten Stimmungen verlangten nach besonderen Tasten für es und dis, für gis und as. Tiefe und hohe Lagen mußten gleichermaßen kultiviert sein, allen Instrumenten wurden größere Möglichkeiten des Gefühlsausdrucks abverlangt und ebenso eine breitere Palette dynamischer Möglichkeiten. Instrumente, denen dies nicht gegeben war, wurden bald vergessen. Das wesentlich gefühls- und ausdrucksstärkere Violoncello verdrängte die Viola da gamba, obwohl diese einst gepriesen war, daß sie der menschlichen Stimme am nächsten käme. Oboe und Fagott ersetzten Schalmei, Pomhart, Korthold, Krummhorn und Rackett, die Violine wurde zum Hauptinstrument der Epoche. Auch im Orchester bildeten die Streicher mit dem Generalbaß das Rückgrat, die anderen Stimmen traten hinzu. Die gegensätzlichen, noch immer grellen und klare Linien zeichnenden Instrumente des Renaissance-Ensembles wurden aufgegeben zugunsten eines homogenen Orchesterklanges, der feine Schattierungen ermöglichte. Und als wesentliches Element kam hinzu, daß jedem Instrument äußerste Virtuosität abverlangt wurde, eine Forderung an die Instrumentenmacher, die bis heute Gültigkeit besitzt, aber im barocken Instrumentarium, man denke nur an Violine, Posaune oder Cembalo, bereits bis zum modernen Standard entwickelt ist.

Die Klassik, Romantik und Moderne hatte dem wenig hinzuzufügen. Allgemeine Tendenz ist, den dynamischen Bereich vor allem zum Forte weiter auszudehnen, die Intonation sauberer zu machen, die mögliche Virtuosität noch zu steigern. Insgesamt ist der Klang von Orchester und Soloinstrument grundtöniger geworden. Nur wenig neue Instrumente traten hinzu. Dazu gehört vor allem das Hammerklavier, das seinen Siegeszug durch Konzertsäle, Salons und Bürgerhäuser antrat, auch die Klarinette und die Tuben. Das Detail wurde jetzt wichtig, und akustische Forschungen bildeten eine neue Grundlage für den Instrumentenbau, besonders deutlich bei der Entwicklung der Querflöte durch Theobald Boehm (1794–1881), bei der Einführung der Ventile im Blechblasinstrumentenbau und bei der Vervollkommnung des Hammerklaviers.

Die Tendenz der Zukunft scheint klar. Zur Realisierung des Erbes aus Barock, Klassik und Romantik wird das heutige Orchester unverzichtbar bleiben, seine Instrumente sind nur noch in Sauberkeit der Ansprache und Tonhöhe zu verfeinern. In der Rolle des Außenseiters werden mehr als bisher rekonstruierte und kopierte Instrumente des Mittelalters und der Renaissance hinzutreten. Auch Musik und Instrumente außereuropäischer Völker werden an Bedeutung gewinnen. Eine bedeutende Weiterentwicklung wird sich wohl nur auf dem Gebiete der elektronischen Musikinstrumente vollziehen. Deren Trend ist zu ahnen, die Ergebnisse sind nicht vorherzusehen.

Fotografische Technik und Malerei im Dialog

Erika Billeter

Als Louis Jacques Mandé Daguerre (1787–1851) in einer denkwürdigen Sitzung der Académie des Sciences 1839 in Paris öffentlich geehrt wurde für sein Verfahren, Lichtbilder unserer Wirklichkeit herzustellen, brach eine neue Ära der optischen Inbesitznahme unserer Welt an. Man kann sich die Erregung der Menschen nicht groß genug vorstellen. Die mechanische Herstellung eines Bildes gab nun jedem die Möglichkeit, selbst Schöpfer eines Bildes zu sein, sich sein eigenes Bild dieser Welt zu machen. Es gab bereits in der ersten Generation des neu gewonnenen Mediums Tausende von Fotografen, die bemüht waren, Portraits herzustellen und Auftragsarbeiten zu erfüllen. Sie waren wie selbstverständlich in die Rolle geschlüpft, die bisher einzig und allein dem Maler konzidiert war. Es konnte nicht anders sein – die Fotografie war mit Erscheinen der ersten Daguerreotypie eine Herausforderung an die Maler, die sich ihrerseits sofort für oder gegen das Medium aussprachen. Es ist die Zeit Eugène Delacroixs (1798–1863), des späten Jean Auguste Dominique Ingres (1780–1867), William Turners (1775–1851), um hier nur die zeitbestimmendsten Maler zu nennen. Und jeder von ihnen reagierte nicht ohne Emotionen, als er die erste Daguerreotypie in Händen hielt. Turner meinte, er sei froh, daß seine Zeit vorbei sei. Der Historienmaler Paul Delaroche (1797–1856) rief nach Verkündung des Patents vor der Akademie der Wissenschaften aus: „La peinture est morte". Aber Delacroix selbst hätte sich ihrer gerne umfassend bedient: „Wie bedauere ich, daß eine so wunderbare Erfindung so spät aufgetreten ist", schrieb er an seinen Freund, den Maler Dutilleux am 7. März 1854. „Ich sage das in Hinsicht auf mich selbst. Die Möglichkeit, nach solchen Proben Studien zu machen, hätte einen Einfluß auf mich ausgeübt, den ich mir nur anhand der Nützlichkeit vorzustellen vermag, den die Fotografien jetzt noch für mich haben (. . .) sie sind greifbare Demonstrationen für das Zeichnen nach der Natur, von dem wir bislang doch nur höchst unvollkommene Vorstellungen besitzen."

Gerade dieses Wirklichkeitsgehaltes wegen lehnte Ingres die Fotografie ab, was ihn allerdings nicht davon abhielt, sich fotografieren zu lassen – und eines seiner späten Werke „Die Quelle" nach einer Fotografie von Nadar zu malen.

Für das ganze 19. Jahrhundert, ja bis tief ins 20. Jahrhundert hinein, ist die Fotografie der Lieferant von Wirklichkeitsspolien für die Maler gewesen. Der Dialog zwischen beiden Medien hat sich zuerst einmal in diesem eher oberflächlichen naiven Kontakt abgespielt und sollte substanziell erst in den letzten 50 Jahren werden, nämlich nach Jahren der intensiven fotografischen Entwicklung, die zur Reife und Verfügbarkeit des mechanischen Bildermachens geführt hatten.

Es gibt im 19. Jahrhundert kaum einen Maler, der nicht irgendwann einmal ein Foto als Malvorlage übernommen hätte.

Delacroix selbst war einer der ersten Maler, der nach fotografischen Vorlagen zeichnete. Sein Skizzenbuch ist voll davon. Er benutzte Aktfotografien von Jean-Louis-Marie-Eugène Durieu (1800–1874), die der Fotograf für ihn direkt anfertigte. Man darf annehmen, daß Delacroix dem Fotografen genaue Anweisungen gab, wie er sich die Pose wünschte. Die Fotografie selbst wirkt denn auch sehr bildhaft und gestellt. Delacroix macht eine genaue Aktstudie nach der fotografischen Vorlage und ersetzt das Modell durch die Fotografie des Modells. In dieser Form hatte die Fotografie in der Tat Nützlichkeitswert für den Maler und ist von vielen anderen so verwendet worden.

Das gilt auch von dem in Europa noch wenig bekannten amerikanischen Maler Thomas Eakins (1844–1916), der allerdings für die Amerikaner ein Klassiker ist und einer ihrer bedeutendsten Maler überhaupt. Eakins gehört zu jenen Malern, die selbst fotografiert haben und sich somit ihre eigenen Motive auswählen konnten, die sie zu malen gedachten. Es ist übrigens seit langem bekannt, daß Maler selbst fotografiert haben. Aber einer ernsthaften Untersuchung dieses Phänomens standen bis vor wenigen Jahren jene Vorurteile im Wege, die die Fotografie zum untergeordneten künstlerischen Medium degradierten. Sie war nicht in den Rang der hohen Kunst aufgestiegen. Die Zeiten haben sich geändert. In den letzten 10 Jahren reiht sich Entdekkung an Entdeckung und Maler treten mit großem fotografischen Oeuvre an die Öffentlichkeit.

Thomas Eakins gehört immerhin zu jenen Malern, deren fotografische Arbeiten schon zu Lebzeiten bekannt waren. Er hat sich mit wissenschaftlichen Untersuchungen zur Bewegungsfotografie in Amerika einen Namen gemacht. Es interessierte ihn aber das fotografische Medium auch im Hinblick auf seine Malerei. Für sein Gemälde

„Arcadia“ von 1883 verwendete er für die Darstellung der Akte verschiedene Aufnahmen, die er selbst anfertigte.

Noch Francis Bacon (geb. 1909) interessierte sich für die Fotografie als Vorlage. Für „Study of a Nude“ 1952 benutzte er ein Foto von Eadweard Muybridge (1830–1904), dem Erfinder der Bewegungsfotografie. Die Aufnahme, die Muybridge machte, um einen Schwimmer beim Sprung festzuhalten und die einzelnen Phasen der Bewegung aufs Bild zu bannen, gewinnt freilich in der Übersetzung in die Malerei eine neue Bedeutung. Es sind von der Vorlage lediglich die Bewegungen des Körpers, die gestrafften Muskeln, übernommen. In der Einsamkeit des Bildraumes, der gehäuseartigen Architektur, die den Menschen einrahmt, einzäunt, möchte man sagen, erfährt die Figur eine neue Interpretation und entspricht allein dem Anliegen des Malers. Sie hat bis auf die zitierten äußerlichen Merkmale nichts mit der fotografischen Vorlage zu tun.

Fotografie als Vorlage für die Malerei

Ein besonders amüsantes Beispiel für die Verwendung fotografischer Vorlagen ist das Gemälde des belgischen Symbolisten Fernand Khnopff, der 1990 seine große Retrospektive in Brüssel und Hamburg hatte. Das Bild, mit dem er zum erstenmal die Aufmerksamkeit des Publikums auf sich zog, war „Mémoires“. Was das Publikum damals nicht wußte, ist, daß die Komposition sich aus verschiedenen fotografischen Studien zusammensetzt, die möglicherweise von Khnopff selbst gemacht wurden. Modell war die Schwester des Malers. Was er sucht, ist leicht ersichtbar: verschiedene Stellungen, die einen Bewegungsablauf vermitteln. Situationsstudien, Festhalten von Gesten. Also letztlich: größtmögliche Wirklichkeitstreue, was um so mehr frappiert, da Khnopff Symbolist ist und an der Wirklichkeit nur im Hinblick auf ihre Umdeutbarkeit Interesse hat. An dieser Arbeitsmethode übrigens läßt sich überzeugend aufzeigen, in welch hohem Maße die symbolistische Malerei Vorbereiter des veristischen Surrealismus ist.

Für ein bestimmtes Gebiet der Malerei mußte die Fotografie besonders ergiebig sein: für das Portrait nämlich. Die Verwendung eines Portraitfotos ersparte dem Maler und seinem Modell eine Unzahl von Sitzungen. So haben es die größten Maler nicht unter ihrer Würde angesehen, dieses Hilfsmittel einzusetzen. Das herrliche Portrait Edgar Degas (1834–1917) von der Prinzessin Metternich in der Tate Gallery wurde nach einer Carte-de-Visite von Andre-Adolphe Eugène Disderi (1819–1890) gemalt. Zu diesen Cartes-de-Visite noch eine Erklärung: durch die Einführung des mechanischen Bildes war etwas für die gesellschaftliche Struktur der Kunst Ungeheures passiert. Das Privileg, sich von einem Maler portraitieren zu lassen – was ja nur der gehobenen Gesellschaft möglich gewesen war – wurde aufgehoben, war nicht mehr existent. Fototgrafieren lassen konnte sich jeder. Um die Mitte des 19. Jahrhunderts gehörte es denn auch zum Vergnügen eines jeden, sich vom Fotografen konterfeien zu lassen. Die Portraitfotografen schossen wie Pilze aus dem Boden. Es heißt, daß sie zwischen 500–1000 Aufnahmen in einem Atelier täglich machten. Die Studios funktionierten wie am Fließband. Zahlreiche Angestellte führten die einzelnen Arbeitsgänge aus und der Kunde konnte bereits nach 15 Minuten seine Aufnahme mit nach Hause nehmen. Aus dieser heute kaum mehr vorstellbaren Nachfrage entwickelte Disderi die Carte-de-Visite, die ihren Namen nach dem Visitenkartenformat der Aufnahme hat. Es gelang ihm, acht bis zwölf Posen auf ein Negativ zu plazieren. Die Abzüge ließen sich aufschneiden und an die Freunde verteilen. Adlige, Staatsmänner, Schauspieler haben sich auf diese Weise portraitieren lassen. Auch die Prinzessin Metternich. Degas malte das Bildnis nach dieser unbedeutenden Aufnahme. Er wählte nur den Ausschnitt des Kopfes, und es gelingt ihm die geniale Umsetzung eines durchschnittlichen Fotos in große Malerei. Der Beispiele sind unzählige. Selbst Pablo Picasso (1881–1973) bediente sich eines harmlosen Souvenirfotos von seinem Sohn Paul in einer Gouache von 1923. Was mag ihn bewogen haben? Die charmante Haltung des Kindes auf dem Eselchen?

Arshile Gorky (geb. 1905) malte das Doppelportrait von sich und seiner Mutter nach einem Foto aus seiner Kindheit, das er immer bei sich getragen haben soll. Er malte es Jahrzehnte später wie eine Art Memento mori, um der längst verstorbenen Mutter ein Denkmal zu setzen und seine eigene Vergangenheit zurückzuholen. Unbewußt entdeckt er damit eine Möglichkeit der Fotografie: Vergangenheit zu speichern und nachvollziehbar zu machen.

Und nochmals Francis Bacon: für den Kopf des Papstes (1949) diente ihm ein Standfoto aus Eisensteins Film „Panzerkreuzer Potemkin". Dieses Foto der schreienden Frau, der der Kinderwagen auf der Treppe davonrast im Augenblick, als die Revolutionäre schießen – die berühmteste und erschütterndste Szene des Films – wird für Bacon um seiner starken Expressivität willen benutzt. Diesen Augenblick höchsten Entsetzens festzuhalten, ist nur der Kamera möglich. Hier kann nun wirklich eine momentane, allein für den Bruchteil einer Sekunde sichtbare emotionelle Bewegung für die Malerei verfügbar gemacht werden.

Es ist inzwischen ausgiebig bekannt geworden, daß Franz von Lenbach (1836–1904) nicht nur fotografierte, sondern sich der fotografischen Vorlage wie eines Fundus bediente, aus dem er Anregungen und Motive die Fülle erhielt. In seinem Nachlaß hat Prof. Schmoll gen. Eisenwerth mehr als 10000 Negative entdeckt. Man möchte annehmen, daß der mit Aufträgen so gesegnete Maler sich mindestens ebensosehr der Fotografie gewidmet hat wie der Malerei.

Ein Selbstportrait zeigt ihn als Maler mit Palette, freilich nicht vom Foto kopiert, sondern in der Haltung leicht abgewandelt. Dagegen übernimmt er im Familienportrait von 1903 die Vorlage sehr genau. Er hat auf diesem Foto seine Familie plaziert und sich selbst schnell hinzugestellt, also mit dem Selbstauslöser gearbeitet. Das ist auf der Aufnahme deutlich erkennbar. Und das ist auch in der Malerei erhalten geblieben. Lenbach hat dieses Moment der Vorlage nicht verändert – was er zweifellos hätte machen können. Ich bin der Annahme, daß es ihm tatsächlich um das Einfangen eines fotografischen Moments ging. Lenbach malte eine fotografische Situation. Der Maler hat für Portraits übrigens beinahe immer auf die fotografische Vorlage zurückgegriffen. Es ging ihm um die größtmögliche Authentizität. Die Fotografie garantierte sie ihm.

Schon der Kunsthistoriker Hermann Beenken (1896–1952) hat 1944 in einem Aufsatz über Lenbach festgestellt, daß es sich bei dem Familienportrait wohl um das „fotografierteste Gruppenportrait handelt, das je gemalt worden ist." Beenken vermutete damals den Ursprung in der Kamera – aber zu dieser Zeit war die Kunstgeschichte weit davon entfernt, der Fotografie überhaupt einen Gedanken zu widmen. Man ist der Vorlage nicht nachgegangen. Erst die genauen Untersuchungen von Schmoll, der 1970 über das Thema „Lenbach und die Fotografie" eine erste Ausstellung machte, haben die Beziehungen des Malers zur Fotografie – und zum Fotografieren – aufgedeckt und damit natürlich auch seine Malerei in neuem Licht sehen lassen.

Ein idealisiertes Portrait schließlich malte um 1910 Henri Rousseau (1844–1910), genannt „le douanier", vom Schriftsteller Pierre Loti (1850–1923) der – wie man weiß – sein Leben in Istanbul verbrachte und sich den türkischen Gepflogenheiten zumindest in der Kleidung anzugleichen suchte. Eine Zeitschrift zeigte ein Foto 1904, auf dem wir ihn mit einem Fes bedeckt sehen. „Le douanier" entnimmt der Vor-

Wie viele Maler um die Jahrhundertwende fertigte Henri Rousseau (1844–1910) Portraits auch nach fotografischen Vorlagen an. Er kannte die zeitgenössische Fotografie von Pierre Loti (S. 108), als er sein Portrait malte. Das Gemälde von Pierre Loti (S. 109) entstand um 1891; erst die farbige Wiedergabe (vgl. Tafel 6, S. 290) gibt die charakteristischen Merkmale von Rousseaus naiver Malerei in voller Stärke wieder.

lage, die ihm offensichtlich durch Zufall in die Hände fiel, jene Motive, die den Schriftsteller äußerlich charakterisieren – er übernimmt die authentischen Wahrzeichen. Alles andere dichtet er um.

Wie häufig unbedeutende Schnappschüsse, Souvenirfotos für das Familienalbum schließlich doch den Motivschatz der Malerei bereichern können, sei hier noch an einem letzten Beispiel demonstriert: Pierre Bonnards (1867–1947) „Signac und seine Freunde im Segel-

boot" 1924/25. Dem Bild vorangegangen ist ein tatsächlich gemachter Ausflug der Freunde – das überliefert uns die Fotografie. Wer sie machte, ist unbekannt. Bonnard – der bekanntlich ein leidenschaftlicher Amateurfotograf war – sicherlich nicht, denn er befindet sich selbst mit auf dem Foto (im weißen Anzug) und konnte mit Selbstauslöser diese komplizierte Aufnahme nicht machen. Es muß also noch ein Unbekannter mit auf der Segelpartie gewesen sein. Bonnard hat

Tafel 6, S. 290
Pierre Loti

Die Fotografie als Bildkonserve der Maler: Die Aufnahme (links) von einem Segelausflug, den Pierre Bonnard (1867–1947) und Paul Signac (1863–1935) gemeinsam unternahmen, diente Bonnard als Inspiration für sein Gemälde „Signac und seine Freunde im Segelboot" aus der Zeit 1924/25 (rechts).

sich dieses Fotos später wieder erinnert und wertete es als Kompositionsmittel aus – nicht als exakte Portraitstudie etwa. Was er sonst durch die Skizze auf seinen Spaziergängen memorierte, liefert ihm hier die Fotografie. Interessant im Vergleich von Malerei und Fotografie ist, daß die markante Aufsicht des Schiffes im Foto voll im Bild zur Wirkung kommt, die Vertikalorientierung des Mastes, die dem Bild eine so strenge Gliederung gibt, bereits auf dem Foto bestimmend ist. Die Malerei hat hier etwas von einer fotografischen Situation, die vorher niemals so stark in der Malerei in Erscheinung getreten ist. Sie bleibt zu dieser Zeit eine Ausnahme. Daß die Fotografie tatsächlich eine neue Optik einzuführen vermag, das erleben wir erst in den zwanziger Jahren, zu einer Zeit, da die Fotografie im Zuge der Selbstentdeckung ihre spezifisch fotografischen Mittel erkennt und einsetzt. Bis zu diesem Zeitpunkt nämlich bleibt sie selbst in Abhängigkeit der Malerei und wäre nicht einmal imstande gewesen, der Malerei neue optische Erkenntnisse zu vermitteln.

Gemäldehafte Fotografie

Merkwürdigerweise war die Fotografie – deren faszinierende Möglichkeit es war, zum ersten Mal das Erscheinungsbild der Wirklichkeit getreu und unverfälscht wiederzugeben, eine Möglichkeit, die es nie

zuvor gegeben hatte – durchaus nicht nur bemüht, Wirklichkeit zu dokumentieren. Da sie wie die Malerei Bilder auf einer Fläche produzierte, bemühte sie sich während des ganzen 19. Jahrhunderts, als sie letztlich noch in den Kinderschuhen steckte, so bildhaft und malerisch wie nur möglich zu sein. Zahllose Fotografen suchten ihre Anregungen in den Museen und den Ateliers der Maler und gedachten allen Ernstes, durch das Schwarz-Weiß-Bild der Kamera mit der gleichzeitigen Salonmalerei zu wetteifern. Es gelang ihnen übrigens vortrefflich.

Zwei Fotografen sind für diese gemäldehafte Fotografie besonders ergiebig: Peach Robinson (1830–1901) und Oscar Gustave Rejländer (1813–1875). Beide inszenieren theatralische Arrangements, bei der die Figuren zu Posen erstarrt sind. Sie entsprechen der Genremalerei der Zeit und wirken heute in ihrer Sentimentalität beinahe komisch, obwohl sie wegen ihrer Rarität hoch in Kurs bei den Sammlern stehen. Die Beziehungen zur Salonmalerei sind offensichtlich. Sie lieferte dieselbe Scheinwirklichkeit und gesteigerte Empfindsamkeit, die das Publikum begeisterte und in der Form der Fotografie jedem zugänglich war.

Allerdings ist eine Fotografin dieser Jahre bis heute als Meisterin ihres Fachs angesehen. Sie gehört zu den ersten großen Frauengestalten in der Fotografie, deren es zahlreiche gibt – ein Phänomen, das es noch zu untersuchen gilt. Warum ist es dieser Frau schon so früh möglich gewesen, sich in der Fotografie durchzusetzen, was Frauen in der Malerei so viel weniger gelang? Ich meine Julia Margret Cameron (1815–1879), eine Engländerin, Landsmännin also von Reijländer und Robinson. Margret Cameron gehörte zum Kreis der präraffaelitischen Maler und Schriftsteller. Sie war von hervorragender Begabung und Sensibilität. Sie arbeitete aus dem Geist der Epoche heraus, kopierte keine Bildsituationen, sondern erschuf kongenial Fotografien, die die Dichtung ihrer Freunde illustrierten und den Bildern inhaltlich und formal verbunden waren. Ihre Fotos zeigen den gleichen romantisch-gefühlvoll übersteigerten Inhalt, den die Maler und Dichter des viktorianischen Zeitalters genußvoll verbreiteten. Ihre fotografischen Allegorien entsprechen der sentimentalen Gestimmtheit der Lyrik von Lord Alfred Tennyson (1809–1892), dessen Gedichte sie zu ihren kunstvoll arrangierten Kompositionen inspirierten. Dante Gabriel Rossetti (1828–1882) malte die entsprechenden Pendants. Die Inszenierung einer theatralisch-idealisierten Welt, in der nur Gefühl und Schönheit existierten, machte das künstlerische Anliegen dieses Kreises von Malern, Literaten und einer Fotografin zur gemeinsamen Sache. Hier darf man zweifellos von einer Parallelität von Malerei und Fotografie sprechen, die ihre Existenz der besonderen Gestimmtheit der Menschen verdankt, die sich in einem glücklichen Augenblick der Zeitgeschichte gefunden hatten und zu inspirieren vermochten.

Fotografie und impressionistische Malerei

Man hat substantielle Einflüsse der Fotografie auf die Malerei in den Publikationen, die dem Thema „Malerei und Fotografie" seit einigen Jahren gewidmet werden, immer im Impressionsismus sehen wollen. In der Literatur werden Claude Monets Straßenbilder, Degas' verschollenes Bild „Place de la Concorde", Caillebottes „Boulevard" von 1880 – also Ansichten, aus der Vogelperspektive gesehen und Kompositionen mit stark angeschnittenen Figuren – für eine neue Optik in der Malerei angeführt. Und immer wieder wird die Fotografie als Ausgangspunkt dieser neuartigen Kompositionsmethoden zitiert. Diese Auffassung ist kaum haltbar. Es ist kein Foto aus der 2. Hälfte des 19. Jahrhunderts bekannt, das mit so gewagten Ausschnitten, wie wir sie besonders vom Impressionismus her kennen, experimentiert hätte. Auch der Blick von oben ist in der Fotografie bei weitem noch nicht so perfekt gelöst wie in der gleichzeitigen impressionistischen Malerei. Die Fotografie war noch nicht reif genug. Auch der Fotograf mußte sehen lernen – eine Welt sehen durch die Linse der Kamera.

Das Bild von Degas „Place de la Concorde" mag tatsächlich auf den ersten Blick wie eine fotografische Vision aussehen. Degas hat selbst fotografiert und war sich der Möglichkeit der Kamera wohl bewußt. Aber er war in seiner Malerei weit wagemutiger als in seinen Fotografien. Das kühne Anschneiden von Figuren, das gerade für dieses Bild so gerne zitiert wird, konnte ein Maler aus der Malerei der Vergangenheit lernen – es existiert mindestens seit Paolo Uccello (1397–1475) und Piero della Francesca (zw. 1410 u. 1420–1492) – und es wurde ihm täglich vor Augen geführt durch die japanischen Holzschnitte, die bekannterweise einen großen Einfluß auf die Impressionisten ausübten.

Die Impressionisten machten in der Tat Bilder, wie man sie vorher noch nicht gekannt hatte. Und man hätte gerne diese neue Erfahrung optischer Möglichkeiten dem Einfluß der Fotografie zugeschrieben. Die Malerei der Impressionisten hätte von Schnappschüssen beeinflußt werden können. Aber die gab es zu dieser Zeit noch gar nicht, d.h., der Fotograf sah noch gar nicht „schnappschußhaft". Er bewältigte das Medium zu diesem Zeitpunkt noch zu wenig, konnte es noch nicht souverän handhaben. Die Impressionisten sahen Bildstrukturen, die die Fotografie erst Dekaden später erreichte. Die Fotografie war dagegen konventionell befangen in der Malerei, die ihr Bildgesetze vermittelte. Daher sind Vergleiche von impressionistischer Malerei mit Fotografie kunstvolle Konstruktionen. Die in Frage kommenden Fotos sind in der Regel sehr viel später entstanden. Und vergleichbare Motive, etwa Ansichten aus der Vogelperspektive, haben letztlich nichts miteinander zu tun.

Stellt man etwa Monets „Boulevard des Capucines" von 1873 einem Foto von Adolphe Braun (1811–1877) gegenüber, etwa den „Pont des Arts" von 1868, kann man sich mit Recht fragen, was Monet von einem solchen Panorama-Foto hätte übernehmen können. Nicht einmal die Sicht von oben konnte Anreiz genug sein.

Es war allen impressionistischen Malern geläufig, Bilder aus Fenstern oder von Balkonen herab zu malen. Monet brauchte nicht durch ein solches Foto darauf aufmerksam gemacht zu werden. Das Verschwimmen der Figuren auf der Brücke, das auf die lange Belichtungszeit zurückzuführen ist, die Adolphe Braun für die Aufnahme ansetzen mußte, hat sicherlich nicht die Auflösung der Figuren in der Atmosphäre des Bildes angeregt. Bei Monet ist die gesamte Komposition aus der gleichen Sicht instrumentiert – das Ganze ist ein flimmerndes Sich-Auflösen in der Transparenz der Luft, während sich auf dem Foto Architekturteile klar herausschälen und anderes wiederum verschwimmt. Die Fotografie ist ein Experiment, ein Schritt zur Findung ihrer von der Kamera abhängigen Möglichkeiten. Das Bild Monets eine phantastische Vision über die Wirklichkeit. Und ich gebrauche hier das Wort „phantastisch" mit Absicht. Die Verbreitung der Fotografie seit etwa 1850, die damit verbundene Inbesitznahme der Wirklichkeit durch das mechanische Bild, ermöglichte es dem Maler, sich von dieser Wirklichkeit zu entfernen und sich zugleich auch aus den Fesseln der Gesellschaft zu befreien. Auftragsmalerei war immer auch gegenstandsbezogene Malerei. Durch die Fotografie wird dem Maler eine neue Rolle überantwortet, die zum ersten Mal im Impressionismus aufbricht. Die Maler konnten sich vom Zwang befreien, realistisch zu sein, um sich darum zum erstenmal in der Geschichte der Kunst mehr den gestalterischen Problemen zuzuwenden. Wir wissen heute, wohin sie führten: nämlich in die abstrakte Malerei und den größten Subjektivismus, den es in der Kunst je gegeben hat. Vor diesem Hintergrund sind auch die Skandale, die der Impressionismus in seiner Zeit entfachte, weit besser zu verstehen: das Auge des Publikums war bereits an der Wirklichkeit der Fotografie geschult und auf das subjektivistische Abenteuer der Impressionisten nicht vorbereitet.

Die impressionistische Malerei, von der man sagen könnte, sie male mit einer „fotografischen Optik", hat sich das Medium Fotografie auf ganz anderem Gebiet zu eigen gemacht: in der stroboskopischen Fotografie, der Bewegungsfotografie. In seinen Bildern und Zeichnungen galoppierender Pferde orientierte sich Degas an Serien aus der Bewegungsfotografie. Degas malte etwas, was er mit bloßem Auge gar nicht sehen konnte. Selbst der Kamera, dem mechanischen Auge, war es anfänglich wegen der langen Belichtungszeiten nicht möglich, Bewegung zu sehen und festzuhalten. Eadweard Muybridge (1830–1904) war der erste Fotograf, der Versuche unternahm, die einzelnen Phasen der Bewegung zu fixieren.

Bewegungsfotografie und Malerei

Der Amerikaner arbeitete um 1870 mit Serienkameras und fotografierte zuerst Pferde im Galopp. Die Bilder ergeben lineare Reihen von Einzelschnappschüssen. Später machte er Versuche mit anderen Tieren und Menschen. Seit 1878 wurden seine Ergebnisse publiziert. 1887 erschien seine berühmte Publikation „Animal locomotion“. Degas kannte diese Arbeiten und hat mehrfach Nachzeichnungen nach ihnen angefertigt, die in seinem Skizzenbuch erhalten sind. Die fotografische Entdeckung ging hier direkt in die Malerei ein. Den nächsten Schritt in den Bemühungen, fotografische Bewegung aufs Bild zu bannen, machte der Franzose Etienne-Jules Marey (1830–1904), der sich als Physiker vor allem für die Bewegung des Menschen interessierte.

Es gelang ihm 1882, einen Chronographen zu konstruieren, mit dem er Reihenaufnahmen von Bewegungsabläufen machen konnte. Gerade diese Erfindung hatte einen entscheidenden Einfluß auf die Malerei. Georges Seurat (1859–1891) beschäftigte sich 1889 mit dem Phänomen in seinem Gemälde „Le Chahut“ und Marcel Duchamp (1887–1968) ließ sich u.a. in seinem so skandalumwitterten Bild „Akt, eine Treppe herabsteigend“ 1912 davon inspirieren. Dieses Bild ist die optische Auslegung des futuristischen Manifests, das 1910 forderte, die Aufgabe der neuen Malerei sei die Bewegungsdarstellung. Ausdrücklich wird festgehalten: „Ein rennendes Pferd hat nicht vier Hufe sondern zwanzig und seine Bewegungen sind dreieckig“. Duchamp selbst hat bestätigt, daß der stroboskopische Effekt seines Bildes auf Mareys chronophotographische Studien zurückgehen.

Nach Fotoserien schneller Vorgänge studierten Maler Bewegungsabläufe. Zu den ersten fotografischen Bewegungsaufnahmen zählt der Stabhochspringer aus „Animal Locomotion“ von Eadweard Muybridge aus dem Jahr 1887.

Die linearen Diagramme, die in den Bewegungsfotografien Mareys von so großem optischen Reiz sind, halfen Duchamp zu einer neuen, bisher nicht wahrgenommenen Darstellung wirklicher Erscheinungen. Er fand in diesen Fotografien das funktionale Schema und strukturelle Gerüst für die Darstellung mehrerer Bewegungsphasen, durch die er tatsächlich Bewegung fixieren konnte. Bewegung als eine neue Raum-Zeit-Entfaltung wurde auf diese Weise in das statische Gefüge eines Bildes integriert. Die Futuristen haben sich dieses fotografischen Hilfsinstruments immer wieder bedient. Man erinnere sich nur an Giacomo Ballàs (1874–1958) witziges Bild „Bewegungsrhythmus eines Hundes an der Leine" und „Rhythmen eines Geigenspielers" von 1912, die beide genaue Umsetzungen fotografischer Bewegungsstudien sind.

Durch die Bewegungsfotografie wird der Malerei eine bisher nicht bekannte optische Dimension vermittelt. Sie veränderte das Bild der Malerei und wurde in den kreativen Prozeß des Künstlers eingeschlossen. Hier profitiert die Malerei eindeutig von der Optik der Kamera. Nur die Fotografie konnte ihr diese grundlegende Neuerung der Bildstruktur anbieten. Die Malerei wurde durch formale Einflüsse, die wir an den Anfang unserer Untersuchungen stellten, nicht wirklich verändert. Die Bewegungsfotografie dagegen *hat* sie verändert.

Verfremdung mit der Kamera und ihr Einfluß auf die Malerei

Aber das zweite Jahrzehnt unseres Jahrhunderts ist in mehrfacher Hinsicht ein revolutionäres und revolutionierendes Jahrzehnt. Es beginnt das Abenteuer der abstrakten Malerei. Durch die Fotografie vom Zwang befreit, gegenständlich zu sein, konnte die Malerei was immanent in ihr vorhanden war, endlich freilegen und sich allein farblichen und strukturellen Problemen zuwenden.

Und zugleich passierte etwas sehr Sonderbares: Im Augenblick, da die Malerei sich gänzlich vom Gegenstand gelöst hatte, entdeckte man auch, daß die Fotografie ebenfalls Möglichkeiten besaß, ungegenständlich zu sein. Das Medium, dem die Wiedergabe der Wirklichkeit so teuer war, experimentierte mit Verfremdung des Gegenständlichen und erreichte dadurch die Abstraktion vom Gegenstand. Der Engländer Alwin Langdon Coburn (1882–1966) experimentierte seit 1917 mit der Kamera. Er arbeitete mit Spiegeln und verzerrenden Linsen, um den Gegenstand der Wirklichkeit zu entheben. Als „Vortographie" sind seine Versuche in die Geschichte der Fotografie eingegangen.

Fotografie birgt auch die Möglichkeit der Abstraktion und Verfremdung. Das Portrait von Ezra Pound entstand als eine mehrfache Fotografie im Jahr 1916.

Bezeichnenderweise waren es dann vor allem Maler, die sich mit der abstrakten Fotografie beschäftigten – und nicht die Fotografen. Christian Schad (geb. 1894), Mitglied der Zürcher Dada-Gruppe, entwickelte seit 1918 abstrakte Fotografien ohne den Gebrauch der

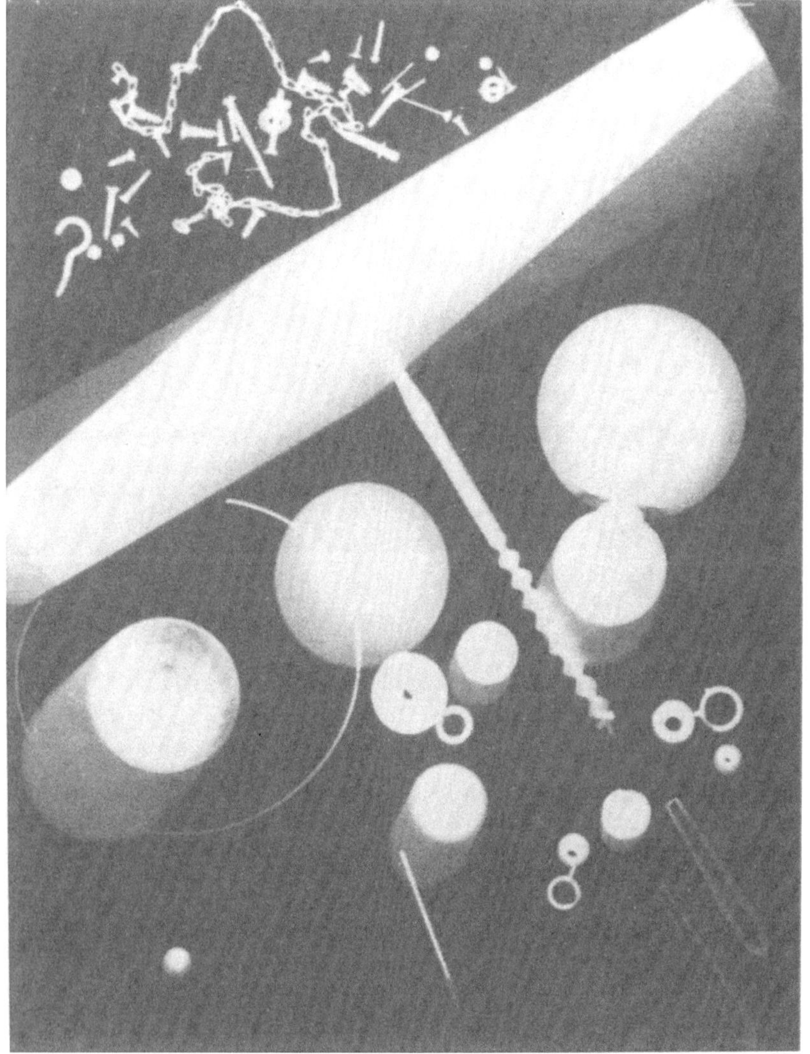

Eine besondere gestalterische fotografische Möglichkeit der Abstraktion und Verfremdung bieten Fotogramme. Die Abbildung stammt aus der berühmten Serie von Fotogrammen von Man Ray aus dem Jahr 1923.

Kamera, indem er Fundgegenstände, das charakteristische Objet trouvé, auf lichtempfindliches Papier legte. Der Dichter Tristan Tzara (1896–1963), Wortführer der Zürcher Dada-Bewegung, bezeichnete diese Blätter nach dem Namen ihres Erfinders als „Schadographie", übrigens seit Daguerres Daguerreotypie ein legitimes Recht der Entdecker im Bereich der Fotografie.

Die eigentlich beherrschenden Figuren der abstrakten Fotografie aber waren Man Ray (1890–1976) und Laszlo Moholy-Nagy (1895–1946). Beide entwickelten unabhängig voneinander die kameralose Fotografie. „Rayogramme" nannte sie Man Ray, Fotogramme nennen wir sie im allgemeinen. Das Verfahren ähnlich wie bei Schad: Dreidimensionale Objekte werden auf lichtempfindliches Papier gelegt.

Man Ray hatte die Technik übrigens durch Zufall entdeckt. Da er von seiner Malerei nicht leben konnte, verdiente er seinen Unterhalt durch Modeaufnahmen und wurde einer der besten Modefotografen seiner Generation. Bei Arbeiten in der Dunkelkammer stieß er während des Entwickelns völlig zufällig auf ein Verfahren zur Herstellung von Fotografien ohne Kamera. „Ohne daß ich es bemerkte, war mir ein unbelichtetes Kopierpapier unter andere, belichtete geraten. Ich bemerkte den Irrtum, als ich es zum Entwickeln in die Cuvette legte und kein Bild erschien. Ganz mechanisch stellte ich ein kleines Glasgefäß, ein Meßglas und das Thermometer auf das nasse Papier in der Cuvette und schaltete das Licht ein. Unter meinen Augen nahm ein Bild Gestalt an. Es war nicht einfach ein Silhouettenbild der Gegenstände. Diese erschienen deformiert und auch reflektiert durch das dem Papier mehr oder weniger nahe Glas. Die Partie, die direkt dem Licht ausgesetzt war, hob sich wie ein Relief von dem dunklen Papiergrund ab. Ich nannte diese Photogramme später Rayografien" [1]. Eine neue Kunstform war geboren. Der Zufall – die Muse der Dadaisten – hatte sie kreiert.

Zufall war bei Laszlo Moholy-Nagy nicht involviert. Er plante und gestaltete seine Fotogramme bewußt. Für ihn war das Fotogramm systematische Gestaltung mit Licht, die er nach ähnlichen Kompositionsgesetzen handhabte wie seine abstrakt-konkrete Malerei und die schließlich in seiner Lichtplastik ihren Abschluß fand. Diese Lichtgrafiken Moholys haben einen ausgeprägt konstruktiven Charakter, wie es dem Meister des Bauhauses entsprach.

Fotomontage und Fotocollage

In diesen für alle gestalterischen Aufbrüche ins Neuland der Fotografie so aufgeschlossenen Jahren entstand auch die Fotomontage und Fotocollage. Unter Fotocollage versteht man das aus Fototeilen zusammengesetzte Bild – die Montage ist die Fotografie wiederum einer solchen Collage. Die Fotocollage bestand bereits im 19. Jahrhundert.

Sie war beliebtes Sujet der Postkarten und entzückte die Generation der Jahrhundertwende.

Aber als künstlerisches Medium entdeckten sie Künstler, die zum Kreis der Berliner Dadaisten gehörten. George Grosz (1893–1959), Raoul Hausmann (1886–1971) und Hannah Höch (1889–1983) waren die ersten, die sie als persönlichen Beitrag ihrer künstlerischen Arbeit verstanden.

Man kann sich nicht genug ins Bewußtsein rufen, daß es Maler waren, die dieses Spiel mit Schere und Montage erfanden. Und daß es aus einem Kreis von Künstlern kam, die durch die Erfahrung des Ersten Weltkrieges Begriffe wie Tradition, Kultur, Geschichte nur noch als Cliché verstanden. Die Fotocollage war eine Absage an die Malerei und sie war Ausdruck der antikünstlerischen Haltung, dem sich die Dadaisten verschrieben hatten. Sie benutzten sie als Instrument ihrer politischen Haltung. Sie wurde bei einigen von ihnen sogar zur Waffe. Für alle Künstler, die durch ihre künstlerische Arbeit zum Zeitgeschehen Stellung beziehen wollen, ist John Heartfield (1891–1968) zum Symbol geworden. Er bezeichnete sich als „Monteur", um damit zu verdeutlichen, daß er sich nicht als Künstler fühlte und daß er seine Montagen konstruierte, „montierte". Er war unter allen Dadaisten der einzige, der sich ausschließlich der Fotomontage bediente, also nicht malte oder zeichnete. In den dreißiger Jahren wurde für ihn die Fotomontage zur Waffe gegen die Diktatur des Hitlerregimes. Seine Titelseiten für die Arbeiter-Illustrierte-Zeitung, die AIZ – sie wurde durch ihn weltberühmt – sind Zeugnisse eines unerbittlichen Kampfes, der mit künstlerischen Mitteln geführt wurde. Er geißelte seine Zeit in diesen Fotomontagen, die heute zu den erschütternden geschichtlichen Dokumenten der dreißiger Jahre zählen.

Hannah Höch bleibt mehr im Heiter-Ironischen, persifliert geistreich die politischen Umstände der Zeit, ohne den Humor ganz außer acht zu lassen. Aber auch sie verstand die Fotocollage als Kritik an der klassischen Kunst, als Absage an die Ölmalerei. Daneben steht Paul Citroëns immer wieder gezeigte und veröffentlichte Collage „Metropolis". Als eine der interessantesten Fotocollagen der Zeit ist sie in die Geschichte der zwanziger Jahre eingegangen, entstanden unter dem Einfluß der Berliner Dadaisten 1923 am Bauhaus, an dem Citroën damals Schüler war. Eine Collage aus Illustriertenfotos, die das Bild New Yorks auf geradezu gespenstische Weise als giganteske Vision aus Wolkenkratzern und Reklame entwirft. Citroën hat eine Reihe solcher Klebebilder surrealer Großstadtvisionen gemacht, die übrigens Fritz Lang 1926 in seinem Film „Metropolis" verwendete.

Im Zusammenhang mit der Collage, die sich zuerst bei den Künstlern des Dadaismus entwickelte, entstanden auch Fotocollagen und Fotomontagen. Für die Dadaisten wurde sie ein wichtiges Instrument ihrer künstlerischen Intention. Besonders die Berliner Künstlergruppe beschäftigte sich enthusiastisch mit der Möglichkeit, aus Fotos und anderen Drucksachen Bilder zusammenzukleben, die die Fotografie in einer neuen Dimension erscheinen ließen. Die Abbildung zeigt ein Detail aus der Collage „Metropolis" von Paul Citroën aus dem Jahr 1923.

Auch die russischen Künstler bedienten sich der Fotocollage und Fotomontage. Sie betrachteten die Fotocollage als adäquates künstlerisches Mittel der modernen Industriekultur in einer sozialen Gesellschaft. Aber sie betrachteten sie auch – ähnlich wie Heartfield und die Dadaisten – als politisches Instrument. Gegenüber den deutschen Künstlern ist diesen Arbeiten eine Strenge der Komposition eigen, die die Aussage des Bildes als fordernde Botschaft formal unterstreicht. Sie betrachteten sie als „neuestes Mittel der Agitationskunst". Künstlerisch leiten sie zum Konstruktivismus über.

Im Surrealismus aber scheint die Fotomontage ihr wirkliches Feld gefunden zu haben. Souverän beherrscht und als eigenständiges Medium gehandhabt wird sie von Max Ernst (1891–1976), der in ihr ein Kunstmittel entdeckte, das sich seiner überquellenden Phantasie geradezu selbstverständlich anzubieten scheint.

Fotografien werden zerlegt, aus Illustrierten ausgeschnitten, mit Elementen der Zeichnung und Malerei kombiniert und zu Bildern phantastischen Inhalts komponiert. Der Fotografie wurde nun vollends ihre ursprüngliche Funktion genommen – nämlich Bestandteil der Wirklichkeit zu sein. Sie wurde in einen neuen, über die Wirklichkeit hinausreichenden Kontext gestellt. Diese phantastische Fabulierlust der Maler hatte wiederum Rückwirkung auf die Fotografen. Ein Maler-Fotograf wie Herbert Bayer (geb. 1900), Leiter der Klasse für Typografie am Bauhaus und als Fotograf mehr bekannt geworden denn als Maler – nannte seine fotografischen Arbeiten „Fotoplastiken", ein Begriff, den auch Moholy-Nagy für seine Fotomontagen – nicht die Fotogramme – anwendet. Bayer verwendete die Fotografie als völlig freies künstlerisches Mittel. Seine fotografischen Bilder sind Kombinationen verschiedener Fotos, die ausgeschnitten und neu zusammengesetzt wurden zu einer surrealistischen Bildvision und die durchaus die Ausstrahlung und Magie eines Werkes von Magritte erreicht. Die Übereinstimmung der Bildwelten wird hier ganz deutlich. Die Fotografie ist in der Tat nun selbst zum künstlerischen Medium geworden und hat bis heute diesem Anspruch standhalten können.

Die neue Sachlichkeit

Charles Sheeler (1883–1965) würden wir hierzulande zur Malerei der neuen Sachlichkeit zählen. Die Amerikaner bezeichnen ihn als Präzisionisten. Und präzis allerdings ist diese Malerei in höchstem Maße: eine kühle Distanziertheit zu den Objekten, die mit einer Eindeutigkeit gezeigt sind, wie man sie selbst bei den deutschen Malern der Neuen Sachlichkeit kaum antrifft. Und auch in seiner Fotografie, die Sheeler schon seit 1912 betreibt, wirkt die Objektivität des Sehens, das klare, emotionslose Vorstellen oder Vorzeigen der Gegenstände. Hier ist ein Künstler in zwei Medien tätig, beherrscht sie souverän, es fällt das eine nicht gegen das andere ab, er ist kein Hobby-Fotograf, sondern ein professioneller Fotograf. Als solcher bekam er 1927 auch den Auftrag von Ford, die neueste Fabrikanlage, den River Rouge Komplex bei Detroit zu fotografieren, Amerikas damals modernste Industrieanlage. Dieser Auftrag wurde entscheidend für ihn und beeinflußte seine Malerei ebenso wie seine Fotografie.

Für den optischen Menschen des zweiten und dritten Jahrzehnts unseres Jahrhunderts mußte die Welt der Technik ein neues, unverbrauchtes Formenvokabular anbieten. Sheeler begann, denselben Ge-

Der Dialog zwischen Fotografie und Malerei, zwischen Technik und Kunst, ist vielfältig. Maler nutzen Fotografien nicht nur als Bildvorlagen oder als Inspiration für ihre Werke, sie versuchen sich auch selbst als Fotografen. Die Abbildung zeigt die eindrucksvolle Industrieaufnahme „Ford Plant" des Malers Charles Sheeler aus dem Jahr 1927.

genstand zu malen und zu fotografieren, er interessierte sich als Maler wie als Fotograf für die gleiche Bildwelt. Er wurde in der Tat einer der größten Industrie-Maler und Fotografen. Sheeler liefert ein puristisches Bild dieser Industrielandschaft, er wird der Portraitist von Maschinen, Kaminen, Generatoren. Nie trifft man auf Menschen, nicht einmal auf Spuren der Arbeiter, die mit diesen Maschinen umgehen. Rein und blank, ganz unberührt steht diese Welt der Technik vor uns, gereinigt von allen menschlichen Schwächen und Emotionen. Wie deckungsgleich dabei Malerei und Fotografie bei Sheeler sind, mag uns das Bild „Rolling Power" von 1939 zeigen. Die Fotografie der Lokomotive stammt aus dem gleichen Jahr. Man darf mit Recht sagen, daß die Malerei hier fotografische Qualitäten hat: scharfe Konturen, Formen von gleicher Präzision im Vorder- wie im Hintergrund. Bilder und Fotos stammen aus der gleichen Sehweise als ästhetischer Quelle. Schon die Zeitgenossen Sheelers haben die dynamische Magie empfunden und von der „plastischen Objektivität" gesprochen, die von den Fotos ausging. Sie machten ihn damals berühmter als seine Bilder.

Ben Shahn (1898–1969) begann als Maler und wurde durch einen der größten Fotografen Amerikas, Walker Evans (1903–1973), den er seinen Freund nennen durfte, zum Fotografieren angeregt. Während einiger Jahre teilten sie sich in New York zusammen das Atelier. In dieser Zeit, am Ende der zwanziger Jahre, entstanden Ben Shahns erste Fotos. Er war in der Fotografie wie in der Malerei sozialkritisch engagiert. Er gehört mit zu den ersten Dokumentarfotografen und wurde einer der führenden Mitglieder der FSA, der Farm Security Administration, einer in Zusammenhang des New Deal stehenden Organisation, die sich zur Aufgabe gemacht hatte, eine umfassende Dokumentation über die USA anzulegen. Nicht über die Städte, sondern über das Land und seine Farmer. Zu den großen Namen, die für die FSA tätig waren, gehören Walker Evans, Dorothea Lange (1895–1965), Arthur Rothstein (geb. 1915) und Ben Shahn, der als einziger Maler in diesem Team als Fotograf tätig war. Und ganz eindeutig haben Malerei und Fotografie bei ihm, ganz ähnlich wie bei Sheeler, in Inhalt und Form die gleiche Botschaft zu übermitteln. Er interessierte sich nicht für Technik, auch nicht für den künstlerischen Aussagewert eines Fotos. Im Mittelpunkt stand für ihn der Mensch. Und den suchte er sekundenschnell in seinen Gesten, einer expressiven Mimik zu erfassen. Seine Aufnahmen sind voller Leben und Aktion. Gruppen von Menschen zogen seine Aufmerksamkeit an. Dreierportraits gehörten zu seinen bevorzugten Motiven. „We tried to present the ordinary in an extraordinary manner. But that's a paradox because the only thing extraordinary about it was that it was so ordinary" [2], hat er über seine Fotos gesagt, die er in Kleinstädten, auf dem Lande im Süden und Mittelwesten der USA aufnahm. Er hat in seiner Kunst die Aufgabe gesehen, den Menschen daran zu erinnern, daß er ein Mensch ist – „it is the mission of art to remind man he is human". Er ist denn auch der einzige Maler gewesen, bei dem sich die dokumentarische, sozial engagierte Fotografie so direkt manifestiert hat. Er malt dieselben Menschen, die er mit der Kamera entdeckt hatte. Dabei verwendet er die Fotografie nicht direkt als Vorlage, sondern erfindet sie aus demselben Geist heraus. Formal scheinen die Kompositionen vom Bild der Kamera inspiriert – sie wirken wie Fotografien. Angeschnittene Figuren, jetzt aber vom Aspekt des Fotografen her gesehen und nicht wie im Impressionismus etwa vom Aspekt des Malers aus, gehören zu seinem durchgehenden Kompositionsprinzip. Der Einfluß der fotografischen Sehweise bestimmt hier den Malstil. Sie bringt ihn auf neue Möglichkeiten der Bildorganisation. Umgekehrt aber darf man auch sagen, daß er mit einer Sicherheit den Bildausschnitt wählt, wenn er den Menschen „pris sur le vif" einfangen will, mit einem untrüglichen Gefühl für die momentane Organisation eines geschlossenen Bildes, daß sich darin natürlich auch der Maler verrät. Sein Biograph James Thrall Soby hat bei einigen seiner Bilder von „imaginativen Rekonstruktionen von Schnappschüssen" gesprochen. Doppelbegabungen von Maler und Fotograf hat es zahlreiche gegeben, wenn auch nicht immer von dieser Ausgewogenheit wie bei Sheeler und Ben Shahn, Man Ray und Moholy-Nagy.

Degas besaß eine der ersten Kameras für Momentaufnahmen. Paul Valéry (1871–1945) hat überliefert, daß Degas der Momentaufnahme in geduldiger Meditation Dauer verleihen wollte. Eduard Vuillard (1868–1940) soll nie ohne seine Kamera ausgegangen sein. Griffbereit stand sie auf dem Buffet des Eßzimmers, um für den Schnappschuß bereit zu sein, wenn Vuillard den richtigen Augenblick zu erfassen glaubte. Er machte Amateuraufnahmen ebenso wie Bonnard, der leidenschaftlich seine Freunde und Familie fotografierte. Gabriele Münter (1877–1962) fotografierte den Mann, den sie liebte: Kandinsky. René Magritte (1898–1967) inszenierte seine Fotos wie seine Bilder: surrealistisch, und Alfons Mucha (1860–1939) posiert Akte, die seinen dekorativen Malereien zur Vorlage dienten. Wols (1913–1951) gar lebte von seinen Fotografien, als er als Maler noch nicht anerkannt war.

Surrealistische Fotomontagen und zeitgenössische Malerei

Eine ganz neue Art der Kontaktnahme zwischen Malerei und Fotografie begann in den sechziger Jahren.

In der zeitgenössischen Kunst ist die Fotografie manchmal zum ausschlaggebenden Instrument des Malers geworden. Die Popkünstler waren die ersten, die auf die Fotografie als Mittel der Bildfindung auf neue Weise zurückgriffen. Sie schauten dabei in die Vergangenheit zurück und entdeckten die Technik der dadaistischen und surrealistischen Fotocollagen. Robert Rauschenberg griff als einer der ersten diese Methode des fotografischen Zitats auf. In seinen Combine-Paintings ist die Fotografie als Metapher der Wirklichkeit eingesetzt. Obwohl Rauschenberg selbst fotografiert, bedient er sich des Illustriertenfotos, das er in Siebdruck auf die Leinwand überträgt – dadurch also auch mehrfach verwenden kann, so daß wir auf den Bildern Rauschenbergs einem festen Motivkanon begegnen, der einen gewissen Symbolcharakter bei ihm erhält.

Er verbindet die Fotografie mit malerischen Flächen, bringt sie dadurch in ein optisches Spannungsfeld und integriert auf diese Weise ein Stück Wirklichkeit in Malerei, die noch aus dem Action painting, also einer gegenstandslosen Malerei kommt. Der Aufbruch in einen neuen Realismus, der sich am Anfang der sechziger Jahre durch die Maler der Popart abzeichnet, wird an Rauschenbergs Verfahren deutlich ablesbar. In der Folge haben eine Reihe von Pop-Künstlern mit der Fotografie als Wirklichkeitsträger gearbeitet.

Fotorealismus

Am entscheidendsten und konsequentesten hat Andy Warhol die neue Möglichkeit des Bilderfindens durch das mechanische Bild der Kamera ausgenutzt. Als Schlüsselfigur in Richtung auf den Fotorealismus hin ist er von hervorragender Bedeutung geworden. Warhol benutzt wie Rauschenberg das Foto aus den illustrierten Zeitschriften und Pressefotos, die ihm bildwürdig erscheinen und für ihn Bildqualität besitzen. Die gewöhnliche, für den Massenkonsum hergestellte Fotografie wird die Grundlage des Bildes. Auch Warhol arbeitet mit dem Silkscreen-Verfahren, dem Siebdruck. Ein Stück banalster, aber dadurch wohl auch allgemeingültigster Wirklichkeit wurde zum Bildgegenstand. Warhol manipuliert das Foto nicht mehr. Er übernimmt es tel-quel. Er arbeitet nicht mit Ausschnitten, sondern vergrößert das Foto, das er beim Durchblättern der illustrierten Zeitschriften – es war eine Lieblingsbeschäftigung von ihm – entdeckt und macht es zum Träger des Bildinhalts. Warhol erschafft eine Welt der absoluten Gleichheit der Werte und Inhalte. Der kreative Prozeß liegt bei der Auswahl der Bilder, nicht in der malerischen Handschrift. Denn die interessiert ihn nicht. Die Fotografie verhilft ihm nicht allein zum Bildgegenstand sondern ermöglicht ihm auch das Auslöschen des persönlichen Malstils. Bei „Marilyn" hat er ein nichtssagendes Foto einer Filmwerbung benutzt. Ehrlicherweise wird jeder von uns zugeben, daß es durch die Umsetzung in den Silkscreen und die unendlichen seriellen Reihen, die sich lediglich durch verschiedene Farbgebungen voneinander unterscheiden, mehr in unserem Bewußtsein ist als jede andere Fotografie der Monroe.

Von Andy Warhols Silkscreens zu den Bildern des Fotorealismus oder Hyperrealismus ist es nur noch ein Schritt. Die Fotorealisten projizieren ein Diapositiv auf die Leinwand und malen es exakt nach. Das Bild der Kamera ist das gemalte Bild – obwohl überdimensioniert. Aber die durch die Kamera eingefangene Situation – nennen wir sie ruhig Realität – ist nun im gemalten Bild präsent. Direkter und unveränderter kann man eine fotografische Vorlage nicht interpretieren.

Der Fotorealismus ist die engste Beziehung, die Malerei und Fotografie eingegangen sind. Nie waren beide Medien so deckungsgleich. Die Entwicklung allerdings ist heute noch weiter gegangen. In der durch die Fotografie vermittelten Konzeptkunst ist eine ganz neue Möglichkeit für den Auftrag der Fotografie angebrochen. Sie wird Mittel zur Visualisierung von Denkprozessen. Aber dieses neue Thema in der Beziehung der Medien übersteigt den hier vorgeführten Tour d'Horizon. Seit 1839, seit jenem ereignisreichen Jahr, da Daguerres Erfindung, Lichtbilder der sichtbaren Wirklichkeit herzustellen, patentiert wurde, ist jeder bildende Künstler gezwungen, das Medium der Fotografie zur Kenntnis zu nehmen. Aber andererseits kann auch kein Fotograf an der Existenz der Malerei vorbeigehen. Dank der Vorrangstellung, die die optischen Medien in unserer Gegenwart eingenommen haben, ist es unserer Zeit beschieden gewesen, diese Wechselbeziehungen aufzudecken. Denn die Fakten waren zwar immer da, wurden aber vorher nicht gesehen. Es war das optische Zeitalter nötig, um den optischen Kontext von Malerei und Fotografie überhaupt zu entdecken.

Literaturnachweise

1 *Rotzler*, Willy: Photographie als künstlerisches Experiment. Luzern 1974, S. 25
2 *Billeter*, Erika: Fotografie Amerika 1920–40. Bern 1979, S. 204

KUNST UND HANDWERK

Kunsthandwerk und Technik

Astrid Guderian

Die enge Beziehung zwischen Technik und Kunsthandwerk wird wohl von niemandem in Frage gestellt. Über das „Handwerk", das den einen Teil des Doppelbegriffes ausmacht, ist das Kunsthandwerk eingebunden in die allgemeine technikgeschichtliche Entwicklung. Die einfache und auch die ins Artifizielle gesteigerte handwerkliche Arbeit steht in einer langen Tradition, in der der technische Fortschritt die Präzisierung und Mechanisierung der Werkzeuge und Herstellungsprozesse immer stärker vorantreibt.

Diese Beziehung zur Technik ist aber zu einseitig; der Begriff „Kunsthandwerk" als ganzes muß zur Technik in Beziehung gesetzt werden. Hier setzt die Problematik ein: der Doppelbegriff ist in seinen Definitionen umstritten, offen für alle bis ins Weltanschauliche gehenden Interpretationen; er ist schlichtweg begrifflich nicht eindeutig faßbar. Die Definitionsproblematik entsteht vorwiegend durch die unterschiedliche Akzentuierung der zwei Begriffe des Doppelwortes, die eine betont die handwerkliche, die andere die künstlerische Seite des Begriffes. In Abhängigkeit von dieser Akzentsetzung wird folglich auch der Einfluß von Technik auf das Kunsthandwerk mehr oder weniger betont gesehen.

Der Doppelbegriff „Kunsthandwerk" ist eine Wortschöpfung des 19. Jahrhunderts, das dadurch zum ersten Mal die Zuordnungsproblematik von handwerklichen Arbeiten überhaupt erst bewußt macht. Diese Fragestellung war den vorhergehenden Jahrhunderten völlig fremd. Das heute sogenannte „Kunsthandwerk" existierte dort „als Kunst unter Künsten oder als Handwerk unter Handwerken in seiner besonderen Materialbindung"[1]. Dieser Wortschöpfung wird im 19. Jahrhundert noch eine zweite zugesellt, das „Kunstgewerbe". Damit reagiert man auf die zunehmende industrielle Fertigung und versucht, die vorwiegend in Handarbeit hergestellten Produkte des Kunsthandwerks von denen des gewerklichen Handwerks in serienmäßiger Herstellung abzugrenzen. Diese Abgrenzung ist aber unhaltbar, denn serienmäßiges Arbeiten ist auch per Handarbeit möglich. Auch läßt sich zunächst – betrachtet man den in Kunsthandwerk und Kunstgewerbe hergestellten Gegenstand und dessen formale Gestal-

Zum Titelblatt:
Kunsthandwerk und Kunstgewerbe fertigen ihre Gegenstände aus den vielfältigsten Materialien – Holz, Textil, Keramik, Glas oder Metall – und zu unterschiedlichem Gebrauch. Formschöne Gebrauchs- und Nutzgegenstände zählen dazu, aber auch reine Ziergebilde. Der abgebildete englische Glaspokal mit Flügelschaft gehört zu den Kostbarkeiten der Glaskunst des ausgehenden 17. Jahrhunderts. Er zeigt, wie sich die venezianische Glasart auch in Nordwesteuropa durchsetzen konnte. In der Form entspricht er ganz dem Muraner Flügelglas, doch ist sein Bleiglas härter und durchsichtiger als das italienische kristalline Glas.

tung – kein Unterschied ausmachen. Beide produzieren – pauschal formuliert – Gegenstände, die formschön gestaltet sind und zunächst noch keinen Anspruch erheben, autonome Kunstwerke zu sein.

Wenden wir uns zunächst den von Kunsthandwerk und Kunstgewerbe hergestellten *Gegenständen* zu: Es können formschöne Zweck- und Gebrauchsgegenstände sein, aber auch, unabhängig von der Nutzbarkeit im Alltag, reine Ziergegenstände. Eine Vase kann formschönes Nutzgefäß für Blumen sein oder aber „eine Prachtvase aus Porphyr, bestimmt in der Vorhalle eines Palastes zur Zierde einer Nische" [2]. Der Gesichtspunkt der Brauchbarkeit, des praktischen Nutzens, ist kein Unterscheidungskriterium zwischen Kunstgewerbe und Kunsthandwerk, ebensowenig wie zwischen Kunsthandwerk und Kunst.

Auch in der Forderung nach Formschönheit unterscheiden sich Kunsthandwerk und Kunstgewerbe nicht. Der einzige Unterschied scheint im Herstellungsprozeß zu liegen. Auf ihn beruft sich im 19. Jahrhundert das Kunsthandwerk, nachdem das Kunstgewerbe als „industrielle Reproduktion im historisierenden Stil" in Mißkredit geraten ist. Im Kunsthandwerk bleibt, so wird damals geordert, in der handwerklich individuellen Fertigung die Einheit von Entwurf und Ausführung gewahrt.

Lassen wir den Gesichtspunkt der Fertigung zunächst außer Betracht, so können wir die uneffektive begriffliche Abgrenzung zwischen Kunstgewerbe und Kunsthandwerk außer Betracht lassen und uns wieder ausschließlich dem letzteren anhand einiger Beispiele zuwenden:

Eine griechische Vase, eine Vase ohne Öffnung, ein Rosenthal-Jahresteller von Dali in 2000er Auflage. Welches Objekt ist schon Kunstobjekt, welches noch Kunsthandwerk? Die Fragestellung ist bewußt polemisch gewählt, weil sie das Kunsthandwerk dadurch abwertet.

Geht diese Fragestellung am Rosenthalteller vorbei? Muß man für einen solchen Gegenstand einen neuen Begriff erfinden? Im Rahmen dieser Überlegungen könnte man folgende Gesichtspunkte diskutieren: Zum Beispiel die Frage nach dem Gebrauch, dem Nutzen des Gegenstandes, nach dem Material, nach seiner formalen Gestaltung, nach der Herstellerpersönlichkeit und nach dem Fertigungsprozeß. In der Geschichte des Kunsthandwerks zeigt sich, wie sich der Begriff mit den historisch-sozialen, aber auch geistesgeschichtlichen Entwicklungen verändert. Zunächst soll gezeigt werden, wo Kunsthandwerk heute steht und wie sich gegenwärtig der Begriff „Kunsthandwerk" umreißen läßt. Zum *Zweck und Gebrauchsargument*: Das Handwerk erschafft Dinge, die für den unmittelbaren Gebrauch bestimmt sind.

Schwarzfigurige Halsamphora des Antimenes-Malers aus der Zeit um 510 v. Chr.

Trifft das auch in eingeschränktem Sinne mit der Betonung auf der formschönen Gestaltung für das Kunsthandwerk zu? An Hand der obigen Beispiele läßt sich die Frage durchspielen. Die riesige griechische Vase erfüllt den Zweck, die Asche des Verstorbenen aufzunehmen. Der Jahresteller an der Wand erinnert an die Gebrauchsform „Teller", er könnte aber vom entsprechend „Verwöhnten" als Eß- oder Gebäckteller benutzt werden. Die Vase ohne Öffnung erfüllt den Zweck Blumenträgerin zu sein, nicht mehr. Sie ist Phantasieobjekt. Einzig und allein im Vasengebilde ist die Nutzform dem Nutzen entzogen.

Tafel 7, S. 291: Vasen von Auguste und Antonin Daum. Entstanden zu Beginn des Jahrhunderts.

Obwohl viele Gegenstände des Kunsthandwerkes sich an real gegebenen Objekten orientieren, ist das Gebrauchs- und Zweckargument alleine heute kein Kriterium, das Kunsthandwerk von Kunst abheben könnte.

Dazu schreibt Astrid Lucke: „Wenn Kunsthandwerk bisher als der Bereich angesehen wurde, der nur über den Gebrauch am engsten und unmittelbarsten mit den Lebensbedingungen des Menschen verknüpft war, so war dies nur eine Seite seiner Existenz, eben die angewandte, und es erfüllt heute ihre enggefaßte Bedeutung nicht mehr" [3].

„Das Anliegen hier besteht schon seit längerem nicht mehr allein in der Interpretation der Nutzform, sondern es werden gestalterische Entdeckungen gewagt, die weit darüber hinaus gehen. Man erkennt dies, unabhängig von der Vorstellung, daß man aus diesem Gefäß trinken, in jenes Blumen stellen und das dritte als Sinnbild ästhetischer Ordnung und heiler Geschmackswelt in den Glasschrank stellen könnte, auch an" [4].

Die Auffassungen über die *Nutzbarkeit* des Kunsthandwerks haben im Laufe seiner Geschichte gewechselt. Gewechselt hat damit auch seine engere Anbindung ans Handwerk oder an die Kunst.

„Im Kunsthandwerk der Vergangenheit wurde ohnehin immer nur die besondere, da ins Artifizielle gesteigerte handwerkliche Leistung gewürdigt. Da die Bewunderung vor allem der dekorativen Ausgestaltung und der raffinierten technischen Ausführung galt, kam der Forderung nach Nutzbarkeit im Alltag keine besondere Bedeutung zu. Jenes war das Künstlerische und für dieses gab es das Handwerk. Erst im zwanzigsten Jahrhundert, fußend auf dem englischen Reformgedanken des 19. Jahrhunderts mit seinen Bestrebungen „Zurück zum Handwerk", wurde die Forderung nach unbedingter Zweckdienlichkeit gestellt, als sozial gerichteter Anspruch, angebunden an ein sozialpolitisches Programm" [5].

Vor diesem Hintergrund muß das Problem von Klaus Gross gesehen werden, der in seinem Beitrag über Kunstgewerbe folgende Abgrenzungen macht:

„Der Begriff ‚Kunstgewerbe' wäre nach diesen Erwägungen heute in folgende Berufe zu zerlegen:

1. Ein Handwerk, das laufende Wertarbeit liefert; das Handwerk

Tafel 9, S. 292: Salvador Dali: Jahresobjekt für 1976.

kann und darf sich eben nicht auf Kunst, sondern kann und darf sich nur auf technische und geschmackliche laufende Wertarbeit einrichten.

2. Eine Kunst, die Einzelwerke in handwerklichen Techniken gestaltet;

3. Eine Industrie, der das Handwerk oder die Kunst Dinge zur Vervielfältigung schafft" [6].

Zur *Zweckorientierung* schreibt Lucke weiter: „Die Reduzierung des Kunsthandwerks auf seinen reinen Gebrauch und damit die Trennung von der Kunst ist somit ein moderner Gedanke und brachte auch alle daraus erwachsenden Probleme zwischen Handwerk und Kunst mit sich. Vorher existierte das Handwerk als Kunst unter Künsten oder als Handwerk unter Handwerken – in seiner besonderen Materialbindung natürlich – und die Schöpfer bezogen daraus das ungetrübte Selbstverständnis ihrer Existenz. Dürer, Holbein oder Jamnitzer und van Vianen haben beispielsweise jeweils auf dem Gebiet des anderen gewirkt, und jedem war ohne Frage die Anerkennung als Künstler gegeben. Kunsthandwerk, Architektur und Ornamentik, letztere vor allem über den Kupferstich, bildeten jahrhundertelang sogar eine feste künstlerische Gemeinschaft, hatten stilbildende Funktionen" [7].

Die Zweckorientierung führte 1853 zur Geburtsstunde des ersten „Museums für Kunstgewerbe" in South Kensington im Gefolge der ersten Weltausstellung in London. Die Aufgabe des Museums wurde vor allem in der Gewerbeförderung gesehen: Das künstlerische und handwerkliche Niveau kunstgewerblicher Erzeugnisse zu heben, die Schulung der Produzenten zu verbessern und auch die Bildung der Konsumenten zu steigern, war das Ziel der Museumsgründer.

„In der um die Jahrhundertmitte allenthalben konstatierten Krise des Kunstgewerbes wurde mithin nicht allein ein kunsttheoretisches Problem gesehen, sondern vor allem auch ein volkswirtschaftlicher Mißstand. Dies wurde als besonders schmerzlich empfunden, da gerade auf diesem Gebiete mit einem Minimum an Investitionen ein Maximum an Gewinn erzielt werden konnte. Hier war es möglich, wie ein Josiah Wedgwood am Beispiel der Keramikherstellung gezeigt hatte, aus billigen Materialien hochwertige Waren zu fertigen, für deren Gelingen weniger der Einsatz kostspieliger Werkzeuge als vielmehr die menschliche Erfindungsgabe und Kunstfertigkeit entscheidend waren.

In den Kunstgewerbemuseen sollte den Benutzern nicht nur Verständnis für technisch-handwerkliche Qualität vermittelt werden, sondern auch Geschmack, den man im Zeitalter des Historismus durch die Schulung an den großen künstlerischen Leistungen der Vergangenheit erlangen zu können glaubte“ [8].

Auch die österreichische Regierung förderte aus wirtschaftlichen Interessen 1863 ein „Museum für Kunst und Industrie“ in Wien. In Deutschland erfolgte ein fruchtloser Versuch von Graf von der Recke-Vollmerstein, in Berlin ein „Kunstgewerbemuseum“ zu gründen. Das geplante Institut, dessen Sammelgebiet auf die zeitgenössische Warenproduktion Deutschlands beschränkt sein sollte, stand noch ganz in der Tradition der verkaufsfördernden Gewerbehallen zur Hebung der heimischen Wirtschaft. Dem Besucher sollte der „Werth deutscher Werke“ vor Augen geführt werden, damit er mit Nationalgefühl sagen kann: Dies alles ist von deutscher Hand gefertigt“ [9].

Dieses Museumskonzept stellt das Kunsthandwerk ausschließlich unter den Zweckaspekt der „Verkaufsförderung zur Hebung der heimischen Wirtschaft“. Das tatsächlich 1866 gegründete „Kunst- und Gewerbe-Museum“ hat auch die Wirtschaftsförderung im Blick, bemüht sich aber um ein umfassendes inhaltliches Konzept. Im didaktischen Konzept ist eine Verbindung von Museum und Schule angestrebt, die der Initiator Hermann Schwabe mit dem bezeichnenden Begriff „Kunst-Industrie-Schule“ bezeichnen möchte. Dieses Berliner Modell der Museumsschule ist richtungweisend für die Entwicklung des Kunsthandwerks. Es zeigt die vor allem an der Namensänderung ablesbare wechselnde Anbindung des Kunsthandwerks an Technik und Wissenschaft (Kunst-Industrie-Schule), ans Handwerk (Deutsches Gewerbe-Museum) und an die Kunst (Kunst- und Gewerbe-Museum).

Hermann Schwabe empfahl die Zusammenarbeit mit ihnen, und so waren alle drei Einrichtungen gegen Ende des Jahres mit weiteren etwa siebzig Gewerbetreibenden, Künstlern, Gelehrten, Redakteuren, Mitgliedern der Kaufmannschaft, Abgeordneten, Beamten und anderen in einem Komitee vereint, das am 1. Dezember 1866 zur Gründung eines „Kunst- und Gewerbe-Museums“ aufrief und am 18. des Monats die erste öffentliche Versammlung durchführte. Auf ihr wurde das Projekt vorgestellt. Es wurden zwei große Abteilungen geplant: „Die technisch-wissenschaftliche Abteilung war bestimmt aufzunehmen: Eine technologische Sammlung sämtlicher Stoffe aus dem Thier-, Pflanzen- und Mineralbereich in Rohproducten, Fabrikationsstufen und fertigen Fabrikaten, nebst einer Sammlung deutscher Bergproducte; eine Sammlung aller Constructions- und Baumaterialien für Rohbau und Decoration nebst Modellen der berühmtesten Baudenkmäler usw.; eine Sammlung von Modellen und Proben aller Erfordernisse zum inneren Ausbau der Häuser; eine Sammlung aller

Nahrungsmittel und Gewürze nebst Verfälschungen u.s.w. Daneben beabsichtigte man Lehrcurse einzurichten: Für Mathematik, Physik, Chemie, Technologie, Bauconstructionslehre, Maschinenlehre, Maschinenzeichnen u.s.w. Die Kunst-Abteilung sollte unter dem Titel ‚Museum für ornamentale Kunst' ein vollständiges Kunstgewerbe-Museum nebst kunstgewerblicher Lehr-Anstalt enthalten; letztere mit sehr kurzem, aber vielsagendem Programm."

Die Aufgaben des Deutschen Gewerbemuseums werden im ersten Paragraphen seiner Satzungen genannt: „Das Deutsche Gewerbe-Museum zu Berlin hat den Zweck, den Gewerbetreibenden die Hilfsmittel der Kunst und Wissenschaft zugänglich zu machen." Um dieses Ziel zu erreichen, soll „eine Sammlung von künstlerischen und technischen Mustern und Modellen angelegt und öffentlich ausgestellt" werden (§ 2). Mit dieser Sammlung soll laut § 3 eine Unterrichtsanstalt verbunden werden, „in welcher Gelegenheit zur Erwerbung wissenschaftlicher und künstlerischer Fachbildung geboten wird. Außerdem werden öffentliche Vorlesungen über künstlerische, gewerbliche und naturwissenschaftliche Gegenstände veranstaltet". Sammlung und Schule werden also als sich ergänzende Einheiten gesehen [10].

„Schließlich ging es den Museumsgründern von Anfang an nicht nur um die Schulung der Produzenten, sondern auch um die Bildung der Konsumenten. Diesem doppelten Zwecke dienten auch weitere noch geplante Einrichtungen: Gipsgießerei, Schreinerei, fotografische und galvanoplastische Anstalt, Warenwerkstätten zur Restaurierung und Vervielfältigung, deren Erzeugnisse möglichst billig verkauft wurden, damit sich der Wirkungskreis über die unmittelbaren Museumsbenutzer hinaus erweiterte. (. . .) Der Plan für die Einrichtung einer Sammlung sah vierzehn nach Sachgruppen geordnete Abteilungen vor, in denen nicht nur die fertigen Produkte, sondern auch, von den Rohmaterialien ausgehend, Herstellungsprozesse veranschaulicht wurden. Das Museum sollte wie ein Lehrbuch benutzt werden können, es war gleichsam als begehbare Enzyklopädie gedacht. Es waren selbst Gebiete berücksichtigt wie Maschinenwesen, Ernährung, Reinigung und Beleuchtung, wobei Verwendung, Zusammensetzung und Verfälschungsmöglichkeiten aufgezeigt werden sollten" [11].

Später wird die technologische Zielsetzung vernachlässigt, es folgt dreizehn Jahre nach der Gründung eine Umbenennung in „Deutsches Kunstgewerbemuseum". Der Akzent verlagert sich vom Technisch- und Handwerklichen auf das Künstlerische. Die Unterrichtsanstalt des deutschen Kunstgewerbemuseums will aber dennoch ihre Mittelstellung zwischen den Kunst- und den Gewerbeakademien bewahren.

Diese Tendenz läßt sich am gemischten Lehrkörper ablesen, der aus beiden Bereichen stammt. Die um die Jahrhundertwende einsetzende, schon vorher erwähnte Betonung der handwerklichen Seite des Kunsthandwerks, seine deutliche Trennung von der Kunst, ist eine Reaktion auf die übertriebene Dekor- und Schmucksucht des Kunsthandwerks.

Die geschichtliche Entwicklung zeigt, daß der Nutz- und Zweckgedanke, der im 19. Jahrhundert an das Kunsthandwerk angelegt wird, zur Gründung von Museen und Schulen führt. Bemerkenswert ist die solide Ausbildung und die Orientierung am Handwerklich-Technischen, dessen Tradition gefährdet war.

In der heutigen Zeit stellt sich dagegen die Frage nach dem *Gebrauch* immer weniger. Die Ablösung von der Gebrauchsform ermöglicht die Verselbständigung von Gegenständen nach künstlerischen Konzepten. Ein solches Produkt hat keine gewerbefördernde Funktion mehr. Gewerbefördernde Funktion hat dagegen das zweckorientierte Industriedesign mit seinem Modellprodukt. Außerdem ist das Problem der Brauchbarkeit auch eine Frage des finanziellen und ästhetischen Anspruchs: Der eine hängt den Rosenthal-Teller an die Wand, der andere gebraucht ihn. Wenn ich den Zweck des Rosenthal-Tellers, des Vasengebildes rein ästhetisch definiere, als nutzlos, einzig, um interessenloses Wohlgefallen auszulösen, erhebe ich damit zurecht oder zuunrecht einen Gegenstand zum Kunstding? Für viele Gegenstände des Kunsthandwerks ist das Kriterium Gebrauch-Nutzen längst kein Maßstab mehr, es gegenüber der sogenannten „nutzlosen Kunst" abzuheben.

Es bleibt der Versuch, das Kunsthandwerk über den ihm eigenen, speziellen Bezug zum *Material* zu fassen. Dieser Ansatz erscheint ein für das Kunsthandwerk charakteristischer Punkt. Durch die jahrhundertelange enge Verknüpfung des Kunsthandwerks mit dem Gebrauch ist die Materialbindung automatisch gegeben. Jedes Material erfordert entsprechende Werkzeuge, eine entsprechende Bearbeitungsmethode. Diese Orientierung am Handwerklichen, das materialgerechte Bearbeiten, machte Jahrhunderte lang einen Teil der Qualität des Hand- und Kunsthandwerks aus. Aufgrund der verschiedenen zu bearbeitenden Materialien kam man zu verschiedenen Bereichen innerhalb des Kunsthandwerks, die allerdings heute schon wieder überholt zu sein scheinen: „Alle die Materialien, nach denen im Kunsthandwerk noch die Einteilung in Bereiche wie Holz, Textil, Keramik, Glas oder Metall stattfinden, werden vielleicht in ferner Zukunft nur noch nostalgische Relikte sein"[12].

Daran würde wohl auch das Aufgreifen moderner Werkstoffe, wie zum Beispiel Acrylglas, Kunststoff, Stahl usw., wie zum Beispiel bei der Schmuckherstellung, wenig ändern. Die strenge Materialgebundenheit bei der Herstellung von Werken aus Keramik, Porzellan und Glas, bei Goldschmiede-, Zinn- und Schmiedearbeiten, bei Gußeisenkunst, Textilkunst, bei Lederarbeiten und Möbeln wird zunehmend bewußt durchbrochen. Häufig ist das Verarbeiten unterschiedlicher Materialien automatisch mit einem Verlust handwerklicher Qualität verbunden. Handwerkliche Qualität der Objekte ist aber heute häufig auch nicht mehr beabsichtigt, sie ist kein Thema mehr. Wenn sich zwar auch aufgrund der unterschiedlichen Materialien in Zukunft keine Aufteilung in verschiedene kunsthandwerkliche Bereiche mehr vornehmen läßt, so ist die Materialbindung des Kunsthandwerks grundsätzlich ein wesentliches Kriterium für seine Abgrenzung gegenüber der Kunst. Diesen Ansatz verfolgt Astrid Lucke: „Es ist richtig, daß Malerei und Plastik vorrangig geistige, intellektuelle oder gezielt emotionale Inhalte über ihre Form vermitteln, daß das verwendete Material meist nur das Transportmittel dafür ist (bei der Plastik sind bereits Einschränkungen geboten) richtig, daß im Kunsthandwerk das Material selbst, über die aus ihm entwickelte Form hinaus, immer die entscheidende Rolle spielen wird ebenso wie der Gebrauch nicht völlig ausgeschlossen werden kann“ [13].

Das Ausgehen vom Material, die sinnliche Erfahrung des Materials, ist charakteristisch für kunsthandwerkliches Arbeiten. Dagegen geht die Kunst mehr von geistig-intellektuellen und emotionalen Werten aus, die dann über das Material vermittelt werden. Bei dem heutigen offenen Kunstbegriff – bei der Plastik sind ohnehin Einschränkungen nötig – muß man die starre Differenzierung eingrenzen, obwohl sie auf viele Objekte zutrifft. Materialgerechtigkeit, eine alte Forderung des Handwerks, erfährt heute eine Ästhetisierung. „Es wird nur ein anderer sein, ein in vielleicht viel direkter Weise vermittelter: Über die ästhetische Wirkung, die im Material eingeschlossen liegt. Der Umgang mit dem Material ist ohnehin von starker Suggestionskraft und vielfach auch Antrieb zur Gestaltung. Daher wird mit Kunsthandwerk eine vielfältige sinnliche Erfahrung möglich“ [14]. [I-1.1]

Diese Besinnung auf die Materialbindung, die bewußte Entfaltung der Eigengesetzlichkeit des Materials, die Betonung der ihm eigenen einfachen Strukturen bietet dem Kunsthandwerk von heute neue Möglichkeiten. Indem man die Erfahrung des Sinnlich-Materiellen als eine andere Möglichkeit künstlerischen Erlebens wertet, setzt man die geschaffenen Produkte Kunstwerken gleich. Die Vermittlung von ästhetisch-sinnlicher Erfahrung ist ein Ziel, das aber heute nicht nur dem Kunsthandwerk vorbehalten bleibt.

Damit stehen wir vor der schwierigen Frage der *ästhetischen* Dimension des Rosenthal-Tellers und der griechischen Vase. Die Frage der Ästhetik ist die Gretchenfrage: Kunst oder Handwerk? Polemisch ausgedrückt: Auf- oder Abwertung, angewandte Kunst oder „verkunstetes" Handwerk? Kunst und Kunsthandwerk haben gemeinsam, daß ihre Ästhetik, ihre Kunstvorstellungen historischen Entwicklungen und Vorstellungen unterworfen sind. Diese Vorstellungen können teilweise übereinstimmen, aber auch sehr konträr sein. Im Laufe der Jahrhunderte hat das Kunsthandwerk die Aufgabe gehabt, Nutz- oder Ziergegenstände artifiziell zu gestalten, sie durch Schmuck oder Zierde oder durch Dekoration zu ästhetisch ansprechenden Formen umzugestalten. Damit hat es sich gegenüber der einfachen Nutzform des Handwerks abgesetzt. Geschmacksbildung ist die programmatisch geäußerte Forderung des 19. Jahrhunderts an das Kunsthandwerk. Kunsthandwerkliches Arbeiten ist lange dem Dekor und Ornament verpflichtet, pflegt zum Beispiel in der Buchmalerei ornamentale Traditionen, greift bei der Keramik volkskundliche Muster auf. Auch die griechische Vase steht in der ornamentalen Tradition, abgesehen von der figürlichen Darstellung, die man immer einem Künstler zuordnen kann. Diese Dekor- und Ornamentästhetik ist von der Person, die den Gegenstand anfertigt, weitgehend unabhängig. Man bewegt sich auf traditionell-ästhetischen Bahnen. Die Eigenwertigkeit des jeweiligen Materials ist dabei häufig nebensächlich. Die so geschaffenen Gegenstände spiegeln jeweils nicht den Individualstil, sondern den Zeitstil wieder. Die Geschichte wechselnder Stile läßt sich aus ihnen ablesen.

In Spätzeiten, in manieristischen Stilphasen, fällt dem Kunsthandwerk immer eine besondere Rolle zu. Hier liegt die Blüte artifizieller Gestaltung, hier wird die Dekor- und Schmuckfunktion ausgereizt. Der manieristische Stil birgt aber eine große Gefahr für das Kunsthandwerk. Die formale Vielfalt wird nicht mehr von inhaltlichen Werten getragen, ist nur noch eine artifizielle, technisch raffinierte handwerkliche Leistung. Das war das große Problem im 19. Jahrhundert, als der Stil nicht mehr Ausdruck einer Geistes- und Kunsthaltung einer Epoche war.

„Die Irritation brachte erst das 19. Jahrhundert mit dem Verlust der stilbildenden Kräfte, mit der Neuorientierung der gesellschaftlichen Kraftströme. Die Tradition der nacheinander folgenden Stile brach ab. Es gab nur noch die ungesteuerten Griffe in die Vergangenheit. Und als die Maschinenproduktion alle die ehemals einzigartigen, künstlerisch entworfenen Gegenstände in der Serie und noch dazu in vereinfachender Technologie zu produzieren begann, zudem in allen gewünschten Stilen der Vergangenheit, ging das sichere Selbstverständnis der Kunsthandwerker verloren. Das künstlerische Handwerk, das Kunsthandwerk, war tot und mit den leeren Hüllen machte man nur noch Geschäfte. Die anfänglich als Fortschritt begrüßte Verfielfältigung, die Geburt des seriellen Kunstgewerbes, das auch eine moralische Verantwortung in sich trug, gerade weil seine Nachfrage so groß und die Möglichkeiten der Herstellung geradezu unumschränkt waren, endete unausweichlich im Geschmacksverfall. Die problematische Zeit des Historismus ist als Phänomen hinreichend bekannt"[15].

Der historisierende Stil, die Stilimitationen und die Serienproduktion haben das Kunsthandwerk in Verruf gebracht. Erst der Jugendstil bringt in seiner Idee vom Gesamtkunstwerk für das Kunsthandwerk ein großes neues Entfaltungsfeld. Alle Sparten des Kunsthandwerks und der Kunst: Glasmalerei, Möbel, Textilkunst und Architektur, aber auch Plastik und Malerei, werden zu einem Gesamtkunstwerk vereint, in dem die Linie in ihrer konzeptionellen und dekorativen Existenz alles miteinander verbindet. Im Art-Deco wird die Idee vom Gesamtkunstwerk als angewandter Kunst weitergeführt, aber Ausführung und Idee decken sich nicht mehr; und so ist der Stil mehr ein Konstruktivismusverschnitt. Die sich anschließende Bauhaus-Epoche hat ebenfalls ein Gesamtkonzept im Blick, ist aber in Idee und Ausführung puritanisch streng. Ihre Forderung an den Gegenstand und an alle Teile des Gesamtkunstwerkes: materialgerecht, funktionsgerecht und formschön. Das war die erste konsequente Reaktion auf die Entwicklung der Technik und deren Möglichkeit der seriellen Produktion. Im Bauhaus-Stil erfährt das Kunsthandwerk die stärkste Anbindung an die moderne Technik. Die stilistische Konsequenz des Kunsthandwerks ist absolut: Das ästhetische Ideal ist die Verbindung von Material, Funktion und Form in der ihm innewohnenden Eigendynamik, ohne jede Schmuckzutat von außen. Ein solches Objekt entspricht den Anforderungen der Industrie und der Serienproduktion.

Zurück zu der Abgrenzung zwischen Kunsthandwerk und Kunst. Gibt die individuelle Anfertigung des Gegenstandes den Ausschlag für die Zuordnung? Die Frage stellt sich bei der seriellen Produktion. Ist das für die Produktion vorbereitete Produkt ein handwerkliches Produkt oder ein Kunstgegenstand, oder trifft auf es der neue Begriff Design zu als „Funktionales Gestalten für die industrielle Fertigung"? Was sind das für Produkte, die nach einem Modell in tausendfacher

Tafel 8, S. 292: Die gläsernen Schöpfungen von Louis Comfort Tiffany gehören zu den bedeutendsten amerikanischen Vasen des Jugendstils.

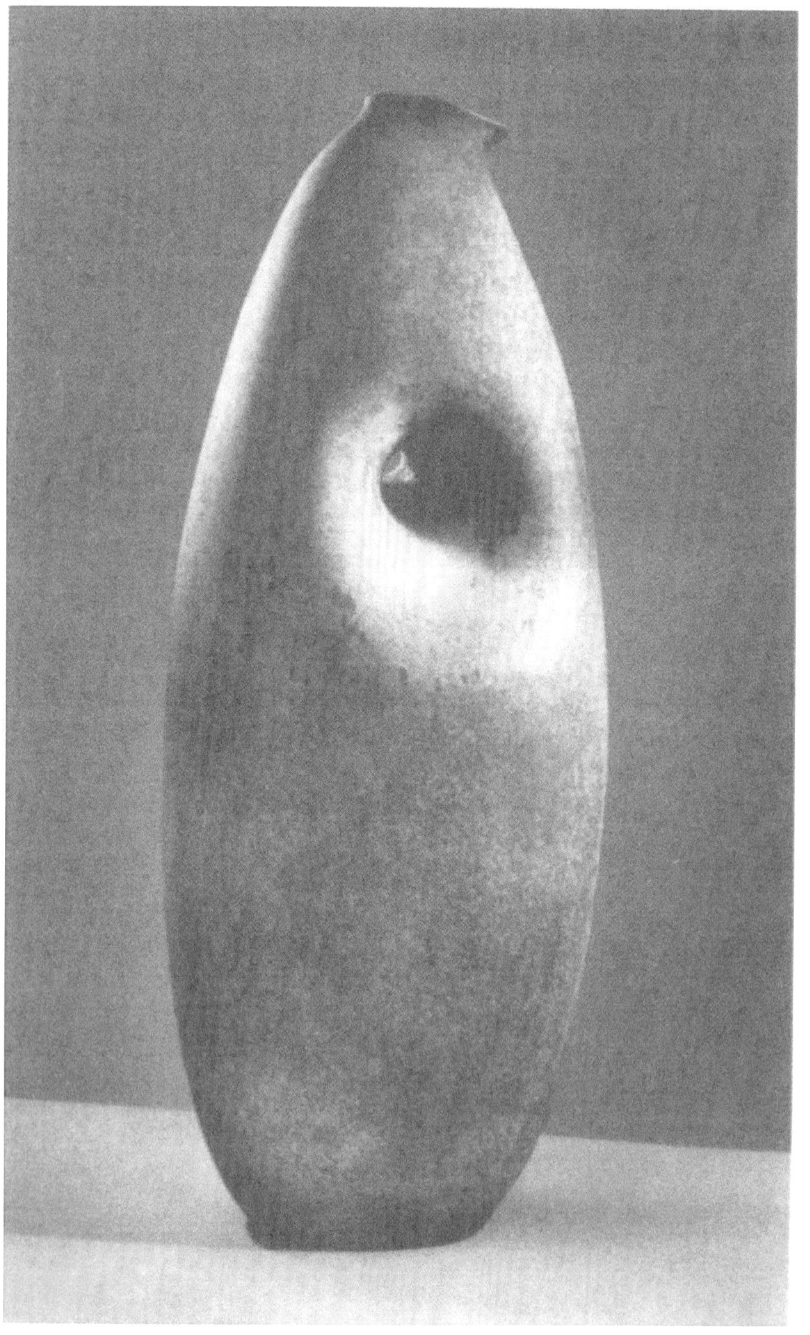

Von Richard Bampi, einem Vertreter der modernen deutschen Keramik, stammt diese Steinzeugvase aus dem Jahr 1954.

Große Vase in Gestalt eines Vogels. Pablo Picasso schuf dieses Kunstwerk, bei dem der Gebrauch als Vase vor der künstlerischen Gestaltung in den Hintergrund tritt, 1951 zur IX. Triennale in Mailand.

Auflage hergestellt werden, wie die Rosenthal-Teller, wie Dalis „Zerinnende Zeit" in Lalique-Glas?

Die Aufspaltung in Idee und Ausführung, in Unikat und Massenprodukt – bedingt durch die serielle Fertigung – stellt die traditionelle Kunstvorstellung in Frage. Dagegen war die Einheit von Idee und Ausführung gewahrt im Kunstwerk, es war Träger einer Idee, Ausdruck eines bestimmten, individuellen Kunstwollens, das in einer entsprechenden einmaligen Formgestalt formuliert wurde. Der Maßstab für Kunst wurde in den vergangenen Jahrhunderten bei der Individualität, der Einmaligkeit des Kunstwerkes angesetzt.

Das Kunstwerk war Ausdruck eines Individualstils. Das kann ein Kunsthandwerk, das sich nur dem Dekor- und Ornamentstil verpflichtet, nicht erreichen. Es gibt aber viele Gegenstände, die auf den Ornamentstil verzichten und durch individuelle Gestaltung die Grenze zum Kunstwerk überschreiten. Hier kann man das Modell für den Rosenthal-Teller oder Dalis „Rinnende Zeit" einordnen.

Auch das Kunsthandwerk heute, das sich dem Gestaltgedanken aus dem Material heraus zuwendet, kann, wie zum Beispiel bei dem Vasengebilde, die Abgrenzungen zur Kunst verwischen, ist Ausdruck eines Persönlichkeitsstils. Der Begriff Kunsthandwerk ist hierfür überholt. Auch der Maßstab „handwerkliche Fertigung" oder „Serienproduktion" ist kein Kriterium zur Unterscheidung zwischen Kunst und Handwerk. Der Modellgegenstand für die Serienproduktion kann ein Kunstwerk sein, das Serienprodukt ein Kunstwerk in limitierter Auflage. Durch die vielen Grenzverschiebungen und die schwierige Definition des Kunstbegriffes ist die Stellung des Kunsthandwerkes, insbesondere die Namensgebung, schwierig und fast sinnlos geworden. Neue Begriffe müßten erfunden werden. Das Handwerkliche sollte stärker abgegrenzt werden, und für das andere sollte man einen neuen Begriff (materialbezogene Kunst?) erfinden[16].

Literaturnachweise

1 *Lucke*, Astrid: Kunsthandwerk heute. In: Kunstgewerbemuseum Berlin: Kunsthandwerk der Gegenwart (Katalog). Berlin 1989, S. 12
2 Vgl. 1, S. 10
3 Vgl. 1, S. 10
4 Vgl. 1, S. 8
5 Vgl. 1, S. 11 ff.
6 *Gross*, K.: Kunstgewerbe? In: Die Kunst. Monatshefte für Freie und Angewandte Kunst. Heft 10. 1918, S. 282 ff.

7 Vgl. 1, S. 12
8 *Franke*, Monika: Zur Gründung des ersten deutschen Kunstgewerbemuseums in Berlin. In: Buddensieg, Tilmann (Hrsg.): Die Nützlichen Künste (Katalog). Berlin 1989, S. 244
9 Vgl. 8, S. 246
10 Vgl. 8, S. 206
11 Vgl. 8, S. 247
12 Vgl. 1, S. 12
13 Vgl. 1, S. 8
14 Vgl. 1, S. 8
15 Vgl. 1, S. 8
16 Der vorliegende Beitrag stützt sich an einigen Stellen vor allem auf Ausführungen von Astrid Lucke (vgl. 1)

Möbel: Konstruktion und Gestaltung

Bernhard Bischoff

Möbel! Zunächst sind Möbel ohne Zweck genausowenig denkbar wie ohne stimmige Konstruktion. Schreiner sind auch Konstrukteure! Möbel werden konstruiert, um einen bestimmten Zweck zu erfüllen.

Vorläufig mag solch eine Behauptung standfest sein. Damit aber ist das Problem von Gestalt oder Form nur sehr vage umrissen. Sobald wir einerseits uns bestimmte Möbel vorstellen, andererseits genauer fragen, was Zweck und auch was Konstruktion ist, wankt diese Eindeutigkeit. Weder Funktion noch Konstruktion ist isoliert präzise bestimmbar, da das Erscheinungsbild solch eine Isolation nicht kennt.

Für sich allein kann Zweck in Richtung reiner Brauchbarkeit gesehen werden, aber auch in Richtung Bequemlichkeit, Gemütlichkeit oder Erinnerungswert. Konstruktion kann zum Beispiel Befestigung von Regalbrettern, aber auch die geschlossene, gerahmte Gesamterscheinung des Möbels im Auge haben. Gestaltung kann aufgefaßt werden als ein Zutun zur reinen Form wie auch die Strukturierung dieser Form selbst.

Die folgende Abfassung hat nicht das Ziel einer neuen Begriffsdefinition solcher gedanklicher Pole. Sie stellt sich vielmehr die Aufgabe, induktiv, durch analysierend-interpretierende Betrachtung von Einzelstücken, das Problemfeld zu bereichern. Nachteilig mag sein, daß aufgrund dieses Verfahrens allgemeingültige Urteile kaum möglich sind. Vorteile werden aber darin gesehen, daß die integrative Verknüpfung solcher Gedanken dem einzelnen Gebilde gerechter werden können und vor diesem Hintergrund auch isolierende Beobachtungen ein stärkeres Gewicht erhalten können, das dann schlußendlich breiter legitimiert ist.

Die folgenden exemplarischen Untersuchungen zu Möbeln aus verschiedenen Epochen sollen die Fragen primär ausrichten auf ein Interdependenz-System zwischen Architektur, Ornament, Konstruktion und Gestaltung. Selbstverständlich ließen sich andere Gesichtspunkte wie etwa Funktion, Materialien, Entwicklungen, Datierungen, kunstlandschaftliche Prägungen bis hin zur Fragestellung der Parallelität zur Kunstgeschichte überhaupt denken.

Da von dieser Ausarbeitung aber weniger ein Katalog von Beispielen erwartet werden wird, mag die Ausrichtung auf das Hauptthema dieses Bandes begründet erscheinen. Sind Möbel primär vom Vorbild der Architektur, von einem eigenständig sich entwickelndem Ornament oder von der Herstellungstechnik bzw. Konstruktion in ihrer Form bestimmt? Generell läßt sich diese Frage nicht beantworten. Nur in spezifischen Sichtweisen auf Epochen, Kulturkreise, aber auch Zwecke des Gebrauchs erhalten wir Antworten, die aber unterschiedlich ausfallen.

Vor der eigentlichen Bearbeitung muß allerdings eine gewisse Ausscheidung bestimmter Elemente vorgenommen werden. Dinge, die gelegentlich möbelartige Dienste erfüllen, wie etwa Holzklötze, Kisten, Backsteine, Bretter und so fort, sind hier nicht miteinbezogen. Für unsere Untersuchung beschränken wir uns auf Möbel, die über ihren reinen Gebrauchszweck hinaus eine gewisse Formung von Dauer, Gestaltungsinteressen, manchmal schmückende Tendenzen und schließlich gelegentlich symbolische Bezüge aufweisen.

Nach ihrer Funktion sind begrifflich zwei Hauptmöbelgruppen unterscheidbar: Die Behältnismöbel (Truhen, Schränke, Kästen) und die Tragemöbel. Letztere mögen wiederum aufgeteilt werden in Tafelmöbel (Tische, Borde), Sitzmöbel (Stühle, Sessel) und Liegemöbel (Betten, Sofas usw.).

Für unsere Untersuchung sind nicht alle Beispiele nach logischem System ausgewählt. Auch die Epochen sind nicht gleichmäßig bedacht. Unsere Auswahl dient eher einer allmählichen Entwicklung von Gedanken. Historische Epochen geben unterschiedliche Beispiele für diese Methode ab. Nicht immer sind die jüngeren Epochen stets die ergiebigeren. Der Grad der Erhaltung ist nicht ausschließlich eine Funktion des „Zahns der Zeit". Es gibt zum Beispiel wesentlich mehr markante alt-ägyptische Möbel als solche aus karolingischer Zeit. Klimatische Gegebenheiten einer Kunstlandschaft spielen eine ebensogroße Rolle wie zum Beispiel kulturelle (Grabsitten oder Wohngewohnheiten).

Es ist auch weiterhin nicht automatisch in der Möbeltechnik das älteste überlieferte Stück das einfachste. Manch eine entwickelte Möbeltechnik ging im Laufe der Jahrhunderte verloren und wurde viel später wiederentdeckt oder auch gar nicht mehr verwendet. Obwohl der entwicklungsgeschichtliche Gedanke, wie erwähnt, nicht der Aspekt unserer Ausarbeitung sein soll, muß beiläufig auf solche Phänomene aufmerksam gemacht werden. Hauptfragestellung aber soll bleiben: Bezüge zwischen Konstruktivem und Gestalterischem in der Möbelkunst.

Beginnen wir unsere Einzeluntersuchungen mit zwei ägyptischen Tischen. Der eine Tisch, auffallend niedrig mit kurzen Stummelbei-

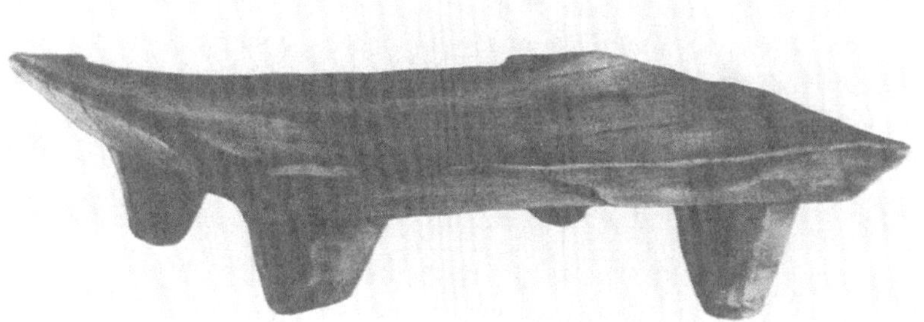

Der Tisch aus einer der ersten ägyptischen Dynastien (um 2600 v. Chr.) wurde aus einem Baumstamm gefertigt.

nen, ist allenfalls für am Boden kauernde oder liegende Menschen nutzbar. Technisch ist der Tisch lediglich mit einem beilartigen Instrument aus einem Holzstamm gehauen. Feinere Werkzeuge sind wahrscheinlich nicht verwendet worden. Da die Faserrichtung des Holzes waagerecht läuft, bleiben die Beine dick und kurz, um ein Brechen derselben entlang der Faser möglichst zu unterbinden.

Dieser hier sogenannte „Einbaum-Tisch" ist also technisch lediglich durch Wegnehmen von ungewünschtem Material entstanden. Das Material ist hier nicht geteilt in mehrere technische Elemente, mit denen aufbauend konstruiert werden kann. Das Verfahren ähnelt mehr dem des skulpturell tätigen Holzbildhauers, der aus einem einzigen Block lediglich durch Wegnehmen arbeitet.

Zweifellos hat diese Tätigkeit Parallelen in der ägyptischen Steinbearbeitung. Diese charakteristische ägyptische Seh- und Umgangsweise lag wohl auch bei diesem „Schreiner" der Zeit vielleicht um 2600 v. Chr. zugrunde. Die Form des Möbels ist hier ganz wesentlich vom Material und vor allem von dessen Bearbeitungsweise her bestimmt. Die Brauchbarkeit als Möbelstück tritt demgegenüber wesentlich zurück. Allerdings kennen wir die ursprüngliche Funktion dieses Möbels nur sehr ungenau.

Der zweite Tisch (er kann hier nur beschrieben werden), obwohl ebenfalls aus Holz und ebenfalls ägyptisch, zeigt gegenüber dem ersten Beispiel wesentlich andere Bezüge. Das ist nicht nur in der Tatsache begründet, daß das zweite Beispiel mehr als tausend Jahre jünger gegenüber dem ersten ist. Hier zeigt sich Holz nicht als „monolithischer" Block, sondern aufgeteilt in viele, meist stab- bis brettförmige Elemente. Deutlich sieht man vier Beine, verbunden mit vier Sprossen, je vier Zargen unter einer Kehle, darauf die Tischplatte, umrahmt von vier Leisten mit eingefügten Brettern.

Dieser Schreiner mußte baukastenartig-konstruktiv denken, liegende und stehende Teile isoliert sehen aber auch sinnvoll miteinander verbinden. Außerdem mußte jeweils die Holzfaserrichtung genau beachtet werden, alle stabförmigen Teile sind parallel zur Faser geschnitten.

Die Verbindung der Teile untereinander erforderte besondere Aufmerksamkeit. Soweit ersichtlich sind manche Teile verblattet, manche verzapft, jeweils mit einem Holzdübel gesichert, der aber der Fläche zuliebe geglättet wurde. Die Gesamtform ergibt zunächst ein fast klassisches Gerüst von stützenden, lastenden und verbindenden Geraden in rechtwinkligem Verband.

Allerdings ist dieses konstruktive Grundgerüst nicht das einzige Ziel der Gestaltung, Interessant dagegen steht die absichtvolle Ausmuldung der Hauptwinkel zwischen Tischbeinen und Zargen. Und besonders wichtig ist die Gestaltung der Tischplatte, die nicht unmittelbar auf den Zargen aufsitzt, sondern sich mit einer Schräge, vielleicht ursprünglich einer Hohlkehle, über eine untere Gesimsleiste erhebt. Dieses letztere Motiv ergibt sich nicht aus der Konstruktion, sondern läßt sich aus der zeitgenössischen ägyptischen Architektur ableiten. Es gibt also offenbar auch in der Möbelkunst Traditionen, die neben Material und Konstruktion einwirken, oft sogar in einer gewissen Gegenposition zu beidem.

Als weiteres Beispiel der ägyptischen Möbelkunst sei eine Truhe gewählt. Ins Auge fällt primär die Malerei, ein Pharao auf dem Streitwagen im Kampf. Die Kampfszene der Truhenbreitseite ist mehrfach mit gemalten Ornamentbändern, Schachbrettmuster, Rosetten, Quadrat- und Rechteckbändern, gerahmt.

Woraus und wie ist die Truhe gebaut? Wir haben große Schwierigkeiten, dies festzustellen. Offenbar ist die ganze Truhe mit einer dikken, pastenartigen Grundierung überzogen, die dann mit Leimfarben übermalt wurde. Lediglich die später entstandenen Risse helfen uns ein wenig. Tragende senkrechte Rahmenteile sind wohl irgendwie mit waagrechten Rahmenhölzern verbunden und halten dazwischen Füllungsbretter.

Sehen wir von der Untersuchung des gewölbten Deckels ab, so dürfte dieses Stück wohl eine Art Stollentruhe darstellen, bei der vier stehende Stollen die tragenden Teile des Gesamtgerüsts sind. Aber wird diese Stollenkonstruktion uns deutlich gemacht? Zwar berücksichtigen die Ornamentrahmen ein wenig die hölzernen Rahmen, es befinden sich auf ihnen die Quadrat- und Rechteckbänder, aber tragende und verbindende Rahmen werden in der Malerei nicht unter-

Tafel 10, S. 293:
Ägyptische Truhe aus der Zeit um 1350 v. Chr.

schieden, die Füllung nicht auffallend abgesetzt. Die Malerei verdeckt eher das Schreinwerk, das Konstruktive ist verborgen. Selbst das Material Holz an sich ist kaum irgendwo sichtbar. Diese Truhe ist ein Beispiel, wie Technik zugunsten der Malerei kaschiert wird.

Ein letztes Stück ägyptischer Kunst (es kann hier nur beschrieben werden) soll uns weitere Betrachtungsgesichtspunkte vermitteln. Der Schrein mutet wie eine kleine Architektur an. Ein größeres flaches Dach wird von vier Pfeilern getragen. Im dadurch markierten inneren Raum befindet sich ein weiteres, ähnlich bedachtes, aber geschlossenes Gebäude. An den vier Seiten stehen zartgewandete Frauengestalten, nach innen schauend.

Dieses Stück enthielt im Inneren in einem weiteren Kasten ein Gefäß mit Eingeweiden des König Tutanchamun. Das ganze ist ein Kanopenschrein aus dem berühmten Grab dieses Pharaos im Tal der Könige. Die Namen des Königs in den Kartuschen der Hieroglyphenschrift sind oftmals auf der vergoldeten Oberfläche zu sehen. Auch hier sind die Holzteile überall mit Grundierung und Gold überzogen, auch hier ist die Konstruktion weitgehend kaschiert. Allenfalls das Einzahnen der Pfeiler in das waagerechte Gesims oben bei der äußeren Architektur ist verdeutlicht.

Wie aber erklären sich die auffallenden Reihen von zum Teil farbigen Gebilden über den Hohlkehlen beider „Architekturen"? Es sind aufgerichtete Schlangenleiber mit aufgeblähtem Hals, auf deren Kopf sich vergoldete Sonnenscheiben befinden. Ein Fries von sogenannten Uräus-Schlangen! Deren Bedeutung läßt sich nun nicht aus Technik oder Konstruktion, nicht aus Material und dessen Bearbeitung ableiten, sondern ausschließlich aus dem mythischen oder auch magischen Bereich. Die Uräus-Schlange ist das Symboltier des Königtums, ihre Fähigkeit, Glut zu speien, kann alles Böse abwehren, ihr Auge darüber gilt als feuriges Auge des Sonnengottes Re.

Auch Möbel können also gelegentlich magische Abwehrzauber, Apotropäisches in sich bergen. Beim Kanopenschrein Tutanchamons aus einem Grabe ist dies aus verständlichen Gründen besonders deutlich!

Aus dieser kurzen Betrachtung von vier ägyptischen Möbeln konnten wir einige Aspekte für Möbeluntersuchung gewinnen. Wir sahen neben Technik und Konstruktion das Problem von Material und dessen Gesetzlichkeit, die Parallelität zur Architektur, Möbel als Träger von Malerei und schließlich symbolische oder gar magische Bezüge. Im weiteren wollen wir die Tragfähigkeit dieser Kriterien immer wieder überprüfen, wobei aber Konstruktion und Gestaltung die Hauptaspekte bleiben sollen.

„Frau vor einer Truhe". Griechisches Relief aus Lokri, entstanden um 400 v. Chr.

Ein griechisches Relief der frühen klassischen Zeit aus Terrakotta zeigt eine Frau, die ein gefaltetes Tuch in eine Truhe legt. Soweit dieses plastische Relief eine Analyse nach Schreinertechnik der Truhe erlaubt, können wir eine Rahmenkonstruktion erkennen, die ähnlich wie der zweite ägyptische Tisch aus wohl eckig gearbeiteten Stäben gefertigt zu denken ist. Die senkrechten Stäbe haben anscheinend eine gewisse Dominanz, die waagerechten scheinen in die anderen eingezapft.

Die sichtbaren Flächen der Stäbe zeigen ein charakteristisches griechisches Ornament: ein Mäanderband. Diese an sich sehr konstruktiv rechtwinklige Schmuckform fügt sich allerdings nicht nur den bandförmigen Stäben ein. Unsicher werden die Anschlüsse von waagerechten an senkrechte Mäanderbänder. Außen läuft das Mäanderband von unten senkrecht durch, biegt oben rechtwinklig ab, um noch einmal nach unten wieder abzuzweigen. Die entstehenden Winkel sind jeweils unterschiedlich mäandriert – es geht wohl nicht anders! Die Zwischenleisten dagegen enden unterschiedlich abrupt an den Senkrechten.

Fazit: Das konstruktiv wirkende Mäanderband gerät in Konflikt mit der Schreinerkonstruktion, beide bedingen sich nicht. Weder die Möbelkonstruktion noch die Konstruktion des Mäanderbandes dominieren. Allgemeiner gesprochen: Die Form folgt nicht eindeutig dieser Konstruktion.

Folgt die Form dagegen der Funktion? Wenn das Behältnis Truhe, durch Deckel mit Scharnier schließbar, die Hauptfunktion darstellt, so muß auch dies verneint werden. Der Deckel ist eine weiter nicht gestaltete Form, er ist lediglich Brett, das Scharnier ist nicht sichtbar, nicht einmal ein Handgriff zum Öffnen ist angebracht. Ein klassisches griechisches Objekt zeigt nicht die klassische Stimmigkeit der einzelnen Bereiche zueinander!

Ein griechisches Möbelstück aus Stein soll als nächstes beschrieben werden. Dieser griechische Steinsessel aus dem Dionysos-Theater von Athen mit seiner zylinderartig gebogenen Lehne, dem flachen Sitz und dem Platz für die Füße erscheint zunächst sehr ergonomisch gebaut: angenehm für den ruhenden, sitzenden menschlichen Körper, funktionell stimmig. Aber ist die Armauflage bequem, sind es die Ausbuchtungen rechts und links der ruhenden Oberschenkel? Nein, der Sessel fordert dem Sitzenden eher eine bestimmte Haltung ab, die eines frontal Thronenden, nicht die des Ruhenden. Die Form des Sessels hat fast eine gewisse erziehende Wirkung auf den Benutzer.

Das Material Marmor spricht in seiner Oberfläche, viel weniger in seiner Massigkeit. Die zylindrisch gebogene Form ist eher vom gebogenen Metallblech übertragen in Stein zu sehen. Also nicht sonderlich materialgerecht! Und nun noch die Beine! Es sind funktionell keine Beine, es sind Ausformungen der Enden eines aufgeschnittenen Zylinders. Weder konstruktiv bedingt, noch formal konsequent! Die einzige Stelle des Sessels, wo fast Naturalistisches gebildet wird: Löwenklauen und Schenkel sind gemeint. Vielleicht sind es in dieser Zeit nicht einmal mehr bewußte symbolhaft-magische Bezüge. Die Stärke eines Tieres soll übergehen auf den entsprechenden thronenden menschlichen Benutzer. Ein zum Thronen veranlaßter Mensch mit stärkeverheißenden Löwenklauen rechts und links auf einem Marmor in der Art von Metall sitzend! Wie schwierig wird bei solch einem auch geistig komplexem Gebilde die Beschränkung der Gesichtspunkte auf Gestaltung und Technik!

Aus Herculaneum stammt dieses verkohlte Aufsatzmöbelstück. Einerseits ein Schrank mit verschließbaren Türen, dann aber mit kannelierten Säulen samt Basis und korinthischem Kapitell und Gebälk versehen, stellt dieses Möbel eher ein Modell eines römischen Tempels

„Altar der Hausgötter". Römischer Aufsatzschrein zur Zeit um Christi Geburt.

Romanische Kirchenbank aus Alpirsbach, entstanden um 1200.

dar. Als Schrank nicht sonderlich funktionell, im Symbolbereich aber sehr funktional als verkleinerter Tempel. Denn es handelt sich um einen Schrein der römischen Hausgötter der Penaten. Insoweit ist das Vorbild Architektur, Tempel, voll verständlich. Die Konstruktion und Statik gewinnt das Möbel in der Hauptsache aus der Architektur. Andererseits tritt diese Frage hinter dem Problem des religiösen Zwecks zurück. Außerdem verhindert der Zustand der Verkohlung durch die Vesuvkatastrophe eine weitere Detailuntersuchung.

Die romanische Kirchenbank aus Alpirsbach wirkt zunächst ausgesprochen konstruktiv, vom Schreinwerk technisch bestimmt. Ihre Hölzer sind einerseits handgesägte Bretter (noch ist die Sägemühle nicht erfunden!), andererseits vom Drechsler gedrehte Stäbe und Pfosten. Alle Teile sind rechtwinklig ineinander eingezapft. Sitzbequemlichkeit ist weniger wichtig, statt dessen drückt sich eine nüchtern harte Kantigkeit in diesem kirchlichen Möbel aus.

Dieser Eindruck gilt allerdings nur für die Großkomposition. Im Detail gibt es deutlich etwas Zusätzliches: Die Pfosten sind nicht nur rund gedrechselt, sie haben auch unterschiedliche Knäufe obenauf. Entsprechend den Erfahrungen des Drechslerhandwerks zeigen die

Pfosten waagerechte Riefelungen in unterschiedlichen Breiten angeordnet. Die beiden Fußbretter haben zwischen sich gedrechselte Säulchen, wobei Basis und Kapitell identisch gestaltet sind. Auch diese Säulchen sind geriefelt.

Das Einfallsreichste an ornamentaler Zutat aber ist zweifellos die Füllung der Rückenlehne. Hier sind gedrechselte Schmuckstäbe so kombiniert, daß optisch eine rautenartige Diagonalwirkung entsteht. Es gibt hier sogar, je nach Lichteinfall, einen gewissen Flimmereffekt, der überraschend modern anmutet. Tatsächlich: aus dem Konstruktiv-Handwerklichen des Drechslers ist hier eine ornamentale Schmucktendenz erwachsen, die trotz der nüchternen Herkunft überrascht.

Bisher ist die Alpirsbacher Bank das eindrucksvollste Beispiel dafür, wie durch Beschränkung fast nur aufs Handwerkstechnische an manchen Stellen ein eigentümlich ornamentaler Reiz entsteht. Bei diesem Beispiel folgt die gestaltete Form tatsächlich weitgehend der Technik.

Eine vermutlich wenig spätere romanische Truhe aus Frankreich (sie kann hier nur beschrieben werden) zeigt demgegenüber ein anderes Bild. Der Korpus der Truhe ist aus roh gesägten Eichenbrettern zusammengesetzt. Die Frontstollenbretter stehen senkrecht, die Zwischenbretter sind waagerecht eingefügt. Leider sind wir nicht sicher informiert, wie die Brettverbindungen genau aussehen. Sicher sind diese aber nicht verfugt, sie stoßen hart aneinander, wahrscheinlich mit einer Leiste rückseitig verbunden.

Das Holzwerk ist also wenig schreinermäßig gefügt, sondern eher in der Art des Zimmermanns angeordnet. Das Holz alleine hat so aber zu wenig Halt. Unabdingbar vor allem für die Winkelsteifigkeit sind die Eisenbeschläge, die die Kanten waagerecht überziehen. Auch senkrechte Verbindungen sind durch diese Eisenbänder hergestellt. Erst damit wird die Truhe zum statisch stabil konstruierten Gebilde.

Diese Konstruktion benötigt Holz und Eisen. Während aber das Holz fast nur sachliche Brettfläche zeigt – Ausnahme die geschweift herausgesägten Stollenbeine –, geben die Eisenteile den eigentlichen Schmuck der Truhe. Zwar sind es immer nur aus einem bandartigen Eisenstück herauswachsende Blattranken, die in beiden Drehrichtungen an den Bändern angeordnet sind. Die Anordnung aber ist so, daß ein höchst eigentümliches Flächenmuster entsteht, das vor allem deshalb nicht stur erscheint, weil die Spiralen ungleich sind und die Bänder einmal waagerecht, einmal senkrecht laufen. Aus konstruktiver Verquickung zweier Handwerkstechniken heraus entstand aus Bändern ein ornamentaler Flächenschmuck, der lediglich aus den Händen des Schmiedes kam.

Diese gotische Truhe wurde in Frankreich Ende des 13. oder Anfang des 14. Jahrhunderts gefertigt.

Hier ist also Schmuck tatsächlich Zutat zu der rein sachlichen Grundform des Schreinwerks. Die konstruktive Bedingtheit des Schmuckes gibt aber die entscheidende Gesamtwirkung.

Eine etwa hundert Jahre jüngere gotische Truhe aus Frankreich lehrt sehr schnell, daß eine vorher festgestellte stark konstruktiv-technische Gebundenheit nicht für das ganze Mittelalter und nicht für Frankreich durchweg gilt. Konstruktiv ist auch diese Truhe, wie die vorherige eine Frontstollentruhe, wenn auch ohne äußere Eisenbänder. Wahrscheinlich sind die notwendigen Versteifungen aus Holz oder Eisen nach innen gezogen.

Wie aber gestaltet sich hier die Zier der senkrechten Frontstollenbretter und der waagerechten Zwischenbretter? Eine rücksichtslos über beide Richtungen gezogene geschnitzte Dekoration von gerüsteten Rittern in gotischen Maßwerkbaldachinen überzieht die gesamte Front. Der Absatz zwischen beiden Brettverläufen geht an beiden Seiten mitten durch einen Ritterkörper. Menschliche Figur und architektonische Maßwerkzier mißachten also eindeutig diese konstruktiv-technisch bedingte Grenzlinie. Lediglich das Aufhören der Frontfläche wird durch einen geschnitzten Rahmen betont.

Offenbar geht es auf und ab mit der konstruktiven Bedingtheit von Möbelschmuckformen im Verlauf der Zeiten und der Landschaften!

Ein Nürnberger Schrank der Renaissance um 1545 mag genetisch zunächst eine Entwicklungslinie der Entstehung des Schrankes der Neuzeit illustrieren. Optisch besteht dieser Schrank noch aus zwei

Dieser doppelgeschossige Renaissance-Schrank wird der Werkstatt von Peter Flötner zugeschrieben; er wurde um 1545 in Nürnberg angefertigt.

aufeinandergestellten Teilen, die wie Truhen wirken. Konstruktiv ist diese Teilung in zwei aufeinandergestellte Möbel allerdings nicht mehr nachvollziehbar.

Auch die weitere Gestaltung steht dem entgegen. Zwei große toskanische Säulen flankieren das Ganze. Sie tragen ein Triglyphen- (auch wenn es vier Schlitze sind!)-Metopen-Gebälk, die Leisten desselben bilden Zahnfries, Eier- und Perlstab aus. Der große Rahmen ist also deutlich ein sogenannter Säulenschrank in „Welscher Manier". Die Türen und Frontseiten der Schubladen sind kassettiert, die inneren

Türkassetten werden vom Rankenwerk derselben „Welschen Manier" belebt. Als Holzarten sind Nußbaum und ungarische Esche sichtbar. Aber das sind nur die wirklich sichtbaren Hölzer, das eigentliche Holz darunter, das sogenannte Blindholz, ist billiges Nadelholz. Dies bildet das eigentliche konstruktive Gerüst. Dessen Bretter sind wohl an den Ecken verzinkt, aber wir sehen auch dieses nicht.

Dieser Nürnberger Säulenschrank bildet eine Fassade aus, die nur wenig mit dem dahinterliegenden Kasten zu tun hat. Die erwähnte Fassade hat eine lediglich optisch wirkende Statik, deren Konstruktion der zeitgenössischen Architektur entnommen ist. Die Konstruktion des Korpus dagegen ist eine andere, wohl eine Rahmenkonstruktion. Tatsächliche und optisch wirkende Konstruktion überdecken sich ähnlich wie sich die Holzarten überdecken. Voraussetzung für dieses wertvolle Stück ist ein höchst entwickeltes Handwerk, das in dem vorangegangenen Jahrhundert einen großen Aufschwung genommen hat.

Der Meister, dem dieses Werk zugeschrieben wird, ist auch nicht mehr nur Schreinerhandwerker, sondern Entwerfer, Autor und Künstler, von dem Stichwerke überliefert sind. Es ist der Nürnberger Peter Flötner. Unser Problem Konstruktion und Gestaltung wird wesentlich komplizierter.

In unserer Fragestellung wirkt eine Rokoko-Kommode von Cressent um 1730 wieder um einiges einheitlicher. Klar definiert sich der Korpus als Hauptmasse. Aus dieser wachsen organisch weich die vier Beine heraus. Der aufgelegte Golddekor hat umgekehrte Bewegung: Stammartig sind die Beine aufgefaßt, Zweige und Ranken wachsen in den Korpus hinein, sachte eine betonte Mitte umkreisend. Diese Bewegungen haben ihre Ordnung, ihre eigene Konstruktion.

Entspricht diese Konstruktion der Konstruktion des Möbels selbst? Diese Kommode enthält zwei Schubladen, mehr oder weniger in Quaderform. Die Fugenschnitte der Schubladen zeigen sich nach einer Weile. Fast störend schneiden die waagerechten Schnitte das Gebilde. Die senkrechten dagegen können sich der Bewegung ein wenig angleichen. Trotzdem: Möbelkorpuskonstruktion und Konstruktion der optischen Bewegung sind zwei unterschiedliche Dinge.

Müßten wir nicht mindestens zwei Sparten des Konstruktiven bei solchen Möbeln unterscheiden? Das eine wäre das Konstruktive des funktionellen Schreinwerks, das andere das Konstruktive des optischen Entwurfs.

Überprüfen wir diese Beobachtung bei einem Sekretär des Biedermeier um 1830. Ein klarer Kubus bestimmt den Gesamteindruck. Das obere Ende mit ausladendem Gesims und das untere Ende mit

Tafel 11, S. 293:
Von Charles Cressant stammt diese farbenprächtige Rokoko-Kommode. Sie wurde um 1730 in England angefertigt.

Dieser Sekretär aus der Biedermeierzeit entstand um 1830.

klötzchenartigen Beinen werden betont. Spätestens bei der Beobachtung der Schubladen und der Klappe aber fällt eine Divergenz zwischen der Konstruktion des Korpus im Großen und der quaderförmigen Struktur der beweglichen Teile auf. Die große Form ist pylonenartig nach oben verjüngt, sie weicht vom Schubladenelement ab.

Zunächst sieht man Gesims und Beine dieser Großform. Die „Schubladenstruktur" nähert sich aber durch Kleingesimse und schließlich ebensolche vorgestellten Klötzchenbeine der anderen Ord-

Bei diesem Stuhl von Gerrit Thomas Rietveld sind Sitzfläche und Rückenlehne durch leuchtendes Rot bzw. Blau gegeneinander hervorgehoben. Dieser „Rot-Blau-Stuhl" entstand 1918.

nung an. Beide Ordnungen haben in sich etwas Konstruktives, sind aber nicht identisch, da schon der konstruktive Ausgangspunkt ein anderer ist. Ausgangspunkt des einen ist ägyptisierende Architektur, Ausgangspunkt des anderen eine Rasterung für Schubladen unterschiedlicher Größe.

Spätestens hier müssen wir uns damit abfinden, daß das Konstruktive bei Möbeln nicht jene Eindeutigkeit hat, die wir im Begriffe vermuten. Vielleicht liegt ein Teil des gestalterischen Reizes gerade in der Annäherung und nicht der Deckungsgleichheit beider Sinnebenen begründet.

Trifft dies auch für unser Jahrhundert zu? Der berühmte „Rot-Blau-Stuhl" von Rietveld, entstanden 1918, der gerne fast prototypisch konstruktivistisch gesehen wird, möge für diese Frage untersucht werden. Ein ziemlich strenges Senkrecht-Waagerecht-Gerüst trägt das Ganze. Die Armlehnen sind im klassischen Stütze-Last-Prinzip statisch überzeugend aufgesetzt. Sitz und Lehne ruhen auf waagerechten Hölzern.

Bis hierher decken sich Konstruktion und optischer Eindruck. Im weiteren aber nicht mehr! Sämtliche weiteren waagerechten Hölzer sind statisch wenig überzeugend an die senkrechten angetragen und nicht aufgesetzt. Ihre technische Verbindung – wie auch immer – ist kaschiert und die Verlängerung der Hölzer über die Kreuzungsstellen hinaus statisch-konstruktiv unbegründet. Vieles würde statisch einfach abrutschen, wenn es nicht auf verborgene Weise verbunden wäre. Die Farben haben mit der Schreinerkonstruktion wenig zu tun, das Gelb zum Beispiel betont konstruktiv gänzlich Unwichtiges.

Fazit: Der Rot-blau-Stuhl ist nicht aus dem konstruktiven Verständnis des Schreiners erwachsen. Seine Konstruktivität ist die des freien Künstlers, der in freien Flächen und Raumrhythmen denkt, und diese erst in zweiter Linie mit dem Schreinerphänomen Sessel verknüpft. Die öfter festgestellte Unbequemlichkeit dieses Sessels mag darüber hinaus auch für die hier zweitrangige Ergonomie stehen.

Trotz alledem aber empfinden wir eine logisch rationale, überzeugende Stimmigkeit des Ganzen, die vielleicht einen zusätzlichen Reiz durch die erwähnten Inkonsequenzen erfährt. Schriftliche Äußerungen von Rietfeld können diese Aussagen insgesamt stützen. Wenn wir aber das Ganze konstruktiv nennen wollen, so sollten wir diesen Begriff von der Vorstellung des Handwerklich-Konstruktiven sauber trennen.

Schließen wir ab mit einem „Möbel" unserer Tage. Der Amerikaner Robert Wilson gestaltet Stühle, die meist nicht mehr zu gebrauchen sind. Auch der abgebildete Kafka-Stuhl von 1987 taugt nicht zu normalem Sitzen. Seine Metallteile aber sind, soweit man sieht, technisch einwandfrei verbunden. Es ist fast ein Lehrstück für Schweißer von Metallmöbeln – wenn nicht das vordere Bein und der rechte Rahmen der Stuhllehne absichtsvoll fehlen würden. Damit wird der Konflikt zwischen erfahrbarer materieller Konstruktivität und bewußt logischer Gegenteiligkeit ironisches Ereignis. Der Stuhl wird zum Denk-Mal, dessen Symbolwert wichtiger ist als alle anderen Kriterien. Nur ist dieses Symbol kein gängiges, sondern es ist ein erst werdendes. Diese Geburt eines Symbols wird allenfalls wieder durch den Titel „Kafka“ mit Bekannterem assoziativ verbunden. Die geistige Wurzel dieses Gebildes ist allerdings doch in der Nähe des Verfahrens zu suchen, das zwei Sinnebenen des Konstruktiven ohne Deckung in Kontakt bringt.

Irgendwie sollten diese Sinnebenen für Möbelinterpretationen zukünftig fruchtbar gemacht werden, also: Materiell schreinermäßige Konstruktivität einerseits, bildnerisch optisch angetragene Konstruktivität andererseits. Beide Konstruktivitäten aber finden sich nicht in bloßer Addition, sondern sind mindestens an einer denkbaren Stelle fast nahtlos miteinander verbunden, woanders aber nicht. Diese Verbindungen, diesen stellenweisen Gleichklang beider Konstruktivitätsebenen gilt es aufzusuchen und schließlich beides zu betonen, den Gleichklang und den Gegensatz. Es ist zu hoffen, daß dadurch das Geheimnisvolle der Gestaltung qualitätvoller Möbel wenigstens einen weiteren Schlüssel findet.

Das Ergebnis dieser Ausarbeitung erwuchs aus der Untersuchung von 16 Möbelstücken aus mehreren Jahrtausenden. Ob die gefundenen Kriterien, auch die beiden Modelle des Konstruktiven, jeweils unterschiedlich gewichtet, bei allen Betrachtungen von Möbelkunstwerken ihren Dienst tun, muß sich erst erweisen. Allerdings wird dies Verfahren nicht über den Bereich von Möbeln hinaus dienstbar sein können. Jenseits davon müssen wiederum andere Werkzeuge bereitgestellt werden!

„Kafka-Stuhl“ von Robert Wilson aus dem Jahr 1987.

GRENZBEREICHE ZWISCHEN TECHNIK UND KUNST

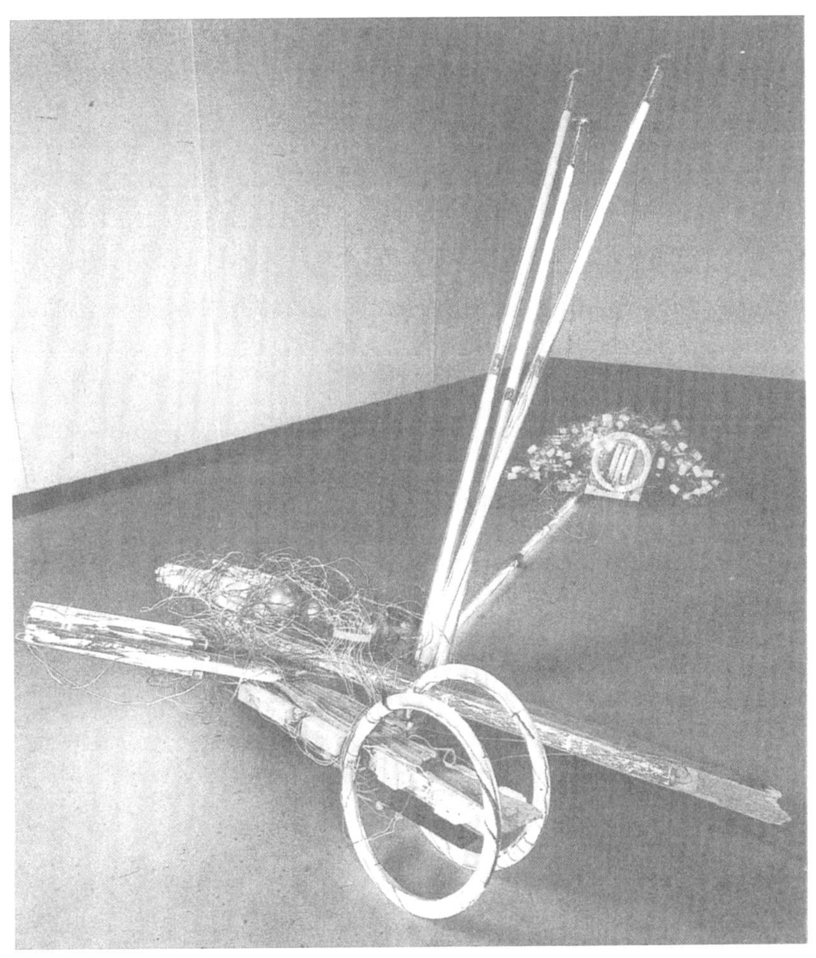

Künstlerische Auseinandersetzung mit neuen Technologien

Dietmar Guderian

Künstler verfolgen die Entwicklung in der Technik häufig viel sensibler als die übrige Bevölkerung. Daher ist es nicht verwunderlich, daß nahezu jede neue Errungenschaft – insbesondere im Bereich der Kommunikations- und der Beleuchtungstechnik – spontan daraufhin geprüft wird, ob und wieweit sie sich zur Realisierung von Kunstwerken und zur Visualisierung von Inhalten heranziehen läßt.

Kommunikationstechnik

In der Kommunikationstechnik gibt es Künstlervereinigungen, zum Beispiel Artcom – Köln, die erdumspannend ästhetische Informationen austauschen. Per Video und Fernsehen finden Performances an einem Ort der Erde statt, die darauf angewiesen sind, daß sie direkt übertragen werden, da sie unwiederholbar und auf den Zeitpunkt ihres Entstehens fixiert sind. Heinz Macks Lichtversuche in der Sahara 1976 sind beispielhaft dafür.

Es ist heute schon fast selbstverständlich, daß im Fernsehen bei Gesprächsrunden auswärtige Teilnehmer per Video hinzugeschaltet werden. Firmen halten Konferenzen mit nur über Video anwesenden Teilnehmern ab. Daher ist es nicht verwunderlich, wenn Künstler fiktive Gespräche per Video gestalten und schließlich komplette Gesprächsrunden simulieren. Hierzu gehören Franziska Megert und Marie Jo La Fontaine. So besteht Franziska Megerts Videoinstallation „Sit in" aus zehn in einem Oval angeordneten Sitzgelegenheiten. Bei fünf von ihnen ist in Sitzfläche und Rückenlehne ein Monitor eingelassen, der jeweils in Aufsicht (Sitzfläche) und Frontalansicht (Rückenlehne) eine Person zeigt. Diesen fünf Film-Personen stehen fünf nicht mit Monitoren bestückte Möbel gegenüber, auf die sich Besucher niederlassen und der Unterhaltung der fünf Personen folgen können.

Zum Titelblatt:
Zeitgenössische Künstler setzen sich in sehr unterschiedlicher Weise mit modernen Technologien und deren Bauelementen auseinander. Klaus Geldmacher fügte 1986 bemalte Glühlampen, Leuchtstoffröhren, Holz, Metall, Plexiglas mit einem Monitor und einem Cassettenrecorder zusammen. Die Präsentation des Objektes wurde mit Musik von SOFTWARE untermalt.
Es ist ein Versuch, den Betrachter nicht nur durch das Auge anzusprechen.

Franziska Megert: „Sit-In", 1988.
Die modernen Medien erlauben es, Menschen, die sich an ganz verschiedenen Orten befinden, zu einem „Gespräch" zusammenzuführen. In der hier gezeigten Installation führen fünf nur auf den Bildschirmen präsente und vereinte Personen ein Gespräch.

Nam June Paik verknüpft in „Cro-Magnon Man" (1991) [1] menschliche Vorgeschichte mit computergesteuerter Videotechnik zu unbeweglichen aber dennoch an Technoide erinnernde Gebilde.

Es werden akustische Konserven von Performances hergestellt, zum Beispiel hält eine Schallplatte das Geräusch fest, mit dem Jan Dibbets 1968 in seinem Auto über den Abschlußdeich in Holland fuhr. Oder als anderes Beispiel: Maurizio Nannucci sammelt alle Lieblingsworte, die ihm Passanten auf der Straße spontan ins Mikrofon sprechen, zu einem faszinierenden Spiel mit Worten in „What to say what not to say", 1989.

Aber auch die Informationsträger selbst stellen Vehikel für die künstlerische Aussage dar: Gezielt zerbrochene [2], bemalte [3] Schallplatten, einzementierte Bücher [4], verklebte Filmrollen [5] dokumentieren Informationen, die einstmals gespeichert wurden und nicht mehr verfügbar sind, gespeichert ohne Hoffnung darauf, daß sie je wieder gehört oder gesehen werden können. Tonbandgeräte werden eingesetzt, um Besucheräußerungen gezielt aufzufangen, für neue Installationen zu verwenden, mit ihnen Zufallsgeneratoren zu steuern oder andere Prozesse [6] in Gang zu setzen. Künstler nutzen die Möglichkeit zur Übermittlung natürlicher Geräusche in Räume, in denen diese nicht auftreten könnten [7]. Sie erzeugen durch Kombination mehrerer Aufnahme- und Wiedergabegeräte ungewohnte Tonfolgen, zum Bei-

Tafel 12, S. 294:
Raymond Waydelich: „Ungarische Rapsodie Nr. 2".
Durch Übermalung macht der Künstler aus einem akustischen Dokument eine sichtbare Erfahrung.

Nam June Paik: „Cro-Magnon Man", 1991.
Zum Schädel eines CHROMA-TRON-Technoiden, eines künstlichen Menschen unserer Zeit, wurden hier Monitore, Lautsprecher, Computer und Materialien, die an Antennen oder Sonnenkollektoren erinnern, zusammengefügt. Die Kopfform des Menschen ist nachempfunden, aber die in der Zukunft zu erwartenden Vernetzungen der hier benutzten modernen Kommunikationstechnologien fehlen noch.

spiel Stockhausen. Künstler stellen Video-Geräte auf, die sinnentleert nur die leere Mattscheibe zeigen[8] oder führen die ganze Video-Technik ad absurdum, indem sie die Geräte gezielt verunzieren lassen: Während der Video-Kunst-Ausstellung im Grand Palais in Paris 1982 ließ Arman beispielsweise eine Woche lang zehn Fernseher mit zehn Truthähnen allein in einem Raum. Jedes Tier wählte sich ein Gerät als „Schlafbaum", die Geräte waren nach der einwöchigen Performance entsprechend „verändert".

A. und P. Poirier: „O Eros", 1987. Archäologische Spurensuche: Ein antiker Kopf spricht zu uns heute durch unterschiedliche Medien: als Gemälde in einem Bilderrahmen, als „Augenblick" durch ein Buch. Eine archäologische Fundstätte der fernen Zukunft, die Zeugen unserer heutigen Kultur wieder zutage treten läßt, wird wahrscheinlich anhand der in ihr gefundenen High-Tech-Elemente zu datieren sein.

Während der Linzer „ars electronica", die alljährlich drei Tage lang eine große Schar von Video-Künstlern versammelt, und bei den seit jüngerer Zeit am Karlsruher Zentrum für Medienkunst stattfindenden Medienkunsttagen werden Tag und Nacht mit Videotechnik hergestellte Kunstwerke vorgestellt, begutachtet und prämiiert. Viele Künstler sind bereits in der Lage, verschiedene Techniken miteinander zu kombinieren[9].

Ein Projekt der Artcom – Köln sieht vor, Nachrichten aus zwei verschiedenen Ländern in voneinander abweichenden Landessprachen jeweils in Räume einzuspielen, in denen sich Performance-Besucher aufhalten, die die ausgestrahlte Sprache nicht verstehen. Währenddessen fotografieren Videokameras die verständnislosen Hörer und übertragen die Bilder (ohne Ton) jeweils in den anderen Raum.

GRAF + ZYX: „T for 2". Teleporter für zwei Stühle, 1987. Verschiedene, funktionsfähige High-Tech-Bausteine sind zu einer – nahezu nach den klassischen Kompositionskriterien konstruierten – Skulptur angeordnet.

Zur Video-Kommunikation zwischen einander unbekannten, in beiden Richtungen gegenseitig hörbaren aber nur in einer Richtung sichtbaren Besuchern lud die DOCUMENTA IX ein.

Wo das Kunstwerk in Interaktion mit dem Betrachter tritt[10], erscheint die Humanisierung der Technik, ihre Annäherung an den Menschen am weitesten gelungen. Peter Vogels elektronische, photozellenbestückte Objekte seien hier genannt, die auf vom Betrachter verursachte Lichtimpulse mit Tonfolgen reagieren. Manches wirkt auch skurill: Servas plaziert beispielsweise vor einen Monitor eine echte Feder, die scheinbar von einem auf dem Monitor dargestellten blasenden Menschen bewegt wird.[11]

Das Faszinierendste auf dem Sektor stellen die neuesten – zwischen Dargestelltem und Betrachter – interaktiven Video-Installationen dar. So gab es auf der DOCUMENTA IX einen dunklen Raum, auf dessen Wänden gefilmte Personen gezeigt wurden. Sobald man sich diesen Figuren näherte, begannen sie zu reagieren, indem sie aggressiv scheinbar näherkamen, sich umdrehten und weggingen, typische Verlegenheitsgesten zeigten, Angst oder Freude kundtaten und auch sonst in ihren Reaktionen scheinbar völlig natürlich auf den Besucher der Ausstellung reagierten, so daß einem die Szene Beobachtenden manchmal nicht klar wurde, wer hier in der Dunkelkammer eigentlich Angst vor wem hatte: der gefilmte Mensch vor dem real existierenden oder dieser vor dem computergelenkten Menschenbild.

Der gesamte Bereich der Computertechnik wurde inzwischen derart intensiv von der Kunst in Beschlag genommen, daß wir ihm in diesem Band zwei separate Beiträge widmeten. [VII-4.2; VII-4.3]

Energietechnik

Moderne Energietechnik und die gesamte Diskussion um sie wird bisher nur sehr verhalten bei der Gestaltung von Kunstwerken eingesetzt. So finden sich wohl Solarzellen auf Kunstwerken oder diesen nahekommenden Designerentwürfen: Panamarenko setzte in „Archaiopterix“ 1991 in die Flügel eines hölzernen Skelett-Modells des Urvogels echte Solarzellen als ‚Flughilfen‘ ein. Luigi Colani bestückte die Flügel seines riesigen Solarflugzeugmodells mit Solarzellen. Aber die mit Solarzellen gewonnene Energie wurde noch in keinem Kunstwerk einflußreicher Künstler als Hilfsmittel benutzt.

Ebenso verhält es sich mit der Windenergie: Es gibt zwar inzwischen Mammuttreffen phantasievollster Heißluftballons, auch zog vor wenigen Jahren eine große Wanderausstellung mit Winddrachen aller Art durchs Land; doch Installationen, die irgendwo aufgestellt und wesentlich mit umgewandelter Windenergie funktionieren, diese durch die Art der Nutzung in Frage stellen oder zumindest kritisch hinterfragen, lassen sich ebenfalls noch nicht ausmachen. Kunstwerke, die strahlende Materialien beinhalten, beispielsweise unter fluoreszierendem Licht leuchtende Gesteine, finden sich bisher noch nicht.

Umwelttechnik, Umweltproblematik

Die Umweltproblematik, insbesondere Fragen der Müllentstehung und -entsorgung finden bereits intensiv ihren Niederschlag in Kunstwerken und Aktionen:

Dieter Roth ließ schon in den siebziger Jahren während der Basler Kunstmesse ART Gemüse eine Woche lang in einem Wasserbehälter vergammeln; Arman konservierte zur gleichen Zeit den Inhalt von Abfalleimern in durchsichtigen Kunststoffbehältern, die er in Kunstausstellungen präsentierte; Spoerri schnappte kurz vor Ende eines opulenten Mahles zu und klebte alles, was sich zu diesem Zeitpunkt auf dem Tisch befand zu einem ‚Fallenbild' zusammen.

Mo Edoga geht inzwischen – besonders spektakulär in seinem „Kulturbaum" während der DOCUMENTA IX repräsentiert – einen Schritt weiter: Er fügt Abfall in Gestalt von nicht mehr benötigten Bauhölzern und angeschwemmtem Holz zu einem Kunstwerk zusammen, das wiederum – mit zusätzlich wie Blumen eingefügten Pulks frisch gewaschener Weinflaschen – dem Betrachter einen ‚Augenschmaus' bietet. Das Wesen einer Kultur dokumentiert sich ihm in deren Abfallstruktur, so daß er – bevor er zum Beispiel für eine Installation in Sydney mit der Arbeit beginnt – zunächst die Abfallstruktur der Region bestimmt und dann die Materialien festlegt, aus denen die Installation zusammengefügt werden soll. Mit dem durch Umwelteinflüsse bedingten Zerfall von Kunstwerken befassen sich Künstler ebenfalls. Walter Diederichs legte beispielsweise ein ganzes Feld mit silbermaskenbestückten Pappmachée-Sandfiguren einen Sommer lang auf eine Wiese, bis sie völlig zerfallen waren. Er wollte sich und den Betrachtern damit nicht nur das Zerfallen dieser Figuren, sondern die Endlichkeit allen menschlichen Seins eindrücklich vor Augen führen. Annette Merkenthaler baute eher künstlerisch den Zerfall in ihr Konzept ein, als sie im Laufe vieler Wochen eine ursprünglich streng geradlinig konturierte Figur – durch die Umwelteinflüsse verursacht – immer weichere, ‚natürlichere' Formen annehmen ließ. Die massiven Zerstörungen dagegen, die die Luftverschmutzung an den Sandsteinfiguren gotischer Kathedralen hervorruft, lagen sicher nicht in der Absicht ihrer vor Jahrhunderten tätigen Schöpfer.

Im Unterschied zu diesen Erscheinungen aus der Umweltproblematik tauchen Elemente der Umwelttechnik fast noch gar nicht in Kunstwerken auf: Chemische, physikalische, organische Reinigungs-, Recycling- oder Umwandlungstechniken finden praktisch noch keinen Niederschlag in der Kunst.

Beleuchtungstechnik

Neue Lichtquellen wurden schon häufiger in künstlerische Arbeiten einbezogen: Ein Laser-Environment verspannte 1977 die Eckpunkte der documenta 6 in Kassel. Ab Einbruch der Dämmerung wurde

Dan Flavin: „Installationen in fluoreszierendem Licht". Flavin beleuchtete 1977 in Kassel eine Straßenunterführung von 120 Meter Länge mit blauen, gelben und rosa Leuchtstoffröhren. Durch die Nutzung neuer Technologien erreichte Flavin das Entstehen eines ästhetisch reizvollen Gebildes in der Alltagsumgebung der heutigen Gesellschaft.

während der documenta 6 – und auch heute noch an jedem Wochenende – die klassische Symmetrie-Achse „Orangerie – Karlswiese – Aueteich" von Horst H. Baumann durch eine farbige, hell leuchtende Lichtlinie markiert. Als 1992 das Museum für Konkrete Kunst in Ingolstadt eröffnet wurde, überstrich ein Laserstrahl den Stadtteil, in dem das Museum liegt.

Barry Flanagan, Dan Flavin und Bruce Naumann arbeiten seit vielen Jahren mit Neon-Röhren, mit fluoreszierendem Licht und anderen mit neueren Techniken möglichen Lichteffekten. Mario Merz verbin-

Tafel 13, S. 295: Installation von Dan Flavin.

det die neuzeitliche Neon-Technik mit der archaischen, erst aus dem 12. Jahrhundert im Detail bekannten, in der Natur aber schon seit Urzeiten vorhandenen Folge der Fibonacci-Zahlen, indem er diese in arabischen Neon-Ziffern schreibt und so den Bogen von der Urgeschichte zur Neuzeit schlägt.

Anderen Effekten moderner Beleuchtungstechnik weicht anspruchsvolle Kunst dagegen manchmal aus, obwohl wir diese im Anwenderbereich antreffen: Igelähnliche Lampen, bei denen aus jedem Stachel-Kabelende ein Licht schimmert, weil die von einer verborgenen Lichtquelle ausgehenden Wellen die zu ihrer Bewegungsrichtung nur schwach geneigte Kunststoffwand nicht durchdringen können, finden sich heute in fast jedem Einrichtungshaus im Angebot. Mediziner benutzen diesen Glasfasereffekt zur Beleuchtung des Körperinneren. Eine wichtige künstlerische Nutzung dieser Technik steht aber noch aus.

Anders sieht es mit den Röntgenstrahlen aus, die sich häufiger in Arbeiten moderner Künstler finden. So setzt Weseler Röntgenstrahlen ein, um mit der optischen Wiedergabe der Inhalte von ägyptischen Sarkophagen künstlerisch zu arbeiten [10]. Isa Genzken stellte auf der DOCUMENTA IX Arbeiten aus, die sie selbst – als trinkende Künstlerin mit einem Weinglas in der Hand – einmal in einer ungewohnten Sichtweise vorstellten [11].

Herstellungstechnik

Manfred Mohr schneidet seine hieroglyphenhaften Werke heute mit einem Laser-Strahl direkt aus, nachdem er viele Jahre lang seine von Computern vorberechneten und vorgezeichneten Ausschnitte und Abwandlungen von Würfelkanten-Modellen in klassischer Manier mit Öl auf Leinwand malte [12].

Es gibt sogar zu einer neu entwickelten Technologie nach kurzer Zeit bereits verfremdende Anwendungen und Pseudo-Anwendungen. Beispiele zum Chip-Plan mögen hier genügen: Der Franzose Coignard überlagert echte Pläne mit Aquarellen; Petrus Wandrey [13] setzt Schaltpläne wie graphische Moduln in seinen Bildern ein; René Zächs in Holzblöcke eingefräste Wege sehen Schaltplänen täuschend ähnlich; dabei arbeitet der Künstler absolut nicht wie ein Automat, sondern er übernimmt die Gepflogenheit der Ingenieure, Wege, Leitungen und Ähnliches möglichst vollkommen in einem rektangulären Netz nur aus Parallelen und rechten Winkeln darzustellen.

Gentechnik

Die Folge der Anwendungsbereiche ließe sich beliebig fortsetzen: von der Fahrzeugtechnik [14] über die Säuretechnik [15] bis hin zur Gentechnik [16] wird die Aufgeschlossenheit der Künstler neuen Entwicklungen der Technik gegenüber dokumentiert. Die Techniken werden in der Regel zunächst zitierend übernommen, bevor die Künstler sie soweit beherrschen, daß sie sie eigenständig in ihre Kunst übernehmen und dort verarbeiten können. Das ist bei Vostells Einzementierungen von Autos schon der Fall [17].

Jede Übernahme neuer Technologie in moderne Kunst ist zugleich ein beruhigendes Zeichen für die Inbesitznahme, das Beherrschen einer Technik über den engen Rahmen der Fachleute hinaus und trägt somit grundsätzlich zur Verankerung moderner Technologien in unserer Welt und zum Aufheben unbegründeter Ängste bei.

Literaturnachweise

1 *Paik,* Nam June: "Cro-Magnon Man" 1991. Mixed media (television monitors). In: ART (Katalog). Frankfurt a.M. 1992, S. 202

2 *Genzken,* Isa: Abbildung „Schallplatten". In: Block, Ursula/Glasmeier, Michael: Broken Music. Berlin 1989, S. 139

3 *Waydelich,* Raymond: Bemalte Schallplatten. In: Guderian-Driesen, Astrid: Die Stimme in der Kunst. Ebringen 1989, S. 122

4 *Faecke,* Peter, *Vostell,* Wolf: Abbildung „Einzementierte Bücher". Versandroman. Darmstadt 1970

5 *Beuys,* Joseph: Verklebte Filmrollen. In: Block, Ursula/Glasmeier, Michael: Broken Music. Berlin 1989, S. 99

6 *Vogel,* Peter: Melodienfolgen. In: Guderian-Driesen, Astrid: Die Stimme in der Kunst. Ebringen 1989, S. 124

7 *Weseler,* Günter: Geräusche in Räumen. In: Guderian-Driesen, Astrid: Die Stimme in der Kunst. Ebringen 1989, S. 66

8 *Vogel,* Hannes: Videogeräte. In: Guderian-Driesen, Astrid: Die Stimme in der Kunst. Ebringen 1989, S. 116

9 *Graf,* Inge & ZYX: Verknüpfung von Computer und Videotechnik. In: Guderian, Dietmar: Mathematik in der Kunst der letzten 30 Jahre. Ebringen 1990, S. 93

10 Im Netz der Systeme (Sonderheft zur ARS ELECTRONICA). In: Kunstforum. Bd. 103, 1989, S. 63ff.

11 *Genzken,* Isa: Trinkende. In: Kunstforum. Bd. 119, 1992, S. 494

12 *Mohr,* Manfred: Laserglyph P 486J. 1991. In: Mohr, Manfred: Laserglyphs (Katalog). Stuttgart 1992, S. 29

13 *Wandrey,* Petrus: Pläne überlagert mit Aquarellen. In: Digitalismus (Katalog). Braunschweig 1990, S. 36
14 *Panamarenko:* Fahrzeugtechnik. In: Kunstforum. Bd. 119, 1992, S. 400
15 *Ulrichs,* Timm: Säuretechnik. In: Timm Ulrichs (Katalog). Lüdenscheid 1980, S. 102
16 *Weseler,* Günter: Gentechnik. In: Weseler, Günter: Atemobjekte. Haun 1986, S. 10ff.
17 *Vostell,* Wolf: Abbildung „Einzementierte Autos". Versandroman. Darmstadt 1970

Computergraphik als Kunst

Herbert W. Franke

Der Computer als Instrument der Kunst? – Was manchem überraschend erscheint, erweist sich letztlich als logische Konsequenz in der Entwicklung der Kunst ebenso wie in jener der Technik. Faßt man Kunst – im Sinne der Informationsästhetik – als spezielle Art des Datenumsatzes auf, dann müssen sich für ein Gerät, das sich als Universalinstrument der Datenverarbeitung erweist, auch Anwendungen im Kunstbereich finden.

Aus der Musik ist bekannt, welch überragende Bedeutung die Verfügbarkeit eines Instruments hat; unsere heute praktizierte Musik wäre ohne den Einsatz von Instrumenten nicht denkbar, und diese sind im Grunde genommen nichts anderes als physikalische Präzisionsmaschinen. Könnte der Einsatz des Computers für graphische Zwecke eine ähnliche Wende mit sich bringen wie das Aufkommen der Musikinstrumente in der Tongestaltung? Es gibt Fachleute, insbesondere Repräsentanten herkömmlicher Kunstformen, die dieser Ansicht nicht beipflichten können, doch es spricht auch einiges dafür. Zumindest müßten die angedeuteten Möglichkeiten für jene interessant sein, die einen gewissen Überdruß an der gegenwärtigen Kunstszene zeigen. Das Angebot an neuen Werken scheint oft nur zu bestätigen, daß im Bereich der Bildgestaltung keine echte Innovation mehr zu erhoffen ist, woraus sich auch vielfältige Ausweichversuche in Richtung auf performance und happening erklären. Der Seitenblick zur Musik läßt erkennen, daß mit dem Einsatz neuer Instrumente auch neue Denkweisen gültig werden. Der Computer könnte also zu einem Innovationsschub führen – was nicht zuletzt als eine faszinierende Wechselwirkung zwischen Kunst und Technik bemerkenswert wäre.

Unter anderen kulturellen Voraussetzungen wäre es denkbar, daß der Computer zunächst als künstlerisches Instrument erfunden worden wäre; vielleicht hätte man dann später entdeckt, daß sich mit ihm auch technische Probleme lösen lassen. In unserer Kultur führte der Weg in die umgekehrte Richtung: der Computer also in recht begrenztem Rahmen als „Rechenknecht" entwickelt, der die höchst umständlichen und zeitraubenden Berechnungen in Wissenschaft, Technik und Kommerz übernehmen sollte. Wie sich bald herausstellte, ließ sich sein Einsatzgebiet gehörig erweitern, nicht zuletzt in Richtung auf die sogenannte „graphische Datenverarbeitung", wozu die Auswertung, Transformation und Erzeugung von Bildern gehört. Aus der Situation heraus ist verständlich, daß auch diese Aufgaben zunächst im Dienst der Technik standen, beispielsweise zur Analyse von Satellitenbildern zur Erzeugung von Landkarten, bei der Verwandlung graugetönter Röntgenaufnahmen in gut auswertbare farbige Darstellungen und bei der Produktion verschiedenster technischer Zeichnungen, beispielsweise Schaltpläne und Blockdiagramme sowie die Grund- und Seitenrisse der Konstrukteure und Architekten.

Anfänge der Computergraphik

Aber selbst diese schon klassisch gewordenen Anwendungen aus der Frühzeit der Computergraphik ergaben sich erst aus der ursprünglichen Zielsetzung, die noch eng mit dem computergemäßen Erstellen von Rechenresultaten verbunden war. Lag nämlich der Engpaß bei Rechenarbeiten früher in der Berechnung selbst, so verlagerte er sich nun auf die Auswertung der Resultate. Die Daten stapelten sich und wurden oft ungenutzt abgelegt, weil es mühsam war, ihre Aussage zu begreifen. Da besann man sich der alten Methode, mathematische Ergebnisse graphisch darzustellen, woraus sich wieder die Konstruktion erster computergesteuerter Zeichenmaschinen ergab. Dabei handelte es sich um Fortgestaltungen des alten Reißbretts: Ein auf Schienen verschiebbarer Griffel bewegt sich über die Zeichenebene, nur nicht mehr mit der Hand, sondern programmgesteuert geführt. Diese „mechanischen Plotter" liefern ihrem Prinzip gemäß Strichzeichnungen und sind in weiterentwickelter Form dafür heute noch im Einsatz. Im Vergleich mit der schnellen Arbeitsweise des Computers erweisen sie sich allerdings als träge – während sich die Berechnung der Daten vielleicht innerhalb von Sekunden vollzieht, benötigt der Plotter dann Minuten, manchmal auch Stunden für die Erstellung der Zeichnung.

Es bedeutete deshalb einen bahnbrechenden Schritt in graphisches Neuland, als man die schon vom Fernsehen her bekannte Methode der Rastergraphik, des Bildschirms, in die Computergraphik einführte. Nun erst bestand ein ausgewogenes Verhältnis zwischen der für die Berechnung und für die graphische Darstellung der Resultate benötigten Zeit. Darüber hinaus allerdings öffnete sich die Tür zu völlig neuen Methoden, beispielsweise zur interaktiven Arbeitsweise: Der Benutzer läßt sein Bild unter Sichtkontrolle entstehen und hat die Möglichkeit, es Schritt für Schritt weiter zu entwickeln, Zwischenergebnisse zu speichern, Verbesserungen anzubringen und noch vieles mehr. Man darf behaupten, daß die Computergraphik erst durch die Einbeziehung des Monitors der menschlichen Denk- und Arbeitsweise angepaßt wurde. Und das hatte natürlich auch Konsequenzen für die Kunst.

Vielleicht hatten die Erfinder der Rechenmaschinen nicht an Kunst gedacht, doch für viele Anwender, insbesondere die kreativen Programmierer der ersten Zeit, war die Herausforderung des Instruments zum freien Experimentieren nicht zu unterdrücken. Als die Redakteure der amerikanischen Zeitschrift „Computer and Automation" 1963 auf die Idee kamen, einen Wettbewerb für das „beste computergenerierte Bild" auszuschreiben, erhielten sie weit mehr Einsendun-

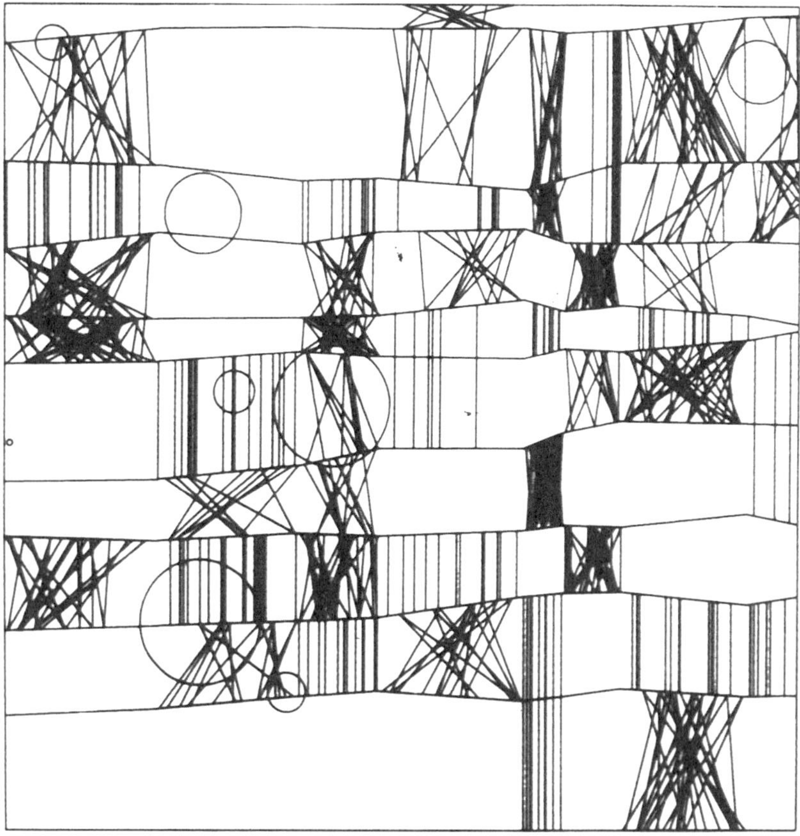

„Klee", eine Computergraphik von Frieder Nake, 1965. Sie ist dem Bild „Die Zwitschermaschine" von Paul Klee nachempfunden.

gen, als sie erwartet hatten. Und unter den Resultaten befand sich einiges, was auch heute, in der Rückschau, manchem Kunstkritiker doch recht beachtlich vorkommt. Damals wurde zum ersten Mal, eher des Effekts halber, der Name „Computer Art" geprägt.

1965 traten drei Mathematiker und Programmierer fast gleichzeitig, doch unabhängig voneinander, mit Kunstausstellungen eigener computerproduzierter Werke an die Öffentlichkeit, und zwar die beiden Deutschen Frieder Nake und Georg Nees, sowie der Amerikaner A. Michael Noll. In den folgenden Jahren wuchsen die Aktivitäten in diesem Feld gehörig an, Programmierer aus verschiedensten Ländern bemühten sich darum, die Möglichkeiten des neuen Instruments auszuloten. Ihnen folgten ausgebildete Künstler, die – wegen der damals noch schwer handhabbaren Programmiersprachen – auf die Hilfe von Fachleuten angewiesen waren. Aus dieser Zeit stammen die ornamentalen Strichkombinationen von Kerry Strand, die Bildabwandlungen von Leslie Mezei, die figurativen Darstellungen von Charles Csuri und die Zufallsstrukturen von Petar Milojevic. Sie alle benutzten mechanische Plotter, mit denen sie ihre Resultate in nüchternem Schwarz-Weiß ausgaben. Man sah diesen Bildern ihre Entstehung in den technischen Laboratorien an und glaubte, einen dem Konstruktivismus nahestehenden Stil annehmen zu müssen, der durch den Computer als das Produktionsinstrument geprägt war. Als Höhepunkt dieses Anfangsstadiums einer entstehenden Kunstform kann die Ausstellung „Cybernetic Serendipity" 1968 in London gelten. Sie wurde vom deutschen Philosophen Max Bense (1910–1990) angeregt und von Jasia Reichardt verwirklicht. Einen gewissen Abschluß fand die Pionierzeit der Computergraphik in der Biennale Venedig 1970, in der computergenerierte Graphik erstmals gemeinsam mit den Werken von Konstruktivisten gezeigt wurden.

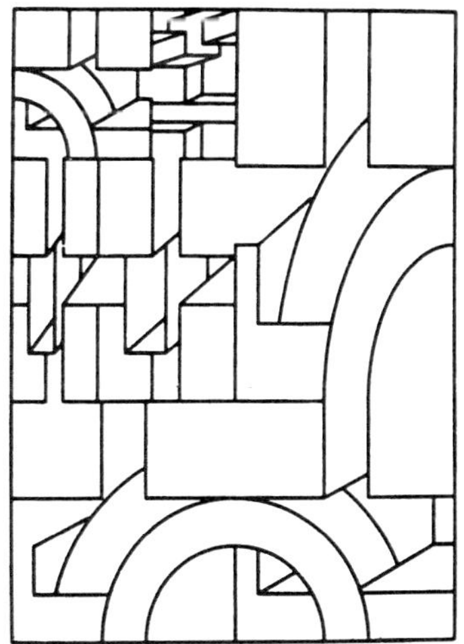

„Métamorphoses spatiales", eine Computergraphik von Edward Zajec unter Mitarbeit von Matjac Hmeljak aus dem Jahr 1972.

Expansive Phase der Computergraphik

Man könnte die Zeit danach als „expansive Phase" bezeichnen, und zwar vor allem deshalb, weil sich in den siebziger Jahren der Computer als Hilfsmittel der Kunst weltweit durchsetzte und die Zahl der beteiligten Künstler bald unübersehbar wurde. Aus dieser Zeit stammen u. a. die Abwandlungen eines Porträts von John Kennedy von der japanischen Computer-Technique Groupe, die Permutationen des spanischen Konstruktivisten Manuel Barbadillo, die pseudoperspektivischen Darstellungen von Edward Zajec, die Quadratabwandlungen

„Cubic Kennedy", Computergraphik nach einem Portrait von John F. Kennedy, hergestellt von CTG, Japan, 1967/68.

von der in Ungarn geborenen und in Frankreich lebenden Vera Molnar, die Kugelstudien des Amerikaners Duane Palyka und vieles andere, das die außerordentliche Weite der Möglichkeiten erkennen ließ. Denn von einem durch den Computer vorgegebenen Stil konnte nicht mehr die Rede sein. Die früher aus der Beschränkung der Mittel heraus vorherrschenden geometrischen Strichkombinationen traten zugunsten komplexerer Bildmuster zurück, und der Zufall, schon in den ersten Jahren als bildgestaltendes Prinzip benutzt, wurde raffinierter eingesetzt, beispielsweise für die Gestaltung von Bäumen durch die Amerikanerin Grace Hertlein. Aber auch die alten Verbindungen zwischen der Computergraphik und der Mathematik wurden nicht aufgegeben. So beschäftigte sich der in Wien geborene und in Australien lebende Julius Guest in Anlehnung an Carl Friedrich Gauß (1777–1855) mit 17teiligen Kreisornamenten, der Japaner Sozo Hashimoto setzte verschiedene Symmetrieformen für die Entwürfe computererzeugter Mandala-Figuren ein, und der Amerikaner Norton Starr untersuchte mathematische Grundformen auf ihre ästhetische Qualität hin. Aber auch Anregungen aus künstlerischen Bereichen wurden von den Computergraphikern aufgenommen; so lehnte sich der Amerikaner William J. Kolomyjec an die Arbeiten von Maurits C. Escher an, und die Deutsche Claudia Keller ließ sich bei ihren „Plottergraphien" durch Vorbilder der Op Art leiten.

Die endgültige Befreiung aller durch das Instrumentarium gegebenen Einschränkungen brachte der Einsatz des Bildschirms mit sich. Es wurde möglich, von der Strichzeichnung zum Tonbild überzugehen. Während zunächst nur geringe Auflösungen und wenig Grauwerte oder Farben zur Verfügung standen, erreicht man heute mit anspruchsvolleren Systemen Filmqualität, und die Zahl der verfügbaren Farbtöne ist auf viele Millionen gestiegen. Noch wesentlicher ist die Tatsache, daß die Bilder nun in kürzester Zeit entstehen; einerseits wird damit auch dem Künstler die interaktive Arbeitsweise zugänglich, andererseits bietet sich dadurch der Übergang vom stillstehenden Bild in die Bewegung an. Aber auch dieser Fortschritt hat seine Ursache im technischen Bereich. Die dort geleistete Arbeit kommt der Kunst zugute, hätte aber im Kunstbereich niemals geleistet werden können. Und auch die weltweite Beachtung, die heute Computergraphik und Computeranimation finden, hätte ohne Initiativen im kommerziellen Bereich nicht aufkommen können.

Bei den Computergraphiksystemen in Laboratorien und Büros hatte sich inzwischen eine bemerkenswerte Neuorientierung ergeben, die durch das sogenannte CAD eingeleitet wurde. Dieses Kürzel bedeutet Computer Aided Design und kennzeichnet insbesondere die Einführung der perspektivischen Darstellung in die computerunterstützte Zeichentechnik.

Künstlerische Aspekte in der Entwicklung der Computergraphik

Bisher waren Konstrukteure und Architekten mit Projektionszeichnungen zur Beschreibung dreidimensionaler Objekte ausgekommen, eine Arbeitsweise, die an das geometrische Vorstellungsvermögen gewisse Ansprüche stellt. Setzt man voraus, daß alle wesentlichen Punkte durch dreidimensionale Koordinaten gegeben sind, dann ist es mit Hilfe von Programmierroutinen recht einfach, Darstellungen in gewohnter Sichtweise der Parallel- oder Punktperspektive zu erhalten. Wenn auch einige traditionell orientierte Fachleute betonen, daß solche Darstellungen eigentlich nicht nötig seien, so haben sie ihren Wert doch bald erwiesen. So erleichtert sich beispielsweise die Verständigung mit dem Auftraggeber ganz gehörig, wenn man ihm ein normales Bild des diskutierten Gegenstands zeigen kann. Und auch für den Designer bedeutet es eine entscheidende Erleichterung, wenn das Produkt, dem er den letzten Schliff geben soll, in üblicher Sichtweise wiedergegeben ist. Anwendungen dieser Art führten zum Trend, die Darstellungen, die zunächst noch recht schematisch aussahen, näher an die Wirklichkeit heranzubringen. Und damit begann der Wettlauf nach höherer Auflösung und mehr Farben, der auch heute noch nicht beendet ist. Neben diesen Hardware-Problemen waren aber auch Verbesserungen der Software nötig. Unter anderem erwiesen sich der Schattenwurf und die Beleuchtung als wesentliche Momente einer wirklichkeitsgetreuen Sicht; in jahrelanger Arbeit wurden Programme entwickelt, die dieses Problem befriedigend lösten. Die modernsten Programme, etwa das sogenannte „ray tracing" (das Verfolgen der Lichtstrahlen), machen die Handhabung sehr einfach: Der Benutzer braucht lediglich die Positionen der Lichtquellen anzugeben, um eine der geometrischen Optik entsprechend dargestellte Szenerie zu erhalten. Bemerkenswerterweise sind die dabei gestellten Anforderungen nicht mehr technischer, sondern ästhetischer Natur, und dementsprechend wird der Fortschritt in diesem Bereich auch nicht mehr von reinen Software-Technikern getragen; die bekanntesten Persönlichkeiten, die sich in diesem Gebiet betätigen, sind ebenso Künstler wie Programmierer. Dazu zählen etwa Loren Carpenter und Alvy Ray Smith, beide mit computergenerierten Tricksequenzen in den Krieg-der-Sterne-Filmen hervorgetreten, Nelson L. Max vom Lawrence Livermore National Laboratory, der mit seiner Bildsequenz „Carla's Island" die wechselnden Tag- und Nachtstimmungen am Meeresufer erfaßte. Hierzu gehört auch Melvin A. Pruett, von dem verschiedene phantastische Landschaftsformen stammen. Am bekanntesten ist wohl Jim Blinn, der im Jet Propulsion Laboratory für die weithin bekannten Darstellungen von Jupiter und Saturn verantwortlich ist. Um 1980 gab es nur wenige „reine" Künstler, die sich der heute noch höchst kostspieligen anspruchsvollen Computergraphiksysteme bedienen konnten. Der Amerikaner David Em ist das bekannteste Beispiel. Er arbeitet mit Jim Blinn zusammen und bringt phantastisch anmutende kosmische Visionen hervor. Und nennen muß man hier auch den Japaner Yoichiro Kawaguchi, dessen filmische Sequenzen einer fremdartigen organischen Welt Aufsehen erregten.

Computeranimation in Film und Werbung

Aber nur wenige Protagonisten der neuen Methode haben das Glück, unbelastet von kommerziellen Erwägungen arbeiten zu können, und die wenigsten Bilder dieser Art sind aus künstlerischen Absichten heraus entstanden. Der Weiterentwicklung des technischen CAD zur Methode der „Realsimulation", also einer der Realität möglichst nahekommenden Darstellungsweise, liegen ganz andere Ursachen und Wünsche zugrunde. Die Tatsache, daß es mit den Mitteln der Computergraphik möglich ist, Gegenstände oder Landschaften darzustellen, die es noch nicht gibt oder auch überhaupt nicht geben kann, mußte das Interesse der Angehörigen von zwei Branchen erregen, in denen gerade für solches Material Bedarf besteht: die Filmindustrie und die Werbung. Bisher mußte man die Landschaftskulissen für utopische und phantastische Filme mit unzureichenden Mitteln im Trickatelier erstellen – nun wird dafür die Computeranimation eingesetzt. Als einer der ersten erkannte das der Produzent George Lucas, der ein eigenes Forschungsteam an diese Problematik ansetzte. Und in der Werbung geht es oft genug darum, die Maßnahmen schon vorzubereiten, ehe Prototypen des Produkts vorliegen – nun erstellt man sie mit den Mitteln der Computergraphik. Man kann es als Glücksfall für die junge Methode bezeichnen, daß gerade in diesen Bereichen genügend finanzielle Mittel zur Verfügung stehen, um sich die heute noch außerordentlich teuren Computerfilme zu leisten; eine einzige Sekunde 3D-Computeranimation kostet heute noch rund 3000 Dollar. Verständlich, daß solche Summen für künstlerische Arbeiten nicht zur Verfügung stehen – erstaunlich genug, daß es immerhin schon ein ganzes Repertoire frei gestalteter Computeranimation gibt. Zu verdanken ist das nicht zuletzt der Begeisterung der meist jungen, sich der Kunst verhaftet fühlenden Programmierer. Viele arbeiten in ihrer Freizeit mit denselben Systemen, mit denen sie tagsüber Auftragsarbeiten durchführen. Manchmal sind auch Firmen dazu bereit, künstlerische Bildsequenzen zu finanzieren, die sie dann als Qualitätsbeweis ihrer Arbeit einsetzen. Das größte Forum dafür ist die jährlich in verschiedenen amerikanischen Städten stattfindende SIGGRAPH-

Konferenz. Die Veranstaltung ist zwar vordringlich technischen Themen gewidmet, doch schon von Anfang an gab es auch künstlerische Präsentationen. Als ein Höhepunkt hat sich die abendliche Vorführung der interessantesten Animationssequenzen eingeführt, die von einem nach Tausenden zählenden Publikum begeistert gefeiert werden. Eine schon traditionsreiche Veranstaltung, die sich voll der künstlerischen Seite des Geschehens widmet, ist die ebenfalls jährlich veranstaltete ARS ELECTRONICA in Linz. Hier gibt es eine vom Österreichischen Fernsehen betreute Preisverleihung in verschiedenen Kategorien der Computerkunst. An den preisgekrönten Werken findet man die Tatsache bestätigt, daß der Computer jeden beliebigen Stil zuläßt und die Individualität des Gestalters keineswegs unterdrückt. An den Einsendern dokumentiert sich auch das internationale Interesse; alle Industrienationen sind vertreten, seit neuestem beteiligen sich auch Computerkünstler aus den östlichen Ländern in steigendem Maß.

Selbst traditionsbewußte Kritiker bestätigen, daß die Computerkunst in den wenigen Jahren ihres Bestehens – rund 30 Jahre – Beachtliches hervorgebracht hat. Daß sie noch weit von einem Reifezustand entfernt ist, darf weiter nicht verwundern. Im Gegensatz zur konventionellen Malerei, die Jahrtausende alt ist, handelt es sich um eine Aktivität im Initialzustand. Gerade das aber wirft Fragen auf, die vielleicht noch wichtiger sind als jene nach der Qualität. So liegt hier der einzigartige Fall einer Kunstform vor, deren Entstehung man von Anfang an beobachten konnte. Vielleicht darf sie als Beispiel für den Konsolidierungsprozeß einer künstlerischen Methode dienen? Dabei werden viele interessante Probleme berührt: Verhält sich die Kritik vorbehaltlos ablehnend oder verhilft sie durch ihre Einsprüche zu besserer Qualität? Wie verläuft der Prozeß der Etablierung vom ersten, spielerischen Beginn bis zur Einbettung in das kommerzielle Gefüge des Kunsthandels?

Eine Besonderheit der visuellen Computerkunst liegt in der gegenseitigen Bezogenheit zwischen freier Gestaltung und Technik. Auch damit sind Fragen verbunden: In welcher Weise äußert sich die Eigenart des Mediums in der Gestaltung? Ist der Computer nur ein neues Glied in der bisher benutzten Palette künstlerischer Medien? Stimuliert das neue Verfahren zu ungewöhnlichen Darstellungsformen oder ist es der überlieferte Kanon der Malerei und Graphik, der sich gegenüber dem Instrument durchsetzt? Trägt die neue Art der Gestaltung etwas dazu bei, die oft beklagte Kluft zwischen Technik und Kunst zu überbrücken?

Tafel 15, S. 295: Mathematik und Kunst in der fraktalen Geometrie.

Fraktals

Es gibt einige Anzeichen dafür, daß bestimmte Denkweisen und Gestaltungsmethoden, wie sie in Wissenschaft und Technik üblich sind, nun auch ihren Niederschlag in technikfernen Räumen finden. Ein Beispiel dafür ist die Mathematik, die ja in der Musik eine weitaus größere Rolle spielt als in der konventionellen bildenden Kunst. Die Methode des Programmierens bringt die Anwendung mathematischer Formeln mit sich. Vielleicht bildet sich sogar eine neue Art der Mathematik aus, die nicht dem Erwerb wissenschaftlicher Erkenntnis, sondern der Hervorbringung ästhetischer Formen gewidmet ist. In diesem Zusammenhang sind die sogenannten „Fraktals" zu erwähnen, eine erst in letzter Zeit entdeckte besondere Klasse geometrischer Gebilde. Zur Überraschung selbst der Mathematiker, die sie entdeckt und bearbeitet haben, wurden sie in kürzester Zeit nicht nur in Fachkreisen weithin bekannt. Dazu trägt die Tatsache bei, daß sie nicht nur ihrer wissenschaftlichen Aussage halber, sondern auch wegen ihres graphischen Reizes Aufmerksamkeit erregen. Fraktals werden heute nicht nur von Mathematikern, sondern auch von Künstlern hervorgebracht, die sich dann wohl oder übel der mathematischen Methode bedienen müssen. Daraus könnte sich eine der klassischen Methode künstlerischer Bildproduktion dialektisch gegenüberstehende neue Methode ableiten. Nach überlieferter Art arbeitet der Künstler punktuell, womit gemeint ist, daß er genau an jener Stelle des Bildes eingreift, wo er etwas aufbringen oder verändern will. Die neu eingeführte Alternative dazu ist der integrale Eingriff, mit dem Bilder in ihrer Gesamtheit verändert werden. Mittel dazu sind die sogenannten Transformationen, für die die Mathematik eine umfassende Theorie zur Verfügung stellt – nur wird sie nun in ganz anderer Weise angewandt, als das seinerzeit geplant war. [III-2.1]

Zunächst wurde die Bildtransformation für technische Zwecke gebraucht: beispielsweise als elektronischer Ersatz für jene Methoden des Fotolabors, mit denen früher Bilder verbessert wurden, etwa durch Hervorhebung der Konturen oder durch Verstärkung der Kontraste. Dieses „Picture Processing" wurde schon früh für künstlerische Zwecke eingesetzt – nicht zur Verbesserung der Bilder, sondern auch zur Verfremdung. In Kombination des generierenden und transformierenden Verfahrens entstehen die Bilder durch ganze Reihen hintereinander gezielt eingesetzter Transformationen, durch die das Bild Schritt für Schritt der Vorstellung des Künstlers angepaßt wird. In den letzten Jahren kamen sogenannte Paint-Systeme auf den Markt,

Tafel 14, S. 295: „Blocklandschaft", Rastergraphik von Herbert W. Franke und Horst Helbig, System DIBIAS, 1988.

mit denen der klassische Malprozeß simuliert wird: Der Künstler mischt seine Farben auf dem Bildschirm und verteilt sie dann mit Hilfe eines Griffels über die Malfläche. Diese Methode bringt dem Hantieren mit chemischen Farbstoffen und Papier gegenüber einige bemerkenswerte technische Vorteile mit sich, beispielsweise die Möglichkeit, Teile des Bildes jederzeit löschen und neu gestalten zu können. Andererseits geht auf diese Weise manches verloren, was sich befruchtend in die künstlerische Methodik einführen ließe. Ein Künstler, der auf das eigene Programm verzichtet, ist dann auf das angewiesen, das sich andere ausgedacht und für ihn bereitgestellt haben – die Entfaltung eines eigenen Stils ist dadurch gewiß erschwert. Die größte Chance, im Bereich der Computergraphik zu neuen Ausdrucksformen zu finden, hat zweifellos jener, der nicht nur genügend eigene Phantasie mitbringt, sondern seine Vorstellungen auch realisieren kann. Wir dürfen sicher sein, daß die Chancen der Computerkunst nicht beim stillstehenden Bild liegen, das, photographisch festgehalten und gerahmt, in Ausstellungen präsentiert wird. Die schnell verlaufende Datenverarbeitung, zu denen die digitalen Systeme fähig sind, können ganz anderes hervorbringen. Sie erlauben es unter anderem, den uralten Gedanken eines graphischen Bewegungsspiels zu verwirklichen; genauso wie das heute mit Musikinstrumenten möglich ist, wird man sich in Zukunft auch zu gemeinsamer graphischer Improvisation zusammenfinden können. Eine andere Möglichkeit liegt in der Erzeugung phantastischer Landschaften, die weit über den vom Monitor gegebenen Rahmen, vielleicht sogar bis ins Unendliche hineinreichen; und es muß sich dabei keineswegs um real mögliche Welten handeln, es können auch andere sein: die surrealen eines Dali oder die Schreckvisionen eines Bosch. Als Endpunkt dieser Entwicklung ist das Erlebnistheater denkbar, in dem der Betrachter computergesteuert in holographische Räume versetzt wird und zugleich Subjekt wie Objekt des Geschehens ist.

Zur Vermittlung solcher Erlebnisse wurde in letzter Zeit die spektakulär wirkende Technik der virtuellen Räume, auch Cyberspace genannt, entwickelt. Der Benutzer trägt einen Helm mit eingebauter Brille, eigentlich ein Projektionssystem, das stereoskopisch aufeinander bezogene Computerbilder ausgibt. Desweiteren enthält der Helm Kopfhöhrer für die Vermittlung von Raumton. Mit Hilfe eines Senders und am Körper angebrachter Sensoren erhält der Computer Informationen über die Position und die Kopfhaltung des Benutzers. Die Besonderheit liegt nun darin, daß sich die ihm vermittelten Bilder entsprechend seinen Bewegungen ändern, so wie das einer natürlichen

Sichtweise in einer realen Umgebung entspräche. Auf diese Weise entsteht für ihn der Eindruck, sich inmitten einer alternativen Welt zu befinden.

Natürlich wurden auch diese Techniken nicht für künstlerische Zwecke entwickelt, sondern für verschiedene praktische Zwecke, beispielsweise in der Architektur und in der Medizin. Ohne Zweifel aber bietet sich eine so eindrucksvoll wirkende Methode auch für künstlerische Zwecke an. Der Betrachter wird dann in die von den Künstlern geschaffenen Räume einbezogen und kann sie von innen heraus betrachten und erleben.

Künstler, Computer und tanzender Bär

David Galloway

Ein leerer Käfig hängt in einem dunklen Raum. Angestrahlt von drei Spots, könnte die würfelhafte Form eine minimalistische Skulptur sein. Jenen, die herantreten, eröffnet sich jedoch eine andere Dimension: der Klang verhaltenen, kampfbereiten Atmens; tiefkehliges Grollen; das Reiben struppigen Fells gegen Eisenstäbe; ein Tier, das

Erik Samakh: Modell zu dem Objekt „Tier im Käfig", eine elektronisch gesteuerte Klanginstallation mit Radar und Solarzellen aus dem Jahr 1988.

ruhelos in seinem Gefängnis von einer Ecke in die andere streicht; wütendes Brüllen. Die unvorhersehbaren Reaktionen werden von Radar und Solarzellen hervorgerufen, durch die, über ihren Köpfen versteckt, die Besucher Erik Samakhs „Tier im Käfig" (1988) „animieren". Eine durch das Gitter gestreckte Hand kann von der unsichtbaren Käfigkreatur völlig ignoriert werden; doch einen Moment später ruft sie ein katzenhaftes Schnurren hervor; dann, plötzlich kracht der aufgestaute Zorn der eingesperrten Bestie.

Die über dem Käfig installierten Meßgeräte lösen nicht einfach eine Schaltung aus, die auf einer festgelegten Reihe von Reaktionen basiert. In solchem Fall lernen die Besucher sehr schnell, ihr eigenes akustisches Menü zu komponieren. Statt dessen werden die Signale – das Betreten des Raumes, sich dem Käfig nähern, eine Hand ausstrecken – von einem Computerprogramm verarbeitet, das vorher aufgenommene Klänge vermischt. Die Zahl der im Raum anwesenden Personen, ihr Abstand zum Käfig und ihre Bewegungen beeinflussen alle zusammen die akustischen Auswahlmöglichkeiten, doch sind sie nicht die einzigen Determinanten. Ob das wilde Tier still, verhalten oder ruhelos ist, hängt auch von der Tageszeit ab. Darüber hinaus wurde der Zufallsfaktor in das Computerprogramm eingebracht, so daß selbst der Künstler nicht sicher sein kann, wann sein Fabelwesen die fütternde Hand beißen wird.

Sowohl die Kontinuität wie auch die Unvorhersehbarkeit der Natur sind wiederkehrende Elemente in Erik Samakhs elektronischen Environments. Im Sommer 1987 „orchestrierte" er in der historischen Chartreuse in Villeneuf-lez-Avignon einen verborgenen Garten, der von Kreuzgängen umgeben war. Solar- und Sonarzellen, Radar und Windmesser lieferten dem Computer die Variablen. Die abgespielten Klänge stammten alle aus der Provence und boten eine lyrische Verdichtung dessen, was der Besucher dieses magischen Klosters schon längst erlebt hatte. Den Gesang eines Kuckucks hört man hier jedoch kaum, und Nachtigallen sind selten geneigt, mittags zu trillern; noch zirpen die Grillen, wenn die Sonne am höchsten steht. Nur wenige Besucher bemerkten solche Ungereimtheiten oder erspähten die elektronischen Apparate, die an dem Ort versteckt waren. Doch alle nahmen an der Verdichtung und Manipulation der Gartenlandschaft teil. Daß der Garten an sich eine komplexe Manipulation der natürlichen Welt ist – ob aus botanischer, religiöser, dichterischer oder mythologischer Sicht – ist eine Ironie, der sich der Künstler vollauf bewußt war.

Der 30jährige Erik Samakh sieht keine Unbeständigkeit, wenn er elektronische Werkzeuge benützt, um unsere Wahrnehmung natürlicher Phänomene zu intensivieren oder zu narren. Wie viele Künstler seiner Generation nimmt er solche Gerätschaften als gegeben hin. Wie der einzelne Beobachter, empfangen Sonar- und Radarapparate Signale; die Reaktionen liefert der Computer, der entsprechend den ästhetischen Empfindungen des Künstlers programmiert wurde und etwas von Samakhs ungestümer, zweideutiger, spielvoller Natur hat. Doch der Computer selbst ist nur selten in solchen Installationen zu sehen. Die Symbole, die über den leuchtenden Bildschirm flackern, haben keinen Selbstwert; sie sind einfach jene Mittel, mit denen der elektronische Assistent den Entscheidungsprozeß des Künstlers fortführt. Für Samakh, wie für viele seiner Zeitgenossen, wäre die Hardware auszustellen gleichbedeutend mit einem Maler, der Palette und Pinsel vorführt.

Mit wenigen Ausnahmen ist es die ältere Generation, die regelmäßig darauf beharrt, die Werkzeuge sichtbar zu machen. Der Amerikaner Paul Earls zum Beispiel hat eine ausgefeilte Serie von Laserprojektionen entwickelt, die die graphische Geste der menschlichen Hand zum Thema haben. Indem Earls eine Reihe von Gazestoffen hintereinander hängt, um seinen Projektionen einen dreidimensionalen Effekt zu verleihen, gibt er dem Akt des Zeichnens eine Tiefe, Plastizität und Theatralik. Ist der Computer, der das Progamm steuert, sichtbar, so stört er und lenkt ab. Das Auge wendet sich instinktiv dem Monitor als einer allgegenwärtigen Quelle der Information und der Unterhaltung zu, doch hat er in diesem Fall keine wesentliche Beziehung zu der ästhetischen Aussage, die der Künstler sucht. Nur wenn er eingreift, die Maus in der Hand, um das Programm zu variieren, spiegelt der Monitor eine gestische Dynamik. Doch auch dieser Moment birgt Gefahren in sich: Der Künstler mag versucht sein einzugreifen, nur um dem Publikum seinen Erfindungsreichtum vorzuführen. Etwas von der Ansteckungsgefahr der Computerspiele findet Eingang in den Entscheidungsprozeß. Wie ein auf Diskette gespeicherter Text ist solch ein Werk stets „unfertig“. Das ist zugleich ein Vorteil wie ein Wagnis.

Was Samakh und Earls gemein haben, ist der Gebrauch des Computers, um Informationen aufzubewahren, die durch andere elektronische Geräte in räumliche Erfahrungen transformiert werden – Räumlichkeit, in einem Fall durch Klang definiert, im anderen durch Licht. Beide Elemente sind in Ron Kuivilas „Funkenbögen“ (1988) präsent, eine Installation, die Auslösemechanismen verwendet, die für Schreckschußpistolen und Raketen entwickelt wurden. Durch elektrische Ladungen aktiviert, lassen sie lärmend Funken sprühen. Kuivila pflastert den Boden eines verdunkelten Raums mit diesen Funkenbö-

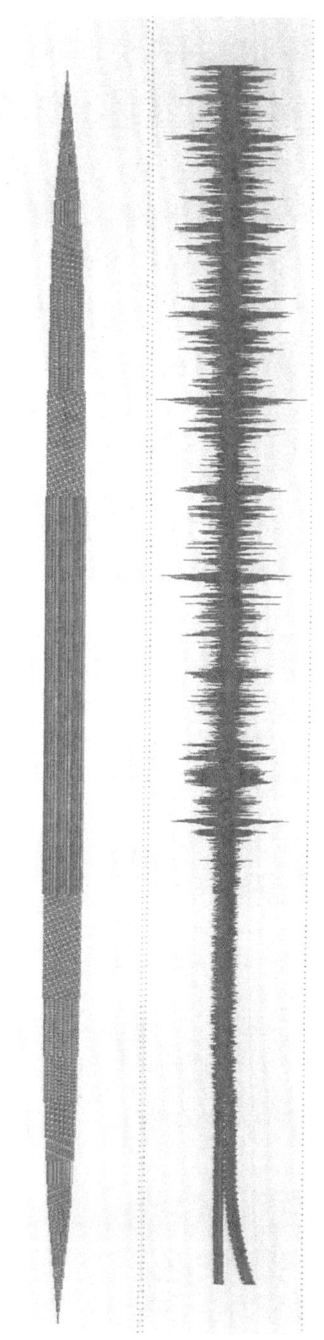

Michael Badura: „Nadeln aus dem Nadelwald", Blatt aus den Computerdrucken der Jahre 1985 bis 1987.

gen und benutzt einen Computer, um den Stromfluß zu kontrollieren. Zuweilen gibt es nicht mehr als ein leises Flickern einzelner Funken und das langsame, rhythmische Klicken wie das Schnappen von Fingern. Dann plötzlich scheint der gesamte Raum mit einem boleroartigen Tempo von Licht und Klang zu explodieren. Betrachter, die diese Installation erleben, sind selten überrascht, wenn sie hören, daß Ron Kuivila von Haus aus Komponist ist. Als solcher benutzt er häufig den Computer, doch wäre es ihm nie eingefallen, seine Hardware als autonomes Element auszustellen.

Nur wenn man solch konkrete Beispiele betrachtet, ist es möglich, die ästhetischen Anliegen (und Dilemmas) zu umschreiben, die von den neuen elektronischen Werkzeugen aufgeworfen werden. Gleichzeitig muß man sich vor der Mystik hüten, die sie in zunehmendem Maße umgibt. Gekoppelt mit Amortisationszwängen vermögen Schnelligkeit und Vielseitigkeit eines Paintbox-Systems eher die durchschnittlichsten Talente des Operateurs zu bestätigen. Die vitale Verbindung vom Gehirn zur Hand wird durch die Hand-Monitor-Achse ersetzt, und die spontane, taktile, akustische Erfahrung von Graphit auf Papier geht verloren. Die hastige Zeichnung oder Skizze, zerknüllt und mit betonter Wucht als ein Akt der Befreiung in den Papierkorb geworfen, wird von einer Tastatur ersetzt, die keinen prinzipiellen, gestischen Unterschied zwischen „Speichern" und „Löschen" erlaubt. Ähnlich hat ein Text, der unter einer Hand fließt und sich entfaltet, eine sinnliche Dimension, die keine Software nachahmen kann. Solche Überlegungen sollen nicht dazu dienen, die romantische Feindschaft gegenüber der Maschine wiederzubeleben, sondern andeuten, daß eine heilsame Skepsis Not tut, wenn man die Möglichkeiten bewertet.

Ein stets wiederkehrender Aspekt der modernen Kunst ist ihre Respektlosigkeit gegenüber der Behandlung von Werkzeugen, Themen und Materialien. Getreu dieser Tradition kultivieren viele jüngere Künstler eine ironische Distanz zum Computer. Andere – wie Barbara Nessim – betrachten ihn pragmatisch als einen „intelligenten Pinsel", der ihnen erlaubt, die Arbeit schneller von der Hand gehen zu lassen. Doch es bleibt – in der Architektur, in Design, Graphik, Skulptur, Prosa, Performance und Installationsarbeiten – die grundlegende Gefahr, daß der Computer um seiner selbst willen eingeführt wird und seine Gegenwart eine Bedeutung erlangt, die weit über das hinaus geht, was der Bedienende zu vermitteln sucht. Was man also mitunter beobachtet, ist eine High-Tech-Version des tanzenden Bären. Es sind nicht die tänzerischen Fähigkeiten, denen man applaudiert, sondern die Tatsache, daß er überhaupt tanzen kann. Solche Überlegungen werden weiter durch die beständig wachsende Verfügbarkeit von Hard- und Software vernebelt. Wenn Kunst mit solchen Mitteln produziert werden kann, so schließt die gängige Meinung, kann jeder, der diese Mittel beherrscht, genauso gut Kunst produzieren. Die qualitativen Unterschiede zwischen Nurejew und dem tanzenden Bär werden noch nicht hinreichend anerkannt.

Trotz, oder teilweise wegen, dieser Paradoxe und Unbeständigkeiten sucht eine ständig wachsende Zahl von Künstlern ästhetische Umsetzungen für die neuen Technologien. Diese können in drei Stufen unterteilt werden: Forschung, Produktion und Präsentation. Die erste und einfachste mag nicht mehr erfordern, als den Computer zur Berechnung der statistischen oder tragenden Erfordernisse einer Skulptur einzusetzen. Sowohl der schwedische Künstler Esa Laurema wie auch der deutsche Manfred Mohr stellen Plotterzeichnungen her, die wiederum Grundlage handgefertigter Arbeiten mit herkömmlichen Materialien sind. Georg Glückman geht einen Schritt weiter, indem er CadCam-Technologie benutzt, um die Komponenten für viele seiner Miniaturskulpturen zu formen und auf diese Weise einer Nachfrage gerecht zu werden, die er sonst kaum befriedigen könnte. Paul Earls, Erik Samakh, Ron Kuivila und der Kanadier David Rokeby begeben sich häufig auf die dritte Stufe, in der der Computer wesentlich zur Präsentation einer Arbeit beiträgt. Solche Präsentationen haben eine offensichtliche Affinität zur Concept-Kunst, insoweit als der „Inhalt" einer Ausstellung auf einer einzigen Computerdiskette enthalten sein kann. Man denkt an Sol LeWitts Wandgemälde, die nur als Diagramme existieren, bis Assistenten sie nach detaillierten Anweisungen realisieren.

Ob die Hardware ausgestellt oder hinter der Szenerie versteckt wird, ist eine Sache des persönlichen Urteils und ästhetischer Intention. Interaktive Arbeiten, die den Betrachter einladen, an der Tastatur zu arbeiten, lassen keine Wahl, wenngleich sie ernstzunehmende Zweifel über den vermeintlichen Dialog zwischen Künstler und Öffentlichkeit aufwerfen. 1988 brachten sowohl die „ars electronica" in Linz wie auch „Siggraph" in Atlanta Sonderpräsentationen solcher Konzeptionen mit Besucherbeteiligung, und keine ging wesentlich über das Niveau elektronischer Trivialität hinaus. Ohne die Hilfe von Bits und Bytes demonstrieren Pablo Picasso, Francis Bacon oder Anselm Kiefer weitaus komplexere und konsequentere Kommunikationsmodi. Und was das rein Spielerische, den Einfallsreichtum oder die graphische Phantasie anbelangt, so sind Computerspiele eindeutig attraktiver. Die wiederholte Bekräftigung, daß ein besonderes Programm dem Betrachter ermöglicht, an dem kreativen Prozeß teilzunehmen, mag progressiv klingen, doch es ist schwer, sich vorzustellen, ein ernstzunehmender Künstler sei gewillt, sein Werk von Fremden verändern zu lassen. Die interaktiven Environments von Samakh oder Rokeby ermöglichen, wie gutes Theater, die Illusion der Teilnahme. Wenn die Illusion den Bitte-Anfassen-Strategien weicht, folgt mit größter Wahrscheinlichkeit eine Mal-nach-Zahlen-Banalität.

Eine andere, rein pragmatische Erwägung veranlaßt Künstler, ihre Arbeiten vor den fummelnden Fingern der Öffentlichkeit zu schützen. Innerhalb von Minuten können supersmarte Kids sich Zugang zu seinem Programm erhacken und ihre eigenen ideosynkratischen Verzierungen hinzufügen. Selbst mit Sicherungen gegen solche Sabotage mag der Künstler sich veranlaßt sehen, seine Hardware als eine ungeziemende Ablenkung zu verstecken. Diese Entscheidung hängt nicht gänzlich von dem augenfälligen Schimmer des Monitors ab, sondern auch von der Tatsache, daß die Hardware selbst so unattraktiv verpackt ist. Die Fleisch-Fisch-Nebel-farbigen Plastikgehäuse bezeugen beredt die Armut von computerunterstütztem Design. Solche Objekte als integralen Bestandteil einer Installation zu verwenden, erfordert entweder einen Mangel an Feingespür oder ästhetische Genialität.

Letztere belebt Janusz Hajduks „Ite Missa Est" (1985–1986), eine Installation, die aus einer Bleistiftzeichnung erwuchs, die der Bildhauer 1985 anfertigte. Sie bestand aus 13 Personal Computern auf schulterhohen Podesten, die vor einem langen, mit weißem Tuch drapierten Tisch aufgereiht waren. Der mittlere Monitor in dieser High-Tech-Reprise auf DaVincis „Abendmahl" steht etwas erhöht über denen der Apostel. Eine Vertikale durchschneidet diesen mittleren Bildschirm; Horizontale markieren die „Köpfe" der Apostel. Mit Hilfe eines Programmierers versetzte Hajduk diese Linien in Bewegung – dehnte sie bogenförmig bis zu heiligenscheinartigen Kreisen aus und verflachte sie schließlich wieder in die einfachen Linien der ursprünglichen Zeichnung zurück.

Hajduk ist nicht der einzige, der sich bei der Realisierung seiner Phantasien auf Techniker stützt. Noch ist seine Abhängigkeit überhaupt ungewöhnlich für Künstler. Nur wenige mahlen ihre eigenen Pigmente oder weben ihre Leinwände, wenige Bildhauer gießen ihre eigenen Bronzen, wenige Zeichner stellen ihre eigenen Tinten und Papiere her. Doch auf eine so intensive Zusammenarbeit, wie sie notwendig war, um Hajduks Konzept zu realisieren, trifft man selten, mit Ausnahme von pionierhaften Institutionen wie dem Center for

Advanced Visual Studies am MIT. Das Programm für den Ablauf Linie-Kreis-Linie zu schreiben, war relativ einfach; doch sicherzustellen, daß die 13 Personal Computer synchron in ihren Bewegungen liefen, war eine wesentlich größere Herausforderung. Einige Betrachter sahen in dem Endresultat Blasphemie; andere entdeckten Pietät, Ironie, Poesie oder eine Mischung davon.

Es besteht kein Zweifel, daß Hajduk, ein Fremder in der Welt der High-Tech-Orthodoxie, zu den wenigen Künstlern gehört, die den Computer als plastisches Element erfolgreich verarbeiteten. Anders als Ed Kienholz's „Der freundliche, graue Computer" (1965) bietet „Ite Missa Est" einen Kontext an, aber keine zusätzliche Verpackung oder Gehäuse; der Künstler nimmt seine Komponenten direkt aus dem „Regal". Mit diesen unwahrscheinlichen Elementen erzielt er eine beeindruckende formale Schönheit, projektiert eine kontroverse Botschaft und provoziert den Dialog. „Es sind nicht die neuen Werkzeuge, die mich faszinieren", betont er, „sondern die neuen Ausdrucksmöglichkeiten, die sie anbieten. Wichtig bleibt nichtsdestoweniger die Idee". Und genau das ist es, die Idee, die Vision, die Intention, der Standpunkt, was offensichtlich in vielen computergestützten Arbeiten fehlt. Das Werkzeug dominiert, und der Künstler erscheint lediglich als *agent operateur*. Die Ausnahmen sind glücklich, oft genial, aber sie sind noch zu selten. Wir haben kaum begonnen, unseren Weg in das post-technologische Terrain zu bahnen, das vor uns liegt.

Deutsche Übersetzung von Christian Sabisch

Technische Erscheinungen von ästhetischem Reiz

Dietmar Guderian

Im Zuge technischer Prozesse treten Erscheinungen auf, die den Betrachter verleiten, sie Kunstwerken gleichzustellen, obwohl sie ursprünglich nicht als solche konzipiert wurden. Dabei hängt die Bereitschaft, einen Anblick als optisch reizvoll zu empfinden, vom subjektiven Bewußtseinsstand des Einzelnen ab. Was einem bestimmten Menschen bereits als ansehenswert erscheint, kann für einen anderen noch völlig uninteressant oder gar unansehnlich sein. Ebenso spielt die Art der Annäherung und Präsentation eine Rolle: Eine mit Öl gefüllte Wanne in einem Extraraum der documenta birgt bereits eine durch die Umgebung vorgegebene sinnliche Erhöhung in sich. Dem Besucher der Ausstellung fällt es leichter, die von der Oberfläche ausgestrahlte Ruhe und Anregung wahrzunehmen – wie es der Künstler konzipierte – als einem Techniker, der in einer Fabrik während seiner Arbeit vor einer mit dem gleichen Öl gefüllten Wanne steht. Neben diesen durch die individuellen Vorinformationen des Betrachters beeinflußten subjektiven Wahrnehmungen lassen sich auch objektiv einige Unterscheidungsmerkmale in diesem Bereich ausmachen: Es gibt verschiedene Wege, auf denen technische Erscheinungen von ästhetischem Reiz an Menschen herangetragen werden:

1. Rein technische Erscheinungen *ohne* Entsprechungen in der Kunst.
2. Rein technische Erscheinungen, die aber eine *optische Nähe* zu Kunstwerken aufweisen.
3. Rein technische Erscheinungen, die von Künstlern *zu Kunstwerken erhoben* werden.
4. *Abgewandelte* technische Erscheinungen.
5. *Nachempfundene* technische Erscheinungen.
6. *Vorgedachte,* bzw. vorgeahnte technische Erscheinungen.

Rein technische Erscheinungen ohne Entsprechungen in der Kunst

Derartiges findet sich nur selten, da in der Regel unmittelbar nach dem Erscheinen neuer optischer Reize diese heute oft von – noch schneller als ‚reine' Künstler – reagierenden Designern, Werbegraphikern aufgegriffen und in visuellen Darstellungen eingesetzt werden.

Einige Beispiele mögen die Spannweite der Erscheinungen der Technik aufzeigen, die von sich aus bereits starke ästhetische Reize auf Betrachter ausüben und sie dazu bringen, diese zu fotografieren, kunsthandwerklich zu verarbeiten oder ihre Wertschätzung in anderer Form zu dokumentieren. Hier ist zum Beispiel die Schlierenbildung an der Grenze zweier Stoffe zu nennen. Man denke dabei an Benzintropfen auf Wasseroberflächen, an auf Kaffee spiralförmig rotierende Milch oder an aufsteigenden Zigarettenrauch. Diese Erscheinungen üben offensichtlich ihre Reize derart intensiv auf Betrachter aus, daß sie sogar künstlich produziert und für kunsthandwerkliche Produkte, aber auch zur eigenen Erbauung nachgeahmt werden. Wir finden sie sogar an den Wänden von Barockkirchen, um eine Marmorverkleidung durch die „Marmorierung" zu simulieren. Auf slowenischem Porzellan bewirken entsprechende Verfahren Bänderungen ebenso wie auf Desserttellern der nouvelle cuisine – hier mit verschiedenen Farben, dort mit verschiedenfarbigen Sauce-Creationen. Auf Jahrmärkten kann man sich selbst grellbunte Schlierenbilder erzeugen, indem man Farben auf schnell rotierende Bild-Scheiben tropfen läßt.

Eine ähnliche Wirkung zeigen Auto- und Verkehrsspuren aller Art: Autospuren im Schnee, ja sogar Panzerspuren, die nach dem Golfkrieg in der Wüste zurückblieben, wurden in Kunstfotos festgehalten [1]. Lichterketten nachts fahrender Autoschlangen auf den Champs-Elysées und auf amerikanischen Stadt-Highways, Schienenstränge, die sich im Unendlichen verlieren und Lichterketten an Flughafenlandebahnen gehören hierher.

Der Bogen spannt sich hier weit: Von der modernen Ackerbautechnik – vom Pflug gefurchte Äcker, in Formation fahrende Mähdrescher oder runde Strohballen auf abgeernteten Feldern –, Forst- und Wasserwirtschaftstechnik mit Schwemmholz- und Floßansammlungen auf nordischen Seen über eher konventionelle Sparten in der Materialprüfung bei Bruchkantenbildern bis hin zu Ausflüssen modernster Technologien bei dem allabendlichen Satellitenbild von der Nordhalbkugel der Erde im Wetterbericht. Insgesamt hat sich das Spektrum von Erscheinungen der Technik, die auch unter ästhetischen Gesichtspunkten angesehen werden, erstaunlich breit entfaltet. Diese

Bernardsche Zellenbildung. Beim Trockenprozeß entstehen durch die rotierende Bewegung des Lösungsmittels Farbstoffzellen. Es bilden sich Grenzen und Gebietsaufteilungen, die an Bilder denken lassen, die von Menschen entworfen sein könnten.

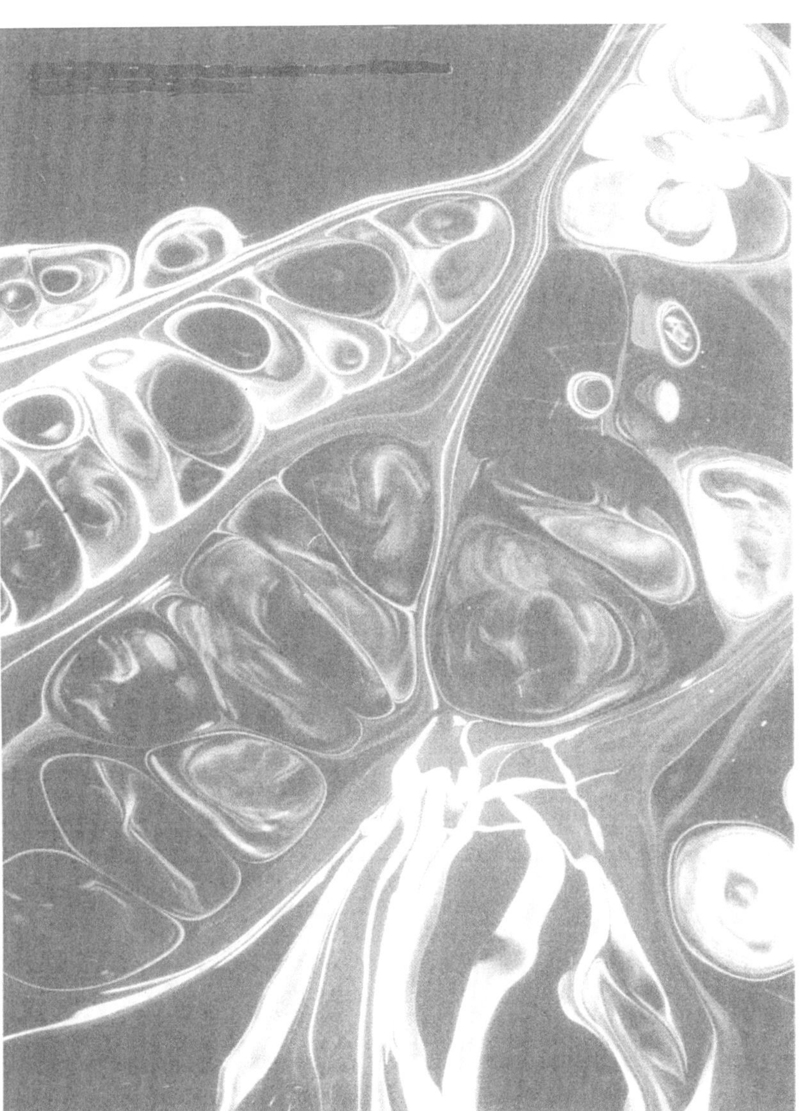

Entwicklung signalisiert auch das Maß der Akzeptanz von Technik, die Bereitschaft der Menschen, technische Fortschritte heute positiv zu sehen, denn an Resultate einer Entwicklung, die man im wesentlichen ablehnt, würde sicher niemand ästhetische Gesichtspunkte anlegen.

Die Schweizer Alpen, Satellitenaufnahme mit IR-Filter. Die Ähnlichkeit dieser Fotografie mit den mathematisch erzeugten Fraktalen fällt ins Auge. Sie wird in Zukunft sicher dazu anregen, ähnliche Fotografien mehr unter ästhetischen Gesichtspunkten zu analysieren als bisher.

Technische Erscheinungen in optischer Nähe von Kunstwerken

Gebilde, die in *optischer Nähe* zu tatsächlich bereits geschaffenen Kunstwerken anzusiedeln sind, fordern nicht mehr im selben Umfang die eigene Vorstellungs- und Urteilskraft des Betrachters heraus, wenn diese dem Betrachter bekannt sind. Die Faszination von mit Seifenlauge auf Drahtgittern erzeugten Minimalflächen ist sicher noch größer bei Betrachtern, denen beispielsweise Arthur Stolls mit Tierhaut bespannte Rahmen geläufig sind oder die die im neuen Museum ‚Weserburg' in Bremen ausgestellten Bespannungen ebener Grundformen kennen, die sich dehnen und verformen, weil der Künstler Reiner Ruthenbeck sie mit entsprechenden Freiheiten aufgehängt hat.

Seit der Entstehung der Pop-Art, in der populäre Gegenstände an sich oder durch die Art ihrer Ansammlung zu Kunstwerken deklariert, in unvorstellbar intensiver Weise verbreitet und vermarktet wurden, fällt es auch Betrachtern, die nicht aus dem engeren Kreis von Kennern stammen, nicht mehr schwer, an alltäglich gebrauchte Gegenstände künstlerische Gesichtspunkte anzulegen. Andy Warhols Arbeiten haben viel dazu beigetragen.

Wer Kawagucchis Film „Ecology II" (der bei der Linzer Ars Electronica gezeigt und prämiiert wurde)[2, 3] mit den aleatorisch in Tunnels auftauchenden und vorbeischießenden rotierenden Kugeln gesehen hat, der muß sich bei Mikroaufnahmen aus dem menschlichen Adernetz unweigerlich daran erinnern und beide – hier das Ergebnis medizinischer Arbeit, dort das Kunstwerk aus dem Bereich der neuen Medien, unter gleichem Aspekt betrachten – angesiedelt zwischen ästhetischem Genuß und Erschaudern vor den heute möglichen technischen Visualisierungen.

Die Ähnlichkeit der Lissajouschen Figuren mit den von Jean Tinguely's (1925–1992) Malmaschine gemalten Bildern legt ebenfalls das Betrachten ersterer unter ästhetischen Gesichtspunkten nahe.

Energieparks, d. h. zum Beispiel Anhäufungen von Windrädern an der deutschen Nordseeküste oder Sonnenkollektorenfelder in afrikanischen Wüsten wirken auf Kunstinteressierte in gleicher Weise wie Christos „landart"-Installationen „Wrapped Coast" in Australien, seine Sonnenschirm-Aktion aus dem Jahre 1990 am Pazifik, als er in Japan und auf der anderen Seite des Pazifiks an der amerikanischen Westküste Schirmketten aufstellen ließ oder wie Walter de Marias „Lightning Field" in Kalifornien. Diesem gelang es, eine riesige Fläche in gleichen Abständen mit Metallstäben derart zu bestücken, daß alle Stabspitzen genau in einer Ebene lagen.

Technische Erscheinungen, von Künstlern als Kunstwerk gesehen

Noch schneller ist eine ästhetisch begründete Akzeptanz durch den Betrachter vorhanden, wenn technische Erscheinungen bereits durch anerkannte *Künstler zum Kunstwerk erhoben* wurden: Zufallserscheinungen in Natur, Technik und Kunst beispielsweise gehen hier so eng Hand in Hand, daß – wenn einmal die Anerkennung für eines der Phänomene vorhanden ist – deren Übertragung auf die anderen Bereiche nahezu von selbst erfolgt. Beispiele dazu: Yves Klein legte frisch mit einer Ölfarbe bemalte Leinwände in den Regen, so daß die Regentropfen sie zufällig strukturierten; Otto Piene hielt über eine rauchende Feuerquelle eine frisch mit roter Farbe bemalte Leinwand und ließ den aufsteigenden Rauch und die Hitze solange einwirken, bis sich eine schwarze Kreisfläche auf der Leinwand bildete. Herman de Vries klebte auf Bildplatten zufällig niederfallendes Herbstlaub am Auftreffpunkt fest. Hans Haacke legte über eine Wasserwanne einen sich hermetisch abriegelnden durchsichtigen „Kondensationsboden", an dem sich die Kondensationstropfen festmachten. Die Liste der auf diese Weise per Zufall hergestellten Kunstwerke und musikalischen Kompositionen läßt sich leicht verlängern. Das hat sicher dazu geführt, daß auch in außerkünstlerischen Bereichen zufällig angeordnete Elemente unter ästhetischen Gesichtspunkten wahrgenommen werden. Man denke an die mit bunten Plastikkugeln ausgefüllten Spielecken in Warenhäusern, an Luftbildaufnahmen von Menschenansammlungen, den Blick aus dem Flugzeug auf ein Lichtermeer einer Stadt bei Nacht, Wolkenformationen oder massenhaft brennende Wunderkerzen bei Sportveranstaltungen.

Es gibt auch Nahtstellen, an denen die Unterschiede verschwimmen: Worin unterscheidet sich zum Beispiel ein mit einem Zufallsgenerator entstandenes Computerbild, bei dem mehr oder minder große Punkte verschiedener Farbe vom Plotter auf das Zeichenblatt gebracht werden, von einem von Kuno Gonschior gemalten Bild, das des Künstlers ungewöhnlich ausgeprägte Fähigkeit zeigt, Farbflächen verschiedener Farbe nahezu gleichmäßig zufällig verteilt aufzubringen? Gonschiors Farbpunkte-Bild und ein mit Hilfe von Zufallsgeneratoren im Computer erzeugtes Zufallsbild sind in ihrer optischen Erscheinung so nah aneinander, daß hier eine lückenlose jeweilige Anerkennung aller Realisierungen als ästhetisch reizvolle Objekte selbstverständlich wird.

Die berühmtesten Beispiele für die – durch künstlerischen Umgang mit ihnen – in die Nähe von Kunstwerken erhobenen technischen

Ewerdt Hilgemann: „Implosion", 1990.
Einem perfekt geschweißten und polierten Kubus wird die Luft entzogen, bis er vom äußeren Luftdruck zusammengepreßt wird. Die nur teilweise vom Künstler beeinflußbare, im wesentlichen aber willkürliche Implosion führt zu einer Skulptur – einem „Hochwürden" ähnlich –, deren ästhetischer Reiz in dem Nebeneinander von manuell gefertiger Präzision und maschinell erzwungener Komplexität liegt.

Einrichtungen und Konstruktionen lieferte das Ehepaar Becher. Hilde und Ernst Becher wurden mit ihren Fotografien von Wasserhochbehältern, die allerdings in der Regel doch vom Geschmack ihrer Zeit und ihrer Erbauer geprägt waren, und mit Abbildungen von rein funktionell erbauten Hochöfen und Fördertürmen berühmt. Die Bechers schärften bei vielen Menschen erst den Blick für die Schönheit dieser üblicherweise unter ästhetischen Gesichtspunkten unbeachtet gebliebenen Denkmäler aus der Frühzeit der Technisierung in Deutschland. Die internationale Anerkennung führte soweit, daß das Paar auf einer Biennale in Venedig Deutschland vertreten durfte und dabei weltweit als Künstler und Dokumentatoren Anerkennung fand. Ihr Werk fand inzwischen vielfach Widerhall in der Werbung. Man

Charles Sheeler: Industrieaufnahme, o. J.
Bereits zu Beginn des Jahrhunderts wählten Fotografen Industrieanlagen, die ursprünglich nur unter produktionstechnischen Gesichtspunkten gebaut worden waren, als künstlerische Motive.

Utz Kampmann: „Radiator", 1966.
Bemalte und zusammengeschraubte Heizkörper in serieller Anordnung sind hier unter ausschließlich künstlerischen Gesichtspunkten arrangiert. Die geformte Skulptur besteht aus Elementen, die eigentlich für technische Verwendungszwecke gebaut worden sind.

kann heute sicher davon ausgehen, daß kunstsinnige Betrachter, die das Werk der Bechers kennen, nicht nur Fördertürme, Hochöfen und Wassertürme, sondern jede ausschließlich für technische Erfordernisse gebaute Großinstallation – Autobahnkreuze, Hafenanlagen mit Kranlandschaften und auch einen PKW aus der Mercedes-Serienfertigung auf einer früheren documenta – unter ästhetischen Gesichtspunkten betrachten.

Künstlerische Abwandlungen technischer Erscheinungen

Auf einem schon weiter von ihrem ursprünglichen Erscheinungsbild in der Technik entfernt anzusiedelnden Niveau sind Arbeiten, die bereits künstlerische *Abwandlungen* bzw. *Nachempfindungen* in sich tragen. Besonders konsequent erscheinen in diesem Zusammenhang farbige Aggregate und Generatoren, die sich von den serienmäßig gelieferten einer Firma ausschließlich durch die andere Farbe unterscheiden.

Am beeindruckendsten sowohl im Hinblick darauf, daß Analoges bereits vorher in Natur und Kultur vorhanden zu sein schien, als auch in ihrer Wirkung auf ihre heutigen Betrachter sind die maschinell erzeugten Produkte aus dem Bereich der Mathematik, die unter dem Namen Fraktal-Bilder bekannt wurden. Sie entstanden ursprünglich als Visualisierung mathematischer Sachverhalte und wären insofern auf eine Stufe mit anderen technischen Erscheinungen zu stellen. Doch ihre weltweite Verbreitung und erstaunliche optische Wirkung erhob sie sehr schnell zu kunstwerkähnlichen Gebilden, die heute sowohl die Gänge mathematischer Institute, die Büros von Industriemanagern als auch die Buden von Computer-Freaks schmücken. Bei den meisten Fraktal-Bildern, die wir kennen, war ihr Aussehen vor ihrer ersten Erzeugung nicht vorauszusehen: Ob streng hierarchisch angeordnete Dreiecke, ob in beliebig kleine Verästelungen Ausfaserndes oder ob gar total Chaotisches entstehen würde, konnte in der Regel nicht vorausgesehen werden. – Dies gilt natürlich nicht für den Wiederholungsfall, in dem ein dem ersten entsprechendes optisches Ergebnis zu erwarten ist. [VII-4.2]

Geradezu frappierend ist die Ähnlichkeit zwischen den Mandelbrotschen Fraktalen und ornamentalen Darstellungen, wie wir sie aus früheren Kulturen, zum Beispiel von alt-kretischen Amphoren her kennen. Aber auch moderne Künstler schaffen Werke, die in optischer Nachbarschaft zu Fraktalen angesiedelt werden können, wie die „Migofs" des Bernhard Schultze, die geradezu den Eindruck der Verräumlichung der ebenen Fraktale erwecken. Es gibt inzwischen aber auch Künstler, die – inspiriert von den Fraktalen – weiterarbeiten wie Karl Gerstner und Ludwig Wilding. Hierbei muß aber bedacht werden, daß eine direkte Übernahme aus grundsätzlichen Erwägungen an eine natürliche Grenze stoßen muß: Es ist nicht möglich, die im Prinzip unendlich vielen Verästelungen, Schachtelungen usw. in ein von Menschenhand geschaffenes Kunstwerk zu übertragen. Aus diesem Grunde bleiben entsprechende Versuche – auch wenn ihnen ein großer Reiz nicht abgesprochen werden kann – am Anfang stecken. Ein wesentlicher Aspekt dieser aus dem Zusammenwirken von Mathematik und Computertechnik entstandenen Zeichnungen – die unendliche Fortsetzbarkeit in ihrem Inneren – kann grundsätzlich nicht in einem von Menschenhand geschaffenen Bild enthalten sein. Daher zeigen derartige Kunstwerke Analogien und Umsetzungen nur bis zu einem gewissen Grad: Raimund van Well hat beispielsweise versucht, eine an die Mandelbrotschen Apfelmännchen angelehnte Skulptur[4] in Stahl anfertigen zu lassen. Der Versuch fand seine in der Materialität begründeten praktischen Grenzen, aber aus der Beschäftigung mit dem Problem entstand eine interessante Skulptur. Karl Gerstner arbeitet ebenfalls bereits seit einiger Zeit an der Übertragung fraktaler Strukturen in Bilder aus farbigen Kreisen, die aus den gleichen Gründen wie bei der vorgenannten Stahlskulptur nach einigen wenigen Stufen abbrechen müssen und dennoch bereits viel Beachtung finden. Interessantere Ergebnisse sind in Zukunft sicher da zu erwarten, wo Künstler das ursprüngliche Medium – den Computer – beibehalten, wie es zum Beispiel Wilding bereits in eindrucksvollen Arbeitsstudien und ersten Bildern belegt.

Von Künstlern vorausgedachte technische Erscheinungen

Es kommt auch vor, daß technische Erfindungen oder Gestaltungen von Künstlern vorgedacht oder zeitgleich erdacht werden. Ein Beispiel dafür stellt die frühe Arbeit „Wege" von Anton Stankowski – dem großen alten Mann des modernen Firmendesigns sowohl als auch dem Mitbegründer der konkreten Kunst – aus dem Jahre 1958 dar, der einen modernen Schaltplan malt, dessen Nähe zu heutigem Programmdesign unübersehbar ist: Hier Wege, Verästelungen und Kreuzungen aus technischer Sicht, dort die Lösung eines Künstlers, der das Thema „Wegenetz" künstlerisch umsetzte. Die analogen Erschei-

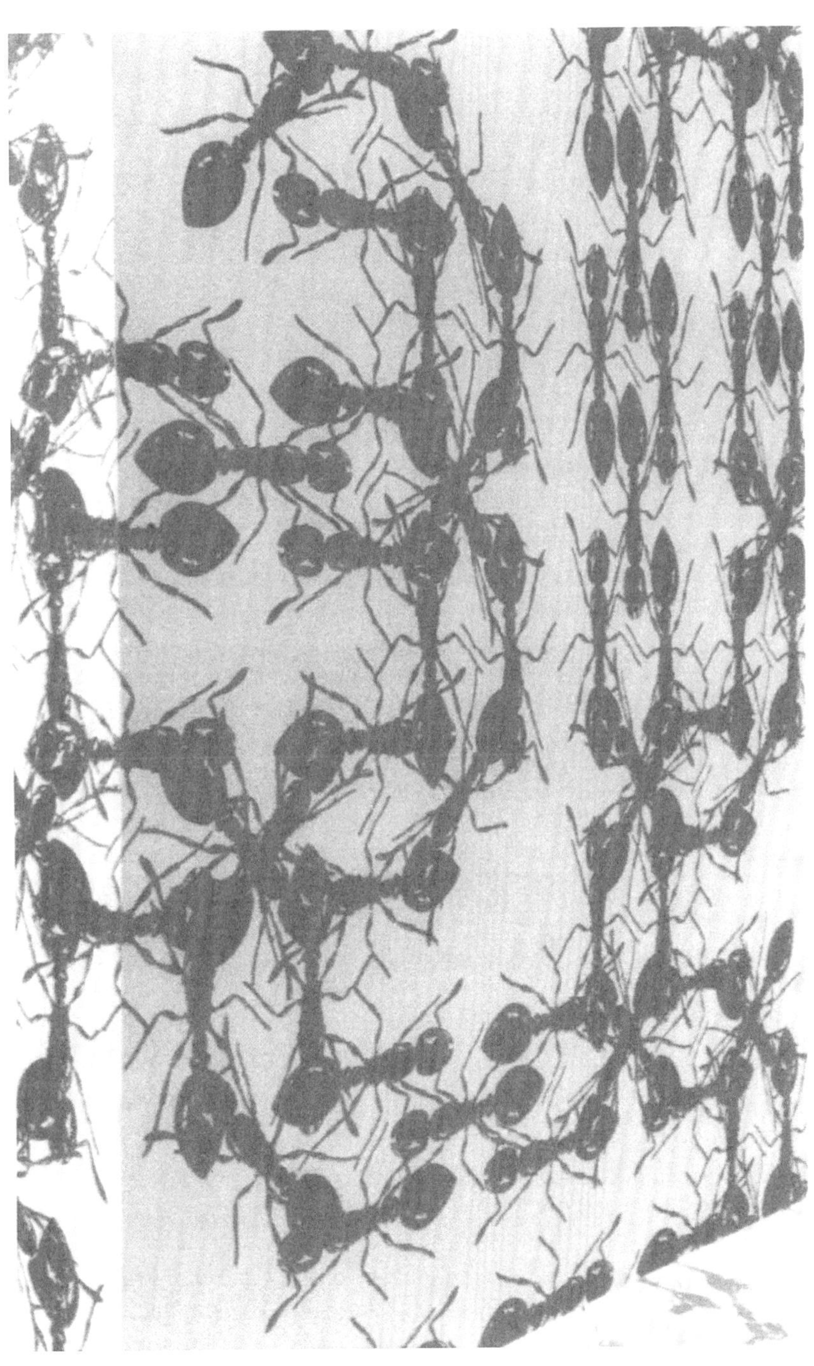

Peter Kogler: „Ants", 1992. Kernstücke moderner Produktionsmaschinen oder Kommunikationsgeräte sind die aus Modulen zusammengesetzten Schaltpläne. Peter Kogler zeigt diese in überdimensionaler Größe, geformt aus einem Heer von – fleißigen und zugleich furchterregenden – Ameisen. Die Abbildung zeigt nur einen schmalen Wandausschnitt der Koglerschen Auskleidung eines Raumes.

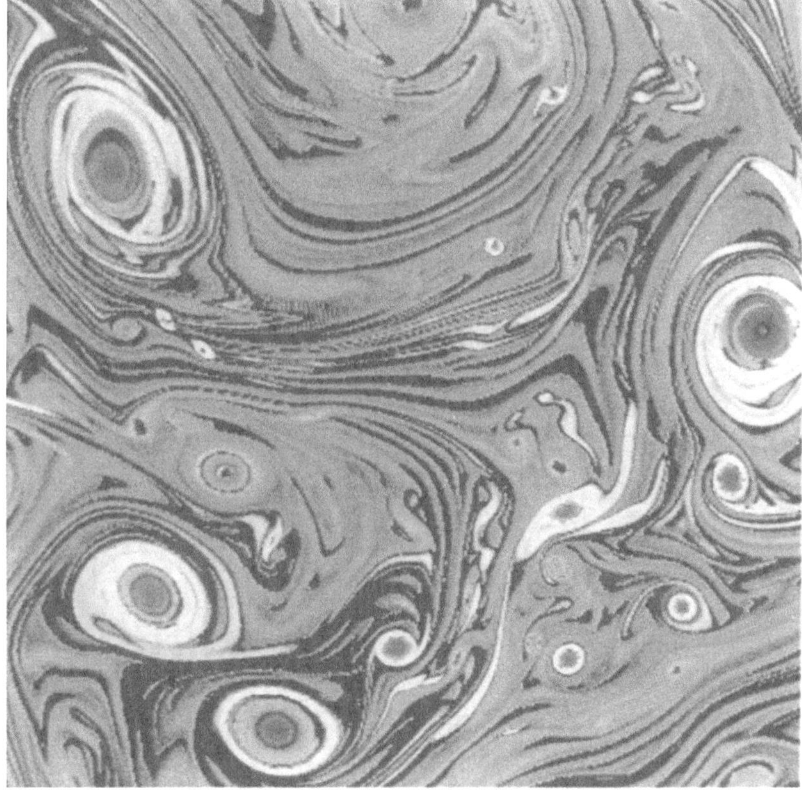

Quellen und Senken, Strudel und Gebiete fast laminarer Strömung zeigt diese Abbildung einer Simulation der Lösungen der Navier-Stokesschen Gleichungen. Es sind Erscheinungen von ästhetischem Reiz für den Betrachter.

nungsformen in vielen konkreten Kunstwerken – wie in Schaltplänen und Entwurfsplänen des Computer-Chip-Designs – waren schon Inhalt einer vergleichenden Schau, die sowohl im Deutschen Museum in München (1992) als auch anläßlich einer mathematischen Tagung (DMV-Tagung in Bremen 1990) von Mathematikern[5] gezeigt wurde.

Und diese Wegenetze regen auch heute noch Künstler an, so zeigte man während der DOCUMENTA IX (1992) einen Computerschaltplan, dessen Leitungen von hintereinander herlaufenden Ameisen dargestellt wurden. Dieser Plan enthielt viele Merkmale eines modernen Schaltplans; insbesondere war er aus Moduln zusammengesetzt: Einige wenige verschiedene Platten bzw. Tapetenteile reichten aus, um ein vielfach sich verästelndes Wegenetz auf die Außenwand eines Raumes zu projizieren: Elemente mit einer geradlinig hindurchlaufenden Bahn, solche mit einer abknickenden, Wandstücke mit zwei sich kreuzenden Bahnen und solche mit einer sich vergabelnden Bahn stellten das ganze Repertoire dar!

In manchen Bereichen gibt es im Hinblick auf den hier angesprochenen Aspekt ausgesprochene Glücksfälle: Erscheinungen, die in der Natur erst unter geeigneten Versuchsbedingungen sichtbar werden, zu denen es jedoch bereits theoretische Untersuchungen mit gleichen optischen Ergebnissen gibt, wie sie bei den auf experimentellem Wege erhaltenen auftreten. Noch beeindruckender ist darüber hinaus, wenn es zu ihnen tatsächlich Entsprechungen in der aktuellen Kunst gibt. Das trifft zum Beispiel auf die Lissajouschen Kurven, die Chladnischen Klangfiguren und die graphischen Lösungen von Differentialgleichungen zu. Anhand letzterer zeigen wir exemplarisch einen derartigen Zusammenhang auf: Mit Differentialgleichungen beschreiben Mathematiker, Physiker und Ingenieure in der Elektrodynamik, Hydrodynamik, Optik usw. ablaufende Prozesse. Die Lösungen von Differentialgleichungen lassen sich oft nicht direkt angeben, doch kann man häufig wenigstens „Richtungsfelder" zeichnen. Sie geben in gestrichelten Linien an, wie die Lösungen ungefähr verlaufen werden. Zu ähnlichen Bildern gelangt man aber auch, wenn man die von den Gleichungen beschriebenen physikalischen Versuche anstellt. Folgende Beispiele machen das deutlich:

1. In der Strömungsmechanik zeichnen bei Versuchen zur elektrolytischen Analogie kleine Metallflitter im Wasser den Verlauf von Magnetlinien an.

2. Uns allen geläufig sind die Linien, zu denen sich die Bindfäden optisch zusammenfügen, die um ein im Windkanal zu testendes Automodell herum flattern.

3. Streut man auf eine über einen Magneten gelegte ebene Fläche Eisenfeilspäne, so zeigen diese die Linien des hindurchgehenden Magnetfeldes an.

Günter Uecker – der erste Deutsche, dem nach der Öffnung des eisernen Vorhangs eine große Einzelausstellung in Moskau gewidmet worden war – schlägt Nägel und Kerben in einer diesen Vektorfeldern aus Physik und Mathematik ungewöhnlich ähnelnden Weise in die Untergründe seiner Bilder, erzeugt so Eindrücke vom Fließen, von Spannung oder Verdichtung, wie wir sie auch unmittelbar aus den Versuchen bzw. aus den Lösungs- und Richtungsfeldern der zugehörigen mathematischen Gleichungen kennen.

Als man im Zuge der Vorbereitung der DOCUMENTA IX zu dem für die documenta-Organisatoren wichtigen Begriff „displacement"

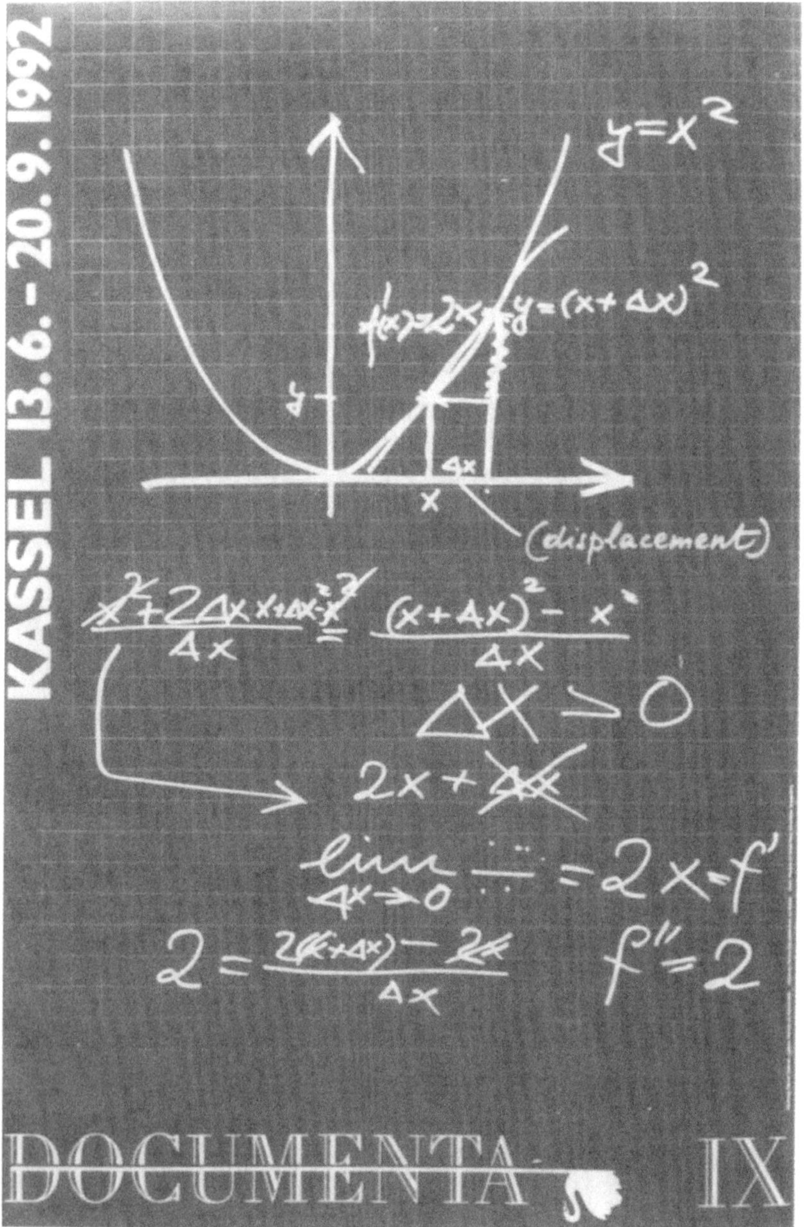

Ankündigungsplakat für die „DOCUMENTA IX“ in Kassel. Es zeigt eine vor Organisatoren und Künstlern der „DOCUMENTA IX“ während eines Referats über ‚Displacement‘ in Kunst und Mathematik entstandene Zeichnung von Dietmar Guderian. In der Wahl dieser Zeichnung als Motiv liegt eine richtungweisende Anerkennung wissenschaftlich erzeugter oder begründeter optischer Realisierungen, als Schöpfungen, denen auch ein ästhetischer Aspekt innewohnt.

Analoges in anderen Disziplinen suchte, verfiel man auf die Mathematik: Dort läßt sich mit verhältnismäßig einfachen Mitteln zeigen, daß es von aufklärerischem Nutzen sein kann, wenn man sich – wie von Isaac Newton (1643–1727) und Gottfried Wilhelm Leibniz (1646–1716) vorgedacht – in einer systemimmanenten Weise von einer Position ein wenig fortbewegt, am neuen Standort aus dem Abstand (displacement) neue Erkenntnisse gewinnt und diese dann auf den ursprünglichen Standort zurückbewegt. Die während eines zu diesem Thema gehaltenen kurzen Referats entstandene rein mathematische Zeichnung übte zusammen mit dem Hintergrundwissen der Hörer einen so starken Reiz aus, daß man sich entschloß, diese mathematische Zeichnung zum Motiv für das einzige auf die kommende documenta hinweisende Plakat zu nehmen. Die meisten unvorbereiteten Betrachter konnten selbstverständlich nicht den Zusammenhang zwischen documenta und Plakat erkennen, durchweg war man jedoch bereit, diese ursprünglich nicht als Kunstwerk gedachte Zeichnung losgelöst von ihrem fachlichen Inhalt ausschließlich unter ästhetischen Gesichtspunkten zu betrachten und zu schätzen: „Und hier berühren sich plötzlich Mathematik und Kunst, im gemeinsamen Zurücktreten eröffnen sich neue Perspektiven und Möglichkeiten, in der Verschiebung der Dinge aus ihren alltäglichen Zusammenhängen ergeben sich unerwartet neue Bezüge. Der Blick wird befreit von seiner situativen Gebundenheit und es öffnen sich die Korridore zu neuen geistigen Erkundungen (. . .). Solche Energieräume zwischen den Polen, die Spannungen in offenen Beziehungen deutete auch das Plakat an. Der präzise Gedankengang der Mathematik präsentiert sich in der Ungenauigkeit der Zeichnung, der abstrakte thematische Gegenstand manifestiert sich in einer konkreten, ausdrucksstarken und etwas chaotischen Handschrift. Die moderne wissenschaftliche Methode, deren Hauptsieg es ist, sich rational mit stetigen Vorgängen auseinanderzusetzen, trifft auf alltäglich natürliche Erscheinungen und ist konfrontiert mit dem geheimnisvollen Gefühl des ‚Werdens', dem Unbestimmten um die ‚Erscheinung der Dinge'"[6].

Beispiele wie die hier vorgestellten erhöhen sicher das Verständnis für die Technik, ihre Akzeptanz in der Bevölkerung bis hin zur Bereitschaft, auf Forderungen von ihrer Seite einzugehen und sich mit ihren Methoden und Verfahren auseinanderzusetzen. Umgekehrt zeigen sie, wie Menschen sich die Erscheinungen aus ihrer künstlich geschaffenen technischen Umwelt unterzuordnen vermögen, sie zu Kunstwerken ernennen oder umwandeln können und sich so ihre eigene Umwelt humanisieren und erweitern.

Literaturnachweise

1 *Ristelhuber,* Sophie: „Hazan". Abbildung in: Spiegel, Heft 7 1992, S. 197
2 *Leopoldseder,* Hannes u. a.: ORF-Videonale 86 (Katalog). Im Rahmen der Prix-Ars Electronica. Linz 1986
3 *Leopoldseder,* Hannes (Hrsg.): Meisterwerke der Computerkunst. Im Rahmen der Prix Ars Electronica 87. Linz 1987
4 *Guderian,* Dietmar: Mathematik in der Kunst der letzten dreißig Jahre. Galerie Lahumière. Paris/Ebringen 1991
5 Vergleichende Schau im Deutschen Museum in München und während der DMV-Tagung in Bremen 1990
6 *Nachtigäller,* Roland: Von Schwänen, displacement und der Akropolis. In: Stehr, Werner/Kirschemann, Johannes: Materialien zur DOCUMENTA IX. Ostfildern 1992, S. 39

TECHNIK ALS THEMA VON KUNSTWERKEN

Der Bergbau des 16. und 17. Jahrhunderts in seinem künstlerischen Ausdruck

Rainer Slotta

Technik und Kunst gehören zu den Bestandteilen eines jeden kulturellen Systems, sind gleichermaßen Ursache wie Ergebnis geistig-menschlicher Äußerungen. Seit jeher ist der Bergbau – als wesentlicher Teil menschlicher Urproduktion – zugleich integraler Bestandteil der Technik, wobei er durch vielfältige Entwicklungen und Leistungen nicht nur das Ingenieurwesen befruchtet hat. Aufgrund seiner spezifischen Arbeitsverhältnisse bei der Gewinnung von Lagerstätten weist er Wesenszüge auf, die ihn von anderen Wirtschafts- und Berufszweigen diametral unterscheiden: Hier sind vor allem die Arbeit unter Tage, dann die Probleme der Überwindung der Schwerkraft, der Beleuchtung, Bewetterung und der Wasserhaltung zu nennen. Und gerade diese besonderen Arbeitsbedingungen führen dazu, daß der Bergmann und seine Arbeit den Blicken und dem Verständnis der Öffentlichkeit weitgehend entzogen sind. Die Gewinnung von wertvollem Edelmetall und anderen Grundstoffen, von denen andere Berufszweige abhängig sind, verleihen den Bergbautreibenden eine gewisse „Aura", die sowohl Neid als auch Bewunderung, gelegentlich auch Unverständnis bei Berufsfremden hervorrufen.

Das Spezialistentum des Bergmanns verhalf ihm somit zu einer privilegierten Stellung innerhalb der Gesellschaft und führte zu einem daraus resultierenden Selbstbewußtsein der Bergbautreibenden: Gleichzeitig entwickelte sich das kulturelle Phänomen, daß sich die Bergbautreibenden Denkmäler gesetzt haben, die sie und ihre besondere Stellung innerhalb des Gemeinwesens dokumentieren, beschreiben und allen anderen Berufsständen deutlich vor Augen führen. Vergleichbar mit den Seeleuten und – mit gewissen Abstrichen – auch den Jägern, die ebenfalls spezifische Kultureigenarten hervorgebracht haben, zum Beispiel in der Schöpfung einer eigenen Sprache, konnten aufgrund dieses Selbstverständnisses der Bergleute Kunstäußerungen entstehen, die als Medium der Selbstdarstellung zu verstehen sind, darüber hinaus

Zum Titelblatt:
Lewis Hine: „Powerhouse Mechanic", 1925.
Menschliche Arbeit unter dem prägenden und übermächtigen Eindruck der Maschine; Technikerwartung und zugleich Technikangst sind charakteristische Zeichen unserer Industriegesellschaft.

Konsolfiguren Nappian und Neucke, Eisleben, um 1290. Frühe Beispiele für die Verbindung zwischen Bergbau und Kunst sind die beiden kleinen Konsolfiguren von Nappian und Neuke, den sagenhaften Begründern des Mansfelder Kupferschieferbergbaus. Die Figuren sind durch Kleidung und Werkzeug als Angehörige des Bergmannsstandes charakterisiert. Es ist ein Ausdruck des Selbstbewußtseins der Mansfelder Bergleute, daß sie diese Figuren um 1290 in den Chorbogen der Kapelle am Welfenholz bei Hettstett einfügen ließen.

aber auch die kulturprägenden Kräfte dieses Wirtschaftszweiges verdeutlichen und charakterisieren: Beispiele dafür sollen im folgenden aus den Bereichen der Bildenden Kunst und des Kunstgewerbes vor allem aus dem Zeitraum der Frühen Neuzeit vorgestellt werden.

Frühe, noch mittelalterliche Beispiele für diese enge Verbindung zwischen Bergbau und Kunst sind die beiden kleinen Konsolfiguren von Nappian und Neuke, den sagenhaften Begründern des Mansfelder Kupferschieferbergbaus, der bis in die Neuzeit hinein zu den bergwirtschaftlich wichtigsten Kupferproduzenten Mitteleuropas gezählt werden muß. Es spricht für das Selbstbewußtsein der dort lebenden Bergleute, daß der Chorbogen der um 1290 erbauten Kapelle am Welfesholz bei Hettstett auf Bergmannsdarstellungen aufruht: Die kleinen Figürchen sind durch die Kleidung mit der Kopfbedeckung der Gugel, die als Schutz für Kopf und Hals gegen Feuchtigkeit und Staub dienen soll, und durch die überdimensionierten Gezähe eindeutig als Angehörige dieses Berufsstandes charakterisiert. Schon hier in diesen beiden kleinen Skulpturen wird somit ein Wesenszug der bergmännischen Kunstentfaltung deutlich, der allen weiteren ebenfalls eigen ist: der der Selbstachtung, der bisweilen auch in Selbstüberschätzung umgeschlagen ist. Aber auch Verhältnisse und Arbeitsbedingungen in den Gruben werden aus der Darstellung ersichtlich [1].

Ähnlich aufschlußreich sind die um die Mitte des 14. Jahrhunderts entstandenen Glasfenster des Freiburger Münsters (1340–1350), die von einflußreichen, kapitalkräftigen Bergbauunternehmen („Gewerken") am nahegelegenen Schauinsland gestiftet worden sind: Die darin vorgestellten Bergleute arbeiten in Strecken mit gerundeten Firsten mit Spitzhämmern oder füllen Silbererze in Bergsäcke. Die Tracht weist die typische, oben angedeutete Form auf, die Kopfbedekkung ähnelt einem Helm, und zwar tragen die beiden Bergleute vor Ort eine bläuliche, vielleicht metallene, während der dritte am Füllort eine aus Stroh geflochtene Kappe trägt. Das Selbstbewußtsein der Bergleute kommt in der das Fenster abschließenden Inschrift: „Dis gulten die froner ze dem Schowinslant" zum Ausdruck; es wird jedem Betrachter verdeutlicht, daß die Bergleute und der Bergbau wesentlich zum Aufbau des Münsters und der Stadt Freiburg beigetragen haben [2].

Ein eher indirektes Beispiel für das Aufblühen von Kunst im Gefolge eines wirtschaftlichen Aufschwungs im Mittelalter ist die berühmte Goldene Pforte am Freiberger Dom, die um 1230 als Haupteingang der Marienkirche gemeißelt und als eine der größten Leistungen architekturgebundener Plastik des Mittelalters in Mitteldeutschland gilt. Dieses Musterbeispiel spätromanischer Skulptur ist nur durch die erste Blüte des 1168 entstandenen Freiberger Bergbaus zu erklären, der eine Fülle infrastruktureller Leistungen zum Aufbau einer Stadt nach sich gezogen hat[3]. Derartige indirekte Zeugnisse des Bergbaus in Gestalt von Kunstwerken unterschiedlichster Art findet man in allen Bergstädten nicht nur Europas: Man muß sich darüber im klaren sein, daß die aus dem Bergbau auf Metallerze gezogene Wertschöpfung erst eine derartige Kunstentwicklung und -schöpfung ermöglicht hat. Ein weiteres Beispiel für diese Abhängigkeit von öffentlichem Wohlstand und wirtschaftliche Grundlagen schaffendem Bergbau ist die prachtvolle St.-Barbara-Pfarrkirche im böhmischen Kuttenberg (Kutna Hora), die von Mathias Rajsek (vor 1450–1506) begonnen und von Peter Parler vollendet worden ist. Ohne den Silbererzbergbau hätten Ortschaft und Kirche nicht aufblühen können, gleiches gilt für die erzgebirgischen Bergorte Freiberg, Schneeberg und Annaberg sowie für die alpinen Bergbaustädte Hall, Schwaz und Rattenberg, deren Kirchenbauten ebenfalls diese Aufwärtsentwicklung widerspiegeln: So bekannte und damals führende Künstler wie Erasmus Grasser (1450–1518) in Schwaz, Hans Fritzsche in Freiberg, Franz Ignaz Platzer (1717–1787) in Prag oder Hans Hesse (1497–1521) in Annaberg haben Meisterwerke bergbaulicher Architektur und Malerei hinterlassen. Wie stark der Bergbau in bislang unbesiedeltem Gebiet kulturschöpferisch gewirkt hat, belegt auch der Oberharz: Als man dort reiche Silbererzlagerstätten antraf, setzte ein Zustrom von Bergleuten aus anderen Revieren, zum Beispiel aus dem Erzgebirge und aus Böhmen, ein. Bergstädte entstanden in oft planmäßig angelegter Gestalt, dazu gehören Zellerfeld oder St. Andreasberg, wobei der Territorialherr und die Markscheider als Vermesser im Bergbau zugleich als Ortsplaner auftraten. Der besondere Charakter gerade der Clausthaler Kirche als „Bergkirche“ wird daraus ersichtlich, daß man auf die Brüstungen der Chorschranken Erzstufen und besonders reiche Mineralien als „Geschenke Gottes“ sowie Grundlagen des Segens und Wohlergehens von Stadt und Wirtschaft gelegt hat: Sie liegen dort noch heute[4].

Die Bildwerke

Die um 1480 entstandene kolorierte Handzeichnung des sog. Hausbuchmeisters ist eine der ältesten graphischen Darstellungen der Frühen Neuzeit und gehört zu einer Anzahl von Bildwerken, die den

Titelblatt des Bergbüchleins, mit dem Ulrich Rülein von Calw den Anstoß zur Entwicklung fachkundiger Literatur über den Bergbau gab. Zusammen mit dem seit 1524 gedruckten „Probierbüchlein" erlebte das „Bergbüchlein" in der ersten Hälfte des 16. Jahrhunderts zahlreiche Auflagen. Durch die Illustrationen wurden diese frühen Fachbücher gleichzeitig zu künstlerischen Werken.

Bergbau als zur damaligen Zeit in das allgemeine Kulturleben eingebundenen Wirtschaftszweig veranschaulichen. Innerhalb einer Gebirgslandschaft wird ein Bergbaubetrieb vorgestellt, am Fuße des Berges sind Szenen aus der Aufbereitung zu erkennen. Hinter dem Gatter, das den Weg zu einer Burg versperrt, schiebt ein Knappe eine mit Stückerz gefüllte Karre zu einer Hütte empor, während ein anderer mit dem Bau eines Kohlenmeilers beschäftigt ist. Im Vordergrund errichtet man ein Zechenhaus: Das kleine Bildnis zeigt also den Montanbetrieb in allen verfahrenstechnischen Facetten [5].

Darüber hinaus sind aber Szenen (allzu) menschlicher Art vorhanden, die Hinweise über Wesensinhalte des Bergbaus und Verhalten der im Bergbau Beschäftigten vermitteln. So biegen auf dem Weg von der Stadt zum Zechenhaus zwei Reiter um das Bergmassiv, von denen einer eine Frau mit aufs Pferd gesetzt hat, rechts davon entwendet ein Mann einen Erzkarren, so daß man ihn verfolgen muß, im Vordergrund prügeln sich vier Bergleute und gehen sogar mit Schwertern, Messern und Knüppeln aufeinander los. Diese Aktion ruft weitere Bergleute auf den Plan; eine Frau versucht vergeblich, ihren Mann von der Teilnahme am Geschehen abzubringen. Das adlige Paar im Vordergrund ist von den Vorgängen nicht betroffen, sondern zeigt sich eher peinlich berührt. Somit erfährt man etwas über Leben und Lebensweise von Bergleuten, die oft mit dem „fahrenden Volk" gleichgesetzt worden sind. Dieses „lockere Leben" der Bergleute in Zeiten des wirtschaftlichen Aufschwungs – und um 1500 befand sich der Metallerzbergbau eindeutig im Aufwind – ist nur dadurch zu erklären, daß Bergleute als durch ihre spezifische Arbeit gefährdete Berufsgruppe besonders intensiv „leben". Diese intensive Lebensweise wird unterstützt durch Privilegien, die oft in übersteigerter, ausschweifender Art ausgenutzt worden sind. Das berühmte Motto im 1556 entstandenen Schwazer Bergbuch: „Vier Dinge verderben ein Bergwerk – Krieg, Sterben, Teuerung, Unlust" besitzt in dieser Zeichnung eine bildliche Parallele [6].

Eine fast „enzyklopädisch" zu bezeichnende Dokumentation der angewendeten Techniken im Metallerzbergbau um 1500 zeigt das Deckblatt des Kuttenberger Kanzionales. Es belegt die Gewinnung der Erze unter Tage, die Aufbereitung und den Verkauf: Das Gemälde verdeutlicht neben den technischen Einzelheiten ein klar abgestuftes Bild der herrschenden Gesellschaftsordnung, die alle am Arbeits- und Wirtschaftsprozeß Beteiligten miteinbezieht. Da werden Bergleute bei der Einfahrt in die Grube mit ihrem Gezähe vorgestellt, man trifft Knappen bei der Schlägel-und-Eisen-Arbeit an, die berufsspezifische

Schwazer Bergbuch: Kehrradförderung.
Unter den montanhistorischen Handschriften des 16. Jahrhunderts kommt dem Schwazer Bergbuch von 1556 große Bedeutung zu. Die Bilderhandschrift ist sicherlich das umfassendste Dokument über die technischen, sozialen, wirtschaftlichen, rechtlichen und kulturellen Verhältnisse des Tiroler Bergbaus im 16. Jahrhundert. Es ist eine Fundgrube für Kenntnisse über die bergmännische Arbeitswelt und gleichzeitig ein Beispiel künstlerisch wertvoller Illustration.

Tracht der Bergleute ist zu erkennen. Die Methoden des Transports und der Fahrung sind ebenso dargestellt wie die Förderung durch Förderkörbe in Haspelschächten nach über Tage, die Überprüfung der Bergleute auf Diebstahl von Silbererzen und die Kontrolle bei der Einfahrt. Die Aufbereitung der Erze obliegt zum Großteil den Frauen: Schleppen, Scheiden, Waschen, Sieben und Sortieren erfolgen unter Aufsicht eines Bergbeamten: Der Prozeß der Erzteilung und des Erzverkaufs bildet auch den bildkompositorischen Höhepunkt der Produktion und manifestiert zugleich auch den wesentlichen Eckpunkt des Staatshaushalts, dessen Interesse am Bergbau durch die Anwesenheit des Bergbeamten verdeutlicht wird[7].

Ein weiteres, ähnlich bedeutsames Dokument des frühneuzeitlichen Erzbergbaus stammt aus der Bergkirche von St. Annaberg in Sachsen. Die 1496 gegründete Stadt zählte um 1600 mit rd. 12000 Einwohnern bereits zu den größeren deutschen Städten. Die Annaberger Knappschaft errichtete 1521 in der neuen Stadtkirche einen Schreinaltar in Gestalt eines Triptychons. Während die Vorderseite biblische Szenen zeigt, hat die Knappschaft durch den Künstler Hans Hesse auf der Rückseite die profane bergmänische Arbeit in einer selbstbewußten Selbstdarstellung vorgestellt: Die Betriebsabläufe und die damals an-

Annaberger Bergaltar von Hans Hesse, aufgestellt 1521 in der St. Annenkirche in Annaberg.

gewendete Technik werden gezeigt, wobei das Geschehen über Tage im Mittelpunkt steht. Der Annaberger Bergaltar bildet somit ein Bindeglied zwischen der Gesamtschau des Kuttenberger Kanzionales und den eher technisch informierenden graphischen Werken eines Georgius Agricola (1494–1555).

Die Darstellung der Auffindung der Annaberger Silbererzlagerstätte durch den sagenhaften Bergmann Daniel Knappe ist es wert, einmal ausführlicher nachgezeichnet zu werden. Die Suche nach dem wertvollen Mineral führt den Bergmann mit Hilfe eines Engels, nachdem er zunächst vergeblich in den Ästen des Baumes gesucht hat, schließlich zum Gangausbiß an die Wurzel des Baumes: Der Knappe schlägt ein und findet die Lagerstätte, nach seinem Familiennamen erhalten die Bergleute die Berufsbezeichnung „Knappen". Sie bilden eine durch Tracht besonders gekennzeichnete Berufsgruppe mit einer hierarchischen Ordnung, die anfallende Arbeit wird spezifisch ausgebildeten Personen übertragen: Vermesser und Obersteiger sowie Hauer und Schlepper sind dargestellt. Die verschiedenen Arbeitsvorgänge auf dem Altar deuten auf ein bereits ausgeprägtes Spezialistentum hin: Da sind Bergleute mit den Bergeisen zu sehen, der Bergzimmerer trägt Balken und Bretter zum Schacht, die Roßknechte fördern das in der Grube anfallende Haufwerk nach über Tage und die Wetterknechte haben Vorrichtungen geschaffen, um die Luftverhältnisse unter Tage zu verbessern. Über den Schächten entstehen die für den Bergbau charakteristischen Architekturen wie Kauen und Göpel, die auch auf einen erheblichen Kapitaleinsatz der Bergbautreibenden rückschließen lassen.

Ganz in der Kompositionsweise mittelalterlicher und frühneuzeitlicher Gemälde ist die Trennung des haltigen vom unhaltigen Haufwerks an zentraler Stelle im Bildnis dargestellt worden. Das haltige Haufwerk wird zunächst in einer Mulde abgemessen, danach zur Wäsche abtransportiert. Dort wird das Gut zunächst gewaschen und abgesiebt, wieder helfen Frauen bei der Arbeit. Anschließend transportiert man das derart angereicherte Gut zur Hütte: Dort werden die schwefeligen Bestandteile zunächst in offenen Rostöfen abgesondert, danach kommt die Erzcharge in den Hohen Ofen (= Hochofen) und anschließend in den Raffinierofen. Bei letzterem wird die ungeliebte, aber notwendige Schlacke auf dem Altarbild gerade abgestreift. Mit hochrädrigen Karren wird das derart aufbereitete Münzsilber schließlich in die Münze transportiert. Diese Werterhöhung vom Erz zum Metall war ja die zentrale Funktion bergbaulicher Tätigkeit, war Grundlage zur Erringung wirtschaftlicher und politischer Macht für die Landesherren, war die Basis zum Aufbau und zur dauerhaften Blüte eines Gemeinwesens mit allen seinen vielfältigen kulturellen Facetten [8].

Hans Hesse hatte im Jahre 1515 bereits einen Bergaltar geschaffen, der sich in der Friedhofskapelle von Annaberg-Buchholz befindet, und Bergbauszenen neben dem Heiligen Wolfgang als dem Schutzheiligen des dortigen Bergbaus zeigt. Diese Szenen besitzen aber weder an Zahl noch an Ausdruckskraft die Aussagefähigkeit der Darstellungen des Annaberger Triptychons von 1521, doch belegt auch der Buchholzer Altar ebenso wie der im Jahre 1514 im Tiroler Bergbauort Flitschl entstandene Flügelaltar, daß der Bergbau als ein das Leben und das Wohlergehen ganzer Regionen bestimmender Wirtschaftszweig bis in den sakralen Bereich hinein deutlich wahrnehmbare Auswirkungen besessen hat [9]: Beim Flitschl-Altar sind die Bergbauszenen im Mittelteil im Umkreis der beiden Bergbauheiligen Christophorus und Daniel angeordnet, die Förderung, Aufbereitung und der Transport des Erzes werden ebenso angesprochen wie die Probleme des Tiefbaus und der Wasserhaltung. Der Bergbau hat früher das Leben in den Bergstädten sehr viel unmittelbarer bestimmt als heute [10].

Der sich im Aufschwung befindliche Bergbau war m 16. Jahrhundert im allgemeinen kulturellen Bewußtsein verankert. Zahlreiche Bildwerke beziehen ihn auch in die Schilderung eines regelrechten Kosmos mit ein. Der 1533 entstandene Bildertisch des Asymus Stedelin (1544–1557 nachgewiesen) von Martin Schaffner (1480–1546) zeigt eine Bergbauszene innerhalb eines von astrologisch-ethisch-tellurischen Gedankengängen bestimmten Weltbildes [11], während die „Melancholie" des Matthias Gerung (1500–1570) vom Jahre 1558 eine Bergbauszene schildert, die sie neben zahlreichen anderen Dokumentationen des menschlichen Lebens vergleichsweise untergeordnet erscheinen läßt. Dennoch wird aber aus der „Melancholie" deutlich, daß die damals arbeitenden Künstler umfassende Kenntnisse von den zu jener Zeit im Bergbau eingesetzten Techniken besessen haben. Der von Gerung vorgestellte Weitungsbau mit seiner minutiösen Schilderung eines Ausbaus veranschaulicht in aller Deutlichkeit, daß die Kenntnisse vom Bergbau in weiten Bereichen ihren Niederschlag gefunden haben [12].

Auch die „Tapisserie des Saint Anatoile" aus Salins (Burgund) gehört in diesen Zusammenhang der Schilderung technisch-ökonomischer Verhältnisse. Der zwischen 1501 und 1504 entstandene Gobelin gehörte zu einem vierzehnteiligen Zyklus mit Episoden aus dem Leben des Stadtheiligen; der im Louvre erhaltene Gobelin zeigt das Wunder der Wiederbelebung des Salzbrunnens, wobei die technische Funktionsweise der Pumpenkunst zur Hebung der Sole in aller Deutlichkeit vorgestellt wird. Damit weist die Tapisserie eine der ältesten Darstellungen eines Pumpwerks in der frühen Neuzeit auf [13].

Die künstlerische Ausgestaltung der sog. Bergbücher gehört ebenfalls in diesen Zusammenhang: Aus dem Bedürfnis nach Anleitungen zum Bergbaubetrieb faßte man im mittleren 16. Jahrhundert derartige „Wissens-Sammlungen" zusammen und stellte die „richtige" Art und Weise, ein Bergwerk anzulegen und zu betreiben, auch bildlich und damit allgemein faßlich dar. Die Buchmalereien der zehn erhaltenen Exemplare des Schwazer Bergbuches, u. a. das 1554 entstandene Exemplar im Deutschen Bergbau-Museum Bochum, zeichnen sich durch eine ungewöhnliche Frische und fast skizzenhafte Leichtigkeit aus[14], während die Sammlung der Bergbaudarstellungen im sogenannten Bergbuch des Lebertals von Heinrich Gross (um 1550) eher durch die graphischen Elemente überzeugt. Erstmalig aber wird in diesen Bergbüchern der Technik im Bergbau weiter Darstellungsraum eingeräumt: Sämtliche Vorgänge des Montanwesens werden bildlich vorgestellt[15].

Über die Bergbücher hinaus geht Georg Agricolas weltbekanntes Werk „De re metallica" (Zwölf Bücher vom Berg- und Hüttenwesen), das 1556 in Basel als erstes technisches Lehrbuch überhaupt gedruckt worden ist. Zwar hat es mit dem um 1500 von Ulrich Rülein von Calw verfaßten „Bergbüchlein" schon einen gedruckten Vorläufer gegeben, auch ist Vanoccio Biringuccios 1540 erschienene „Pirotechnia" als erstes mit Abbildungen ausgerüstetes Technik-Werk anzusehen, doch besitzen die beigegebenen Holzschnitte bei weitem nicht die Aussagekraft und Schärfe der Bildbeilagen Agricolas. Während Biringuccio bedauernd zugeben muß: „Ich kann euch diese Maschine (gemeint ist eine Windanlage) nicht im Bilde vorführen, es ist für mich zu schwierig, sie zu zeichnen", haben Basilius Wefring als Entwurfszeichner und Hans Rudolf Manuel-Deutsch sowie Zacharias Specklin als Holzschnittzeichner die in Joachimsthal und Umgebung angewandte Technik mit großartiger Könnerschaft in Bildwerke umsetzen können. Agricolas Holzschnitte sind nahezu „perfekt" und haben jahrzehntelang als Vorbilder bei der Anlage von Bergbauanlagen dienen können und sie sind dem Inhalt gleichrangig. Der Name Agricola steht für eine praxisorientierte Darstellungsweise neuer erfahrungswissenschaftlicher Entwicklungen, die den technisch-wissenschaftlichen, pädagogischen und nicht zuletzt ökonomisch begründeten Bedürfnissen einer neuen Zeit gerecht zu werden suchten. Nichtsdestoweniger muß festgehalten werden, daß Agricolas Werk Schwächen bei der Abhandlung verfahrenstechnisch-methodischer Einzelheiten, vor allem bei der Dokumentation von nicht-sächsischen oder böhmischen Verfahren der Kupfer- und Silbergewinnung besitzt, doch besticht sein Werk durch die exakten und detaillierten Beschreibungen der Anlagen sowie die erwähnten Zeichnungen. Erst um 1700

Darstellung bergmännischer Tätigkeiten im Bergbuch vom Leberthal, um 1550.

ersetzen jüngere Werke der Montanwissenschaft dieses technische Standardwerk der frühen Neuzeit[16]. [III-3.3]

Ein weiteres, aus dem letzten Viertel des 16. Jahrhunderts stammendes Beispiel für diese exakte, detailreiche und umfassende Darstellungsweise findet sich auch in einem Einzelblatt, das den Bergbau im elsässischen Lebertal schildert. Der Betrachter des Kupferstichs wird vom Künstler an drei Stellen in das Berginnere hineingeführt. Am unteren Bildrand erkennt man Knappen, die das Gestein durch Feuersetzen zermürben, daneben arbeiten Bergleute mit Schlägel und Eisen bzw. Keilen. Offenes Geleucht erhellt das Dunkel, die Streckenförderung erfolgt mit Trögen. An einem Gesenk wird gehaspelt, Knappen fahren durch das Mundloch mit Holzausbau ein. Im Berg findet man eine große Wasserkunst mit einem oberschlächtig angetriebenen Rad, das über Gestängepumpen die Wasserhaltung bewegt. Die übrigen Bildszenen spielen über Tage, wobei die Reihenfolge der Arbeitsvorgänge von der Förderung des Rohhaufwerks bis hin zum Schmelzen und Raffinieren bzw. zum Abtransport des Endproduktes aus kompositorischen Gründen an unterschiedlichen Stellen angeordnet worden ist. Der Kupferstich schildert eine vollständige Abfolge der Vorgänge im Berg und in der Hütte, wobei der Künstler genaue Kenntnisse nicht nur von den Einzelvorgängen, sondern auch von den alltäglichen Begleiterscheinungen zeigt: Er weiß von den Streitigkeiten, die beim Verkauf der Roherze entstehen, er kennt die Aufseher, ihm war das Land um Markirch bekannt [17]. Damit steht der unbekannte Künstler in der Tradition des Hausbuchmeisters, des Hans Hesse, des Schöpfers des Kuttenberger Kanzionales und der Bergbücher, in denen ähnlich umfassend das Montanwesen geschildert wird. Dies scheint ein wichtiger Wesenszug der bergmännisch beeinflußten Kunst der frühen Neuzeit zu sein: Der Versuch, den Bergbau umfassend zu dokumentieren, wird in der Folgezeit, und zwar mit zunehmender Kenntnis von den Montanwissenschaften, abgelöst mit der Absicht, die Details stärker in den Vordergrund zu stellen. Spätestens ab der Mitte des 17. Jahrhunderts hören die Kunstwerke des Bergbaus damit auf – durchaus entsprechend der allgemeinen Kunstentwicklung – allumfassend und exemplarisch zu sein. Eines der letzten diesbezüglichen Bildwerke scheint jenes von Matthäus Gundelach („Allegorie des Bergbaus", um 1620) zu sein, doch überwiegen bereits dort die allegorischen Motive entschieden gegenüber den eigentlichen berufsbezogenen oder technischen Aussagen [18].

Das bergmännische Rißwesen muß in diesem Zusammenhang wenigstens kurz gestreift werden, obwohl es erst relativ spät im 16. Jahrhundert einsetzt und frühe Beispiele für diese künstlerisch oft hervorragend und ästhetisch ansprechend gezeichnete Kunstgattung vor dem Ende des Jahrhunderts kaum angetroffen werden. Der Plan des Prager Wasserstollens vom Jahre 1593 ist eines dieser Markscheiderkunstwerke, in denen sowohl der Verlauf der Stollen als auch die umgebende Landschaft mit den vorhandenen und neu erbauten Installationen mit Sorgfalt und Liebe zum Detail eingetragen worden sind. Nicht ohne Grund hat man ihn früher für ein Werk Balthasar Sprangers gehalten. Daß die frühen Planwerke fast immer Stollenpläne sind, liegt in der besonderen Problematik der Wasserhaltung begründet [19]. Im Verlauf des 17. Jahrhunderts entstanden dann eine große Anzahl herausragender Pläne, wie der 1661 angefertigte große Grubenriß des Oberbergmeisters und Markscheiders Daniel Flach von den Gruben und Wasserlösungsstollen auf dem Zellerfelder Hauptgang zwischen den Bergstädten Wildemann und Zellerfeld, der das gesamte technisch ausgereifte Wasserwirtschaftssystem des Oberharzes detailliert vorstellt. Dieser Flachsche Riß basiert auf dem im Jahre 1606 von Daniel Lindemeier verfertigten Stollenriß des Oberharzes, der dieses System mit seinen Pumpenkünsten und den zum Betreiben derselben benötigten Maschinen und Installationen ebenfalls zeigt: Die Markscheider haben mit ihren Darstellungen, die in diesen beiden Jahrhunderten technische Genauigkeit mit künstlerischem Anspruch beispielhaft verbinden, aussagefähige Kunstwerke von hohem Informationswert geschaffen[20].

Werke der Kleinkunst und des Kunstgewerbes

Die Eigenheit graphischer und bildlicher Kunstwerke des 16. und 17. Jahrhunderts, bergmännische Techniken umfassend innerhalb des Arbeitsvorgangs vorzustellen, findet sich auch in verschiedenen Objekten der Kleinkunst bzw. des Kunstgewerbes wieder. Vom unanzweifelbaren Glauben ausgehend, daß Gott die Erde und damit auch die Mineralien und Erze geschaffen hat, mußten beim Auffinden besonders reicher Erzstufen zwangsläufig Gedanken entstehen, daß derartige Gottesgeschenke entsprechend gefaßt und künstlerisch zu gestalten sind. Solche Stufen entsprachen den Idealvorstellungen der spätmittelalterlichen und frühneuzeitlichen Menschen vom Segen des Herrn aus dem Bergwerk. Deshalb verwundert es nicht, im sogenannten Halleschen Heiltumbuch aus den Jahren um 1500 eine derartige Prachtstufe in Silber und Gold eingefaßt zu sehen, wobei als Form der Präsentation ein Kelch gewählt worden ist[21]. Die von arbeitenden Bergleuten umgebene Stufe ist in diesen Kelch eingebunden, dessen Gestalt einem liturgischen Gerät gleicht: Dadurch ist der Sinngehalt impliziert, daß das Erz Teil der von Gott geschaffenen Schöpfung ist. Zugleich wird mit dem Kelch eine heilsbringende, theologisch begründete Aussage verbunden, und folgerichtig besitzen manche derartige Schaustufen auch Figuren oder sogar Gruppen von Heiligen oder biblischen Personen, die auf oder in die „Landschaft" der Stufe eingebunden sind. Manchmal befindet sich Christus am Kreuz auf dem Gipfel der Stufe, während Bergleute als Erzfinder die Handelnden sind. So lassen sich bei diesen Handsteinen einerseits christliche, andererseits auch bergmännisch-technische Phänomene fassen; hinzu tritt die Erkenntnis der Vollkommenheit und Kostbarkeit der Stufe als Grundvoraussetzung für eine derartige kosmologische Sinngebung.

Dieses Verständnis vom Wesen der Handsteine ändert sich im Laufe des 17. und 18. Jahrhunderts: Aus dem stillen Ernst und der tiefen Frömmigkeit weicht das Element des Glaubens, wogegen die weltliche Prachtentfaltung an Gewicht zunimmt. Die Handsteine wachsen in ihren Dimensionen, eine ursprünglich reiche Stufe wird ersetzt

1477 wurde von Bergleuten die Goslarer Bergkanne gestiftet. Die Silberkanne war als Repräsentationsobjekt, aber auch als Dokument für die Wertschätzung des Bergbaus am Rammelsberg für die Stadt Goslar gedacht.

durch eine Komposition mehrerer oder sogar zahlreicher Stufen. Juweliere mit hoher Kunstfertigkeit verzaubern die Erzbrocken zu verspielten, bisweilen höfisch eleganten „Kabinettstücken", die bis zur minuziösen Schilderung bergmännischer Verhältnisse reichen. Der Realismus der Darstellung geht bisweilen so weit, daß man in den Handsteinen technisch exakte Wiedergaben von Bergwerken innerhalb einer Montanlandschaft erkennen kann: Göpel stehen über Schächten, in denen Bulgen die Wasserhaltung übernehmen, Pochwerke mit beweglichen kleinen Stempeln, die über eine von einem Wasserrad bewegte Nockenwelle angehoben werden, sind dargestellt, Stoßherde erklären den Weg der weiteren Aufbereitung, Schmelzhütten mit Hoch- und Raffinieröfen sind dokumentiert, auf Walzwerken werden die Platinen hergestellt und selbst die Münzpresse mit den Rohlingen und dem Korb voller geprägter Münzen sind erkennbar. Andererseits kann man die Arbeit der einzelnen Knappen nachvollziehen: Vom Haspeln über die Schlägel-und-Eisen-Arbeit hin zum Pferdetransport und zum Vortrieb der Strecken. Daneben sind Bergfeste nachweisbar, bei denen musiziert wird und man das Gezähe an den Stoß gehängt hat. Solch unbotmäßiges Handeln muß Strafen nach sich ziehen: Auspeitschungen und Stehen am Schandpfahl sind als Sühnemaßnahmen nachvollziehbar. Selbst der Fall, daß sich in einem Handstein Gefäßkörper befinden, die über Einfüllstutzen gefüllt und über Hähne geleert werden können, sind überliefert. Damit allerdings haben die Handsteine ihre ursprüngliche, auf dem Bewußtstein der Spätgotik basierenden Sinngebung zugunsten einer eher leeren Prachtentfaltung in Gestalt eines Menage-ähnlichen Tischschmuckes aufgegeben. Für die Dokumentation der damals ausgeübten Techniken im Berg allerdings sind diese Derivate der „Wunderstufen" von hohem Aussagewert[22].

Das Bewußtsein vom „Wert" und der immateriellen Bedeutung der Edelmetalle führte zur Schaffung großer Pokale und anderer Pretiosen mit bergmännischer Thematik. Ältestes Beispiel ist die wahrscheinlich vom Gewerken Thurzo gestiftete Goslarer Bergkanne vom Jahre 1477, in der sich der Wunsch nach andauerndem Fundglück auf der Lagerstätte des Rammelsberges widerspiegelt. Inmitten der beiden Buckelzonen befindet sich eine aus zehn Halbfigürchen gebildete Bergmusik, die im Zusammenhang mit den Figuren auf dem Deckel der Bergkanne stehen, auf dem ferner ein Knappe mit Schaufel, zwei Bergleute, von denen einer eine Keilhaue hält, ein Jäger mit Hund und Hirsch, ein weiterer Bergmann als Fuhrknecht sowie zwei Haspelknechte zu erkennen sind. Durch diese Figuren wird die Funktion der

Kanne als Repräsentationsobjekt aber auch als Dokument der Wertschöpfung durch den Bergbau am Rammelsberg für die Stadt Goslar verständlich[23].

Ein umfassendes ausgeführtes bergmännisches Bildprogramm zeigt die um 1480 und im ersten Viertel des 16. Jahrhunderts entstandene Zeremonialkette von Gent, die sich aus sechzehn kleinen trapezförmigen Silberplatten und einem vierpaßförmigen Medaillon zusammensetzt, wobei letzteres eine Darstellung des Schutzpatrons der Goldschmiede, des Heiligen Eligius, trägt. Die Darstellungen auf den kleinen Silberplättchen dokumentieren in neun Exemplaren die Gewinnung der Erze vom Anschlagen des Stollens über das Fündigwerden bis hin zur Gewinnung und zum Erztransport, die vier folgenden Kettenteile behandeln den Schmelzvorgang und die Erzeugung verarbeitungsfähigen Metalls, und die letzten drei Plaketten schließlich wenden sich dem künstlerischen Bearbeiter des Metalls zu und belegen das Zeremoniell der Aufnahme eines Gesellen in die Goldschmiedezunft. Die Darstellungen bieten eine Fülle an Informationen zur Bergtechnik und zum Hüttenwesen: Selbst die Kreuzzeichen über den hölzernen Türstockausbauten der Mundlöcher sind dargestellt und belegen die Eigenart der einfahrenden Bergknappen, sich im Berg unter den Schutz Gottes zu stellen. Aber auch die Arbeit des Markscheiders mit dem Kompaß, das Hängen der Stunde beim Vortrieb des Stollens, der Transport von Erz oder Bergen mit der Mulde, die Arbeit der Zimmerhauer mit dem mächtigen Beil oder auch die Konstruktion der Förderwagen sind zu erkennen. Bei der Genter Zeremonialkette wird wiederum das Denken in universalen Bereichen nachvollziehbar, wobei bemerkenswert ist, daß diese Kette, die in Gent verwendet wurde, Bergbauszenen in mehr als der Hälfte aller Kettenglieder aufweist, obwohl in Gent niemals Erzbergbau betrieben worden ist[24].

Ein weiteres, jüngeres, aber überaus reiches bergmännisches Bildprogramm zeigt der um 1543 von Georg Kobenhaupt aus Würzburg geschaffene sog. Rappoltsteiner Pokal. Dieses aus einer prächtigen Silbererzstufe des elsässischen Lebertals entstandene Meisterwerk der Juwelierkunst zeigt am reich verzierten Fuß Bildszenen mit der Erzgewinnung im Bergwerk: den Transport, die Aufbereitung der Erze und die Verhüttung, also wieder die allumfassende „Weltschau" des Montanwesens, wobei Kobenhaupt offenbar bildliche Vorlagen verwendet, die anschließend in der 1550 in Basel erschienenen zweiten Ausgabe von Sebastian Münsters „Cosmographia" gedruckt worden sind[25].

Tafel 16, S. 296: Bergwerke und Eisenhütten wurden schon frühzeitig Motive künstlerischer Darstellungen. In dem Gemälde von Joachim Patenier (um 1480–1524) ist eine Eisenhütte harmonisch in eine Landschaft eingefügt.

Neben den erwähnten Pokalen gibt es noch zahlreiche andere Prunkgefäße, die ihre Entstehung dem Bergbau verdanken und entsprechende Szenen mit technischen Details aufweisen. Genannt werden müssen die Oberharzer Bergkannen von 1652 und 1696, der 1625 von David Winkler geschaffene Willkomm der Saigerhütte Grünthal, die nach 1681 und 1684 von Andreas Müller gestalteten Deckelhumpen der Freiberger Berg- und Hüttenknappschaft, der im 17. Jahrhundert entstandene Berner Steigerbecher mit seinen Bildszenen, die Georg Agricolas Meisterwerk entnommen worden sind, oder auch der wegen seiner erotischen Bilder bekannte Holzschuher-Pokal aus den Jahren um 1535. Bergpokale in Glas sind gleichermaßen bekannt: Ein um 1750 in Sachsen entstandener Sturzbecher trägt eine geschnittene Bergbaudarstellung, für die eine Vignette der Karte von P. Schenk („Carte von Ertzgebürgischen Creyss in Churfürstentum Sachsen und allen darinnen befindlichen Aemtern") als Vorbild gedient hat[26].

Die große Anzahl von Dokumenten der Bildenden Kunst des 16. und 17. Jahrhunderts, die sich mit dem Bergbau beschäftigen bzw. von diesem unmittelbar oder mittelbar beeinflußt worden sind, ist auf das zunehmende Interesse der Landesherren am Bergbau und der daraus resultierenden jahrzehntelangen Blüteperiode aufs engste verknüpft. Eine gesteigerte technische Innovationsbereitschaft jener Zeit in allen Bergrevieren Mitteleuropas und auch der Neuen Welt verhalf dem Bergbau zu einer technologischen Spitzenposition. Mit der herausragenden Stellung dieses Wirtschaftszweiges im gesamtkulturellen Leben entstanden die erwähnten Kulturäußerungen, wobei häufig technische Anlagen und technologisches „Know-how" in die Darstellungsweise eingeflossen, teilweise exakt wiedergegeben worden sind. Die ökonomische Bedeutung der Metalle und das Wissen um ihre kosmologische Wertigkeit gingen eine enge Verflechtung ein und halfen bei der Schöpfung großartiger Kunstwerke. Andererseits war der religiös-theologische Kontext mit der spezifischen Arbeitsweise des Bergbaus unter Tage und seinen gegenüber „normalen" Tätigkeiten andersgearteten Methoden Anlaß zur Entstehung sakraler Kunstwerke. Den Werken des späten 15. und 16. Jahrhunderts – und auch noch des frühen 17. Jahrhunderts – ist ein Wesenszug eigen, der den Bergbau umfassend darzustellen versucht, d. h. das Montanwesen als Einheit von der Gewinnung der Erze über die Aufbereitung bis hin zur Verhüttung begreift. Deshalb werden meistens szenische Darstellungen komponiert und zu einer Folge zusammengeführt oder aber einem Ganzen untergeordnet. Die nachfolgenden Jahrzehnte weichen von diesem Verständnis ab und gehen eher auf Details ein, etwa insofern, als sie den Bergbau innerhalb einer Montanlandschaft quasi „verstecken"; die Gemälde des Marten van Valckenborch sind treffende Beispiele für diese Auffassung, wobei das Montanwesen fast zur Staffage „herabdegradiert" wird, wenngleich die einzelnen Szenen immer noch aufschlußreich bleiben. Das Faktum aber, daß das Montanwesen mit seinen Aktionen ein interessierendes Thema ist, dem sich die Künstler des 16. und 17. Jahrhunderts zu nähern gewußt haben, ist das eigentliche Faszinosum: Die Bergbau- und Hüttenszenen auf den Kunstwerken sind durchweg verfahrenstechnisch „richtig" wiedergegeben worden. Sie sind damit technikgeschichtlich bedeutsame Quellen, die belegen, wie unmittelbar der Wirtschaftszweig des Bergbaus in das gesellschaftliche Umfeld eingebunden gewesen war. Diese Symbiose des Bergbaus mit dem allgemeinen Leben und der Kultur ist wahrscheinlich nie so stark gewesen wie in diesen Zeiträumen des 16. und 17. Jahrhunderts, als der Metallerzbergbau und das Salinenwesen besonders in Blüte standen. Und es muß auch noch einmal darauf hingewiesen werden, daß erst die Wertschöpfung aus dem Montanwesen die Wege geebnet hat für die allgemeine, so vielfältige Kunstentwicklung des Spätmittelalters und der Frühen Neuzeit: Der Bergbau hat die ökonomischen Grundlagen geschaffen auch für viele Kunstwerke, deren Bezug zum Montanwesen nicht unmittelbar augenfällig ist. [VIII-3.1]

Literaturnachweise

1 *Winkelmann,* Heinrich (Hrsg.): Der Bergbau in der Kunst. Essen 1958, S. 12, 20, 21 und 70

2 Vgl. 1, S. 69f., S. 93–95; *Schiedlausky,* Günther: Die Freiburger Bergmannsfenster. In: Der Anschnitt, Jg. 5 (1953), Heft 2, S. 4–10

3 *Kasper,* Hanns-Heinz/*Wächtler,* Eberhard: Geschichte der Stadt Freiberg. Weimar 1986, S. 410, Abb. 7; *Wagenbreth,* Otfried/*Wächtler,* Eberhard (Hrsg.): Der Freiberger Bergbau. Technische Denkmale und Geschichte. Leizig 1985

4 *Morich,* Heinrich/*Dennert,* Herbert: Kleine Chronik der Oberharzer Bergstädte und ihres Erzbergbaus. Clausthal-Zellerfeld 1974, S. 74–77

5 *Stange,* Adolf: Der Hausbuchmeister. Gesamtdarstellung und Katalog seiner Gemälde, Kupferstiche und Zeichnungen, Baden-Baden 1958; *Filedt Kok,* J. P.: Vom Leben im späten Mittelalter. Der Hausbuchmeister oder Meister des Amsterdamer Kabinetts. Amsterdam 1985; *Slotta,* Rainer: Meisterwerke bergbaulicher Kunst und Kultur, Nr. 1. In: Der Anschnitt, Jg. 31, 1979, Heft 1, Beilage

6 *Winkelmann,* Heinrich. Schwazer Bergbuch. Lünen 1956, S. 60

7 *Winkelmann,* Heinrich: Schwazer Bergbuch. Lünen 1958, S. 72, 74 und Abb. 37–39

8 Vgl. 7, S. 74, 76 und Abb. 40; *Buschmann,* Wolfgang: Der Annaberger Bergaltar. Berlin 1985

9 Katalog der Ausstellung „Bergbau und Kunst in Sachsen". Dresden 1989, Nr. 496

10 Ausstellungskatalog „Kärntner Kunst des Mittelalters". Wien 1971, S. 66 ff. u. 103 f.; *Ludwig,* Karl-Heinz: Meisterwerke bergbaulicher Kunst und Kultur, Nr. 22. In: Der Anschnitt, Jg. 35 (1983) Heft 3, Beilage

11 *Lustenberger,* Suzanne: Martin Schaffner, Maler zu Ulm. In: Schriften des Ulmer Museums. N. F., Jg. 2, Ulm 1959; *Lustenberger,* Suzanne: Martin Schaffner Maler zu Ulm. Zug 1961; *Slotta,* Rainer: Martin Schaffners „Bildertisch des Asymus Stedelin". In: Der Anschnitt, Jg. 34 1982, S. 60–88

12 *Von Knorre:* Matthias Gerung „Melancholie". In: Jahrbuch der Staatlichen Kunstsammlungen in Baden-Württemberg, Jg. 12 (1975), S. 275–278; *Geissler,* Heinrich: Zeichnung in Deutschland – Deutsche Zeichner 1540–1640. Stuttgart 1979, S. 22 f.

13 *Prost,* Bernard: La tapisserie de Saint Anatoile de Salins. In: Gazette des Beaux-Arts, Jg. 34 (1892), S. 496–507; *Barbier,* Marcel: Bergbau und Kunst im Laufe der Jahrhunderte. Paris 1956, S. 20 f.

14 Vgl. 6; *Egg,* Erich: Schwazer Bergbuch. Kommentarband. Graz 1988

15 *Winkelmann,* Heinrich: Bergbuch des Lebertals. Lünen 1962

16 *Georgius Agricola:* De re metallica libri XII. Basel 1556; *Georgius Agricola:* Zwölf Bücher vom Berg- und Hüttenwesen. Basel 1557; *Georgius Agricola:* Zwölf Bücher vom Berg- und Hüttenwesen. München 1977; *Suhling,* Lothar: Bergbau und Hüttenwesen in Mitteleuropa. In: Agricola (1977), S. 570–584; *Georgius Agricola* 1494–1555 zu seinem 400. Todestag. FS des Akademie-Verlags. Berlin/Ost 1955

17 *Slotta,* Rainer. Meisterwerke bergbaulicher Kunst und Kultur, Nr. 15. In: Der Anschnitt, Jg. 34 (1982), Heft 1, Beilage

18 Vgl. 12 (Geissler), S. 244–247; *Slotta,* Rainer: Meisterwerke bergbaulicher Kunst und Kultur, Nr. 39. In: Der Anschnitt, Jg. 39 (1987), Heft 4, Beilage; *Zimmer,* Jürgen: Allegorie des Bergbaus oder der Erde. In: Prag um 1600. Kunst und Kultur am Hofe Rudolfs II. Ausstellung Kulturstiftung Ruhr. Freren 1988. S. 231 f.

19 *Ederer,* Antonin: Vzácný dokument první tunelové stavby v Cechàch (Der erste Tunnelbau in Böhmen – ein kostbares Dokument). In: Svét technicky, Jg. 5 (1954), S. 566 ff.; *Slotta,* Rainer: Meisterwerke bergbaulicher Kunst und Kultur, Nr. 45. In: Der Anschnitt, Jg. 41 (1989), Heft 1, Beilage

20 Vgl. 7, S. 24 f.; *Dennert,* Herbert: Der große Grubenriß des Oberbergmeisters und Markscheiders Daniel Flach von den Gruben und Wasserlösungs-Stollen auf dem Zellerfelder Hauptgange zwischen den Bergstädten Wildemann und Zellerfeld Anno 1661. Lünen 1974

21 Vgl. 7, S. 136 u. Abb. 72 u. 73; *Halm,* Philipp Maria/*Berliner,* Rudolf: Das Hallesche Heiltum. Berlin 1931

22 *Schiedlausky,* Günther: Bergmännische Handsteine. In: Der Anschnitt, Jg. 3 (1951), Heft 5/6, S. 12–17; *Schiedlausky,* Günther: Der Handstein mit dem

Bergmotiv. In: Der Anschnitt, Jg. 4 (1952), Heft 2, S. 8–12; Vgl. 7, S. 134ff. u. Abb. 148–175

23 *Griep,* Hans-Günther: 1000 Jahre Goslarer Bergbau. In: Der Anschnitt, Jg. 20 (1968), Heft 3, S. 2; *Griep,* Hans-Günther: Die Goslarer Bergkanne. Die Beziehungen des St. Georg und der Engel an der Bergkanne zur bergmännischen Kunst und Metallsymbolik. In: Der Anschnitt, Jg. 21 (1969), Heft 3, S. 17–21

24 *Slotta,* Rainer: Die Zeremonialkette von Gent – ein Meisterwerk spätmittelalterlicher Goldschmiedekunst. In: Der Anschnitt, Jg. 30 (1978), Heft 1, S. 2–19

25 *Thoma,* Hans/*Brunner,* Herbert: Katalog der Schatzkammer der Residenz München. München 1964, S. 47f. (Nr. 43); Vgl. 7, S. 151f. u. Abb. 230 ff.

26 *Pittioni,* Richard: Der Berner Steigerbecher. Wien 1972; *Pittioni,* Richard: Der Holzschuher-Petzolt-Pokal des Jahres 1626. Wien 1969

Industrielle Revolution in der Bildenden Kunst des 19. Jahrhunderts

Christoph Bertsch

1777 erteilt Pietro Pisani (geb. 1740) an Antonio Canova (1757–1822) einen Auftrag zur Errichtung der Skulpturengruppe „Daedalus und Ikarus“ für eine Nische an seinem Palast am Canale Grande in Venedig. Diese 1779 vollendete und sich heute im Museo Correr befindliche Arbeit steht für den endenden Glauben an den immerwährenden technischen Fortschritt, zeigt nach Horst Bredekamp [1] die Trennung von Kunst und Technik, stellt den Schönen Künsten die Technik gegenüber.

Der griechische Mythos nennt Daedalus den Vater von Kunst und Technik. Beide sind Geschenke der Götter, aber beide sind von Menschenhand. Daedalus wird bei Canova beim Anlegen der Flügel seines Sohnes Ikarus gezeigt, wie es in den Metamorphosen des Ovid, VIII, 208 heißt: „Auch nützliche Lehren im Fliegen gibt er ihm noch und paßte den Schultern an das unvertraute Gefieder. Unter dem Tun und der Warnung benetzt sich die Wange des Greises und ihm zittert die Hand“ [2].

Daedalus erscheint als der Techniker, welcher die Natur benützt, während Ikarus als Ideal des Schönen in der Imagination beheimatet ist. Ikarus steht für Aufstieg, Euphorie und Sturz, wird häufig als Chiffre für Freiheit verstanden. Mit ihm sind Sehnsüchte, Hoffnungen und Utopien verbunden, deren Erfüllung in der Frühphase der Industrialisierung von der Maschine erwartet werden.

Kunst und Technik gehen über weite Strecken der Geschichte gemeinsame Wege, die Trennung bahnt sich im frühen 17. Jahrhundert mit den Erkenntnissen von Galileo Galilei (1564–1642), Isaac Newton (1643–1727) oder Johannes Kepler (1571–1630) an, bleibt lange unerkannt und wird erst Ende des 18. Jahrhunderts mit der beginnenden Industriellen Revolution offensichtlich [3]. Die technische Entwicklung, Industrialisierung und Massenproduktion werden fortan zwar zu einem Thema der Bildenden Kunst, werden durch Malerei und Graphik interpretiert und dargestellt, die Technik aber erobert und verändert die Welt ohne künstlerische Bindungen.

Diese Darstellungen im Zusammenhang mit Industrialisierung und technischer Entwicklung im 19. Jahrhundert zeigen äußerst vielschichtige Aspekte, die zu behandelnden Objekte erstrecken sich von Gemälden erstrangiger Künstlerpersönlichkeiten bis hin zur täglichen Gebrauchsgraphik. Das vorhandene Material bringt es mit sich, daß die Arbeiten eine stark unterschiedliche künstlerische Qualität aufweisen und von Auftragswerken für Unternehmer bis zu die Technik karikierenden Graphiken reichen. Den meisten Darstellungen gemeinsam ist die Abhängigkeit von historisierenden Strömungen, sowohl in ikonographischer wie stilistischer Hinsicht.

Allegorische Darstellungen

Zwei Federzeichnungen von Wilhelm von Kaulbach (1805–1874), „Der Kampf der alten und neuen Zeit" und „Die Erzeugung des Dampfes" (siehe S. 465), beide zwischen 1855 und 1859 entstanden, zeigen die allegorische Sehweise des 19. Jahrhunderts[4]. Im „Kampf der alten mit der neuen Zeit" – in den Staatlichen Graphischen Sammlungen in München – finden wir in der oberen Darstellung einen geflügelten Mann mit einem Drachenwagen, welcher die Mitgartschlange bändigt. Vor ihm die Andeutung eines Schornsteins, im Hintergrund ein Telegraphendraht mit einem geflügelten Wesen. Die Wiederholung des Drachenwagens in der unteren Bildhälfte zeigt uns, daß es sich dabei um eine Allegorie der Eisenbahn handelt, die Kaulbach unendlich lang, erdumspannend wie die Mitgartschlange zeigt. Die beigegebene Beschriftung gibt weitere Auskunft: „Die Ritter und Feudalherrschaft/gehen zum Teufel/Industrie, Bürgertum und Bauern/gehen auf wie die Blumen/in aller Pracht/wie die alte Mitgartschlange überzieht sie die Erde." Eisenbahnen besiegen die mittelalterliche, feudalistisch geprägte Epoche, sie gelten für den Künstler als Repräsentanten des industriellen und technischen Fortschritt. [VII-5.12]

Daß allegorische Darstellungen häufig abstrakte Phänomene wie die Dampfkraft oder die Elektrizität versinnbildlichen sollen, zeigt eine zweite Arbeit von Kaulbach, die „Erzeugung des Dampfes" betitelt. Vulkan, mit feuerzüngelndem Haar und Feuerzungen an den Fersen, erobert eine Nymphe, die Erzeugung des Dampfes wird wörtlich genommen, er wird in der rechten Bildhälfte in fließendes Wasser verwandelt, während links im Bild die geballte und geflügelte Kraft

Wilhelm von Kaulbach: „Kampf der alten und der neuen Zeit". Federzeichnungen um 1855. Staatliche graphische Sammlungen, München.

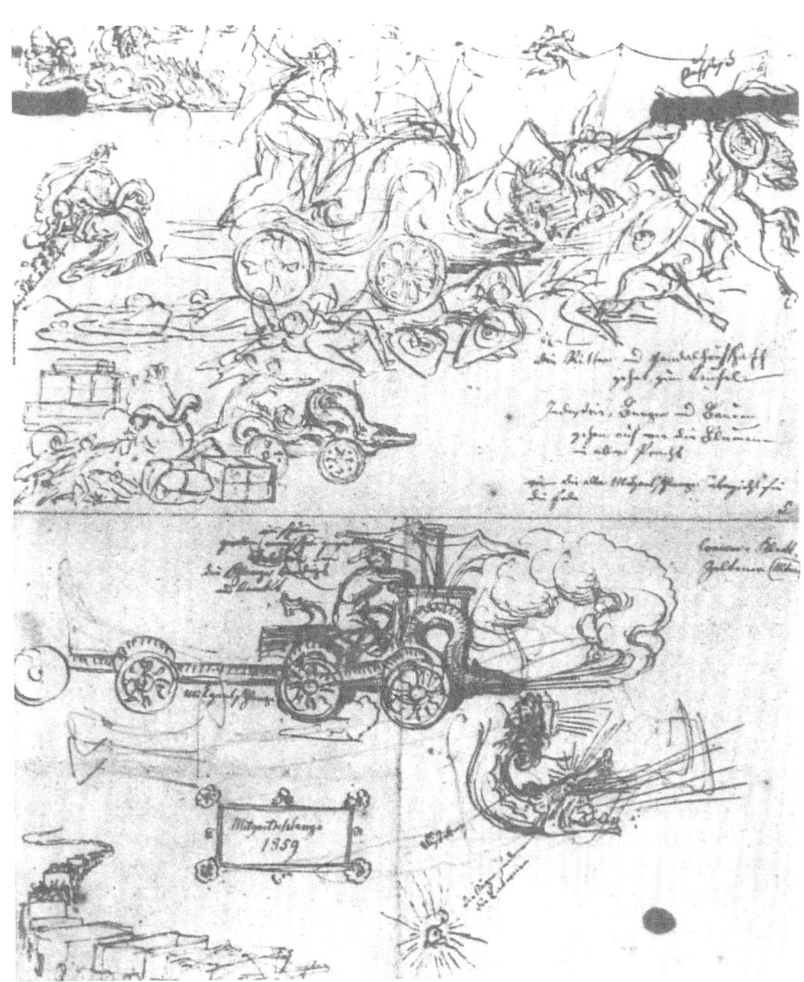

als Antriebsenergie ein Rad auf Schienen bewegt, wohl stellvertretend für eine Lokomotive. Auch Ignatius Taschner (1871–1913) mit seiner Darstellung „Elektrizität", um 1900 entstanden, verweist auf die Sexualität als drastisches Gleichnis eines technischen Vorgangs. Über einer sturmzerwühlten Landschaft umarmen sich eine männliche und eine weibliche nackte Allegorie, es entsteht elektrischer Strom. Auch die Medaillons der Podeste versinnbildlichen die Vorstellung, daß polare Prinzipien in den Sphären aufeinanderstoßen und ein Gewitter erzeugen.

Verherrlichungen neuer technischer Erfindungen um die Jahrhundertwende waren Ausdruck der großen Hoffnungen, die man in die technische Entwicklung setzte. Ignatius Taschner: „Elektrizität", um 1900.

Die Kombination von tradierten allegorischen Darstellungen mit neuen, für das 19. Jahrhundert charakteristischen Attributen, zeigen uns Darstellungen auf Rechnungsformularen unternehmerischer Gebrauchsgraphik [5]. Die Rechnung der Firma „Julius Fischl, Wien 1884" gibt die Personifikation von Handel und Industrie wieder, welche auf Podesten mit Gewerbemedaillen stehen. Der personifizierte Handel verbindet das herkömmliche Symbol des Zirkels mit einem Zahnrad als neuen Hinweis für industriellen Fortschritt, die Industrie zeigt neben Hammer mit Amboß im Hintergrund einen rauchenden Schornstein als Attribut für industrielle Dynamik.

Reichhaltig sind auch die allegorischen Darstellungen – die hier nur beschrieben werden – auf dem Rechnungsformular der Druckerei „Korff & Beyer", Wuppertal 1865, mit einer allegorischen Darstellung auf die Künste. Vier weibliche Gestalten, antikisch gekleidet, sind in ein schöpferisches Tun versunken, während im Hintergrund ein männlicher Akt posiert. Alle Möglichkeiten allegorischer Darstellungen des 19. Jahrhunderts auf Briefköpfen zeigt uns das „Patent-Bureau Richard Lüders", Goerlitz 1894. Neben der Darstellung von Minerva mit der Eule am Helm, barfüßig und antikisch gewandet, in der Bildmitte auf einer Säule sitzend, befinden sich links von ihr zwei Knaben und ein Mädchen mit einem Reichspatent, Spinnrocken, und einem gezahnten Rad. Im Hintergrund finden sich zwei Züge mit kräftig rauchenden Lokomotiven, Schiff und Leuchtturm. Eine Telegraphenleitung durchquert die Landschaft ebenso wie ein gewaltiger Eisenbahnviadukt, beides Errungenschaften des 19. Jahrhunderts.

Landschaftsgebundene Darstellungen

Landschaft und Natur gewinnen seit der Aufklärung immer mehr an Bedeutung, und es erscheint in unserem Zusammenhang von besonderem Interesse, wie der Künstler des 19. Jahrhunderts auf das Verhältnis von Industrieanlage und der sie umgebenden Natur reagiert, wel-

Ausschnitt aus einer Rechnung der Firma Julius Fischl in Wien aus dem Jahr 1884. Lithographie aus Privatbesitz.

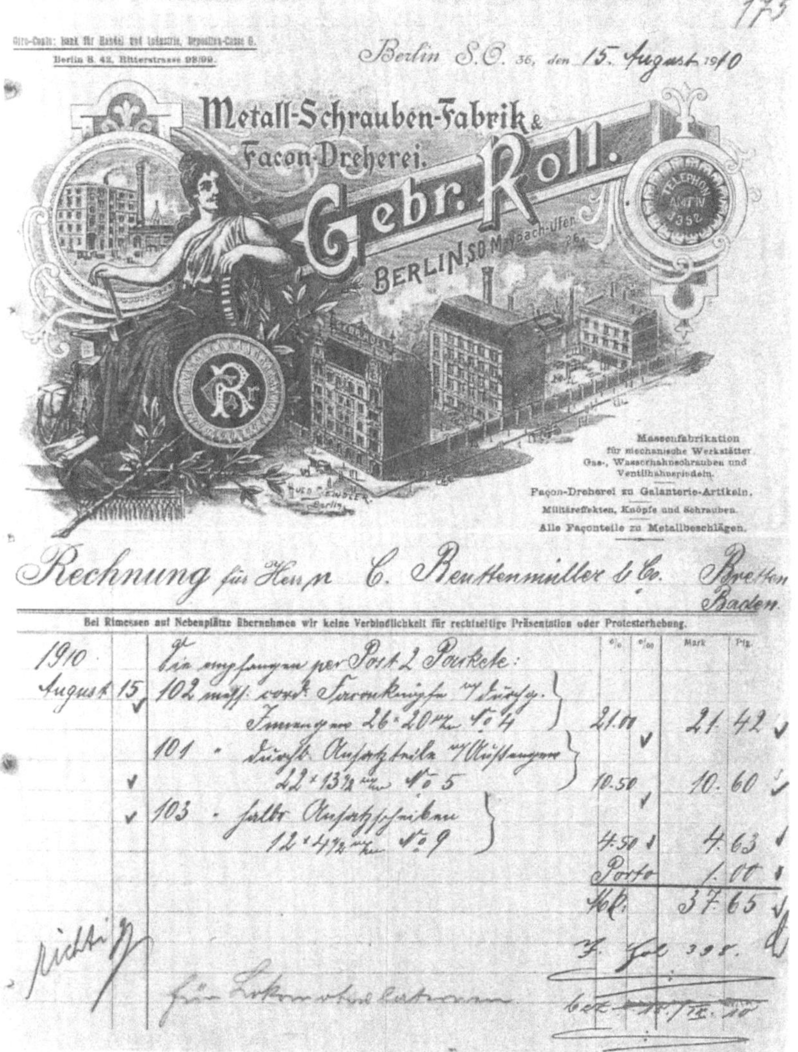

175

Giro-Conto: Bank für Handel und Industrie, Depositen-Casse G.
Berlin S. 42, Ritterstrasse 98/99.

Berlin S.O. 36, den 15. August 1910

Metall-Schrauben-Fabrik & Facon-Dreherei.
Gebr. Roll.
BERLIN, S.O. Maybach-Ufer 26.

TELEPHON AMT IV 1352

Massenfabrikation
für mechanische Werkstätter
Gas-, Wasserhahnschrauben und Ventilhahnspindeln.
Façon-Dreherei zu Galanterie-Artikeln,
Militäreffekten, Knöpfe und Schrauben.
Alle Façonteile zu Metallbeschlägen.

Rechnung für Herrn C. Beuttenmüller & Co. Bretten Baden.

Bei Rimessen auf Nebenplätze übernehmen wir keine Verbindlichkeit für rechtzeitige Präsentation oder Protesterhebung.

			%	%₀	Mark	Pfg.
1910		... per Post 2 Packete:				
August	15	102 ...	21.11		21.	42
		101 ...	10.50		10.	60
		103 ...	4.50		4.	63
		Porto			1.	00
					37.	65

Eine allegorische Figur mit einem Zahnrad und einem Lorbeerzweig versinnbildlicht die Erwartungen, die man um die Jahrhundertwende von der industriellen Entwicklung hegte. Die Abbildung zeigt die Rechnung einer Metall- und Schraubenfabrik von 1910. Der illustrierte Rechnungskopf nimmt mehr als die Hälfte des Rechnungsformulars ein.

che Funktion die Natur im Bild zu übernehmen hat. Im Zuge der immer stärker auftretenden Naturbegeisterung werden Begriffe wie Naturrecht, Naturgefühl und Naturphilosophie aktuell. Zwar wird es dem Menschen durch die Entwicklung der Wissenschaften und der Technik möglich, die Natur zu beherrschen, sie sich zu Nutze zu machen, aber es kommt gleichzeitig durch die Entstehung der Indu-

Tafel 17, S. 296:
Das Lendersdorfer Walzwerk bei Düren, das Stammwerk des späteren Hoesch-Konzerns, 1838.

Eine Göttin mit brennender Fackel geht der Arbeit der Ingenieure voraus.
Ausschnitt einer Rechnung des „Patent-Bureaus" Richard Lüders aus Görlitz.
Westfälisches Wirtschaftsarchiv, Dortmund.

striestädte sowie durch den arbeitsteiligen Produktionsprozeß zu einem Identitätsverlust[6]. Dieser kann durch die Landschaftsmalerei hinterfragt werden. So erhalten Eisenhütten und Fabrikanlagen bereits kurz nach 1800 als Bestandteil der Landschaft vermehrt Bildwürdigkeit, sie werden gleichsam porträtiert. Generell kann mit Beate Ermacora[7] festgestellt werden, daß der überwiegende Teil der Industrieansichten bis weit über die Jahrhundertmitte die Fabriken in ihrer sie umgebenden Natur zeigen, wobei es sich vornehmlich um eine Art Überblickslandschaft, mit einem leicht überhöhten Betrachterstandpunkt handelt. Es geht um die Einbettung in die Landschaft; das Interesse am Arbeiter, an Arbeitsabläufen oder an der Technik ist zweitrangig[8].

Johann Kaspar Rick (1829–1888) malt um 1850 die „Spinnerei Juchen der Textilwerke Herrburger und Rhomberg" in Dornbirn. Es handelt sich bei diesem Auftragswerk um die Darstellung der neben Pottendorf ältesten Spinnerei in Österreich, 1812 erbaut[9]. Das Bemerkenswerte der Darstellung, die hier nur beschrieben werden kann, zeigt sich einerseits im Fehlen jeglicher Industrieattribute, andererseits in der Verwendung von Figurengruppen im Vordergrund als Staffagefiguren ohne direkte Beziehung zur Fabrik. Die natürliche Ordnung der Landschaft wird durch die Industrialisierung nicht gestört, ja das Gegenteil ist der Fall: Industrie und umgebende Landschaft werden zu einer neuen Einheit gebracht. Dem Betrachter wird eine idyllische Atmosphäre geboten, Fabrikarbeiter, deren Anblick die konfliktfreie Ursprünglichkeit hätten stören können, finden keinen Platz im Bild. Dafür finden wir spielende Kinder im Vordergrund auf einer leichten Anhöhe, welche die arbeitenden Kinder in der Fabrik wohl ersetzen sollen. Kreishauptmann Ebner schreibt in seinen Aufzeichnungen über diese Spinnerei: „Die Verwendung so vieler Kinder (. . .) sah ich wahrlich sehr ungern, da ihre moralische und besonders physische Bildung notwendig dabei leiden muß. Es ist ein widriger Anblick, die armen Kinder eine ganze Nacht- oder Tagschicht, und zwar bei dem heftigsten Ölgeruche gleichsam an eine Stelle gebannt zu sein, was wenigstens ihrem körperlichen Gedeihen sehr hinderlich sein muß“ [10].

1831 ist die Fabrikansicht der „Spinnerei Brunnental“ in Bludenz entstanden. Im Mittelpunkt der Darstellung von M. Jehly, leicht nach links gerückt, befindet sich das bildbestimmende Spinnereigebäude, vier Geschosse zählend und zehn Achsen lang. Ein dominierendes Wasserrad an der Längsseite der Fabrik zeigt die Art der Energiegewinnung. Arbeiter sind keine sichtbar. Die Fabrik steht auf einer Wiese, auf der im rechten Bildteil Kühe weiden. Auf der linken Bildhälfte also die neue, industrielle Welt, auf der rechten die alte bäuerliche Welt, welche im ersten Drittel des 19. Jahrhunderts noch immer bestimmend war. Der Maler versucht sichtlich, das friedliche Mitein-

M. Jehly: „Spinnerei Brunnental“. Ölgemälde aus dem Jahr 1831. Privatbesitz.

ander der neuen mit der alten Welt zu verdeutlichen. Eine weitere Interpretation ist möglich, wenn die links am Bildrand befindliche Kirche mit in die Betrachtungen einbezogen wird. Die neue, industrielle Welt in Form der Fabrik zwischen den beiden Säulen der alten Welt, Kirche und Bauerntum, wobei beide bereits an den Rand gedrängt werden. Als Staffagefigur dient im Vordergrund ein bürgerlich gekleidetes Paar, das einen Kontrast zum bäuerlichen Gegenstück des Kuhhirten bildet.

Sowohl künstlerisch wie ikonographisch bemerkenswert ist ein Aquarell – auf das hier nur hingewiesen werden kann – „An der Traisen bei Markt Marktl" aus dem Jahre 1833 von Eduard Gurk, Niederösterreichisches Landesmuseum in Wien, welches uns die Verbindung der Gewehr- und Eisenfabrik Österlein samt rauchenden Schornsteinen mit einer Prozession auf der vorbeiführenden Straße zeigt. In diesem Zusammenhang muß auch die nach 1800 einsetzende Reisebewegung erwähnt werden, das aufkommende Bürgertum geht auf Bildungsreise, wobei auch industrielle Objekte als Sehenswürdigkeiten angepriesen werden. Eine große Zahl von Reiseberichten aus dieser Zeit ist die Folge.

Eine andere Auffassung zeigt Alfred Rethel (1816–1859) mit seiner sehr bekannten Darstellung der „Harkortschen Fabrik auf Burg Wetter" aus dem Jahr 1834, DEMAG AG, Duisburg. Rethel konstruiert einen kastenartigen Bildraum, die umgebende Natur zeigt sich lediglich als schmaler Bildstreifen links am Bildrand [11]. Rolf Fritz, welcher 1953 dieses Werk Rethel zuschrieb, sieht den Künstler mit großer Kraft die dramatische Auseinandersetzung zwischen der alten und der neuen Welt gestalten. Die Interpretation kann weitergeführt werden durch den Hinweis auf die Polarisierung von zerfallener Burg einerseits und Fabrikanlage andererseits. Die Repräsentanten der versinkenden Macht – Wehrbauten, Burgfried – in einem ruinösen Zustand, eingeklammert von den architektonischen Symbolen des aufkommenden Maschinenzeitalters, den rauchenden Schornsteinen. [X-4.1; X-4.2]

Eine weitere, als charakteristisch für die Jahrhundertmitte zu bezeichnende Darstellung sei erwähnt. Der nach 1836 von C. Meltzer gefertigte Kupferstich der „Eisenhütte Wildenthal" zeigt den Blick auf das Hammerwerk in einer landschaftsgebundenen Auffassung. Der Landschaftsausschnitt ist so gewählt, daß die Produktionsstätten in der Mitte der Darstellung zu liegen kommen. Das Bild wird von zwei hohen Bäumen gerahmt, im Vordergrund finden wir zwei Jäger mit einem Kind sowie zwei weitere männliche Staffagefiguren [12].

Bedeutung der Arabeske

„Jede Dekoration, also auch die ornamentale, ist zugleich Symbol (...), sie vermittelt eine Legitimation auf ideologischer Ebene“ [14]. Es ist im 19. Jahrhundert die Arabeske, der sich die Künstler bedienen, sie wird sowohl als reine Ornamentform verwendet, als ein Ordnungsgerüst im Sinne einer rahmenden oder gliedernden Funktion, wie auch mit der Hieroglyphe gleichgesetzt und erhält damit einen umfassenden Verweischarakter zugesprochen. Diese Mehrdeutigkeit der Arabeske, wie sie im 19. Jahrhundert von Philipp Otto Runge (1777–1810) und Friedrich Schlegel (1772–1829) verstanden wird, macht sie prädestiniert für hermetische Gehalte. Sie stiftet Zusammenhänge, versöhnt bestehende Widersprüche, ist für Friedrich Schlegel „poetischer Wildwuchs“ [15], welcher künstlerisch organisiert wird, beinhaltet eine „künstlerisch geordnete Verwirrung“, eine „reizende Symmetrie von Widersprüchen“ [16].

Alle diese Eigenschaften machen die Arabeske zur häufigsten Form der Gebrauchsgraphik im 19. Jahrhundert, zu einem unabdingbaren Bestandteil der unternehmerischen Korrespondenz. Die Darstellung der Industrie und ihrer Bauten erhält durch die Arabeske eine Gliederung und ornamentale Einbindung, ein Ordnungsgerüst, welches aus vielen sich widersprechenden Teilen einen einheitlichen Organismus schafft, wobei das Ornament selbst Elemente der Natur als integrierenden Bestandteil in sich aufnimmt. In diesem Verhältnis von Ornament und Natur liegt auch ein Grund für die Doppeldeutigkeit der Arabeske, sie ermöglicht es dem dargestellten Gegenstand, sich ihrer als ästhetische Legitimation zu bedienen.

Alle Formprinzipien der Arabeske in der frühromantischen Literatur führt Werner Busch an: kreisenden, gestaltlosen Rhythmus, künstlich geordnete Verwirrung, Häufung von Bildern, reizende Symmetrie, universale Korrespondenzen, musikalischer Aufbau, Fülle und Leichtigkeit [17].

Auf den Zusammenhang der Aufwertung der Arabeske in der Frühromantik und dem Kult der Kindlichkeit weist in der neuesten Literatur vor allem M. Neuwirth [18] in seiner Abhandlung über die präzise Umrißlinie hin, welcher in der Dichte der symbolischen Verzweigungen eine Faszination des gebildeten Bürgertums und der Aristokratie erkennt, das „in der romantischen Überhöhung der Wirklichkeit, in der irrationalen Koppelung der realen Versatzstücke den Weg zu neuen, gesteigerten Befindlichkeiten sieht“ [19]. Die Arabeske erfährt im 19. Jahrhundert allerdings insofern eine Veränderung, als sie als ursprünglich rein pflanzliches Ornament durch die Kombination mit Figuren und Gegenständen eine Erweiterung erfährt. In der unternehmerischen Gebrauchsgraphik stellt die Arabeske den Zusammenhang von Schrift und Bild her, wobei sie durch Aufnahme von Abbildungen und Figuren ins Ornament ihre Aussage noch verstärkt[20].

Die Arabeske tritt erst nach der Jahrhundertmitte gehäuft in Erscheinung, zu einer Zeit, in der die Darstellung ganzer Fabrikanlagen aufkommt und sich Schrift, Abbild realer Gebäude und allegorische Personifikationen ergänzen. In dieser Fülle der Informationen erhält die Arabeske eine ordnende, rahmende, Sinnzusammenhänge herstellende Aufgabe. Indem sie selbst singende Vögel, Kornähren, Früchte und Blumen in sich aufnimmt, aus sich heraus wachsen läßt, verstärkt sie ihre Funktion, Widersprüche vordergründig zu versöhnen, „Fortschrittsgläubigkeit biedermeierlich einzukleiden, Industrie, ihre Bauten und ihre Arbeit zu ästhetisieren“[21]. Fabrikanlagen sollen wie natürlich gewachsen erscheinen, der Zwiespalt zwischen Natur und Industrie gilt als aufgehoben.

Am 2. Juni 1841 sucht Johann Friedrich Klett beim Nürnberger Magistrat um Erlaubnis für den Bau einer Maschinenfabrik samt Eisengießerei[22]. Er wolle, so in seinem Ansuchen, einem längst gefühlten Mangel an Maschinen abhelfen und hoffe, so schreibt er weiter, nicht nur nicht gestört und aufgehalten zu werden, sondern auf allemögliche Weise gefördert und unterstützt. Die Errichtung dieser Fabrik bringt den Widerstand zweier Personengruppen mit sich, der als charakteristisch für die erste Phase der Industrialisierung bezeichnet werden kann. Der Adel, welcher um die Störung seines Lebensstils bangt, welcher glaubt, durch Lärm und üblen Geruch belästigt zu werden, wehrt sich ebenso wie die Handwerker und Heimarbeiter, welche in einer industriellen Produktion die Gefährdung ihrer Existenz sehen.

Der Magistrat lehnt die Einsprüche ab, und wir lernen in den ersten Jahren der Klettschen Maschinenfabrik zwei Persönlichkeiten kennen, welche das gesellschaftliche Gegenstück zu Adel und Heimarbeiter bilden. Es ist dies Theodor Cramer-Klett, der den Typus des aufgeklärten, kaufmännisch orientierten Unternehmers darstellt, der bereits mit 29 Jahren die größten Hindernisse für die Entwicklung der Industrie in der Bürokratie, der Zensur und dem Priestertum sieht. Dem späteren Freiherr Cramer-Klett zur Seite steht Johann Ludwig Werder (1808–1885), Werkmeister und leitender Ingenieur, der den gesellschaftlichen Aufstieg hochqualifizierter Techniker im 19. Jahrhundert verkörpert.

Eugen Napoleon Neureuther: „Maschinenfabrik von Klett & Co., Nürnberg". MAN-Archiv.

1858, weniger als zwanzig Jahre nach der Gründung des Unternehmens, gibt Cramer-Klett an Eugen Napoleon Neureuther den Auftrag, das Unternehmen im Bild festzuhalten. Das Ergebnis ist ein Schlüsselbild der Industriedarstellung zur Mitte des 19. Jahrhunderts, ein Beispiel für die Verwendung der Arabeske[23]. Diese Industrieallegorie wird von einem architektonischen Gerüst beherrscht, die Innenräume der einzelnen Raumkompartimente öffnen sich zum Betrachter hin und geben einen Einblick in die Produktionsprozesse. Eine große Freitreppe, welche bis zum ersten Geschoß reicht, bildet die vordere Raumzone, ihre Stirnseite ist mit einem Relief geschmückt, das die Dampfkraft in Form eines sechsarmigen Riesen darstellt. Auf der obersten Stufe, in der Mittelachse der Gesamtkomposition, finden wir zwei Frauengestalten als Allegorien der Physik und Mathematik, zwischen sich einen kleinen Genius, den lenkenden Verstand des Unternehmens verkörpernd. Auf den Treppen sitzen die leitenden Ingenieure des Unternehmens mit Plänen und Meßwerkzeugen.

Im Kellergeschoß befindet sich die Dampfmaschine, das Zentrum der Energieerzeugung, die Wurzel aller technischen und maschinellen Arbeit, auf welcher alle Tätigkeiten aufbauen. Im Erdgeschoß die primären industriellen Fertigungen wie Eisengießerei, Schmiede, Tischlerei und Sattlerei zur Herstellung von Personen- und Güterwagen, gefolgt im ersten Stock von den mechanischen Werkstätten der Klettschen Maschinenfabrik mit fräsenden, feilenden und bohrenden Arbeitern, welche Maschinen herstellen. Darüber erscheint gleichsam als Synthese dieses arbeitsteiligen Produktionsprozesses eine Fabrikvedute, außerhalb des historischen Zentrums von Nürnberg gelegen, welches am Horizont mit seinen Denkmälern erscheint. Diese Gesamtdarstellung wird gerahmt von den Sinnbildern eines alles regulierenden natürlichen Zeitbegriffs mit einem Regenbogen, welcher den Morgen mit einem krähenden Hahn und den Abend mit einem Halbmond verbindet. Rauch und Naturschauspiel durchdringen sich gegenseitig, werden zur Schmuckform. In der Mittelachse über der Fabrikdarstellung sehen wir einen geflügelten Wagen mit den Gestalten der Industrie, des Verkehrs und des Handels, allesamt Allegorien, welche den technischen Fortschritt verkörpern. Auf gleicher Höhe befinden sich in den Schornsteinen kleine Dachkammern, die die kaufmännischen Organisatoren und die Leiter des Unternehmens aufnehmen. Bücher und Akten verdeutlichen deren Tätigkeit. Hier wird der unternehmerische Erfolg geplant, welcher bildnerisch dargestellt als Fries die Darstellung nach oben abschließt. Hier finden wir abwechselnd Gewerbemedaillen und die wichtigsten ausgeführten Aufträge wie den Glaspalast in München, den königlichen Wintergarten in München, die Gitterbrücke bei Bamberg usw. Die gesamte Darstellung wird von einer Rosenhecke weitgehend umrahmt, eine Arabeske, welche dazu dient, eine Synthese von Natur und Industrie herzustellen, den Produktionsbetrieb wie natürlich gewachsen erscheinen zu lassen und Widersprüche formaler oder inhaltlicher Art zu versöhnen. Die Industrie und ihre Bauten, ja im Grunde die Arbeit selbst, soll hier ästhetisiert werden.

Tilmann Buddensieg[24] weist darauf hin, daß, was auch immer an allegorischen Darstellungen im Bild erscheinen mag, Konsequenz einer säkularisierten, nicht-christlichen Organisationsform des neuen Sozialgebildes Fabrik entspricht. Ludwig Feuerbach (1804–1872) erklärt bereits 1842 das Christentum als negiert in der Wissenschaft und im Leben, in der Kunst und der Industrie, gründlich, rettungslos und unwiderruflich. Wir finden bei ihm in seiner „Nothwendigkeit einer Reform der Philosophie“ sogar eine mögliche Begründung für die räumliche Gliederung des Bildes von Neureuther. „Mit der Verteilung an verschiedene Orte (. . .) beginnt die organisierte Natur. Nur im Raume orientiert sich die Vernunft (. . .) verschiedenes an verschiedene Orte zu stellen, räumlich zu scheiden was qualitativ verschieden, das ist die Bedingung jeder Ökonomie, selbst der geistigen.“ Wir

„unterordnen die Erscheinungen und Dinge der Natur einander im Verhältnis von Grund und Folge, Ursache und Wirkung, weil auch faktisch, sinnlich, gegenständlich, wörtlich, die Dinge in einem solchen Verhältnis zueinander stehen“ [25]. [II-4.1]

Versucht die Malerei die Industrieanlage in die Landschaft eingebettet erscheinen zu lassen, übernimmt bei der unternehmerischen Gebrauchsgraphik die Arabeske eine ähnliche Funktion [26]. Die Formulare des 19. Jahrhunderts sind ausschließlich als Auftragsarbeit entstanden und waren bis vor wenigen Jahren bestenfalls als Quellenmaterial der Industrie- und Technikgeschichte bekannt. Insbesondere im Bereich der Industriearchäologie kommt ihnen heute ein wichtiger Stellenwert als Schlüssel zu Datierungsfragen zu. Firmenbriefköpfe sind ein unentbehrliches Hilfsmittel für die technische Denkmalpflege, wenngleich die Richtigkeit der Quelle nicht immer gegeben ist. Durch die Wahl der Vogelperspektive werden Korrekturen der Baudimension vorgenommen, das falsche Größenverhältnis von Mensch und Bau ist offensichtlich. Diese Firmenkorrespondenz kann auch der Wirtschafts- und Sozialgeschichte dienlich sein, wenn die Analyse die Bedingungen und Rückwirkungen des wirtschaftlichen und sozialen Wandels nicht außer acht läßt. Die Kunstgeschichte liefert bei einer entsprechenden formalen Untersuchung unter Bedachtnahme auf ikonographische Zusammenhänge wertvolle Erkenntnisse für die allgemeinen Geschichtswissenschaften. Denn die graphische Gestaltung gibt Einblick in das Selbstverständnis der Unternehmer und zeigt den Wandel seiner Selbstdarstellung auf. Im folgenden soll lediglich die Funktion der Arabeske in unserem Zusammenhang untersucht werden, Briefköpfe mit Gewerbemedaillen, Fabrikansichten und die Kombination beider zum Schmuckbild bleiben weitgehend unberücksichtigt.

Die Briefköpfe der „Gebrüder Grassmayr“, Feldkirch 1869, und „Fr. Leder“, Rapperswyl 1879, zeigen die Aufnahme von natürlichen Gegenständen wie Fruchtgirlanden und Vögel, welche damit einen neuen Aspekt im Verhältnis zur Natur bringen. Eine Kombination der einzelnen Aspekte – Fabrikansicht, allegorische Gestaltung und Arabeske – zeigt der Briefkopf „Turck Witwe“, Lüdenscheid 1875. Wir finden die allegorischen Darstellungen von Merkur und Minerva mit den üblichen Attributen samt rauchenden Schornsteinen, gezähntes Rad und Bienenkorb. Zwischen diesen Allegorien von Industrie und Handel wird die Industrieanlage der Witwe Turck sichtbar, wiederum mit rauchenden Schornsteinen, die Gesamtdarstellung wird von Arabesken eingefaßt und gegliedert. Die Lokomotive, hier aus dem Kontext der Schiene gelöst, wird zum generellen Sinnbild des Fortschritts.

Von Unternehmern, Heiligen und Arbeitern

Neben den häufig auftretenden Staffagefiguren bei Industrieansichten, meist durch ihre Kleidung als städtische Bevölkerung erkennbar, gilt es vor allem auf drei Gruppen figürlicher Darstellung zu verweisen: Unternehmer, Heilige und Arbeiter.

Mit dem zunehmenden Selbstbewußtsein der Unternehmer im 19. Jahrhundert, mit dem Wissen um ihre Position innerhalb der Gesellschaft, finden wir Porträts der Industriellen mit der Fabrikanlage im Hintergrund. Im Gedanken an die Repräsentation greift man auf bewährte Vorbilder wie das höfische Bildnis zurück. Beate Ermacora[27] betont, daß es sich in beiden Fällen nicht um Privatporträts handelt, sondern um solche, welche übergeordnete Ideen zum Ausdruck bringen sollen. Steht hinter adeligen Repräsentationsporträts die Absicht, auf die historische Stellung der dargestellten Person zu verweisen, auf eine potentielle Größe und darüber hinaus auf die Idee eines idealen Staates, so zeigt die Darstellung des Unternehmers seine Funktion im Wirtschaftssystem und eine durch ihn verkörperte vorbildliche Unternehmensführung.

Im Bildnis des „Franz Ritter v. Ferro", 1845 von Josef Ginovszky (1800–1857) – es wird hier nur darauf hingewiesen – mit dem Hochofen in Vordernberg im Hintergrund, haben wir ein typisches Beispiel vor uns. Persönliches Engagement sowie die Verschmelzung von Werk und Person zu einer optischen und ideellen Einheit sind unverkennbar. Auch die Uniform des Oberverwalters der Eisenerzer Hütten nimmt konkret auf seine Aufgaben bezug. Ähnlich angelegt ist die Darstellung des „Heinrich Kraemer vor der Fabriksanlage der Eisenhütte Quint", von Louis Krevel, aus dem Jahr 1838. Dieses Porträt hat im analog angelegten seiner Frau Henriette sein Pendant. Auch hier posieren Fabrikherr samt Gattin in repräsentativer Haltung und nehmen den Großteil des Bildformats ein. Die Quinter Eisenhütte wurde von der Eisenhüttenfamilie Kraemer 1825 übernommen, Heinrich Kraemer wurde schließlich Königlich Preußischer Kommerzialrat. Sein Porträt zeigt die versuchte Überhöhung des Einzelnen, persönliche Macht und Besitz werden nicht zuletzt durch die Einbeziehung des Jagdhundes auf landsherrliche Art repräsentiert. Die Industrieanlagen befinden sich rechts und links des Porträtierten im Hintergrund, rauchende Schornsteine verdeutlichen die Kraft und Produktivität. Analog ist das Porträt seiner Gattin Henriette aufgebaut[28].

Wenig erforscht sind bisher Industriebilder, welche dem göttlichen Schutz empfohlen werden. In der Pfarrkirche in Nenzing befindet sich

Louis Krevel: „Heinrich Kraemer und Henriette Kraemer", Trier, 1838.
Die Ölgemälde zeigen das Unternehmerehepaar vor dem Hintergrund der eigenen Fabriken und Besitzungen.

die Darstellung der „Hl. Agathe mit drei Engeln", schwebend über dem Dorf Nenzing mit der Spinnerei Getzner und Mutter, eine Darstellung um 1835, also kurz nach der Erbauung der Fabrik. Bemerkenswert die „Prozessionsfahne der Textilwerke Jenny & Schindler" in Telfs aus dem Jahr 1845, wobei die rauchende Fabrik dem Schutz des Bischofs Severin anempfohlen wird, erkenntlich an der weißen Taube in Kombination mit einem Weberschiffchen. Daneben die weibliche Personifikation des Textilgewerbes. Die himmlische Zone nimmt den Großteil der Darstellung ein, im Zentrum ein in ein Dreieck gestelltes Auge Gottes, von einem Strahlenkranz umgeben,

dem zwei Engel beigegeben sind. Die dargestellten Personen haben die Aufgabe, die Fabrik dem göttlichen Schutz zu empfehlen. Die Herleitung solcher Darstellungen hängt mit dem volkstümlichen Votivbild zusammen, auch läßt sich feststellen, daß diese Industriedarstellungen unter dem göttlichen Patronat vor allem in ländlich orientierten Gegenden zu finden sind.

Neben Unternehmern und Heiligen sind die Arbeiter der dritte Personenkreis, welcher auf Darstellungen zu unserer Problemstellung zu finden sind. Wenngleich ihr Nichtaufscheinen bei einem erheblichen Teil der Industriedarstellungen im 19. Jahrhundert beinahe aussagekräftiger ist als ihre Darstellung. Dies läßt Rückschlüsse auf die Anerkennung und Wertung ihrer Tätigkeit zu. Wo sie auftreten, werden sie oft nur zur Demonstration technischer Vorgänge verwendet, nicht als menschliche Individuen dargestellt, sondern als Bestandteil eines funktionierenden Betriebes.

Beinahe ein Kultbild des Arbeitsprozesses wurde das „Eisenwalzwerk" von Adolf Menzel aus dem Jahr 1875[29]. Dargestellt ist das damals modernste Eisenwalzwerk zur Herstellung von Eisenschienen in Königshütte. Menzel selbst hat den Arbeitsvorgang seiner Darstellung beschrieben, eine Vielzahl von Skizzen und Zeichnungen dokumentieren das jahrelange Bemühen des Künstlers um dieses Thema. Menzel zeichnet nach technischen Werken, skizziert in einer Berliner Eisengießerei und arbeitet auch in Königshütte selbst. Das Bild entsteht in seinem Berliner Atelier, wobei Menzel aus seinem Vorrat an Studien und Zeichnungen Detail um Detail auswählt. Das Ausschnitthafte der Darstellung wird durch das horizontale Format unterstrichen, wobei dadurch gleichzeitig das Verhältnis der Figuren zum Raum bestimmt wird. Bis heute wird immer wieder die technische Sachkenntnis des Künstlers hervorgehoben, so auch bei Peter Weiss[30], in seiner 1983 erschienenen Ästhetik des Widerstandes. Bereits in einer der ersten Besprechungen des Bildes von Adolf Rosenberg aus dem Jahr 1875 zitiert dieser einen Hüttenfachmann für die Richtigkeit der Darstellung[31]. Wenngleich kaum ein anderes Werk des 19. Jahrhunderts unterschiedlicher bewertet wird als das „Eisenwalzwerk", erscheint der eigentliche Inhalt des Bildes und damit auch seine Bedeutung in der Darlegung der Auswirkungen einer Massenproduktion auf den Arbeitsplatz und damit auf das Leben der Arbeiter und ihrer Familien zu liegen. Menzels Arbeiter sind getrieben vom Arbeitstempo einer Massenproduktion, der Schichtwechsel bestimmt den Rhythmus der Produktion, die Abhängigkeit von Mensch und Maschine ist augenscheinlich. Wie die Gruppe der Essenden im rechten Bildvordergrund und die Gruppe der sich Waschenden am linken Bildrand die zentrale Gruppe der Walzarbeiter umklammern, läßt Menzels Bild „unbestreitbar zum ersten Höhepunkt in der Folge von Bildern industrieller Arbeit im Kapitalismus der freien Konkurrenz" werden und ist „letzten Endes auch Maßstab für sie"[32]. Interessant der Hinweis von Peter Weiss, daß diese Darstellung in Gestalt von Farbreproduktionen weit verbreitet und geeignet war, unterschiedlichen Zwecken zu dienen. Den Arbeitern wird es als Vorbild, als Mittel zur

Zu den bekanntesten künstlerischen Darstellungen von Arbeitsprozessen in der Hochblüte der Industriellen Revolution gehört das Gemälde „Das Eisenwalzwerk" von Adolph von Menzel aus den Jahren 1872 bis 1875. Die Abbildung ist nur ein Ausschnitt, er zeigt die von dem glühenden Eisenstück angestrahlten Gesichter und Hände der Arbeiter. Arbeitsvorgang und Gerätschaften sind von Menzel exakt wiedergegeben.

Erbauung vorgelegt. Es war nach Weiss in mancher Arbeiterküche zu finden. In größerem Format und eingerahmt kam es bei Gewerkschaftsfeierlichkeiten zur Verlosung, später wurde es von nationalsozialistischen Organisationen ausgegeben.

Einen eigenen Stellenwert innerhalb des europäischen Industriebildes haben die Darstellungen der Kammermaler in den Diensten von Erzherzog Johann, vor allem jene von Matthäus Loder und Jacob Gauermann. Es sind dies Darstellungen der steirischen Industrie wie Gauermanns „Hochofenabstich“ – hier nur beschrieben – aus dem Jahr 1823. Wir finden den mit Feuer hantierenden Arbeiter, daneben aber immer auch die Figur, welche Feuer und Arbeitsvorgang fasziniert betrachtet. „Evoziert wird darüber hinaus auch, etwa bei Jacob Gauermann, das Feuer als traditioneller Ort der Begegnung der Familie: Macht Gauermann doch aus dem Abbild eines Hochofenabstichs auch ein Familienporträt. Noch ist die links oben ins Bild gebrachte sich anbahnende Trennung von Produktions- und Reproduktionsbereich – eine Frau mit einem Kleinkind bringt das Essen – in der Hauptszene nicht zum Tragen gekommen“ [34]. Wert auf spektakuläre Lichtstimmung legt auch Carl Geyling mit seinen „Drei Arbeitern in einer Eisenhütte“, vor 1843 entstanden. Die dramatische Beleuchtung, der scharfe Kontrast zwischen dem glühend roten Feuerschein des Schmiedens und dem blaugräulichen Tageslicht zeichnet auch Paul Meyerheim mit der Darstellung aus dem Jahr 1873 „Schmieden des Lokomotivrades“ aus. Wir sehen Arbeiter in der Fabrikhalle von Borsig, wobei sowohl der runde Bildabschluß als auch die zentrale Stellung der jugendlichen Arbeiter auf eine gewisse Idealisierung des Fabrikarbeiters hinweisen.

Als Manifestation des europäischen Geistes in der Mitte des 19. Jahrhunderts kann das Bild „Arbeit“ – hier nicht abgebildet – von Ford Madox Brown (1821–1893) bezeichnet werden. Es steht in seiner Bedeutung als Programmbild neben Courbets „Atelier“ aus dem Jahre 1849, wobei die Bezugnahme zur Gegenwart besonders in das Auge springt. Der Schauplatz ist die Heath Street im Londoner Vorort Hampstaed. Mehrere Erdarbeiter, welche das Zentrum der Darstellung bilden, schaufeln aus einer Grube Erde und zeigen dabei eine gewisse Verachtung für die übrigen, sie umringenden Bevölkerungskreise. Sie sind in derselben Körperbeschaffenheit und mit der gleichen malerischen Kleidung wiedergegeben, die auch in zahlreichen Beschreibungen der Zeit wiederzufinden sind. Brown scheint dem leicht verklärten Blick von Samuel Smith zu folgen. „Die Arbeiter, welche diese gewaltigen Arbeiten durchführten, waren in vielerlei Hinsicht

Paul Meyerheim: „Schmieden des Lokomotivrades", o. J.

eine bemerkenswerte Klasse. Die Streckenarbeiter, wie sie genannt wurden, waren Männer, die, angelockt durch hohe Löhne, aus allen Teilen des Königreichs herbeigeströmt kamen (. . .). Meist trug er einen weißen Filzhut mit hochgeschlagener Krempe, einen Rock aus Drillich oder Cordsamt mit eckigen Schößen, eine rote Plüschweste mit kleinen schwarzen Punkten und ein buntes Tuch um den herkulischen Nacken, wenn er den Hals nicht völlig frei ließ, wie es häufig vorkam. Die Kniebundhosen aus Manchestersamt wurden von einem Lederriemen um die Mitte festgehalten und am Knie geknüpft und zusammengebunden, so daß die kräftige Wade von starken hohen Schnürstiefeln umschlossen, zu sehen war (. . .)"[34]. Am Rand des Bildes werden Intellektuelle – rechts am Geländer Thomas Carlyle und F. D. Maurice –, Bettler mit einem Blumenkorb sowie andere Mitglieder der Gesellschaft dargestellt. Das Fundament, das gleichsam alle anderen Klassen trägt, bilden aber die Erdarbeiter im Zentrum.

„Die Arbeit" ist ein gemalter Kommentar zu den sozialen und politischen Ideen der beiden Dargestellten, Carlyle und Maurice. Das Bild zeigt neben der Darstellung der Arbeit auch jene von Reichtum, Fleiß, Müßiggang, Armut und Faulheit, aber eine soziale Anklage ist dem Bild fremd. Schiff sieht in der „Arbeit" das Äußerste an engagierter Kunst, was die Präraffaeliten hervorbringen konnten. Für Brown selbst ist der britische Erdarbeiter mindestens so wertvoll für die Gestaltungskraft eines englischen Malers wie der adriatische Fischer, der Campagna-Bauer und der neapolitanische Lazzarone. „Es ist ein anziehendes und wertvolles Bild, aber es dringt nicht durch die äußere Hülle der Erscheinung"[35].

Oft programmatisch interpretiert wurden die „Steinklopfer" von Gustave Courbet (1819–1877) von 1849. Auch diesem Bild liegen sozialistische Ideen zugrunde – von Courbets Freund Pierre-Joseph Proudhon – sie werden hier allerdings umgedeutet und fern jeder Propaganda wiedergegeben. Aber dem Arbeiter des 19. Jahrhunderts kann Courbet nicht gerecht werden. „Was bei Courbet aus den Menschen geworden ist, ist ein Stück Natur, ist Materie wie Stein, Gras und Baum – ohne Ideen, Phantasie und Gefühle. Die beiden Personen zeigen nicht ihre Gesichter, sie verharren in vollkommener Anonymität. Sie verharren auch sonst: ihre Bewegungen vermitteln keinerlei Eindruck einer lebendig-vitalen Aktivität, sei es von besonderer Anstrengung, Erschöpfung oder dergleichen. Sie sind unbewegte, farbige Gegenstände"[36]. Daß sich Courbet nicht vereinnehmen lassen wollte, erklärte er bei einer anderen Gelegenheit: „Ich bin fünfzig Jahre alt und bin immer mein eigener Herr gewesen; lassen sie mich mein

Gustave Courbet: „Die Steinklopfer", 1849, zerstört.
Nicht nur der Arbeitsvorgang, sondern auch die Mühsal und die Anstrengung werden im 19. Jahrhundert von den Künstlern zum Gegenstand ihrer Bilder gemacht.

Leben als ein Freier beschließen; wenn ich tod bin, soll man von mir sagen: Er hat keiner Schule, keiner Kirche, keiner Richtung, keiner Akademie, besonders keinem System angehört, nur dem der Freiheit"[37].

Bei all diesen Darstellungen von Technik und Industrie im 19. Jahrhundert stellt sich die Frage, inwieweit die Bildende Kunst bestehende Wahrnehmungsmuster aufgreift und weitergibt oder ob sie zur Heranbildung neuer Sichtweisen beiträgt. Es muß wohl Hermann Sturm recht gegeben werden, wenn er meint, daß die Kunst die Wahrnehmungsmuster nicht bildet, sondern sie lediglich bestätigt, „und zwar im wesentlichen für die, deren Interesse es ist, die Strukturen von Macht und Herrschaft mit Hilfe der Abbildung ihrer eigenen Person oder ihrer Insignien auch durch die Kunst nobilitiert zu sehen"[38].

Technikdarstellungen: Karikatur und Phantastik

Im 19. Jahrhundert bringen die Errungenschaften der Technik und der beginnende Maschinenkult eine neue Magie in die Welt, welche eine ganze Epoche in Erregung versetzt. Vor allem die neuen Möglichkeiten der Fortbewegung wie die Eisenbahn faszinieren die Menschen [39]. In einer anonymen Reisebeschreibung von 1839 heißt es: „Wenn wir in der Postkutsche mit einer Geschwindigkeit von acht oder zehn Meilen pro Stunde reisen, so begreifen wir sehr wohl die Natur der Kraft, die das Fahrzeug in Bewegung setzt. Wir erkennen, was die Natur der Tierkraft ausmacht, wir sehen, wie schnell sie sich erschöpft (...). Reisen wir dagegen mit der Eisenbahn, so können wir nur selten sehen, welche wunderbare Kraft uns so schnell befördert (...) wir spüren, daß wir uns in Bewegung gesetzt haben; die Bewegung nimmt schnell zu, und die in der Postkutsche so langwierige Reise ist beendet, bevor wir ihrer noch bewußt geworden sind. Der Passagier ist erstaunt über die Schnelligkeit seiner Reise und wünscht sich oft, die Mittel, mit denen sie vollbracht wurde, zu betrachten und zu verstehen" [40].

Die Darstellungen der Eisenbahn im 19. Jahrhundert belegen die Neigung, die Maschinen allegorisch auftreten zu lassen. Maschinen und technische Apparate werden unheimlich und wunderbar zugleich gezeigt. Diese Doppeldeutigkeit durchsetzt den Rationalismus des 19. Jahrhunderts mit irritierenden Momenten des Irrationalen. Die Menschen leben in der bildlichen Darstellung ihr eigenes, oft gespenstisches Leben, Technik und Phantastik gehen seltsame Verbindungen ein. Maschinen treten als Menschen auf, halb Apparat, halb Tier oder Mensch. „Sie vollführen Sprünge durch die Luft, können tanzen oder toll werden und alles niederreißen, sie maskieren sich und machen Musik, sie ächzen, stöhnen und zischen" [42]. Einem Brief von Adolf Menzel mit einer Einladung an Dr. Puhlmann zu einem Wildschweinkopfessen nach Berlin zu kommen, entnehmen wir die Zeichnung einer Lokomotive, welche auf den Hinterfüßen stehend, gleichsam einen Sprung vollführt, einem aufbäumenden Pferd gleich (Brief von 1850). [III-2.4; III-4.5; VIII-5.8]

Neben der Eisenbahn sind es vor allem die utopischen Möglichkeiten des Fliegens, welche die Menschen erregt und zu einem häufig dargestellten Thema der phantastischen Karikatur macht. Das „Dampfmaschinenpferd" aus dem Science Museum in London von 1840, zeigt ein technisches Gerät in Form eines Kanonenrohres, auf welchem, wie der Untertitel sagt, in einer Stunde von Paris nach

Petersburg geritten werden kann. Der so Reisende wird von Vögeln begleitet.

Die Kraft des Vogels wird wiederholt eingesetzt, um ein schnelles, müheloses Überwinden großer Entfernungen zu zeigen. Das Fliegen wird in der Vorstellung des Menschen zur vollkommensten Art der Fortbewegung. „Als König fühlt sich der Mensch und doch muß er sehen, daß tief unter ihm stehende Geschöpfe wie das Insekt, die Fledermaus, der Vogel über ihn sich erheben" [42]. Das dargestellte Ziel ist es, es dem Vogel gleich zu tun, wie er „leicht und sicher hinaufsteigen zu können in die klare Luft, wo kein Weghindernis vorhanden, wo der Pfad nach allen Richtungen frei, ein köstliches Umhertummeln möglich ist" [43]. „New Aerial Machine", 1840, gibt einen Reisenden auf einem Brett mit Dampfantrieb wieder, wie ein Kutscher eine Schar von Vögeln an der Leine, welche das eigentümliche Gefährt durch die Lüfte ziehen, staunende Menschen auf der Erde bewundern den Flug. Oft verwandelt sich der Mensch selbst gleichsam in ein Tier, wie 1784 „Der fliegende Mensch" in einem der Rebhenne nachgebildeten Flugkleid [44].

Zur Ikonographie von Automobil und Aeroplan

Gegen Ende des 19. Jahrhunderts, im Zusammenhang mit der zweiten Industriellen Revolution, ist es die Entwicklung des Verbrennungsmotors und der damit zusammenhängenden individuellen Mobilität, die das alltägliche Leben grundlegend verändert. „Die Schnelligkeit irgend eines Geschehnisses", schreibt Werner Sombart 1920, „interessiert den modernen Menschen fast ebenso wie die Massenhaftigkeit" [45]. Es ist der Autorennsport, der in den ersten beiden Jahrzehnten unseres Jahrhunderts das Großbürgertum fasziniert, das begeisterte Publikum elektrisiert und ihm zugleich Befriedigung verschafft. Der Rennfahrer wird zum Helden des Fortschritts. Ohne diese Autorennen ist der Siegeszug des Automobils schwer vorstellbar. Kaum ein anderes Ritual hat so vollendet den Zeitgeist der Jahrhundertwende zum Ausdruck gebracht. Das Zentrum der Autorennen und Sternfahrten ist das Paris der Belle Epoque, alle wichtigen Autorennen und Wettfahrten nehmen hier ihren Ausgang. [VIII-5.7; X-5.7]

Nicht wengier spektakulär stellt sich die Rolle Frankreichs in der Luftfahrt dar. Französische Flugpioniere schließen an die Errungenschaften Otto Lilienthals und der Brüder Wright an. 1906 gelingt Santos-Dumont die Überwindung einer Strecke von 220 Metern in einem Doppeldecker mit Motor, und Louis Blériot überfliegt 1909 als erster den Ärmelkanal. [VIII-5.9]

Mit diesen Autorennen und Flugveranstaltungen aufs engste verbunden ist E. Montaut, welcher mit seinen Farblithographien den Beginn der Automobil- und Aeroplanikonographie darstellt[46]. Die vorherrschenden Maße der Lithographien sind 45 × 90 cm oder 21 × 33 cm. Das Interesse an den Geschehnissen einer Fortschrittseuphorie, Heldenverehrung und Nationalstolz nur allzu aufgeschlossenen Gesellschaft wäre durch eine rein verbale Dokumentation in den damals zentralen Medien Zeitung und Zeitschrift kaum zufrieden zu stellen gewesen. Diese Berichterstattung auf bildnerischem Weg zu begleiten und – wie sich herausstellen sollte – mehr als das, erkennt zunächst lediglich E. Montaut, der 1908 sein Sammelwerk „10 Ans de Courses" veröffentlicht. Mit der Darstellung sportlicher Höhepunkte bleibt Montaut nicht lange allein, um 1910 tritt ein unter dem Namen Gamy bekannter Künstler an seine Seite. Zusammengenommen gibt ihr Werk einen vollständigen Überblick über die Pionierzeit von Automobil und Flugfahrt.

Ohne die künstlerischen Neuerungen der Jahrhundertwende, ohne die technische Vervollkommnung der Lithographie, die Ausbreitung der Flächenkunst und die frühen Ergebnisse der Plakatwerbung, sind diese Lithographien nicht denkbar. Beide Künstler verzichten bei ihren Darstellungen auf allegorische Gestalten wie weibliche Genien der Schnelligkeit und entwickeln durch verzerrte Reifen, durch das Sprengen des Bildrahmens, Vorderradverkürzungen, höhere Vorder- als Hinterräder denselben Effekt. Oft sind es inhaltliche Kontraste, mit denen auf die Bedeutung der Pioniertaten hingewiesen wird. Gamys Arbeit „Meeting a Heliopolis" (Privatbesitz) stellt dem Doppeldecker Voisin einen Beduinen mit Kamel, Pyramide und Sphinx gegenüber. Ältestes wird mit Neuestem konfrontiert. Beeindruckend das Wechselverhältnis zwischen technischen Besonderheiten eines Automobils und der formalen Darstellungsweise. Das Automobil „Dedelia" wird so wiedergegeben, daß die Eigenart des Kraftwagens voll zur Geltung kommt. Diesen frühesten Typus des französischen Cycle-Cars charakterisiert die Tandem-Sitzordnung. Bei dem leichten niedrigen Wagen erfolgt die Übertragung der Bewegungsenergie vom Motor auf die Hinterräder durch einen Riemen außen an der Karosserie. Folgerichtig setzt Gamy das Auto parallel zur Bildebene in den Raum und bringt damit dessen Bewegungsrichtung wie auch dessen besondere Funktionsweise augenfällig zur Anschauung. Diese Grundrichtung, die durch das Querformat der Darstellung zum Teil vorgegeben ist, erfährt durch den Lichteinfall von links eine Verstärkung. Die Schlagschatten bilden die optische Stütze einer Bewegung, die in der Momentaufnahme zu einem Koordinationssystem für den Betrachter erstarrt.

Als eines der interessantesten Werke dieser Serie muß aber Montauts Bild der „Magneto-Lavalette-Eisemann" (Privatbesitz) gelten. Ein durch die Geschwindigkeit plattgedrücktes Auto schnellt vorbei. Es tut sich eine seltsame Hintergrundszenerie auf: in gleißendes Licht getaucht, wachsen aus Felsen riesige Motoren empor, denen Menschen mit anbetend hochgeworfenen Armen zugewandt sind.

E. Montaut: „L'Allumage Moderne, Magneto Lavalette Eisemann", um 1910. Farblithographie im Privatbesitz.

Montaut zieht Aussageformen heran – hervorhebendes, verunklärendes Licht, Orantengestus – die seit Jahrhunderten Zeichen der Verherrlichung sind. Diese wird jetzt keinem Gott oder Menschen zuteil, sondern einer Maschine. In der Übersteigerung wird die Maschine zum allgemeinen Symbol des Fortschritts, von dem der Künstler eine pathosgeladene, gleichzeitig aber höchst beunruhigende Version entwirft, die an die biblische Geschichte der Anbetung des Goldenen Kalbes erinnert.

Literaturnachweise

1 *Bredekamp*, Horst: Antikensehnsucht und Maschinenglauben. In: *Beck*, H./*Bol*, Peter Christoph (Hrsg.): Forschungen zur Villa Albani. Antike Kunst und die Epoche der Aufklärung. S. 507 ff.

2 Zit. nach: *Röttgen*, Herwarth: Daedalus und Ikarus. Zwischen Kunst und Technik, Mythos und Seele. In: kritische berichte 2 (1984), S. 10

3 *Braunfels*, Wolfgang: Die moderne Kunst und der technische Fortschritt. In: Gesellschaft der Freunde der Aachner Hochschule, Bericht der Mitgliederversammlung. Aachen 1958, S. 34 ff.

4 *Pflugradt*, Elke: Maschinenerotik bei van de Velde, Scholz, Klapheck. In: Ausstellungskatalog „Die Nützlichen Künste". Berlin 1981, S. 373 ff. *Buddensieg*, Tielmann: Das Alte bewahren, das Neue verwirklichen. Zur Fortschrittsproblematik im 19. Jahrhundert. In: Ausstellungskatalog „Die Nützlichen Künste". Berlin 1981, S. 61 ff.

5 Ausstellungskatalog „Fabrik im Ornament". Münster 1980; *Bertsch*, Christoph: . . . und immer wieder das Bild von den Maschinenrädern. Berlin 1986; Ausstellungskatalog „Das Bild der Industrie in Österreich". Innsbruck 1988

6 *Wedewer*, Rolf: Landschaftsmalerei zwischen Traum und Wirklichkeit. Köln 1978, S. 120 ff.

7 *Ermacora*, Beate: Aspekte des Industriebildes im 19. Jahrhundert. In: Ausstellungskatalog „Das Bild der Industrie in Österreich". Innsbruck 1988, S. 27 f.

8 Ausstellungskatalog „Das Bild der deutschen Industrie". Düsseldorf 1958; *Motz*, Sigrid Jutta: Fabrikdarstellungen in der deutschen Malerei von 1800–

1850. Frankfurt a. M. 1980; *Ermacora,* Beate: Das Industriebild in der Malerei und Graphik im 19. Jahrhundert in Österreich. Phil. Diss. Innsbruck 1987

9 *Bertsch,* Christoph: Fabrikarchitektur. Braunschweig/Wiesbaden 1981

10 *Tiefenthaler,* Meinrad (Hrsg.): Die Berichte des Kreishauptmanns Ebner. Dornbirn 1950, S. 52

11 Ausstellungskatalog „Industrie und Technik in der deutschen Malerei". Duisburg 1969; *Fritz,* Rolf: Ein unbekanntes Jugendwerk von Alfred Rethel. In: Wallraf-Richartz-Jahrbuch, 1959, S. 224

12 Ausstellungskatalog „Industriebilder aus Westfalen". Münster 1980

13 Vgl. 8 (Motz), S. 38ff.

14 *Irmscher,* Günter: Kleine Kunstgeschichte des europäischen Ornaments seit der frühen Neuzeit. Darmstadt 1984, S. 287

15 *Schlegel,* Friedrich: Gespräch über die Poesie, S. 331f., zit. nach: *Busch,* Werner: Die notwendige Arabeske. Berlin 1985, S. 45

16 *Schlegel,* Friedrich: Prosaische Jugendschriften, S. 375, zit. nach: *Busch,* Werner: Die notwendige Arabeske. Berlin 1985, S. 45

17 Vgl. 16, S. 51

18 *Neuwirth,* Markus: Paul v. Rittinger und der Stil der präzisen Umrißlinie im 18., 19. und frühen 20. Jahrhundert. Phil. Diss. Innsbruck 1987

19 Vgl. 18, S. 78

20 *Henle,* Susanne: Allegorie – Sinnbild – Arabeske. In: Ausstellungskatalog „Fabrik im Ornament". Münster, S. 74ff.

21 Vgl. 16, S. 125

22 Vgl. 4 (Buddensieg), S. 52ff.

23 Vgl. 4 (Buddensieg); *Wagner,* Monika: Die neue Welt der Dampfmaschine. Industriebilder des 19. Jahrhunderts. In: Ausstellungskatalog „Kunst und Technik in den 20er Jahren". München 1980, S. 12ff.; vgl. 16

24 Vgl. 4 (Buddensieg), S. 61

25 *Feuerbach,* Ludwig: Nothwendigkeit einer Reform der Philosophie, 1842, zit. nach: vgl. 4 (Buddensieg), S. 61

26 Ausstellungskatalog „Fabrik im Ornament". Münster 1980; *Bertsch,* Christoph: Firmenbriefköpfe. Gestaltung und Aussagewandlungen unternehmerischer Gebrauchsgraphik. In: Ausstellungskatalog „Das Bild der Industrie in Österreich". Innsbruck 1988

27 Vgl. 8 (Ermacora), S. 256ff.

28 Vgl. 11 (Ausstellungskatalog 1969); *Sturm,* Hermann: Fabrikarchitektur, Villa, Arbeitersiedlung. München 1977

29 *Foster-Hahn,* Françoise: Adolph Menzels Eisenwalzwerk: Kunst im Konflikt zwischen Tradition und sozialer Wirklichkeit. In: *Buddensieg,* Tilmann (Hrsg.): Ausstellungskatalog „Die Nützlichen Künste". Berlin 1981, S. 122ff.; *Hoffmeister,* Christine: Industriebild und Ideologierelevanz am Beispiel von Werken Adolph Menzels. In: Wissenschaftliche Zeitschrift der Humboldt Universität Berlin, 1/2 (1985), S. 115ff.

30 *Weiss,* Peter: Ästhetik des Widerstandes. Berlin 1983

31 *Rosenberg,* Adolf: Ein neues Bild von Adolph Menzel. In: Kunst-Chronik 10/1875, Sp. 373

32 Vgl. 29 (Hoffmeister), S. 119

33 *Haiko,* Peter/*Reissberger,* Mara: Das Bild der Arbeit – Abbild einer Verleugnung. In: Ausstellungskatalog „Kunst und Arbeit". Berlin/Wien 1987, S. 61

34 Zit. nach *Klingender,* Francis Donald: Kunst und Industrielle Revolution. Dresden 1974, S. 148

35 *Schiff,* Gert: Zeitkunst und Zeitflucht in der Malerei der Praeraffaeliten. In: Beiträge zur Motivkunde des 19. Jahrhunderts. München 1970, S. 172

36 *Baumgart,* Fritz: Idealismus und Rationalismus 1830–1880. Köln 1975, S. 52

37 Vgl. 36, S. 53

38 Vgl. 28 (Sturm), S. 59

39 *Moritz,* Ulrich: Alice in der Eisenbahn. Über Technik und Phantastik im 19. Jahrhundert. In: *Buddensieg,* Tilmann: Ausstellungskatalog „Die Nützlichen Künste". Berlin 1981, S. 223ff.; *Sartorti,* Rosalinde: Fliegen, schweben, fahren. Technische Fortbewegungsmittel in der Karikatur. In: *Buddensieg:* Ausstellungskatalog „Die Nützlichen Künste". Berlin 1981, S. 236ff.

40 *Schivelbusch,* Wolfgang: Geschichte der Eisenbahnreise. Frankfurt/Berlin/Wien 1979, S. 18

41 Vgl. 39 (Moritz), S. 224

42 *Fürst,* Artur: Weltreich der Technik. Bd. 3. Berlin 1926, S. 410

43 Vgl. 42, S. 410

44 Vgl. 39 (Sartori), S. 238ff.

45 Zit. nach: *Glaser,* Hermann: Elf Konfigurationen aus der Kulturgeschichte des Automobils. In: Das Automobil in der Kunst. München 1986, S. 11

46 *Bertsch,* Christoph/*Vogelsberger,* Vera: Französische Lithographien aus der Frühzeit von Automobil und Aeroplan. In: Weltkunst 2/1988, S. 116ff.

Der Arbeitsprozeß und der Mensch im Arbeitsprozeß – vom Beginn der Industrialisierung bis zur Gegenwart

Dietmar Guderian

Einführung

Ein derart weit gespanntes Thema läßt sich nicht erschöpfend in einem Beitrag abhandeln. Es ist daher nur möglich, die wesentlichen Stationen dieser künstlerischen Auseinandersetzung zu skizzieren. Die unterschiedlichen Epochen finden zu einer eigenständigen, sehr differenzierten Einstellung zur Technik. Während das frühe 19. Jahrhundert industrielle Produktionsstätten romantisch verfremdet oder heroisch verklärt in seine Landschaftskulissen einfügt, enthüllt das ausgehende 19. Jahrhundert im sozialen Realismus die Brutalität des proletarischen Elends. Auf diese Epoche folgt eine Generation von Künstlern, für die die Auseinandersetzung mit Arbeit und Industrialisierung vorwiegend ein formales, ästhetisches Problem ist. Alltagssituationen aus Eisenbahnwesen, Schiffahrt usw. sind nicht um ihres realen Inhalts willen interessant, sondern sie sind Plattformen für die Veranschaulichung farblicher und formaler Energien. Die ersten Jahrzehnte dieses Jahrhunderts sind geprägt von einer intensiven Hinwendung zu den tatsächlichen Farb- und Formeindrücken, die ihren Niederschlag in expressionistischen und konstruktivistischen Bildern finden.

Im Zuge des Aufkommens eines neuen Realismus in der Darstellenden Kunst finden sich in jüngerer Zeit nun auch wieder kritische, realistische Bilder aus der Welt der Arbeit.

Auf einer völlig anderen Ebene der Darstellung von Technik bewegen sich seit den frühen vierziger Jahren einige Künstler. Sie versuchen nicht, Inhalte, sondern Strukturen des Arbeitsprozesses in ihre Werke zu übernehmen. Diese mit seriellen oder kombinatorischen Methoden entstehenden Werke bilden den Abschluß dieses Beitrages.

Das 19. Jahrhundert

Den Übergang von der Romantik zum Realismus soll hier stellvertretend ein Bild von Karl Blechen (1798–1840) symbolisieren. Schon früh setzt er in seinem Werk die Farbe als Mittel zur Sichtbarmachung von Wirklichkeit ein. Doch erst seine erste Italienreise bringt ihn von der Romantik zum romantischen Realismus. Bei aller realistischen Darstellung spielt jedoch bei ihm stets noch ein Zug Romantik hinein, wie es das „Walzwerk Neustadt-Eberswalde" um 1834 zeigt: Das Walzwerk, ein Motiv, das vorher nicht bildwürdig war, wird dargestellt. Der realistische technische Gegenstand ist aber, unscharf in den Konturen, in eine romantische Landschaftsszenerie eingefügt und tritt in harmonische Korrespondenz zu einem im Vordergrund dargestellten Fischeridyll [1].

Adolf von Menzels (1815–1905) Bilder erreichen dann später unverklärte Deutlichkeit. In seinem „Eisenwalzwerk" (1875) fehlt jedes idealistische Pathos. Wie in anderen Werken Menzels, zum Beispiel den Szenen aus der preußischen Geschichte, ist hier ein Eisenwalzwerk ohne jede romantische Verklärung aber auch noch ohne sozialistische Problematik wiedergegeben. [VII-5.2; VII-5.12]

In gleicher Weise malt Gustave Doré (1832–1883) fast zeitgleich im Jahre 1876 das „Handelshaus" (Maison de Commerce) als realistisches Abbild des Arbeitsalltags [2].

Dem Engländer Joseph Mallord William Turner (1775–1851) gelingt es am Ende seines Schaffens, sich die Ölmalerei als ein willfähriges Medium der subjektiven Imaginationskraft und der von den Dingen losgelösten Farbphantasie zu schaffen. Der Weg dahin war nicht leicht. Er begann in der Art seines am frühesten öffentlich ausgestellten Werkes „Fischersleute und See" (1796) noch ganz gegenstandsnah. Mehr und mehr setzten sich ihm die auf seinen vielen Reisen durch Europa gewonnenen Eindrücke in reine Farbeffekte um, und „Interieur auf Petworth" (1837) ist schließlich eine Symphonie in Gelb-, Rot- und Blauklängen, in der der dargestellte architektonische Raum nur noch am Rande wichtig bleibt [3]. Besonders deutlich wird dieses Zurücktreten des eigentlichen Bildinhalts hinter die farblichen und gestalterischen Ambitionen des Künstlers an zwei nahezu zeitgleich entstandenen Bildern: „Licht und Farbe – Der Morgen nach der Sintflut – Moses schreibt das Buch Genesis" (1843) und „Regen, Dampf, Schnelligkeit – Great Western Railway", entstanden um 1844. Turner malt das erstere unter dem Eindruck der kurz zuvor ins Englische übersetzten Farbenlehre Goethes. Die am unteren Bildrand erkennba-

Tafel 18, S. 297:
Realistische Darstellung einer Industrieanlage, romantisch in eine Landschaft eingefügt.

Gustave Doré: „Maison de Commerce". Illustration zu Louis Enault „Lourdes", Paris 1876. Ohne jede Verschönerung oder Verfremdung wird der Arbeitsprozeß in seiner realistischen Härte gezeigt. Im Text heißt es dazu: „Wir müssen in die innersten Bereiche der menschlichen, der sozialen Hölle eindringen, an deren Eingang man das schreckliche Wort des alten Florentiner Dichters setzen könnte (...)".

ren Gestalten gehen in großen Kreisen der Energien von Rot, Gelb und Grün unter. Der nach Goethe „sinnlich-sittliche" Charakter der Farben ist hier bereits als Eigenwert eingesetzt. Ebenso ist der im zweiten Bild im überraschenden Titel genannte und seinen Grundzügen erkennbare Zug auch nicht mehr wesentlicher Inhalt des Bildes, sondern es zeigt vornehmlich einen rhythmischen Farbwirbel[4]. Turner gelingt es, das reine Augenerlebnis der Realität in seiner Phänomenali-

Tafel 19, S. 297: Joseph Mallord William Turner: „Regen, Dampf und Geschwindigkeit: die Great-Western-Eisenbahn", um 1840.

tät so zu steigern, daß es den Charakter einer Vision erhält, ohne dadurch aber zu einer subjektiv beseelten Gefühlswelt zu werden [5]. Er übte auf die während des Krieges nach England geflohenen Claude Monet (1840–1926), Camille Pissaro (1830–1903) und Alfred Sisley (1839–1899) einen starken Einfluß aus und wurde so zu einer Quelle für den Impressionismus, augenscheinlich nachvollziehbar an Monets „Pont de l'Europe" und „Bahnhof Saint-Lazaire" aus dem Jahre 1877.

Noch Mitte des vergangenen Jahrhunderts finden sich kritiklose Darstellungen aus der schon seinerzeit oftmals unerträglichen Arbeitswelt; nur langsam bricht sich der soziale Realismus Bahn. Carl Wilhelm Hübner malt zum Beispiel noch 1844 „Die schlesischen Weber" – vor dem Aufstand desselben Jahres – in einem illustrierenden Realismus, der nicht zu scharfer Charakterisierung genutzt wird, sondern zu einer Ästhetisierung des Häßlichen. Er relativiert die dargestellte Klage der Weber, indem er durch die zum Ausdruck kommende, theatralische Rhetorik der Klagenden die intensive Wahrhaftigkeit des Anliegens in Frage stellt.

Erst Maler wie François Bonhomme betreiben ungeschönten, ungefärbten Realismus: Als früher Naturalist schloß er keine Kompromisse, bei seinem Ansinnen, ein ungeschminktes Bild der Arbeitswelt zu geben. Sein Fanatismus bewog viele Zeitgenossen, ihn als merkwürdigen Kauz zu belächeln. Dennoch wurde sein Weg zum sozialen Realismus von anderen weitergeführt: Die soziale Umschichtung, die Verwandlung eines Standes in eine Klasse wird in den Zeichnungen Vincent van Goghs (1853–1890) aus dem belgischen Kohlerevier deutlich: Während die sächsischen Bergleute noch in stattlichen Trachten und angeführt von berittenen Berghauptleuten paradierten, sieht van Gogh nur noch jämmerliche ausgemergelte Gestalten von Männern, Weibern und Kindern durch die trostlose Haldenlandschaft ziehen. Er sieht nur noch das Elend und keinen Glanz mehr. Erst mit van Gogh beginnt das soziale Bewußtsein, die Kunst zu beeinflussen. Jean François Millet (1814–1875), dessen Bauernbilder van Gogh inspiriert haben und Gustave Courbet (1819–1877), der die „Steinklopfer" gemalt hatte, waren vergleichsweise persönlich unbeteiligt geblieben. Sie schilderten was sie sahen, mit künstlerischer Einfühlung und Treue zur Wirklichkeit. Aber sie wurden nicht von Anblicken, die sich ihnen boten, so aufgerüttelt, daß sie am Leben ihrer Modelle teilnehmen mußten. [VII-5.2]

In Käthe Kollwitz' (1867–1945) Radierungs-Zyklus „Der Weberaufstand" (1897) ist alles Romantisierende und Allegorische an der Welt der Arbeit der realistischen Darstellung der harten Wirklichkeit

Käthe Kollwitz: „Sturm"; Blatt aus dem Zyklus „Weberaufstand". Radierung aus dem Jahr 1897. In Käthe Kollwitz' Darstellung finden sich weder romantisierende noch allegorische Anklänge über die Welt der Arbeit. Ihre Bilder zeigen unverblümt die sozialen Spannungen, die sich als Folge neuer technischer Entwicklungen ergeben können. In dieser Radierung sieht man Männer und Frauen während des Weberaufstandes, wie sie in ihrer Not und Verzweiflung Steine gegen das Fabriktor schleudern.

gewichen. In dem Bild „Sturm" des Zyklus stehen Pflastersteine werfende Frauen und Männer vor einem geschlossenen Tor. Von einem Betrieb ist kaum noch etwas mehr zu sehen.

Während das Erlebnis der industriellen Arbeit, insbesondere die unterirdische Tätigkeit des Bergmanns, bei Vincent van Gogh, Theophile Steinlen (1859–1923) und Käthe Kollwitz im Angesicht der menschlichen Schicksale eher peripher blieb, ist es einer ihrer Zeitgenossen, der Belgier Constantin Meunier (1831–1905), der den Bergleuten und Hüttenarbeitern seiner Zeit unvergleichliche Denkmäler setzt, „sein Leben der Darstellung und Verherrlichung der Arbeit" widmet und beispielsweise ein „Bergmädchen" oder die „Büste eines alten Bergmanns" wie Denkmäler für Generale, Fürsten und Dichter gestaltet. Meunier heroisiert die Arbeit in den Gruben, ohne sie zu verschönern oder zu verharmlosen. Wilhelm Lehmbruck (1881–1919) läßt sich in seiner Lehrzeit von Meunier beeindrucken, man erkennt es deutlich in seinem Werk „Der sitzende Bergmann".

Fotografien und Holzstiche zeigen in der zweiten Hälfte des Jahrhunderts bis in das zwanzigste Jahrhundert hinein – ebenso wie weite

Bereiche der Kunst aus dem Bannkreis der russischen Oktoberrevolution – immer noch heroisierend Szenen von Produktionsstätten, man denke an „Die Ankerwickelei" in einem Foto um 1905, „Arbeitssaal der Drahtzieherei von Funkt, Borbet & Co." in einem Holzstich von 1870, „Heimweber" in einer kolorierten Federlithographie (um 1870), im „Bleibergwerk" von J. Leiendecker (1854), im Holzstich von einer „Stahlherstellung in der Bessemerbirne" (1870), einem Holzstich von der „Burbacher Hütte bei Saarbrücken" (um 1870), von der „Gießhalle in der Grusonschen Eisengießerei in Buckau/Magdeburg" (um 1870), von der „Königshütte in Oberschlesien – die Hochofenanlage" (um 1870) wie in den Stichen „Mechanische Webstühle in einer Baumwollmanufaktur" (um 1840) und „Kinderarbeit in einer optischen Fabrik" (um 1840). [VIII-3.2]

Das 20. Jahrhundert

In der Mitte des zwanzigsten Jahrhunderts lösen sich die Künstler immer mehr von der rein gegenständlichen erzählerischen Darstellung von Arbeitsprozessen: Henry Moore (1898–1986), selbst Sohn eines Vormanns aus Yorkshire, hat im zweiten Weltkrieg zunächst die Aufgabe, seinen Landsleuten von der Front der „Untergrund-Armee" zu berichten. Doch „das Mysterium der Höhle – die geheimnisvolle Faszination von Höhlungen in Berghängen und Klippen" waren seit jeher für ihn bewegende und anziehende Erscheinungen der Natur. Ausgehöhlte und umschließende Formen mit ihren plastischen Werten als positive und negative Räume sind daher seine eigentlichen Themen. Plastik besteht nach Henry Moores Auffassung nicht nur aus konkreten, äußerlich behauenen Massen, sondern aus Hohlräumen und umschließendem, teilweise aufgeschlossenem „Gebirge". Sie ist Gehäuse und nicht nur massiver Block, sie hat ein Leben nach innen und nach außen. Moores Zeichnungen geben als typische Bildhauerskizzen ebenfalls die Vorstellung des Räumlichen, Dreidimensionalen, sowohl in der Darstellung höhlenartiger Räume wie in der Vergegenwärtigung körperlich fester Gestalten oder Dinge. Ihm bedeuten die Bergarbeiter im engen Gehäuse der Streckung gleichsam die Bestätigung seiner künstlerischen Meinung, daß das innere Leben der Formen ebenso wichtig sei wie das, was sich auf der Oberfläche ereignet.

Dennoch ist bei Henry Moore das Schicksal der dargestellten Menschen nicht nur formaler Vorwand. Das ist besonders deutlich in den Zeichnungen aus Londoner U-Bahnschächten, in denen Menschen

Henry Moore: „Two recliming figures", o. J.
Moores Bilder und Skulpturen zeigen zunächst Teile und Geräte der Arbeitswelt realistisch – zum Beispiel Kohlenzangen im Bergbau. In späteren Werken tritt dieser Realitätsbezug immer mehr zurück, in den Spätwerken interessieren Moore – selbst Sohn eines Vormannes im Bergbau – nur noch die Höhlungen an sich, das Innenleben der Höhle, Höhlungen in seinen Skulpturen.

vor Bombenangriffen Schutz suchten. Dagegen konnte sich Frans Masereel (1889–1972) als Expressionist nur noch eher retrospektiv in die soziale Welt des 19. Jahrhunderts einfühlen. Er setzte sich dadurch – wie manch andere Expressionisten – der Kritik aus, das Schicksal der arbeitenden Bevölkerung zu übergehen oder gar zu übersehen. Später ziehen sich Künstler vollends auf formale und farbliche Aspekte zurück: R. W. Ackermann (geb. 1908) zielte in seinen Bildern aus der Industrie insbesondere auf Sichtbarmachung der Architektonik in der Industrielandschaft hin. So faszinierten ihn an dem „Kohlenlager" (1950) vor allem die geometrischen Formen: die pyramidenförmige Gestalt der Kohlehalden mit den dahinter sich vertikal aufrichtenden Schloten und Fabrikhochhäusern.

Fritz Winter (geb. 1905) war Sohn eines westfälischen Bergmanns und Bauhausschüler. Er begann, seine Erlebnisse in der unterirdischen Welt durch freie, nur noch formal assoziierbare Malerei auszudrücken. In „Die Kohle" sieht man weder ein Flöz noch abgebaute Kohle. Man kann vom inkohärenten Eindruck aller Sinne sprechen, die Winter zu einem Bild kombiniert, wenn er in diesem Werk ein Labyrinth von Balken, Stollen, Schächten und Röhren wiedergibt, wie sie ein Neuling sehen würde und aus Erinnerungsfetzen malte. Auch in dem späteren Bild „Erinnerung an die Tiefe" hat er sie verwandelt, zu rhythmisch gesetzten Flächen umgeformt.

Künstlerische Antworten auf den Arbeitsprozeß der Massenproduktion

Arbeitsverfahren und technologische Prozesse haben sich seit Beginn dieses Jahrhunderts einschneidend verändert. Durch die Einführung der Automatisierung, den Einsatz computergesteuerter Maschinen und Entwicklung von Großproduktionsstätten war die Herstellung vieler Produkte in bisher *unvorstellbaren* Mengen und in *unvorstellbar* kurzer Zeit möglich.

Auf die Massenproduktion in der zweiten Hälfte des zwanzigsten Jahrhunderts reagieren Künstler in verschiedener Weise. Im Unterschied zu früher können dabei viele völlig eigenständige subjektive Positionen einzelner Künstler nebeneinander bestehen. Als ein Beispiel für eine derart ausgeprägte individuelle Arbeitsweise mögen hier die Arbeiten des documenta-8-Künstlers Tony Cragg herausgegriffen werden. Tony Cragg nennt selbst als Grund für seine Ding-Konstellationen mit Gebrauchsgegenständen, die er denen aus früheren Epochen nachgebildet hat: „Ich bin nicht daran interessiert, eine weit zurückliegende Epoche zu romantisieren, als die Technologie es den Menschen ermöglichte, nur wenige Dinge, Werkzeuge usw. herzustellen. Aber im Gegensatz zu heute setze ich eine materialistisch einfachere Situation voraus und ein tieferes Verständnis für die Fertigungs-

Liz Magor: „Regal Decor" (Ausschnitt), 1986.
Heute werden nicht nur die technischen Arbeitsprozesse, die Menschen als Teil der Arbeitsprozesse oder die soziale Stellung der Arbeiter durch die Ausführung der Arbeit zum Thema von Kunstwerken gemacht. Sogar der Produktionsort selbst kann zum Thema künstlerischen Schaffens gewählt werden. Die Abbildung zeigt eine Installation während der „documenta 8" in Kassel.

prozesse, Funktionen und sogar metaphysische Eigenschaften der damals hergestellten Dinge. (. . .) Wir verbrauchen und besiedeln so unsere Umwelt mit mehr und mehr Dingen. Ohne Möglichkeit, die Fertigungsprozesse zu verstehen, denn wir spezialisieren uns zwar in der Produktion, aber nicht im Verbrauch (. . .). Durch die langwährende Beziehung zwischen dem Menschen und solchen Grundstoffen wie Erde, Wasser, Holz, Stein und bestimmten Metallen, rufen diese eine Vielfalt von seelischen Reaktionen und Bildern hervor. Das Erfahren dieser Materie ändert sich jedoch, indem diese immer häufiger in synthetischen, industriellen Formen erscheinen [6]. Diese Gratwanderung steht laut Cragg unter dem schlichten Motto: „Der Mensch und sein Material" [7].

Ebenso trifft man in der augenblicklichen Kunstszene einen kritischen Realismus gegenüber der Technik der Massenproduktion an. So hat Dieter Kraemer ein Stipendium zum Arbeitsaufenthalt in einer

Dieter Kraemer: „Arbeiterin bei VW II", 1976.
Die Darstellung des Arbeitsprozesses bei der Herstellung des Autos tritt in diesem Bild in den Hintergrund. Wesentlicher erscheinen dem Künstler die Menschen, die selbst automatengleich in den großen, mit Industrierobotern ausgestatteten Werkhallen arbeiten. Die Menschen erscheinen ent-individualisiert, jederzeit austauschbar.

Autofabrik nicht genutzt, um die Autoproduktion an sich naturalistisch oder seinen Empfindungen gemäß darzustellen, sondern er ließ sich mehr von den in den Arbeitsprozeß eingespannten, nahezu gesichtslosen Arbeiterinnen und Arbeitern an den Maschinen inspirieren und malte diese.

Eine weitere Reaktion der Künstler auf die moderne Massenfertigung in der Technik besteht darin, auch Kunstwerke – in der Regel Reproduktionen – in Massen anzufertigen. So hat zum Beispiel Friedensreich Hundertwasser Bilder in bisher unvorstellbar großen Zahlen – üblich waren 10000er Auflagen – herstellen und verkaufen lassen. Während bei einem Auto, bei Tafelgeschirr, ebenso wie bei Markenjeans die Höhe der verkauften Exemplare eher stimulierend auf die Schar potentieller Käufer auswirkt, war zu erwarten, daß sich in dem exklusiveren Bereich der Kunst und in den Reihen der Kunstsammler eine derartige Marktpolitik negativ auswirken sollte. Zunächst trat jedoch das Gegenteil ein: Der Bekanntheitsgrad, den Bilder von Hundertwasser, Victor de Vasarély (geb. 1908) u. a. Ende der siebziger Jahre erlangten, war in der Schnelligkeit, wie er hier eintrat, bei lebenden Künstlern bisher undenkbar gewesen. Es wurde damit erreicht, daß auch neueste Strömungen wie der Phantastische Realismus und die Op-Art, in kürzester Zeit vielen Menschen vertraut wurde. Das wurde verstärkt möglich, da sie zugleich intensiv von der Werbung und vom Design aufgegriffen wurden. Dies lag durchaus im Interesse mancher Künstler; Vasarély verfolgte mit seiner „Planetarischen Folklore" aus den Jahren 1960–1964 ein gesellschaftspolitisches Ziel, auf das noch eingegangen werden wird. Dieser Trend zu hohen Stückzahlen erlahmte in kürzester Zeit: Die Bilder wurden für weitere Bevölkerungskreise doch noch zu teuer angeboten, und der erlangte hohe Bekanntheitsgrad führte sehr schnell zum Abebben des Interesses.

Serielle Kunst

Andere Künstler verknüpften und verknüpfen den Gedanken der Serienfertigung mit einer Hoffnung auf Demokratisierungsvorgänge in der Kunst. Hier sind insbesondere konkret-konstruktiv arbeitende Künstler wie Richard Paul Lohse, Attila Kovaçs und Ryszard Winiarski zu nennen.

Wir beginnen die Vorstellung der seriellen Malerei mit einer atypischen Serie. Max Bill nutzte das Prinzip der Serie geradezu kontradiktorisch: Er schuf mit den heute schon für die konkrete Kunst legendären „15 Variationen über ein Thema" im Jahre 1938 eine Serie, mit der er zeigen konnte, daß auch „innerhalb eng gezogener Grenzen soviele Variatonsmöglichkeiten liegen, daß man schon darin, daß ein einziges Thema, das heißt eine einzige Grundidee, zu fünfzehn sehr verschiedenen Gebilden führt, einen Beweis erblicken kann, daß die konkrete Kunst unendlich viele Möglichkeiten in sich birgt"[8]. Er zeigte, daß zu einem einzigen gegebenen Grundraster eine große Zahl wesentlich verschiedener Werke erdacht werden kann.

Die eigentliche serielle Malerei, wie wir sie insbesondere nach Richard Paul Lohses Impuls mit seiner „seriellen Malerei" antreffen, führt zu umfangreichen Bilderreihen. Diese zeichnen sich durch

Tafel 20, S. 298: Richard Paul Lohse: Dreißig vertikale systematische Farbreihen in gelber Rautenform, 1943 bis 1970.

Victor Vasarély: „Majus C", o. J. Genormte Bauteile sind Kernelemente der modernen Baumethoden. Victor Vasarély wurde durch sie angeregt, das Zusammensetzen von genormten Elementen auf die Malerei zu übertragen. Der Künstler verband damit noch eine Aktivierung des Betrachters: Dieser kann vorgefertigte farbige Elemente selbständig in einer seinem ästhetischen Empfinden gemäßen Weise komponieren.

Merkmale aus, die denen aus der industriellen Fertigung entsprechen: Heute werden zum Beispiel Häuser in Fertigbauweise, Wohncontainersiedlungen, Elektrogeräte oder elektronische Schaltungen aus Moduln zusammengesetzt. Trotz der genormten Einzelelemente sind wegen der großen Zahl möglicher Kombinationen nahezu beliebig viele voneinander verschiedene Anfertigungen möglich.

Mit den Worten Anton Stankowskis handelt es sich hier um „Formelemente rigoros vereinfacht – standardisiert und in ihrem möglichen Bedeutungsgehalt auf das Anonyme reduziert. Die bekannten Symmetrie-Handlungen (Spiegeln, Klappen, Drehen) sind nicht wie früher auf Ebenmaß, sondern auf Fortsetzbarkeit und Erweiterbarkeit gerichtet: Erst unter diesen Voraussetzungen konnten jene Operationen, die das Serielle ausmachen, in Gang gesetzt werden: Die Reihung und die Wiederholung der Reihen in geplanten Schritten und folgerichtigen Abwandlungen (. . .). Organischer Aufbau, individuelle Gestalt und intuitives Komponieren werden abgelöst von funktionell ablaufenden Entstehungsprozessen" [9].

Wie Richard Paul Lohse mit seiner seriellen Malerei, so hatte auch Victor Vasarély mit seiner bereits erwähnten planetarischen Folklore aus den Jahren 1960–1964 ein gesellschaftspolitisches Ziel im Auge: Bei diesem Werk handelt es sich um ein Bild, das sich aus Einzelteilen zusammensetzt. Der Künstler gibt dazu nur das umfangreiche Repertoire an Elementen vor. Einer von ihm zusammengestellten Zitatensammlung von Personen, häufig Kindern, die sich damit beschäftigten und hinterher äußerten, ist zu entnehmen, daß viele von ihnen hier eher den Mut fanden, selbst ein Kunstwerk zu schaffen und als ein solches zu präsentieren, als wenn sie es völlig eigenständig hätten herstellen müssen. Auch wenn der Künstler hier den Farb- und Formenkanon sowie das Bildformat vorgab, blieb dennoch aus der unvorstellbar großen Zahl möglicher verschiedener Variationen genügend Spielraum, so daß tatsächlich jedermann sein ganz spezielles und für sein Empfinden typisches Bild herstellen konnte, ohne Gefahr zu laufen, es noch ein zweites Mal als das Kunstwerk eines anderen Menschen wiederzufinden. Daher ist Vaserély zuzustimmen, wenn er schreibt: „Das Einführen eines so umfangreichen Kombinationssystems in die bildenden Künste schafft ein universell einsetzfähiges Werkzeug, das gleichzeitig die Realisierung der Persönlichkeit, wie ethnischer Eigentümlichkeiten gestattet" [10].

Viele Künstler verbinden heute das Prinzip der seriellen Herstellung von Kunstwerken mit dem Einsatz des Zufalls. Hier sind vor allem die Holländer Hermann De Vries und Peter Struycken, der Franzose François Morellet, der in Deutschland lebende, aus Rumänien gebürtige Diet Sayler und der Tscheche Zdenek Sykora zu nennen. Sie legen ebenfalls im voraus umfangreiche Rahmenbedingungen fest, nach denen dann in der Regel aleatorisch, meist ohne nachträgliche Auswahl durch den Künstler, Serien von Kunstwerken hergestellt werden. Sicherlich war das anfangs eine Fortführung serieller Fertigungsmethoden der Industrie. Denn es wäre sicher im Hinblick auf alle Wahlmöglichkeiten von Farbe, Motor oder Innenausstattung irrwitzig gewesen, in einem Autowerk die einzelnen Autos per Zufall produzieren zu lassen. Heute hat die industrielle Entwicklung diese Künstler eingeholt, wenn man beispielsweise an per Zufall mit verschiedenen Mustern maschinell gestrickte Pullover und ähnliches denkt.

Wie weit der Bogen für Reihenbilder gespannt ist, möge auch ein Beispiel von Anton Stankowski verdeutlichen: Seine „Reihenbilder" bestehen häufig nicht aus Abwandlungen eines Urbildes, sondern oft baut sich eine Reihe von Bild zu Bild fortschreitend durch schrittweise Hinzunahme eines weiteren Elements auf. Nebeneinander betrachtet erkennt man dann zwischen ihnen eine eindeutig definierte Reihenfolge.

Es gibt auch Künstler, die das Prinzip der seriellen Fertigung nicht im Blick auf große Stückzahlen, sondern in ihrem eigenen künstlerischen Schaffen gezielt als Quelle der Kreativität einsetzen. So sind die Arbeiten der Französin Vera Molnar häufig das Produkt intensiver experimenteller Erprobungen und Überlegungen an Bildreihen: Sie stellt eine Zeichnung her, in der die aus dem Formenkanon der konkreten Kunst bekannten Elemente (Horizontal-Vertikal-Netz, das Quadrat als geometrische Grundform usw.) auftreten. Stellt sich dann beim Betrachten des Bildes bei Vera Molnar ein besonderes visuelles Phänomen ein, das jene intensive Freude hervorruft, die wir mit „Kunst" bezeichnen, so ist sie zufrieden, überträgt gegebenenfalls die Zeichnung in ein Gemälde.

Das Wort „Kunst" wird hier im Sinne von Frau Molnar benutzt. Es benennt vage das, war wir noch schwieriger beschreiben können, wenn wir von einem Kunstwerk sagen: „Es ist schön. Es gefällt mir." In der Regel stellt sich dieses Empfinden bei der Künstlerin jedoch nicht beim ersten Versuch ein, sondern steht am Ende eines durch einen subjektiv gesteuerten Prozeß vorgezeichneten Weges. So variiert sie in einer Werkfolge aus den Jahren 1951–1956 das Bild nicht, wie wir es von konkreten Künstlern sonst gewohnt sind, „systemintern" innerhalb fest vorgegebener Rahmenbedingungen, sondern sie nimmt sich ganz selbstverständlich die künstlerische Freiheit, den Formenkanon abzuwandeln, die Größenverhältnisse relativ zueinander zu verändern, die Bildmaße abzuändern, das Verhältnis von Bildgrund und Bildmotiv umzukehren.

Häufig wartet sie geradezu auf das Stadium, in dem ein Bild kippt. Dieser jahrelange Selbstversuch, die Fülle an entstandenen Reihen bietet eine einzigartige Gelegenheit, den Weg eines Künstlers auf dem Weg zu einem von ihm anerkannten „Kunstwerk" zu verfolgen, denn zum einen sind die Elemente standardisiert genug, so daß der Betrachter sie in den einzelnen Realisierungen wiedererkennen kann, zum anderen bringt aber gerade die persönliche malerische Freiheit, die die Künstlerin in den Prozeß einfließen läßt, das für ihre Werke richtige Maß an Spannung und Wohlgefallen beim Betrachter. Die Serie wird hier zum visuellen Prinzip, zu einer visuellen Basis, von der aus ein Betrachter in das Innerste des Künstlers, in Prinzipien seines ästhetischen Empfindens Zugang finden kann.

Mit für den Laien erstaunlich wenigen Elementen gelingt es Künstlern, viele verschiedene Realisierungen zu schaffen. Sowohl Julio Le Parc[11] als auch das schwedische Künstlerteam Beck & Jung stellten Bildplatten her, die aneinandergesetzt zusammenhängende Wege und Werke ergeben:

Mit vier Platten der beiden Schweden lassen sich zum Beispiel $4 \times 3 \times 2 \times 1 = 24$ verschiedene Vierer-Permutationen d. h. voneinander abweichende, aus vier verschiedenen Bildplatten bestehende Bildfolgen darstellen.

Le Parces 6 verschiedene Teile seines „le longue marche“ (1966) erlauben bereits $6! = 6 \times 5 \times 4 \times 3 \times 2 \times 1 = 720$ verschiedene Sechser-„Wege“. Sein Interesse geht jedoch ausdrücklich nicht nur dahin, „eine Art Spektakel mit dem einzigen Zweck einer unendlichen Variation zu schaffen“.

Abschließend läßt sich festhalten, daß es Künstlern in den letzten Jahrzehnten gelungen ist, nicht nur die Massenfertigung und den in diesen Prozeß eingespannten Menschen in einer für die heutige Zeit relevanten Weise darzustellen, sondern daß sie sogar den Massenfertigungsprozeß an sich als Kunstwerk bewußt zu machen und seine Strukturen zu übernehmen vermochten. Analog zur Massenproduktion in der Industrie wurde so eine Serienherstellung in der Kunst zumindest theoretisch möglich, auch wenn diese über kurz oder lang jeweils wieder an gesellschaftlich oder wirtschaftlich begründete aber nicht durch ästhetische Mängel verursachte Grenzen stößt.

Literaturnachweise

1 *Schultze,* Jürgen: Neunzehntes Jahrhundert. Baden-Baden 1970, S. 80
2 *Hofmann,* Werner: Das indische Paradies. Kunst im 19. Jahrhundert. München 1960, S. 265
3 *Lankheit,* Klaus: Revolution und Restauration (Kunst und Welt Bd. 23). Baden-Baden 1965, S. 203
4 Vgl. 3, S. 201
5 *Baumgart,* Fritz: Idealismus und Realismus 1830–1880: Die Malerei der Bürgerlichen Gesellschaft (DuMont Dokumente). Köln 1975, S. 91
6 *Cragg,* Tony: In: Katalog zur Documenta 7. Kassel 1982, S. 340
7 *Cragg,* Tony: In: Katalog zur Documenta 8. Kassel 1987, S. 53
8 *Hüttinger,* Eduard: Max Bill. Zürich 1977, S. 80ff.

9 *Bopp,* Ute: Torso einer Gestaltungslehre. In: Anton Stankowski: Katalog der Stadt Stuttgart 1992, S. 38

10 *Tolnay,* Alexander: Vasarély in Leinfelden-Echterdingen 1984, S. 11

11 *Bertsch,* Christoph: Technik und Industrie als Thema der Bildenden Kunst. In: Ferrum Nr. 61, 1989, S. 39; documenta 2. Kassel 1959, S. 44; documenta 3, Kassel 1964, S. 212

Die Kunst als Ventil – Technikangst und Technikbegeisterung

Dietmar Guderian

Hinführung

Mondlandung, Tschernobyl, Gentechnik, Atombombe, Herztransplantation, Satellitenfernsehen, Umweltverschmutzung, Concorde und ICE, Tunnel unter dem Ärmelkanal, Herzschrittmacher, Verkehrsunfälle: Das sind Schlagworte aus der Welt der Technik, die tagtäglich – verbunden mit Segens- oder Schreckensmeldungen – in Zeitung, Funk und Fernsehen erscheinen. Sie bewegen Künstler aus aller Welt dazu, sich mit diesen Informationen aus der Technik zu befassen und sie in ihre kreativen Prozesse einzubeziehen. Und wir treffen bei Künstlern alle Nuancen gegenüber technischen Neuerungen: Sie reichen von Begeisterung über Neutralität bis hin zu Ablehnung gegenüber Errungenschaften der Technik.

In diesem Beitrag zeigen wir zunächst an Beispielen aus dem gesamten Bereich der Technik Methoden der Künstler, Technik künstlerisch zu bewältigen.

Zunächst werden Werke einiger Künstler vorgestellt, die auf exemplarische Weise die reale Welt, aber auch Teile bzw. deren Abwandlungen, in Kunstwerke einbringen, um geistige Vorstellungen zu visualisieren, technische Phänomene auf ihre Weise zu diskutieren oder die technische Umwelt individuell zu gestalten.

Es schließt sich ein umfangreicher Exkurs an über Verfremdungen und bisweilen absurde Verzerrungen von technischen Elementen in Kunstwerken. Technische Geräte und Prozesse erfahren Umdeutungen, können zweckentfremdet, zweckfrei oder ästhetisiert dargestellt sein.

Einen weiten Raum nimmt das Verhältnis zwischen Maschine und Mensch ein: Die Unterschiede zwischen Mensch und Maschine werden durch die Künstler nivelliert. Einerseits kann man bei vielen Künstlern die Tendenz erkennen, Technik zu humanisieren. Dieser

Weg wird von den einzelnen auf verschiedenen Wegen verfolgt. Während der eine bereits durch reine Betitelung technische Gegenstände animalisiert, versieht ein anderer bewegliche oder gar statische Gebilde mit Regungen und Gefühlen aus dem menschlichen Dasein, ein dritter wiederum verleiht Dingen durch Einbau entsprechender unsichtbarer Apparaturen sogar eine Scheinlebendigkeit. Andererseits gibt es auch künstlerische Bemühungen, den umgekehrten Weg einzuschlagen, den Organismus zu mechanisieren. Der mechanisierte Mensch ist scheinbar ein seelenloses Arbeitswerkzeug in Produktionsprozessen, er unterwirft sich freiwillig oder gezwungen technischen Abläufen, er verliert schließlich sein menschliches Dasein in den gemalten oder tatsächlich konstruierten Robotergestalten.

Auswege aus einer durch und durch technisierten Umwelt finden Künstler auf eindringliche Weise für sich, indem sie sich in sich selbst zurückziehen und mit subtilstem natürlichen Material wie etwa Blütenstaub, Feuer oder ähnlichem umgehen. Andererseits tragen Erfindungen aus der Technik aber auch zum besseren Kennenlernen des menschlichen Wesens bei, indem sie Stimm-, Verhaltensanalysen usw. gestatten oder gar eine Interaktion zwischen Maschine und Mensch oder von Mensch zu Mensch unter Einschaltung technischer Medien möglich machen.

Den Abschluß bildet eine am Beispiel der Fortbewegungsmittel detailliert auf Einzelströmungen eingehende Betrachtung.

Technik – Umwelt – Realität – Gefahr

Wir sind es gewohnt, Errungenschaften, Erzeugnisse aus der Welt der Technik in unserem täglichen Leben gemäß ihrer Funktionen zu nutzen. Der Mensch kann sie aber auch symbolisch verwenden, um Gedanken, Vorstellungen, Wünsche und Ängste zu visualisieren. Joseph Beuys ist unter den Künstlern, die Elemente der Technik in diesem Sinne in ihr Werk einbrachten, sicher der wichtigste. Obwohl es ihm primär nicht um die Auseinandersetzung mit der Technik ging, zeichnen ihn seine technischen Detailkenntnisse in Bereichen, in denen er Technik nutzte, durch besondere logische Präzision aus.

Die wirklich funktionierende „Honigpumpe" pumpte während der documenta 4 (1968) Honig[1] in Schläuchen aus dem Keller in die höchsten Höhen des Kasseler Fridericianum-Baus, um ihn dann doch – wie im „Kreislauf des Lebens" – in das Kellergeschoß zurückfließen zu lassen.

Joseph Beuys: „Die Honigpumpe am Arbeitsplatz" auf der „documenta 6" in Kassel 1977. Beuys' Intention: „Leben ist Bewegung; alles fließt, aber Bewegung allein ist nicht Leben". Die Honigpumpe des Joseph Beuys pumpte ununterbrochen Honig hinauf, der dann in geschlossenen Rohrleitungssystemen wieder herunterfloß.

Die „Capri-Batterie" (1985) erzeugte und speicherte den schwachen Strom, den (Capri-)Zitronensäure und Kupferblech gemeinsam erzeugen – und versinnbildlichte zugleich das menschliche Kräftesammeln, das Batterie-Wiederaufladen der Menschen in der Kur, wie es seit Jahrtausenden auch auf Capri üblich ist.

Beuys reißt Grenzen zwischen Disziplinen ein, man denke an die „Fluxus"-Geburt am 20. Juli 1964. Er verwendet oder zeichnet technische Geräte technisch vollkommen, sei es eine „Achat"-Zange aus dem vergangenen Jahrhundert – eine Zange, die nur ca. 30 Jahre im Gebrauch war – oder einen funktionierenden Generator in „Der große Generator – Darmstadt" als symbolische Darstellung eines Schöpfers [2]. Diese Werke machen deutlich, wie Beuys technische Prozesse und Einrichtungen zur Verschlüsselung seiner Ideen beherrschte.

Viel öfter erleben wir die unmittelbare Übernahme von Technik als direktes Zitat, wie wir es zum Beispiel in dem überdimensionalen Atom-Modell der Brüsseler Weltausstellung vor Augen haben: Es steht dort als identische Vergrößerung eines Modells, in das jeder Besucher erst seine eigenen Ängste oder Hoffnungen hineinprojizieren muß, um ihm für sich persönlich einen Sinn zu geben.

Geringfügige Abwandlung, intensivere Bewußtmachung bei Wolfgang Nestler oder Überfülle technischer Geräte bei Eduardo Paolozzi, führen dagegen über das reine Technik-Zitat heraus, tragen in der Regel bereits Vorstellungen des Künstlers in sich, die er weitergeben will. So sagt Nestler: „Meine Arbeiten sind plastische Objekte. Es geht um Grunderfahrungen von Gewicht, Spannungen, Konstruktionen, Materialien im Verhältnis zueinander – diese Dinge braucht man nicht zu erfinden, jeder geht mit ihnen um, aber sie treten als bewußte Erfahrungen nicht auf" [3]. Es geht um eine Einstellung zu den Dingen, mit denen wir leben. Die Art, wie wir mit ihnen umgehen, schlägt auf unser Bewußtsein zurück.

Ihre Steigerung erfährt diese Umgehensweise mit technischer Realität, wenn Künstler die Elemente so stark abwandeln und umformen, daß sie nur noch Vehikel für die Gedanken des Künstlers sind. Als Beispiele dafür können die von César zusammengepreßten Autos, der von Arman gesprengte Sportwagen, aber auch „Amore mio" aus dem Jahre 1985 von Richard Baquié hier genannt werden. Letzteres war spektakulär während der documenta 8 installiert: Als Auto in vier Teile zerlegt und mit neuen Maschinen kombiniert, symbolisierte es die vier Strömungen der heutigen Zeit:

- den Windkanal der drängenden Zeit,
- die Konservierung der Nahrungsmittel (symbolisch, in Anlehnung an ein Kühlaggregat zu verstehen),
- die sich im Kreise drehende Entwicklung,
- den Wunsch, sich ganz und gar der Liebe hinzugeben [4].

Wir rechnen hier auch die künstlerischen Vorwegnahmen technischer Entwicklungen ein. Sie stellen, da sie von der jeweils vorhandenen realen Welt ausgehen, auch eine künstlerische Bewältigung der heutigen Technik dar. Das folgende Beispiel aus Technik und Kunst kann dies verdeutlichen:

Die Künstlergruppe Hans Rucker & Co. lieferte vor Jahren ein aktuelles Beispiel für die häufig ihrer Zeit vorauseilende Sichtweise bildender Künstler: Sie verpackte bereits Anfang der siebziger Jahre das Krefelder Museum Haus Lange in Folie, um Haus und Besucher der dortigen Ausstellung vor schädlichen Emissionen aus der Umwelt zu schützen. Das war lange bevor nach dem Tschernobyl-Unglück Landwirte und Hobbygärtner in Europa versuchten, ihre Pflanzen mit Planen vor dem radioaktiv verseuchten Regen zu schützen. Im Inneren des Hauses gab es eine unten geöffnete Kapsel, in die die Besucher ihren Kopf stecken konnten, um eine Zeitlang den dort hineingepumpten reinen Sauerstoff einatmen zu können.

Die Technik als drohende Gefahr ist selbstverständlich Inhalt einer großen Zahl von Kunstwerken. Es gibt vor allem im Zuge der jeweils aufkommenden neuen Ängste, d. h. bei Erscheinen der ersten Dampflok ebenso wie nach dem schweren Reaktorunglück in Tschernobyl, beim verstärkten Auftreten des Waldsterbens oder der Vergrößerung des Ozonlochs, stets eine große Zahl von vor allem „spontan" auftauchenden Künstlern, die diese Ängste sehr direkt – vom Inhalt her wichtig, vom kunsthistorischen Standpunkt aus jedoch meist belanglos – in eigene Arbeiten umsetzen. Sowohl intellektuell als auch von der Warte der Kunst aus anspruchsvoller sind hier eher indirekte Ansätze zu werten, wie etwa das Monumentalbild „The Storyteller" (1986) von Jeff Wall.

Zum Abschluß werfen wir einen Blick auf Künstler, die a priori heutiger Technik nicht grundsätzlich ablehnend gegenüberstehen, sondern sie als einen Bestandteil unserer Welt zumindest einige Zeit lang akzeptieren. Sie versuchen häufig, im Auftrag von Firmen oder im Rahmen von Kunst-am-Bau Wettbewerben, technische Produkte, Wohnmaschinen oder technische Prozesse ästhetisch zu verpacken. Sie entwerfen zum Beispiel das Aussehen von Anlagen eines Heizanlagenherstellers, machen Entwürfe für eine Autofabrik, planen die optische Gestaltung einer Gaskugel in Freiburg ebenso wie das Erscheinungsbild des neuen Flughafens in München-Riem. Hier finanziert die Technik Künstler. Und so ist es nicht verwunderlich, daß diese eine Kritik an der von ihnen gestalteten Anlage weitgehend zurückhalten.

Am Beispiel eines Wettbewerbs der König-Brauerei in Duisburg aus dem Jahre 1975 lassen sich verschiedene Strategien heutiger Künstler beim nicht kritisierenden Umgang mit Technik ausmachen. Friedrich Gräsel versucht die Duisburger Anlage auf ihr ureigenstes Wesen als fertig vorgegebene technische Konstruktion zu reduzieren, indem er mit Technik assoziierbare Farben wie metall-silber, signalrot und reinweiß – allerdings fast ohne jeden Bezug zur Funktion der Anlage – applikationsartig einsetzt. Das läßt sich vor allem daran erkennen, daß die Farbe rot zwar optisch, aber nicht funktionell konsequent eingesetzt ist. Günther Dohr bezieht das vorgegebene Objekt in ein neues Kunstwerk ein und scheut sich nicht, Elemente hinzuzufügen, wie es seiner künstlerischen Vorstellung entspricht. Andere Künstler wie Lothar Quinte und Jens Lausen unterwerfen sich total der vom Betrieb vorgegebenen Form und beschränken sich darauf, diese in einer Weise zu kolorieren, die ein Wiedererkennen der Handschrift des Künstlers ermöglicht. Ein extremes Beispiel für diese viel anzutreffende Tendenz, vorgegebene technische Konstruktionen im Nachhinein zu „verschönern“ findet sich in dem von Victor Vasarély für einen Wettbewerb eingereichten Vorschlag zur Verzierung eines Atomkraftwerkes mit eindeutig Vasarélys Werk zuweisbaren Gestaltungsmerkmalen. – Einzig Ferdinand Kriwet sucht im hier vorgestellten Fall einen Weg, mit der Gestaltung der Anlage – zumindest auch verbal – auf ihre Funktion Bezug zu nehmen: Das Wort *Hopfenwürzigerstensaftopilsenerlebnis* – zugleich ein Beispiel visueller Poesie – ist bandartig um die Anlage herumgeschrieben. Erstaunlicherweise fehlen hier noch weitgehend farbliche Unterstützungen des Funktionsablaufs, wie sie uns heute von Großanlagen, wie bei der von außen sichtbaren Infrastruktur des Pariser Centre Pompidou in Gestaltung der Gleichfärbung von Elementen gleicher Funktion bekannt sind.

Verfremdung und Absurdität

Die wohl verbreitetste Weise der Reaktion auf Technik bei Künstlern ist die Methode der Verfremdung bis hin zum Absurden.

Absurdität kann sich im Rahmen von Technik und Kunst in vielerlei Weisen äußern:

1. Errungenschaften der Technik können unverändert bleiben, jedoch zweckentfremdet eingesetzt werden.

2. Nicht sinnvoll einsetzbare, scheinbar sinnvolle Geräte oder Prozesse können erfunden werden.

3. Technische Geräte oder Installationen können auf eine mit ihrer Funktion in keiner Weise im Zusammenhang stehenden Art verziert werden, daß es dem Betrachter absurd vorkommt.

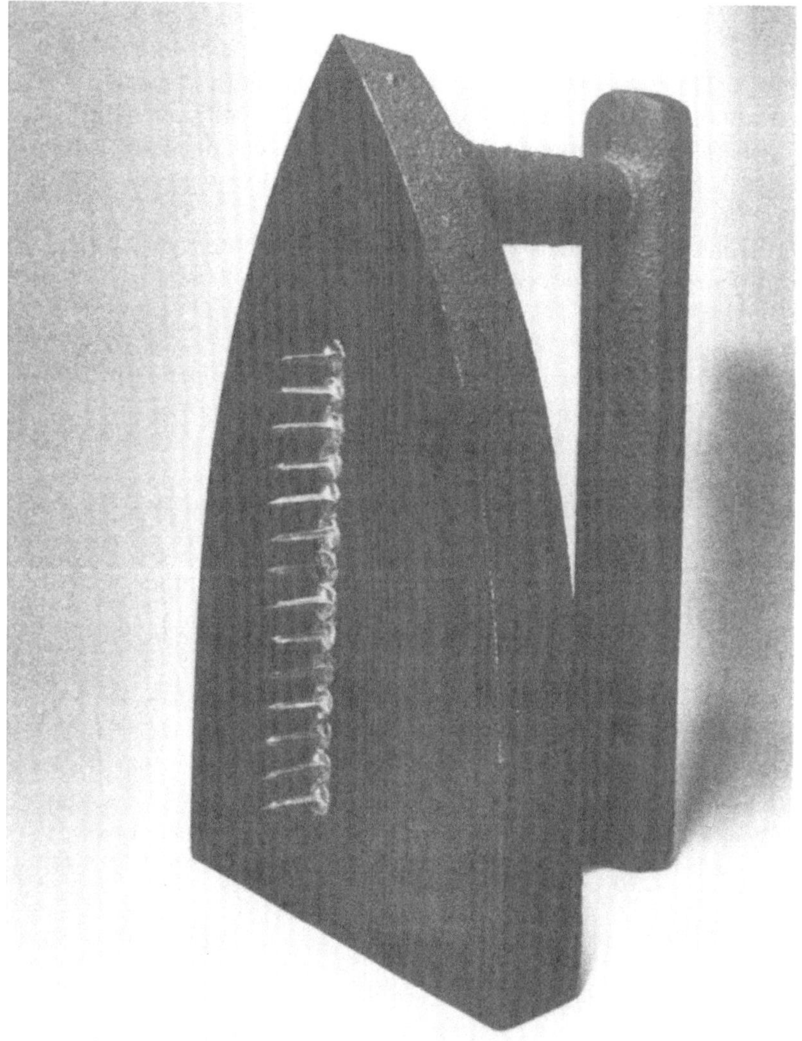

Man Ray: „Cadeau", o. J.
Technik ad absurdum geführt: Ein Bügeleisen, an dessen Platte eine Reihe von Nägeln angebracht sind, kann seine Funktion nicht mehr erfüllen.

Wenden wir uns zunächst der *Zweckentfremdung* zu. Anton Stankowski stellte bereits 1933 in „Antitechnik" die Technik mit ihr eigenen Mitteln – einer Glühbirne ohne Fassung und Leitung – in Frage. Heutzutage ist die Verfremdung ein beliebtes Mittel, um auf die technisierte Umwelt aufmerksam zu machen.

Zunächst sind hier Künstler wie Arman zu nennen, die technische Gegenstände zwar unverändert lassen, diese jedoch auf unverhoffte Weise kombinieren. Arman fügt zum Beispiel eine fast unüberschaubare Zahl einzelner Zahnräder zusammen, die nicht ineinandergreifen, also ihrer Funktion beraubt sind: „Wenn ich also heute mein Material in der Fabrik aussuche, so ist das, was Sie sehen, eine logische Konsequenz meiner Grundhaltung – die Fabrik ist eine der Stätten meines Kultes“[5].

Wim Delvoye setzt in seiner Arbeit „Installationview of 18 gasstanks“ die Tanks nicht unverändert aufeinander, sondern übermalt die Konstellation zusätzlich. Jean Tinguely (1925–1992) setzt alle möglichen Methoden, Wasser zu schöpfen, in einen Brunnen für die Stadt Basel um. Darunter sind auch nur teilweise sinnvolle Konstruktionen wie durchlöcherte Schöpfkellen, die ihren Zweck nur noch teilweise erfüllen können. Wieder anders geht Isa Genzken in ihrer Hi-Fi-Serie von 1979 vor: Fotos runder Schallplatten sind in Vierecke zerschnitten und neu zusammengesetzt zu einer neuen Komposition von gestörten und ungestörten Ellipsen.

Auch die Auflehnung gegen alles Technische kann Triebfeder für das Konstruieren von Absurdem sein: Salvador Dalis Hummer-Telephone sind Symbole seiner im „Geheimen Leben“ geschilderten Lust, gegen den Strom zu schwimmen und alles Technische ad absurdum zu führen. „Mein Leben lang gewöhnte ich mich nur schwer an die

Jean Tinguely: „Maxi – Meta“, 1986 (Teilansicht). Viele Möglichkeiten der mechanischen Kraftübertragung hat Tinguely in dieses monumentale, fauchende, schnaufende, trommelnde, pfeifende Fahrzeug eingebaut. Es hat – obwohl es scheinbar sinnvoll funktioniert – keinen anderen Zweck, als ohne konkreten Aufgabenbereich einfach zu „laufen“.

verwirrende verblüffende ,Normalität' der Menschen in meiner Umwelt (. . .). Ich kann nicht begreifen, warum die Menschen so wenig individuell sind, warum sie sich so gleichförmig kollektiv verhalten (. . .). Ich verstehe nicht, daß man mir, wenn ich im Restaurant einen gegrillten Hummer verlange, nie ein gekochtes Telephon serviert. Eisgekühltes Telephon, mintgrünes Telephon, Telephon als Aphrodisiakum, Hummer-Telephon, in einem Zobel steckendes Telephon für das Boudoir eines Vamps, (. . .), Böcklin-Telephone, die im Inneren einer Zypresse angebracht sind"[6]?

Künstler können Denkstrukturen erschüttern, indem sie Gegenstände in unverhoffter Weise kombinieren. Als Kostprobe sei eine Arbeit von Meret Oppenheim angeführt: Sie überzieht in „Pelztasse" eine porzellanene Tasse mit Fell und erregt dadurch geradezu physischen Schmerz und Gänsehaut beim Betrachter, der sich das Trinkgefäß in Benutzung vorstellt.

In vergangenen Jahrhunderten neigten häufig besonders Spätstile zu absurden Auswüchsen von Technik: Die Baumeister des Prager Veitsdoms aus der Parler-Familie fügten im Mittelalter zweckentfremdete bzw. zweckfreie Architekturteile wie Blendbogen oder blind endende Pfeiler von Anfang an in ihre Bauwerke mit ein. Heute dagegen erfahren wir Absurdität häufig erst im Nachhinein durch Uminterpretationen: Konrad Klapheck beispielsweise oktruiert Maschinen wie beim Menschen Geschlechter zu: „Die Schreibmaschine, dieses Instrument, auf dem die wichtigsten Entscheidungen unseres Lebens gefällt werden, ist bei mir männlichen Geschlechts. Sie ist stellvertretend für den Vater, den Politiker, den Künstler. Die Nähmaschine, die Helferin im Bedecken unserer Blöße, ist weiblich. Sie erscheint als Braut, Mutter und Witwe. Das Telefon, Sprachrohr so vieler Mahnungen, Warnungen und Drohungen, läßt auch auf meinen Bildern die Stimme des Gewissens und die Befehle unbekannter Mächte vernehmen. Die Wasserhähne und Duschen, seit jeher die Vertrauten des Psychischen im Menschen, werden zu Geschöpfen, die ganz dem Eros leben, während die Schuhspanner durch ihre Zweiheit die Freuden und Mißlichkeiten der Ehe beschwören"[7].

In der gleichen unverhofften Weise wie Klapheck Geräten ein Geschlecht zuweist, können Künstler ihnen auch Funktionen, die sie nicht übernehmen können, zuweisen. Zum Beispiel Brunos „Vase" von 1990: Ein meterhohes glänzendes röhrenförmiges Gebilde steht auf einem spitz zulaufenden Ende, während das nach oben ragende Ende durch eine Platte abgedeckt ist, in die vier Löcher „gestanzt" sind. Aus diesen Löchern ragen ,Blumen', gebogene Rohre. Die

Weiter Seite 303

Tafel 1. Karl Schmitt-Rottluff: „Beschneiter Berg", 1950. Brücke-Museum, Berlin.
Im Jahre 1905 gründen Ernst Ludwig Kirchner (1880–1938), Erich Heckel (1883–1970) und Karl Schmidt-Rottluff (1884–1976) die Künstler- und Ateliergemeinschaft „Die Brücke". Allen führenden Vertretern des deutschen Expressionismus geht es um starke, fast plakative Wirkung ihrer Bilder. Diese Vereinfachung sollte ganz der Aussagekraft der Werke dienen.
Trotz gleicher künstlerischer Ausrichtung und gleicher Motive kommt es zu verschiedenen Aussagen, wie diese Beispiele von Kirchner und Schmidt-Rottluff zeigen.

Tafel 2. Ernst Ludwig Kirchner: „Davos im Schnee", 1923. Kunstmuseum, Basel.

Tafel 3. Eberhard Fiebig: „Cumulus". Rahmen-Profil: Rohr, Rahmen auf Gehrung zusammengefügt. Darstellungsmodus der Computerdarstellung: Oberflächen. „Ich handhabe den Rechner wie ein Werkzeug und halte ihn geeignet für die Lösung vielfältiger Aufgaben. Insofern ist es für mich ohne Bedeutung, ob Produkte, die aus der Anwendung resultieren, der Kunst zugerechnet werden oder nicht [...] Nur die aus eigener Praxis resultierende Erfahrung ist eine zuverlässige Grundlage, um zu entscheiden, ob der Rechner als universales Werkzeug taugt oder nicht. Alles andere ist Gerede, das über den Wert von belehrenden Predigten nicht hinausragt."

Tafel 4. Dieses Cembalo von Johannes Goermans, gebaut 1754 in Paris, wurde später in ein Klavier umgebaut. Das schöne Instrument ist ein greifbarer Beweis für ein wichtiges Übergangsstadium in der Geschichte der Tasteninstrumente, welches zur Ablösung des Cembalos durch das Klavier führte. Das abgebildete Instrument wurde ursprünglich als zweimanuales Cembalo gebaut und später in ein Klavier umgewandelt, indem man die bekielten Docken durch Hämmer ersetzte. Man ließ zwar die Docken an ihrem Platz im Instrument, verwendete sie aber nicht mehr zur Befestigung der Federkiele, sondern als Dämpfer. Die Verzierungen sind sehr individuell gestaltet; sie sind eine Mischung von französischen und flämischen Stilelementen. Der Deckel und die Wände des äußeren Gehäuses sind verschwenderisch verziert mit Musiktrophäen, Blumenornamenten, chinesischen Symbolen, Gruppen von Musikanten mit verschiedenen Instrumenten, mit verschlungenen Vogel- und Blumenmustern auf leuchtend rotem Untergrund.

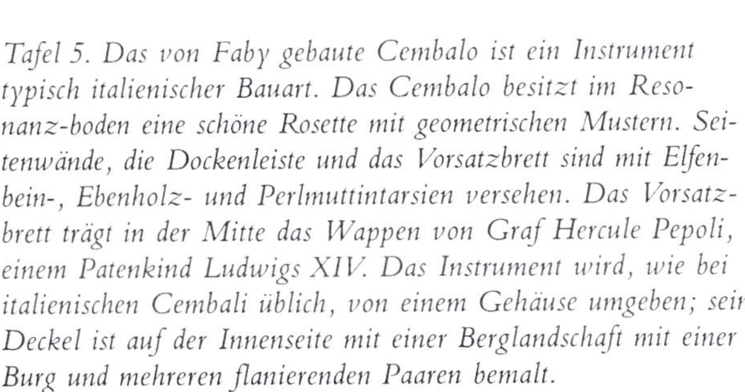

Tafel 5. Das von Faby gebaute Cembalo ist ein Instrument typisch italienischer Bauart. Das Cembalo besitzt im Resonanz-boden eine schöne Rosette mit geometrischen Mustern. Seitenwände, die Dockenleiste und das Vorsatzbrett sind mit Elfenbein-, Ebenholz- und Perlmuttintarsien versehen. Das Vorsatzbrett trägt in der Mitte das Wappen von Graf Hercule Pepoli, einem Patenkind Ludwigs XIV. Das Instrument wird, wie bei italienischen Cembali üblich, von einem Gehäuse umgeben; sein Deckel ist auf der Innenseite mit einer Berglandschaft mit einer Burg und mehreren flanierenden Paaren bemalt.

Tafel 6. Wie viele Maler um die Jahrhundertwende fertigte Henri Rousseau Portraits auch nach fotografischen Vorlagen an. Für das Ölgemälde „Portrait de Pierre Loti" aus der Zeit um 1891 benutzte er eine zeitgenössische Fotografie. Kunstmuseum, Basel.

Tafel 7. Vasen können schöne Nutzgefäße für Blumenschmuck sein; sie können in massiver Wuchtigkeit die Halle eines Palastes zieren, aber auch nur formschöne Ziergegenstände sein, bei denen es nicht mehr auf eine mögliche Nutzbarkeit ankommt. Beispiele dafür zeigen die Jugendstilvasen von Auguste und Antonin Daum. Die Stielvase entstand 1902, während die kürbisförmigen Glasvasen in der Zeit von 1910 bis 1915 geschaffen wurden.

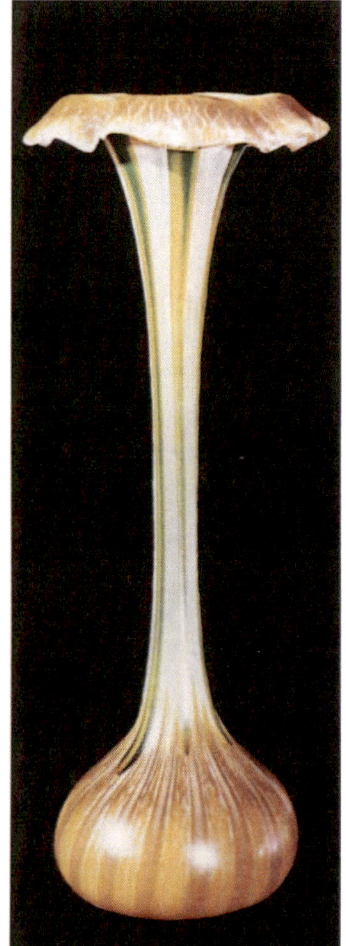

Tafel 8. Vase von Louis C. Tiffany (1848–1933) aus dem ausgehenden 19. Jahrhundert. Leuchtende Farben und elegante Formen charakterisieren die Glas-Schöpfungen von Tiffany, der auf dem Gebiet der Glaskunst als einer der bedeutendsten amerikanischen Vertreter des Jugendstils gilt.

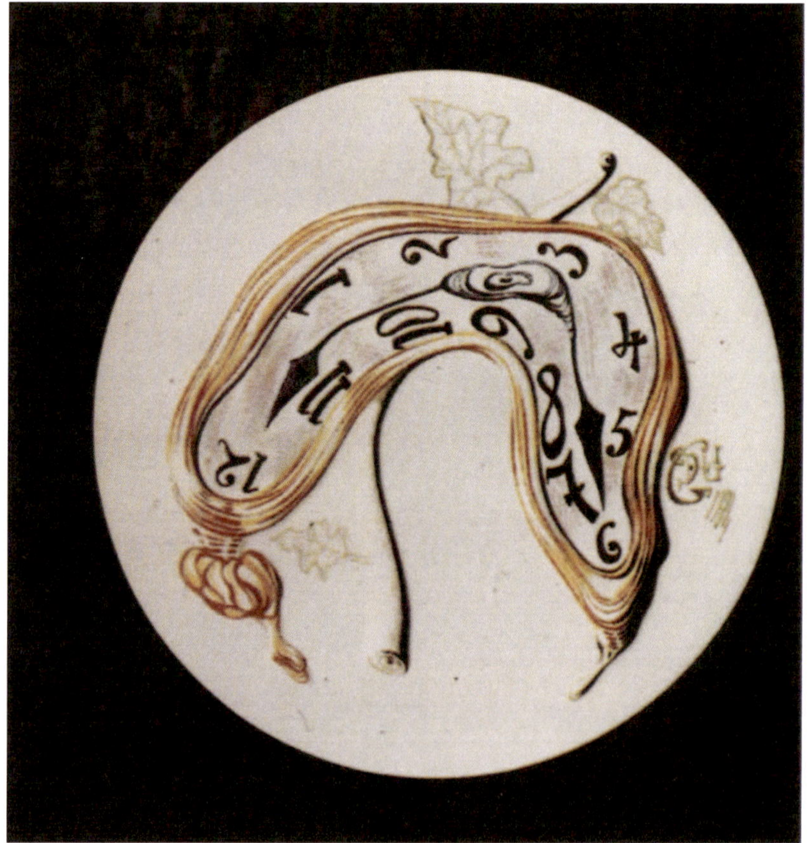

Tafel 9. Salvador Dali: 1976 gestaltetes Jahresobjekt aus Porzellan.

Tafel 10. Diese ägyptische „Truhe mit dem siegreichen Pharao Tutanchamun" stammt aus der Zeit um 1350 v. Chr.

Tafel 11. Rokoko-Kommode mit verschwenderischen, schwungvollen Verzierungen, angefertigt von Charles Cressent um 1730.

Tafel 12. Raymond Waydelich: „Ungarische Rhapsodie Nr. 2 von Franz Liszt“, 1987. In künstlerischer Freiheit wird die dauernde Verfügbarkeit einer gespeicherten Information – hier am Beispiel der Schallplatte als Speicher der Musik – zunichte gemacht. Aber gleichzeitig wird ein ursprünglich akustisches Dokument in ein optisch erfahrbares Erleben transformiert.

Tafel 13. Farbeffekte durch Reflexion an einem weißen Raumwinkel. Durch verschiedenfarbig leuchtende Lichtröhren ruft Dan Flavin in seiner Installation von 1989 diesen Eindruck hervor.

Tafel 14. „Blocklandschaft". Rastergraphik von Herbert W. Franke und Horst Helbing, System DIBIAS, 1988.

Tafel 15. „Seepferdchen" – ein klassisches Fraktal. Die Darstellungen aus dem Bereich der fraktalen Geometrie mit Hilfe des Computers führen zu außerordentlich ästhetischen Formen. ▶

Tafel 16. Künstler wählten schon früh Bergwerke oder Eisenhütten als Motive künstlerischer Darstellung. In dem Gemälde von Joachim Patenier (um 1480–1524) fügt sich die Eisenhütte harmonisch in das Landschaftsbild ein.

Tafel 17. Rauchende Schornsteine sind lange die Symbole der Produktivität und des Wohlstandes. Das Gemälde von Karl Schütz (geb. 1796) zeigt das Lendersdorfer Walzwerk bei Düren, 1838.

Tafel 18. Karl Blechen: „Walzwerk Neustadt-Eberswalde", 1834. Ein frühes Beispiel einer realistischen Darstellung einer Industrieanlage. Allerdings ist das Walzwerk in den Hintergrund gerückt und durch die schöne Landschaft im Vordergrund mit einer idyllischen Szene romantisch verbrämt.

Tafel 19. Joseph Mallord William Turner: „Regen, Dampf und Geschwindigkeit: die Great-Western-Eisenbahn", um 1840. In der Ölmalerei findet Turner ein geeignetes Mittel, um die – bereits wieder von den Dingen losgelösten – Farbphantasien zu schaffen. Die technisch detaillierten künstlerischen Wiedergaben von Eisenbahnen aus den Entwicklungsjahren dieses neuen Verkehrsmittels werden hier bereits wieder abgelöst durch eine intuitive Malerei über Regen, Dampf und Geschwindigkeit.

Tafel 20. Richard Paul Lohse: Dreißig vertikale systematische Farbreihen in gelber Rautenform, 1943 bis 1970. Methoden der Serienfertigung in der modernen Massenproduktion gaben den Anstoß zur Erfindung der seriellen Malerei. Die einmal vom Künstler festgelegte Farbfolge auf einem Farbholz bleibt konstant; sie kann aber als Ganzes Zeile für Zeile so verschoben werden, daß eine große Anzahl von Bildern entstehen könnte.

Tafel 21. John Chamberlain: „Straits of Night", 1985. Die elegant gestylten und in brillanten Lackfarben polierten Autoteile preßt Chamberlain zu Blechklumpen zusammen. Er macht damit die Vergänglichkeit des Autos, des verhätschelten Fetisch der modernen Mobilität, sichtbar.

Tafel 22. Die ältesten Darstellungen von Fahrzeugen finden sich oft im Zusammenhang religiöser Szenen oder religiöser Symbole. Die Abbildung zeigt den Jagdwagen des Pharao auf der Vorderseite eines Straußenfederfächers. Umkränzt ist der Wagen von Symbolen von ägyptischen Gottheiten. Dieser aus Gold getriebene Fächer wird Tutanchamun zugerechnet.

Tafel 23. Eine goldene Gürtelschnalle aus dem Besitz des Tutanchamun. Den Kampfwagen des Pharao umgeben schützende Gottheiten in Falkengestalt.

Tafel 24. Raymond Waydelich und Hilmar Guderian: Moderne Kommunikationstechnik – hier in einem archaischen „Telephon" realisiert und persifliert – steigert die Interaktion zwischen den Menschen. Diese 1989 während einer Ausstellung zur „Stimme in der Kunst" im Kurpark von Bad Rappenau verwirklichte Idee regte Spaziergänger und auch gezielte Besucher der Kunstausstellung an, sich mit moderner Kunst auseinanderzusetzen.

Tafel 25. „Kunst und Heizung" – eine Ausstellung mit zehn international bekannten Bildhauern, die ein Industrieprodukt mit ihrer eigenen Handschrift in ein Kunstobjekt verwandeln.

Tafel 26. Titelseiten von Produktprospekten mit Funktionsgraphiken signalisieren den Fortschritt. ▶

Vitola

VIESSMANN

Viessmann Systemtechnik –
für viele Jahre fortschrittliche Heizung im Haus

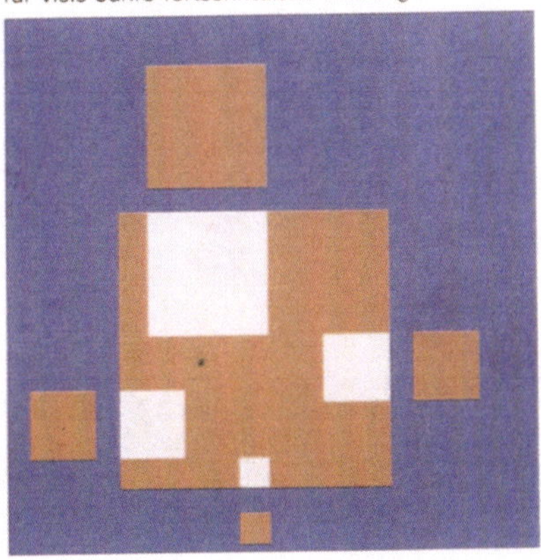

Kühl- und Kältetechnik

VIESSMANN

Frischhalte-, Kühl- und Tiefkühl-Zellen
in richtungweisender Viessmann-Qualität

Vertomat-Simplex

VIESSMANN

Gas-Brennwertkessel
mit Heizflächen aus Edelstahl – zerlegbar

Warmwasser-
Wärmepumpe WWK-02

VIESSMANN

Wärme aus der Umwelt nutzen

Tafel 27. Robert Delaunay: „Eiffelturm", 1910. Der Eiffelturm, ein Sinnbild des erfolgreichen technischen Fortschritts, der fast bis in die Wolken reicht, wird in Delaunays Gemälde als sich auflösendes, zusammenstürzendes Bauwerk dargestellt. Delaunay suchte zunächst Kontakt zu Paul Cézanne, wurde angeregt durch die Farbtheorien des Neoimpressionismus und vom Fauvismus; sein Werk erhielt aber die entscheidende Prägung durch seine Verbindung zu den Kubisten, deren prismatische Formenzersplitterung er bereits in seinen ersten Eiffelturmserien übernimmt, wie die Abbildung zeigt.

Tafel 28. Jules Verne: Illustration „Der Kampf mit den Sauriern". Vergangenheit und Zukunft treffen aufeinander: das Luftschiff „Urania" in der Welt der Saurier. Von der zukünftigen Technik erträumen sich die Autoren der Zukunftsromane solche Möglichkeiten.

„Vase" könnte ebenso ein Teil einer technischen Vorrichtung sein, beispielsweise ein Zylinder, aus dem einige Leitungsenden herausragen.

Am Ende dieser Übersicht über Methoden der Zweckentfremdung in der Kunst sei hier am Rande ein Vorgehen erwähnt, das insbesondere außerhalb der ernsthaften Kunstszene weit verbreitet ist. Man erkennt es an dekorativ an Häuserwänden und in Vorgärten installierten Wagenrädern, Ackerpflügen und landwirtschaftlichen Geräten, Teilen von Pferdegeschirr ebenso wie an nie mehr benutzten Sammeltassen in der Vitrine oder in Partykellern aufgespannten Fischernetzen: Diese Dinge üben keine Funktion mehr aus, dienen nur noch der Dekoration.

Ähnlich „funktionieren" Stephan Hubers „Arbeiten in Reichtum" von 1987: „Zentrales Thema ist die Verwandlung eines Gegenstandes vom vermeintlichen Gebrauchsgerät über das unbenützbare Artefakt zum poetischen Empfindungsträger. Das elegante Styling, bedingt durch die Schönheit des Materials und die Perfektion der Verarbeitung, signalisiert sowohl Distanz zum Symbol der Erinnerung als auch Respekt und Huldigung. In diesem Sinne gerät das ganze Gefüge zu einer architektonischen Kultstätte." [8]

Al Helds Pseudoträger- und Röhrenkonstruktionen in warm-metallischen Farben wie Ultramarin, Rostrot und in ineinander widersprechenden perspektiven Abbildungen gemalt, ist zweckfrei ebenso wie das Räderwerk in „Roberta's Trip". Beide sind Exempel für einen weiteren Weg, künstlerisch Absurdität auszudrücken: Neben der Zweckentfremdung steht die *Erfindung zweckfreier Geräte,* Konstellationen und Installationen. In ihren Entwürfen vollführen die Künstler einen Balanceakt zwischen dem optischen Erscheinungsbild tatsächlicher Geräte und solchen, die dem Betrachter zwar auf den ersten Blick befremdlich erscheinen, ihm aber dennoch „regulär" vorkommen, weil er ihnen eine Funktion zuschreiben könnte.

Manchmal erscheinen derartige, zunächst zweckfreie bzw. im Falle von Luigi Colani doch nahezu zweckfrei entworfene Objekte dem naiven Betrachter so professionell, daß er bereit sein könnte, an die Funktionsfähigkeit der Objekte zu glauben. Das trifft auf die zeitgenössischen Betrachter von Wladimir Tatlins „Letatlin" von 1929–1932 genauso zu wie auf die Ausstellungsbesucher, die in den sechziger Jahren bei Panamarenkos phantasievollen Flugobjekten ihre Phantasie spielen ließen und auf die Besucher der Computer-Messe CeBit, die in den achtziger Jahren unter den vielen tatsächlich funktionierenden Installationen der modernen Computertechnik auch das riesige Modell eines von Luigi Colani entworfenen Solar-Flugzeuges entdeckten, das durchaus glaubwürdig flugtauglich erschien und erst beim unmittelbaren Herangehen an das Flugzeug an den aufgeklebten Textstreifen und ähnlichen Details als Modell identifiziert werden konnte. Wir haben hier einen Grenzfall vor uns: Das Colani-Flugzeug ist nach aerodynamischen und offensichtlich auch ästhetischen Gesichtspunkten konzipiert worden; aber es erscheint durchaus möglich, daß es so oder so ähnlich fliegen könnte.

Bei den statischen Großskulpturen von Jean Tinguely und Bernhard Luginbühl sieht man meistens auf den ersten Blick, daß es sich hier um Kunstobjekte handeln muß, da sie nicht mit irgendeinem zweckbehafteten Objekt aus dem Erfahrungsbereich der Besucher in Zusammenhang gebracht werden können. Betrachtet man dagegen die beweglichen Objekte der beiden, so gelangt man leicht wieder an die fließenden Grenzen zwischen technischem und künstlerischem Entwurf: Luginbühls „Syssiphos" arbeitet ja tatsächlich, wuchtet die große Eisenkugel immer wieder in den Startkorb zurück. Daß darin weiter kein praktischer Sinn zu ruhen scheint, wird dem Betrachter erst nach geraumer Zeit bewußt. Und auch dann noch schaut er weiter fasziniert der „Arbeit" dieser Phantasiemaschine zu, genauso wie er Tinguelys fahrende Skulptur, obwohl fahrendes „Kunstobjekt", zu beobachten bereit ist, als handelte es sich hier ebenfalls um eine Maschine, deren Zweck man nur nicht auf Anhieb durchschaut, die aber auf irgendeine Weise nützlich zu sein scheint. Es ist das Zusammentreffen zwischen handwerklich perfekter Verarbeitung ursprünglich tatsächlich zu realen Maschinen und technischen Einrichtungen gehörender Teile mit einem ebenfalls reibungslosen Funktionieren der Objekte, das den Betrachter immer wieder an deren vom Künstler konzipierten technischen Zweckfreiheit zweifeln läßt. Erst wenn Tinguely eine Maschine baut, die sich selbst demontiert, tritt deren Zweckfreiheit für ihren Betrachter spontan in Erscheinung. Genauso spontan sind die Betrachter dann jedoch auch bereit, diese „unsinnigen" Maschinen zu verdammen und den zugehörigen Künstler ob der für deren Herstellung vergeudeten Zeit anzuprangern. Gerade die Verfremdung der technischen Objekte ermöglicht es dem Betrachter, Reflektionen über das Wesen von Technik anzustellen: Sie sehen die verschiedenen Aspekte, den „Moloch Technik, der sich selbst frißt", das „Spielerische in der Technik" angesichts der verwegenen Musik, die aus dem Fahrzeug drang, den „von der Technik versklavten Menschen", den Traktorfahrer, den man erst bei genauerem Hinschauen in dem ganzen Gewirr von Leitungen und Pseudoinstrumenten entdeckt.

Albert Hien: „Der Garten der Lüste, dritte Abteilung: Das Karussell der Lüste, die eherne Schlange", 1987.
Eine Wurstmaschine von riesigen Ausmaßen führte während der „documenta 8" das Absurde im unablässigen Verzehren und Verdauen drastisch, in künstlerischer Sicht, vor Augen.

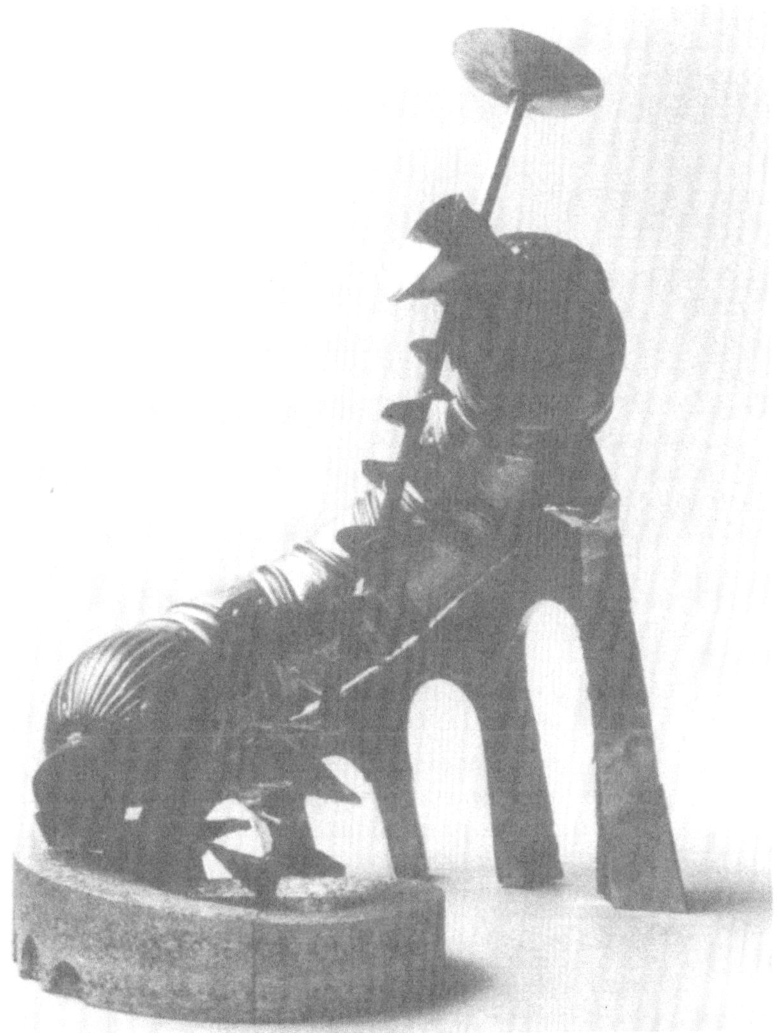

Viele Künstler konstruieren neue, technisch sinnlose Geräte, anstatt real gegebene ihres Sinns zu entleeren. So ist die große Arbeit von Albert Hien „Das Karussell der Lüste – die eherne Schlange" (1987) zugleich scheinbar sinnvoll und doch irreal: Ein sinnentleerter Nahrungskreislauf steht hier als Denkmal für eine außer Kontrolle geratene Maschine, die um ihrer selbst willen produziert und sogar das eigene Produkt zu verschlingen scheint, um sich zu ernähren [9].

Technische Entwicklung drückt sich nicht nur in den jüngsten Errungenschaften neuer Technologien aus, sondern Technik umgibt uns allerorten im Alltag auch da, wo wir sie gar nicht mehr bewußt wahrnehmen, weil uns der Umgang mit ihr selbstverständlich geworden ist. Erst wenn ein Künstler sie uns verfremdend vor Augen führt, sind wir in der Lage und bereit, sie neu zu erfahren und zu erkunden. Claes Oldenburg und César sind wohl die auffälligsten Vertreter dieser Vorgehensweise. Beide arbeiten mit der Überdimensionierung uns geläufiger Alltagsgegenstände: Seien es die meterhohen Flaschenhälse bei César oder die viele Meter hohen Installationen von Claes Oldenburg, zum Beispiel die überdimensionale Hacke in Kassel oder der Gartenschlauch in Freiburg. Fasziniert nehmen wir die erst im großen richtig zur Geltung kommenden Maßverhältnisse, Proportionen unserer Gebrauchsgegenstände zur Kenntnis, bereit, sie in ihrem Erscheinungsbild neu einzuordnen. Ebenso verhält es sich mit den „Soft"-Objekten Oldenburgs: Wenn er ein Schlagzeug oder ein Waschbecken mit allen Details in weichem Stoff näht, sie ihrer Funktion endgültig beraubt, bleibt uns nichts anderes, als ihre Detailtreue zu überprüfen und die am Original vorhandene Logik in Aufbau und Zusammenbau der Elemente zu bestaunen. Und dennoch: gerade die Objekttreue erhöht hier das Maß an Absurdität.

Den Abschluß dieser Behandlung von Kunstwerken, die Technik formal ad absurdum führen, bilden Objekte, die zunächst funktionell erscheinen mögen, dann jedoch durch äußere Einwirkungen derart deformiert werden, daß Funktionieren, Übernahme einer passiven oder aktiven Funktion nicht mehr möglich erscheinen. Hier ist an Arbeiten zu denken wie die von Ansgar Nierhoff: Exakt gearbeitete Stahlblechquader werden an einer Stelle eingebeult. Und so wird es offensichtlich, daß es sich hier um etwas – im üblichen Sinne – nicht mehr Brauchbares handelt. Analog geht Ewerdt Hilgemann vor, wenn er präzise Hohlbehälter ausarbeitet, aus denen er dann Luft entzieht bis eine Implosion sie schließlich deformiert.

Eines der suggestivsten Kunstwerke der documenta 8 stammte von Fabrizio Plessi und bestand aus 24 mit der Mattscheibe nach oben zeigenden Monitoren, in denen jeweils ein Ausschnitt aus einem schnell dahinfließenden Bach gezeigt wurde, so daß sich insgesamt der Eindruck eines über alle Apparate hinweg strömenden Flusses einstellte. Dazu lief fortwährend ein großes Förderband, transportierte nichts, doch hörte man aus Lautsprechern im Raum Kettengeräusche, aneinanderschlagende und reibende Steine sowie herabtropfendes Wasser, so daß die Illusion eines an einem Fluß arbeitenden Baggerwerks vollkommen war. „Die Installation – Plessis ‚Roma' – zeigt die raumgreifende barocke Kurve einer unwahrscheinlich riesigen Brunnenanlage. Ihre Umrisse sind gebrochen, sie erinnern an ein zeitloses antikes Monument. Der Marmor, das trügerische Spiel des Wassers, die Bewegung (von einem Fließband) fallender Steinbrocken, der Widerschein von Wasser auf 24 Monitoren verschmelzen zu einer einzigen Vision (. . .). Die alte barocke Illusion der Reflexe auf dem Wasser setzt aber auch den Optimismus und die Eindimensionalität neuester Technologien außer Kraft, statt diese zu betonen"[10].

Absurdität lernten wir im Laufe dieses Abschnitts bisher ausschließlich von formalen Aspekten her kennen. Den vorgestellten Beispielen ließ sich – sicher nur als eines von weiteren in ihnen enthaltenen – das Merkmal ‚absurd' zuordnen, weil Objekte der technischen Welt uns in ungewohnter Häufung bzw. Anordnung, in ungewohnter Größe, in ungewohnter Materialität, in a priori undurchschaubarer Scheinsinnvollheit, in ungewohnter gewollter Störung der Präzision begegneten.

Eine weitere Variante ergibt sich, wenn Künstler technischen Objekten Funktionen häufig in human-psychologischen Bereichen – in der Regel per Titel – zuweisen, die sie unmöglich tatsächlich wahrnehmen könnten: So stellt Gilberto Zorio Apparate vor, mit denen man menschliche Sätze „reinigen" kann oder James Rosenquists „Scheuklappen" symbolisiert eine Sklavengaleere und Vito Acconci schafft einen Raum als Behälter für flüchtige Stimmen. Die Liste der Kunstwerke, die aus Objekten bestehen, denen über das Anorganische hinausgehende Eigenschaften zugesprochen werden, läßt sich fortsetzen bis zu den im folgenden Abschnitt vorgestellten Arbeiten, die sich nicht mehr mit derartigen Eigenschaftszuweisungen begnügen, sondern denen Animation zu einem begrenzten eigenen „Leben" verhilft.

Zuvor werfen wir allerdings noch einen kurzen Blick auf Versuche von Künstlern, vorgegebene Elemente, Erzeugnisse der Technik zu *ästhetisieren*. Ihnen fällt es in der Regel schwer, sich von Design abzusetzen und auch nicht zum Sprachrohr des Auftraggebers zu werden. Hierzu gehören alle sogenannten „Verschönerungsprojekte" von Kunst am Bau bis hin zu Kunst an der Straße oder auch Wettbewerbe zur Verzierung einer Swatch-Uhr, die Bemalung eines Atomkraftwerkes, wie die der Gaskugel in Freiburg. – Vasarély reichte zum Beispiel einen Entwurf für die künstlerische Außenwandgestaltung eines Atomkraftwerkes ein, der in keiner Weise auf die Ängste der Menschen gegenüber Atomkraftwerken einging. Auch nach dem Unfall von Tschernobyl konnte man aus Gesprächen mit dem Künstler entnehmen, daß er die Gestaltungsaufgabe wertneutral sieht.

Humanisierung der Technik und Technisierung des Menschen

Der Mensch kennt verschiedene Wege, um das durch ständig neue Techniken stets neu entstehende Ungleichgewicht im Alltag in eine ihn mehr beruhigende Gleichgewichtslage zurückzuführen:

Entweder er versucht, sich den neuen Umständen anzupassen (Assimilation), er verändert die neue Umwelt oder führt sie durch geistige Transformation in die altbekannte über (per Akkommodation).

Diese beiden, bereits seit Jean Piaget bekannten Methoden, schrumpfen in der Realität auf eine einzige, die Assimilation, zusammen. Doch kann künstlerische Kreativität den Menschen durchaus auch auf den zweiten Weg führen.

Bei der Technikauseinandersetzung trifft man auf zwei grundsätzlich verschiedene Ansatzpunkte: Während die eine Künstlergruppe versucht, mit Hilfe von Bewegungs- und auch Beseelungssimulationen Technik zu humanisieren und damit zu bewältigen, steht die andere Gruppe der Technik kritisch gegenüber oder lehnt sie ab.

Wir werden hier die verschiedenen Stufen der künstlerischen Versuche, sich im Reich zwischen Mensch und Technik zu bewegen, aufzeigen:

Von *Animation* spricht man in der Regel erst, wenn tote Gegenstände durch entsprechende technische Vorkehrungen – wie Computerprogramme zum Bewegen eines Roboters, bzw. zur möglichst lebensechten Darstellung organischer Abläufe auf dem Monitor – sich möglichst wie Lebewesen bewegen. Wir stellen hier jedoch auch einfachere Stufen auf dem Wege dahin vor.

Vermenschlichung von Maschinen betreiben Künstler, wenn sie ihnen Gefühle wie Liebe, Trauer usw. zuschreiben.

Versklavung des Menschen durch die Technik zeigen Künstler oft. Hierhin gehören die vielen Kunstwerke, in denen sich Künstler mit der freiwilligen oder erzwungenen Unterwerfung des Menschen unter die Technik, insbesondere unter entsprechende Maschinen oder Installationen, auseinandersetzen. Schließlich zeigen Kunstwerke noch die *Entmenschlichung* des Menschen, dessen Gefühlswelt unter dem Einfluß der Technik erstirbt.

Auch bei der *Animation* von technischen Geräten im weitesten Sinne sind verschiedene Stufen der Technisierung auszumachen, je nachdem, wie weit bei der Realisierung einer derartigen Arbeit auf organische Elemente zurückgegriffen wird, die dem Betrachter Assoziationen erleichtern. Ausschließlich aus technischen Bestandteilen gefügte Installationen stellen besonders hohe Anforderungen an den Betrachter,

*Branko Smon: Installation ,,Gespräche", 1989.
Ein Animationsversuch: Luft wird durch Schläuche gepreßt, so daß sie sich bewegen; aus den sich einander zukehrenden Schlauchkragen entstehen durch die austretende Luft Geräusche, die dem Betrachter ,,Gespräche" suggerieren.*

doch finden sich auch hier überzeugende Lösungen. So hat zum Beispiel Timm Ulrichs in seiner Arbeit „Zungenreden" (1987) spezielle, fortwährend zuckende Glühbirnen an Stuhlbeine montiert, die bei richtiger Position der Stühle fortwährend von einem Stuhl zum anderen einander entgegenzüngeln. Sie suggerieren beim Betrachter ein Gespräch zwischen den zwei Stühlen, genau wie bei Branco Smon mit seiner Installation „Gespräche" (1989). Sie besteht aus an einem Ende offenen Schlauchpaaren, in deren anderes Ende Luft gepreßt wird, die beim Austritt aus dem offenen Schlauchende blubbernde Geräusche (das ‚Gespräch' zwischen beiden Schläuchen) abgibt. Während Arbeiten wie die beiden vorgestellten keinerlei organische Elemente enthalten, findet man bei vielen anderen doch Teile von Pflanzen oder Lebewesen, so daß es dem Betrachter erleichtert wird, scheinbares Leben im Gesehenen zu erkennen. Hierhin gehören auch solche Objekte, bei denen das Verhältnis zwischen enthaltener organischer Substanz und technischem Bestandteil absurd ist. In Jean Tinguelys „Hommage pour une feuille morte", in der an einer großen Wand fast alle Möglichkeiten der Kraftübertragung realisiert sind, dreht sich an einem Ende der riesigen Installation ein winziges Blatt. Der in keinem Verhältnis zum gedrehten Baumblatt stehende technische Aufwand verhindert spontan, angesichts des kleinen Blättchens an Animation desselben zu denken.

Wenn die Information, die der Künstler an den Betrachter weitergeben will allerdings zu verschlüsselt ist, führt auch der Einsatz organischer Elemente noch nicht dazu, daß man hier an Animation denkt. In der „Atemwaage" von Reinhard Klessinger – die auch nicht geschaffen wurde, um Leben vorzutäuschen, geht die Gedankenkette geradezu den umgekehrten Weg: Eine durch und durch technisch erscheinende Einrichtung, ein Pendel über einer Wasserfläche, wird durch Naturkräfte, die auf Tierisches wirken – hier Wind, der ein in einen Baum gespanntes Kuhfell bläht – bewegt. Dabei sind die tierische Membran und das Pendel räumlich so weit voneinander getrennt, daß der Zusammenhang zwischen beiden Teilen der Installation mehr im Konzept als im optischen Erscheinungsbild zu sehen ist.

Dies ändert sich jedoch, sobald wesentliche Elemente eines Lebewesens – oder zumindest seines Erscheinungsbildes – in das Kunstwerk integriert sind: „Die Pfauenmaschine" von Rebecca Horn zog mit der majestätischen Verhaltenheit, in der sie während der documenta 7 in einem kleinen tempelartigen Pavillon in den Kasseler Karlsauen ihr prächtiges – jedoch zahnradgetriebenes – Rad öffnete und schloß, den Betrachter in ihren Bann. Das Arrangement aus eleganten langen Straußenfedern und klar sichtbarer Antriebstechnik regte den Betrachter immer aufs neue an, sich seinen Stellenwert gegenüber diesem nichttechnischen Gerät und auch nichtnatürlichen Organismus bewußt zu machen.

Anders ist es bei Arbeiten, wenn sie Bestandteile enthalten, die für wirkliche Lebewesen lebensnotwendig waren, in sich also den Tod ihrer früheren Besitzer bergen. Hier fällt es dem Betrachter leichter, diese Tatsache zu kompensieren, wenn er sich vom Künstler suggerieren läßt, einen tatsächlichen lebenden Organismus vor sich zu haben. Das trifft in besonderem Maße auf Günter Weselers Atemobjekte zu: Fellüberzogene Pseudolebewesen, angetrieben von versteckten Motoren, täuschen geradezu perfekt Lebewesen vor. Auch wenn der Betrachter Wesen dieser Art noch nie gesehen hat: Das tatsächliche Fell, verbunden mit einem der Atembewegung von Säugetieren täuschend nachempfunden Bewegungsablauf, lassen den Betrachter dieser Ob-

Peter Vogel: „Vom Fernsehen und der Illusion, daß ein Wegzeichen auch schon ein Weg sei“, 1979. Der – endlose – Weg durch die modernen Kommunikationsmittel, künstlerisch realisiert in einem einzigen Monitor.

jekte in jedem Fall eher an ein Lebewesen denn an eine technische Apparatur glauben.

Alle bisherigen Beispiele für Animationen bestanden entweder ausschließlich aus technischen Teilen oder sie enthielten Tierisches. Von makabren, hier nicht weiter zu besprechenden Einzelfällen abgesehen, finden sich – wenn überhaupt – regenerierbare und damit für das Leben des ursprünglichen Trägers nicht lebensnotwendige Teile von Menschen (Haare, Fingernägel, kleine Hautfetzen, Zähne, Blut u. ä.). Der Ausweg, den Künstler hier finden, liegt im Einsatz von akustischen oder optischen Konserven. Gespeicherte menschliche Töne im Original oder verfremdet, wie beispielsweise bei Klaus Geldmacher oder Wolf Kahlen, Bildkonserven und schließlich die Kombination beider in Videoaufzeichnungen von Menschen oder gar von ganzen Gesprächsrunden bringen heute den Betrachter optisch und akustisch

„lebensnah" in Kontakt mit dem Dargestellten. Andererseits erleben wir in der jüngeren Vergangenheit – ursprünglich einmal ausgehend von durch den Betrachter per Stimme oder Bewegung steuerbaren Installationen – zum Beispiel bei Peter Vogel – einen immer stärker werdenden Einbezug des handlungs- und entscheidungsfähigen Betrachters in das Kunstwerk. Die jüngste Entwicklung interaktiver Computeranimationen deutet bereits darauf hin, daß zu der optischen und akustischen bald auch eine handlungsorientierte Nähe zum Betrachter im Rahmen von Computer-Video-Installationen hergestellt sein wird, die die Grenzen zwischen erfahrenem realen Leben und generiertem „Pseudoleben" beinahe aufhebt.

Daß Interaktion zwischen Technik und Mensch auch auf einer elementareren Ebene stattfinden kann, zeigen Installationen, die ein Mitwirken des Betrachters direkt einschließen, beispielsweise die erfrischende Röhreninstallation (Idee Raymond Waydelich, Realisierung Hilmar Guderian), die einen Sommer lang das Publikum im Kurpark von Bad Rappenau unterhielt: Röhren waren einander umschlingend und den Betrachter dadurch verwirrend im Kurpark ausgelegt. An den Röhrenenden luden Telefonzellen-ähnliche Kabinen die Spaziergänger zum Eintritt und zum Rufen in die Rohre ein. Da niemand erkennen konnte, in welchem der übrigen Häuschen der Ton zu hören sein würde, konnte man ungeniert in die Röhren hineinrufen, seine Äußerungen der anonymen Technik dieses Röhrenwirrwarrs überlassen, dem Hörenden nicht offenbarend, wer der Rufende war. Ebenso reizte es, in diese Rohre hineinzuhorchen, um von irgendwoher Stimmengewirr Vorbeigehender zu empfangen oder gar gezielt Rufe Unbekannter zu hören und zu beantworten. Technik trug hier dazu bei, daß Menschen nur per Stimme präsent waren – dies aber wegen der direkten Übertragung auf eine sehr eindringliche, unmittelbare Weise. [VII-4.3]

Die sozialistische Revolution brachte im Zuge der idealen Vorstellung von der Befreiung der Massen durch die Technik und der damit einhergehenden Arbeit eine Verherrlichung und Idolisierung der Technik mit sich. So ist es nicht verwunderlich, wenn wir in den Jahren kurz nach der Oktoberrevolution besonders intensiv auf Darstellungen treffen, in denen Mensch und Technik, Arbeiter und Arbeitsgerät in einer engen persönlichen Beziehung zueinander stehen.

Iwan Kljun hat sich in seinem „Ozonator" bereits von der realistischen Darstellung des Menschen abgewandt und stellt uns einen Technoiden vor, der im „Elektrifikator" von Josef Tschaikow fortentwickelt wird zu einer Menschengestalt, die vollständig aus Maschinenteilen besteht.

Tafel 24, S. 300: Moderne Kommunikationstechnik!

In dieser frühen Phase der Darstellung von Menschenfiguren, die aus technischen Bestandteilen zusammengesetzt sind, geht es darum, unter Verzicht auf natürliche Formen, aus technischen Fundstücken möglichst wirklichkeitsnahe Maschinenmenschen zu formen.

Diese Arbeiten aus der Zeit des sozialistischen Realismus sind sehr direkt in ihrer Darstellung. In der Auseinandersetzung mit der Technik spielt noch unterschwellig die Bewunderung eine entscheidende Rolle. Die eigentlichen Probleme werden noch nicht in künstlerische Formulierungen umgesetzt. Künstler unserer Zeit sind dagegen kritischer und ihre künstlerischen Aussagen häufig indirekter. „Die metallische Zeit" von Allan Jones, die zwischen Mensch und Roboter anzusiedelnden Wesen der Maria Lassnig sind kritische Bildaussagen zum Wesen von Technik und ihrer Bedeutung für diese Zeit. Sie verweisen auf die totale Vereinnahmung von Kunst und Mensch durch die Technisierung: Auf den wirklichen Menschen als Ersatzteillager mit Perücke, Gebiß, Herzschrittmacher, künstlichem Herz, künstlicher Hüfte, Prothesen.

Die letzte Stufe auf dem Weg zum künstlichen Menschen und den darin ruhenden Möglichkeiten stellt der wandernde Mensch ohne Oberkörper dar, den Jones während der Basler Art 89 über den Köpfen der Besucher laufen ließ. Neben dieser in ihrer Direktheit schokkierenden Arbeit finden sich solche, in denen das Verhältnis Technik – Mensch technikintern ausgedrückt werden soll: Caroline Dlugos zeigt in „Ekstase" die technoide Darstellung eines schreienden Menschengesichtes.

Die bisher vorgestellten kreativen Ansätze zur Animation bezogen sich im wesentlichen auf den Aspekt der organischen Bewegung von Lebewesen. Es gibt jedoch auch Werke, in denen Künstler versuchen, technischen Konstruktionen ein Gefühlsleben mit dem Menschen ähnlichen Regungen zu verleihen. Das gelingt selbstverständlich ausschließlich auf der interpretierenden Ebene. So sind zum Beispiel die hyperrealistisch gemalten Geräte und Werkzeuge eines Konrad Klapheck aufgrund der Künstleräußerung verschiedenen menschlichen Geschlechtern und eventuellen typischen Eigenschaften zuzuordnen. Meist ist der Bezug zu menschlichen Regungen jedoch vor allem aus dem dem Werk beigegebenen Titel zu entnehmen, wie in Robert Longo's „Machines in Love" (1986), die im übrigen gar nicht zärtlich zueinander erscheinen, sondern mit „ihrem bedrohlichen Aufbau und ihrer Ähnlichkeit mit einem Killersatelliten" eher an eine kritische Wiedergabe der faustischen Besessenheit der gegenwärtigen „Krieg der Sterne"-Technologie denken lassen[11].

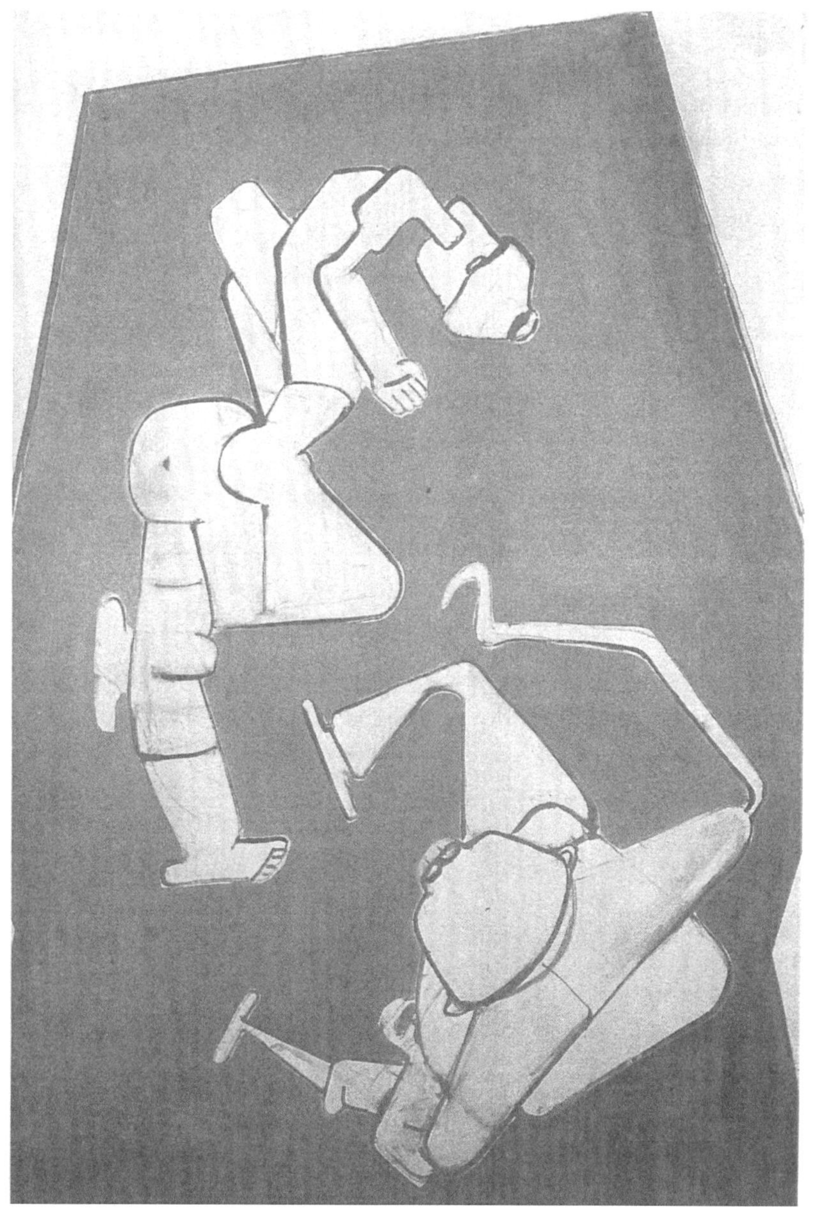

Maria Lassnig: „Science fiction", 1963. Die Gestalten scheinen Mischwesen aus Menschen und Robotern zu sein, die „kopfüber", „kopfunter" durch das Bild schweben. Sie sind hervorgegangen aus einer Symbiose des fast menschlich reagierenden Roboters mit dem entindividualisierten, im eintönigen Arbeitsprozeß eingespannten Menschen. Eine beklemmende Zukunftsvision.

Den Kunstwerken, die einen möglichen Weg der Entwicklung von Maschinen und anderen technischen Vorrichtungen in Richtung auf Lebewesen bis zum Menschen visualisieren und problematisieren sollen, stehen auch entsprechende künstlerische Ansätze für den umgekehrten Weg gegenüber: Der Degradierung des Menschen im Zeitalter der Technik, der sich zum seelenlosen, der Maschine unterworfenen Gebilde formen läßt. Kaum noch selbständig denkende oder nur noch in einer Richtung denkende Menschen stellen sicher die letzte Stufe auf dem Weg vom Menschsein hin zur Maschine dar. Künstler nehmen derartige Entwicklungen oder die Ergebnisse derartiger Entwicklungen wahr und verstärken ihre Eindrücke in ihren Arbeiten: Dieter Kraemer beschreibt seine Wahrnehmungen in einer Fabrik:

„Ende 1975, Anfang 1976 war es so weit. Ich konnte aufgrund des Arbeitsstipendiums eine Zeitlang im Wolfsburger VW-Werk durch die Produktionshallen gehen und gucken und dazu meine Aquarellskizzen, zeichnerische Notizen und Photos machen. Beim Durchwandern der Hallen interessierte mich mehr und mehr die einzelne Figur des Maschinisten, der Arbeiterin und des Arbeiters am Band, vor und an der Maschine und immer weniger die abstrakte Kompliziertheit der technischen Abläufe. Später – im Atelier – habe ich dann versucht, gerade dieses Verhältnis der Figur zur Maschine, das mich zunehmend beschäftigt, herauszustellen [12]. Tatsächlich sind die in der Fabrik arbeitenden Menschen in seinen Bildern beispielsweise in „Arbeiterin bei VW II", 1976, zu beinahe entindividualisierten „Figuren" reduziert, im Gesicht des Einzelnen ist nichts mehr von seinem persönlichen Ausdruck geblieben (siehe Abbildung S. 271).

Aber nicht nur die traditionellen Plätze des Aufeinanderprallens menschlicher Individuen mit Technik, sondern auch solche, die man früher spontan nicht mit Technik in Verbindung gebracht hätte, fordern den Menschen heute im Zeitalter der neuen Technologien bis an seine physisch-psychischen Grenzen. An Orten, von denen man das vor Jahrzehnten noch nicht für möglich gehalten hätte, werden Menschen zu „funktionierenden" Objekten in einem System: Raymund Kummer zeigt das mit dem Blick in einen Börsen-Saal mit „Never stop working". Angelika Bader & Dietmar Tanterl verweisen in ihrem Bild eines von Mikrophonen eingezwängten Redners, der offensichtlich am Ende seiner seelischen Kräfte angekommen ist, auf eine ähnliche Situation.

Neben vielen Kunstwerken der eben genannten Art, die den Betrachter wegen der dargestellten seelischen Nöte von Menschen bedrücken, gibt es viele Arbeiten, in denen der Mensch freiwillig oder unfreiwillig durch Maschinen körperlich gefoltert wird. Jürgen Brodwolf läßt scheinbar lebloses Menschenmaterial in einem technischen Prozeß maschinell verarbeiten.

Marie Jo Lafontaine zeigt maschinenhörige Menschen, die schon fast wie zurechtgedrückte Werkzeuge wirken.

Kunst ist Ventil für Angst und Begeisterung – Beispiel der Fahrzeuge

Exemplarisch läßt sich an den Fortbewegungsmitteln, die der Mensch erfand, über einen Zeitraum von fast dreitausend Jahren verfolgen, wie sich in ihrer künstlerischen Darstellung und ihrer Einfügung in die Umwelt Angst und Enthusiasmus der Benutzer artikulieren.

In der Frühgeschichte und im Klassischen Altertum begegnen uns vor allem Darstellungen in offensichtlich kultischem Zusammenhang: Fahrzeuge treten in ihrer weitgehend unreflektierten Eigenschaft als Fortbewegungsmittel auf: Der Straußenfederfächer des Tutanchamun (gest. 1337 v. Chr.) zeigt den König im Korb seines dahinjagenden Streitwagens unmittelbar bevor er seinen Pfeil abschießt, dabei ist der realistisch in Goldblech gearbeitete Streitwagen umgeben von „Lebenszeichen" zum Schutze des Königs. Das gebräuchlichste altägyptische Verkehrsmittel, das *Schiff,* mußte auch dem toten König zur Verfügung stehen. In Tutanchamuns Grab fanden sich Modellboote vom Papyrusnachen bis zum Segelschiff und Lastkahn. Der rituelle Kontext ist häufig spontan erkennbar. In der kleinen hier nur beschriebenen Skulptur „Der König mit Harpune" steht der König im offiziellen Ornat auf einem leichten Papyrusnachen. Es handelt sich hierbei nicht um das Genrebild eines königlichen Jagdabenteuers, sondern um die Darstellung eines Vernichtungsritus, eines religiösen Aktes der Welterhaltung.

Der Sarkophag von Agia Triada auf Kreta aus der Zeit zwischen 1600 und 1400 v. Chr. zeigt auf einer der Längsseiten drei Männer, die einem vierten – vermutlich einem Toten – Gaben darbringen. Unter diesen Gaben befindet sich auch ein Schiff. Auf einer der Schmalseiten des Sarkophags ist ein von Greifen gezogener Wagen mit zwei Gottheiten zu sehen.

Die Rekonstruktion der Giebelskulpturen des Parthenon in Athen zeigt an beiden Giebeln Wagen in mythischem Zusammenhang: Auf dem Ostgiebel versinkt der Mondwagen im Meer, während auf der anderen Seite der Sonnenwagen aus ihm aufsteigt. Im Westgiebel stehen sich Poseidon und Athene mit ihren Wagen streitend gegenüber.

Tafel 22, S. 299:
Fahrzeuge werden in den alten Hochkulturen meist in religiösem Zusammenhang dargestellt; hier erscheint der Jagdwagen des Pharao auf einem Fächer.

Tafel 23, S. 299: Der Kampfwagen des Tutanchamun.

Felsenzeichnungen der Bronzezeit in Schweden (1500–500 v. Chr.) zeigen ebenfalls Schiffsdarstellungen, Männer in zweirädrigen Kampfwagen sowie Pflugdarstellungen mit Zugtier. Ein Großteil dieser Felszeichnungen läßt sich deuten als Bilder „nicht nur alltäglichen Geschehens und entsprechender Wunschvorstellungen, sondern heiliger Handlungen, d. h. Schilderungen dessen, was während der zur Ehrung himmlischer Mächte stattfindenden heiligen Feste geschah. Um es in einem Wort zusammenzufassen: Kultgebräuche“ [13].

Im sogenannten Speyerer Evangeliar aus der Zeit um 1220 n. Chr. sehen wir die Rückreise der Heiligen Drei Könige in einem aus bunten Planken gezimmerten Segelschiff. Ein weiteres, häufig – von Carpac-

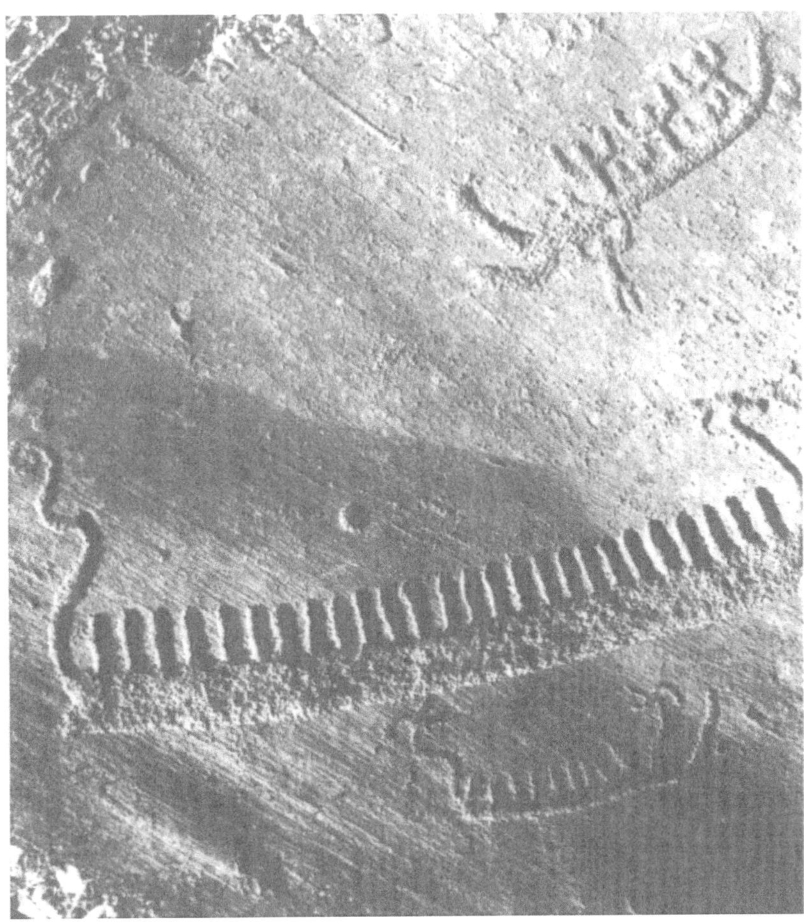

Felsbilder der Bronzezeit aus Schweden.
Diese Schiffsdarstellungen haben kultische Bedeutung, sie sind wohl nicht unter künstlerischen Gesichtspunkten gestaltet worden. Das rechte Schiff mit Adoranten wird offensichtlich von zwei Männern getragen.

cio in Venedig bis zu Memling in Brügge – aufgegriffenes Thema, die Legende der Heiligen Ursula, enthält themenbedingt Schiffsdarstellungen. In Bildern aus dem Kölner Ursula-Zyklus fällt St. Ursula – auf dem „schönsten und genauesten Bild der Stadt Köln", und wir dürfen annehmen vor den ebenso detailgetreuen Schiffsdarstellungen – den Hunnen zum Opfer.

Albrecht Dürer (1471–1528) gibt bereits abstrahierend beim „Hafen von Antwerpen beim Scheldetor" mehr den optischen Eindruck als das Detail wieder.

In späterer Zeit erlauben sich die Künstler dann immer weitgehendere Freiheiten in der künstlerischen Gestaltung; William Turner

Ford Madox Brown: „Auswanderer", 1855. Das Paar stellt den Maler und seine Frau dar. In der zweiten Hälfte des 19. Jahrhunderts bringt die Umstrukturierung im Zuge der Industriellen Revolution auch viel wirtschaftliche Not und zwingt viele Menschen zur Auswanderung nach Übersee. Brown trug sich mit der Absicht, nach Indien auszuwandern. Er bezeichnet sein Bild als ein historisches Gemälde, ähnlich wie Courbet sein „Begräbnis von Omans" oder die Auswandererbilder von Daumier aus dem Ende der vierziger Jahre des letzten Jahrhunderts.

(1775–1851) greift Malweisen von Malerkollegen vergangener Zeiten manieristisch auf, formt diese um und gelangt in seinen „Seestücken" zu einer Freiheit der Farbgebung, die seine Zeitgenossen erzürnt, weil sie sich bereits zu sehr von der rein dokumentarischen Darstellung abwendet, zum Beispiel beim „Schiffbruch" (um 1804).

Der Zeitpunkt, in dem die Darstellung eines Gefährtes die seelische Verfassung einer gemalten Person oder auch die geistige Position des Künstlers verstärkt wiedergibt, ist danach nur noch eine Frage der Zeit: Ford Madox Brown malt 1852 „Der letzte Blick auf England" und äußert sich dazu: „Die Gebildeten sind enger an ihr Land gebunden als die Ungebildeten, denen es hauptsächlich um Essen und körperliche Annehmlichkeiten geht. Um die Abschiedsszene in ihrer vollen tragischen Entwicklung zu zeigen, habe ich ein Mittelstandspaar ausgewählt, das durch Erziehung und Verfeinerung hoch genug steht, um zu wissen, was es alles aufgibt, und auch wieder genügend Würde besitzt, um den Strapazen und Demütigungen auf einem Schiff mit nur einer Klasse gewachsen zu sein. (...) Die um das Schiffsheck aufgehängten Kohlköpfe sagen dem geübten Blick, daß es sich um eine lange Reise handelt"[14].

In der Folgezeit treffen wir bei wichtigen Künstlern kaum noch auf Seefahrtsromantik oder Genrebildatmosphäre: Dafür erhalten die Darstellungen stärkere emotionale Aspekte der Dargestellten oder auch des Darstellenden.

Unabhängig von dieser Entwicklung existiert weiter eine Flut von Technikbildern, die eine möglichst originalgetreue Abbildung anstreben. Sie ignorieren jede künstlerische Weiterentwicklung und dokumentieren Erfindungen der Seefahrt oder zeigen Seeschlachten. Noch beliebter sind in den vergangenen drei Jahrhunderten prunkvolle Darstellungen einzelner Schiffe: Großsegler, später dann auch Passagierdampfer und dampfgetriebene Kriegsschiffe im amerikanischen Bürgerkrieg, Riesen-Schlachtschiffe der Weltkriege und wuchtige Nordmeer-Eisbrecher.

Nachdem die Blüte dieser realistischen Malerei längst vergangen ist, finden sich im Zuge des Aufkommens eines neuen Realismus auch bei Schiffsdarstellungen, beispielsweise im Werk von Reimer Riediger, wieder scheinbar rein realistische Darstellungen, doch handelt es sich hier um eher ironisch-romantisierende Verfremdungen, auf die allein schon die Palette warmer Farben hindeutet.

Das erste Dampfschiff, die erste Eisenbahn, die Flugschiffe des Grafen Zeppelin – sie alle wurden weitgehend originalgetreu von wichtigen Künstlern ihrer Zeit in Öl festgehalten – aber ein Ölbild der

Raumfähre „Discovery", eines Atom-U-Bootes, des fliegenden Menschen bei der Eröffnungsveranstaltung der Olympischen Spiele in Los Angeles, der Hochgeschwindigkeitszüge in Japan, Frankreich oder Deutschland findet sich nicht im Werk bedeutender Künstler unserer Zeit. Seit dem Zweiten Weltkrieg übernehmen vor allem die Fotografie, dann aber auch Wochenschau und das Fernsehen die Aufgabe der Dokumentaristen. Sie entziehen dadurch auch anspruchsvollen Malern den Anreiz, sich noch mit der Darstellung technischer Neuerungen zu befassen, die heute praktisch im Moment ihres Erscheinens bereits über die ganze Welt bekannt sind. Die durch den Kameramann vorgegebene Bildsituation läßt darüber hinaus nur noch wenig Raum für eine zusätzlich künstlerisch eigenständige Gestaltung. Außerdem sind alle genannten heutigen Fahrzeuge in ihrer Erscheinungsform nicht wie die früheren in allererster Linie ein Produkt der Sachzwänge, sondern das Ergebnis ausgiebigster Analysen und daraus folgender Entwürfe von Designern. Sie sind also bereits einmal nach ästhetischen Gesichtspunkten durchgeformt worden. Und das würde von einem Künstler, der sie noch einmal darstellen wollte, verlangen, daß er sich dem künstlerischen Konzept eines anderen unterwirft.

Wir stehen heute vor der Situation, daß Erfindungen im Bereich der Fortbewegungsmittel den Künstler inspirieren, solange sie noch nicht real vorhanden sind. Beispiele sind die Raumfahrzeuge des Jules Verne oder Dürrenmatts Vision von den „Physikern" im Raum. Jedoch vom Zeitpunkt ihres Vorhandenseins an halten sie anspruchsvolle Künstler eher davon ab, sich noch weiter ernsthaft – im Sinne eigener künstlerischer Weiterentwicklung – damit zu beschäftigen. Das schließt nicht aus, daß Künstler sich vor den Werbekarren eines Autoproduzenten spannen lassen und für dessen Produkte werben. Das geschah beispielsweise in Form der bereits Jahrzehnte zurückliegenden Art-Deco-Bemalung für den „Voisin" durch Sonja Delaunay, bei Giorgio de Chiricos Fiat-Plakat, in Andy Warhols letztem Werk aus dem Jahre 1986 – dem Mercedes-Benz Modell CIII-Versuchsfahrzeug von 1970 in der für Warhol typischen Weise wiederholt gemalt – oder in Gestalt der „Car-Art"-Serie des BMW-Konzerns, bei der eine Vielzahl renommierter Künstler unserer Zeit wie Ernst Fuchs, Robert Rauschenberg, Roy Lichtenstein und A. R. Penck, alle jeweils ein Fahrzeug vom gleichen Typ bemalten. Die meisten ließen es mit dem Auftragen für ihr Werk typischer Elemente auf das Autoblech bewenden, während andere, beispielsweise A. R. Penck, auf „Wesensmerkmale" des Autos, wie auf seine in ihm ruhende Aggressivität, reagierten.

Im folgenden gehen wir etwas detaillierter am Beispiel des *Autos* auf verschiedene Motivationen ein, die Künstler zur Auseinandersetzung mit dem Auto anregen. Das Auto ist allen Menschen als ein *Zerstörungsfaktor unserer Umwelt* bewußt, und selbstverständlich taucht es als solches in mancherlei Kunstwerken auf. Weniger direkt, dafür aber in subtilerer Eindringlichkeit, gehen Künstler wie Allan d'Arcangelo oder Tom Wesselmann darauf ein, wie sehr das Auto den Blick des Autofahrers umdirigiert, ihn zum Nachteil für die Natur neue Schwerpunkte in sein Landschaftsbild setzen läßt. Ähnlich wie in den früheren Bildern seiner Straßenserie reflektiert d'Arcangelo in seinem Bild „side-view-mirror“ aus dem Jahre 1986 das Landschaftserlebnis des Autofahrers, das von Straßensignalen und -markierungen bestimmt ist, und in dem die eigentliche Landschaft nur als unstrukturierte einfarbige Fläche am Rande in Erscheinung tritt [15].

Es gibt sogar Künstler wie Peter Brüning, die die Sehgewohnheiten und -erfahrungen des Autofahrers in ihre Werke einbeziehen, indem sie diese mit Pseudo-Straßenverkehrssignalen und Straßenkartenzeichen versehen. Wesselmann nutzt die Methoden der modernen Werbegraphik, macht auf sie aufmerksam: Ein gemalter VW-Käfer fährt – die Vorderreifen und ein Kotflügel sprengen dabei das rechteckige Bildformat – unterstützt durch die reliefartige Gestaltung eines Baumes am Bildrand in die Realität des Betrachters. Das Auto nimmt in dem Bild den weitaus größten Platz ein; die Landschaft mit einer menschlichen Siedlung drängt der Künstler – ebenso wie d'Arcangelo weniger realistisch gemalt – in den Bildhintergrund.

Alighiero Boettis „Flugzeuge“-Bild von 1964 deutet an, daß viele schöne, wohl proportionierte Flugzeuge doch den Himmel verschandeln können, ebenso wie es viele Autos mit unserer Umwelt tun.

Das Fahrzeug ist *Bestandteil der modernen Welt*. Zwanzig Jahre nach der Erfindung des Einzylinders 1885 führten Regisseure die ersten Benzinkutschen in Filmen vor. Im Manifest der Futuristen heißt es: „Ein Rennwagen ist schöner als die Nike von Samothrake.“ Max Ernst sah das Auto als Bote eines neuen Zeitalters; Ludwig Kirchner empfand es als Attribut des Großstadlebens. Francis Picabia entdeckte am Automobil die Schönheit der Maschine [16].

Besonders eindringlich setzte Richard Baquié in seiner Installation während der documenta 8 ein viergeteiltes Auto als Vehikel zur symbolischen Darstellung heutiger Problemstellungen ein: „Ein Auto in vier Teile zerlegt und mit neuen Maschinen kombiniert, symbolisiert es die vier Strömungen der heutigen Zeit: – den Windkanal der drängenden Zeit – die Konservierung der Nahrungsmittel (symbolisch, in

Alighiero Boetti: „Aerei", 1974. Vision des überfüllten Luftraumes. Der Eindruck des vollständigen Chaos wird noch dadurch verstärkt, daß kein Flugzeug waagerecht fliegt, sondern alle in verschiedene Richtungen fliegen und dynamisch nach oben oder unten vorschnellen.

Anlehnung an ein Kühlaggregat zu verstehen) – den Wunsch, sich ganz und gar der Liebe hinzugeben"[17].

Das Auto ist Lusterhöher und Schmerzbereiter. Nach dem Zweiten Weltkrieg erklärten insbesondere die Pop-Artisten im mobilen Amerika die Kraftfahrzeuge zu ihren Lieblingssujets. Die geballte Lebensfreude des jungen Amerika ließ sich kaum intensiver veranschaulichen als durch die Bilder von Jugendlichen in offenen Straßenkreuzern (Roy Lichtenstein), zumal dieses Gefühl noch durch das damit konforme Verhalten der Idole jener Zeit (James Dean oder Elvis Presley posierten in offenen Sportwagen fahrend) unterstützt wurde.

Fahrzeuge sind auch Werkzeuge, die zur Bedrohung und Vernichtung dienen können. Nicht nur Militärfahrzeuge sondern Fahrzeuge aller Art können gegen die Natur und auch gegen den Menschen eingesetzt werden, wie es Hans Haackes Bild „Leyland Fahrzeuge. Nichts kann uns mehr aufhalten" zeigt: Man sieht unter der Überschrift „Land-Rover South Africa" hinter einem Fahrzeug der Firma bewaffnete Soldaten, die einen am Boden liegenden Menschen – vermutlich einen Farbigen – untersuchen.

Viele Künstler wirken der von Maschinen auf den Betrachter ausgeübten Verunsicherung und Bedrohlichkeit durch Verfremdungen bis hin zur *Absurdität* entgegen. So entwirft und konstruiert Joachim Ban-

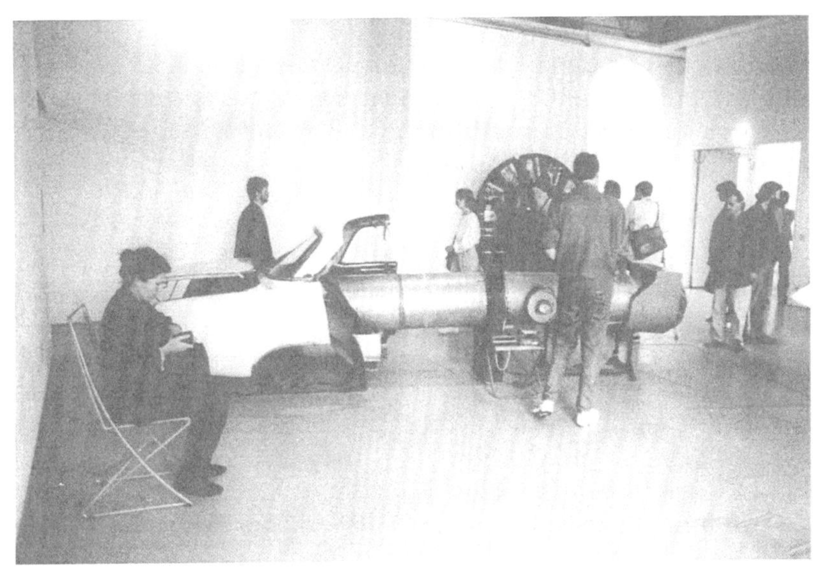

Richard Baquié: „Installation". Baquié zerlegt ein Auto in vier Teile, kombiniert es mit neuen Maschinen und will so die modernen vier Grundströmungen symbolisieren: „die drängende Zeit, die Konservierung der Nahrungsmittel, die sich im Kreise drehende Entwicklung und die totale Hingabe an die Liebe".

dau Fahrzeuge, denen sich nicht der Mensch unterwerfen muß, zum Beispiel weil er aus Angst überfahren zu werden flüchtet, sondern er stellt die gewohnte, tatsächlich funktionierende Existenz des Fahrzeugs gegenüber dem Menschen in Frage. „Mit dieser Objektgruppe soll das Auto ad absurdum geführt werden. Auf den Straßen fahren schnelle Automobile – meine Fahrzeuge kriechen im Schneckentempo durch einen geschlossenen Raum (...). Meine handgemachten Autos sind Ausstellungsstücke, die zum Nachdenken über Autos anregen sollen (...). Die „Kabinenmobile" gehören innerhalb meiner Arbeiten zu einer Reihe von plastischen Untersuchungen zum Thema Mensch und Maschine" [18].

Albert Hien konstruiert Pseudo-Flugmaschinen: „Seit einiger Zeit arbeite ich an Dingen, die ich ‚Werkzeuge' nenne. Dieser Konzeption liegt folgende Überlegung zugrunde: Jedes Werkzeug im herkömmlichen Sinn bedeutet eine Erweiterung jener Fähigkeiten, die dem Menschen bereits von seiner Anatomie her gegeben sind, um verändernd in seine Umwelt einzugreifen: „Fliegen steht im Zentrum meiner Wunschträume (...). Meine Vorstellung vom Fliegenkönnen ist gekoppelt mit Gegenständen, die mir Flugeigenschaften verleihen. Ich baue mir meine Fluggeräte selbst. Ich bin Konstrukteur und Testpilot zugleich. Aber alle Flugversuche bleiben erfolglos, sind von vornherein zum Scheitern konzipiert. Nur Bilder vom Fliegen bleiben. Nur das Bild vom Flugzeug bleibt am Schluß" [19].

„Harry Kramers automobile Skulpturen wirken wie Vorreiter automechanischer Objektkunst. Sanft schnurrende und gemächlich wippende Automaten, die die kraftvollen bis aggressiven Machtansprüche von Explosionsmotoren in ironisierende Schwungdynamik umleiten und abschwächen“ [20].

Panamarenkos phantastische Fluggeräte bringen Techniker und Antitechniker zum Träumen, sie wirken zugleich futuristisch und nostalgisch. Obwohl jedem beim ersten Anblick der Objekte bewußt ist, daß sie so, wie sie konzipiert sind, wohl nicht fliegen können, verführen sie den Betrachter dennoch dazu, ernsthaft über vielleicht doch mögliche Flugversuche nachzudenken. Die Verarbeitung ist häufig im Detail penibel exakt ausgeführt, so daß von daher Glaubwürdigkeit in die Entwürfe suggeriert wird. Ganz anders wirkt dagegen Luigi Colanis überdimensioniert erscheinendes Solarflugzeug, das er während der Hannover-Messe 1989 zeigte. Allein die Monumentalität des Modells ließ beim Betrachter kaum einen Zweifel darüber aufkommen, daß es sich hier nicht wie bei Panamarenko um einen utopischen Entwurf handelte. Um so größer war die Enttäuschung, wenn man beim Nähertreten erkannte, daß viele der technischen Aufdrucke am Flugzeugrumpf bis hin zu Fensterteilen auch nur aufgeklebte Attrappen waren. Dennoch – auch in Anbetracht der Tatsache, daß Colani Strömungsmechanik studiert hat – verschwammen bei diesem Entwurf sicher die Grenzen zwischen zweckfreier Kunst und Design.

Neben dem Fahrzeugtyp, bei dem die Absurdität im nicht in die Realität übertragbaren Entwurf beruht, finden sich in der Kunst auch sinnlos funktionierend entworfene Fahrzeuge. Hierhin gehört sicher Avvakumovs „Agitarch“ Modell von 1990: eine riesige, futuristisch gestaltete Galeere, die zwischen zwei hohe, miteinander verschraubte, die Sicht versperrende Wände eingezwängt, einzig die Ruder der Sklaven durch die Wände ragen läßt. Auch Albert Hiens kleines Dampfschiffmodell „Piroscafo“ und Robert Indianas „Zig“ sind hier zu nennen ebenso wie Picassos „Femme à la voiture d'enfant“ aus dem Jahre 1950, bei der er einen Teil der übernommenen Objekte zu einer anderen Gegenständlichkeit uminterpretierte: Eines der Räder des Kinderwagens ist ein altes Sieb, in dem der Boden fehlt. Die Räder von Indianas Skulptur – sie hieß ursprünglich Zeus – berühren den Boden nicht, vermitteln einen irrigen Eindruck von Mobilität und Funktionalität und schaffen so einen satirisch zu interpretierenden Bezug zu unserer modernen mobilen Umwelt. Derartige Skulpturen Indianas lassen sich als Totems des zwanzigsten Jahrhunderts bezeichnen [21].

Tafel 21, S. 298: John Chamberlain: „Straits of Night", 1986.

Hierhin gehört auch das fahrende, sieben Meter lange Ungetüm „Klamauk" des Jean Tinguely. Dessen, auf allerlei eisernen Maschinenteilen verursachter Krach läßt die Betrachter und Zuhörer des Spektakels, das sich zu bestimmten Zeiten während einer Ausstellung in Bewegung setzt, stets aufs Neue – in angemessener Entfernung auf die erzeugten Töne horchend – nach musikalischen Strukturen oder doch in irgendeiner Weise Ordnungsprinzipien gehorchenden Tonfolgen forschen. Dabei tritt die Tatsache, daß es sich hier im wesentlichen um ein höchst sinnloses Fahrzeug handelt, schnell in den Hintergrund. Tinguelys aus ‚objets trouvés', aus Abfall und Schrott der Zivilisation hergestellte Plastiken haben keine direkte inhaltliche Funktion oder Bedeutung, sondern ironisieren vielmehr den Konsumartikelfetischismus einer motorisierten Industriegesellschaft und deren Perfektionszwang durch ein humorvoll funktionierendes Chaos[22].

Von Marcel Duchamps kopfüber montiertem Fahrrad-Rad aus dem Jahre 1913, das zugleich die Verbindung zum Fahrrad als auch zu seiner in dieser Form nicht vorhandenen Praktikabilität *assoziiert*, ausgehend, finden sich über die Jahrzehnte hinweg fortlaufende Arbeiten, in denen der Künstler mit Teilen bekannter Maschinen – hier von Fahrzeugen – als tatsächliche oder simulierte objets trouvés hantiert, sie ihrem ursprünglichen Zweck entfremdet oder ihn karikiert. Entsprechende Beispiele finden sich bis in die jüngste Zeit, zum Beispiel bei Patrick Raynauds „Art Flight Cases" (pseudo-technoide Flugzeugkoffer mit überraschenden Füllungen), bei Branco Smons Objekten aus noch ungeformten Automantelreifenplatten, bei John Chamberlains zusammengepreßten und verfremdend bemalten Autoblechen ebenso wie bei Armans explodiertem und in Einzelteilen aufgeklebtem Sportwagen. Gleiches gilt bei Christiane Möbus' verfremdender Arbeit, wenn sie zwei Autorückspiegel absurderweise an der gleichen Seite eines einzelnen lackierten Autoteils anbringt; aber auch Richard Tuttles „Wheel" (Rad) aus der Zeit um 1964 ist hier zu nennen: Zwischen zwei achteckigen hölzernen Rahmen ist ein Kranz schaufelradähnlicher Zähne eingespannt – eine Konstruktion, die einerseits an vergangene, in ihrer Funktion nicht mehr erkennbare Artefakte erinnert und zum anderen in der Grobstruktur gefundener Materialien ästhetische Faktoren aufdeckt[23].

Dem Fahrzeug *Animalisches, Lebendiges* anzueignen oder doch zumindest Assoziationen zu Lebendigem zu erzeugen, ist ein häufiges Ergebnis der Beschäftigung mit ihm: Francis Picabia zeigt schon als „Porträt einer jungen Amerikanerin im Zustand der Nacktheit"

(1915) das Bildnis einer Zündkerze. In Pablo Picassos – einer ägyptischen Gottheitsstatue im Pariser Louvre ähnelnden – „Pavian mit Jungem" (1951) trägt die Bronzeskulptur einen Kopf, der aus zwei an ihrer Unterseite zusammengesetzten Spielzeugautos seines Sohnes besteht. Besonders auffällig enttechnisiert Salvador Dali das Auto: Als Symbol moderner Technik erscheint es in Dalis Bildwelt immer „außer Betrieb" gesetzt, fahruntüchtig, von der Natur besiegt. Entweder ist es überwuchert, wie auch in dem berühmten „Regentaxi" oder zur geologischen Versteinerung wie in der „Erscheinung der Stadt Delft" (1935/36) geworden, wo aus dem versteinerten Auto herauswachsendes Baumgeäst als Sieg des Lebens und der Natur über die rationale Technik zu deuten wäre. Oder Dali animalisiert das Auto, wie auch beim automobilen Pferd in „Wrack eines Automobils, das ein blindes Pferd gebiert, das ein Telephon zerkaut" (1938).

Die Bemühungen heutiger Künstler sind selbstverständlich nach einem Jahrhundert der künstlerischen Auseinandersetzung mit dem Auto weitaus differenzierter. Das Spektrum umfaßt Wolf Vostells „Hommage an Henry Ford und Jacqueline Kennedy" (1963–1967), bei der Transfusionsschläuche zu einer (Ford?)-Autotür und in eine Neon-Fotowand führen, die die Fotos des Präsidentenwagens unmittelbar nach dem Attentat auf J. F. Kennedy zeigt. Es reicht hin bis zu Jean Tinguelys im Laufe der Jahrzehnte immer wieder anzutreffenden Maschinen, die Bezug zu Menschen oder zur Natur aufweisen. Dazu gehört auch Niki de Saint-Phalles mit einer Polyester-Figur besetzte „Nana Machine" aus dem Jahre 1976 oder die „Hommage à Käthe Kollwitz" von Eva Aeppli und Jean Tinguely (1991), bei der ein Fahrgestell Jean Tinguelys eine angefesselte, maschinell bewegte bleiche, schwarzgewandete Figur Eva Aepplis transportiert. Schon fast skurrile Züge nehmen derartige Anstrengungen, Fahrzeuge zum Leben zu erwecken an, wenn Rolf Glasmeier eine Schar Bagger zu einem von ihm choreographierten Baggerballett antreten läßt, oder wenn in Tony Craggs „Spezies" (1990) ein eisendornenbewehrter Pflug das Erscheinungsbild eines Stacheltieres suggeriert.

Das Auto als Lieblingssujet der Pop-Artisten haben wir schon erwähnt. Weniger künstlerisch anspruchsvoll, wenn auch häufig ansehnlicher sind die Werke, die aus einer grundsätzlich positiven Einstellung zu Fahrzeugen aller Art entspringen, seien es die vielen Traumautos, die heute mittels CAD-Programmen in vielerlei Werbung gezaubert werden, oder seien es die phantasievollen, inzwischen schon zu einem eigenen Stil findenden Bemalungen auf Fahrzeugen aus der Freizeitindustrie wie Surfbrettern, Segeln, Fallschirmen, Heißluftballons,

Sigi Zahn: „Die zukünftigen Verkehrspartner stehen sich gegenüber", 1975.
In der Zukunft scheinen sich die Verkehrsteilnehmer nicht mehr als Partner, sondern als Feinde gegenüberzustehen.

Snowboards, Skateboards, Rennrädern samt Kleidung und Sturzhelm usw. Auch Nuccio Bertones formvollendeter, anläßlich der documenta 6 (1977) gezeigter „Lancia Stratos H.F." –, zunächst nicht als Auftragsarbeit ausgegeben, dennoch später von Lancia gebaut – ist hier zu nennen ebenso wie Jean-Marc Bustamantes 1987 für die documenta 8 auf ein Tischchen mit feinen Intarsien und Schnitzereien

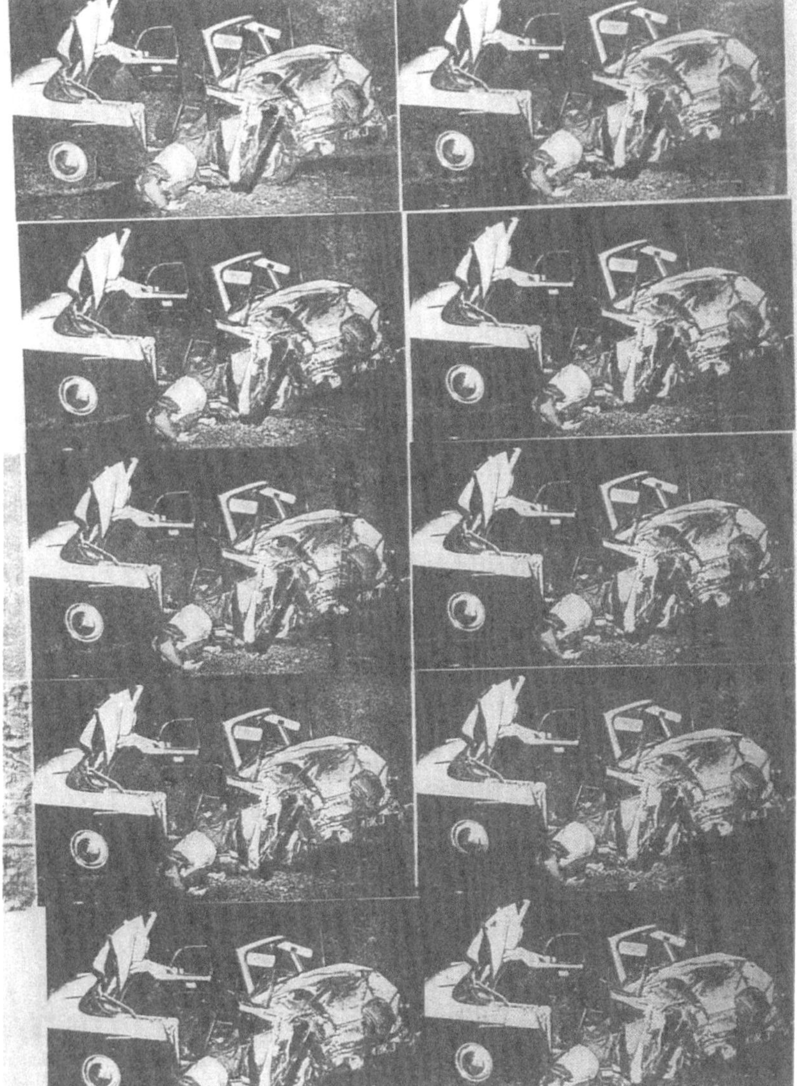

Andy Warhol: „Green Disaster", 1963.
Farbliche Verfremdung und die durch mehrfache Wiederholung ins Unwirkliche verschobene Darstellung beschönigen das Grauen des fotografierten tödlichen Unfalls, sie relativieren die Gefahr, sie lassen den Betrachter sich mehr mit dem kompositorischen ästhetischen Eindruck des Bildes als mit dessen Inhalt beschäftigen.

postiertes Kristallauto. Diese Art, mit Fahrzeugen künstlerisch umzugehen, erfährt ihren Endpunkt sicher in Aktionen wie der Serienauflegung „For Men Only" der französischen Kristallmanufaktur Daum-Nancy, die futuristische Flugzeuge, schlanke Bootskörper sowie Mo-

Thomas Bayrle: „Struktur 3", 1976.
Der Moloch Straßenverkehr und der Moloch Zersiedelung fressen die natürliche Umwelt und geben mit ihren eigenen – unnatürlichen – Gesetzmäßigkeiten der Welt eine neue Struktur.

delle kostspieliger Karossen aus Gegenwart und Vergangenheit in hochglanzpoliertem Kristall umfaßt.

Nur sehr wenige Künstler brechen das scheinbar vorhandene Tabu, Fahrzeuge als *potentielle Tötungsinstrumente* darzustellen. Andy Warhol hat in seinen Serienbildern häufig diese Grenze überschritten, zum Beispiel in „Five Deaths Seventeen Times" (1963); „Saturday Disaster" (1964), „129 Tote, Flugzeugabsturz" (1962). Auch Hans Holleins „Wagen" ist ein bezeichnendes Werk aus jener Wiener Künstlergruppe um Hollein, Pichler und Abraham, die sich eindringlich mit dem Thema des Todes auseinandersetzt. Es stellt keine direkte Anklage gegen das Automobil als Tötungsinstrument dar, es wirkt vielmehr als ikonographisches Objekt und beißendes Symbol, das jede Aufzeichnung von Unfallstatistiken überflüssig macht.

Literaturnachweise

1 *Stachelhaus,* Heiner: Joseph Beuys. Düsseldorf 1987, S. 79 ff.
2 *Grinten,* Joseph von der: Zit. nach einem Vortrag von 1992 in der Katholischen Akademie Freiburg/Breisgau
3 *Nestler,* Wolfgang: Artikel ohne Titel. In: Katalog zur documenta 6. Bd. 1. Kassel 1977, S. 212
4 *Fol,* Jac: Der Transport des Wunsches. In: Katalog zur documenta 8. Bd. 2. Kassel 1987, S. 20
5 *Arman:* Parade der Objekte. Katalog des Kunstmuseums Hannover. Hannover 1982, S. 99
6 *Dali,* Salvatore: Abbildung „Hummertelephon" von 1936. In: Katalog des Kunsthauses Zürich. Zürich 1989, S. 179
7 *Klapheck,* Konrad: Artikel ohne Titel. In: Katalog der Ausstellung Konrad Klapheck. Hrsg. v. d. Kestner Gesellschaft. Hannover 1966, S. 14
8 *Huber,* Stephan: Abbildung im Katalog zur documenta 8 (1987) Bd. 2
9 *Friedel,* Helmut: Text zu Albert Hien im Katalog zur documenta 8 (1987) Bd. 2
10 *Fagone,* Vittorio: Kontinuität und Wandel im Verhältnis zwischen Kunst und Technologie. In: Katalog zur documenta 8. Bd. 1. Kassel 1987, S. 30
11 *Fry,* Edward: Eine neue Moderne. In: Katalog zur documenta 8. Bd. 1. Kassel 1987, S. 35
12 *Kraemer,* Dieter: Abbildungen „Maschinist, Arbeiterin, Arbeiter am Band". In: Ars viva 76. Wilhelm Lehmbruck Museum. Duisburg 1976, S. 83
13 *Almgren,* Bertil: Die schwedischen Felsbilder der Bronzezeit. In: Lebendige Vorzeit. Uppsala 1980, S. 11
14 *Brown,* Ford Madox: Der letzte Blick auf England. In: Präraffaeliten. Katalog zur Ausstellung in Baden Baden 1974, S. 53
15 *Gohr,* Siegfried, Bestandskatalog des Museums Ludwig Köln. München 1986, S. 10
16 *Nagel,* Wolfgang: Mythos Auto. In: Frankfurter Allgemeine Zeitung. Magazin, 1991, S. 581
17 *Fol,* Jac: Der Transport des Wunsches. In: Katalog zur documenta 8. Bd. 2. Kassel 1987, S. 20
18 *Bandau,* Joachim: Artikel ohne Titel. In: Katalog zur documenta 6. Bd. 3. Kassel 1977, S. 286
19 *Hien,* Albert: Artikel ohne Titel. In: Katalog zur documenta 7. Bd. 1. Kassel 1982, S. 424
20 *Blättner,* Martin: Text zu Harry Kramer im Katalog zur documenta 3 (1964), S. 406
21 Vgl. 15, S. 102
22 Vgl. 15, S. 260
23 Vgl. 15, S. 262

Graphik, Design und Technik – die visuelle Kommunikation der Industrieunternehmen

Karl Duschek

Das visuelle Erscheinungsbild (Corporate Design)

Fast jedes bedeutende Unternehmen glaubt, ein geordnetes visuelles Erscheinungsbild zu haben. Das ist auch zu erwarten, denn es gilt heute als „Stand der Technik". Große Unternehmen haben ihren Design- bzw. CI-Beauftragten, im Regal steht die Richtlinienbroschüre, das „Manual", in dem alle visuellen Maßnahmen festgelegt sind.

Bei den standardisierten Geschäftsdrucksachen, den Fahrzeugen, der Gebäudebeschriftung mag noch alles korrekt sein, die Visitenkarten der Geschäftsleitung hingegen sind meist schon nach ‚eigenem Geschmack' gestaltet. Der große Bereich Vordrucke, Formulare, technische Drucksachen usw. ist oft in hoffnungslosem Zustand; da diese Organisationspapiere zum großen Teil nur für den hausinternen Gebrauch bestimmt sind, wird dieser Bereich auch von wissenden Fachleuten gerne als unwichtig abgetan.

Die Liste der „Sünden" im visuellen Erscheinungsbild ließe sich beliebig ergänzen, auch bei Unternehmen mit einem anerkannt guten Design-Profil. Auf die Korrektheit des Firmenzeichens und die Toleranzen der Hausfarbe wird gewissenhaft geachtet; eine durchgängige Hausschrift von der Visitenkarte über alle Informationsdrucksachen bis zum Türschild hat dagegen wohl kein Unternehmen. Besonders vernachlässigt wird ein einheitlicher Sprachstil, ob es sich nun um Texte für Produktprospekte, Personal- oder Imageanzeigen, Pressemitteilungen oder Betriebsanleitungen handelt. Trotz der unterschiedlichen Funktionen und Kriterien sollte auch im textlichen Bereich eine Einheit erkennbar sein. Im visuellen Bereich ist diese Einheit beispielsweise durch die typographischen Richtlinien festgelegt: Die Hausschrift (Satzschrift), Schreibmaschinentype und EDV-Drucker im Schriftbild, Satzart oder Positionierung auf dem Format schaffen Standards, die Designkriterien wie Übersichtlichkeiten, Priorität, Ästhetik und Zeitlosigkeit erfüllen.

Visuelle Richtlinien dürfen keine Zwangsjacke für die Gestaltungsarbeit sein. Auf die konstanten Elemente einigt man sich, und deren Einhaltung ist dann selbstverständlich und logisch. Die bestehenden Text- und Bildmodule sind austauschbar und damit auch wiederverwendbar. Zeichen und Texthervorhebungen markieren die Gliederung. Vom Entwurf über Satz, Reproduktion, Druck und buchbinderische Verarbeitung besteht ein Produktionsablauf, der kontrolliert werden muß; durch kleinste Nachlässigkeiten oder eigenmächtige Veränderung entsteht sonst ein Ergebnis, das so nicht gewollt war. Der graphische Entwurf liegt oft im subjektiven Bereich, und hier glaubt jeder, mitreden zu können. Auch das fachliche Wissen und die Sachkompetenz im graphischen Gewerbe läßt oft zu wünschen übrig. Immer mehr Bearbeitungsprozesse werden statt von Facharbeitern von angelernten Kräften ausgeführt. Visuelle Richtlinien sind in erster Linie für die Mitarbeiter in der graphischen Industrie entwickelt und müssen einfachste, eindeutige Bestimmungen beinhalten; für die Herstellungen im Ausland sind Sonderanweisungen notwendig [1].

Die Grundlage des visuellen Erscheinungsbildes ist das Firmenzeichen. Ausgangspunkt für den Wunsch nach einem neuen Zeichen ist oft die Erkenntnis, daß das bestehende Zeichen veraltet oder verbesserungsbedürftig ist, oder der Bedarf ergibt sich aus einer Änderung der Firmierung durch eine Unternehmensfusion.

Für die Beurteilung der Qualität eines Zeichens gibt es eine Reihe von Kriterien. Je nach Unternehmensleistung und Aufgabenstellung haben die folgenden Kriterien unterschiedliches Gewicht: Aufmerksamkeitswert, Orientierungswert, Signalwirkung, Informationswert, Erinnerungswert, Langlebigkeit, Eigenständigkeit, Integrationsfähigkeit, Variationsfähigkeit, Verkleinerungsmöglichkeit, Eignung für Produktsignierung, ästhetischer Anteil und Sympathiewert [2]. Die Entscheidung zur *großen Lösung* bei einem neuen Firmenzeichen fällt immer seltener, die Geschäftsleitung, fast ausschließlich aus Nichtfachleuten auf diesem Gebiet bestehend, will sich absichern. Es werden Marktuntersuchungen in Auftrag gegeben, Berater, Aufsichtsräte, Betriebsräte gefragt, die in ihrer Meinung oft zum „mittleren Niveau" tendieren. Alle Tests und Umfragen können natürlich nicht die Qualität und Wirkungsweise eines Zeichens in der Zukunft ermitteln, so daß von Unternehmensseite aus statt einer wirklichen Neuentwicklung häufig dem Re-Design, also einer formalen Überarbeitung des bestehenden Zeichens der Vorzug gegeben wird. Die Entwicklung eines Unternehmenszeichens und eines visuellen Erscheinungsbilds ist kein standardisierter Prozeß wie etwa eine werbliche Konzeption. Die

Der Entwurfsprozeß zur Zeichenentwicklung entsteht durch vielseitige Vorgehensweisen.

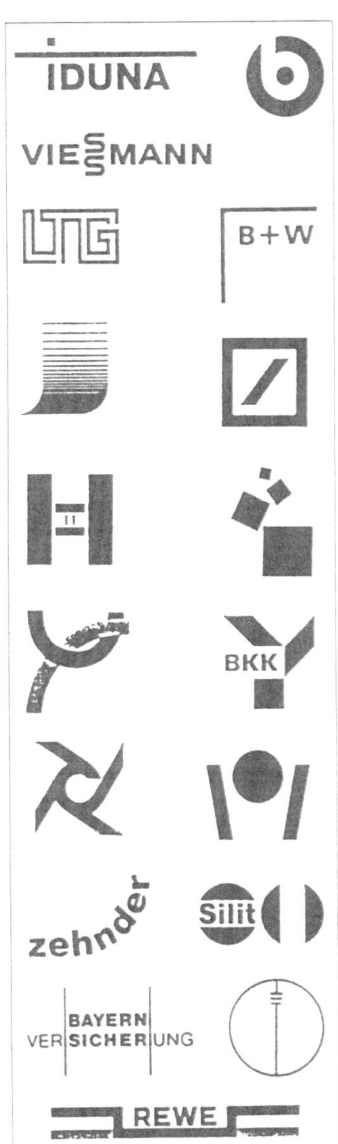

Die Zeichen von Unternehmen, Institutionen und Kommunen lassen sich nach Zeichentypen gliedern. Für die Funktion und Qualität der Zeichen gibt es feste Kriterien.

Lösung muß über einige Generationen hinweg bestehen können und der Betriebszeitraum mit zwischenzeitlichen Prüfungen der formalen Qualität ausreichend sein. Solche Entwurfsprozesse setzen Wissen und Erfahrung voraus, die nicht von jedem Graphikdesigner erwartet werden können; auch Agenturen mit aktuell-werblichem Denken sind hier wenig hilfreich.

Die Hausfarbe sollte harmonisch wirken und auf den Unternehmenszweck hin angepaßt sein (laut/leise, modern/traditionell usw.). Einige Kriterien aus der Skala der Bewertung von Firmenzeichen lassen sich auf die Hausfarbe übertragen: Der ästhetische Anteil (Sympathiewert) übernimmt in der Farbe den wichtigsten Aspekt. Der Aufmerksamkeitswert kann durch Farbsignale die Form wesentlich unterstützen. Der Informations- oder Orientierungswert wird nur funktionieren, wenn die Farbskala nicht mehr als etwa vier bis fünf Farben umfaßt (Lern- und Verwechselbarkeit). Der Erinnerungswert setzt eine eigenständige und ungewöhnliche Farbharmonie voraus. Die Integrationsfähigkeit läßt sich in der Hausfarbe mit der problemlosen Übertragbarkeit auf Objekte umschreiben. Die Langlebigkeit setzt voraus, daß eine relativ neutrale Farbharmonie vorliegt, die mit dem Unternehmenszweck übereinstimmt; Zeitentwicklung und Moden können die Eigenständigkeit somit kaum gefährden. Mit der Rationalisierung von Textverarbeitung und -übermittlung durch Fotokopien, Telefax oder Laserdrucker fällt der Sympathieanteil der Farbe weg.

Will man den Untersuchungen glauben, so sind die bevorzugtesten Farben in der Reihenfolge Blau, Rot, Grün, Gelb zu sehen, wobei Frauen eher zu Blau, Männer eher zu Grün tendieren. Tatsächlich hatten etwa 80 Prozent der deutschen Unternehmen bis Anfang der siebziger Jahre Blau als Hausfarbe. Die Entwicklung zu einer farbreicheren Umwelt bzw. das Bewußtsein zu einem prägnanten visuellen Erscheinungsbild haben diesen Blauanteil erheblich reduziert. Mit der Erkenntnis, daß die Farbe als Sympathiegewinn im Firmenbild wirkungsvoller eingesetzt werden sollte, kann man nun die Feststellung treffen, daß eine Farbe allein für Unternehmen nicht ausreicht, eine Eigenständigkeit zu erzielen. Abgesehen von langfristigen, traditionellen Festlegungen, wie bei der Post beispielsweise (Hausfarbe), oder außergewöhnlichen Ereignissen mit hohem Aufmerksamkeitswert wie den Olympischen Spielen, zum Beispiel München 1972 (Farbreihe), ist die Durchsetzung mit einem entsprechenden Aufwand an Mitteln und Zeit verbunden. Eine Farbgruppe kann hier entsprechend den genannten Kriterien Vorteile bringen [3].

Hausschriften bei Industrieunternehmen sind heute fast ausschließlich Groteskschriften. Serifenlose Satzschriften wie Helvetica, Akzidenzgrotesk, Univers oder Frutiger sind neutral und damit zeitlos, sie sind gut lesbar und für fast alle typographischen Bereiche einsetzbar. Für Informationsdrucksachen wie Prospekte und Broschüren ist ein Gestaltungsraster die Grundlage für den Aufbau von Satzschrift, Abbildungen und Freiräumen. Die Grundregeln der Typographie werden heute immer weniger berücksichtigt. Stark unterschnittener Satz, zu wenig Durchschuß und zu viele Buchstaben auf der Zeile sind zwar Fehler, aber nichtsdestoweniger zur Gewohnheit geworden. Auf der Grundlage eines Satzspiegels mit Angabe der exakten Typographie sind diese Fehler vermeidbar. Der Schriftgrad sollte mit der Kolumnenbreite so korrespondieren, daß als Faustregel etwa 8 bis 12 Wörter auf der Zeile stehen. Abgesehen von der Lesbarkeit erkennt man ein gutes Layout auch daran, daß die Textflächen in einem harmonischen Verhältnis zum Papierformat stehen. Außerdem sollte man mit möglichst wenigen Schriftgraden aus einer Schriftfamilie auszukommen versuchen. Auszeichnungen sollten sich auf die notwendigsten Fälle

Gebäude- und Fahrzeugkennzeichnungen gehören zu den Standards im Erscheinungsbild eines Unternehmens.

beschränken: Kursivschrift für die Hervorhebungen im Fließtext oder für Bildunterschriften, halbfett gesetzter Text für Haupt- oder Zwischenüberschriften.

Formate gehören zu den konstanten Elementen des Corporate Design. Im Industrieunternehmen sind in erster Linie Organisationsformate relevant. Ausgangspunkt für Organisationsformate ist die Norm. In der DIN (Deutsche Industrie Norm) wurden um 1922 die sogenannten ‚Normalformate' als Norm für Papierformate festgelegt. Die geläufigsten DIN-Formate sind nach DIN A, DIN B und DIN C bestimmt.

Für Kleinformate wie Visitenkarten, Namensanhänger und Codekarten ist die internationale Norm der Scheckkarten (54 x 86 mm) üblich. Diese Form sollte nicht ohne Grund über- oder unterschritten werden. Brieftaschen und Mappen besitzen maßgerechte Hüllen zum Aufbewahren.

Bei der Festlegung von Formaten für Bücher, Kataloge usw. sollte das Format von Ringordnern beachtet werden. Bücherregale sind in der Regel nach diesem Maß eingeteilt.

Mit der elektronischen Entwicklung wird auch das Verhältnis 4:5 der Monitore und Bildschirme die Organisationsformate der Druckmedien beeinflussen[4].

Ausgangspunkt für das visuelle Erscheinungsbild von Geschäftsdrucksachen ist der beschriebene Geschäftsbriefbogen. Der typographische Aufbau aller Geschäftsdrucksachen, die mit Schreibmaschinen, Schreibautomat oder Laserdrucker beschrieben werden, muß nach Zolleinheiten bestimmt werden; die Breite von DIN A4 als durchgängige Einheit ist für alle Drucksachen empfehlenswert. Die Standards wie Firmenzeichen, Vordruckbezeichnung oder Datum sollen möglichst an den gleichen Standorten stehen. Die Lesefolge ist von links nach rechts und von oben nach unten, daher ist linksbündiger Satz in einheitlicher Größe für alle Drucksachen die Regel. Für das Beschreiben der Briefbögen und Vordrucke sollte eine Anweisung für die textverarbeitenden Stellen im Unternehmen bestehen, wobei die entsprechende DIN-Norm nur als grobe Richtlinie gelten kann[5].

Briefdrucksachen sind keine Werbemittel. Der Aufbau sollte zurückhaltend und gut gegliedert sein. Einheitlichkeit in Format, Schrift und Farbe sowie ausgewählte Papierqualitäten ohne künstliche Strukturen und Wasserzeichen geben den richtigen Rahmen für die Korrespondenz.

Mit der Einführung der Laserdrucker wird die graphisch einwandfreie Form und auch die Wirkung und Lesbarkeit der Texte gestört.

Die Digitalisierung der Buchstabentypen bringt eine Schriftqualität, die weit von der einer Satzschrift und einer Typenradschreibmaschine entfernt ist. Mengentexte werden oft nur in Großbuchstaben ausgedruckt; bei kleinen Typen ist der Buchstabencharakter bis zur Unleserlichkeit aufgelöst; der Ausgleich zwischen den Buchstaben ist unbefriedigend. Die Vorteile der Großrechner führen uns im Schriftbild ins Mittelalter zurück. Verschiedentlich verwenden Unternehmen Satzschriften für die Briefkorrespondenz. Der persönliche Charakter des Briefs geht dadurch verloren, er gleicht eher einer Massendrucksache. Die Kultur der Briefkorrespondenz wird durch die Digitalisierung des Schreibens und Übermittelns mit Hilfe von Laserdrucker und Telefax erheblich beeinträchtigt.

Der Entwurf von Geschäftsdrucksachen ist für den geübten Graphikdesigner ein standarisierter Prozeß. Die Kontrolle der Inhalte und die Festlegung der Standards müssen im Zusammenwirken mit der Organisationsabteilung des Unternehmens erfolgen.

Prospekte, Broschüren und Faltblätter sind die geläufigsten Formen zur Verbreitung von Informationen über Unternehmen und Produkte. Trotz unterschiedlicher Wertigkeit sollten die einzelnen Druckstücke in einer visuellen Einheit zueinander stehen. Neben einheitlichen Formaten, Schriften, Layouts und Farben können die Titelseiten mit graphischen Mitteln einer Informationsebene zugeordnet werden. Nach einem hierarchischen Aufbau würden Geschäftsbericht und Imagebroschüre den höchsten Stellenwert einnehmen; hier verbindet sich ein anspruchsvoller Inhalt mit einer hochwertigen Farb- und Materialfestlegung und mit einer graphisch stimmigen Form. Auf der nächsten Stufe folgt die Gesamtübersicht über die Produkte als übergeordnete Information. Hieran anschließend kommen die Prospekte für die einzelnen Produkte mit Angabe der Funktion, Wirkungsweise und Leistungsdaten, danach technische Prospekte, Preislisten, Bedienungsanleitungen. Die graphische Gliederung wird durch Reduzierung des jeweiligen Umfangs, Farbreduzierung und Vereinfachung der Abbildungsformen unterstützt. Von der authentischen Farbabbildung über schwarz-weiß-Abbildungen bis zu Zeichnungen und reiner Textdarstellung gibt es mit „Funktionsgraphiken" ein breites Spektrum.

Tafel 26, S. 301: Titelseiten von Produktprospekten mit Funktionsgraphiken signalisieren den Fortschritt.

Neben der normalen Pressearbeit eines Unternehmens wie Pressemitteilungen und -konferenzen, redaktionelle Beiträge in Fachzeitschriften usw. wirken die begleitenden PR-Aktivitäten imagebildend. Allerdings ist die Plazierung von Informationen nicht einfach. Leider ist die Veröffentlichung von Beiträgen von Unternehmensautoren trotz wissenschaftlichen Charakters oder auch von redaktionellen Informationen über Unternehmen häufig an Anzeigenschaltungen gebunden. Es müssen also Inhalte mit besonderen Lösungen oder ein außergewöhnlicher Neuigkeitswert geboten werden. Eine Hauszeitung kann ebenfalls imageprägend wirken, wenn sie neben Unternehmensinteressen auch allgemeine Themen zur Wirtschaft, zum Markt, zur Gesellschaft behandelt und breit gestreut wird.

Presse- und Öffentlichkeitsarbeit soll in erster Linie der Information dienen. Alle Materialien wie Pressemitteilungen, Mappen oder Abbildungen sollten nicht zu werblich gestaltet sein. Die neutrale, knappe und übersichtliche Mitteilung entspricht den Erwartungen der Redaktionen.

Die Kennzeichnung der unternehmenseigenen Objekte, d.h. die Plazierung von Zeichen, Schrift und Farbe auf Gebäuden, Fahrzeugen, Geräten oder Werkzeugen, erfolgt in erster Linie nach den festgelegten „konstanten Elementen" des visuellen Erscheinungsbilds. Hier kommen die technischen Varianten der Zeichenumsetzung zum Tragen wie Leuchtschriften, Gravuren, Siebdruck, Schablonierung usw.

Werbegeschenke wie Blöcke, Stifte, Kalender oder auch Aschenbecher, Feuerzeuge oder Schirme sind meist mit einer zu plakativen Kennzeichnung des Unternehmens versehen. Sie sollten fast unsichtbar mit dem Firmenzeichen gekennzeichnet sein. Allerdings sollte auf solche Werbegeschenke möglichst ganz verzichtet werden, sie sind Relikte einer vergangenen Zeit. Bücher dagegen, oder Neujahrskarten, sind persönliche Aufmerksamkeiten.

Die eigenständige Linie (Corporate Identity)

Corporate Identity und Corporate Design sind in einem fließenden Prozeß wechselseitig verbunden. Besonders die Informationsmittel eines Unternehmens sind durch eigendynamische Prozesse und Markteinflüsse ständig in der Entwicklung. Verschiedene Komponenten der Corporate Identity werden hier aus der Sicht des Gestalters dargestellt, d.h. die visuellen Kriterien stehen im Vordergrund. Das Ansehen, das Corporate Image, folgt logischerweise der Identität[6].

Die direkte Frage, wie Unternehmen ihre Identität sehen, erübrigt sich meist: jung, dynamisch, fortschrittlich mit Traditionsbewußtsein, erstklassige Produkte. Bei näherem Hinsehen fehlt es an der Konsequenz im visuellen Erscheinungsbild, das Produktdesign ist oft uneinheitlich und brav, die Anzeigen der beauftragten Werbeagenturen kaum glaubwürdig und oft austauschbar. Um zu dem gewünschten Corporate Image zu kommen, sind natürlich Unternehmensstrukturen notwendig, die eine entsprechende Entwicklung ermöglichen. Die Unternehmensphilosophie mit einem realistischen Zeitplan der Ziele muß formuliert sein, es sind Führungskräfte für die Bereiche Kommunikationsdesign (CD und CI), Produkt- und Industriedesign, Presse- und Öffentlichkeitsarbeit, Architektur und Unternehmenskultur erforderlich. Da die wirklichen Verhältnisse im Unternehmen bei Geschäftsführung, Fertigung, Verwaltung, Vertrieb und Forschung für Außenstehende kaum zu überblicken sind, können nur konstante Mitarbeiter bzw. Berater den Bereich Corporate Identity bewerten.

Die Auflösung der klassischen Werbeabteilungen der Unternehmen in den 60er und 70er Jahren führte zu den Full-Service-Agenturen der Werbebranche. Seit einiger Zeit geht die Tendenz jedoch dahin, für Graphik- oder Produktdesign Spezialisten zu beauftragen; Analytiker, Strategen und Koordinatoren sind mit Managementfunktion im Haus vertreten. Die Öffentlichkeitsarbeit und Werbung wird sachlicher, eigenständiger und stimmiger. Das ist auch notwendig, denn die zentralen Produktaussagen sind größtenteils austauschbar, von Markt-

überraschende Prognose vertrat Ernst Bracker, Sprecher der DWS-Geschäftsführung, in einem Gespräch mit dem Handelsblatt.

Den künftigen Aktivitäten ausländischer Wettbewerber sieht der Chef der größten deutschen Kapitalanlagegesellschaft recht gelassen entgegen. Denn, so seine Überzeugung, die ausländischen Fondsgesellschaften werden „nicht in Scharen“ nach Deutschland kommen. Es sei nicht leicht, Zugang zu fremden Absatzmärkten zu finden. Die Neigung der deutschen Kreditinstitute, Fondsprodukte aus dem Ausland in ihr Angebot aufzunehmen, veranschlagt er jedenfalls als gering. Unabhängige Vertriebsgesellschaften bestünden vermutlich auf attraktiven Vergütungen, die letztlich erhöhte Ausgabeaufschläge erforderten. Ohnehin scheint man in der Branche die Erfahrung gemacht zu haben, daß seriöse und qualifizierte Außendienstler hierzulande nicht beschäftigungslos auf der Straße liegen.

Mit den gleichen Schwierigkeiten sehen sich im übrigen auch die deutschen Fondsmanager bei ihren bislang noch zaghaften Bemühungen der Aktienfonds dominiert; nach Bracker vereinigt er etwa 85 % des Fondsgeschäfts auf sich. Für die DWS heiße dies, den Rentenfonds erst einmal populär zu machen, was beim Anleger einen längeren Prozeß des Umdenkens bedinge.

Auch in Frankreich, wo das Investmentsparen eine viel größere Rolle als

Anzeige

in der Bundesrepublik spielt, müsse sich die Fondsgesellschaft, wenn sie sich nicht allein auf das Absatzpotential der Filialen der Deutsche Bank-Gesetzentwurf der Bundesregierung; die Wirtschaftsminister haben, wie berichtet (vgl. Handelsblatt vom 21.9.), erst kürzlich dem Plenum der Länderkammer empfohlen, die Rechtsgrundlagen für die Zulassung von Geldmarktfonds zu schaffen. Für den 25. Oktober ist eine Anhörung im Finanzausschuß des Bundestages geplant.

Bei aller Skepsis schließt Bracker nicht aus, daß das neue Investment-Recht doch noch zum 1. Januar 1990 in Kraft treten kann. Darauf wetten würde er indes nicht. Den Gesetzentwurf selbst wertet er als „insgesamt positiv“, wobei er hervorhebt, daß der „Anlagekatalog weitgehend umgesetzt“ worden sei. Bracker hält es jedoch für angezeigt, Options- und Finanzterminngeschäfte im Gesetz nur durch eine Rahmenvorschrift, die Einzelheiten dagegen in einer Rechtsverordnung zu regeln. Für ein solches Vorgehen habe sich der Gesetzgeber in Dänemark, Frankreich und Luxemburg entschieden. Es stelle sicher, daß sinnvolle neue Entwicklungen in den Märkten zügig und ohne langwierige Gesetzesänderungen umgesetzt werden können.

Für unverzichtbar hält er es, daß der staatliche Genehmigungsvorbehalt

Kleinanzeigen im Textteil von Zeitungen und Zeitschriften können, neuartig entworfen, in ihrer Wirkung mit großformatigen Anzeigen konkurrieren.

oder Umwelttrends geprägt und häufig von geringem Informationswert. Wenn die Headlines schon so gut wie keine echten Produktinformationen geben, könnten sie wenigstens – wie in den USA oder Frankreich – witziger sein. Der bekannte Standard für Produktanzeigen heißt Headline, Foto, Copy-Text, Firmenzeichen; so wird der graphische Aufbau normiert.

Nun ist Werbung und Öffentlichkeitsarbeit für Investitionsgüter heute nicht einfach. Der technische Nutzen ist im Wettbewerb kaum noch zu differenzieren. Bei technischen Produkten sind Unterschiede nur schwer festzustellen: Unter vielen Gehäusen von Waschmaschinen steckt eine identische Technik. Mit der unglaublichen Entwicklung der Mikroelektronik verändern sich die Produkte ganzer Branchen. Durch die Reduzierung mechanischer Teile sind Funktionsprozesse oft kaum noch zu erkennen und auch nicht mehr darstellbar. Die Produkte werden klein, es entsteht die ‚Black Box'. Für die visuelle Kommunikation entfällt damit die technische Graphik, es bleiben nur übergeordnete Sehweisen der Funktionsgraphik; auch Fotographien, Sachzeichnungen und Illustrationen können die Information nicht deutlich genug darstellen.

Der Bedeutung von Industriemessen und Ausstellungen als Podium für Informationen und Selbstdarstellung wird gegenüber früheren Jahren ein höherer Stellenwert zugemessen. Mittlerweile ist die Kommunikation auf Messen und Ausstellungen fast wichtiger als die Präsentation der Produkte. Prospektmaterial und das Detailwissen der Sachbearbeiter entlasten das gehobene Management von Fragen zu Detailfunktionen. Produktdesign und visuelles Erscheinungsbild prägen das Ambiente. Das Image kommt deutlicher zur Geltung als die Anzeigen oder Informationsdrucksachen. Inzwischen haben Messestände den provisorischen Charakter von Jahrmarktsbuden verloren. Allerdings wird durch Teppichböden, Blumentröge und Styropordekorationen häufig genug eine „heimelige" Atmosphäre geschaffen, die mit dem Charakter eines modernen Industrieunternehmens nicht in Einklang zu bringen ist.

Das Produkt- und Industriedesign prägt die Identität eines Unternehmens deutlicher als alle anderen Bestandteile des „Firmenstils". Ausschlaggebend für das Ansehen beim Nutzer sind Qualitäten wie Funktion, Form, Gebrauchsnutzen und Service.

Von der industriellen Formgebung der 50er und 60er Jahre zum Industriedesign von heute hat sich nicht nur die Berufsbezeichnung des „Produktdesigners" verändert. Gesellschaftliche Veränderungen haben zu einem neuen Konsumdenken geführt, die produktionstechnischen Möglichkeiten sich erheblich entwickelt. Der ästhetische Zusatznutzen „Produktdesign" ist zum entscheidenden Marketingfaktor gewachsen. Hochwertige Materialien und beste Verarbeitung werden auch bei Mengenproduktionen bevorzugt. Gutes und individuelles Design relativiert den Preis im Wettbewerb.

Produkte werden aus dem Schaufenster, Katalog, Messestand usw. gekauft. Besonders bei technischen Produkten sind die Unterschiede in Funktionsqualität und Handhabung auch im direkten Verkausfsgespräch nicht überprüfbar. Daher sind gute Markenprodukte, die zeitlos wirken und über Jahrzehnte hergestellt werden, für den Käufer wegen der Ergänzbarkeit oder Serviceleistung interessant.

Der Industriedesigner steht bei der Bearbeitung einer anspruchsvollen Aufgabe im Spannungsfeld zwischen Marketing, Kostenrechnung und Zeitfaktor [7]. Das Briefing (Aufgabenstellung) ist meist eine idealisierte Zielvorstellung. Die Verbesserung der Lebens- und Arbeitsqualität steht im Mittelpunkt der „Ideologie" des Industriedesigners. Einfach und doch individuell muß die Lösung sein. Die ästhetische Auffassung des Gestalters und der Nutzen sind nicht leicht in Einklang zu bringen.

Wegen des „Betriebsgeheimnisses" bleiben viele interessante Lösungen für eine Produktentwicklung in der Schublade. Rationalisierung, Kostendenken und der Mut, einen „großen Schritt" zu wagen, verhindern oft die Realisierung einer neuen Entwicklung.

Der Ablauf einer Designlösung entspricht dem üblichen Gestaltungsprozeß von visuellen Problemen. Die Analyse des Umfelds und der bestehenden Objekte ist Ausgangspunkt für die Studie oder den Entwurf. Die Form und der Funktionsablauf müssen im Entwurf ablesbar sein (Zeichnung, Modell). Erst am Prototyp sind Funktionalität und Gebrauchsnutzen richtig ablesbar. Der Partner im Entwicklungsprozeß ist der Ingenieur bzw. Konstrukteur des Unternehmens.

Der Entwurf des Industriedesigners heute entspricht nicht dem Styling der 60er Jahre (Hüllendesign) oder der „form follows function"-Ideologie der Folgezeit. Gebrauchswert, Form und Material/Struktur müssen als formale und funktionale Größen zur Einheit werden. Recycling und Abfallprobleme sind wie eine umweltfreundliche Produktion Teil der Herstellungsplanung.

Normen und Vorschriften, Windkanäle und Moden sind der Feind des eigenständigen und guten Designs. Zur Frage nach dem „richtigen" Industriedesigner hat der Berufsverband VDID die Publikation „Designer Portraits" herausgegeben. Daneben geben verschiedene

Designinstitute Informationen über gutes Industriedesign in Katalogform und bei aktuellen Ausstellungen [8].

Die Corporate Identity eines Unternehmens erhält ihre Bedeutung besonders durch Konsequenz, Einheitlichkeit und eigenständige Produktqualität. Zur Einheit aller visuellen Maßnahmen ist es ein weiter Weg. Die Individualität der im Unternehmen Tätigen, die Marktbedeutung und die Profilierung in übergeordneten Bereichen wie Kulturförderung unterstützen die Identität und das Image.

Die Unternehmenskultur (Corporate Culture)

Der Aspekt einer „Corporate Culture", aus den USA kommend, hat in den letzten Jahren besonders bei Dienstleistungsunternehmen Resonanz gefunden. Der Begriff „Unternehmenskultur" beschränkt sich nicht auf den Erwerb von Kunstwerken oder die Veranstaltung kultureller Ereignisse, er bezieht sich auf den weiten Bereich kultureller Aspekte, die natürlich mit der Corporate Identity eng verbunden sind und auf das Corporate Image zielen. Einerseits gibt es die Unternehmer bzw. Geschäftsführer, für die aufgrund von Bildung und Eigeninteresse Kultur im Unternehmen Teil der Identität ist. Andererseits wird Corporate Culture als Strategie der Corporate Identity eingesetzt. Von Mäzenatentum kann in beiden Fällen nicht die Rede sein, als Gegenleistung erwirbt das Unternehmen Ansehen – und beispielsweise eine wertvolle Kunstsammlung. Das Engagement ist in allen kulturellen Bereichen wie Bildende Kunst, Musik, Literatur, Theater angesiedelt. Am geläufigsten ist wohl die Förderung von Kunstausstellungen und Katalogen; hier handelt es sich um eine erweiterte Form der Gelegenheitsanzeigen für besondere Anlässe. Einige Institutionen und Stiftungen fördern Künstler durch die Vergabe von Stipendien oder anderweitige Unterstützung. So zum Beispiel der Kulturkreis der Deutschen Wirtschaft, die Alfred Krupp von Bohlen und Halbach-Stiftung (Kataloge für junge Künstler) oder die Konrad-Adenauer-Stiftung (Begabtenförderung) [9]. Es sind in der Regel wirtschaftlich sehr erfolgreiche Unternehmen, die sich für Kunst- und Kultursponsoring engagieren. Deutsche Maler und Bildhauer haben in der internationalen Kunstszene einen beachtlichen Stellenwert. Nicht nur beim Erwerb, auch bei der Förderung spielen Werte die entscheidende Rolle. Auch weitsichtige Politiker versuchen, künstlerische Qualität und Leistung in einen direkten Bezug zur Wirtschaft und Gesellschaft zu stellen.

In der Auseinandersetzung mit Kultursponsoring und Künstlern sollten Unternehmen einige Kriterien berücksichtigen. Es geht nicht um „Dekoration" von Interessen oder Gebäuden. Es geht auch nicht um ein kurzfristiges Engagement für eine Sache oder Mode und Tendenzen. Eine seriöse Kulturförderung kann nur langfristig wirken. Die Erkenntnis, daß Kultur sich nicht direkt rentieren muß, ist eine elementare Voraussetzung für die Auseinandersetzung mit Corporate Culture. Kunst ist ein eigenes Produkt. Die Gesetzmäßigkeiten der Kunstvermittlung und des Kunsthandels sind den Unternehmen meist fremd. Eine subjektive Beurteilung von ästhetischen Prozessen erschwert die Wertung von Qualität. Geeignete Arbeitsmöglichkeiten und eine adäquate Plattform der Präsentation zu schaffen, ist oft die sinnvollste Förderung der bildenden Kunst.

Tafel 25, S. 300: „Kunst und Heizung" – eine Ausstellung mit zehn international bekannten Bildhauern, die ein Industrieprodukt mit ihrer eigenen Handschrift in ein Kunstobjekt verwandeln.

IBMs Sponsoringpolitik besagt, daß Projekte unterstützt werden, die in ihrem Charakter apolitisch und ‚noncommercial' sind. Sechs Kriterien sind für eine Unterstützung maßgebend:

1. Der Wert des Projekts. Wichtig dabei ist, daß er im Dienste der Gemeinschaft stehen muß.
2. Seine Langzeitwirkung.
3. Sein Potential. Es müßte Hilfeleistung in der Lancierung von Projekten gewährt werden, die sich in der Folge selbst entwickeln.
4. Sein innovativer Charakter.
5. Seine Popularität.
6. Sein „non-commercial"-Charakter.

Nachdem IBM bereits 1985 in Genf die Ausstellung „Die Kunst und die Zeit" finanziert hatte, die in Brüssel von IBM Europa auf die Beine gestellt wurde, ließ sich die IBM-Konzernleitung auf Anfrage der Genfer Museumsverantwortlichen für die „Minotaure-"Schau gewinnen, ein Projekt, das den Kriterien entsprach, wie es das Konzernverständnis interpretiert, was die Verantwortung des Unternehmens gegenüber der Gesellschaft anbelangt [10].

Der Migros-Genossenschafts-Bund gehört zu den langjährigen, seriösen Kulturförderern der Schweiz. Er kann es sich erlauben, ein Prozent des Umsatzes für kulturelle Zwecke auszugeben. Das „Kulturprozent" der Migros gehört mittlerweile zu den wichtigsten Kulturförderprogrammen des Landes, das hinter staatlichen Projekten in keiner Weise zurücksteht. Über 80 Millionen Franken pro Jahr stehen zur Verfügung. Mit ihrem „Kulturprozent" beschreitet die Migros seit Jahrzehnten einen Weg, auf dem es weder Vorbild noch Nachahmung gibt. Die Migros hat sich für ihre Kulturpolitik die folgenden Ziele gesetzt: Sie will zur Kreativität anspornen, Kultur verbreiten und kulturelle Werte erhalten. Der Geschäftsbericht des Migros-Genossenschafts-Bundes 1988 erwähnt die folgenden Aufwendungen für kulturelle, soziale und wirtschaftspolitische Zwecke: 66,471 Millionen für kulturelle Zwecke, 6,496 Millionen für soziale Zwecke, 4,320 Millionen für wirtschaftspolitische Zwecke, 6,699 Millionen für Verwaltungskosten/Rückstellungen – total: 83,975 Millionen Franken. Der ehemalige MGB-Präsident Pierre Arnold meint, daß der soziokulturelle Beitrag nicht Mittel, sondern Zweck sei. Er müsse auf reine Uneigennützigkeit, ohne Nebenabsichten, ausgerichtet sein und dürfe nicht Vorwand sein für eine werbewirksame Imagepflege [11].

Historisch gesehen war das kulturelle Engagement der Kaufleute selbstverständlich. Künstler und Kunsthandwerker wurden mit der Raumausstattung beauftragt, die fortschrittlichsten Architekten mit der Errichtung von Industriebauten, die heute als Baudenkmäler gelten. Die heutigen Verwaltungs- und Produktionsbauten, wie sie besonders in den sogenannten „Industriegebieten" zu finden sind, haben einer solchen Unternehmenskultur nichts entgegenzusetzen.

Gerade bei der Architektur ist ein wachsendes Ästhetikbewußtsein festzustellen, das auch wieder die Verbindung von „frei" und „angewandt" beinhaltet. Die documenta 8 in Kassel zeigte projektbezogene Aspekte der Verbindung von Architektur, Kunst und Design, die zur Zeit allerdings fast nur bei Museumsneubauten zum Tragen kommen. Mit der Tendenz zur High-Tech-Architektur sind jedoch auch interessante Funktionsbauten für Wirtschaftsunternehmen entstanden. [VII-5.6]

Eine Voraussetzung zur Struktur der Unternehmenskultur ist die Integration aller visuellen Maßnahmen. Bei größeren Komplexen spricht man hier vom „Milieukonzept". Es entsteht eine visuelle Einheit von Architektur (Formen, Farben, Materialien), Innenarchitektur, Grün- und Verkehrsflächen, Informations-Leitsystem und Kunstausstattung.

Corporate Culture ist nicht die Kunstausstellung in den eigenen Räumen, sondern die Umsetzung eines ästhetischen Empfindens. Sie prägt das Profil des Unternehmens und berücksichtigt auch die kleinsten Bestandteile der Identität. Corporate Design, Corporate Identity, Corporate Image und Corporate Culture existieren in einem Spannungsfeld von Ordnung, Ästhetik und dem Bedürfnis, mit Kultur zu leben.

Literaturnachweise

1 *Duschek*, Karl: Richtlinien im visuellen Firmenbild. Stuttgart 1976
2 *Götz*, M.: Das graphische Zeichen. Kommunikation und Irritation. In: Stankowski, Anton/Duschek, Karl (Hrsg.): Visuelle Kommunikation. Berlin 1989
3 *Duschek*, Karl: Farbe im visuellen Erscheinungsbild. In: md 12 (1982)
4 *Duschek*, Karl: Format, Raster und Layout. In: Stankowski, Anton/Duschek, Karl: Visuelle Kommunikation. Berlin 1989; Müller-Brockmann, J.: Rastersysteme. Niederteufen 1985
5 *Duschek*, Karl: Raster. In: Stankowski, Anton: Das visuelle Erscheinungsbild. In: Birkigt, K./Stadler, M. M. (Hrsg.): Corporate Identity. München 1980, S. 176
6 Vgl. 5
7 *Sudrow*, O.: Industrial Design. In Stankowski, Anton /Duschek, Karl (Hrsg.): Visuelle Kommunikation. Berlin 1989
8 Rat für Formgebung, Frankfurt; Internationales Design Zentrum, Berlin; Design Center, Stuttgart; Design-Forum, Nürnberg; Haus Industrieform, Essen; Institut für neue technische Form, Darmstadt
9 *Bundesminister für Bildung und Wissenschaft* (Hrsg.): Förderung junger Künstler. Bonn 1978
10 *Bianchi*, P.: Kunst als Ausdrucksform der Unternehmenskultur. In: Kunstforum International 102. Köln 1989, S. 235
11 Vgl. 10, S. 241

Architektur als Ausdruck unserer Zeit

Fritz Leonhardt

Architektur muß hier in ihrer ganzen Weite gesehen werden, nicht nur im Stil der Fassaden – klassizistisch, modern oder postmodern oder wie sonst die Schlagworte lauten – sondern bis hinüber zum Städtebau, denn schließlich ist die Stadt die Wiege aller menschlichen Kultur. Kurzum, wir wollen die Architektur der gesamten gebauten Umwelt betrachten, denn der Architekt ist ja auch Stadtplaner, Stadtsanierer und zuletzt auch Denkmalpfleger. Wenn man die Wirkungen architektonischer Qualitäten gebauter Umwelt auf die darin lebenden Menschen betrachtet, dann ist der Beruf des Architekten einer der verantwortungsvollsten in unserer Gesellschaft. Er erfordert nicht nur künstlerische Begabung, sondern umfangreiche technische Kenntnisse, denn Bauen ist zunächst einmal angewandte Technik. Darüber hinaus sollte der Architekt das Verhalten und die Bedürfnisse der Menschen und soziologische Zusammenhänge kennen, denn er baut ja heute vorzugsweise für Menschen – auch wenn die Bauherren häufig machtvolle Institutionen sind. Ein schöner, aber anspruchsvoller Beruf.

Architektur als Ausdruck „unserer Zeit“. Dies ist die Zeit des Wiederaufbaus eines durch den zweiten Weltkrieg zerstörten Landes. Die Menschen mußten sich ihre Existenzgrundlagen für ein zivilisiertes Leben neu aufbauen. Dies konnte in der Bundesrepublik in einer freiheitlichen Demokratie mit kapitalistisch orientierter Wirtschaft geschehen, die Leistung honoriert und den Wettbewerb in freier Marktwirtschaft fördert. Der Drang, möglichst rasch wieder zu Wohlstand zu kommen, führte zu einem hektischen Arbeitstempo und zu bewundernswerten materiellen Leistungen, die von außen als „Wirtschaftswunder“ bestaunt wurden. Der Einfluß von mehr und mehr amerikanisch geprägtem Materialismus ist dabei nicht zu übersehen. Die meisten Bauherren waren kapitalistisch orientierte Gesellschaften, geführt von Managern, die im Geist der Harvard Business School ausgebildet wurden und beim Bauen niedrigste Kosten und hohe Rendite in den Vordergrund stellten. Diese Einstellung ließ dem

Architekten nicht viel Spielraum für „unproduktive" Schönheit. Die Architekten waren in dieser Anfangszeit des Aufbaus häufig überfordert. Nur in Ausnahmen gelangen gute Bauwerke, die Bestand haben. Die Kapazität der wirklich Befähigten, die ihre künstlerischen Ideen auch durchzusetzen verstanden, reichte für die riesige Quantität der Bauvorhaben nicht aus. So wurde vieles ohne wirkliche Qualität gebaut.

Diese Zeit brachte eine Vielfalt neuer Baustoffe auf den Markt, die dem Architekten neue Möglichkeiten der Konstruktion und Gestaltung eröffnete. Während früher die mit Stein, Ziegel und Holz möglichen Bauformen einfach und in Jahrzehnten erprobt waren, erlaubten nunmehr Stahl, Aluminium, Beton, Glas oder Kunststoffe, gepaart mit den von den Bauingenieuren entwickelten neuen Tragwerksarten der Skelette, Schalen, Hänge- und Netzwerke ganz neuartige Bauwerke, die den gefestigten Erfahrungsbereich sprengten. Dies erleichterte die Aufgabe des Architekten nicht, wenn gleichzeitig unter Zeitdruck gebaut werden mußte und die Zeit zum Ausreifen der Neuerungen fehlte. Diese technische Entwicklung kann zwar ein Wegbereiter verbesserter Architektur sein, sie bedeutet aber Risiko und bedarf der Erprobung.

Dies Kosten-Nutzen-Denken forderte eine zunehmende Industrialisierung und Rationalisierung heraus, die Normung und Standardisierung bedingte. Die Vorfertigung ganzer Bauteile in Fabriken beeinflußte die Entwürfe der Bauwerke. Die Betonindustrie brachte das Bauen mit sichtbar bleibenden Betonfertigteilen in Gang, und viele Architekten begeisterten sich an Sichtbetonbauten mit ihren oft brutalen Formen.

Ein weiteres Merkmal „unserer Zeit" ist ein übertriebener Individualismus und Egoismus. Der Macho-Typ des Architekten wollte seine Kreativität durch möglichst auffällige Novitäten demonstrieren – ohne Rücksichtnahme auf Einordnung in die Umwelt. Eitelkeit spielt hier hinein, die stets ein schlechter Ratgeber ist.

Die am Anfang dieser Zeit vorherrschende Richtung der Architektur im engeren Sinn bei der Gebäudegestaltung war von Louis Henry Sullivans (1856–1924) Regel: „die Form folgt der Funktion" und vom in rechteckigen Rastern denkenden Ludwig Mies van der Rohe (1886–1969) geprägt. Auch Le Corbusiers (1887–1965) Weisung „so zu bauen, daß der Bau so gut funktioniert wie eine Maschine" stand im Raum. Funktionelles Bauen war die Richtlinie moderner Architektur fast auf der ganzen Welt. Das Wort „Schönheit" und die damit verbundenen seelischen Bedürfnisse der Menschen waren verbannt. Die Abkehr von klassischen Formen war auch durch den Mißbrauch klassizistischer Architektur in der Zeit des Nationalsozialismus bedingt. Nüchterner Rationalismus beherrschte die meisten Entwürfe.

Das Ergebnis ist recht gemischt. Im Industriebau entstand manches ansprechende Werk. Zum Industriebau paßt nüchterner Rationalismus. In den Städten wuchsen die Paläste der Banken, Versicherungen, der Verwaltungen großer Industriefirmen und der Kaufhäuser, häufig mit fader Raster-Architektur, Glasfassaden, in denen sich die Wolken spiegeln und hinter denen die Angestellten Klimakummer erleiden. Architekten wie Helmut Hentrich (geb. 1905) und Hubert Petschnigg (geb. 1913) brachten es dennoch für solche Verwaltungsgebäude zu Meisterleistungen. Manches Theater und Konzerthaus, manche Stadthalle ist gut gelungen. An Konzerthallen nenne ich als Beispiel Rolf Gutbrods (geb. 1910) Stuttgarter Liederhalle mit ihrer ausgezeichneten Akustik und einer von jeder Konvention abweichenden Innenarchitektur, in der man sich auch bei Bällen wohlfühlt. In Düsseldorf mußte Hentrich seinen Entwurf für die Tonhalle in das vorhandene Gehäuse einfügen und gestaltete dennoch einen geradezu Musik ausströmenden Innenraum.

Im Wohnungsbau dagegen entstanden Massen-Wohnmaschinen à la Corbusier, die früh auf Ablehnung stießen. Die meisten dieser Wohnsilos wurden von Bauträgergesellschaften gebaut, deren Kapital sich aus Gewerkschaftsbeiträgen von Millionen Arbeitern angesammelt hatte und von denen man soziales, humanes Bauen vordringlich erwarten sollte. Der „soziale Wohnungsbau" hatte geradezu asoziale Folgen.

Am besten schneiden die Siedlungen in Dörfern und kleinen Städten ab, wo sich sparsame Bürger das Ideal der Deutschen, ihr eigenes Haus mit Garten, leisten konnten und wo einfühlsame Kreisbaumeister dafür sorgten, daß Hausgröße, Dachform und Dachneigung soweit einheitlich sind, daß ein harmonisches Siedlungsbild entstand.

Was den Städtebau anbelangt, so sind anfänglich erhebliche Fehler gemacht worden, weil den Planern die autogerechte Stadt vorschwebte. Aus amerikanischer Erfahrung hätte hier eine weitblickende Verkehrspolitik eingreifen müssen. Schon 1949 wurde dem damaligen Verkehrsminister Seebohm vorgeschlagen [1], der Schiene Priorität zu geben, die Bundesbahn technisch zu erneuern und für die zehn größten deutschen Städte einheitliche U-Bahnen zu entwickeln. Seebohm lehnte ab und setzte auf das Auto. Georg Leber hat als Verkehrsminister die Schiene fördern wollen – er scheiterte am Widerstand des

ADAC und der Autoindustrie. Heute ersticken unsere Städte und Autobahnen im Autoverkehr. Die meisten Städte sind in gefährlichem Ausmaß krank. Die Förderung der Bundesbahn und des öffentlichen Nahverkehrs kam viel zu spät und stößt deshalb auf fast unüberwindliche Schwierigkeiten.

Als Folge der Verkehrsverstopfung der Städte zogen Kaufhäuser und Supermärkte in die Außenbezirke und bauten besonders gefühllos gestaltete Einkaufszentren auf der grünen Wiese mit riesigen kahlen Parkierungsflächen. Zu allem Schrecken sind diese Hallen meistens mit schockfarbenen Ornamenten bemalt, – als schreiende Werbung.

Die Architektur der in den ersten 25 Jahren der Nachkriegszeit gebauten Umwelt ist ein Spiegelbild des Geistes dieser vorwiegend materialistisch geprägten Zeit. Nun fühlen sich aber die Deutschen in einer solchen Welt voll nüchterner und oftmals häßlicher Sachlichkeit nicht wohl. Mehr und mehr wurde Unbehagen laut. Alexander Mitscherlich schrieb schon 1965 ein Buch über „Die Unwirtlichkeit unserer Städte“ [2]. Der Schweizer Architekt Rolf Keller löste 1973 geradezu einen Alarm aus mit seinem Buch „Bauen als Umweltzerstörung“ [3]. Er zeigt in Bildern ganz nüchtern die Häßlichkeit des neuen Bauens in Städten und Dörfern der Schweiz, die wir doch für eine heile Welt halten. Keller sagt, die Bilder sollen Alarm auslösen, weil der kritische Punkt, der Übergang von Beleben zu Zersetzen und Zerstören meistens schon überschritten sei. Er spricht von einem in der menschlichen Kultur noch nie erreichten Tiefstand der baulichen Gestaltung. In Deutschland gibt es zahlreiche viel schlimmere Beispiele als in der Schweiz.

Die Kritik wird immer lauter, sie gilt vor allem den Bauten mit Sichtbeton. Das Wort Beton wird beinahe zum Synonym für Häßlichkeit; „die Landschaft zubetonieren“ wurde zu einem Schlagwort des Protestes. Die Abneigung gegen Sichtbeton beruht vorwiegend auf der trüben grauen Farbe der Zementhaut, die den Schmutz der Luft direkt ansaugt und dadurch dreckig und abstoßend wirkt. Die brutalen Formen der meisten Sichtbetonbauten tragen zu der abweisenden Haltung noch bei. Schlimm wirkten sich manche Bauvorschriften aus, die im Streben nach typisch deutschem Perfektionismus bürokratisch am grünen Tisch beschlossen worden sind. So wurden bei bestimmten Größen und Abständen der Treppenhäuser sogenannte Fluchtgalerien außerhalb der Fenster vorgeschrieben, die besonders bei Universitätsbauten zu den schweren horizontalen Bändern an jedem Geschoß führten, die vorzugsweise mit Sichtbeton-Fertigteilen gebaut wurden.

Im politischen Bereich formierte sich der Protest in vielen Bürgerinitiativen und durch Bildung der politischen Partei der Grünen, die bald gegen die vielen Arten der Umweltverschmutzung mit Erfolg ankämpfte. Zunehmend wurde der Architekt zum Sündenbock gemacht. Die Architekten wurden unsicher. Max Bächer[4] schrieb 1974 „die Verlegenheit ist groß", der ganze Beruf geriet in eine Krise, die noch nicht überwunden ist.

Den Architekten darf man jedoch nur einen kleinen Teil der Schuld anlasten. Es ist auch vollkommen falsch, im Zuge der verbreiteten unüberlegten Technikfeindlichkeit der Technik die Schuld an dieser Negativentwicklung zu geben. Die Ursachen liegen hauptsächlich im Zeitgeist, in der Seelenlosigkeit des an wirtschaftlichem Wachstum orientierten Materialismus. Schon 1975 wurden von Fritz Leonhardt in einem Vortrag „Bauen als Umweltzerstörung – eine Herausforderung an uns alle" bei einem Hochschulabend der Universität die Ursachen analysiert und in einer persönlichen Sicht formuliert: „An erster Stelle sind dies Bildungsmängel, die unsere ganze heutige Konsumgesellschaft betreffen, nämlich Bildungsmängel in allem, was den seelischen Bereich des Menschen betrifft. Der in USA großgezüchtete Götze der Überbewertung des Geldes hat bei uns den Sinn für kulturelle Werte verkümmern lassen. Wir genießen den materiellen Wohlstand und streben nach noch mehr Lohn, Gehalt und Gewinn, nach noch mehr Luxus und Genuß und bemerken dabei gar nicht, daß die Seele, das Geistige, die Freude an Schönheit mehr und mehr verkümmern. Doch der Mensch lebt eben nicht von Brot allein. Die Seele braucht Nahrung, und wenn sie fehlt, verursacht dies im Unterbewußtsein Unbehagen"[5].

Der Bildungsmangel betrifft hauptsächlich die Ästhetik, die Lehre vom Schönen und von der Wertigkeit des Schönen. Die „Kunsterziehung" an unseren Schulen ist mangelhaft und wenig geeignet, um den Sinn für Schönheit oder gar ein Urteilsvermögen für Schönheit zu entwickeln. Schönheit der Bauwerke beruht auf einigen Grundgesetzen der Ästhetik wie harmonische Proportionen, Ordnungen, Verfeinerung der Form, Einpassung in die Umwelt und schließlich auf harmonischer Farbgebung. Die meisten Architekten lehnten es jahrelang ab, sich mit den Grundfragen der Ästhetik ernsthaft zu beschäftigen[6], das Wort „schön" kam in ihrem Vokabular fast gar nicht vor, obwohl sie die künstlerische Aufgabe ihres Berufes stets betonen. Doch auch in der Malerei und bildenden Kunst finden wir heute oft abstoßende Häßlichkeit. Die Künstler wollen wohl die Krankheit unserer Zeit darstellen. Doch in der Architektur hat dies schlimme Folgen.

Mangelnde Schönheit der Umwelt hat einen direkten Einfluß auf die Gesundheit und das Verhalten der Menschen. Der dauernde Aufenthalt in einer häßlichen Umgebung macht sie seelisch krank, lustlos, gleichgültig. Die Schwächlichen verfallen in Resignation und Depression. Die Starken bäumen sich auf und wehren sich gegen das Aushungern ihrer Seele, gegen das Unbehagen, bis sie schließlich zur Aggression schreiten, um ihre Umwelt zu verändern. Verhaltensforscher und Psychoanalytiker bestätigen den Einfluß schönheitlicher Qualitäten des Lebensmilieus auf die seelische Gesundheit der Menschen, man denke zum Beispiel an Konrad Lorenz' Buch „Acht Todsünden der zivilisierten Menschheit“ [7]. Erich Fromm ging soweit zu sagen, daß „das physische Überleben der Menschheit von einer radikalen seelischen Veränderung des Menschen abhängt“ [8].

Das drastischste Beispiel für die Auswirkungen kalter, seelenloser Großstadtmilieus sind die amerikanischen Wolkenkratzer-Städte wie New York, Chicago, Los Angeles oder Sao Paulo, die heute Zentren der Aggression, des Terrors und des Verbrechens sind. In diesen Städten kann man sich nachts kaum mehr frei auf den Straßen bewegen. Diese Städte sind so krank, daß fast keine Hoffnung auf Gesundung besteht. Dies muß uns eine ernste Warnung sein – vor allem für „Mainhatten-Frankfurt“.

Das Aufbegehren gegen häßliches Bauen hat bei uns zweifellos Wirkung erzielt. Zunächst kam die Nostalgiewelle, die Sehnsucht nach vergangenen Zeiten mit humanem Stadtleben. In vielen Stadtzentren wurde das Auto verbannt – Fußgängerzonen entstanden, die lebhaften Zuspruch fanden – vor allem dort, wo alte Häuser mit ansprechender Architektur zur freundlichen Atmosphäre beitrugen. Die Sanierung von Kleinstädten und Dörfern brachte manches erfreuliche Ergebnis, vor allem dort, wo alte Fachwerkhäuser aufgefrischt wurden und wo Blumen mitsprechen dürfen.

Die Nostalgiewelle führte zur Aufwertung des Denkmalschutzes, durch den schon manches künstlerisch wertvolle alte Bauwerk gerettet und neuer Nutzung zugeführt wurde. Doch manchmal geht der Denkmalschützer zu weit, wenn zum Beispiel ein altes Fachwerkhaus alleinstehend erhalten wird, das in keiner Weise in seine neu gebaute Umgebung paßt oder wenn eine alte Fabrik erhalten werden soll, die der Sanierung eines häßlichen Gebietes im Wege steht.

Doch Nostalgie genügt nicht – vor allem nicht in größeren Städten. Dort muß vor allem für den Verkehr noch viel getan werden. Die parkenden Autos müssen von den Straßen weitgehend verschwinden. Der öffentliche Nahverkehr muß dringend ausgebaut und attraktiv gestaltet werden. An den Bahnhöfen der U- oder S-Bahnen in den Außenbezirken müssen bequem erreichbare Parkplätze geschaffen werden, um Park and Ride zu begünstigen. Nahe der Stadtzentren müssen noch weit mehr Tiefgaragen oder „schöne" Parkhäuser geschaffen werden. Unter Wohnstraßen mit hochwertigen Altbauwohnungen müssen Tiefgaragen gebaut werden – auch wenn sie keine Rendite bringen. Viel ist noch zu bauen, um unsere Städte wieder human, lebenswürdig, liebenswert und attraktiv zu machen, wobei man sich nicht scheuen darf, Häßliches abzubrechen – besonders die äußerst unsozialen Wohnsilos der ersten Aufbauzeit.

Die Architekten haben begriffen, daß sie schön bauen müssen. Andrea Palladio (1508–1580), der Meister harmonischer Proportionen, wurde hervorgeholt. Man schaute zurück, um von allgemein anerkannter Schönheit alter Meisterwerke zu lernen. Die postmoderne Architektur entstand. Für die Fassaden kamen Ziegel, Klinker, Naturstein und gelegentlich sogar Holz wieder zu Ehren. Die Glasfassaden verschwanden. Da und dort tauchten Säulen mit Kapitellen oder Bogen und Bögchen auf. Doch solche Verschnörkelungen wirken häufig nur lächerlich. Der neuerdings zur Mode gewordene „Dekonstruktivismus", der mit dem Centre Pompidou in Paris begann, ist ein schlimmer Irrweg. Die Krise der Architektur wird erst überwunden sein, wenn die Architekten die seelischen Bedürfnisse der Menschen begreifen und befriedigen lernen. Dazu gehören schönheitliche Qualitäten an erster Stelle – aber nicht nur für Fassaden einzelner Bauten, sondern für das Ensemble des Wohngebietes oder der Arbeitsstätten. Die Voraussetzungen für das Wohlbefinden der Menschen in ihren Wohnungen, in ihren Arbeitsstätten, in Restaurants usw. betreffen Wärmebedingungen, Heizung, Sonnenschutz, natürliche Lüftung, Schallschutz, Akustik, Farbe – kurz all die Eigenschaften, für die die Bauphysik die nötigen Kenntnisse zur Verfügung stellt. Hier ist eine enge frühzeitige Zusammenarbeit der Architekten mit kompetenten Fachkräften nötig. Die Einbeziehung von Grünanlagen, Bäumen, Blumen trägt wesentlich zum Wohlbefinden bei. In einigen unserer Städte, beispielsweise in Karlsruhe und Stuttgart, leisten die Gartenbauämter schon Beachtliches. Der Garten- und Landschaftsarchitekt sollte zum ständigen Partner der Architekten werden, die größere Bauvorhaben planen.

Es ist sehr zu wünschen, daß der Architekt seine hohe Verantwortung für eine gesunde Zukunft unserer Gesellschaft begreift und auch im politischen Bereich etwaigen von Interessengruppen betriebenen Fehlentwicklungen kämpferisch entgegenwirkt. Er muß sich zu seiner ureigenen Aufgabe voll bekennen, nämlich dienend und treuhänderisch nicht nur funktionell gut, sondern auch schön und für das Wohlbefinden der Menschen zu bauen. Er muß sich von Ideologien und modischen Ismen des Fassadendenkens befreien und wieder die Freiheit erwerben, seine Formensprache menschenfreundlich, der speziellen Aufgabe angepaßt zu wählen und zwischendrin auch einmal Heiteres, vielleicht sogar Romantisches zu bauen. Freiheit bedarf stets der Bindung an Ethik und damit an Verantwortung für die Mitmenschen, für die gebaut wird. Ästhetik und Ethik sind eng miteinander verknüpft. Es ist höchste Zeit, die durch Fehlentwicklungen im Städtebau und in der Architektur entstandenen Umweltschäden zu beseitigen. Dies gelingt nur durch erneutes Bauen, auch wenn heute Bauvorhaben – vor allem Verkehrsbauten – auf Widerstand stoßen. Dabei sollten wir uns hüten, die Siedlungen weiter auszudehnen und vielmehr den Mut haben, häßliche Gebiete innerhalb der Siedlungen von Grund auf zu sanieren. Dazu müssen politisch Voraussetzungen geschaffen werden. Bei der heutigen Einstellung scheitern schon viele wichtige Bauvorhaben am Geldmangel. Hier ist ein Umdenken nötig – auch Opferbereitschaft. Es geht um die Gesundheit unserer Mitmenschen, unserer Gesellschaft in der Zukunft. Wir müssen begreifen, daß heute nicht mehr äußere Bedrohungen unsere Zukunft gefährden, sondern die inneren Feinde, wie die Mafia mit dem von ihr beherrschten Drogenmarkt, die psychische Belastung durch das tägliche Verkehrschaos und durch Häßlichkeit der Umwelt, die überzogenenen materiellen Ansprüche, Luft- und Wasserverschmutzung, Müllberge, vergiftete Landwirtschaft und andere Umweltbelastungen. Wir müssen die Gewinnung von Solarenergie in der Sahara aufbauen und andere alternative Energiegewinnung vorantreiben. All dies kostet und kann sofort finanziert werden: Die Mittel für militärische Verteidigung müssen Schritt für Schritt der Verteidigung gegen inneren Zerfall zugeführt werden, wodurch viele neue Arbeitsplätze entstehen können.

Architektur in „unserer Zeit", in der nahen Vergangenheit wurde hier sehr persönlich und sehr kritisch gewertet. Hoffen wir, daß wir aus den Fehlern für die Architektur in der Zukunft lernen und daß die Architekten und die einsichtigen Bürger die Mittel unserer freiheitlichen Demokratie nützen, um unsere Umwelt – vor allem unsere Städte – human, gesund und lebenswert zu gestalten.

Literaturnachweise

1 Vorschlag von Fritz Leonhardt u. a.
2 *Mitscherlich*, Alexander: Die Unwirtlichkeit unserer Städte – Anstiftung zum Unfrieden (Suhrkamp 123). Frankfurt a. M. 1965
3 *Keller*, Rolf: Bauen als Umweltzerstörung. Zürich 1973
4 *Bächer*, Max: Humanes Bauen. In: Schwäbische Heimat, Heft 4, 1974
5 *Leonhardt*, Fritz: Baumeister in einer umwälzenden Zeit. Stuttgart 1984, S. 3–8
6 *Leonhardt*, Fritz: Zu den Grundfragen der Ästhetik bei Bauwerken. Sitzungsbericht der Heidelberger Akademie der Wissenschaften, 1984, 2. Abhandlung. Berlin 1984
7 *Lorenz*, Konrad: Acht Todsünden der zivilisierten Menschheit. München 1973
8 *Fromm*, Erich, Haben oder Sein. Stuttgart 1976.

Architektur im 20. Jahrhundert – vom floralen Stil zum Dekonstruktivismus

Eva-Maria Schumann-Bacia

Am Ende des 19. Jahrhunderts hatte sich der Historismus im beliebigen Verwenden der Stile der Vergangenheit ausgezehrt, waren die alten Stilformen durch ihre ornamentale Anwendung endgültig zersetzt. Diese „Zersetzung" war schließlich soweit fortgeschritten, daß – wie es Gottfried Semper in einem Aufsatz bereits 1852 prophezeit hatte – in den Jahren vor der Jahrhundertwende endlich allgemein der Ruf nach Neuem laut wurde. Der kraftlose Beaux-Arts-Klassizismus der 70er und 80er Jahre galt nun als Symbol für alles, was überholt und zurückgeblieben war. Schon in der Jahrhundertmitte hatte Viollet-le-Duc seinem Unwohlsein darüber, daß das 19. Jahrhundert zu keinem eigenen Stil finden konnte, theoretisch Ausdruck verliehen. Seine Empfehlung, wahrhaft gegenüber Programm und Konstruktion zu sein, verband er mit der Voraussage, daß der Stil der modernen Zeit sich erst auf der Grundlage neuer Konstruktionsmethoden entwickeln würde. Aber anders als in Amerika richtete sich der Blick in Europa zunächst auf die Suche nach neuen Formen in der Einsicht, daß mit den vergangene Traditionen verherrlichenden Symbolen den modernen Lebensbedingungen kein adäquater Ausdruck mehr verliehen werden konnte.

Das Art Nouveau entstand. Unter dem Eindruck der zunehmenden Verstädterung und der damit einhergehenden Vermassung der Gesellschaft infolge der Industrialisierung besann man sich erneut auf einen Subjektivismus unter Einbeziehung der Natur als Inspirationsquelle. Victor Hortas Treppenhaus des Hotel Tassel in Brüssel, 1892–93, liefert einen sichtbaren Beweis für die Erfindungsgabe neuer floraler Ornamentformen unter Verwendung neuer Techniken wie der sichtbaren Metallkonstruktion. Ohne die Arts-and-Crafts-Bewegung Englands allerdings, die sich auf John Ruskins Interesse an Naturformen und Philipp Morris Bestreben einer neuen Verbindung von Kunst und Leben begründete, wären die Ideen des Art Nouveau, einer sich bis auf den einfachen Gebrauchsgegenstand ausdehnenden Ästhetisierung des Lebensraums im Sinne einer Ausgestaltung zu einem Gesamtkunstwerk, sicherlich nicht denkbar gewesen. Stärker theoretisch orientiert als Horta gab der Belgier Henry van de Velde der Idee des Gesamtkunstwerks mit dem Ideal eines handwerklich perfekt gestalteten Interieurs bildhaften Ausdruck. In seinem eigenen Haus in Brüssel fand die expressiv dynamische Form bis in die Gestaltung der Stühle und Wanddekorationen Eingang (Haus Bloemenwerf, Uccle, 1895). In der Konsequenz der Idee, daß für ihn das Ornament ein Mittel war, die inneren Konstruktionskräfte zum Ausdruck zu bringen, scheute er sich nicht, in seinem Friseursalon Haby in Brüssel, 1901, die Wasser-, Gas- und Elektroleitungen offenzulegen.

1900 bis 1920

Um 1900, das belegt die Pariser Ausstellung, war das Art Nouveau keine avantgardistische Erfindung mehr, sondern ein popularisierter Stil, der inzwischen internationales Ausmaß angenommen hatte. Die gußeisernen, in Massenproduktion hergestellten Eingänge der Pariser Metro von Hector Guimard, 1900, mit ihren von der Natur inspirierten Formen sind wohl die bekannteste Ausprägung des Stils. Zwei Architekten, der Spanier Antoni Gaudi und der Schotte Charles Rennie Mackintosh, boten mit ihrem Werk dagegen eine sehr individuelle Spielart des Art Nouveau an. Gaudis zu surrealistischen Symbo len verdichtete Formensprache, wie sie in den Dachaufsätzen seiner Casa Mila, 1905/07 und in der Kirche Sagrada Familia, 1884–1925, beide in Barcelona, zum Ausdruck, kam und Mackintoshs großzügige Anordnung dynamischer Raumfolgen der Kunstschule Glasgow, 1897–1909, sind zwei extreme, gleichwohl einflußreiche Ausformungen des Art Nouveau.

Macintosh war in Wien im Kreis der Sezession um Joseph Maria Olbrich bekannter als in London. Von dort aus formulierte sich auch eine erste Gegenbewegung gegen den Subjektivismus des Art Nouveau. Otto Wagners Postsparkassenamt von 1904–1906 propagierte eine Rückkehr zur strengen Rechtwinkligkeit als Reaktion gegen den individuellen Exzeß des Ornaments. Auch Josef Hoffmanns Palais Stoclet, 1905, gab sich streng, präzis und rechtwinklig. Adolf Loos ging noch einen Schritt weiter. Er benutzte im Haus Steiner, 1910, die undekorierte glatte Fläche als Hinwendung zu einer rechtwinkligen, volumetrischen Vereinfachung. In seiner Schrift „Ornament und Verbrechen", 1908, verstieg er sich zu der Behauptung: „Die Evolution der Kultur ist gleichbedeutend mit dem Entfernen des Ornaments aus dem Gebrauchsgegenstand".

Während das gegen Normen opponierende, auf subjektiver Formensprache basierende Art Nouveau in den Jahren nach dem ersten Weltkrieg in einem die Lektionen der Natur verinnerlichenden Expressionismus eines Erich Mendelsohn oder Bruno Taut kulminierte, faßte sich die rationalistische Strömung auf der Suche nach zeitlosen, die Bedürfnisse und Möglichkeiten einer Industriegesellschaft zum Ausdruck bringenden Prinzipien in den Jahren 1914–18 in dem vom Krieg verschonten Holland in der Bewegung des STIJL zusammen. Moralisch legitimierte de Stijl seine Formen, indem sie immer auch einer praktischen Begründung unterlagen.

Für die Ausformung der rationalistischen Strömung des Stijl hatte die Ingenieurbaukunst des 19. Jahrhunderts, die ihre Leitlinien von der Funktion und der Konstruktion her bezog, eine wichtige Rolle gespielt. Der in Amerika, besonders von der Chicagoer Bauschule fortentwickelte Stahlgerüstbau hatte in Europa bei Auguste Perret in der rechteckigen Stahlbeton-Rahmenkonstruktion eines Baus wie dem Appartementhaus der Rue Franklin in Paris, 1902, exemplarische Benutzung gefunden. Perret postulierte: „Man darf in einem Bauwerk niemals Elemente zulassen, die nur dem Ornament dienen, sondern muß alle für die Konstruktion wichtigen Teile in Ornamente verwandeln". Ideen Viollet-le-Ducs beeinflußten den jungen Schweizer Charles Edouard Jeanneret, der sich später Le Corbusier nannte, als er im Büro Perrets die Grundlektionen in Stahlbeton erhielt. Danach, 1910, war er in Peter Behrens Büro in Berlin tätig, wie es ihm überhaupt immer gelang, an den für die Architektur wichtigen Orten anwesend zu sein. Peter Behrens sprach sich für eine neue Architektur aus, die auf der Idealisierung von Typen und Normen basieren mußte, um der modernen Gesellschaft und zugleich den Möglichkeiten der Massenproduktion zu entsprechen. Demzufolge hatte Le Corbusier 1914/15 sein Dom-Ino-Prinzip, ein Hausbausystem aus Stahlbeton, entworfen, das einen Prototyp aus einem Satz von in Serienproduktion hergestellten Grundelementen – an sechs Punkten gestützte Skelettkonstruktion, die auskragende Geschoßflächen verband – einschließlich der notwendigen Schalenformen vorsah zur Beschleunigung des Wiederaufbauverfahrens der vom Krieg angerichteten Zerstörungen. Hierin ist ein erster Ansatz der Suche Le Corbusiers nach neuen urbanistischen und architektonischen Lösungen zu sehen, denn das Hausbausystem konnte beliebig variiert und zu großen Anlagen ausgeweitet werden auf der Basis einer industriellen Vervielfältigungsmöglichkeit.

Die Forderungen nach Wahrhaftigkeit der Funktion und der Konstruktion hatte Meinungsverschiedenheiten aufkommen lassen über adäquate Materialien: Sollten es Stahlbeton, Glas-Eisenkonstruktion oder Verkleidung in Ziegel sein, mit denen sich die neuen Vorstellungen am besten realisieren ließen? Der bedeutendste Architekt in den USA, der sich mit den Möglichkeiten der neuen Materialien auseinandergesetzt hatte, war Frank Lloyd Wright. Aufgrund seiner von der Arts-and-Crafts-Bewegung inspirierten Vorstellung von der „Natur der Materialien" ließ er die Oberfläche des Betons unbehandelt. Im Gegensatz zu Le Corbusier fühlte sich Wright sowohl dem sozialen Ideal Amerikas, der Familie, verpflichtet wie auch dem Regionalismus der die Architektur bestimmenden Traditionen. So verbanden sich in seinen Wohnhausbauten wie dem Haus Robie, 1908, Traditionen eines einheimischen Baustils, zum Beispiel in der Verwendung von Ziegeln, mit dem moralisch-sittlichen Auftrag der Schaffung eines Horts für die Institution Familie.

Die von England ausgehende Arts-and-Crafts-Bewegung mit ihrer Besinnung auf die kreative handwerkliche Arbeit als einem den Auswirkungen der industriellen Revolution entgegenzusetzenden Wert hatte die Gebrauchsgegenstände des täglichen Lebens ästhetisierend behandelt und mit einem moralischen Auftrag versehen. Die Bewunderung der Deutschen galt der Materialehrlichkeit der Arts-and-Crafts-Ideale bei der Gestaltung von Gebrauchsgegenständen und führte zu einem allgemeinen Interesse an der guten Form des Gebrauchsgegenstands. Allerdings wandte sich die Generation, die in Europa die Moderne schuf, gegen die Betonung des Handwerklichen und trat vielmehr für eine formale Qualität des Industriedesigns ein: Im Jahrzehnt vor dem ersten Weltkrieg gewann allmählich die Faszination der Technik die Überhand. Hermann Muthesius faßte diese Technikbegeisterung in eine Form, indem er 1907 den Deutschen Werkbund gründete. Das Anliegen des Bundes war es, eine enge Verbindung zwischen der deutschen Industrie und den Künstlern zu knüpfen – die „Ingenieurästhetik" war ein ständig wiederkehrendes Thema des deutschen Werkbundes. So versah Peter Behrens seine zwischen 1908–14 für die AEG erstellten Fabrikgebäude und Lagerhäuser mit einem heroischen Ernst, der die Haltung fortsetzte, dem alltäglichen Massenartikel heroische Eigenschaften anzudichten. Seine Berliner Turbinenfabrik, 1908, hatte den Charakter eines Tempels, der einem industriellen Kult gewidmet ist. So wurde in Deutschland das

Peter Behrens: Turbinenhalle in Berlin, 1908/09.

Fabrikdesign zum Symbol der modernen Welt aufgewertet und als Ausdrucksträger der Hoffnung auf den Fortschritt der Geschichte und der deutschen Kultur durch die Technisierung mit philosophischen Betrachtungen befrachtet. Die Industriebauten stiegen zur höchsten Gattung auf, die, so der junge Gropius 1913 im Jahrbuch des deutschen Werkbundes, ebenso wie die Getreidesilos und Werkhallen Amerikas dem Vergleich mit den Bauten des alten Ägypten standhielten. Er selber, Gropius, verlieh der Modellfabrik der Werkbundausstellung, Köln 1914, eine Ausstrahlung von nahezu sakraler Würde.

Im Kontrast zu den solideren Grundsätzen des deutschen Werkbundes entwickelte der italienische Futurismus diese Ideen in den Theorien Antonio Sant'Elias („Citta Nuova", 1914) zu dynamischen, anarchischen Elementen großzügiger Massengruppierungen und Dispositionen des Grundrisses weiter. Man sagte Ja zum Fetisch Technik, den Blick in die Zukunft gerichtet. Aber erst die Bewegung des STIJL schaffte es, die unterschiedlichen Strömungen zu einem gemeinsamen „Stil" zusammenzufassen und eine Formensprache zu finden, die gänzlich frei von den historischen Relikten und Symbolen des Eklektizismus des 19. Jahrhunderts war. Von Frank Lloyd Wright und Mondrian inspiriert hatte sich ein Vokabular herausgebildet, das aus einfachen geometrischen Formen, rechtwinkligen Rastern und sich überschneidenden Flächen bestand, ein Stil, der sich auf alle Bereiche der Kunst und Architektur bis hin zum Möbeldesign anwenden ließ. Auch hier wieder wurden die Formen, wie oben schon angedeutet, mit moralischen Thesen und utopischen Vorstellungen befrachtet. Rietvelds Stuhlentwurf, 1917/18, und schließlich sein Haus Schröder, Utrecht, 1923 bis 1924, waren in ihrem Abstraktionsgrad letztlich nur noch mit einem Mondrianbild vergleichbar ebenso wie die Grundrisse Mies van der Rohes, beispielsweise der eines Landhauses, 1923, oder der des Barcelona Pavillons, 1929.

Die zwanziger Jahre

Den Abstraktionen des *Stijl* setzten in der bildenden Kunst die Puristen in der Nachfolge der Kubisten eine Verbindung mit darstellenden Fragmenten entgegen. Auch Le Corbusier gehörte als Maler wie Fernand Leger der Richtung der Puristen an. Beide waren von der Schönheit der Maschine fasziniert wie kurz zuvor die Futuristen. Schiffe, Flugzeuge, Autos begeisterten Le Corbusier wegen ihres kompromißlosen Ausdrucks der Funktion. Vor allem das Schiff sollte zur Leitmetapher Le Corbusierscher Architektur wie auch der Architekturströmungen insgesamt der 20er und späterer Jahre werden. Er glaubte wie seine Zeitgenossen in Holland an eine universale optische Sprache, die sich in der Übersetzung in die Architektur in der „Wohnmaschine" ausdrücken sollte. Auf der Suche nach der idealen Form in der Architektur fand er zu den „Cinq points d'une Architecture nouvelle", 1926. Das hieß: Pilotis, auf denen die Gebäude ruhten und die das Erdgeschoß für den Durchgangsverkehr freigaben; Flachdächer mit Dachgärten; freier Grundriß; freie Fassade; horizontal eingeschnittene Fensterbänder bildeten ein Äquivalent zu den fünf klassischen Säulenordnungen. In der Einhaltung der Cinq points ließ im Maison La Roche, Paris, 1923, im Maison Cook und in der Villa Stein, Garches bei Paris, 1926/27, der weiß verputzte Kubus mit den bündigen Fensterbändern die Illusion der Schwerelosigkeit zu, die zu den wichtigsten formalen Charakteristika des Internationalen Stils gehört.

Daß die Architektur die Fähigkeit besitze, die Gesellschaft zu prägen, davon ging ähnlich wie der Expressionist Bruno Taut auch Walter Gropius in der Zeit der Bauhausgründung (ca. 1919) aus. Durch eine Verschmelzung von Kunst und Kunsthandwerk sollte in Weimar ein Künstler und Handwerker vereinigendes Programm eine Art

„kollektives symbolisches Bauwerk der Zukunft" schaffen. Garant für diese Entwicklung war die aus „reinen" Materialien gewonnene „authentische" Form, in der weltanschauliche Empfindungen ihren Platz hatten. Wie zuvor schon bei Art Nouveau und beim Stijl bestand darüber hinaus der Anspruch einer Synthese der Künste im Gesamtkunstwerk. Zugleich stand die Entwicklung von Typen für die Massenproduktion im Vordergrund. 1923 proklamierte Gropius im Namen des Bauhauses: „Das Bauhaus bejaht die Maschine als modernstes Mittel der Erstellung und sucht die Auseinandersetzung mit ihr".

1925 beschloß Gropius wegen des Vorwurfs des „Bolschewismus und der kulturellen Degeneration" von seiten der Rechten, mit der Schule nach Dessau umzuziehen. Gropius' Schulgebäude fand zu einem Grad der Abstraktion, die in doppeltem Sinne Schule machte; die Verglasung des Bauwerks trug dazu bei, zu einem Symbol des technischen Zeitalters zu avancieren.

Wahrlich international war die Zusammensetzung der Architekten, die für die Werkbundausstellung ab 1925 die unterschiedlichsten Wohnhaustypen auf einem Hügel oberhalb Stuttgarts beispielhaft zu einer Siedlung zusammenfaßten (Weißenhofsiedlung). Gemeinsame Merkmale wie die einfachen kubischen Baukörper, die glatt verputzten Flächen, der offene Grundriß ließen in den Bauten eines Le Corbusier, Scharoun und Mies van der Rohe einen Stil Form finden, der später als „internationaler" (1932, Alfred Barr) bezeichnet wurde; der

Mies van der Rohe: Haus Lange, Krefeld 1928/29.

Wert regionaler Traditionen zählte für diese Architekturrichtung nicht mehr.

In der sowjetischen Architektur der 20er Jahre gab es ebenso wie in Europa ein breites Spektrum an gesellschaftlichen Visionen. In der nachrevolutionären Zeit war die Frage, wie die Ziele des revolutionären Fortschritts auszudrücken wären, und welche Formen sich zur Definition einer „proletarischen Kultur" eigneten. In Übernahme futuristischer Ideale war auch hier die Maschine eine Schlüsselmetapher, der man sich zu bedienen trachtete in der Meinung, daß die Technisierung mit sozialem und historischem Fortschritt identisch sei. El Lissitzkys „Wolkenbügel"-Projekt, 1926, war ebenso phantastisch-futuristisch angehaucht wie Konstantin Melnikows Pavillon der UdSSR auf der Exposition des Arts Decoratifs in Paris 1925 und sein Arbeiterclub in Moskau, 1927–28, die die neue Gesellschaftsordnung voller visueller Spannung und Dynamik in plastisch bewegten Baumassen auszudrücken suchten. Der Einfluß Le Corbusiers auf den kollektiven Wohnungsbau der UdSSR ist unübersehbar, ebenso wie umgekehrt die sowjetische Moderne in Europa wohlbekannt war. Funktionalisten und Formalisten lieferten sich über die Grenzen hinweg Debatten.

Aber die politischen Fronten verhärteten sich zu Beginn der 30er Jahre. Le Corbusiers Entwurf des Palasts der Sowjets, 1931, mit seiner Tendenz zur Abstraktion wurde abgelehnt und statt dessen B. M. Iofans Entwurf gewählt, der auf einen Zuckerbäckerstil zurückgriff, der seltsamerweise an die amerikanische Freiheitsstatue erinnerte. Man hatte bemerkt, daß die historisch bewährte Symbolsprache eines Beaux-Arts-Klassizismus vom Volk besser verstanden wurde als die unterkühlte, intellektuelle Sachlichkeit der Moderne. Merkwürdigerweise wurden die Entwürfe der sowjetischen Moderne des bürgerlichen Formalismus und die gleichzeitigen deutschen Werke gleichen Stils als bolschewistisch und undeutsch bezichtigt. So führte staatlicher Druck, der Bedarf an regionalen Symbolgaranten und traditionsgebundenem Ausdruck in Stalins Rußland und Hitlers Deutschland zu ähnlich feindlichen Reaktionen gegenüber der modernen Architektur.

In Amerika waren die fortschrittlichen Tendenzen schon 1893 durch den „Sündenfall" der Weltausstellung unterbrochen worden, der den Beaux-Arts-Klassizismus für die nächsten Jahrzehnte wieder als verbindlich festschrieb. Die Geschichte des Wettbewerbs für den „Chiacago-Tribune"-Tower, 1922, unterstreicht dies. Mit der Ornamentik, Symmetrie und Polychromie bildet die Gattung des Wolkenkratzers im konsumorientierten Bauen als „Kathedrale des Kapitalismus" ein krasses Gegenbild zu den gedankenschweren Ausformungen der modernen Architektur im Europa der 20er Jahre; man denke an das Chrysler Building, New York, 1928/30 und das Empire State Building Anfang der 30er Jahre.

Während die utopischen Visionen rigoristischer Entwürfe wie Le Corbusiers „Zeitgenössische Stadt für 3 Millionen Einwohner", 1922, die in rationalistischer Disziplin eine in großen Achsen aufgeteilte, erdrückende Uniformität und Reglementierung des Privaten, gebunden an ein romantisches Konzept seiner Fortschrittsgläubigkeit, propagierte, Entwurf auf dem Papier blieben, hatten sich Sozialutopien kleineren Maßstabs im kollektiven Wohnungsbau in Verbindung mit den Ideen der Gartenstadt hier und da verwirklichen lassen (Bruno Taut, Siedlung Brietz, Berlin 1928).

Die Charta des 4. Congres Internationaux de l'Architecture Moderne, CIAM, 1933 in Athen verfaßt, schrieb eine Trennung von Arbeiten, Wohnen, Erholung und Verkehr fest – eine die Stadtentwicklung bis in die 50er Jahre bestimmende, weitreichende Empfehlung.

Die moderne Architektur erreicht in Frankreich, Deutschland, Holland und Rußland in den späten 20er Jahren ihren Höhepunkt. Ehe der Internationale Stil durch die Zwänge des nationalsozialistischen Regimes ausgelagert wurde – Mies und Gropius beispielsweise kamen beide 1937 in Amerika an, Gropius hatte Deutschland 1934 verlassenen – entstanden noch einige Meisterwerke wie Mies' Barcelona Pavillon. Die unvergänglichen Werte der Baukunst sind in klassischen Qualitäten von Ruhe, Proportion, Klarheit in diesem wie auch im Bau der Villa Suburbana, der Villa Savoye, von Le Corbusier 1928/29 verwirklicht worden. Getragen von visionären Aspekten des „ehrlichen" Ausdrucks von Funktion und Technik geben schwebende Flächen, einander durchdringende Räume und der gewichtslose Charakter dem Abstraktionswillen geradezu in einer Immaterialität Ausdruck. Die Entwicklung von Prototypen dieser Art schloß die Gefahr des Akademismus bei Verwendung der für die Moderne charakteristischen Formen wie: weiß getünchte Wände, Pilotis, Fensterbänke, Flachdächer mit ein.

Die dreißiger Jahre

Frank L. Wright in Amerika bezog sich gemäß dem demokratischen Ideal eines freien Lebens stärker auf die Natur in seinen Wohnbauten, zum Beispiel in „Falling Water", Pennsylvania, 1936, wo auskragende

Betonplatten über dem Wasserfall zu schweben scheinen. Sein großartiges Verwaltungszentrum „Johnson Wax", ebenfalls 1936, zeigte Pilzstützen in der Großraumhalle mit Oberlicht.

Daß sich Le Corbusiers teilweise naive Vorstellungen einer Zukunftsgesellschaft in den Entwürfen der Ville Voisin, 1925, und der Ville Radieuse, um 1930, die durch eine wohlgeordnete Umgebung Menschen, Natur und Maschine in Harmonie zusammenzuführen glaubte, nicht erfüllen würden, zeigte schon bald die Entwicklung unter dem erstarkenden Nationalismus, der auf frühere nationale Architekturtraditionen, auf monumentale Architektur als Instrument der Staatspropaganda zurückgriff. Trotzdem drückte Hitlers Vorstellung, die deutsche nationale Einheit würde sich in einer „gesunden Volkskultur" und in großen kommunalen Projekten ausdrücken, etwas den Ideen Gropius', Wrights and Le Corbusiers Verwandtes aus. Zudem benutzten die Nazis durchaus weiterhin die konstruktiven Lösungen der modernen Architektur, solange sie ins Erscheinungsbild paßten. Albert Speer, der Bühnenbildner des NS-Rituals, entwarf Bauten von überwältigender Maßstabslosigkeit (Zeppelinfeld, Nürnberg, 1936), schlug Schneisen imperialen Ausmaßes durch Berlin (Plan für Berlin, 1937/40). Edelste Materialvielfalt in strenger, an die Beaux-Arts-Tradition anknüpfender Axialität säumten den Weg, den man zu Hitler in der neuen Reichskanzlei in Berlin, 1938 erbaut, zurücklegen mußte. Außerdem wurde ein Regionalismus unterstützt unter Verwendung des Steildachs anstelle des verpönten Flachdachs. Vergleicht man den Deutschen und den Sowjetischen Pavillon der Weltausstellung in Paris, 1937, miteinander und erinnert sich zugleich an die fortschrittlichen Ausstellungspavillons von Barcelona, 1929, und Paris, 1925 von Melnikow, so wird die ähnlich reaktionäre Theatralik der beiden Bauten von 1937 deutlich.

Anders in Italien. Dort sprach sich Mussolini in Fortsetzung der Ideen des Futurismus eindeutig für die moderne Architektur aus. Der herausragendste Architekt während der 30er Jahre, Giuseppe Terragni, schuf Werke wie das Hauptquartier der faschistischen Partei in Como, 1934, von abstrakter Ästhetik. Der Rationalismus dieser Epoche hatte bedeutenden Einfluß auf die Arbeiten der sogenannten Neo-Rationalisten eines Aldo Rossi oder Mario Botta.

In der Mitte der 30er Jahre zählten Skandinavien und England zu den aktivsten, noch verbleibenden Zentren modernen Experimentierens in der Architektur. Englands herausragender Architekt dieser Zeit war Berthold Lubetkin; in der Ausbildung in Perrets Pariser Büro hatte er die Stahlbetonkonstruktion kennengelernt. Der Wohnblock

Highpoint I, London, 1933/35, verband Ideen Le Corbusiers und des sowjetischen Kollektivwohnungsbaus der 20er Jahre und wurde als eine der ersten „vertikalen Gartenstädte der Zukunft" von Le Corbusier gepriesen.

In Skandinavien sorgte der Finne Alvar Aalto für eine individuelle Ausformung der modernen Architektur. Die wellenförmige Decke der Bibliothek in Viipuri, 1927/35, gibt einen ersten Hinweis auf Aaltos späteren Naturalismus. Natürliche Baustoffe verhießen den Übergang zu einer „romantischen Moderne", ein „neuer Regionalismus" prägte Aaltos Stil, der klimatische und traditionell vorgegebene Bedingungen des Ortes mit der Moderne in Einklang brachte. Sein Glaube an „archetypische" Bauformen fundierte sich in den anthropomorphen Formen und die Natur miteinbeziehenden Bauten wie dem Rathaus von Säynatsalo, Finnland, 1949/52, in „Häfen"- und „Fächer"-Formen (Institut für Technologie, Otaniemi, Finnland, 1955/64).

Die fünfziger Jahre

Allgemein zeichnete sich in der Architekturszene der Nachkriegszeit der internationale „Sieg" der modernen Architektur ab. Der zweite Weltkrieg diskreditierte die Technologie in den Augen der Avantgarde, so daß ein wichtiges Element der früheren Utopien entfiel. Die stereotype Anwendung der Prinzipien der Moderne wie Flachdach oder kubische Baukörper ohne deren visionäre Kraft führte zu den tristen Siedlungen, uniformen Kästen der Büro-, Verwaltungs- und Wohnbauten der 50er Jahre. [VII-5.6]

Anders in Amerika: Dort konnte in den 50er Jahren einiges von dem, was die europäische Avantgarde in der Vorkriegszeit an Ideen entwickelt hatte, verwirklicht werden. Das Seagram Building von Mies ist ein Beispiel für diese Entwicklung (New York, 1954/57). Der technologische Perfektionismus der stillen Zurückhaltung des Glaskastens, der die Potenz des Big Business so deutlich zum Ausdruck bringen konnte, führte aber auch hier zu einer Profanierung in den eintönigen Hochhäusern der 60er und 70er Jahre. Frank Lloyd Wrights Guggenheim-Museum, New York, 1944/57, ein Spiralbau unstrukturierter weißer Rampen, zeugte von seiner Individualität jenseits aller herrschenden Moden. Er schuf hier einen zum Signet sich verdichtenden Bau, bei dem Form und Raum organisch miteinander verschmolzen. Gropius' Arbeiten in Amerika aus dieser Zeit sind weniger überzeugend.

Le Corbusier entwickelte seine Typologie weiter unter dem veränderten Vorzeichen einer organischen Textur. Neue Elemente waren vor allem der malerisch eingesetzte Beton brut, die Brise-soleil, eine Kurvatur der komplexen Geometrien. Die Kirche von Ronchamp, 1950/54, wirkt wie eine Skulptur, deren Dynamik sich dem Betrachter erst im Darumherumgehen erschließt. Indirekte Oberlichter waren aus der antiken Architektur hergeleitet und verschmolzen mit pantheistischen Ideen zu einer „irrationalen", so das Urteil von Nikolaus Pevsner, Architektur. Das Dominikanerkloster La Tourette, Eveux, 1955, mit den Brise-soleils, scheibenartigen Stützen und Beton brut als zusätzlichen Elementen zu den cinq points erweiterte die Nomenklatur des Internationalen Stils. Le Corbusiers Maison Jaoul, Neuilly-sur Seine, 1956, erreichte mit seiner ehrlichen Zurschaustellung der Konstruktion und des Materials eine Schlüsselstellung für den „New Brutalism", der sich in den 50er Jahren in England zu etablieren begann. Auch für das Campidoglio von Chandigarh, Indien, 1951 bis 1962, benutzte Le Corbusier den Beton brut. Neue Brutalisten wie Kenzo Tange in Japan ließen sich von der Expressivität und Monumentalität dieses Betonvokabulars beeinflussen. Der Universitätsbau von Cambridge, Mass., 1960–63, Le Corbusiers einziger Bau in den USA, setzte Ideen des Pavillon Suisse der Cité Universitaire, Paris, von 1930–31 fort anhand einer Bauaufgabe, an der sich über die Jahrzehnte hinweg immer fortschrittliche Tendenzen hatten ablesen lassen. Mit Corbusiers Unité d'Habitation in Marseille, 1947 bis 1953, schließlich kommt dem kollektiven Wohnungsbau ein Schlüsselwerk zu, das sich als Prototyp an die Spitze der Entwicklung dieses Bautyps setzt. Dieses robuste Betonschiff verkörperte nach dem Urteil von Williams J. R. Curtis, an die populäre Schiffsmetapher der 20er Jahre anschließend, den Höhepunkt einer langen Suche nach kollektiver Ordnung und zugleich die Verwirklichung der von der CIAM 1933 verabschiedeten Leitlinien, der „Charta von Athen". Merkmale wie: Beton brut, Dachterrasse, für Verkehr offenes Erdgeschoß, variable Wohneinheiten, Brise-soleils, Innenstraßen, standardisierte Elemente, industriell hergestellte Einheiten versinnbildlichten in ihrer Gesamtheit Le Corbusiers Traum vom guten Leben. Und auch den der Gruppe Team X, eines internationalen Zusammenschlusses von Architekten einer jüngeren Generation, die zwar die gesellschaftlichen Utopien und damit verbunden den architektonischen Ausdruck der Vorkriegszeit beibehalten, aber zugleich auch den pluralistischen Bestrebungen der 50er Jahre Tribut zollen wollten. Auf sie übte die Unité eine immense Wirkung aus, zugleich strebten sie aber nach weniger mechanischen Lösungen, und Begriffe wie „Nachbarschaft", „Gemeinschaft" wurden programmatisch.

Die Smithsons, ein englisches Architektenehepaar, das auf den Kongressen des Team X eine führende Rolle spielte, hoben polemisch den „New Brutalism" aus der Taufe auf der Suche nach neuen Formen für die Stadtplanung. Das Gartenstadtmodell lehnten sie ebenso ab wie die rationalen Modelle der 30er Jahre. Allerdings übernahmen sie die Erfindung des Straßendecks von Le Corbusiers Unité-Bau in ihre Entwürfe für Arbeitersiedlungen, London, Golden Lane, 1952.

Ebenfalls in London macht sich in der nördlichen City-Bebauung des „Barbican", einem Wohn- und Freizeitkomplex, Le Corbusiers Einfluß bemerkbar – 1955 begonnen, hat sich der Bau des Architektenteams Chamberlain, Powell & Son über drei Jahrzehnte hingezogen. Die seinerzeit höchsten Wohnhochhäuser Europas bieten etwa 6000 Personen exklusiven Lebensraum (2/3 der gesamten City-Bewohner leben hier). An Corbusiersche Formvorstellungen gemahnender Betont brut, Fensterbänder, Dachterrassen und Pilotis sind darüber hinaus Merkmal eines verschachtelten Ambientes, das allerdings erst 1975 durch das Museum of London und 1982 durch die Eröffnung des angeschlossenen Kulturzentrums belebt wurde.

Die sechziger Jahre

Auch noch in den frühen 60er Jahren zeigten sich allerorts Auswirkungen der Corbusierschen Unité, beispielsweise im System höhergelegener Decks in Form eines Fußgängernetzes im Projekt für den Frankfurter Römerberg 1963. Das „Teppich"-Konzept entwickelte sich allmählich zur Antithese für die freistehende Scheibe des Hochhauses. Gegen das in den 50er Jahren vorteilhaft beurteilte Hochhaus sammelten sich in den 60er Jahren immer mehr Gegenstimmen („vertikaler Slum"). Blockrandbebauung und die Hügelstadt gewannen an Gewicht (Atelier 5, Siedlung Halen, Bern, 1960).

Aber auch für Bauten der Gemeinschaft, für Verwaltungs- und Parlamentsgebäude wurden in aller Welt Aufträge verteilt. Le Corbusier erstellte in Chandigarh eine Symbolik, die im Dienst der Institution neuartige Embleme staatlicher Autorität erfand. Technokratie und Grandeur versinnbildlichten Niemeyers Bauten in Brasilia. In den USA setzte Louis L. Kahn den Hang zur Monumentalität fort. In seinem Parlamentsgebäude für Dacca, 1963, schließlich waren Typenformen der primären Geometrie mit dem Stellenwert ihrer sozialen Funktion gekoppelt.

Sensibilität für Vergangenheit und für Materialien verbunden mit einer komplexeren Einbeziehung des räumlichen Umfelds, dem „Genius loci", eine Nähe zur Natur weg von mechanischen Analogien – all das verband nicht nur Wright, Le Corbusier und Aalto, auch die Gruppe Team X hatte in den 60er Jahren ähnliche Vorstellungen. In dieser Tradition ist auch der Däne Jorn Utzon einzuordnen, der die „Hafen-", die Platz-Idee, mit der „Plattform"-Idee Aaltos verband. Seine Erfindung der Schalendächer der Oper von Sydney, 1957/65, war in der Verschmelzung von abstrakten und natürlichen Formen neuartig und symbolträchtig. Hans Scharouns Berliner Philharmonie, 1960/63, belegt wie Utzons Oper eine fast expressionistische Formentradition. Auch Eero Saarinens Kennedy Airport, New York, 1960, ist in dieser Richtung einzuordnen mit seinen bildhaft ausladenden Flügeldächern.

1964 gründete Frei Otto sein Institut für leichte Flächentragwerke an der Technischen Hochschule Stuttgart in Konsequenz seiner Beschäftigung in Theorie und Praxis mit dem „hängenden Dach" (Promotionsschrift, 1953). Er bezieht die Grundlagen seines anpassungsfähigen Leichtbaus aus dem Zusammenwirken von Natur, Mensch und Architektur. Biologie und Bauen – ebenfalls ein interdisziplinäres Forschungsanliegen Ottos seit 1961 – zieht aus der Natur (Spinnennetze, Stützformen von Astgabelungen und Schläuchen) Analogieschlüsse zu Grundbausteinen der Architektur, zu „Natürlichen Konstruktionen". So lautet auch der Titel seines Buches darüber von 1982. So waren, in der Größe gestaffelt, der Tanzbrunnen in Köln, 1957, der deutsche Pavillon der Weltausstellung in Montreal, 1967, und schließlich das Olympiadach in München, bei dem Frei Otto als entwicklungstechnischer Berater tätig war und das im Dach über der Landschaft gipfelte, von organischen Strukturen inspiriert. Die leichtgewichtigen Seilnetzzelte, die an Stahlhohlmasten aufgehängt sind, fügen sich in der Landschaft zu einem einheitlichen Bild aus Natur und Technik. Da es im Zeltbau keine freie Gestaltbarkeit der Form gibt – seine Gestalt folgt bestimmten Gesetzen, die mit Hilfe naturwissenschaftlicher Methoden in „Formfindungsprozessen" gefunden werden können – wirkt die Grundlagenarbeit der Erforschung wie auch der Realisation der Leichtbauten mit Netzen, Membranen und Schalen fördernd auf den unterschiedlichen Gebieten des Bauwesens und der Technik. Vergleichbare Konstruktionen waren in den 60er Jahren vor allem in

Japan zu finden, zum Beispiel in Kenzo Tanges gleichwohl stählernen Hängedächern des Olympiastadions in Tokyo, 1964. [VI]

Auf der anderen Seite führte der zwischen 1950 und 1965 sich etablierende Internationale Stil zu einem Minimalismus, für den u. a. ein Bau wie Mies van der Rohes Neue Nationalgalerie in Berlin, 1963, ein Beispiel ist. Die Ausweitung des Stils zum puren Schema ohne innere Stringenz ließ die einst philosophisch überhöhten Werte zur leeren Formel veröden. Das führte ab den 60er Jahren zum Protest derer, die über diese verwässerte Moderne enttäuscht waren. Die sogenannte „Postmoderne" – der Begriff kam seit den 70er Jahren auf – erschien als schnell um sich greifende Bewegung auf der Bildfläche.

Auf dem Weg auf diese Architekturrichtung hin sind die Bauten des Engländers James Stirling zu nennen. Sein Universitätsbau in Leicester, 1959/63, erinnert an die Maschinenpolemik der Futuristen und an Melnikows Konstruktivismus seines Arbeiterclubs aus den 20er Jahren zugleich. Sein Entwurf für das Computerzentrum Siemens, München, 1969, verbindet Ideen der Revolutionsarchitektur Claude-Nicolas Ledoux', dessen Idealstadtentwurf für Chaux, mit Ideen der englischen Avantgarde der 60er Jahre, die sich in der Gruppe „Archigram" zusammenschloß. Unintellektuell und technikbegeistert zeigte Archigram ein starkes Interesse für den Futurismus und stand damit ganz im Gegensatz zur Gruppe des Team X. In den späten 60ern schließlich begann Archigram gänzlich anti-architektonisch zu argumentieren mit Entwürfen, die nicht umsonst meist Ideen auf dem Papier blieben. Befreit von der Last der Geschichte, der Kultur und den architektonisch tradierten Formen entwarf man anti-heroische Bilder, die den modernen Pluralismus der Konsumgesellschaft widerspiegeln sollten. Eine Steigerung dieses erneuten technischen Fetischismus findet sich bei den japanischen „Metabolisten". Kenzo Tanges Presse- und Radiozentrum Yamanashi, Kofu, 1964/67, mit dem Raster zylindrischer Servicetürme und horizontaler Geschoßflächen flirtete mit dem anti-architektonischen Konzept des ständigen Wandels ebenso wie das Centre Pompidou von Paris, 1971–77 von Renzo Piano und Richard Rogers als gigantische Kulturmaschine erstellt.

Die siebziger Jahre

Das Centre Pompidou ist mit seiner Megastruktur aus Stahlrohr, in die freie Geschoßflächen eingehängt sind, nicht ohne die Bewegung von Archigram denkbar. Es erinnert in der romantischen Darstellung

Richard Rogers baute 1986 das neue Gebäude von „Lloyds of London". Alle Versorgungsleitungen sind – wie beim Centre Pompidou in Paris, das Rogers als Co-Architekt mitgestaltete – am Außenbau sichtbar.

der Ingenieurstechnik an die Futuristen, an Jahrmarktkonstruktionen ebenso wie an die oft zitierte Schiffssymbolik oder an Richard Buckminster-Fullers Ingenieurästhetik. Die Architekten haben das „Raumschiff – wie eine Phantasie von Jules Verne" (Renzo Piano) mitten in Paris landen lassen.

Schon van de Velde hatte in seinem Friseursalon Haby in Berlin, 1901, Wasser-, Gas- und Elektroleitungen als Ornament verwendet und offengelegt. Später hatten die „Neuen Brutalisten" eine ehrliche Bauweise gefordert, in der alle zur Konstruktion wichtigen Teile sichtbar gemacht wurden, man denke an die Schule von Hunstanton, Norfolk, 1949/54, des englischen Architektenehepaares Smithson, die als erstes gebautes Beispiel des „New Brutalism" angesehen wurde; der englische Architekturkritiker Reyner Banham sorgte für eine theoretische Definition dieser Richtung.

Das Centre Pompidou nun treibt das zum Exzeß und schwelgt in der Lust an der Zurschaustellung der Technik als oberstem und einzigem Prinzip. Von einer Fassade ist nicht mehr zu sprechen. Sie verschwindet hinter dem vielschichtigen Netz der Tragestruktur, Versorgungsleitungen, Aufzüge und Rolltreppen. Die in den Primärfarben angestrichenen Installationsrohre der Rückseite bekunden einen Hang zum Spielerischen, eine fast marktschreierische Inflation der Technik. Hiermit wollte man Offenheit und sozialen Pluralismus demonstrieren – die große Popularität, die das Gebäude bis heute unvermindert genießt, bestätigt das Konzept auf der ganzen Linie.

Der Co-Architekt des Centre Pompidou, Richard Rogers, hat auch in London ein ähnlich aufsehenerregendes Gebäude errichtet. Die Glas- und Stahlarchitektur der größten Versicherungsbörse der Welt, Lloyds of London, 1986 fertiggestellt im Herzen der City, ist zu einem neuen Symbol und Wahrzeichen des kommerziellen Londons geworden. Mit 600 Millionen Mark das damals teuerste Projekt im Vereinigten Königsreich ist von kühner Funktionalität: sechs Satellitentürme flankieren das Zentralgebäude; wie bei dem Pariser Bau sind alle Versorgungsleitungen am Außenbau sichtbar. Bei Nacht strahlt der galaktische Koloß das gespeicherte Tageslicht beunruhigend-futuristisch zurück, die Schornsteine dampfen gespenstisch wie vor dem Abheben eines Raumschiffs. Am Tage sausen die Versicherungsangestellten im grauen Nadelstreifen in gläsernen Aufzügen außen am Gebäude hinauf und hinab.

Neben dieser technischen Spielart bildeten sich als Leitmotiv der Zeit im Aufgreifen Le Corbusiers Dom-Ino-Prinzip das Schichtensystem erhöhter Plattformen in Kombination mit Servicetürmen heraus, für das Denys Lasduns National Theatre in London, 1964/73 errichtet, ein markantes Beispiel ist.

Während I. M. Pei und Kevin Roche & John Dinkeloo in den USA am Ende der 60er Jahre Glaskästen minimalistischer Ausprägung erstellten und auch in England Norman Forsters geschwungener Curtain Wall, Ipswich, 1974, die Glasbauweise Mies van der Rohes zu fulminanten Höhepunkten trieb, verbanden Neo-Rationalisten wie Aldo Rossi und Mario Botta die lineare Strenge der italienischen Architektur der 30er Jahre in schmucklosen geometrischen Volumen mit der klassischen Tradition. Die disziplinierte stereometrische Architektur Rob Kriers, der auf Musterbögen Variationen seines Hauskubus erfand, ist dem nicht unähnlich.

Die „New York 5", die „Weißen": Peter Eisenman, Richard Meier, Michael Graves, John Hejduk, Charles Gwathney, zitieren ähnlich wie die Neo-Rationalisten einen Purismus der Form. Vor allem Le Corbusier dient diesen Formalisten als Vorbild. Richard Meiers Douglas House, 1971/73, geht der Metapher nobler Schiffsarchitektur nach. Sein Museum für Kunsthandwerk in Frankfurt am Main setzt die geometrische Grammatik Le Corbusiers frei und spielerisch ein. Graves hingegen ließ sich von Ledoux' Architecture Parlante inspirieren.

Die Langeweile gegenüber der, wie sie es nannten, „orthodoxen modernen Architektur" drückte sich dagegen bei den „Grauen" (Robert Venturi, Charles Moore u.a.m.) in einem vollständigen Bruch mit den Prinzipien des „New Brutalism", des Strukturalismus eines Aldo van Eyck und der technizistischen Architektur aus. Venturi leitete aus einem bewußt subjektiven Ansatz her seine vielfältigen Überzeugungen ab. Eine Vielzahl von Formen und Bedeutungen, „Mehr ist nicht weniger" und „weniger ist langweilig", sollte das Vokabular der Architektur bereichern. Ebenso verlieh er den regionalistischen Tendenzen in Amerika wieder Auftrieb. So versah er seine Bauten mit Anspielungen und Zitaten, die oft ironisch gebrochen waren. Unter Charles Moore verstärkte sich die eklektizistische Tendenz, die alle Bauten der Vergangenheit zu Zitaten nutzte (Piazza d'Italia, New Orleans, 1979).

Die Unzufriedenheit mit dem Mangel an identifizierbaren Bildern in der Modernen Architektur, der Verlust des Glaubens an eine abstrakte Ästhetik hatten die breite, populistische Strömung der Postmoderne in Gang gesetzt. Seit der Mitte der 70er Jahre trat sie verstärkt auf, um bald alles zu überschwemmen. Anstelle der Funktion und Konstruktion sollten nun „signifikante" Bedeutungen in den Vordergrund treten. Als Kontrast zu den gesichts- und geschichtslosen Glas-

James Stirling: Neue Staatsgalerie Stuttgart, 1977–1984. Das Wesen des architektonischen Stils ist bis in die Details durchgefeilt: Die Abbildung zeigt ein Entlüftungsfenster der Tiefgarage.

und Betonkästen pumpte man die Vergangenheit an. Eine Zierlust bediente sich in ernster oder ironischer Absicht aus dem Selbstbedienungsladen der Vergangenheit. Gefühle, Witz, Spott, Ironie sollten wieder in die Architektur Eingang finden.

In Deutschland war die Neue Staatsgalerie Stuttgart von James Stirling, 1977/84, ein Fanfarenstoß in diese Richtung. Alvar Aaltos Einfluß ist in der gekurvten Glasfassade ebenso ablesbar wie derjenige anderer Architekten und Monumente. Als Engländer zeigte sich Stirling besonders von dem englischen Klassizisten John Soane (1753–1837) beeinflußt, dessen pittoreske Raumschöpfungen unter Verwendung eines raffinierten indirekten Beleuchtungssystems in seinen späteren Jahren eine „poetry of architecture" zum Ziel gehabt hatten (Sir John Soane's Museum, London, 1808/24 und Dulwich Picture Gallery, London, 1811/14). Betonpilzstützen und Rampen gehören dagegen zum Vokabular der Moderne. So lebt der Bau von Anspielungen und gleichzeitigen Stilbrüchen.

Die achtziger und neunziger Jahre

Der Museumsbau insgesamt ist seit den 80er Jahren zu einer besonders bevorzugten Gattung der „bildprägenden Repräsentativbauten" aufgestiegen. Die Einbeziehung des Ambientes wurde dabei verstärkt angemahnt. Von Josef Paul Kleihues wurde in Frankfurt beim Bau des Museums für Vor- und Frühgeschichte in Anbetracht der Nähe zur Karmeliter Kirche eine „demonstrative Auseinandersetzung postmoderner Architektur mit den Forderungen zeitgenössischer Denkmalpflege" gefordert. Oswald Maria Ungers Haus im Haus-Entwurf für das Frankfurter Architekturmuseum fand in einem entkernten Palais seine Realisation. Das Museum für Moderne Kunst, ebenfalls in Frankfurt, von dem Österreicher Hans Hollein trägt am Außenbau schwer an postmodernem Zierrat, während sich das Innere zu großzügiger Höhe öffnet. Dieser Innenerschließung ist auch sein Entwurf für das in den Fels gehauene Museum in Salzburg vergleichbar. Die Collage seines Museums Abteiberg, Mönchengladbach, hatte mit wellenförmigen Backsteinterrassierungen auch schon den engen Bezug zur Natur des eiszeitlichen Moränenhügels gesucht. Die biomorphe Kurvatur der Granitfassade der Düsseldorfer Landesgalerie scheint Alvar Aaltos' Idee nochmals aufgegriffen zu haben.

Der Rückgriff auf eine Mixtur aus Tradition und Moderne ist symptomatisch für eine Zeit, die, durch das Scheitern der Bauhausepigonen verunsichert, nach einer eigenen architektonischen Sprache sucht. In diesem Zusammenhang ist die Planungs- und Baugeschichte des Anbaus der National Gallery in London interessant. Nachdem u.a. der vom Architekten des Centre Pompidou, Richard Rogers, vorgeschlagene technoid-futuristische Entwurf ebenso abgelehnt worden war wie ein russischen Konstruktivismus wiederbelebendes Modell, von Prinz Charles als „häßlicher Karbunkel" tituliert, hat man die berühmte Schimpfkanonade des Thronerben gegen den „New Brutalism" ernstgenommen und einen Entwurf zur Ausführung gebracht, der sich unauffällig und säulenreich in das Bild des Trafalgar Square einpaßt – Anlaß zu der Bemerkung eines Londoner Kritikers, daß dieses Beispiel zukünftige Generationen überraschend freimütig über das manierierte und schizophrene Vorgehen der Architektur in den 1980ern unterrichten werde. Robert Venturi und seine Frau, Denise Scott Brown, haben es geschafft, ihrem Anbau gar keine Fassade zu geben, durch fortgesetzte Brüche und Knicke wird die Erwartung einer Hauptansichtsseite unterlaufen. Scharf eingeschnittene Öffnungen lassen die vorgehängte Außenhaut papierdünn erscheinen, bühnenbildartig gefaltet stauen sich die Pilaster an einem Ende. Auffallendstes Merkmal des Inneren ist die große, 35 m lange Treppe zu den Galerieräumen zwischen einem Glasvorhang nach außen und einer Kalksteinmauer, die so tut, als sei sie die eigentliche Außenwand.

Große Fenster an eben dieser Wand lassen den Besucher der im ersten Stockwerk gelegenen Galerieräume erst über diesen Abschnitt des Treppenhauses hinweg auf das Treiben des Trafalgar Square blicken – ein von Venturi geliebtes Motiv bühnenartiger Inszenierungen eines Ausblicks. Funktionslos schwebende Arkaden über der Treppe sind ebenso ein Zitat der Architektur des englischen Klassizisten John Soane (Governor Court, Bank of England) wie die Galerieräume. Hier kopierte Venturi Soanes Dulwich Art Gallery von 1814 in einer Enfilade rechteckiger Räume, durch Arkadenbögen verbunden, über denen sich Soanes typische Laternenform mit seitlichen Sprossenfenstern erhebt. So entsteht ein sehr beeindruckendes, sehr englisches Ambiente, denn Soane war trotz aller Maniertheit eben doch ein großer Architekt, der hier zu neuen Ehren kommt.

Eine Steigerung postmoderner Ideale scheint der Dekonstruktivismus zu sein. Hatte die postmoderne Architektur auf das Vorzeigen des Konstruktiven zugunsten formaler Betonungen symbolischer Bedeutungsebenen verzichtet, so geht nun der Dekonstruktivismus noch einen Schritt weiter, indem er nicht nur nicht die Konstruktion zeigt sondern darüber hinaus die Unsicherheit über die Konstruktion als neuen Faktor einführt. Die Form spiegelt nun eine Unstabilität der Konstruktion vor, die in Wirklichkeit natürlich gar nicht besteht. An

Frank Gehry: Vitra Design Museum, Weil am Rhein 1987.

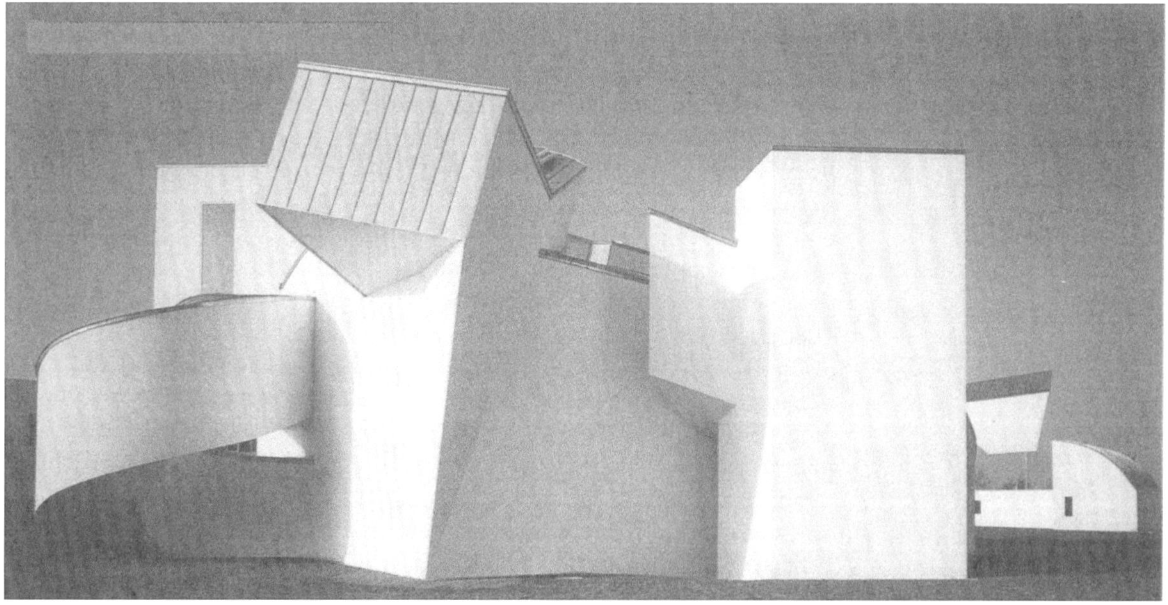

die schiefen Ebenen expressionistischer Bühnenbilder fühlt man sich bei einem Bau wie Frank Gehrys Vitra Design Museum in Weil a. Rhein, 1987, erinnert. Hier wird die Suche des Auges nach konstruktivem Halt, nach Rechtwinkligkeit und ebenen Flächen bewußt unterlaufen. Nachdem die Konstruktion solange Thema der Baukunst war, mußte wohl das Pendel so extrem in die Gegenrichtung ausschlagen und eine bewußte Demontage konstruktiver Gewohnheiten betreiben. Der Kalifornier hat mit dem strahlend weißen Gebäude eine Skulptur geschaffen, die die Asymmetrie auf den Schild gehoben hat, etwas, was auch die ersten Prototypen der Moderne für sich in Anspruch nehmen konnten. Aber der Eindruck des Prinzips des Zufälligzusammengewürfelten stellt einen Gegenpol zum rationalistischen Prinzip, zum Beispiel der Le Corbusierschen Abstraktion, dar. Heute soll das Auge, nicht so sehr der Geist unterhalten werden. Das Element der Überraschung, der Inszenierung, des bühnenartigen Ausblicks spielt besonders in den Räumen des Inneren eine Rolle. Die Unterhaltung als neuer propagierter Wert ist möglicherweise ein direkter Ausdruck unserer Freizeitgesellschaft. Damit korrespondieren die Errichtungen der großen Freizeitparks in Frankreich wie in la Villette, Paris, die freilich noch durch den angeborenen Hang der Franzosen zur inszenierten Theatralik ihre besondere Note erhalten.

Technik als Thema der Musik des 20. Jahrhunderts

Hans-Joachim Braun

In der „E-Musik“ [1], die hier im Vordergrund stehen soll, scheint zumindest für die Zeit vor dem Zeiten Weltkrieg der Versuch einer Verbindung mit Technik und Maschinenwesen deplaziert zu sein. Konzertsäle und Opernhäuser wurden von den Werken der Klassik und Romantik beherrscht, obwohl Neoklassiker, Expressionisten und andere „Neutöner“ (etwa Zwölftonmusiker) von sich hören machten. In der in den 1920er Jahren „modernen Musik“ spielten jedoch technische Motive eine wichtige Rolle; die „Maschinenmusik“ lebte von ihnen.

Es wird im folgenden zunächst darum gehen, diese Musik in ihrem sozio-ökonomischen, technischen und kulturellen Kontext vorzustellen und nach ihrer Genese, „Produktion“ und Verwendung zu fragen. Dabei wird von der „E-Musik“ die Rede sein, obwohl die „U-Musik“, vor allem in den USA, ein weites Feld der Analyse eröffnen würde. Allerdings sind die Grenzen zwischen U- und E-Musik schwierig zu ziehen, und verschiedene Komponisten des 20. Jahrhunderts, etwa Paul Hindemith oder Kurt Weill, bemühten sich ständig um „Grenzüberschreitungen“. Auf das schwierig zu interpretierende Spannungsverhältnis zwischen den eher internen Faktoren des Musikschaffens und den sozio-ökonomischen „Umweltfaktoren“ wird hinzuweisen sein, ebenso wie auf die Rolle der in den 1920er Jahren aufkommenden neuen Kommunikationsmittel und Musikinstrumente.

Einige Thesen seien an den Anfang gestellt: Als Reaktion auf verschiedene technische Neuerungen des 19. und frühen 20. Jahrhunderts, vor allem im Bereich der Verkehrsmittel (Eisenbahn, Flugzeug usw.) und der Fertigungsprozesse in den Fabriken, fand in den 1920er Jahren eine intensive künstlerische Auseinandersetzung mit der Technik statt. Diese spielte auch in der Musik – hier in der „E-Musik“ – eine Rolle, wobei Technikbewunderung und -optimismus bezüglich der Wirkungen der Technik überwogen. Dies ist im Kontext einer weit verbreiteten Technikbegeisterung durch neue Verkehrs- und Kommunikationsmittel, die Rationalisierungseuphorie und durch Technologie-

Arthur Honegger: ein Notenbeispiel aus „Pacific 231“.

importe in die Sowjetunion zu sehen, wobei in der Musik Honeggers Orchesterstück „Pacific 231“ eine Schlüsselstellung einnahm, das in der „composers' community“ der Zeit Schule machte. Das Motiv Technik fügte sich – nicht zuletzt in bezug auf die Rhythmik – auch gut in den Charakter der neuen antiromantischen und antiimpressionistischen Musik ein, besonders der Strawinskys. Es dominierte zudem in den Werken einiger Avantgardisten, die, beeinflußt von futuristischen Kunsttheoretikern, eine Revolution in der musikalischen Tonsprache hin zur „Geräuschmusik“ und elektronischen Ansätzen einleiteten, wobei unter „Geräusch“ dichte Tonfolgen in unharmonischer Lage verstanden werden.

In der Zeit nach dem Ersten Weltkrieg gewann der Neoklassizismus besonders Strawinskyscher Prägung, der sich als „objektive Musik“ verstand, die sich von dem übersteigerten Subjektivismus der Romantik absetzte, immer stärker an Boden. Der Neoklassizismus griff zurück auf ältere Musikformen des Barock und der frühen Klassik, hatte aber auch eine starke Affinität zu der „objektiven Neuen Sachlichkeit“ etwa in der Architektur und bildenden Kunst[2].

Einige „expressive“ Komponisten dieser Zeit, die sich Themen aus der Technik annahmen, interessierten sich auch für Motive aus dem Bereich des Sports sowie für den Jazz als musikalische Form. Beim Jazz machten sie sich besonders den „drive“, die Motorik und das angeblich „Maschinelle“ zunutze, wobei die Komponisten dieser Zeit häufig übersahen, daß ein entscheidendes Element des Jazz die Improvisation ist, die im vollständigen Gegensatz zum bloß Mechanischen steht und eben nicht „Objektivität“, sondern, ganz im Gegenteil, Subjektivität par excellence verkörpert[3]. Das wurde allerdings bei dem Jazz der zwanziger Jahre auch noch nicht so stark deutlich. Ernst Křenek verknüpft in seiner Oper „Johnny spielt auf" Jazz- und Technikelemente und setzt die Geräusche von Telefonen, Staubsaugern und vorbeifahrenden Eisenbahnzügen ein; in Paul Hindemiths „Neues vom Tage" (1929) hört man neben jazzartigen Klängen auch das Geräusch klappernder Schreibmaschinen. Zudem singt die Heldin in der Badewanne ein Lob der Warmwasserversorgung: „Heißes Wasser tags, nachts. Kein Gasgeruch, keine Explosion, keine Lebensgefahr. Fort, fort mit den Gasbadeöfen." Auch in Max Brands Oper „Maschinist Hopkins" (1929) werden Jazzelemente, Zwölftonmusik, Technik und kitschige Groschensongs zu einem anregenden Mixtum Compositum zusammengebraut.

Moderne Komponisten forderten in den zwanziger Jahren, daß sich die Musikschaffenden auch mit den Formen industrieller Arbeit, die das Leben der Bevölkerung weitgehend prägten, auseinandersetzten und nicht mehr, eskapistisch, den unzeitgemäßen ländlichen, bukolischen Klängen der Musik des 18. und 19. Jahrhunderts anhingen, die unter ganz anderen sozio-ökonomischen Bedingungen entstanden war. Dies drückte zu einem späteren Zeitpunkt, 1963, der Musikwissenschaftler Paul Collaer, der im westlichen Europa die Koexistenz zweier kultureller Grundströmungen sah, folgendermaßen aus: „(. . .) die einen stehen treu zu den Werten, die in den vergangenen sieben- bis achttausend Jahren die Grundlage der Gesellschaft bildeten und für Agrarkulturen charakteristisch sind. Ihre Dichter und Musiker besingen auch heute noch die Rose und die Nachtigall, den Frühling und den Sommer. Ihr Zeitbegriff ist vom Lauf der Gestirne bestimmt, ihr Rhythmus folgt dem Pulsschlag der Natur.

Die andere Strömung ist jungen Datums und repräsentiert die entstehende Industriekultur der Großstädte. Für den Stadtmenschen, der die Natur nur noch aus Büchern kennt, treten Trillerpfeife und Autohupen an die Stelle von Waldesrauschen und Bachgemurmel. Ihre Bögen sind die Kurven der Autobahnen, ihre Rhythmen übersetzen die Fluchtlinien der Quecksilberlampen und das Flackern der Kronleuchter; ihr Zeitgefühl spiegelt nicht den Wechsel der Jahreszeit, sondern die Geschwindigkeit von Auto und Flugzeug (. . .)" [4].

Die Entwicklung von Elektrotechnik und Elektronik eröffnete zudem neue Möglichkeiten für den Bau von Musikinstrumenten: Neo-Bechstein Flügel, Martenotsche Wellen und Trautonium erweiterten die Klangmöglichkeiten.

Forderten Theoretiker und Praktiker seit Beginn des 20. Jahrhunderts zunehmend die Berücksichtigung der technisch-industriellen Umwelt in der Musik, so boten sich die neuen technischen Medien

Schallplatte, Radio und Tonfilm dazu an, die musikalische Botschaft einem breiteren Zuhörerkreis zugänglich zu machen. Manche Komponisten sahen hier die Chance, über den oft sterilen und elitären Konzert- und Opernbetrieb hinauszugelangen und der Musik, bisweilen auch über die Popularisierung des Materials, neue Hörerschichten zu erschließen. Durch die Schallplatte war – zumindest potentiell – für die „E-Musik" schon ein gewisser „Demokratisierungseffekt" gegeben; der Rundfunk und durch ihn verbreitete Musik sowie speziell für ihn geschriebene Lehrstücke und Schulopern sollten ein übriges tun. Sozialistische Komponisten wie Hanns Eisler wandten sich darüber hinaus der Frage nach der Funktion von Musik in der Gesellschaft zu und schrieben Musikstücke, die vor allem die Arbeiterschaft ansprechen und politisch aktivieren sollten. Diese Musik durfte freilich nicht in die Hörfunkprogramme aufgenommen werden.

In Deutschland entstand als Gegenreaktion gegen Neoklassizismus, musikalischen Expressionismus, „Maschinenmusik", und – vor allem – gegen das passive Hören von „Musik aus der Dose" die Laien- und Hausmusikbewegung mit einfachen Instrumenten und leicht zu bewältigenden Stücken. Die damit einhergehende Jugendmusikbewegung mit antigroßstädtischer und antisozialistischer Stoßrichtung mündete in die völkische und später faschistische Bewegung ein.

Themen der Technik und der Industrie in der Musik der Jahrhundertwende

Wenn von der Rezeption von Industrie und Technik in der Musik des späten 19. und frühen 20. Jahrhunderts die Rede ist, so muß Erik Satie (1866–1925) an prominenter Stelle genannt werden, der seit einiger Zeit im Zusammenhang mit der „minimal music" eine Renaissance erfährt. Das repetitive Element der „minimal music" wurde von Satie in seinen „Vexations" („Quälereien", 1893) bis zum Exzeß getrieben. Das vierzeilige Stück wimmelt von Versetzungszeichen, die das Spielen erschweren und für den nicht sehr geübten Interpreten durchaus quälerisch wirken mögen. Weitaus unangenehmer ist aber die Tatsache, daß der Komponist eine – sage und schreibe – achthundertvierzigmalige Wiederholung des Stückes vorschrieb, was bei der Tempovorschrift „très lent" eine Aufführungsdauer von etwa 20 Stunden zur Folge hatte. Wahrscheinlich dachte Satie gar nicht ernsthaft an eine Aufführung, die dann aber doch – 1963 – von dem amerikanischen Komponisten John Cage im Rahmen eines „Happenings" realisiert wurde. Neun Pianisten, die sich ständig abwechselten, waren immerhin 19½ Stunden beschäftigt. Die achthundertvierzigmalige Wiederholungsvorschrift läßt Raum für verschiedene Interpretationen, so auch für die, daß Satie hier, nach Dadamanier, eventuell eine Parodie auf die Maschinenarbeit mit ihren sich ständig wiederholenden Arbeitsgängen intendierte.

Auch in bezug auf Aufführungspraxis und Funktion von Musik sah Satie Ungewöhnliches vor. Er experimentierte mit Änderungen des musikalischen „Konsumverhaltens", indem er die heutzutage sehr vertraute Form der „Berieselung" mit Musik vorwegnahm. Musik sollte nichts „Besonderes" darstellen, kein Ereignis, das nur durch einen aufwendigen Konzert- oder Opernbesuch erfahrbar wäre, sondern als etwas Allgegenwärtiges begriffen werden, das keine besondere Aufmerksamkeit erheischt. Diese Art der „musique d'ameublement", also „Musik- oder Klangmobilar, Klanginstallation" setzte sich aber zunächst nicht durch [5].

Läßt ein Stück wie Saties „Vexations" verschiedene Interpretationen zu, so erscheint der Fall bei Arthur Honeggers „Pacific 231" eindeutig. Honegger benannte das Orchesterstück nach der damals schnellsten amerikanischen Lokomotive; und es ist bekannt, daß er ein Eisenbahnfanatiker war und auch sein Bugatti Automobil über alles liebte. So spielten auch die Motive Technik und Sport – er schrieb ein Musikstück mit dem Titel „Rugby" – in seinem musikalischen Schaffen eine große Rolle [6].

Allerdings hatte Honegger, Mitglied der um 1920 in Paris entstandenen „Group de Six" – dies waren antiromantische, funktionalistische Komponisten, zu denen vor allem noch Darius Milhaud und Francis Poulenc gehörten – hinsichtlich der Verwendung des Eisenbahnmotivs einige musikalische Vorläufer. So schrieb Hector Berlioz schon 1846 den „Gesang für Eisenbahn" für Chor und Orchester und Melesio Morales verfaßte 1869 zur Einweihung einer mexikanischen Eisenbahnlinie die Orchesterfantasie „Die Lokomotive", bei der auch neue Instrumente eingeführt wurden, um das Lokomotivgeräusch adäquat wiederzugeben. Giacomo Puccini schließlich komponierte 1860 bis 1865 eine Parodie auf die von ihm gefürchtete Eisenbahn [7].

Arthur Honegger wandte sich in den 1920er Jahren vom musikalischen Impressionismus ab und einer expressiven, oft eruptiven, dissonanten Tonsprache mit aggressiven Rhythmen und aufgewühltem Orchestersatz zu. Dynamik, Geschwindigkeit und Kraft drückte er auch in „Pacific 231" aus [8]. Zu seinen Intentionen schieb er: „Ich habe immer eine leidenschaftliche Liebe für Lokomotiven gehabt. Für mich sind sie lebende Wesen, die ich liebe, wie ein anderer Frauen oder Pferde liebt. In Pacific 231 wollte ich nicht den Lärm der Lokomotive nachahmen, sondern einen visuellen und einen physischen Genuß ins Musikalische übersetzen. Das Werk geht von einer sachlichen Beobachtung aus – das ruhige Atemschöpfen der Maschine im Stillstehen, die Anstrengung beim Anziehen, das allmähliche Anwachsen der Schnelligkeit – bis sie einen lyrischen Hochstand erreicht, die Pathetik eines Zuges von 300 Tonnen, der mit 120 km pro Stunde durch die tiefe Nacht stürmt"[9].

In dem Stück wird die Steigerung der Geschwindigkeit bei einer anfahrenden Lokomotive deutlich, wobei der Rhythmus beschleunigt, das Tempo aber gleichzeitig verlangsamt wird. Beim Eintritt der Coda setzt dann, beim „Abbremsen", der entgegengesetzte Prozeß ein. Dabei bilden die schneller werdende Bewegung des Zuges auf der einen und die Verlangsamung der großen Linien auf der anderen Seite durchaus keinen Gegensatz, entspricht dies doch dem Eindruck des Fahrgastes beim Blick aus dem Fenster. Honegger verwendet ineinander verwobene, polyphone Bewegungselemente, die an das Prinzip der Montage in anderen Kunstformen erinnern[10].

Erstaunlich ist, daß Honegger später die Funktion der Eisenbahnlokomotive als auslösendes Element für seine Komposition leugnete. „In ‚Pacific 231' bin ich", so äußerte er, „einer sehr abstrakten, reinen Idee gefolgt, durch die ich das Gefühl einer mathematischen Beschleunigung des Rhythmus geben wollte, während die Bewegung selbst sich verlangsamte. Musikalisch habe ich einen großen figurierten Choral komponiert, der in der Form sich an Johann Sebastian Bach anlehnt." Was den Titel angeht, so habe er das Stück zuerst „Mouvement Symphonique" genannt. Bei näherer Überlegung habe er dies allerdings als etwas farblos empfunden und das Stück deshalb als „Pacific 231" bezeichnet[11].

Honegger wollte sich offensichtlich von einem solch profanen Gegenstand wie einer Lokomotive als Inspirationsquelle für seine Musik lossagen, zumal seine frühe Technikbegeisterung später einem ausgesprochenen Technik- und Zivilisationspessimismus gewichen war. Dies mag damit zusammenhängen, daß er 1934 einen Autounfall hatte, bei dem seine Frau schwer verletzt wurde. In „Cris du monde" (1931) wandte sich der Komponist gegen die abstumpfende Fließbandarbeit und in seiner Dritten Symphonie, der „Symphonie liturgique" (1946), wollte er die Auflehnung des modernen Menschen gegen Maschinismus, Bürokratie und Barbarei symbolisieren. Die Schrecken des Zweiten Weltkrieges bestärkten diese Haltung noch[12].

Eine Tonsprache, die zu der Honeggers einige Ähnlichkeiten aufweist, finden wir bei dem russischen Komponisten Sergej Prokofjew (1891–1953), vor allem in dessen Musik der frühen zwanziger Jahre. Im Bereich der Orchestermusik sind in unserem Zusammenhang zum einen seine Zweite Symphonie, Opus 40, zu nennen, die, den Worten des Komponisten zufolge, „aus Eisen und Stahl" komponiert worden sein sollte und bruitistischen (Geräusch-)Charakter hatte, laut und schockierend war [13]. Zum anderen, und in Kenntnis von Honeggers „Pacific 231", schrieb er 1927 auf Anregung des russischen Choreographen Sergej Diaghilew das Ballett „Le pas d'acier", das mit „Zeitalter des Stahls", aber auch mit „Stahltanz" übersetzt wird. Hier sollte ein Thema aus dem Bereich der Industrie in tänzerische Bewegung und Musik transformiert werden, wobei große und kleine Hämmer verwendet und kreisende Transmissionsriemen und Schwungräder instrumentell darzustellen waren. Aufgabe der Tanzgruppen war es, die Maschinen zu bedienen und Ergebnisse der Maschinenarbeit choreographisch zu „verkörpern" [14]. Auf Prokofjew hatten die Futuristen, vor allem Marinetti, starken Eindruck gemacht. Insofern stand auch er der modernen Technik aufgeschlossen gegenüber; das Treiben in der Fabrik beeindruckte ihn offensichtlich.

Die Premiere von „Le pas d'acier" im Juni 1927 war denn auch ein großer Erfolg, obwohl sich Igor Strawinsky von dem Hämmern auf der Bühne angewidert fühlte und die antisowjetische Presse von dem Ballett als von der „stachligen Frucht proletarischer Kultur" sprach [15]. Die Presse in London, wo das Ballett bald nach der Pariser Uraufführung gespielt wurde, bezeichnete Prokofjew als „Apostel des Bolschewismus", ein sicherlich verfehltes Urteil, hatte dieser doch nach der Oktoberrevolution Rußland verlassen, war dann allerdings 1934 wieder zurückgekehrt. In der Sowjetunion warf man Prokofjew vor, er habe, bei allem guten Willen, die Realität der Arbeit in der Sowjetunion verzerrt dargestellt [16].

Wurde Prokofjews „Le pas d'acier" relativ populär, so ist ähnliches auch von dem musikalischen Hörspiel „Der Lindberghflug" zu sagen, das 1929 in Baden-Baden und Berlin aufgeführt wurde. Der Text stammte von Berthold Brecht, die Musik von Paul Hindemith und Kurt Weill, in einer späteren Fassung dann von Weill allein [17]. Dieser rief 1929 die modernen Komponisten auf, „rundfunkgerechte Kunstformen" zu entwickeln, um dem neuen, massenbezogenen Medium auch ästhetisch gerecht zu werden: „Der Rundfunk stellt den ernsten Musiker unserer Zeit zum ersten Mal vor die Aufgabe, Werke zu schaffen, die ein möglichst großer Kreis von Hörern aufnehmen kann.

Inhalt und Form dieser Rundfunkkompositionen müssen also imstande sein, eine große Menge von Menschen aller Kreise zu interessieren, und auch die musikalischen Ausdrucksmittel dürfen dem primitiven Hörer keine Schwierigkeit bereiten"[18]. Schulopern waren in dieser Zeit zu pädagogischen Zwecken beliebt, wie etwa Paul Hindemiths „Wir bauen eine Stadt" (1930), Kurt Weills „Der Jasager" (1930) oder Paul Dessaus „Das Eisenspiel" (1932). Die Komponisten schnitten diese Stücke auf die Spielmöglichkeiten von Zehn- bis Vierzehnjährigen zu; es wurden nur wenige Instrumente benötigt[19].

In diesem Zusammenhang sind auch die von Brecht geplanten Musiklehrstücke zu sehen, durch die er moralische Vorstellungen einer größeren Zuhörerschaft nahebringen wollte[20]. Ein solches Musiklehrstück war „Der Lindberghflug", ein „Lehrstück für den Rundfunk, eine Interpretation der großen Heldentat von Charles A. Lindbergh aus dem Jahre 1927 als Leistung von moralischer Bedeutung für die ganze Menschheit". Hier ging es, in idealistischer Absicht, darum, den Kampf eines wagemutigen, entschlossenen Mannes zu beschreiben, der sich, allen Widrigkeiten zum Trotz, zu seinem Ziel durchkämpft[21]. Auch bei Brecht ist eine gewisse Technikbewunderung sichtbar; die Leistung Lindberghs war nur möglich in dem Zusammenspiel des Helden mit seiner zuverlässigen Maschine. Weill und Brecht schickten denn auch die Partitur „mit großer Bewunderung" an Lindbergh[22].

Den Part Lindberghs sowie die Teile des Stückes, die mit dem Abflug aus den USA zusammenhingen, vertonte Weill; die gegnerischen Elemente, die Lindbergh Widrigkeiten bereiteten (Nebel, Schneesturm und Schlaf) sowie die „Europa-Teile" übernahm Hindemith, den auch die didaktischen Möglichkeiten von Musik in den neuen Medien faszinierten[23]. Das am 29. Juli 1929 uraufgeführte Stück war im wesentlichen eine Kantate für Solisten, wobei Lindbergh selbst und seine Antagonisten durch Singstimmen ausgedrückt wurden. Jede der fünfzehn Szenen der Lindbergh-Kantate bildete eine abgerundete musikalische Komposition. Die Rhythmik deutete das Motorengeräusch des Flugzeugs an, ohne eine bloße Nachahmung zu versuchen[24].

Nach Meinungsverschiedenheiten zwischen Brecht und Hindemith im Zusammenhang mit der Inzenierung des „Lehrstücks vom Einverständnis", das Brecht zusammen mit Hindemith geschaffen hatte, kündigte der Komponist die Zusammenarbeit auf und zog seinen Beitrag aus dem Lindberghstück zurück. Die tieferen Ursachen hierfür lagen wohl darin, daß Hindemith Brechts Absicht, den Rundfunk

Hanns Eisler, Paul Hindemith und Bertolt Brecht in Baden-Baden, 1929.

in eine revolutionäre politische Strategie einzubeziehen, nicht teilen konnte[25]. 1930 wurde dann aus dem „Lindberghflug" der „Flug der Lindberghs", wobei ein Chor den Helden verkörperte. Absicht Brechts war es, zu zeigen, daß bei der entsprechenden Einstellung vieler Individuen die Leistung Lindberghs auch von diesen allen erbracht werden konnte. Aus „Lindberghflug" und „Flug der Lindberghs" wurde dann nach dem Zweiten Weltkrieg schließlich „Der Ozeanflug". Brecht änderte den Titel wegen Lindberghs offener Sympathie für den Nationalsozialismus und tilgte Lindberghs Namen aus dem Stück.

Lindberghs Ozeanflug faszinierte auch andere Komponisten, so den Tschechen Bohuslav Martinů (1890–1959), der mit Arthur Honegger befreundet war und dessen Interesse an Technik, Sport und Jazz teilte.

Hatte Honegger ein von ihm komponiertes Musikstück „Rugby" genannt, so schrieb Martinů 1924 das Stück „Half-Time", in dem er die Stimmung während der Halbzeit eines Fußballspiels ausdrücken wollte.

Martinů, der 1913 nach Paris übergesiedelt war, schrieb im Mai 1926 dort das Orchesterstück „Le Bagarre", ein symphonisches Allegro, in dem das Getümmel einer großen Menschenmenge während eines Massenereignisses dargestellt wird. Zur Entstehung des neunminütigen Allegros für großes Orchester teilte er mit, er habe es zum Andenken an Lindberghs Landung in Le Bourget komponiert[26]. In der Tat trägt die Partitur die Widmung „Zur Erinnerung an Le Bourget". Diese Widmung mußte jedoch längere Zeit nach der Entstehung der Partitur erfolgt sein, war Lindbergh doch erst im Mai 1927 in Le Bourget gelandet. Martinů bediente sich wohl dieses Ereignisses, um, publicity-bewußt, größere Aufmerksamkeit auf sein Werk zu lenken, ähnlich wie Honegger dies später, seiner eigenen Aussage zufolge, für „pacific 231" getan hatte.

Faktisch lagen die Dinge in beiden Fällen aber wohl höchst verschieden: Honegger hatte offensichtlich sein Werk, von einer Lokomotive inspiriert komponiert, wollte dies aber später nicht mehr wahrhaben, während Martinů „Le Bagarre" unzweifelhaft nicht zu dem von ihm genannten Anlaß geschrieben haben konnte, aus Publicitygründen dies aber behauptete. Komponisten scheinen bisweilen ein schlechtes Gedächtnis zu haben[27].

Martinů plante noch ein weiteres Werk, „Décollage", ein Allegro con brio von etwa sieben Minuten Dauer, das den Start eines Flugzeugs zum Thema haben sollte. Dieses Vorhaben wurde jedoch nicht realisiert[28].

Unzweifelhaft ist der Entstehungszusammenhang seines Symphonischen Scherzos „Thunderbolt P-47", einer Auftragskomposition des National Symphony Orchestra in Washington, die er im September 1945 vollendete und dem damals schnellsten amerikanischen Kampfflugzeug widmete. Als „Résistant" und Anhänger der Londoner Beneš-Regierung hatte Martinů in Paris auf der schwarzen Liste der Nationalsozialisten gestanden und aus Paris fliehen müssen; im März 1941 war er in New York angekommen[29]. Das Stück ist in der traditionellen Scherzoform gehalten, mit einem Trio in langsamem Tempo in der Mitte. Die rhythmische Struktur ruft gleich zu Beginn den Eindruck der Eile hervor, so daß das Anfangsallegro nicht zu schnell gespielt werden darf[30]. Die Musik hat am Beginn einen dramatischen, drohenden Charakter, der sich zum sieghaften, patriotischen wendet.

„Geräuschmusik"

Die bisher genannten Komponisten hatten in der Regel mit traditioneller Instrumentierung gearbeitet und ihre Musikstücke entsprachen dem allgemeinen Geschmacksempfinden des Konzertpublikums. Im Gegensatz hierzu propagierten die nun folgenden Musiker eine ausgesprochene „Geräuschmusik". Ansätze hierzu finden sich schon bei Gustav Mahler und Richard Strauss, die in ihren symphonischen Arbeiten Geräuschinstrumente wie Hämmer, klirrende Ketten und Windmaschinen verwandten. Henry Cowell setzte 1912 „tone clusters", Tontauben, ein, die er auf dem Klavier mit den Unterarmen anschlug[31]. Überhaupt steckte in den klangfarblichen und auch rhythmischen Möglichkeiten des Geräusches ein in der abendländischen Musik weitgehend unausgeschöpftes Potential. Die Welt der Industrie bot hier ein weites Feld der Inspiration. 1906 vertrat Ferruccio Busoni in seinem „Entwurf einer neuen Ästhetik der Tonkunst" die Ansicht, die Weiterentwicklung der Tonkunst müsse an den traditionellen Musikinstrumenten scheitern[32]. Dies wurde von den Vertretern der musikalischen Avantgarde auch allgemein so gesehen, denn jedes Klangwerkzeug trägt ja einen fixierten Charakter in sich, der bestimmte kulturgeschichtliche und emotionale Assoziationen weckt[33].

Die engagiertesten Vertreter des „Bruitismus", der Emanzipation des künstlich organisierten Geräusches in der Musik, waren die Futuristen zu Beginn des 20. Jahrhunderts. „Wir Futuristen", so schrieb der Maler und Musiker Luigi Russolo (1885–1947) „haben die Musik der großen Meister alle sehr geliebt. Beethoven und Wagner haben jahrelang unsere Herzen erschüttert. Aber jetzt haben wir von ihnen genug. Uns wird viel größerer Genuß aus der idealen Kombination der Geräusche von Straßenbahnen, Verbrennungsmotoren, Automobilen und geschäftigen Massen zuteil, als aus dem Wiederhören beispielsweise der Eroica oder Pastorale (. . .)"[34]. Bis 1916 schuf Russolo zusammen mit Ugo Piatti 21 „intonarumori" für verschiedene Geräusche und Geräuschhöhen. 1913 erklang das erste „intonarumor" in Modena, bald darauf weitere Geräte, die nach den durch sie erzeugten Geräuschen Bezeichnungen wie Brummer, Kracher, Donnerer, Pfeifer, Gluckser und Schnarcher trugen. Konzerte, in denen sie eingesetzt wurden, stießen denn auch nicht auf einhellige Begeisterung. So berichtete der futuristische Dichter Marinetti von einem Konzert in Mailand: „Eine riesige Menge. Logen und Parkette gestopft voll. Betäubender Lärm der Altmodischen, die das Konzert um jeden Preis stören wollten. Eine Stunde leisteten die Futuristen passiven Widerstand. Zu Anfang des vierten Stückes (...) sah man plötzlich fünf Futuristen (...) von der Bühne herabkommen. Sie (...) griffen mit Hieben, Knüppeln und Spazierstöcken die Altmodischen an, die vor Dummheit und (...) Wut wie betrunken waren. Die Schlacht im Parkett dauerte eine halbe Stunde, während Luigi Russolo unentwegt fortfuhr, seine neunzehn Lärmer auf der Bühne zu dirigieren" [35]. In den 1920er Jahren entwickelte Russolo dann das Rumorarmonio (Geräuschharmonium), ein Harmonium mit zwei Pedalen, mit dem sieben verschiedene Geräuschlagen auf allen Stufen des diatonischen und chromatischen Systems und darüber hinaus in den dazwischenliegenden Mikrointervallen wiedergegeben werden konnten [36].

Neben Russolo ist vor allem Balilla Pratella (1880–1955) zu nennen, der 1911 das „Technische Manifest der futuristischen Musik" veröffentlichte und 1912 eine „Musica Futurista per Orchestra" schrieb. Pratella forderte die völlige Abwendung von der Romantik, die Gleichstellung von Konsonanz und Dissonanz sowie die Verwendung der Polyrhythmik. Die unmittelbare Wirkung der Futuristen blieb jedoch begrenzt, obwohl die musikalischen Einflüsse vor allem auf die nun zu behandelnden Eric Satie, George Antheil und Edgar Varèse deutlich spürbar sind.

Der bereits genannte Erich Satie schrieb 1917 in Paris die Musik zu dem Ballett „Parade" mit dem Untertitel „Ballet réaliste", an dem auch andere Künstler mit klangvollen Namen mitwirkten: Jean Cocteau war für den Text, Pablo Picasso für Bühnenbild und Kostüme und Sergej Diaghilev für die Choreografie verantwortlich. Satie ergänzte die traditionellen Instrumente durch Geräusche von Sirenen, Dampfmaschinen, elektrischen Klingeln, Revolverschüssen und Dynamos. Das Ballett wurde allerdings in der von Satie vorgesehenen Instrumentation nie aufgeführt [37].

Georg Antheil mit Flugzeugpropellern und anderen Möglichkeiten zur Geräuscherzeugung für sein „Ballet Mécanique".

Wenn von „Maschinenmusik" in den zwanziger Jahren die Rede ist, so muß an erster Stelle George Antheil (1890–1959) genannt werden, die Inkorporation der Maschinenmusik schlechthin. Antheil, ein in Paris lebender Amerikaner, stand in der Tradition der italienischen „Musica futuristica" und der „Bruitisten" [38]. Er verfügte nur über eine geringe klassische Ausbildung und war von der Technik fasziniert. Seine in unserem Zusammenhang wichtigsten Werke sind die 1923 komponierte „Airplane Sonata" sowie das 1923–1926 entstandene „Ballet mécanique"; daneben sind noch die Stücke „Mechanisms" und „Death of the Machine" zu nennen.

Antheil selbst beschrieb seinen Stil als „antiexpressiv, antiromantisch, kalt und maschinell" und wandte sich auch gegen den damals in

Bühnenbild zu Georg Antheils ,,Ballet mécanique".

Paris vorherrschenden Neoklassizismus Strawinskyscher Prägung. Seine Werke sind gekennzeichnet durch Ostinatobässe, Dissonanzen und Cluster, flächige Dynamik, motorische Rhythmen und die Aneinanderreihung von Klangblöcken[39].

Der Komponist, nach dem Titel seiner Autobiographie ein ,,Enfant terrible der Musik", war auf Konzertskandale spezialisiert. Dabei schien er den Aufruhr, den Strawinskys ,,Sacre du Printemps" 1913 beim Pariser Konzertpublikum erzeugt hatte oder den von Russolo mit dessen ,,intonarumori", in jeder Hinsicht übertreffen zu wollen. Ob es bei seinen Aufführungen für ihn tatsächlich immer um Leib und Leben ging, mag dahingestellt bleiben, Tatsache ist, daß er bei seinen Konzerten oft einen geladenen Revolver bei sich trug.

So auch bei der Aufführung seiner zweiten Klaviersonate in Paris, deren Verlauf er so schilderte: ,,In der Mitte der 2. Sonate bemerkte ich, wie plötzlich eine scharfe kleine Welle durch das Publikum lief. Für mich ist das immer der erste Windstoß, der als Vorläufer eines unmittelbar folgenden Orkans über einen stillen Ozean fährt! Und dann brach der Sturm los!

Irgend jemand in der vorderen Reihe begann zu pfeifen, ein Mann neben ihm versetzte ihm eine Ohrfeige. Ein gefährliches Rascheln des Erstaunens knisterte durch das Publikum (. . .) Ich spürte die Pistole unter dem linken Arm und spielte weiter (. . .). Nun stürzte ich mich in die ,,Mechanisms". Da brach das Tollhaus wirklich los. Die Leute ohrfeigten und stießen einander reichlich. Niemand blieb sitzen. Eine Menschenwelle schien sich über die andere zu stürzen.

Mittlerweile rissen einige Leute auf den Rängen die Stühle heraus und warfen sie ins Orchester. Die Polizei griff ein, und zahlreiche

Surrealisten, Mitglieder der feinen Gesellschaft und Menschen verschiedener Herkunft wurden verhaftet. Ich beendete die „Mechanisms" ruhig wie ein Kohlkopf"[40].

Die „Airplane Sonata" von 1923 hielt Antheil für das „radikalste und dissonanteste Werk", das er je geschrieben hatte. Größeres Aufsehen erregte jedoch sein „Ballet mécanique", das als Begleitmusik zu dem gleichnamigen Film von Fernand Léger gedacht war. Antheil hatte für die erste Fassung 16 zentralgesteuerte Pianolas vorgesehen, instrumentierte es dann jedoch für eine elektrisch verstärkte Pianola, zwei Klaviere, drei Xylophone, elektrische Klingeln, Metallpropeller, Sirene und einen Revolver. Wie Satie, der seine Konzerte regelmäßig besuchte, hatte Antheil einen Sinn für „Happenings".

Das „Ballet mécanique" wurde kontrovers interpretiert. Antheil selbst wehrte sich gegen die Meinung vieler Musikkritiker, er habe eine Darstellung von arbeitenden Maschinen in einer Fabrik beabsichtigt. Zwar fände er Maschinen schön, habe aber niemals die Absicht gehabt, Maschinentätigkeit durch Musik zu kopieren. „Meine Absicht war vielmehr", so äußerte er sich, „dem Zeitalter, in dem ich lebe, sowohl die Schönheit als auch die Gefahr seiner unterbewußten mechanistischen Philosophie und Ästhetik klarzumachen"[41].

Hier werden gewisse Anklänge an die Argumentation des späten Honegger sichtbar, wobei der Gedankengang Antheils einleuchtender erscheint. Obwohl das Werk durch häufige Taktwiederholungen eine monotone, mechanische Wirkung auf den Zuhörer ausübt, sind die damit im Zusammenhang stehenden Konzertskandale der zwanziger Jahre schwer nachzuvollziehen[42].

Neben seiner Tätigkeit als Komponist beschäftigte sich Antheil noch mit Endokrinologie sowie als Erfinder und Buchautor. In seinem 1940 publizierten Buch „The Shape of the War to Come", das sich futurologisch mit den voraussichtlichen Verhältnissen im Jahre 1950 auseinandersetzt, sah er die spätere weltpolitische Auseinandersetzung zwischen den USA und der Sowjetunion klar voraus. Im Zusammenhang mit seiner Erfindertätigkeit entwickelte er einen ferngesteuerten Torpedo, auf den er auch ein Patent nahm.

Auch Edgar Varèse (1885–1965) war wie Antheil naturwissenschaftlich-technisch interessiert und ein Vertreter der musikalischen Avantgarde. Als Sohn eines französischen Vaters und einer italienischen Mutter wurde er in Paris geboren. Sein Vater, ein Ingenieur, erwartete von ihm, daß er denselben Beruf ergriffe. Varèse wandte sich aber hauptsächlich der Musik zu, studierte jedoch auch Physik und beschäftigte sich intensiv mit den Beziehungen zwischen den beiden Bereichen. Wissenschaftliche Entdeckungen und Komponieren waren für ihn ähnliche Tätigkeiten[43]. Varèse vertrat die Auffassung, daß die moderne Menschheit noch immer in den musikalischen Begriffen des 17. und 18. Jahrhunderts lebe und forderte daher eine zeitgemäße, aktuelle Musik, bei der auch neuentwickelte Instrumente eingesetzt würden[44]. Wie die Futuristen verlangte auch er die „Emanzipation des Geräusches" und zeigte sich in den übrigen Fragen der Musikästhetik von diesen beeinflußt. „Wir finden", so schreibt er, „daß das Boulderdammkraftwerk uns besser ausdrückt als die ägyptischen Pyramiden und die gotischen Kathedralen. Aber in der Musik muß sich der Komponist noch mit Instrumenten begnügen, die wie die Streicher schon vor zwei Jahrhunderten vervollkommnet waren. Für unseren täglichen Gebrauch hat menschlicher Geist etwas Bequemeres ausgearbeitet als die Handpumpe. Aber wir fahren fort, in einen veralteten und komplizierten Mechanismus von Röhren zu blasen, während gleichzeitig ein unzulängliches Notationssystem uns nicht einmal erlaubt, alle Töne zu notieren, die solche Instrumente produzieren können"[45].

Von Varèses Kompositionen sind in unserem Zusammenhang vor allem das 1923, also im gleichen Jahre wie Honeggers „Pacific 231" oder Antheils „Airplane Sonata" entstandene, „Hyperprism" für Bläser und Schlagzeug, sowie das zwischen 1929 und 1931 komponierte „Ionisation" von Interesse. Bei beiden Titeln fällt auf, daß Varèse Begriffe aus den Naturwissenschaften gewählt hat: „Hyperprism" leitet seinen Titel wohl aus den Brechungen des Klanges analog zu denen des Lichts in einem Prisma her, während bei „Ionisation" der physikalische Begriff zugrunde liegt, der das Abspalten der Elektronen von den Atomen bezeichnet. In „Hyperprism" stehen sich 9 Bläser und 18 Schlaginstrumente rivalisierend gegenüber und überlagern ihre Klangeigenschaften; der Komponist verwendet Geräusche, Tontrauben, gleitende Instrumentalglissandi, Sirenenglissandi und äußerst komplexe Rhythmen. Obwohl Varèse im Falle von „Hyperprism" selbst auf die naturwissenschaftlichen Bezüge hinwies, wandte er sich wiederholt gegen eine programmatische Interpretation seiner Musik und bezeichnete Deutungen, die daraus eine Widerspiegelung der Geräusche des industrialisierten Lebens hören wollten, als Unsinn. Für ihn war Musik nichts als eine Klangkunst[46].

Das Werk wurde von der Kritik – freundlich ausgedrückt – zurückhaltend aufgenommen. Ein englischer Kritiker verglich die Wirkung mit einem Feueralarm im Zoologischen Garten und vertrat die Ansicht, das Stück habe nichts mit Musik zu tun. Varèse entgegnete auf derartige Vorwürfe nicht zu unrecht, daß die Einteilung der Oktave in zwölf Halbtöne rein willkürlich sei und daß es dem Komponisten erlaubt sein müsse, ähnlich wie ein Maler (Klang)-farben hervorzubringen und deren Intensität abzuwandeln[47].

In „Ionisation", also der Abspaltung der Elektronen von den Atomen, kann man eventuell die kurzen geschlagenen Töne mit den weggeschleuderten Elektronen, die gehaltenen Klänge mit den Atomresten und die Sirenen mit den eindringenden Röntgenstrahlen assoziieren[48]. „Ionisation" ist für 36 teilweise exotische Schlaginstrumente geschrieben, die von 16 Spielern bedient werden.

Neue instrumentale Möglichkeiten durch neue Techniken

Die Forderung von Musikern wie Varèse, über den Gebrauch der herkömmlichen Musikinstrumente hinauszugehen, wurde seit dem frühen 20. Jahrhundert und vor allem seit den späten zwanziger Jahren in wachsendem Maße eingelöst. Hier boten sich vor allem die neuen Möglichkeiten der Elektrotechnik an. So baute Thadeus Cahill, ein Jurist, Bastler und Konstrukteur, eine Orgelmaschine von 200t Gewicht, bei der zwölf Mehrfachstromerzeuger sinusförmige Spannungen lieferten. Mit diesem „Dynamophon", auch „Telharmonium" genannt, das das Aussehen einer mittleren Maschinenfabrik hatte, wurde 1906 ein Konzert veranstaltet[49].

1911 reist ein englischer Elektriker mit einer „Musikmaschine" in die USA, die das Symphonieorchester ersetzen sollte. Da die amerikanische Musikergewerkschaft zu dieser Zeit gerade neue Forderungen gegen die Arbeitgeber angemeldet hatte, nutzte die „Nationale Gesellschaft der Theaterproduzenten" die günstige Gelegenheit und drohte, alle Musiker zu entlassen und statt ihrer die Musikmaschine einzusetzen. Dies wurde freilich nicht durchgeführt; der Fall zeigt jedoch, daß auch im Musikleben über Rationalisierungsinvestitionen – Ersatz von Menschen durch die Maschine – gesprochen wurde[50].

Bei den im folgenden genannten und in den zwanziger Jahren gebauten Geräten handelt es sich um Hochfrequenzgeneratoren, so auch bei dem „Ätherophon" des sowjetischen Physikers Leon Theremin, das aus zwei Hochfrequenzgeneratoren bestand. Diese beiden Generatoren erzeugten zwei elektromagnetische Schwingungen mit der gleichen Frequenz. Die Frequenz des einen Generators blieb gleich. Bei dem anderen Generator bestand der Kondensator des Schwingungskreises aus einer stabförmigen Antenne, die aus dem Gehäuse heraustrat. Theremin verblüffte seine Zuhörer damit, daß er durch Handbewegungen die Tonhöhe verändern konnte. Dies war möglich, weil die menschliche Hand als schwingungsändernder Kondensator wirkt. Komponisten wie Edgard Varèse schrieben Musikstücke für das Ätherophon [51]. Allerdings konnte Theremins Apparat nur einstimmig gespielt werden; und bei den von ihm erzeugten Klängen handelte es sich nahezu um reine Sinusschwingungen, die arm an färbenden Obertönen waren [52].

In Deutschland erweiterte der Lehrer und Organist Jörg Mager (1880–1939) in den späten zwanziger und frühen dreißiger Jahren mit seinem „Sphärophon" die Möglichkeiten von Theremins Gerät. Mager schaltete einen Drehkondensator mit angeschraubter Kurbel in einen der beiden Schwingkreise. Wurde nun die Kurbel über eine Halbkreisskala mit darauf eingezeichneten Intervallen der chromatischen Tonleiter betätigt, veränderte sich die Kapazität des Kondensators und folglich die Tonhöhe. Zudem konnte er durch Einbau eines elektrischen Filters in sein Gerät die Klangfarbe verändern [53].

Neue Instrumente entstanden auch durch Kooperation zwischen physikalischen Laboratorien und Klavierbaufirmen. So baute die Firma Bechstein in Berlin 1928 auf Anregung des Physikers Walther Nernst den „Neo-Bechstein Flügel", bei dem die Töne zeitlich gedehnt, crescendiert oder auch überstark gedämpft und durch Filterkreise gefärbt wurden. Dies beruhte auf dem elektrischen Rückkopplungseffekt der durch kleine Hämmer angeschlagenen Saiten [54].

Von großer zeitgenössischer Bedeutung waren auch das Pianola und das „Welte Mignon" Abspielgerät für Tonrollen auf dem Klavier. Hierdurch konnte dem Wunsch vieler Komponisten wie auch Varèses entsprochen werden, den Interpreten möglichst auszuschalten. Der Hörer sollte die Musik so hören können, wie der Komponist sie geschrieben hat – genauso wie man ein Buch öffnet [55]. Paul Hindemith spielte Mitte der zwanziger Jahre Stücke direkt auf die Papierwalze, die das mechanische Klavier in Bewegung setzte. Ähnliche Versuche waren schon 1923 auf Anregung des Malers László Moholy-Nagy am Weimarer Bauhaus gemacht worden, um synthetisch Schallplattenmusik herzustellen [56].

1904 war es der Firma M. Welte in Freiburg i. B. gelungen, das Klavierspiel eines Pianisten mit allen rhythmischen und dynamischen Nuancen auf eine Tonrolle aufzunehmen, die dann von einem Abspielgerät, dem „Welte-Mignon-Vorsetzer", wiedergegeben werden konnte. Tonrollen bestanden aus Papierbändern in Lochstreifenart und enthielten 80 oder 88 Steuerspuren für die einzelnen Klaviertöne. An den Rändern befanden sich weitere Spuren zur Steuerung der dynamischen Feinheiten und zur Betätigung des Pedals. Beim Abspielen wurden die Spuren am Skalenblock pneumatisch mit Unterdruck abgelesen. Glitt in einer Tonspur ein Loch über einen Skalenblock, so wurde über eine pneumatisch arbeitende Relais- und Ventilstation ein Tonbalg geschlossen, der den entsprechenden Klavierton anschlug. Über die Randspuren wurden zudem Steuerimpulse zur Lautstärkeregelung in einem Code an eine Regelvorrichtung gegeben. Die Tonrollen enthielten in digitaler Form alle Einzelheiten des original aufgenommenen Klavierspiels[57].

In Frankreich konstruierte der an Akustik interessierte Musiklehrer, Pianist und Radiotelegraphist Maurice Martenot (1889–1980) 1928 die „Ondes Martenot", die „Martenotschen Wellen". Wie bei Theremin und Mager handelt es sich hier um Schwingkreise als Klangerzeuger. Die beiden Hochfrequenzgeneratoren lieferten eine im Hörbereich liegende „heterodyne Welle". Der Interpret hatte eine normale Klaviatur vor sich, die als Anhalt für die Tonhöhe diente. Durch ein längs der Klaviatur vorbeigeführtes, mit einem Greifring versehenes Band wurde die Kapazität des Drehkondensators und somit die Tonhöhe verändert. Auch hier dienten elektrische Filterkreise zur Klangfärbung. Für die Ondes Martenot schrieb Dimitri Levidis 1928 sein „Poème Symphonique pour Solo d'Ondes Musicals et Orchestre", 1938 Arthur Honegger „Jeanne d'Arc au bucher"[58] und 1948 Olivier Messiaen seine Turingalîla Sinfonie.

Auch auf dem 1930 zum ersten Male eingesetzten „Trautonium" des deutschen Akustikers, Postrats, Doktor-Ingenieurs und Musikwissenschaftlers Friedrich Trautwein (1888–1956) konnten nur einstimmige Melodien gespielt werden. Trautwein wurde bei der Entwicklung dieses Instruments von dem Direktor der Berliner Musikhochschule, Georg Schünemann, sowie den Firmen AEG und Telefunken unterstützt[59]. Die Tonerzeuger waren zunächst mit Glimmröhren, danach mit Elektronenröhren ausgestattete elektronische Kippschaltungen[60]. 1931 schrieb Paul Hindemith ein „Concertino für Trautonium und Streichorchester", sein Schüler Harald Genzmer brachte 1939 ein „Konzert für Trautonium und Orchester" heraus. Um zweistimmiges Spiel zu ermöglichen, entwickelte Trautweins Mitarbeiter Oskar Sala aus dem Trautonium das „Mixtur-Trautonium", für das Harald Genzmer 1952 ein „Konzert für Mixtur-Trautonium und großes Orchester" veröffentlichte[61].

Bald nach der nationalsozialistischen „Machtergreifung" diente Friedrich Trautwein sein Trautonium der nationalsozialistischen Füh-

Pierre Schaeffer.

rung an, da es hinsichtlich der akustischen Wirkungen bei Massenveranstaltungen andere Klangkörper übertraf. Nach 1933 wurde das Trautonium in „open air Veranstaltungen", etwa bei Thingspielen und Reichsparteitagen, eingesetzt. Trautwein sah bei der Entwicklung von elektronischen Musikinstrumenten[62] die Technik nicht als Dämon an, sondern sie wurde seiner Ansicht nach „getragen von verantwortungsbewußten Volksgenossen, mit denen der Künstler in bester Kameradschaft zusammenarbeiten kann und soll für das neue Deutschland"[63]. Im Grunewald wurde im Herbst 1935 eine Anlage mit Verstärkern von 600 Watt installiert. Goebbels zeigte sich von dem Klang des Trautoniums sehr angetan und ordnete an, im Rundfunk regelmäßig Trautoniumkonzerte zu senden. Während des Krieges war die Verwendung des Trautoniums weitgehend auf den Konzertsaal beschränkt, da die Massenveranstaltungen unter nächtlichem Himmel aufgegeben wurden.

Verschiedene Komponisten und Tontechniker führten nach dem Zweiten Weltkrieg die Versuche mit elektronischen Instrumenten fort. Vor allem die Einbeziehung des Geräusches in die Musik[64], wie es die Futuristen und Varèse gefordert hatten, wurde nun zu einem relativ breit angewandten kompositorischen Mittel. Hatten allerdings bei Varèse noch die traditionellen Orchesterinstrumente im Vordergrund gestanden, so vollzog sich bei dem Franzosen Pierre Schaeffer, der sich seit 1948 mit elektro-akustischen Bandmontagen beschäftigte, ein qualitativer Wandel. Schaeffer nahm auf dem Tonband die Geräusche von Straßenbahnen, Lokomotiven oder Fabriksirenen auf und veränderte sie mit Hilfe von Bandschnitten oder Änderungen der Bandgeschwindigkeit. Für diese elektroakustischen Bandmontagen schlug er 1950 den Namen „Musique concrète" vor, eine Musikform, die sich auf existierende Alltagsgeräusche gründete, die dann mit elektronischen Medien weiterentwickelt wurden[65]. Schaeffer benutzte in diesem Zusammenhang das von ihm entwickelte Phonogen, ein Magnetophongerät mit zwölf unterschiedlichen Geschwindigkeiten, mit dem sich Ton- und Geräuschhöhe verwandeln und die Klangfarben beeinflussen ließen[66].

Schaeffers Arbeiten wurden an verschiedenen Orten, vor allem in Deutschland und Italien, aufgegriffen. Im Kölner Rundfunkstudio für elektronische Musik, das 1951 auf Initiative des Komponisten Herbert Eimert entstanden war, ging man deutlich über Schaeffer hinaus. Die Kölner Gruppe komponierte den Klang selbst, wobei Sinustöne[67], Rauschen und Impulse auf von Impulsgeneratoren erzeugten Stromstößen basierten. Diese Töne wurden durch Filterung, Modulation usw. weiterentwickelt. Insofern wird hier ein Anknüpfen an die Verwendung elektronischer Musikinstrumente in den 1920er und 1930er Jahren sichtbar. Die Arbeiten Eimerts und seiner Kollegen weisen deutlich über diese und über die „Musique concrète" hinaus, obwohl die Grenzen zu letzterer in der Praxis zunächst fließend waren[68].

Die Diskussion der zwanziger Jahre über „seelenlose Musik und das Unnatürliche, Technisch-Artifizielle in der Musik setzte sich in den 1950er Jahren fort. Komponisten wie György Ligeti wiesen zurecht darauf hin, daß zwischen instrumental oder verbal erzeugten Klängen auf der einen und elektronisch erzeugten Klängen auf der anderen Seite eigentlich gar kein Unterschied bestünde. Zwar seien die Tonemissionen herkömmlicher Musikinstrumente an das Abstrahlverhalten der jeweiligen Resonanzkörper gebunden. Aber auch ein Geigenton sei letztlich artifiziell und die Töne elektronischer Musik seien letztlich nichts anderes als Vibrationen der Luft, also auch „natürlich"[69].

Technik als Thema der Musik in der zweiten Hälfte des Jahrhunderts

In den fünfziger Jahren beherrschten in der E-Musik in Deutschland die Vertreter der Seriellen- oder Reihen-Komposition das Feld, obwohl die Werke eines Komponisten wie Paul Hindemith (1895–1963) bei weitem häufiger aufgeführt wurden als die der „Neutöner". Die Reihenkomponisten gingen über die Zwölfton-Reihentechnik eines Arnold Schönberg (1874–1951) weit hinaus. Schönberg erfaßte in seiner Kompositionstechnik nur einen Parameter, die Reihenfolge der Tonhöhe, während die Reihentechnik im Anschluß an Anton Webern (1893–1945) auch Lautstärke, Klangdauer, Rhythmus und weitere Parameter festlegte[70]. Dabei entsprach die zentrale Steuerung durch mehrdimensionale Netzstrukturen einem in diesen Jahren weitverbreiteten Denken in technischen Kategorien sowie einer Abstraktionslust, die sich auch in anderen Künsten wiederfindet. Es scheint, als wollte man sich in ein sicheres System zurückziehen, das vom Alltagsgeschäft möglichst weit entfernt war und Rationalität sowie reinen Klang garantierte[71].

Nur der einzelne Ton selbst entzog sich noch allen Bestrebungen nach Vereinheitlichung. Der Bonner Physiker Werner Meyer-Eppler entwickelte ein neues Verfahren der Klangsynthese und kooperierte dabei eng mit dem Komponisten Herbert Eimert (1897–1977), der sich dem seriellen Konzept verpflichtet fühlte. Als Folge der Zusammenarbeit zwischen Meyer-Eppler und Eimert wurde das Reihenkonzept auch auf den Mikrobereich des einzelnen Klanges und seine Zusammensetzung aus Sinustönen ausgedehnt[72]. Karlheinz Stockhausen (geb. 1928), auch am Kölner Rundfunkstudio für elektronische Musik tätig, schuf 1953 mit seiner „Studie I" die erste Komposition, bei der ausschließlich von einem Frequenzgenerator erzeugte Sinustöne erklangen. Bei der kurz darauf entstandenen „Studie II" schickte Stockhausen Spektren aus Sinustönen in einen Hallraum mit etwa 10 Sekunden Nachhall und nahm sie danach wieder auf[73].

Die Phase des Experimentierens ausschließlich mit synthetischen Klängen währte aber nur kurz. Der Hauptgrund lag wohl darin, daß die klanglichen Möglichkeiten reduziert waren und die Wirkung sich rasch abzunutzen schien. Daher erfolgte bald die Kombination synthetischer Klänge mit der menschlichen Stimme. In seinem „Gesang der Jünglinge" (1956) verband Stockhausen gesungene mit elektronisch erzeugten Tönen in einem gemeinsamen Klangkontinuum[74]. Auch in seinen „Kontakten für elektronische Klänge, Klavier und Schlagzeug" (1960) strebte er die Verbindung von elektronischer Musik mit herkömmlichen Musikinstrumenten an.

Den Bemühungen Edgard Varèses und anderer folgend, trieben in den sechziger Jahren verschiedene Komponisten die Bemühungen um eine Synthese der Bereiche Klang und Geräusch durch akustische Instrumente weiter und verzichteten teilweise ganz auf den Einsatz elektronischer Hilfsmittel. In Krzyszstof Pendereckis (geb. 1933) „Anaklasis" für Schlagzeuggruppen und 2 Streichinstrumente (1960) gehen Klang und Geräusch wechselseitig ineinander über. Die Brechungen des Klanges stehen in enger Beziehung zum Werktitel, den man, analog zu den Lichtbrechungen, als Klangbrechungen interpretieren kann[75].

Was die Förderung elektronischer Musik angeht, so stand das erfolgreiche Kölner Studio in seinen Anstrengungen nicht allein da. Vor allem in Mailand (Studio di Fonologia, 1955), in New York, Tokyo und Paris wurden um die Mitte der fünfziger Jahre ähnliche Institute gegründet, die eine große Wirkung entfalteten. In Paris wirkte unter anderem Iannis Xenakis (geb. 1922), ein in Rumänien geborener Komponist und Ingenieur griechischer Abstammung. Xenakis arbeitete von 1948 bis 1960 als Assistent des Architekten Le Corbusier und bildetete einen genuin wissenschaftlich-technischen Ansatz des Komponierens aus. Auf der Grundlage seiner Partitur zu „Metastasis" (1954), bei der Saiteninstrumente durch Glissandi Tonflächen erzeugten, entwarf er das Philips-Pavillon für die Weltausstellung in Brüssel

1958[76]. „Metastais“ diente der musikalischen Realisation regulierter Flächen im musikalischen Raum. Xenakis und Le Corbusier konzipierten das Philips-Pavillon als „elektronisches Gedicht“, als Gesamtkunstwerk von Licht, Farbe, Bild, Rhythmus, Ton und Architektur. Die aus hyperbolischen Paraboloiden zusammengesetzte Konstruktion war mit einer fünf Zentimeter dicken Betonschale abgedeckt[77]. Das Pavillon diente als Aufführungsort des „Poème électronique“, eines audiovisuellen Spektakels, dessen musikalischer Teil von Varèse und Xenakis stammte. Von der Architektur hatte bei Xenakis also der Weg zur Musik, von der Musik zur Architektur und schließlich von der Architektur wiederum zur Musik geführt[78]. 1966 gründete er in Paris die „Equipe de Mathématique et d'Automatique Musicales (EMAMU), die 1972 die Bezeichnung CEMAMU (Centre d'Etudes de Mathématique et Automatique Musicales) erhielt. Am CEMAMU wurde das Computersystem UPIC (Unité Polyagogique Informatique du CEMAMU) entwickelt, mit dem man Musik durch Zeichnen komponieren konnte[79]. Bei diesem „Polyagogischen Computersystem“, das graphische Notationen einer Komposition in Klang umsetzte, gingen die Bereiche Graphik und Musik nahtlos ineinander über. Als nächste Phase der Entwicklung von UPIC ist nun die Bildbehandlung vorgesehen, wobei ein gemaltes Bild durch Datenumwandlung als eine Klangvorschrift gelesen werden kann. Die „Klangfarbe“ wird dabei im wahrsten Sinne des Wortes zum Klang der jeweiligen Farbe. Andersherum ist es bereits möglich, Audiosignale in Farbgraphiken umzusetzen und jede beliebige Musik sofort zu visualisieren[80].

Erste Versuche, den Computer beim Komponieren einzusetzen, fanden in den frühen fünfziger Jahren in den Bell Laboratories in New Jersey statt. Auf diesen Versuchen aufbauend komponierten die beiden Amerikaner Lejaren A. Hiller und Leonard M. Isaacson 1956 die „Illiac Suite für Streichquartett“, wobei sie dem Computer der University of Illinois ein Programm eingaben, demzufolge jeder Satz des Quartetts in einem bestimmten Stil der Musikgeschichte komponiert wurde[81]. 1964 richtete man an den Universitäten Princeton und Stanford sowie im niederländischen Utrecht Studios für Computermusik ein. Eine besondere Wirkung entfalteten die Arbeiten am 1976 unter Leitung von Pierre Boulez (geb. 1925) in Paris eingerichteten IRCAM (Institut de Recherche et de Coordination Acoustique, Musique).

Zusammen mit dem Einsatz des Computers in der Musik stellte die Entwicklung des Synthesizers eine wesentliche Neuerung der sechziger Jahre dar. Bereits 1955 bauten Wissenschaftler des Sarnoff Forschungszentrums in New Jersey einen Synthesizer und stellten ihn dem Columbia-Princeton Electronic Music Center zur Verfügung. Die RCA Typen Mark I und Mark II waren jedoch sehr groß und unhandlich. Robert A. Moog schuf hier ab Mitte der sechziger Jahre durch die Serienherstellung leicht transportabler Synthesizer Abhilfe.

Das Anwendungskonzept des Synthesizers beruht auf der Einführung der Spannungssteuerung (Voltage Control). Je nach angelegter Spannung stellen die Oszillatoren (für die Tonhöhe), die Amplitudenmodulatoren (für die Lautstärke) und die Filter (für die Klangfarbe) den gewünschten Wert bereit. Computer und Synthesizer können auch kombiniert werden. Wichtigstes Element, um die vom Computer errechneten Daten direkt auf die Spannungssteuerung zu übertragen, sind Digital-Analog-Wandler (Converter). Durch sie erfolgt die Umwandlung digitaler Informationen in analoge Signale, welche von der Spannungssteuerung mit ihren stufenlosen Kurvenverläufen benötigt werden [82].

Wenn auch nicht so stark wie in den zwanziger Jahren, so bearbeiteten auch im Zeitraum zwischen dem Anfang der fünfziger Jahre und der Gegenwart verschiedene Komponisten Motive aus der Technik, wobei ihre Bearbeitung teilweise mit elektronischen Hilfsmitteln erfolgte. Edgard Varèses „Poème électronique" (1958/59) wurde über 400 im Raum verteilte Lautsprecher ausgestrahlt. Rolf Liebermann (geb. 1910) komponierte „Les Echanges für 156 Maschinen"; die Uraufführung erfolgte 1964 in Lausanne. Das Stück war für den Pavillon „Echange. Waren und Werte" der Schweizer Landesausstellung 1964 bestimmt. Dabei bezog sich der Titel nicht nur auf den Pavillon. Der Komposition für die im Pavillon ausgestellten Maschinen lag darüber hinaus das Prinzip des Austausches rhythmischer Strukturen als formbildendes Element zugrunde [83]. Mauricio Kagel (geb. 1933) versetzte in seinem Stück „Unter Strom" (für 3 Spieler, 1969) Instrumente mit verschiedenen Requisiten, die vom Gebläse bis zur Kaffeemühle reichten, in klingende Aktion. Bei seinem „Zwei-Mann-Orchester mit je einer Orchestermaschine" (für 2 Spieler, 1971/72) verwendete er Antriebsräder und Maschinenteile [84]. Wladimir Vogel (1898–1984) thematisierte in seinem Dramma-Oratore Gli Spaziali/Ceux de l'Espace das Thema Mensch im Weltraum. Das 1970/71 entstandene und 1973 uraufgeführte Werk behandelt in seinen drei Teilen „Notationen nach Leonardo da Vinci", „Imaginationen nach Jules Verne" und „Signale und Indikationen von Kosmonauten" [85].

Auch verschiedene amerikanische Vertreter der „Minimal Music" der achtziger Jahre, die sich an Modellen von Reihenformeln, Zahlenketten und Mengentheorien orientierte, nahmen sich des Themas

Technik an. In Opernwerken von Philip Glass (geb. 1937) spielten Pioniergestalten aus Naturwissenschaft und Technik die Hauptrolle, so in „Einstein on the Beach" (1975/76) oder „De Fotograaf/The Photographer" (1982), in dem der Erfinder der Reihenfotografie, Eadweard Muybridge, im Mittelpunkt steht[86]. Steve Reich (geb. 1936) nimmt in „Different Trains" für Streichquartett und Tonband (1988) das schon früher in der Musik behandelte Eisenbahnmotiv wieder auf und verbindet autobiographische und dokumentarische Texte mit Repetitionsmustern von Streichern und Lokomotivgeräuschen vom Tonband[87].

Rückblick

Fassen wir zusammen, so läßt sich feststellen, daß technische Motive eine nicht zu unterschätzende Rolle in der Musik des frühen 20. Jahrhunderts spielten. Dabei sind drei Stufen zu unterscheiden:

1. Technische Motive werden, vor allem seit den 1920er Jahren, von modernen „expressiven" Komponisten in ihr Schaffen inkorporiert (Honegger, Prokofjew, Martinů).
2. Die Tonsprache der Zeit wird um Geräuschkomponenten erweitert (Futuristen, Antheil, Varèse).
3. Es werden neue – im wesentlichen elektrische – Instrumente eingesetzt (Sphärophon, Trautonium, Tonband).

Zwischen den genannten drei Stufen bestehen vielfältige Interdependenzen.

Was Genese und Konsum dieser Musik angeht, so können bei ersterer technische Motive ganz allgemein als Kondensat von – häufig diffusen – Umwelterfahrungen der Industriegesellschaft angesehen werden. Diese Erfahrungen verdichten sich in den 1920er Jahren; in der „musical community" kann man von einer Art Modeerscheinung sprechen.

Bei der Verarbeitung *spezieller* technischer Sujets im musikalischen Schaffen spielte bei verschiedenen Komponisten zumeist Aufgeschlossenheit gegenüber der Technik, ja sogar Technikbegeisterung die entscheidende Rolle (Honegger, Martinů, Weill, ambivalent dagegen Antheil), die sich aber, man denke an Honegger, wandeln konnte.

Zum Verwendungs- und Konsumaspekt: Mit relativ leicht zugänglichen Musikstücken wie Honeggers „Pacific 231" oder Martinůs „Thunderbolt P-47" wird eine gewisse Popularisierung der E-Musik erreicht. Programmatische Popularisierungsversuche (Hindemith,

Weill, Brecht) mit Hilfe neuer Medien (Rundfunk) haben einen gewissen, wenn auch nicht immer den gewünschten, Erfolg. Elektrische Musikinstrumente, die, in doppeltem Wortsinn, „Unerhörtes" bieten (Theremins „Ätherophon") spielen zunächst, vor allem wegen ihrer akustischen Beschränkungen, eine eher marginale Rolle, finden danach aber (Trautonium) massenwirksamen Einsatz im Nationalsozialismus.

Eine von zeitgenössischen Kunsttheoretikern (Futuristen) beeinflußte Richtung, die sich als Avantgarde verstand – Antheil als „Bürgerschreck", Varèse als bahnbrechender musikalischer Innovator – stieß in ihrer Zeit auf weitgehendes Unverständnis und wurde erst nach dem Zweiten Weltkrieg stärker rezipiert.

Nach dem Zweiten Weltkrieg gewann die elektronische Musik rasch an Boden. Verschiedene Komponisten setzten sich auch in dieser Zeit mit dem Thema Technik auseinander, vor allem Iannis Xenakis, Mauricio Kagel, Wladimir Vogel oder amerikanische Vertreter der „minimal music". In den USA fanden schon Mitte der fünfziger Jahre Versuche statt, beim Komponieren Computer zu verwenden; in Paris gingen später beim „Polyagogischen Computersystem" Graphik und Klang nahtlos ineinander über. Mit Computern kombinierte Synthesizer setzten sich in den achtziger Jahren durch. Hier ist vor allem MIDI (Musical Instruments Digital Interface) zu nennen, welches das Zusammenschalten von Keyboards, Synthesizern und anderen Instrumenten sowie Effektgeräten mit dem Computer ermöglicht. Dies geschieht durch eine genormte Weitergabe von in digitale Impulse umgeformte Informationen, wobei die Steuerung aller durch MIDI verbundenen Instrumente von einem einzelnen Instrument aus möglich ist. Sounddatenbänke sowie Sequenzer, mit welchen programmierte Tonfolgen automatisch von einem Synthesizer oder anderen MIDI-kompatiblen Klangerzeugern gespielt werden können, gelangen vor allem in der Popmusik zum Einsatz. Dabei bestimmt nicht selten die Ästhetik des Maschinellen die Ästhetik des menschlichen Spiels. Häufig wird die Studiotechnik nicht nur für den Klang prägend, sondern für die Musik selbst. Gleichwohl werden auch in der „E-Musik" vielfältige Stimmen gegen solche „Musikmaschinen" laut; die Diskussion um die Frage der künstlerischen Kreativität im Computerzeitalter geht weiter.

Literaturnachweise

1 *Blacher*, Boris: Die musikalische Komposition unter dem Einfluß der technischen Entwicklung der Musik. In: Winckel, Fritz (Hrsg.): Klangstruktur der Musik. Neue Erkenntnisse musik-elektronischer Forschung. Vortragsreihe „Musik und Technik" des Außeninstitutes der TH Berlin-Charlottenburg. Berlin-Borsigwalde 1955, S. 206; *Eggeling*, Helmut: Die neuen Instrumente – Erfüllung und Aufgabe. In: Melos 20, 1953, S. 13.
Bei dem vorliegenden Beitrag handelt es sich um eine erweiterte Fassung eines Vortrages auf der Jahrestagung des „Gesprächskreises Technikgeschichte" zum Thema „Die kulturelle Verarbeitung von Technik" am 15. 6. 1991 in Mannheim (vgl. Beitrag in: Technikgeschichte 59 (1992), S. 109–131). Für diskografische Hinweise steht der Verfasser zur Verfügung.

2 *Hermand*, Jost, *Trommler*, Frank: Die Kultur der Weimarer Republik. München 1978, S. 299–352

3 *Berendt*, Joachim Ernst: Das große Jazzbuch. Von New Orleans bis Jazz Rock. Frankfurt a. M. 1981, passim

4 *Collaer*, Paul: Geschichte der modernen Musik. Stuttgart 1963, S. 489f.; Franz Schuberts Liedzyklus „Die schöne Müllerin" oder Johannes Brahms' Lied „Der Schmied" nach einem Text von Ludwig Uhland. In: *Rueger*, Christoph: Die musikalische Hausapotheke. Genf/München 1991, S. 51f.

5 *Wehmeyer*, Grete: Satie perpétuel. Über unendliche Wiederholungen in der Musik von Erik Satie. In: Absolut modern sein: Zwischen Fahrrad und Fließband – culture téchnique in Frankreich 1889–1937. Katalog zu der Ausstellung d. NGBK in d. Staatl. Kunsthalle Berlin (20. 3.–15. 5. 1986). Hrsg. v. d. Neuen Gesellschaft für Bildende Kunst, Berlin (West) 1986, S. 227–237; *Wehmeyer*, Grete: Erik Satie. Regensburg 1974; *Metzger*, Heinz-Klaus/*Riehn* Rainer (Hrsg.): Erik Satie, München 1988 (Musik-Konzepte 11) und Robert Orledge, Satie the Composer. Cambridge 1990

6 *Ringger*, Rolf Urs: Technik und Sport bei Arthur Honegger. In: Ringger, Rolf Urs: Von Debussy bis Henze. Zur Musik unseres Jahrhunderts. München 1986, S. 16–23

7 *Haas*, Adelheid: Grünes Licht für die Eisenbahn in der Musik? In: Absolut modern sein (vgl. 5), S. 243–248; *Prieberg*, Fred K.: Musica ex Machina. Über das Verhältnis von Musik und Technik. Berlin 1960, S. 48–51

8 *Nyfeller*, Max: Arthur Honegger. In: Csampai, Attila/Holland, Dietmar (Hrsg.): Der Konzertführer. Orchestermusik von 1700 bis zur Gegenwart. Reinbek b. Hamburg 1987, S. 997–1004

9 In: Dissonances, Revue musciale indépendente. Genf 1924, S. 79, *Mayer-Rosa*, Eugen: Musik und Technik. Vom Futurismus bis zur Elektronik. Wolfenbüttel/Zürich 1974, S. 14

10 Vgl. 5 (Wehmeyer), S. 243–248

11 *Honegger*, Arthur: Ich bin Komponist. Zürich 1952, S. 115f.; Vgl. 9, S. 14f.

12 Vgl. 6, S. 17–21

13 *Csampai*, Attila/*Holland*, Dietmar (Hrsg.): Der Konzertführer. Orchestermusik von 1700 bis zur Gegenwart. Reinbek b. Hamburg 1987, S. 1007

14 *Prokofjew*, Sergej: Aus meinem Leben. Zürich 1962, S. 50, 89; Vgl. 7, S. 57

15 Vgl. 14, S. 99
16 *Gutman*, David: Prokofiev. London/New York/Sydney 1990, S. 116; *Prokofjew*, Sergej: Beiträge zum Thema. Dokumente. Duisburg 1990 (Internationales Musikfestival Sergej Prokofjew und zeitgenössische Musik in der Sowjetunion, Duisburg, 9. 9. 1990–31. 7. 1991), S. 192–194; *Nestyev*, Israel V: Sergej Prokofiev. His Musical Life. New York 1946, S. 101 f.; *Prokofjew*, Sergej: Prokofjew über Prokofjew. Aus der Jugend eines Komponisten. München, Zürich 1981
17 *Sanders*, Ronald: Kurt Weill. München 1980, S. 138f.
18 Vgl. 2, S. 327; *Latzko*, Ernst: Rundfunk und Neue Musik. In: Melos 7, 1928, S. 191–194
19 Vgl. 2, S. 332
20 Vgl. 17, S. 140; *Zielinski*, Siegfried: Audiovisionen. Kino und Fernsehen als Zwischenspiele in der Geschichte. Reinbek b. Hamburg 1989, S. 118
21 *Dahl*, Peter: Radio. Sozialgeschichte des Rundfunks für Sender und Empfänger. Reinbek b. Hamburg 1983, S. 126
22 *Heinzelmann*, Josef: Kurt Weills Kompositionen für Radio. Begleittext zu Kurt Weills „Der Lindberghflug", Capriccio CD 60012-1, S. 11
23 Vgl. 17, S. 136
24 Vgl. 17, S. 143
25 *Schubert*, Giselher: Paul Hindemith. Reinbek b. Hamburg 1981, S. 73 f.; *Briner*, Andreas/*Rexroth*, Dieter/*Schubert*, Giselher: Paul Hindemith. Leben und Werk in Bild und Text. Mainz 1988, S. 128
26 *Safranek*, Milos: Bohuslav Martinů. Leben und Werk. Kassel 1964, S. 123
27 Vgl. 6
28 Vgl. 26, S. 125
29 *Halbreich*, Harry: Bohuslav Martinů. Werkverzeichnis. Dokumentation und Biographie. Zürich 1968, S. 33f.
30 Vgl. 26, S. 282; Vgl. 29, S. 222
31 *Stuckenschmidt*, H. H.: Neue Musik. Frankfurt a.M. 1981, S. 88
32 Vgl. 9, S. 26
33 *Prieberg*, Fred K.: Musik des technischen Zeitalters. Zürich 1956, S. 25f.
34 Vgl. 33, S. 19
35 *Prieberg*, Fred K.: Der musikalische Futurismus. In: Melos 25, 1958, S. 126
36 Vgl. 7, S. 24
37 Vgl. 7, S. 246; *Vogel*, Sabine: Es lebe die Geschmacklosigkeit. Parade – Noch einmal das Gesamtkunstwerk. In: Absolut modern sein (vgl. 5), S. 269–275
38 Vgl. 6, S. 9–11
39 *Bossin*, Jeffery: Strawinsky-Antheil-Maschinenmusik. Strawinsky und die neue Ästhetik des Antipathos. In: Absolut modern sein (vgl. 5), S. 238–242; vgl. 6, S. 11
40 *Antheil*, George: Enfant terrible der Musik. München 1960, S. 145 f.; Vgl. 9, S. 12
41 Vgl. 40 (Antheil), S. 152
42 Vgl. 7, S. 245
43 *Angermann*, Klaus: Musik als Ars Scientia. In: De la Motte-Haber, Helga/Angermann, Klaus (Hrsg.): Programmbuch Edgar Varèse. Musikfest Ham-

burg 1991, S. 11f.; *Wehmeyer*, Grete: Edgar Varèse. Regensburg 1977; *Metzger*, Heinz-Klaus/*Riehn* Rainer (Hrsg.): Edgard Varèse. Rückblicke auf die Zukunft. München 1983 (Musik-Konzepte 6); *Steinhardt*, Heinrich: Varèse – unbegriffener Prophet einer kosmischen Schallwelt. In: Melos 38 (1971), S. 293–297; *Wilkinson*, Mark: Edgar Varèse – Pionier und Prophet. In: Melos 28 (1961), S. 68–76; *Helm*, Everett: Außenseiter Varèse. In: Melos 32, 1965, S. 433–437

44 Vgl. 31, S. 272f.

45 Vgl. 9 (Mayer-Rosa), S. 28

46 Vgl. 43 (Angermann), S. 15

47 Vgl. 9 (Mayer-Rosa), S. 28

48 *Kraemer*, Uwe: Covertext zur Schallplatte Edgar Varèse. Werke. CBS 60286; *Weng-chung*, Chou: Ionisation. In: Vgl. 43 (Metzger/Riehn), S. 52–74

49 Vgl. 33, S. 37; *Stange*, Joachim: Die Bedeutung der elektroakustischen Medien für die Musik im 20. Jahrhundert. Pfaffenweiler 1989; *Vierling*, Oskar: Elektrische Musik. In: Elektrotechnische Zeitschrift 53 (1932), S. 155–159; *Vierling*, Oskar: Das elektrische Musikinstrument, Schwingungserzeugung durch Elektronenröhren. In: Zeitschrift des Vereins Deutscher Ingenieure 76 (1932), S. 625–630; *Vierling*, Oskar: Das elektrische Musikinstrument. Mechanisch-elektrische Schwingungserzeugung. In: Zeitschrift des Vereins Deutscher Ingenieure 76 (1932), S. 741–745

50 Vgl. 6, S. 201

51 Vgl. 33, S. 43; *Morgan*, Robert P.: Twentieth Century Music. New York/London 1991, S. 461–463; *Theremin*, Leon: Ätherwellen und neue Wege der Musik. In: Funk Jg. 1927, Heft 44, S. 368; *Huth*, Arno: Elektrische Tonerzeugung. Zu den Erfindungen von Jörg Mager und Leon Theremin. In: Die Musik 20 (1927), Heft 1, S. 42ff.

52 *Gööck*, Roland: Die großen Erfindungen. Schrift, Druck, Musik. Künzelsau 1984, S. 265f.

53 Vgl. 49 (Stange), S. 137–157; *Stiemer*, Camilla: Das Sphärophon. In: Der Deutsche Rundfunk, 1925, Heft 43, S. 2758

54 *Briner*, Ermanno: Reclams Musikinstrumentenführer. Die Instrumente und ihre Akustik. Stuttgart 1988, S. 585

55 Vgl. 43 (Angermann), S. 16

56 *Stuckenschmidt*, H. H.: Musik und Technik. Schlußwort und Zusammenfassung. In: Winckel, Fritz: Klangstruktur der Musik. Vortragsreihe „Musik und Technik". Berlin-Borsigwalde 1955, S. 211

57 *Schmitz*, Hans-W.: Covertext von CD Welte-Mignon Digital INT 860 855

58 *Prieberg*, Fred K.: Honeggers elektronisches Experiment. In: Melos 23, 1956, S. 20–22

59 Vgl. 6, S. 233

60 Vgl. 54, S. 586

61 *Prieberg*, Fred K.: Musik im NS Staat. Frankfurt a.M. 1982, S. 370f.

62 *Jungk*, Klaus: Musik im technischen Zeitalter. Von der Edison-Walze zur Bildplatte. Berlin 1971, S. 79; *Meyer-Eppler*, Werner: Zur Terminologie der elektronischen Musik. In: Technische Hausmitteilungen des Nordwestdeutschen Rundfunks. Heft 1–2, 1954; *Ungeheuer*, Elena: Ingenieure der Neuen

Musik. Die Geschichte der elektronischen Musik. In: Kultur & Technik Jg. 1991, Heft 3, S. 34–41; *Meyer-Eppler*, Werner: Elektronische Klangerzeugung – Elektronische Musik und Synthetische Sprache. Bonn 1949; *Beyer*, Robert: Zur Frage der elektrischen Tonerzeugung. In: Die Musik, Jg. 1929, Heft 2; *Meyer-Eppler*, Werner: Elektronische Kompositionstechnik. In: Melos 20 (1953), S. 5–9: *Beyer*, Robert: Elektronische Musik. In: Melos 21 (1954), S. 35–39; *Prieberg*, Fred K.: Art.: Elektronische Musikinstrumente. In: Prieberg, Fred K.: Lexikon der Neuen Musik. München 1958, S. 112–116; *Kaegi*, Werner: Was ist elektronische Musik. Zürich 1967; *Humpert*, Hans Ulrich: Elektronische Musik. Geschichte – Technik – Kompositionen. Mainz 1987; *Eimert*, Herbert: Was ist elektronische Musik? In: Melos 20 (1953), S. 1–5

63 *Trautwein*, Friedrich: Wesen und Ziel der Elektromusik. In: Zeitschrift für Musik C II/6, Juni 1936, S. 699

64 *Prieberg*, Fred K.: Die Emanzipation des Geräusches. In: Melos 24 (1957), S. 9–11

65 *Schaeffer*, Pierre: Musique concrète. Von den Pariser Anfängen um 1948 bis zur elektronischen Musik von heute. Stuttgart 1974: *Baruch;* Gerth-Wolfgang: Was ist Musique concrète. In: Melos 20, 1953, S. 9–12; *Malec*, Ivo: Musique Concrète 1948–1968. In: Melos 36 (1969), S. 53–56; *Joachim*, Heinz: Das Mißverständnis von Pierre Schaeffer. In: Melos 21 (1954), S. 140–142.

66 Vgl. 9 (Mayer-Rosa), S. 532f.

67 *Eimert*, Herbert: Der Sinus-Ton. In: Melos 21, 1954, S. 168–172

68 *Eimert*, Herbert: So begann die elektronische Musik. In: Melos 39 (1972), S. 42–44

69 *Ligeti*, György: Auswirkungen der elektronischen Musik auf mein künstlerisches Schaffen. In: Winckel, Fritz (Hrsg.): Experimentelle Musik. Berlin 1970. S. 177; Vgl. 9 (Mayer-Rosa), S. 60

70 *Vogt*, Hans: Neue Musik seit 1945. Stuttgart 1972, S. 108; Vgl. 9 (Mayer-Rosa), S. 39

71 *Dibelius*, Ulrich: Musik. In: Benz, Wolfgang (Hrsg.): Die Geschichte der Bundesrepublik Deutschland: Kultur. Bd. 4, Frankfurt a. Main 1989, S. 135; *Glaser*, Hermann: Die Kulturgeschichte der Bundesrepublik Deutschland zwischen Grundgesetz und Großer Koalition 1949–1967, Bd. 2. Frankfurt a. Main 1990, S. 258

72 Vgl. 71, S. 138f.; *Ungeheuer*, Elena: Wie die elektronische Musik „erfunden" wurde (. . .). Quellenstudie zu Werner Meyer-Epplers Entwurf zwischen 1949 und 1953. Mainz 1992

73 Vgl. 9 (Mayer-Rosa), S. 41

74 Vgl. 9 (Vogt), S. 108

75 Vgl. 9 (Mayer-Rosa), S. 52

76 *Pehnt*, Wolfgang: Verstummte Tonkunst – Die Musik in der neueren Architekturgeschichte. In: Maur, Karin von (Hrsg.): Vom Klang der Bilder. Die Musik in der Kunst des 20. Jahrhunderts. München 1985, S. 398

77 Vgl. 7 (Prieberg), S. 180

78 Vgl. 76, S. 398

79 *Schulz*, Reinhard: Iannis Xenakis. In: Heister, Hanns-Werner, Sparrer, Walter-Wolfgang (Hrsg.): Komponisten der Gegenwart. München 1992; *Metzger*,

Heinz-Klaus/*Riehn*, Rainer (Hrsg.): Iannis Xenakis (Musik-Konzepte 54/55) München 1987

80 Vgl. 49 (Stange), S. 333, S. 349

81 Vgl. 62 (Humpert), S. 43; Vgl. 51 (Morgan), S. 470

82 *Dibelius*. Ulrich: Moderne Musik II, 1965–1985. München 1991, S. 193f.

83 *Kreutziger-Herr*, Anette: Rolf Liebermann. In: Heister, Hanns-Werner/Sparrer, Walter-Wolfgang (Hrsg.): Komponisten der Gegenwart. München 1992

84 Vgl. 82, S. 235; *Schnebel*, Dieter: Mauricio Kagel. Musik, Theater, Film. Köln 1970: *Klüppelholz*, Werner: Mauricio Kagel 1970–1980. Köln 1981

85 *Oesch*, Hans: Wladimir Vogel. In: Heister, Hans-Werner/Sparrer, Walter-Wolfgang (Hrsg.): Komponisten der Gegenwart. München 1992

86 Vgl. 82, S. 189

87 *Fanselau*, Rainer: Steve Reich. In: Heister, Hanns-Werner/Sparrer, Walter-Wolfgang: Komponisten der Gegenwart. München 1992

Technik und Sprache

Astrid Guderian

Dieses Thema könnte man auch in dem Band „Technik und Wissenschaft" erwarten, handelt es sich doch meist um Sprache im allgemeinen und nicht speziell um die literarische Sprache.

Das Verhältnis von Technik und Sprache ist durch ein Geflecht wechselseitiger Beziehungen und Beeinflussungen bestimmt, obwohl es zunächst den Anschein hat, als ob die Technik einseitig Nutzen aus der Beziehung zieht, indem sie ständig neue Prozesse der Versprachlichung initiiert. Im Hinblick auf grundsätzliche Strukturfragen jedoch fällt der Sprache eine Schlüsselrolle zu: Kommunikationstechnologie, die bahnbrechende Erfindung dieses „Computer-Jahrhunderts", wäre ohne sie undenkbar.

Spuren der Technik in verschiedenen Einzelbereichen der Sprache

Einige exemplarische Beispiele aus Einzelbereichen der Sprachwissenschaft, zum Beispiel aus der *Lexikographie* und der *Stilistik*, können den Umgang der Sprache mit technischen Neuerungen aufzeigen.

Betrachtet man das gewaltige Anwachsen des Wortschatzes im Laufe der letzten zwei Jahrhunderte, so läßt sich diese Erscheinung weitgehend auf die Versprachlichung der technischen und naturwissenschaftlichen Neuerungen zurückführen. Die Geschichte der Lexikographie ist zugleich auch eine Geschichte der technischen Erfindungen. Die arbeitsteilige Gesellschaft mit ihren hohen Spezialisierungsprozessen verlangt nach einem ständig neuen Spezialwortschatz, nach fachsprachlichen Wörterbüchern.

Beispielhaft seien hier nur wenige Neologismen für Erfindungen, Entdeckungen, Vorgänge und Produkte aus den Gebieten von Technik und Industrie aufgelistet, die im 19. und 20. Jahrhundert in die Wörterbücher aufgenommen werden mußten: Leuchtgas, Elektrizität, Blitzableiter, Dampfmaschine, Schreibmaschine, Fließband, Ölheizung, Herzverpflanzung, Kunstseide, Kunstdünger, Druckknopf, Reißverschluß, Plastik, Atomzertrümmerung.

Viele der Neubildungen kommen auch aus der Kriegstechnik (Freikorps, Reichswehr, Rakete, Panzer, Atombombe, Maschinengewehr, Nuklearwaffe), aus Verkehrs- und Nachrichtenwesen (Pferdebahn, Eisenbahn, Kraftrad, Motorrad, InterCity), aus Fernmelde- und Postwesen (Telefonzelle, Telegramm, Briefmarke, Telefax), aus dem Rundfunk- und Fernsehsektor (Werbefunk, Sender, Empfänger, Antenne, Monitor, Videotext) und aus der Computertechnik (Diskette, Laufwerk, Laserdrucker, Festplatte) [1].

Technik bereichert aber nicht nur den Fachwortschatz, sie dringt auch in den allgemeinen sprachlichen Wortschatz ein: „Politiker wer-

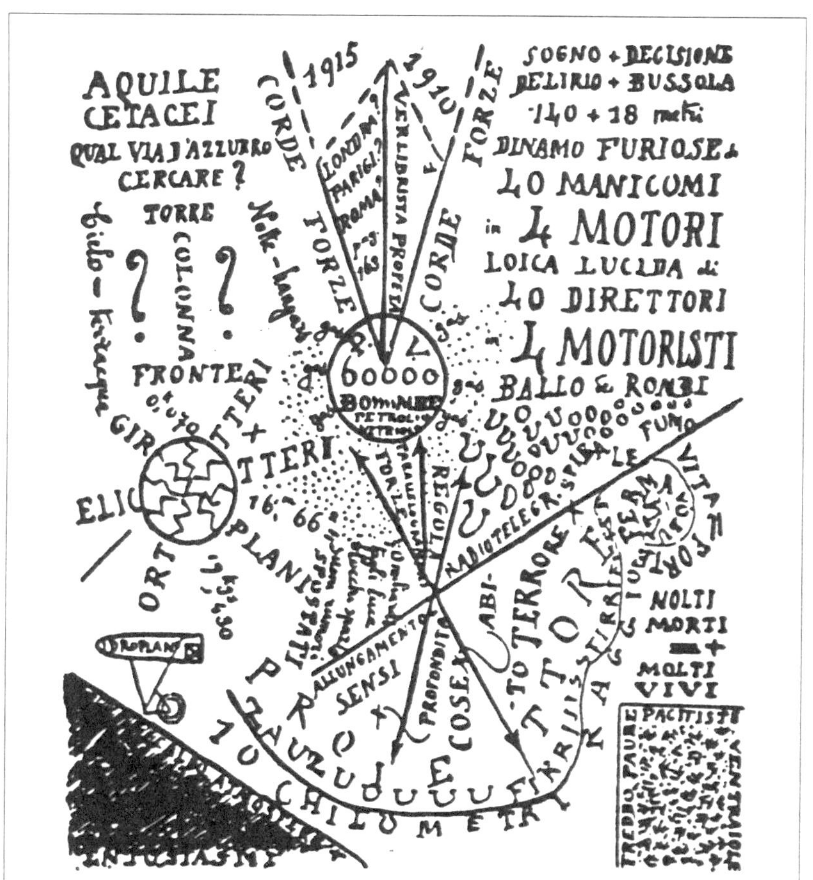

Paolo Buzzi: „Luftbombardement" („Bombardamento aero"). Schriftbild auf einem Flugblatt vom 11. Februar 1915.

den links überholt", „Eltern sind falsch programmiert", „Kontakt wird gesucht", „Programme werden angekurbelt oder laufen auf Hochtouren", „lautstark wird gesprochen", „Es wird dazwischen gefunkt", „Sprache wird verkabelt"[2].

Bei dem unter Einfluß der technischen Neuerungen entstehenden Wortschatz sind folgende Grundtendenzen zu erkennen: Neigung zur Abstraktion, begriffliche Präzisierung, Verlust an Anschaulichkeit.

Sprachlich erfolgt die Bildung der Neologismen auf unterschiedliche Weise. Meist sind es Komposita oder Ableitungen aus bereits vorhandenem Wortschatz (Eisenbahn, Dampfroß, Fernsehen) oder Entlehnungen aus fremden Sprachen, aus dem Englischen (Sport, Tennis, Outsider) oder Russischen (Sputnik). Wortneuschöpfungen sind selten. Meist liefert das bereits in der Sprache Vorhandene das Material für das Neue.

Ein beliebter, auch im Beitrag über Lyrik und Technik aufgezeigter Weg der Wortneubildung, ist die metaphorische Methode. Durch Übertragung von bereits in der Sprache vorhandenen Benennungen aus einem Sachbereich in einen anderen entstehen bildhafte Ausdrücke oder Metaphern. Untersuchungen, zum Beispiel am vorindustriellen Fachwortschatz des Eisenhüttenwesens im 18. Jahrhundert, stellen fest, daß 22% der metaphorischen Neubildungen den Körperteilen des Menschen entstammen (Mundloch, Augenloch) und 29% aus dem weiteren Bereich der menschlichen Haushaltung und des täglichen Lebens. Zu ähnlichen Ergebnissen kommt man auch bei der Untersuchung der Neubildungen im Bereich der Textilindustrie im 17. und 18. Jahrhundert[3]. Der Sprache gelingt es dann meist schnell, Worte, die aus dem Bereich der Technik stammen, später so einzubinden, daß sie allgemeine abstrakte Vorstellungen anschaulich machen können: Wenn etwa die Rede ist von „Gottesmühlen, die langsam mahlen", von der „Lebensuhr" oder von der „verkabelten Sprache".

Sprache reagiert aber nicht nur lexikalisch auf neue Technik, sie ist auch fähig, *sprachstilistisch* direkt auf neueste Erfindungen einzugehen. Die Spiegel- und Glasschleiferei des 16. und 17. Jahrhunderts und die damit verbundenen Möglichkeiten perspektivischer Verzerrung – eine Mode des barocken Manierismus – regt Rhetorik und Dichtung dazu an, die Hyperbel verstärkt einzusetzen und damit eine Stilfigur der Übertreibung von Wirklichkeit, sei es als Vergrößerung oder als Verkleinerung[4].

Technik zwingt der Sprache ständig neue Sprachstile auf. Sie muß auf neue technische Medien reagieren: auf das Telegramm mit dem Telegrammstil, auf Telephon und Film mit einem speziellen Dialogstil, auf Rundfunk und Fernsehen mit einem speziellen Nachrichtenstil, auf den Computer mit einem versatzstückartigen Manuskriptstil; die Reihe ließe sich fortsetzen. Gemeinsames Stilmerkmal aller Spezialstile ist die Tendenz zur Kürze, zur Aussparung, zur Neutralität, zur Universalität. Spuren eines Individualstils sollen, zum Beispiel beim Nachrichtensprechen, möglichst unterdrückt werden, damit die persönliche Kommentierung des Inhalts und somit eine Manipulation weitgehend unmöglich gemacht wird.

Bereits einige Dichter des 19. und 20. Jahrhunderts haben in ihrem Individualstil auf kommende neue Technologien reagiert und sie häufig schon vorweggenommen. So sind, wenn es auch im Einzelfall kaum möglich ist es nachzuweisen, Montagestil, Lapidarstil, Reihungsstil und die Sprachexperimente der Dadaisten und Konkreten Poeten, Vor- und Direktreaktionen auf Technik. Beaudelaires Vorstellung vom „Dichteringenieur" mit ihrer stilistischen Konsequenz ist ein Vorgriff auf technische Entwicklungen im 20. Jahrhundert.

Sprache strukturiert Technik

In den vorhergehenden Untersuchungen stand die Versprachlichung von technischen Erscheinungen im Mittelpunkt. Im folgenden Abschnitt soll die Rolle der Sprache herausgestellt werden, die sie als Strukturmodell für die Kommunikationstechnologie dieses Jahrhunderts hat. Sprache liefert sowohl die materiellen Grundlagen für unsere Denktätigkeit als auch – aus dem menschlichen Kommunikationsbedürfnis heraus entstanden – das Dialogmodell. Sie bietet also Modelle, Grundstrukturen an, die im weitesten Sinne von Apparaten und Prozessen des technischen Kommunikationsvorgangs simuliert werden. Ergebnisse solcher Simulationen sind, grob gesprochen, die künstliche Sprache, der Computer und die künstliche Intelligenz.

Technik wird als Sprache verstanden. Unzählige Beispiele aus der Computersprache können die Feststellung belegen, daß die Sprache für sie Modellfunktion besitzt.

Die Dialogmetaphorik beherrscht die Computersprache:

Sprache, Dialog, Kommunikation: Programmiersprache, Maschinensprache, Datenbankanfragesprache, Dialogbetrieb, Dialogverarbeitung, Kommunikationsrechner.

Sprachliche Einheiten und Typen von Einheiten: Alphabet, Ausdruck einer Programmiersprache, Nachricht, Name, Protokoll, Report, Satz, Text, Vokabular, Wort.

Sprachliche Handlungen: Abfrage, Abmeldung, Abruf, Anfrage, Anruf, Antwort, Anweisung, Aufruf, Befehl, Bestätigung, Frage, Kommando.

Lesen und Schreiben: Handschriftleser, Magnetschriftleser, Lesekopf, Markierungsleser, Einfachimpulsschrift.

Aspekte des Sprachverstehens: Interpretation, Interpreter, Übersetzung.

Linguistische Beschreibungsebenen: Grammatik, Semantik, Syntax[5].

Jeder dieser Begriffe kommt in einer Vielzahl von Kombinationen mit anderen Ausdrücken vor.

Der Begriff „Sprache" wird durch die Computertechnologie vereinnahmt:

Datenbanksprache, Datenverarbeitungssprache, Programmiersprache, Formelsprache, Makrosprache, Maschinensprache, dialogorientierte Programmiersprache, Quellensprache, Rechnersprache, Systemsprache usw.

Der Begriff „Befehl" wird in Computerprogrammen auf vielfältige Weise eingesetzt: Abspeicherbefehl, Abschlußbefehl, Ausgabebefehl, Ausblendebefehl, Befehlsadresse, -aufbau, -ausführung, -code, -diagramm, -folge, -mix, Eingabebefehl, Einwortbefehl, Zusatzbefehl usw.[6]

Der mit dem Computer arbeitende Mensch setzt diesen als Dialogpartner ein.

Sprache wird durch Technik strukturiert

Die durch die Sprache strukturierte Kommunikationstechnologie übt ihrerseits einen gravierenden Einfluß auf Sprache aus. Sprache wird auf Kommunikationstechnologie hin zu- und umgerüstet, sie wird „verkabelt". Das beginnt bei der Codierung und endet beim neuen Selbstverständnis der Sprache. Der Computer braucht codierte Sprache. Mit der Erfindung der Schrift, in der ein Zeichensystem in das andere übersetzt wird, hat die Sprache selbst vor Jahrtausenden diesen Prozeß in Gang gesetzt. Der Dadaismus und die Konkrete Poesie und ihre Vorformen sind Codierungsversuche. Das heutige Verlangen der Kommunikationstechnologie nach computergerechter Zurüstung von Sprache stellt an die Sprachwissenschaft ständig neue Aufgaben. Eine Diskretisierung ist ohne exakte Analyse nicht möglich. Die Analyseverfahren müssen ständig verfeinert werden. Diesen Anforderungen kommt eine Richtung innerhalb der Sprachwissenschaft entgegen, „die Strukturelle Linguistik", die allerdings zum Zeitpunkt ihrer Entstehung von der Bedeutung für die künftige Kommunikationstechnik noch nichts wußte. In seiner strukturellen Linguistik setzt de Seaussure 1916 neue Weichen für die Sprachwissenschaft, indem er Sprache als linguistisches Objekt und Sprachwissenschaft als Bestandteil einer allgemeinen Zeichenlehre sieht. Damit kann die Sprachwissenschaft sich als Modellwissenschaft verstehen, als später die Kybernetik und die Kommunikationstheorie entwickelt werden. Sie kann offen für deren Methoden bleiben und für deren zum Teil analoge Strukturen. So kann sich die gegenwärtige strukturelle Mathematische Linguistik entwickeln. Der Innovationsschub beispielsweise, der durch die Forderung nach Algorithmen für die Computerübersetzung besteht, setzt exakte linguistische Beschreibungsverfahren in Gang, die allerdings noch so unzureichend sind, daß sie nur zu Wort-für-Wort-Übersetzungen reichen. Es entsteht ein neuer Wissenschaftszweig, zum Beispiel die Computerlinguistik, ein wichtiger Schritt auf dem Weg zur Erforschung von Sprachprozessen.

Man darf aber die Verluste, die Codierung und Verkabelung von Sprache mit sich bringen, nicht übersehen: Die zeitliche, räumliche, personale Unmittelbarkeit des Dialogs entfällt. Der Individualcharakter der Sprache geht verloren: Die totale Verkürzung geht auf Kosten der sinnlichen Erfahrbarkeit. Historische Strukturen entfallen (individuelle Orthographien, Groß- und Kleinschreibung), die Abstraktion geht auf Kosten von Anschaulichkeit. Unter dem Einfluß von Technik ist in der Sprache ein neues Selbstverständnis entstanden. Sie begreift sich als Instrument mit Universalcharakter. Wir sind heute noch nicht in der Lage, die schwerwiegenden Auswirkungen der Verkabelung auf unsere Sprache zu überblicken.

Technik als Hilfsmittel der Sprach- und Literaturwissenschaft

Ohne Zweifel ist aber, daß Datenerfassung und -speicherung heute zum technischen Rüstzeug von Literatur- und Sprachwissenschaft gehören. Bibliographien lassen sich herstellen, Konkordanzen, Wörterbücher, sogar Stilanalysen lassen sich aufgrund von Worthäufigkeitsermittlungen für Fragen nach der Authentizität von Texten einsetzen[7], um nur einiges zu nennen.

Literaturnachweise

1 *Agricola*, Erhard (Hrsg.): Die deutsche Sprache, Bd. 1 u. 2. Leipzig 1969, S. 297 f./S. 500 ff.
2 *Weingarten*, Rüdiger: Die Verkabelung der Sprache. Frankfurt a. M. 1989
3 *Spiegel*, Heinz-Rudi: Sprachliche Bilder in der Arbeitswelt. In: Der Anschnitt, Jg. 26, H. 3, 1974, S. 23
4 *Klemm*, Friedrich: Zur Kulturgeschichte der Technik. München 1979, S. 149
5 Vgl. 2, S. 88 ff.
6 Vgl. 2, S. 94
7 *Fucks*, Wilhelm: Nach allen Regeln der Kunst. Stuttgart 1968, S. 95

Technik in der Literatur der Neuzeit

Dietrich von Engelhardt

Voraussetzungen

Die fundamentale Bedeutung der Technik für das moderne Leben hat auch in den Künsten und der Literatur ihren Niederschlag gefunden. Spannung und Einheit, Unterschiede und Verbundenheit von Technik und Kultur werden im literarischen Medium auf besonders eindrucksvolle Weise sichtbar. Literatur gibt den ‚Geist der Technik' wieder und steht zugleich selbst in essentieller Beziehung zu christlicher Religion und exakter Naturwissenschaft als den beiden zentralen Voraussetzungen der neuzeitlichen Entwicklung der Technik. Die Ambivalenz des Urteils, die Hoffnungen wie die Ablehnung, die Technik hervorgerufen hat, werden in der Literatur nicht nur dargestellt, sie können aus diesen Darstellungen sogar neue Impulse erhalten, können von ihnen verstärkt werden.

Die literarische Rezeption im historischen Verlauf der Neuzeit, die Welt der Technik im Medium der Literatur sowie die Struktur und Funktionen der Beziehung von Technik und Literatur sind die leitenden Gesichtspunkte dieses Beitrages.

Technik und Literatur stehen in einer Vielfalt von Beziehungen: Literatur der Technik, Sprache der Technik, Technik der Sprache und Technik des literarischen Schaffens bezeichnen einige Dimensionen. Technik als Thema der Literatur umgreift selbst wieder ein breites Spektrum von spezifischen Fertigkeiten und Erfindungen über die Formen industrieller Verarbeitung und die Person des Technikers bis hin zu den Anwendungen in den Naturwissenschaften, der Medizin und selbst den Geisteswissenschaften.

Die Rezeption im historischen Verlauf

Technik wird in der Literatur der Neuzeit durchgängig dargestellt und gedeutet. Veränderungen lassen sich im Verlauf der Jahrhunderte erkennen, bleibende Züge ebenfalls. Der Wandel der literarischen Themenwahl spiegelt allgemeine Einstellungen, auch verbreitete Ängste

Tafel 27, S. 302:
Robert Delaunay: „Eiffelturm", 1910.

und Hoffnungen der Menschen wider. Wenn Technik in der Literatur an Raum gewinnt, ist dies zugleich ein Indiz für ihre wachsende Rolle in der Wirklichkeit, im realen Leben wie in den Naturwissenschaften, der Medizin und den Geisteswissenschaften.

Erforschung und Beherrschung der Natur mit Hilfe der Technik ziehen bereits in der Renaissance die Aufmerksamkeit der Dichter auf sich. Ein bedeutendes Beispiel der Vermittlung wissenschaftlicher und auch technischer Kenntnisse in poetischer Form ist das Lehrgedicht; Technik erscheint hier überdies als Methode des Lernens; Reim und Rhythmus dienen dem Gedächtnis (Mnemotechnik). In den Architekturromanen („Trattato dell'architettura") von Antonio Averlino Filarete (1400–1469), verfaßt zwischen 1451 und 1464 und „Poliphilus" von Francesco Colonna (1433–1527), entstanden Ende des 15. Jahrhunderts, werden neue Bauprinzipien und technische Hilfsmittel der Öffentlichkeit in gefälliger Form nahegebracht.

Technik spielt in den utopischen Entwürfen der Renaissance von Thomas Morus (1478–1535), Tommaso Campanella (1568–1639) und Francis Bacon (1561–1626) eine wichtige Rolle. Kundschafter (mercatores lucis) sammeln auf ihren Reisen für Bacons Gesellschaft der „Nova Atlantis" technisches Wissen und technische Erfindungen, Sinn aller Erkenntnissuche liegt in der „Erweiterung der menschlichen Herrschaft bis an die Grenzen des überhaupt Möglichen". Vielfältig sind die Beispiele des Wissens und Könnens, die der Gesundheit und dem Wohlleben des Menschen dienen, in denen der „Reichtum des Hauses Salomons"[1] besteht. [I-4.1]

Im Zeitalter der Aufklärung gewinnt Technik weiter an Attraktivität; hervorgehoben werden auch bedenkliche Seiten, so gilt Jean Jacques Rousseaus (1670–1741) Zivilisationskritik auch der Technik. „Gullivers Reisen" (1726) von Jonathan Swift (1667–1745) weisen ironisch-satirisch auf Gefahren und Auswüchse hin, die sich aus dem wissenschaftlichen Naturstudium ergeben können. Die Pariser Académie des Sciences und vor allem die Royal Society von London sollen von diesem Spott getroffen werden; Wissenschaftler können in ihrer grenzenlosen Neugier irrealen Projekten verfallen und sich politisch mißbrauchen lassen, Technik kann die Menschen dem Leben entfremden und sie für soziale Nöte unempfindlich machen.

Kritisch-satirische Darstellungen durchziehen die Literatur bis in die Gegenwart, im allgemeinen gilt die Abwehr mehr den Auswüchsen als der Technik selbst. In „Robinson Crusoe" (1719), selbst wieder auf zahlreiche weitere Schiffsbruch- und Inselromane bezogen, beschreibt Daniel Defoe (1660–1731) die Bedeutung technisch-praktischer Fä-

Technik spielt in den utopischen Entwürfen der Renaissance, zum Beispiel bei Thomas Morus, Tommaso Campanella und Francis Bacon, eine große Rolle. So sammeln Kundschafter auf ihren Reisen für Bacons Gesellschaft der „Nova Atlantis" technisches Wissen und technische Erfindungen. Die Abbildung zeigt die Karte von Bacons Insel Utopia von 1516.

higkeiten für ein Überleben des Menschen in der Wildnis. Zivilisation steht über dem Naturzustand, muß aber gelernt und beherrscht werden. Robinsons Erlebnisse in der Welt der kannibalischen Wilden und sein Glaube an die Perfektibilität des Menschen stehen Rousseaus Kritik an der Zivilisation entgegen. In Übersetzungen und Nachahmungen hat Robinson weite Verbreitung gefunden; 1731–43 erscheint von Johann Gottfried Schnabel (1692–1750) die „Insel Felsenburg".

Die Literatur der Klassik und vor allem der Romantik wird von einer metaphysischen und religiösen Orientierung bestimmt. Die Darstellung der Technik gewinnt nun eine Tiefe, die über jede ästhetische Wiedergabe im üblichen Sinne weit hinausreicht und in den philosophischen Analysen der Zeit bei Georg Wilhelm Friedrich Hegel (1770–1831) oder Arthur Schopenhauer (1788–1860) ihre Bestätigung oder Rechtfertigung findet. Physik und Metaphysik, Wissenschaft und Kunst sollen sich nach Auffassung der Romantiker nicht ausschließen, ihren Texten liegt vielmehr die Überzeugung von einer ursprünglichen Einheit von Wissenschaft, Kunst und Religion zugrunde, einer Einheit, die zu Anfang der Menschheitsgeschichte bestanden haben soll und im weiteren Verlauf der Geschichte dann zur notwendigen und zugleich ebenso verhängnisvollen Trennung von Natur und Mensch, von Wissenschaft, Kunst und Glaube geführt hat – verhängnisvoll für die Natur wie für den Menschen. Jene ursprüngliche Verbindung soll sich mit Hilfe der Kunst, der Naturwissenschaft und Technik aber wiederherstellen lassen.

Novalis (1722–1801), Heinrich von Kleist (1777–1811), Achim von Arnim (1781 1831), E. T. A. Hoffmann (1776–1822) sind von den Hintergründen und auch Abgründen der Technik fasziniert. Der Automat wird seit dieser Zeit bis in das 20. Jahrhundert zu einem zentralen Motiv der Literatur. Kleists „Marionette" verbindet Freiheit und Notwendigkeit, Gott und Mechanik; ihr Erbauer muß Empfindung besitzen und zu tanzen verstehen, ist aber wie jeder menschliche Tänzer durch seine Reflexion von ihrer Grazie weit entfernt, die sich vollendet allein bei fehlendem oder unendlichem Bewußtsein einstellt, „d. h. in dem Gliedermann, oder in dem Gott"[2]. Die „Automate", ein Leitmotiv im gesamten Werk von E.T.A. Hoffmann, läßt die Grenze zwischen unbelebter und belebter Natur verwischen, erinnert an den Ursprung der Menschheitsgeschichte und steigert – so der mechanische Türke in der Erzählung „Die Automate" (1814) – die Selbsterkenntnis des Menschen: „so sind wir aber es selbst, die wir uns die Antworten erteilen"[3]. Bergbau besitzt bei Hoffmann wie bei Novalis metaphysische oder religiöse Züge. Bei dem „schwachen Schimmer des Grubenlichts" kann das Auge des Menschen so hellsehend werden, daß er „in dem wunderbaren Gestein die Abspiegelung dessen zu erkennen vermag, was oben über den Wolken verborgen"[4]. Unglück stellt sich ein, wenn der Mensch mit falschem Geist der Natur begegnet: „Es ist ein alter Glaube bei uns, daß die mächtigen Elemente, in denen der Bergmann kühn waltet, ihn vernichten, strengt er nicht sein ganzes Wesen an, die Herrschaft über sie zu behaupten, gibt er noch andern Gedanken Raum, die die Kraft schwächen, welche er ungeteilt der Arbeit in Erd' und Feuer zuwenden soll.“ [5] [VII-5.3]

Soziale Auswirkungen werden nicht übergangen. Jean Paul (1763–1825), der von Menschen als „Maschinen der Engel“ spricht, hebt den Verlust von Arbeitsstellen hervor, der mit der Technik verbunden ist: „Schon von jeher brachte man Maschinen zu Markt, welche die Men-

Per Hillestroem: „Das Erzbergwerk Falun“, 1784. Die Arbeit der Bergleute war in Literatur und Malerei oft mit geheimnisvollen Zügen verklärt. Die Knappen und Hauer waren „in dem wunderbaren Gestein“ Dingen nahe, die übertage verborgen waren. Deutlich war aber auch, daß die Arbeit unter der Erde mühsam und von Gefahren umgeben war. Das Gemälde zeigt die Fördermaschinen, die im Bergwerk Falun 225 Meter unter der Erde von den Bergleuten bedient wurden.

schen außer Nahrung setzten, indem sie die Arbeit derselben besser und schneller ausführten. Denn zum Unglück machen die Maschinen allezeit recht gute Arbeit und laufen den Menschen weit vor"[6].

In Goethes (1749–1832) „Wilhelm Meisters Wanderjahre" (1821) wird vor dem „überhandnehmenden Maschinenwesen"[7] gewarnt, zugleich werden auch positive Seiten gesehen, wird mit Wilhelms Zuwendung zur Chirurgie eine wohltätige Perspektive der Technik betont; „Faust" als Ingenieur der Moderne hat vielfältige und auch widersprüchliche Deutungen gefunden. Kunst und Technik gehen nach Goethe ineinander über, Technik ist ein wesentliches Instrument, die Lebensverhältnisse des Menschen zu verbessern. In den „Wanderjahren" heißt es: „Bei Ausbreitung der Technik hat man keine Sorge, sie hebt nach und nach die Menschheit über sich selbst und bereitet der höchsten Vernunft, dem reinsten Willen höchst zusagende Organe"[8]. Auf der anderen Seite steht in den „Maximen und Reflexionen" der Satz: „Die Technik im Bündnis mit dem Abgeschmackten ist die fürchterlichste Feindin der Kunst"[9].

Realismus und Naturalismus des 19. Jahrhunderts sind den metaphysisch-religiösen Einheitsbestrebungen der Romantik und des Idealismus nicht gefolgt; der Gegensatz zwischen den Natur- und Geisteswissenschaften verfestigt sich vielmehr, zugleich wird unter der Hegemonie der Naturwissenschaften im Zeitalter des Positivismus eine neue Art des Einflusses und Zusammenhanges hergestellt. Bezeichnend für die konträren Auffassungen der Zeit sind die Gedichte über das Verhältnis von Technik und Poesie von Justinus Kerner (1786–1862) und Gottfried Keller (1819–1890) aus dem Jahre 1845. Fühlt sich Kerner von der „dampfestollen" Zeit „lieblos" ausgeschlossen[10], sieht Keller in seiner Erwiderung die Zauberwelt der Dichtung „durch die Elemente in Geistes Dienst verwirklicht nun"[11].

Technik und Naturwissenschaften werden für die realistische und besonders naturalistische Kunst zur Richtschnur und zu einem zentralen Thema. Techniker wie Naturwissenschaftler sind selbst von der überragenden Kulturbedeutung ihrer Disziplinen überzeugt, die gängige Entgegensetzung von Zivilisation und Kultur wird von ihnen nicht geteilt. Auch Philosophen können, so Rudolph Haym (1821–1901), in ihrer Zeitdiagnose von 1857 zugeben: „Das ist keine Zeit mehr der Systeme, keine Zeit mehr der Dichtung oder Philosophie. Eine Zeit statt dessen, in welcher, Dank den großen technischen Erfindungen des Jahrhunderts, die Materie lebendig geworden zu sein scheint. Die untersten Grundlagen unseres physischen wie unseres geistigen Lebens werden durch diese Triumphe der Technik umgerissen

Titelblatt von Max Eyths Autobiographie „Hinter Pflug und Schraubstock" von 1899.

und neugestaltet"[12]. Schriftsteller und Maler können sich dem Erfolg der Technik und Industrie ihrerseits nicht entziehen und geraten mit ihren Werken in ein Spannungsverhältnis zum Alltagsbewußtsein nicht weniger Menschen, die „Feuer- und Lebensversicherungen" für ebenso problematisch, sogar inhuman und gottlos halten wie „Blitzableiter und andere technische Erfindungen"[13].

Angeregt von dem Physiologen Claude Bernard (1813–1878) („Introduction à l'étude de la médecine expérimentale", 1865), unterwirft Emile Zola (1840–1902) mit der Formel vom „experimentellen Roman"[14] (1880) die Literatur der Logik der Naturwissenschaften. Technik und Poesie bringt Gerhart Hauptmann (1862–1946) („Im Nachtzug", 1888) in eine immanente Verbindung: „Willst lernen, Poetlein, das heilige Lied, so lausche dem Rasseln der Schienen, so meide das schläfrige, tändelnde Ried und folge dem Gang der Maschinen"[15]. Die Poesie der Technik steht nach Max Eyth (1836–1906) nur zu oft über den Werken der Kunst: „Selbst die ‚gebildete' Welt beginnt zu ahnen, daß in einer schönen Lokomotive, in einem elektrisch betriebenen Webstuhl, in einer Maschine, die Wasserkraft in Licht verwandelt, Geist, vielleicht mehr Geist steckt als in der schönsten Phrase, die Cicero jemals gedrechselt hat"[16].

Die Industrialisierung der Zeit schlägt sich in der Literatur nieder. Eine Fülle heute meist vergessener Romane erscheint in dieser Perspektive seit den 30er und 40er Jahren des 19. Jahrhunderts. Das Bild der Industrie fällt keineswegs immer realitätsangemessen aus, nicht selten steht dem bösen Unternehmer der gute Arbeiter gegenüber. Vom sozialkritischen Engagement sind die Beschreibungen nur zu oft stärker geprägt als von der Kenntnis der Wirklichkeit. Karl Leberecht Immermanns (1796–1840) „Die Epigonen" (1836) ist die erste und zugleich ablehnende Darstellung eines Industrieunternehmens in deutscher Sprache. Positiv fällt dagegen das Bild in Friedrich Spielhagens (1829–1911) Roman „Hammer und Amboß" (1869) aus; mit Technik und Industrie breche eine „Zeit der Brüderlichkeit, der Billigkeit, der Gerechtigkeit, der gegenseitigen Hilfsbereitschaft" aus[17]. In Georg Weerths (1822–1856) „Fragment eines Romans" (1846/47) wird die Industriewelt aus der Sicht des Arbeiters und Unternehmers betrachtet. Hoffnung und Kritik finden sich gleichermaßen, so auch in den Worten des Fabrikantensohnes August: „Die Industrie ist eine herrliche Sache; aber die Industrie, wie sie heutzutage getrieben wird, ist verkehrt und grausam, und ich werde mich nicht dazu hergeben, Sachen zu verteidigen, die ich für schief und falsch halte"[18]. Robert Prutz (1816–1872), Friedrich Wilhelm Hackländer (1816–1877), Gu-

Hammer und Amboß.

Roman

von

Friedrich Spielhagen.

Erster Teil.

Vierundzwanzigste Auflage.

Leipzig.
Verlag von L. Staackmann.
1910.

Titelblatt von Friedrich Spielhagens Roman „Hammer und Amboß" von 1910.

stav Freytag (1816–1895), Rudolf Herzog (1869–1943) stehen im deutschsprachigen Raum in dieser Tradition.

Mit dem Ende des 19. Jahrhunderts gewinnt die Wiedergabe der Industrie und des Industriellen an Differenziertheit, manifestiert aber zugleich die ambivalente Einstellung der sozialen Schichten und politischen Gruppierungen gegenüber Technik, Industrie und Kapitalismus. Der Aufstieg der Industrie kann – so in dem populären Roman „Die Stoltenkamps und ihre Frauen" (1917) von Rudolf Herzog – mit dem Aufstieg des Deutschen Reiches gleichgesetzt werden. Bei Zola trägt die Maschine den Fortschritt, hat ästhetischen Reiz, besitzt eine gleichsam animalische Natur und zugleich politische Symbolik oder Metaphorik. In „Das Tier" (1890) fährt der Protagonist und Lokomotivführer Jacques Lantier auf der glänzenden Lokomotive in den Krieg mit Deutschland, in den Untergang des zweiten Kaiserreiches, in den eigenen Tod. Jules Verne (1828–1905) entwirft in seinen Romanen und Erzählungen eine faszinierende Welt technischer Möglichkeiten, ohne den Extremen der Verherrlichung oder Verdammung zu folgen. [VII-5.11]

Nicht nur die Literatur, auch die Literaturtheorie und Literaturgeschichte zeigt sich im 19. Jahrhundert fasziniert von der Technik wie den Naturwissenschaften. Bezeichnend für diese Nähe von Technik und Literatur bei gleichzeitiger Distanz zu Philosophie und Theologie ist die Feststellung des zeitgenössischen Germanisten und Begründers einer positivistischen Literaturwissenschaft Wilhelm Scherer (1841–1886) aus dem Jahre 1870: „Dieselbe Macht, welche Eisenbahnen und Telegraphen zum Leben erweckte, dieselbe Macht regiert auch unser geistiges Leben; sie räumt mit den Dogmen auf; sie gestaltet die Wissenschaften um; sie drückt der Poesie den Stempel auf. Die Naturwissenschaft zieht als Triumphator auf dem Siegeswagen einher, an den wir alle gefesselt sind"[19].

Die Literatur des 19. Jahrhunderts setzt aber auch die Skepsis und Kritik der Vergangenheit gegenüber der Technik fort. Kunst ist selten nur affirmativ, ihr Sinn kann auch nicht in der uneingeschränkten Rechtfertigung gegebener Wirklichkeit liegen. Die Ambivalenz ihrer Darstellung entspricht dem Spektrum der Auffassungen ihrer Leser zwischen Kulturpessimismus und Fortschrittspathos. Gustave Flauberts (1821–1880) „Bouvard et Pécuchet", jene zwei Junggesellen, die sich in ihrer Suche nach einer sinnvollen Beschäftigung auch auf das Naturstudium einlassen, machen ebenfalls in diesem Bereich enttäuschende Erfahrungen. Die großen Russen Turgenev (1818–1883), Dostoevskij (1821–1881), Tolstoj (1828–1910) and Čechov (1860–1904)

Technische Zukunftsvisionen stehen im Mittelpunkt vieler Romane und Erzählungen von Jules Verne. Aus dem „Drama der Lüfte" stammt die Abbildung eines Luftverkehrs der Zukunft mit Luftschiffen und Heißluftballons in drangvoller Enge.

geben die Welt der Naturwissenschaften und Technik ebenfalls nicht ohne Einschränkungen wieder. Samuel Butler (1835–1902), engagierter Gegner von Charles Darwin (1809–1882) und seiner Evolutionslehre, plädiert in „Erewhon" (1872) (= nowhere = Utopia) für die Abschaffung der Technik, um die Menschen ihrer Logik nicht gänzlich erliegen zu lassen: „Darin besteht gerade die Arglist der Maschinen: sie dienen, um zu herrschen"[20]. Auch Johann Buddenbrook (Thomas Mann, 1901) kann der Zeit wenig abgewinnen, der Zeit des Philippe Egalité und der praktischen Ideale: „Da schießen nun die gewerblichen Anstalten und die technischen Anstalten und die Handelsschulen aus der Erde, und das Gymnasium und die klassische Bildung sind plötzlich Bêtisen, und alle Welt denkt an nichts als Bergwerke (...) und Industrie (...) und Geldverdienen (...) Brav, das alles, höchst brav! Aber ein bißchen stupide, von der anderen Seite, so auf die Dauer – wie?"[21].

Die spezifischen Akzente der Darstellungen des 20. Jahrhunderts haben im technisch-wissenschaftlichen Fortschritt und im Wandel auch der allgemeinen Einstellung gegenüber Technik und Naturwissenschaft ihren Grund. Mit dem Expressionismus wird Technik auf Bedeutung, auf Anthropologie und Gesellschaft bezogen, verliert an ihr selbst an literarischen Dignität; zunehmend wird kritische Distanz bezogen, während zu Anfang dieser Bewegung in technischen Erfindungen wie dem Flugzeug und dem Auto auch Möglichkeiten rauschhafter Erlebnisse gesehen werden. Der Erste Weltkrieg bringt Ernüchterung mit sich. Beispielhaft heißt es in Karl Ottens (1889–1963) Gedicht „Für Martinet" aus dem Jahre 1917: „Nieder mit der Technik, nieder mit der Maschine!"[22]. Umfassend fällt das Bild der Technik und des Fortschritts in Alfred Döblins (1878–1957) Roman „Berge, Meere und Giganten" (1924) aus. „Die Menschen der westlichen Völker hinterließen ihren Nachkommen das Eisen, die Maschinen, Elektrizität, die unsichtbaren stark wirkenden Strahlungen, die Berechnung zahlloser Naturkräfte."[23] In Ernst Tollers (1893–1939) Drama „Die Maschinenstürmer" (1922) unterliegen die Aufständischen letztlich der Polizei; Jimmy Cobbetts Zukunftsperspektive: „Und der Tyrann Maschine, besiegt vom Geiste schaffender Menschen (...) wird euer Werkzeug, wird euer Diener"[24] findet bei den Arbeitern kein Gehör, da sie zu einem wahren Bündnis untereinander nicht in der Lage sind. Auf die ideologisch bedingte Anerkennung des Industriellen wie aber ebenso Abwertung der modernen Technik in Romanen des Dritten Reiches sei hingewiesen; ohne Zweifel sind aber die literarisch weniger hochstehenden Kunstwerke sozialgeschichtlich meist von besonderer Aussagekraft.

Großes
Schauspielhaus

Karlstraße — Am Zirkus — Schiffbauerdamm
Sommer-Direktion

Anfang $7\frac{1}{2}$ Uhr — Sonntag, den 9. Juli 1922 — Ende 10 Uhr

Die Maschinenstürmer

Ein Drama aus der Zeit der Ludittenbewegung in England in einem Vorspiel und acht Bildern von Ernst Toller

Regie Karlheinz Martin

Personen des Vorspiels:

Lordkanzler	Aribert Wäscher
Lord Castlereagh	Carl Wallauer
Lord Byron	Ferdinand Hart

Personen des Dramas:

Ure, Fabrikant	Carl Wallauer
Offizier	Kurt Lukas
Ingenieur	Paul Günther
Ned Lud, ein Weber	Gerhard Ritter
Margret, seine Frau	Leonie Duval
John Wible, ein Weber	Hans Rodenberg
Mary, seine Frau	Friedel Harms
Teddy, beider Kinder	Gertrud von Hoscheck
Der alte Reaper, Marys Vater	Alexander Granach
Jimmy Cobbet	Ferdinand Hart
Henry Cobbet, Jimmys Bruder, Geschäftsführer bei Ure	Aribert Wäscher
Jimmys und Henrys Mutter	Elise Zachow-Ballentin
Bettler	Fritz Rasp
Georges (Weber und Weberinnen)	Erich Fiedler
William (Weber und Weberinnen)	Willi Fritsch
Bob (Weber und Weberinnen)	Max Kowa
Albert (Weber und Weberinnen)	Gerhard Bienert
Artur (Weber und Weberinnen)	Karl Hannemann
Charles (Weber und Weberinnen)	Walter Reblich
Eduard (Weber und Weberinnen)	Wilhelm Hiller
Tom (Weber und Weberinnen)	Fritz Hahn
Erstes Weib (Weber und Weberinnen)	Lotte Fließ
Zweites Weib (Weber und Weberinnen)	Else Lorenz
Drittes Weib (Weber und Weberinnen)	Käte Revill
Hausierer	Richard Martienssen
Blinder	Georg Hilbert
Taubstummer	Gustav Deimling

Webervolk, Weberkinder, Soldaten

Ort: Nottingham in England — Zeit: Um 1815

Bühnenbilder und Kostüme von John Heartfield — Musik und Zwischenspiele von Klaus Pringsheim

Technische Einrichtung: Franz Dworsky — Beleuchtung: Paul Hoffmann

Pause nach dem fünften Bild

Theaterprogramm einer Aufführung von Ernst Toller: „Die Maschinenstürmer" vom Sommer 1922.

Bei den großen Schriftstellern wie James Joyce (1882–1914), Marcel Proust (1871–1922), William Faulkner (1897–1962) und Virginia Woolf (1882–1941) finden sich keine Techniker an zentraler Stelle. Die zahlreichen und beeindruckenden Gegenbeispiele – wie die Aufnahme der Technik in Romanen und Erzählungen von Franz Kafka (1883–1924) und Gedichten von Gottfried Benn (1886–1956), wie die Ingenieure Castorp in Thomas Manns (1875–1955) „Zauberberg“ (1924) und Ulrich in Robert Musils (1880–1942) „Mann ohne Eigenschaften“ (1930/43) oder Max Frischs (geb. 1911) Techniker im „Homo faber“ (1957) – bestätigen nur diese Tendenz. Die Zusammenhänge oder Beziehungen sind aber auch vermittelter und hintergründiger. Der Roman „Ulysses“ (1922) von James Joyce kann als ein „Ingenieur-Kunstwerk“ bezeichnet werden. „Dedalus ist der legendäre Artist der Vorzeit“ [25]. Robert Musil, der Mathematik und Technik studiert hat und 1908 mit einem „Beitrag zur Beurteilung der Lehre Machs“ promoviert wurde, stellt an den Anfang des „Mannes ohne Eigenschaften“ einen präzisen meteorologischen Bericht. „Die Isothermen und Isotheren taten ihre Schuldigkeit“ [26]. Im „anderen Zustand“ wird die Trennung von Subjekt und Objekt transzendiert, wird eine mystische Tiefe jenseits der Trennung von Leben und Wissenschaft, von Technik und Kunst, von Sein und Denken erreicht.

Philosophen können die Sichtweise der Dichter bekräftigen. Dichter wie Rainer Maria Rilke (1875–1926) und zuvor bereits Friedrich Hölderlin (1770–1843) werden zu Kronzeugen technikkritischer Auffassung. Nach Rilke wehrt sich die Natur selbst gegen ihre technische Vergewaltigung: „Das Erz hat Heimweh. Und verlassen will es die Münzen und die Räder, die es ein kleines Leben lehren. Und aus Fabriken und aus Kassen wird es zurück in das Geäder der aufgetanen Berge kehren, die sich verschließen hinter ihm“ [27]. Martin Heidegger (1889–1976) läßt die Möglichkeit der Rettung nach dem berühmten Wort Hölderlins: „Wo aber Gefahr ist, wächst das Rettende auch“ [28] noch offen, hält allerdings das Scheitern für ebenso möglich: „Das Wesen der Technik kommt nur langsam an den Tag. Dieser Tag ist die zum bloßen technischen Tag umgefertigte Weltnacht. Dieser Tag ist der kürzeste Tag. Mit ihm droht ein einziger endloser Winter“ [29].

Technik prägt in ihrer weniger spektakulären, aber deshalb viel durchschlagenderen Kraft auch die Werke der Literatur. Technik hat das Gesicht des Krieges zutiefst verändert; Ernest Hemingways (1899–1961) Romane und Erzählungen sind von diesen Veränderungen bestimmt, suchen zugleich anthropologische Grundzüge des Menschen gegenüber dieser Signatur zu bewahren. Schiff, Eisenbahn, Flugzeug und Auto sind in der Literatur immer wieder Ursachen der Unfälle und des Todes, Brücken und Hochhäuser werden zu Orten des Selbstmordes, Instrumentalität und Rationalität beeinflussen und belasten die menschlichen Beziehungen. Technik und Industrie lösen zahlreiche Katastrophen aus; die von ihnen verursachte Umweltzerstörung bringt eine Vielzahl literarischer Reaktionen in Lyrik, Drama und Prosa hervor. Hiroshima and Tschernobyl werden vielen Schriftstellern zur realen Bestätigung ihrer fiktionalen Ängste. Beispiele dafür sind M. Duras „Hiroshima, mon amour" und Christa Wolfs „Störfall" von 1987. Zustimmende Technikfaszination ist selten geworden.

Für die utopische Literatur der Verne (1828–1905), Wells (1866–1946), Orwell (1903–1950), Koestler (geb. 1905), Huxley (1894–1963) und die zahllosen Science-Fiction-Romane ist Technik allerdings weiterhin zentral; ohne Technik läßt sich totalitäre Überwachung und Unterdrückung nicht erreichen, ohne Technik sind auch die Träume der Zukunft nicht denkbar. Wells „Zeitmaschine" (1895) hebt die Gesetze der Zeit auf. In der „Computerlyrik" der Gegenwart gehen Technik und Literatur eine neuartige und provozierende Verbindung ein: „. . . Gerne straften Ingenieure/Sägten von Computern Stahl/Brachen seelische Akteure/Drehten jeden runden Pfahl . . ."[30]. [VII-5.11; VII-5.12]

Die Welt der Technik im Medium der Literatur

Technik wird von der Literatur der Moderne in ihren unterschiedlichen Bereichen zum Thema gemacht: theoretische Ansätze, Erfindungen und ihre Umsetzung in die Praxis, industrielle Produktion, die Person des Technikers und des Industriellen, die Auswirkungen auf Leben, Kultur, Wissenschaften und Medizin, die Verwendung als Metapher. Zu Technikdichtern oder Dichteringenieuren zählen Max Eyth (1836–1906), Max Maria von Weber (1822–1881), Heinrich Seidel (1876–1945), Hans Dominik (1872–1945).

Über die Literatur hinaus stellt sich im übrigen die wichtige Frage, ob die verschiedenen Kunstarten und auch die verschiedenen literarischen Gattungen jeweils spezifische Affinitäten zu den verschiedenen Dimensionen der Technik besitzen: ob etwa soziale und politische Hintergründe eher im Drama, Stimmungen und Impressionen eher im Gedicht und allgemeine Zusammenhänge und Entwicklungen eher im Roman wiedergegeben werden können.

Immermanns Schilderung der Fabrik in seinem Roman „Die Epigonen" (1836) wird zum Vorbild zahlreicher Darstellungen auch in der

Beschreibung der negativen Auswirkungen auf die Natur und den Menschen: „Mit Sturmesschnelligkeit eilt die Gegenwart einem trokkenen Mechanismus zu; wir können ihren Lauf nicht hemmen, sind aber nicht zu schelten, wenn wir für uns und die Unsrigen ein grünes Plätzchen abzäunen und diese Insel solange als möglich gegen den Sturz der vorbeirauschenden industriellen Wogen befestigen"[31]. Positiv fällt das Bild der Industrie in Karl Gutzkows (1811–1878) Roman „Die Ritter vom Geiste" (1850/51) aus, ambivalent dagegen in Raabes (1831–1910) „Pfisters Mühle" (1864). Differenziert und weitbeachtet sind die Darstellungen bei Sue (1804–1857), Zola (1840–1902) und Dickens (1812–1870). Spielhagens Roman „Hammer and Amboß" (1910) läßt Maschinenarbeit mit Selbstverwirklichung in Einklang stehen, wenn die Industrie von humanen Unternehmern geleitet wird.

Schiff und Eisenbahn sind durchgängig ein Thema der Literatur wie später ebenfalls Auto und Flugzeug, Brücke und Tunnel. Zu zahlreichen literarischen Darstellungen regt der Untergang der Titanic am 14. April 1912 an. Die Welt der Segelschiffe im Kontrast zur Entwicklung des Dampfschiffes ist das zentrale Thema der Romane und Erzählungen von Josef Conrad (1857–1924). Grubenunglücke beschreiben E. T. A. Hoffmann und Emile Zola. In Bernhard Kellermanns (1879–1951) Roman „Der Tunnel" (1913) zeigt sich die trügerische Hoffnung, auf diesem Wege Zug- und Schiffsunglücke vermeiden zu können. Das Unglück im Tunnel während des Baus läßt eine erbitterte Menge Frau und Tochter des Ingenieurs Allan erschlagen.

Die Unglücke auf der See und dem Lande sind in den Dichtungen der Romantik die Folge eines erniedrigten oder zerrissenen Bewußtseins; Elis Froböhm geht in den „Bergwerken zu Falun" (Hoffmann) zugrunde, weil sein Geist der Natur und dem Geist in ihr nicht entspricht. Die romantische Kritik am Fortschritt läßt Justinus Kerner (1852) von der Lokomotive als dem dämonischen „Ungeheuer" der Apokalypse sprechen[32]. Die Verbindung zu den revolutionären Ereignissen von 1848 stellt Joseph von Eichendorff (1788–1857) in seinem Sonett „Ihr habt es ja nicht anders haben wollen", 1848, her wie später im „Auswanderer" allgemein zur Kulturentwicklung.

Industrie hat mit Geld zu tun, der Eisenbahnbau mit finanziellen Spekulationen; über den menschlichen Konstruktionen steht die Gewalt der Natur. „Berufstragik" (1899) von Max Eyth setzt den realen Einsturz einer Eisenbahnbrücke mit einem über sie hinfahrenden Zug zu Weihnachten 1879 bei Dundee über den Tay in Literatur um und lenkt die Aufmerksamkeit auf die seelischen wie sozialen Probleme des Brückenbauers Stoß. Auch Theodor Fontane (1819–1889) hat sich, neben anderen Schriftstellern, von diesem Unglück anregen lassen und in seiner Ballade „Die Brück' am Tay" (1880) fortschrittsskeptisch gedichtet: „Tand, Tand, ist das Gebilde von Menschenhand!" [33]. Die Natur läßt den Menschen seine Grenzen erleben. [VII-5.12]

Friedrich Spielhagens Roman „Sturmflut" (1877) behandelt die Welt der Eisenbahn und den Hafenbau, ihre technischen, ihre gesellschaftlichen Seiten. Die Eisenbahn ist ein Ort der Begegnung und des Aufbruches, der Liebe und des Todes. „Effi Briest" (Fontane, 1895) betrachtet voller Sehnsucht und später Resignation fahrende Züge. Der „Idiot" (1868) Myškin von Dostoevskij lernt im Zug seinen brüderlichen Widersacher Rogošin kennen. Tolstojs „Anna Karenina" (1875/77) begeht Selbstmord, indem sie sich vor den Zug wirft. Unter der Eisenbahn stirbt auch der Sohn des „Bahnwärter Thiel" (1888) von Hauptmann. Viele weitere lyrische und literarische Texte über die Eisenbahn folgen: „Der Blitzzug" (Detlev von Liliencron, um 1900), „Eisenbahnunglück" (Thomas Mann, 1909), „Eisenbahn-Abenteuer" (R. Walser, 1914), „Eisenbahngleichnis" (Erich Kästner, 1932), „Der versiegelte Zug. Lenin 9. April 1917" (Stefan Zweig, 1943), „Der Tunnel" (Friedrich Dürrenmatt, 1951), „Der Zug war pünktlich" (Heinrich Böll, 1949), „D-Zug München–Frankfurt" (Günter Eich, 1950), „Auf der Eisenbahn" (Friedrich Georg Jünger, 1952), „Mutmaßungen über Jakob" (Uwe Johnson, 1959), „Ffm. Hbf." (W. Höllerer, 1969), „Netzkarte" (S. Nadolny, 1981).

Technik, Industrie, Maschine und die vielen Instrumente des täglichen Lebens tauchen in der Literatur immer wieder auch in metaphorischen Wendungen auf. „Jetzt, Dora, mit mir auf den Kampfplatz! Alle Maschinen des großen Wagestücks sind im Gang", heißt es in Friedrich Schillers (1759–1805) „Fiesco" (1783) [34]. „Und mit kleinen Schritten gehn die Uhren neben unserem eigentlichen Tag", dichtet 1923 Rilke (1883–1924) [35]. Eine Maschine bestimmt Kafkas „Strafkolonie" (1919). Das Todesurteil wird den Menschen in die Haut eingeritzt: „Die Schuld ist immer zweifellos" [36]. In Günter Kunerts „Die Maschine" (1972) wird der Mensch zu einem Anhängsel der Maschine: „Ein häßlicher Zusatz an der schönen Kraft. Ein Rest von Mattigkeit inmitten der Dynamik" [37]. Und zur gleichen Zeit ist der Mensch überaus wichtig und unersetzbar; die Maschine bleibt stehen, wenn es den Menschen nicht gibt. R. M. Pirsig bringt östliche Lebensweise und moderne Technik mit seinem Roman „Zen und die Kunst, ein Motorrad zu warten" (1974) in einen eindrucksvollen Zusammenhang: „Ich meine nur, daß ihre Flucht vor der Technik, ihr Haß auf sie, selbstzerstörerisch ist. Der Buddha, die Gottheit, wohnt in den

Schaltungen eines Digitalrechners oder den Zahnrädern eines Motorradgetriebes genauso bequem wie auf einem Berggipfel oder im Kelch einer Blüte"[38].

Die literarischen Texte entwerfen auch Bilder des Technikers und Industriellen – Bilder von realen wie von fiktiven Personen, Selbst- und Fremdbilder. Zwischen Biographie und Roman stehen zahlreiche Erzählungen, Romane, Dramen und Gedichte über Leonardo da Vinci, Nobel, Edison, Siemens, Krupp und Ford. Techniker und Ingenieure von Spielhagen, Eyth, Weber, aber auch Thomas Mann und Frisch mögen aus realer Erfahrungen gewonnen sein, entscheidend ist ihre künstlerische Gestalt, ihre ästhetische Typisierung.

Der Zwiespalt von Zivilisation und Kultur manifestiert sich auch in der gesellschaftlichen Stellung des Technikers und Industriellen, in dem Verhältnis zum Aristokraten und Akademiker. Die Versuche des Industriellen, den Lebensstil der Aristokratie zu übernehmen, wird von Fontane ironisch an dem Kommerzienrat Treibel (Frau Jenny Treibel, 1892) geschildert: „Als aber nach dem siebziger Kriege die Milliarden ins Land kamen und die Gründeranschauungen selbst die nüchternsten Köpfe zu beherrschen anfingen, fand auch Kommerzienrat Treibel sein bis dahin in der Alten Jakobstraße gelegenes Wohnhaus, trotzdem es von Gontard, ja nach einigen sogar von Knobelsdorff herrühren sollte, nicht mehr zeit- und standesgemäß, und baute sich auf seinem Fabrikgrundstück eine modische Villa mit kleinem Vorder- und parkartigem Hintergarten"[39]. Vor allem in den zeitgenössischen Unterhaltungsromanen wird ein vielseitiges Bild des Un ternehmers in sozialpsychologischer Hinsicht entworfen. Die Bildungslosigkeit des Technikers und Ingenieurs wird durch die Ästhetik ihrer Werke kompensiert.

Techniker tragen absonderliche, lächerliche und gefährliche Züge, ebenso kann ihnen eine vermittelnde oder soziale Haltung zugeschrieben werden. Die Spannung oder Zerrissenheit von Goethes Faust steht hinter vielen späteren Gestaltungen. Frei von ökonomischen Interessen und in tiefem Einklang mit der Natur erscheint der Bergmann bei Novalis: „Zwar reicht er treu dem König den glückbegabten Arm, doch frägt er nach ihm wenig und bleibt mit Freuden arm. Sie mögen sich erwürgen am Fuß um Gut und Geld; er bleibt auf den Gebirgen der frohe Herr der Welt"[40]. Max Eyths „Berufstragik" (1899) ist eine bezeichnende Wendung für das Selbstverständnis des Ingenieurs; der Erbauer der „Brücke über die Ennobucht" (1899) setzt nach dem Unglück seinem Leben ein Ende; das Gefühl der Schuld läßt auch Storms (1817–1888) „Schimmelreiter" (1888) sein Leben beenden.

Mac Allan stirbt zwar nicht, hat aber dem „Tunnel" (Bernard Kellermann, 1913) sein Leben geopfert: „Als junger Mann hatte Allan den Bau begonnen, und nun stand er da, schneeweiß, verraucht, mit fahlen, etwas schwammigen Wangen und gutmütigen, blaugrauen Kinderaugen"[41]. Castorp (Thomas Mann, Zauberberg, 1924) steht zwischen Settembrini und Naphta, hat Neigung zur Rationalität wie zur Mystik. Frischs Walter Faber (1957) wird Opfer seines verabsolutierten mathematisch-naturwissenschaftlichen Denkens – er scheitert an Realitäten, die er auf Grund seiner wissenschaftlichen Perspektive nicht berücksichtigt, da sie sich nicht machen, nicht berechnen lassen. „Mein Irrtum: daß wir Techniker versuchen, ohne den Tod zu leben"[42].

Wesentlich sind schließlich die Auswirkungen der Technik auf Leben, Wissenschaft und Kultur. Technik ist Naturbeherrschung und Beherrschung des Menschen; beide Herrschaftsweisen können pervertieren, können Natur wie Kultur zerstören. Die Ausbreitung der Technik selbst ist, wie es in Goethes „Wilhelm Meisters Wanderjahre"

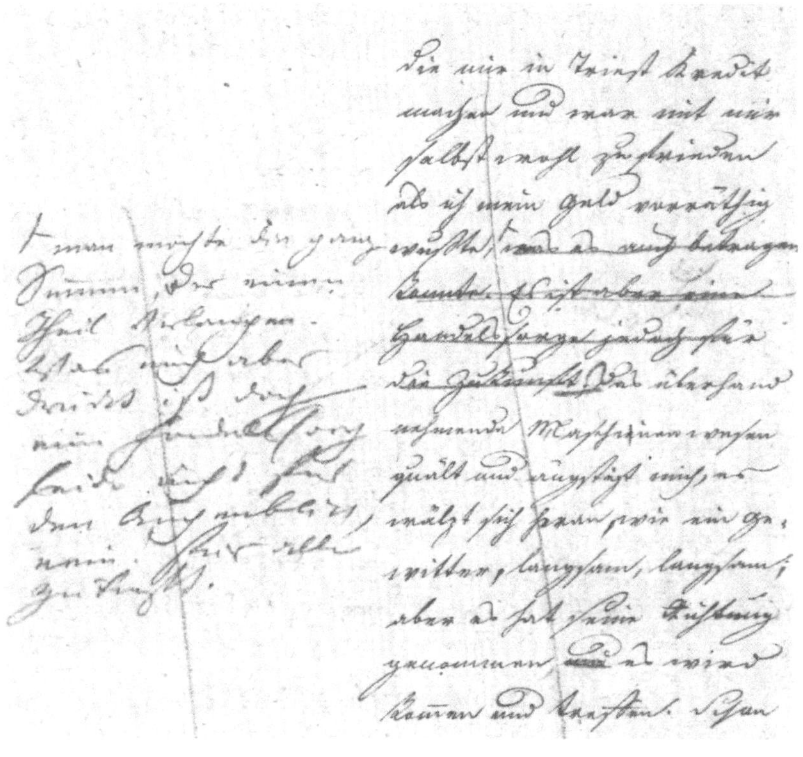

Als in den ersten Jahrzehnten des 19. Jahrhunderts auch in Deutschland die Industrialisierung spürbar wurde, war die vorherrschende Reaktion der Schriftsteller eher skeptisch oder ablehnend. Goethes Einstellung dazu dürfte die Sorgen vieler seiner Zeitgenossen zum Ausdruck gebracht haben. In „Wilhelm Meisters Wanderjahre", die 1829 zuerst erschienen, läßt er in der zweiten Fassung Frau Susanne sagen: [...] „die mir in Triest Credit machen, und war mit mir selbst wohl zufrieden, als ich mein Geld vorräthig wußte, man mochte die ganze Summe oder einen Theil verlangen. Was mich drückt ist doch eine Handelssorge, leider nicht für den Augenblick, nein! für alle Zukunft. Das überhandnehmende Maschinenwesen quält und ängstigt mich: es wälzt sich heran wie ein Gewitter, langsam, langsam; aber es hat seine Richtung genommen, es wird kommen und treffen. Schon [...]. *Die Abbildung zeigt Goethes handschriftliche Niederschrift dieser Textstelle. Stiftung „Deutsche Klassik", Weimar.*

heißt, unaufhaltsam: „Das überhandnehmende Maschinenwesen quält und ängstigt mich, es wälzt sich heran wie ein Gewitter, langsam, langsam; aber es hat seine Richtung genommen. Es wird kommen und treffen“ [43]. Die Erleichterung des Lebens produziert Mittelmäßigkeit, Zivilisation schadet der Kultur. Das „Dampfroß“ (1831) von Adelbert von Chamisso (1781–1838) bringt mit seiner Fahrt den Lauf der Natur durcheinander: „Mein Dampfroß, Muster der Schnelligkeit, läßt hinter sich die laufende Zeit, und nimmt's zur Stunde nach Westen den Lauf, kommt's gestern von Osten schon wieder herauf“ [44]. Kultur gilt immer wieder als von Technik bedroht: „Gewaltige Maschinen donnern Tage und Nächte. Tausende von Spaten sind in immerwährender Bewegung, um immer mehr Schutt auf den Geist zu schaufeln“ [45]. (Toller, Die Wandlung, 1919.) „Der Aufstand der Maschinen“ (La révolte des machines, 1921) bei Romain Rolland (1866–1944) läßt in einem Kreislauf die Menschen nach dem erreichten Naturzustand wieder Maschinen erfinden. Ernst Jünger konstatiert in den „Sgraffiti“ (1960): „In den heutigen Eliten finden wir fast ohne Ausnahme ökonomisch-technische Begabungen, Intelligenzen, durch deren Wirken der Umsatz gesteigert, die Substanz gemindert wird“ [46].

Positive Urteile über die Maschine finden sich ebenfalls in der Epoche der Neuzeit. Christian Gotthilf Salzmann (1744–1811) beschreibt in seinem Roman „Carl von Carlsberg oder über das menschliche Elend“ (1784–88) einerseits einen gewissenlosen Fabrikanten, hebt aber andererseits die Chancen hervor, die sich aus der Maschine ergeben können: „Bald, bald wird der Mensch aufhören Maschine zu sein, bald wird die drückende Last der Arbeit, unter der alle Söhne Adams krächzten, wie eine Gebärerin, wenn ihre Stunde gekommen ist, von ihnen genommen werden, und sie werden Zeit und Raum haben, sich alles dessen zu freuen, was der Herr gemacht hat“ [47]. Produktion und Rezeption der Literatur werden von der Technik und ihrem Fortschritt geprägt. Auch diese Phänomene werden von Schriftstellern wiedergegeben. Thema von Romanen und Erzählungen vor allem des 20. Jahrhunderts ist auch die Aufnahme der Technik in der Medizin.

Die Struktur und Funktion der Beziehung

Drei Funktionen scheinen für die Wiedergabe der Technik im literarischen Werk von zentraler Bedeutung zu sein – stets sind diese Funktionen auf die grundsätzliche Beziehung von Wissenschaft, Kunst und Wirklichkeit bezogen.

1. Technik kann zum einen einen wesentlichen Beitrag zum Verständnis des literarischen Werkes leisten; hier ließe sich von einer ‚literarischen Funktion der Technik' sprechen. Das Vertrautsein mit der Technik und Industrie verbessert das Urteil über ihre Wiedergabe in der Literatur. Nicht selten sind wissenschaftsgeschichtliche Kenntnisse für die Lektüre literarischer Texte der Vergangenheit besonders hilfreich. Auch die Lektüre historischer Romane und Erzählungen wird sich von der Wissenschaftsgeschichte oder Technikgeschichte anregen lassen. Wie realistisch eine Fabrik in einem literarischen Text beschrieben ist, wird sich nur aus wissenschaftshistorischer Sicht abschätzen lassen, wenngleich über den literarischen Wert des Kunstwerkes mit einem derartigen Urteil noch nicht entschieden ist. Die professionelle Nähe zur Technik und überhaupt zur Wissenschaft kann auch eine Gefahr mit sich bringen; Techniker und Naturwissenschaftler können dazu neigen, über die Güte eines literarischen Textes nach seiner Übereinstimmung mit der Realität zu urteilen und damit die Differenz von Wissenschaft, Kunst und Realität zu übersehen.

2. Literatur entfaltet umgekehrt auch einen Wert für die Technik, der die „technische Funktion der Literatur" genannt werden kann. Literatur erinnert in dieser Perspektive an Grenzen und Gefahren der Technik, macht auf die Zusammenhänge mit der sozialen Welt aufmerksam, weist auf ästhetische Kriterien auch der technischen Sprache hin, lehnt Verabsolutierungen der Technik ab: „Die Welt ist einfach komisch, wenn man sie vom technischen Standpunkt ansieht; unpraktisch in allen Beziehungen der Menschen zueinander, im höchsten Grade unökonomisch und unexakt in ihren Methoden; und wer gewohnt ist, seine Angelegenheiten mit dem Rechenschieber zu erledigen, kann einfach die gute Hälfte aller menschlichen Behauptungen nicht ernst nehmen"[48], heißt es in Musils ‚Mann ohne Eigenschaften'. Von der individuellen Situation des Technikers und Forschers der Vergangenheit, von seiner Einschätzung durch die Umwelt wird oft nur über literarische Werke gewußt. Literatur trägt in dieser Perspektive zur Sozialgeschichte der Technik bei.

3. Schließlich gibt es noch eine Dimension der Beziehung von Technik und Literatur, für die der Ausdruck „genuine Funktion nämlich der literarischen Technik" angemessen scheint. Mit dieser Funktion ist die Weitergabe der Technik über das Medium der Literatur an das allgemeine und öffentliche Bewußtsein gemeint. Literatur vermittelt technische Erfindungen und industrielle Wirklichkeit, Literatur warnt vor Gefahren und erinnert zugleich an die Verbindung von Natur und Kultur, Literatur ist ein Seismograph gegenwärtiger Krisen

wie zukünftiger Entwicklungen. Rilke dichtet: „Alles Erworbne bedroht die Maschine, solange sie sich erdreistet, im Geist, statt im Gehorchen zu sein“ [49]. [V-5]

Zutreffende Bilder stehen neben Verzerrungen. Auch Schriftsteller können sich irren und von ideologischen Positionen verblendet sein. Nur zu oft sind Schriftsteller weder mit technischen Apparaten, noch mit deren Funktions- und Arbeitsweise oder mit den für die Technik charakteristischen Methoden und Denkansätzen vertraut; das mindert in vielen Fällen die aufklärende oder bildende Funktion ihrer Werke erheblich. Walter Jens bedauerte 1958: „Die Literatur scheint nicht mehr in der Lage, die neue Wirklichkeit, die Welt aus Asbest und Beton, die radikale Veränderung der gesellschaftlichen Konstellation, das Jahrhundert der Technizität, mit dem vertrauten Vokabular zu beschreiben“ [50]. Bereits Max Eyth empfindet um 1900 einen ungerechten Mangel an literarischer Darstellung von Technikern und Naturforschern: „Der Soldat, der Landwirt, der Kaufmann, der Arzt, der Theologe, allen haben bedeutende Schriftsteller ein bleibendes Denkmal errichtet, der Ingenieur ist noch heute fast leer ausgegangen“ [51]. Diese Klage ist sicherlich übertrieben. Technik wird in der Literatur mit der sozialen Welt und dem Leben des Einzelnen verknüpft, grenzenloser Fortschrittsoptimismus und übertriebene Wissenschaftsgläubigkeit werden zurückgewiesen; die Totalität der Welt des Menschen und der Natur wird manifest gemacht.

Die drei Funktionen der Beziehung von Literatur und Technik sind auf das Sein und den Sinn von Technik, Kunst und Wirklichkeit gegründet; in diesem Dreieck ist ihr Verhältnis zu erörtern. Geschichte und Sprache von Wissenschaft, Kunst und Wirklichkeit zeigen bei vielen Unterschieden auch wesentliche Übereinstimmungen. Der Bildhauer, dem Goethes „Wilhelm Meister“ die Idee der plastischen Anatomie verdankt, freut sich über die Beobachtung, „wie Kunst und Technik sich immer gleichsam die Waage halten und so nah verwandt immer eine zu der andern sich hinneigt, so daß die Kunst nicht sinken kann, ohne in löbliches Handwerk überzugehen, das Handwerk sich nicht steigern, ohne kunstreich zu werden“ [52]. Friedrich Georg Jünger (1954) hebt die Universalität der Sprache hervor: „Die Sprache übergreift als Universale jeden wissenschaftlichen und technischen Bereich; sie verhärtet sich nicht zum Instrument eines speziellen Bereichs. Eine Technik der Sprache, die zugleich Technik des Sprechens und Schreibens ist, ist von der Sprache nicht abzulösen, ist nicht zu einer jener Ablösungen zu machen, wie wir sie im technischen Bereich überall vorfinden“ [53]. Realistik kann aber nicht das zentrale Kriterium der

Beurteilung von Kunstwerken sein; die literarische Darstellung geht immer über die reale Wiedergabe hinaus, Technik in der Literatur übersteigt jede technologische Aufklärung. [VII-5.9]

Ausblick

Die Literatur der Neuzeit zeigt sich von Technik berührt, reagiert mit Bewunderung und Kritik. Darstellung und Deutung geben nicht nur die Technik wieder, sie sind auch ein Ausdruck der Literatur und ihres Verhältnisses zur Wirklichkeit. Technik hat das Leben des Menschen in der Moderne wesentlich geprägt, hat zu Ablehnung und Zustimmung geführt, bleibend wird sie auch ein Thema der Literatur ausmachen, wird Metaphern zur Verfügung stellen, den Stil der Literatur beeinflussen, eine Wirkung auf Entstehung und Aufnahme literarischer Werke ausüben. Neben Dauer zeigt sich Wandel. Metaphysische Überhöhung oder postivistische Verherrlichung gehören der Vergangenheit an; abgesehen von utopischen Werken und Science-Fiction-Literatur werden Technik und Industrie in der Literatur häufiger in den Auswirkungen auf den Menschen und die Gesellschaft dargestellt als in ihrer eigenen Realität, dem Wesen der Kunst entsprechend auch häufiger kritisch als zustimmend. Deutliche Abweichungen ergeben sich in der Hohen Literatur und Trivialliteratur – differenziert und kritisch die eine, affirmativ und nicht selten ideologisiert die andere.

Technik in der Literatur der Neuzeit bezieht sich auch auf literarische Dimensionen der Technik wie ebenfalls technische Voraussetzungen der Literatur. Hohe Literatur und Trivialliteratur zeigen Unterschiede in der Darstellung und Deutung, sie spiegeln abweichend auch die Einstellung der Bevölkerung wider; selbst in der Aufnahme literarischer Texte über Technik und Industrie wird es gravierende Unterschiede zwischen Arbeitern, Technikern, Industriellen und Geisteswissenschaftlern wie zwischen männlichen und weiblichen Lesern geben.

Technik ist wie Naturwissenschaft in die Welt des Menschen und sein Selbstverständnis eingebunden, in ihrer Perspektive allein lassen sich weder ethische Maßstäbe entwickeln noch über die Ziele ihrer zukünftigen Entwicklung entscheiden. Technik und Literatur gehören unterschiedlichen Seinsbereichen an, stehen für zwei Kulturen (Charles Percy Snow, 1959) und sind zugleich gemeinsam Schöpfungen des Menschen, Ausdruck seiner Weltwahrnehmung und Gestaltung der Welt.

Literaturnachweise

1 *Bacon*, Francis: Neu-Atlantis, 1638. In: Heinisch, K. J. (Hrsg.): Der utopische Staat. Hamburg 1960, S. 205
2 *Kleist*, Heinrich von: Über das Marionettentheater, 1810. In: Kleist, Heinrich von: Werke. München 1966, S. 807
3 *Hoffmann*, E. T. A.: Die Automate, 1814. In: Hoffmann, E.T.A.: Poetische Werke. Berlin 1958, S. 430
4 *Hoffmann*, E. T. A.: Die Bergwerke zu Falun, 1819. In: Hoffmann, E. T. A.: Poetische Werke. Berlin 1958, S. 222f.
5 Vgl. 4, S. 233
6 *Jean Paul*: Auswahl aus des Teufels Papieren, 1789. In: Jean Paul: Sämtliche Werke. Abt. I. Bd. 1. Weimar 1927, S. 276
7 *Goethe*, Johann Wolfgang v.: Wilhelm Meisters Wanderjahre, 1821. In: Goethe, Johann Wolfgang v.: Werke. Bd. 8. Hamburg [7]1967, S. 429
8 *Goethe*, Johann Wolfgang v.: Wilhelm Meisters Wanderjahre, Paralipomena und Schemata, 1828. In: Goethes Werke, I. Abt., 25. Bd. München 1987, S. 252
9 *Goethe*, Johann Wolfgang v.: Maximen und Reflexionen, 829. In: Goethe, Johann Wolfgang v.: Werke. Bd. 12. Hamburg [6]1967, S. 482
10 *Kerner*, Justinus: Unter dem Himmel. In: Morgenblatt (1845), n. Gottfried Keller: Gesammelte Werke. Bd. 10. Zürich 1948, S. 146
11 *Keller*, Gottfried: An Justinus Kerner. In: Keller, Gottfried: Werke, Bd. 5. Zürich 1973, S. 441
12 *Haym*, Rudolf: Hegel und seine Zeit. Berlin 1857, S. 5
13 *Schnabel*, Franz: Deutsche Geschichte im 19. Jahrhundert. Bd. 3. 1934. München 1987, S. 432
14 *Zola* Emile: Le roman expérimental. Paris 1880
15 *Hauptmann*, Gerhart: Im Nachtzug, 1888. In: Hauptmann, Gerhart: Sämtliche Werke. Bd. 4. Frankfurt a.M. 1964, S. 56
16 *Eyth*, Max v.: Poesie und Technik, 1904. Stuttgart 1963, S. 11
17 *Spielhagen*, Friedrich: Hammer und Amboß. Schwerin 1869, S. 374
18 *Weerth*, Georg: Fragment eines Romans, 1846/47. Frankfurt a.M. 1965, S. 99
19 *Scherer*, Wilhelm: 1870. Zit. n. von Hanstein, Adalbert: Das jüngste Deutschland, Leipzig 1900, S. 6
20 *Butler*, Samuel: Erewhon, 1872. Frankfurt a.M. 1981, S. 283
21 *Mann*, Thomas: Buddenbrocks, 1901. Frankfurt a.M. 1960, S. 23
22 *Otten*, Karl: Für Martinet, 1917. In: Pinthus, K. (Hrsg.): Menschheitsdämmerung. Berlin 1920/Hamburg 1959, S. 241
23 *Döblin*, Alfred: Berge, Meere und Giganten, 1924/Olten 1978, S. 13
24 *Toller*, Ernst: Die Maschinenstürmer, 1922. In: Toller, Ernst: Gesammelte Werke. Bd. 2. München 1978, S. 142
25 *Hocke*, G. R.: Manierismus in der Literatur: Sprach-Alchimie und esotherische Kombinationskunst. Hamburg 1959, S. 230
26 *Musil*, Robert: Der Mann ohne Eigenschaften. Hamburg 1952, S. 9
27 *Rilke*, Rainer Maria: Das Stunden-Buch. 2. Buch, 1901, In: Rilke, Rainer Maria: Sämtliche Werke. Bd. 1. Frankfurt a.M. 1975, S. 329

28 *Hölderlin*, Friedrich: Patmos, 1803. In: Hölderlin, Friedrich: Sämtliche Werke. Bd. 2, Stuttgart 1953, S. 173

29 *Heidegger*, Martin: Wozu Dichter?, 1946, In: Heidegger, Martin: Gesamtausgabe. I. Abt., Bd. 5. Frankfurt a.M. 1977, S. 295

30 Computer-Lyrik, hrsg. v. Krause, M./Schaudt, G., Düsseldorf 1967, S. 30

31 *Immermann*, Karl Leberecht: Die Epigonen. T. 3. Buch 9. Düsseldorf 1836, S. 486

32 *Kerner*, Justinus: Im Eisenbahnhofe. In: Kerner, Justinus: Der letzte Blüthenstrauß. Stuttgart 1852, S. 62

33 *Fontane*, Theodor: Die Brück' am Tay, 1880. In: Fontane, Theodor: Werke, Schriften und Briefe. Abt. I. Bd. 6. München [2]1978, S. 285

34 *Schiller*, Friedrich: Die Verschwörung des Fiesco zu Genua, 1783. In: Schiller, Friedrich: Sämtliche Werke. Bd. 1. München 1958, S. 690

35 *Rilke*, Rainer Maria: Die Sonette an Orpheus. 1. Teil, XII. In: Rilke, Rainer Maria: Sämtliche Werke. Bd. 2. Frankfurt a.M. 1975, S. 738

36 *Kafka*, Franz: In der Strafkolonie, 1919. In: Kafka, Franz: Sämtliche Erzählungen. Frankfurt a.M. 1970, S. 104

37 *Kunert*, Günter: Die Maschine. In: Kunert, Günter: Tagträume in Berlin und andernorts. Frankfurt a.M. 1974, S. 22

38 *Pirsig*, R. M.: Zen und die Kunst, ein Motorrad zu warten, Frankfurt a.M. 1976, S. 24

39 *Fontane*, Theodor: Frau Jenny Treibel, 1892. In: Fontane, Theodor: Sämtliche Werke. Bd. 7. München 1959, S. 15.

40 Novalis: Heinrich von Ofterdingen. In: Novalis: Schriften. Bd. 1. Darmstadt [3]1977, S. 248

41 *Kellermann*, Bernard: Der Tunnel, 1913. Berlin 1972, S. 354

42 *Frisch*, Max: Homo faber. Frankfurt a.M. 1962, S. 241

43 Vgl. 7, S. 429

44 *Chamisso*, Adalbert von: Das Dampfroß, 1831. In: Chamisso, Adalbert von: Sämtliche Werke. Bd. 1. München 1975, S. 208

45 *Toller*, Ernst: Die Wandlung, 1919. München 1978, S. 59

46 *Jünger*, Ernst: Sgraffiti, 1960

47 *Salzmann*, Christian Gotthilf: Carl von Carlsberg oder über das menschliche Elend. T. 2. Karlsruhe 1784, S. 210f.

48 *Musil*, Robert: Der Mann ohne Eigenschaften. Hamburg 1952, S. 37

49 Vgl. 35, 2. Teil, X, S. 757

50 *Jens*, Walter: Moderne Literatur: Moderne Wirklichkeit, Pfullingen 1958, S. 12

51 Vgl. 15, S. 12

52 Vgl. 7, S. 329f.

53 *Jünger*, Friedrich Georg: Die Sprache. In: Die Künste im technischen Zeitalter, hrsg. v. d. Bayerischen Akademie der Schönen Künste. München 1954, S. 130–159

Das literarische Gedanken-experiment – zur Technikgeschichte der Science Fiction

Susanne Päch

Zwei Unbekannte standen eines Tages im Jahre 1944 vor der Tür von John Cartmill. Zu seinem Erstaunen wiesen sie sich als Agenten der CIA aus. Als ihm die beiden wenig freundlich mitteilten, Cartmill stehe unter Verdacht des Landesverrats, glaubte er zuerst an eine Verwechslung. Cartmill, ein bis dato völlig unbescholtener Bürger, verdiente sich seinen Lebensunterhalt als Schriftsteller. Er hatte eine Science-Fiction-Geschichte veröffentlicht, in der er den Bau einer Wasserstoffbombe beschrieb. Wie sei er, so forschten die Besucher mit bohrenden Fragen, an diese Informationen der höchsten Geheimhaltungsstufen überhaupt gekommen? Es war für Cartmill nicht ganz leicht, die beiden Geheimagenten davon zu überzeugen, daß er lediglich veröffentlichte Artikel zu diesem Problemgebiet aufmerksam studiert, eins und eins zusammengezählt und daraus eine Science-Fiction-Geschichte gemacht hatte.

Die Zukunft als Spiegel der Gegenwart

Bis heute ist es populär, die Science-Fiction-Literatur anhand eingetroffener Prognosen, vor allem technischer Innovationen, zu beurteilen. Diese Meinung, zu deren Etablierung im wesentlichen die Autoren selbst beitrugen, entstand praktisch gleichzeitig mit dem Genre. So sah es beispielsweise Jules Verne (1828–1905), gern als Urvater der modernen Science-Fiction-Literatur bezeichnet, als seine vornehmliche Aufgabe an, die zukünftige Welt mit den seiner Meinung nach faszinierenden technologischen Möglichkeiten vorherzusehen. Eine wissenschafts- und technikhistorische Betrachtung dieser vor allem von jungen Menschen gelesenen Literatur zeigt jedoch, daß das Genre nur vordergründig in die Zukunft blickt, genau betrachtet aber gegenwärtige Tendenzen aufarbeitet und so helfen kann, sie zu bewältigen; es ist also nur auf den ersten Blick erstaunlich, daß gerade die „Zukunftsliteratur" wie keine andere literarische Gattung, in der Darstellung ihrer künftigen Weltmodelle dem herrschenden Zeitgeist unterliegt, denn im Grunde genommen muß die Extrapolation bestehender Trends notgedrungen auch zur Aufdeckung der Wünsche und Ängste einer Generation führen. [VII-5.10]

Analysiert man die Science-Fiction-Literatur in Hinsicht darauf, welche neuen wissenschaftlich-technischen Erkenntnisse sie aufarbeitet, dann zeigt sich, daß die prognostische und innovative Kraft der Gattung nicht hoch anzusetzen ist. Eine der wenigen Ausnahmen von dieser Regel ist die von Arthur C. Clarke schon Mitte der vierziger Jahre in einer Geschichte dargelegte Idee der geostationären Satelliten in Erdumlaufbahn. Halb aus Spaß, halb mit Bedauern wurde von ihm selbst geäußert, daß er diese Idee leider in einer Geschichte veröffentlicht habe, anstatt sie in einem Patent anzumelden.

Daß diese Fälle die Ausnahme bilden, sollte jedoch nicht als Mangel empfunden werden; denn es kann nicht Anliegen der Literatur sein, die jeder Zeit zugrundeliegenden naturwissenschaftlich-technischen Ideen und Theorien zu schaffen. Vielmehr ist es eine ihrer Aufgaben, das sich darauf aufbauende Weltbild des Einzelnen und der Gesellschaft ethisch wie moralisch mitzugestalten und abzustützen.

Normalerweise greifen Autoren auf bestehende naturwissenschaftliche Theorien oder technische Erkenntnisse zurück, wobei neues Expertenwissen mit einer Verzögerung von einigen Jahren Eingang in die Science Fiction findet. Erst wenn naturwissenschaftlich-technische Innovationen einen bestimmten Grad an Bekanntheit erreicht und damit öffentliches Interesse erlangt haben – anders ausgedrückt, wenn sie „in Mode" gekommen sind –, werden sie von Autoren des Genres auf breiter Front aufgearbeitet und literatisch umgesetzt.

Ein typisches Beispiel dafür ist die Relativitätstheorie. Erst Jahre nach der Veröffentlichung von Albert Einsteins (1879–1955) spezieller Relativitätstheorie im Jahre 1905 läßt sich ein deutlich gestiegenes Interesse der Autoren etwa über Themen nachweisen, die das Masse-Energie-Äquivalent behandeln. Auch die allgemeine Relativitätstheorie von 1915 mit der durch die Gravitation bedingten Raum-Zeit-Krümmung ist erst wesentlich später ein seither häufig genutztes Vehikel geworden, durch den Raum zu reisen.

Das evolutionäre Prinzip der Science Fiction

Es ist kein Zufall, daß die Science Fiction in der zweiten Hälfte des 19. Jahrhunderts entstand. Für jedermann wurden die Veränderungen des Lebens deutlich erkennbar; der technologische Fortschritt, die technischen Erfindungen revolutionierten die Welt. Dampfmaschinen ersetzten menschliche Muskelkraft, die Eisenbahn durchschnitt ganze Kontinente mit ihren Schienensträngen, die Industrialisierung brachte einen tiefgreifenden Wandel in den gesellschaftlichen Strukturen. Immer neue technische Errungenschaften kamen auf, die dem Menschen in Haushalt und Beruf das Leben erleichterten. Die Welt war in Bewegung geraten – und mit ihr der Mensch. Von der Woge des aufblühenden Technikoptimismus getragen, begann man sich für die Zukunft zu interessieren, die man jetzt erstmals in der Geschichte der Menschheit unter dem Gesichtspunkt des Veränderlichen sah. Das „evolutionäre Prinzip" setzte neue Maßstäbe – auch in der Wissenschaft: die Darwinsche Abstammungslehre des Menschen ist nur ein Beispiel unter anderen, wie sich das neue Denken in Prozessen seinen Weg zu den naturwissenschaftlichen Theorien bahnte.

Das „evolutionäre Prinzip" kann als wesentlichstes Kriterium der Gattung Science Fiction betrachtet werden, das sie auch von verwandten Formen utopischer Literatur abgrenzt. Die klassische „Utopie" beschreibt Welten als Denkmodell „des Auch-anders-sein-könnens". Der Entwurf solcher alternativen Gegenwelten zur Wirklichkeit findet sich ebenso in „Utopia" von Thomas Morus (1516) oder Francis Bacons „Atlantis" (1627) wie in Aldous Huxleys „Schöne neue Welt" (1932) und George Orwells „1984" (1949). [I-4.1; VII-5.10]

Ende des 19. Jahrhunderts wurde mit Darwins Evolutionstheorie klar, daß nicht nur die leblose Natur – der gesamte Kosmos mit seinen Planeten, Sternen und Galaxien – eine Entwicklungsgeschichte durchläuft, sondern daß sich auch die belebte Natur evolutionär entwickelt. Parallel damit wurde die Entwicklung von intelligenten Lebewesen als „Zweck des Kosmos" postuliert. Die zahlreichen Verästelungen der Darwinschen Abstammungslehre ließen die Frage zu, ob sich intelligentes Leben nicht auch auf anderer Grundlage hätte entwickeln können. Herbert George Wells (1866–1946) hat schon 1895, auf dieser wissenschaftlichen Theorie fußend, in seinem berühmten Buch „War of the Worlds" monströse Wesen vom Mars ersonnen; Extraterrestrier in allen Variationen und Versuche der Erdbewohner, mit den Außerirdischen in Kontakt zu treten, wurden in den zwanziger und dreißiger Jahren ein beliebtes Requisit der Science Fiction.

Der Flug durch den Weltraum, die Erforschung der Galaxis und die Abenteuer in solchen fremden Welten blieben jahrelang das Hauptthema dieser Literaturgattung. Auch hier zeigt sich die enge Bindung des literarischen Entwurfs zum jeweils aktuellen Kenntnisstand der Technologie, der sich darin widerspiegelt: von Jules Vernes Schießpulver-Antrieb über Flüssigraketen bis zu Ionentriebwerken und modernsten Konzepten für Photonenraketen.

Tafel 28, S. 302:
Technische Zukunftsträume: Rückkehr in die Vergangenheit mit einem Raumschiff der Zukunft.

Zeitgeist und Science Fiction

Dem Zeitgeist entsprechend stellten Autoren der Jahrhundertwende meist eine kaum reflektierte Zukunftsgläubigkeit dar. Die Technik löst die Probleme der Menschheit. Von solchen Inhalten konnte sich nicht einmal Herbert George Wells befreien, der schon Ende des Jahrhunderts auch soziale Zukunftsvisionen entwarf. In seiner Vorstellung war der geistige wie der moralische Fortschritt des Menschen immer mit dem der Technik verbunden.

Erst als die Schatten des Ersten Weltkrieges aufzogen, wurde den Menschen die Ambivalenz der Technik allmählich bewußt. Und so entstanden in den zwanziger und dreißiger Jahren – das Genre hatte inzwischen seinen Namen erhalten und wird seither stark von angloamerikanischen Autoren geprägt – die ersten Romane, die sich mit der Zukunft kritisch auseinandersetzten. Dennoch huldigte das Gros der utopischen Autoren zwischen den beiden Weltkriegen ausschließlich einem Technikoptimismus.

In diese Zeit fiel auch die Blüte der klassischen deutschen Zukunftsliteratur, die in Hans Dominik (1872–1945), der sich als Nachfahre Jules Vernes verstand, ihren prominentesten Vertreter hatte. Sein Werk unterscheidet sich von den Arbeiten seiner anglo-amerikanischen Kollegen, deren Helden damals schon vorwiegend im Weltraum agierten. In Dominiks Romanen spiegelt sich die Zwischenkriegsepoche Deutschlands, die bis zum Nationalsozialismus führt: Die Siegermächte blocken mit den Versailler Verträgen, die im Lande als Schmach empfunden werden, jegliche technische Entwicklung ab. Die Nation rückt zusammen, entwickelt ein Wir-Gefühl. In der Zukunft liegt das Heil. Deutscher Erfindergeist ist gefragt. Die behandelten Themen in Dominiks Werk sprechen für sich: Autarkie durch neue Methoden der Energiegewinnung und durch synthetisierte Nahrung und Rohstoffe. Es bedurfte keines fiktiven Feindbildes mit einfallenden

1907 ließ August Friedrich Fetz – der sonst nicht weiter als Autor hervorgetreten ist – seine Leser noch eine Zeitreise mit „vorindustriellen" Mitteln antreten. In seinem Roman „Ein Blick in die Zukunft 2407 – Dr. Wunderlichs seltsame Erlebnisse in Berlin vom 1. bis 7. Oktober 2407" benötigte der Romanheld „ein Paar geheimnisvolle Stiefel", um seiner Zeit um 500 Jahre vorausreisen zu können. Ganz am Rande stellte Fetz einige technische Prognosen, die heute bereits realisiert sind: das Bildtelephon und den Videotext.

H. Gernsback: Ein Zukunftsbild: Die Stadt in den fünfziger Jahren.

Außerirdischen; der Feind war real und lauerte außerhalb der deutschen Grenzen.

Der Zweite Weltkrieg und die verheerende Wirkung, die moderne Kriegführung mit Atombomben zeitigte, blieb nicht ohne Wirkung auf die Science Fiction: Aus der zukunftsgläubigen Literatur wurde mit dem sich wandelnden Weltbild eine zunehmend warnende Gattung. Längst haben auch soziologische, psychologische und ökologische Themen Platz in ihr gefunden, die „Hard Science" wurde um die „Soft Science" erweitert.

Seit ihren Anfängen aber hat die Science Fiction zur Popularisierung von Wissenschaft und Technik beigetragen. Viele reizvolle oder kritische Ideen aus diesem Bereich wurden gerade von Autoren beigesteuert, die fachliche Qualifikationen in naturwissenschaftlichen Disziplinen haben: Bioautomaten für die Weltraumfahrt, „Kyborgs", Prothesenmenschen, bei denen der ganze Körper mit Ausnahme des Gehirns durch künstliche Organe ersetzt ist, genetisch veränderte Tiere, Androiden, halb Mensch, halb Maschine, Bewußtseinsübertragung oder Psychotechnik, das sind einige Termini technici aus dem Kuriositätenkabinett der einschlägigen Literatur, die längst ihr spezifisches Vokabular entwickelt hat.

Der künstliche Mensch ist keine Erfindung der Science-Fiction-Literatur. Wir kennen ihn beispielsweise mit Rabbi Löws (um 1525–1609) lehmgestaltetem Golem aus dem 16. Jahrhundert. In der phantastischen Literatur begegnen wir ihm etwa am Beginn des 18. Jahrhunderts in den Automatengeschichten eines E. T. A. Hoffmann (1776–1822) und als Homunkulus in Goethes Faust II (1832).

Den Begriff „Roboter" führte der tschechische Schriftsteller Karel Čapek (1890–1938) in seinem Schauspiel „RUR" im Jahr 1928 ein; darin arbeiten Maschinen als Sklaven des Menschen an der Werkbank.

Zu den bekanntesten und gelungensten Inventionen der Science Fiction gehören zweifellos die drei Robotergesetze von Isaac Asimov. Sie zeigen, daß der Ideenreichtum der Science Fiction nicht auf Hardware beschränkt bleibt. Die drei Gesetze beschreiben das moralische Regelwerk, nach dem die Roboter in einer zukünftigen Welt konzipiert sind und dem sie gehorchen müssen:

1. Ein Robot darf kein menschliches Wesen verletzen oder durch Untätigkeit gestatten, daß einem menschlichen Wesen Schaden zugefügt wird.

2. Ein Robot muß den ihm von einem Menschen gegebenen Befehlen gehorchen, es sei denn, ein solcher Befehl würde mit Regel 1 kollidieren.

3. Ein Robot muß seine eigene Existenz schützen, solange dieser Schutz nicht Regel 1 oder 2 verletzt.

Wie man von den Zehn Geboten Gottes weiß – die natürlich die Vorlage lieferten –, führen solche allgemeine Vorschriften in der konkreten Anwendung oft zu persönlichen Konflikten, aus denen im übrigen auch Asimov die Spannung für seine Robotergeschichten bezieht.

Science Fiction als Massenliteratur

In jedem Fall ist die Science Fiction als Massenliteratur eine Gattung, die ihre Leser auch mit Abenteuer und Spannung unterhält. Die dargestellten Konflikte beruhen im Gegensatz zur sonstigen Trivialliteratur weniger auf Auseinandersetzungen zwischen Menschen; hier ergeben sich die Problemfelder meist aus der Konfrontation mit dem Andersartigen. In ihrer trivialsten Form sind das die böswilligen „Monster" unseres technischen Zeitalters, die „künstlichen Intelligenzen" der Roboter oder aber die „außerirdischen Intelligenzen" von fremden Planeten. Genauso ist es jedoch möglich, die künstlerische Verfremdung dieses Andersseins in die Darstellung der zukünftigen Welt an sich zu legen; sie zeigt grundlegende Extrapolationen exemplarisch auf, wie sie in der Futurologie lediglich abstrakt – und daher für die Masse nicht verständlich – hier jedoch nachvollziehbar durch handelnde Menschen dargelegt sind. Grundsätzlich liefern solche Modelle – selbst wenn sie an trivialen Konflikten mit anderen Intelligenzen dargestellt sind – die große Chance, frei und unabhängig von wissenschaftlichem Nachweis zu phantasieren, Alternativen vorzustellen, mit Extremmodellen Hinweise zu geben auf das „was wäre, wenn". Das „relative Denken", das – von Einstein in die Wissenschaft eingeführt – auch auf unser Weltbild eingewirkt hat, könnte das „evolutionäre Denken" ergänzen und mit dem Abwägen von kommenden Chancen und Gefahren bestimmter Entwicklungen und Innovationen eine konkrete Entscheidungshilfe für die Gegenwart geben. Leider kann die Science-Fiction-Literatur, von wenigen Ausnahmen abgesehen, diesem hohen Anspruch nicht gerecht werden, ein echtes Forum der Bewußtseinsbildung für zukünftige Probleme zu sein. Es mangelt natürlich an entsprechend qualifizierten und literarisch begabten Autoren.

Zu beklagen ist, daß die heutige, von der Kritik anerkannte Hochliteratur unsere von Naturwissenschaft und Technik geprägte Welt mit ihren Auswirkungen auf den einzelnen und die Gesellschaft weitgehend ignoriert, ganz zu schweigen von einer durchaus kritischen, aber zukunftsorientierten Betrachtungsweise, die mithelfen könnte, die Probleme der Zukunft zu bewältigen oder die Wünschbarkeit von

Titelseite von Frank Kelly Freas für die Oktober-Nummer 1953 der Zeitschrift „Astounding Science Fiction".

sich abzeichnenden Trends wenigstens näherungsweise zu bewerten. Die Science Fiction dagegen ist dafür prädestiniert, einen gesellschaftspolitischen Beitrag bezüglich dieses Spannungsfeldes Mensch und

Titelbild von „Future Science Fiction", November 1953.

Technik zu leisten, dessen Bedeutung kaum überschätzt werden kann; sie birgt das bisher leider weitgehend ungehobene Potential eines Gedankenexperiments in literarischer Form für die naturwissenschaftlich-technische Intelligenz.

Science Fiction als Seismograph der Gesellschaft

Heute bilden die Themen des atomaren Holocausts und der Genmanipulation Schwerpunkte moderner Science Fiction. Der Mensch selbst wurde zum Experimentierfeld der Wissenschaft – und die Literatur zeigt vor allem die Gefahren auf, die sich daraus ergeben.

Der manipulierte Mensch in seinen zahlreichen Facetten gehört längst zum Standard-Repertoire dieser Literaturgattung. Vorläufer in der phantastischen Literatur lassen sich weit zurückverfolgen: zum Beispiel Mary Wollstonecraft-Shelleys „Frankenstein" (1818) und Robert Louis Stevensons „Dr. Jekyll and Mr. Hyde" (1887). Sie basieren vielfach auf der negativen Bewertung eines naturwissenschaftlich-technisch geprägten Weltbildes, wie es auch in der modernen Science Fiction deutlich wird.

So sehr sich unsere Welt seit dieser Zeit verändert hat, die geheimen Ängste des Menschen sind im Lauf der Jahrhunderte offenbar die gleichen geblieben. Die Technikgläubigkeit des industriell aufblühenden 19. Jahrhunderts, die bis zu naivem Fortschrittsoptimismus geführt hatte und zur Triebfeder der „klassischen" Science Fiction werden sollte, verkehrte sich in den letzten Jahrzehnten unseres Jahrhunderts ins Gegenteil: in den Grundtenor von Zukunftsangst und Technikpessimismus. Die Literaturgattung Science Fiction – ein präziser Seismograph der herrschenden gesellschaftlichen Grundstimmung.

Technik und Lyrik – die Geschichte einer Beziehung

Astrid Guderian

Ich höre Lieder, ehrenwerthe, klagen, . . .
Daß Poesie, entsetzt, nun fliehen werde,
Auf schnurgerader Eisenbahn entjagen, (. . .) [1]
Anastasius Grün

DER MOND WURDE HEUTE BESCHOSSEN.
Singt dem Monde ein Trostlied
aus holdem Verwahr,
aus der uralten Herkunft der Dichter.
Geliebte,
zeuget dem Monde ein Neulied,
träumt es,
sprecht es nicht aus,
die Musik ist von morgen.
DIE INTERNATIONALE DIVISION MONDGEDICHT
LIEGT GEFALLEN AM KRATER KOPERNIKUS.
Zirpt,
auch der Mann im Monde
ist tot [2].
Kurt Heynicke

Einführung

Technik, der Totengräber der Poesie. An diesem Urteil hat sich seit fast zweihundert Jahren scheinbar nichts geändert. Anastasius Grün (1806–1876), selbst Technikanhänger, zitiert die gängigen Klagen seiner Kontrahenten. Der Expressionist Kurt Heynicke (1891–1985) sieht das Ende der Poesie heraufziehen, weil die Technik Traum und Märchen überrollt hat.

Das wesentliche Problem der Beziehung zwischen Lyrik und Technik, das man überspitzt in dem Satz „Technik, kein Thema für Lyrik" zusammenfassen könnte, wird in diesen Gedichten angesprochen. Allgemein übliche Vorurteile scheinen diese Behauptung zu unterstreichen, auch ein Streifzug durch verschiedene Lyrikanthologien zeigt

Franz Mon: „Collage", 1965. In einer Veröffentlichung „Collage in der Literatur" schreibt Mon über die Möglichkeit, mit den technischen Hilfsmitteln für eine Collage zu einem lyrischen Werk zu kommen: „Nimm eine Zeitung. Nimm eine Schere. Suche einen Artikel aus der Zeitung aus von der Länge eines Gedichtes, das du machen willst. Schneide ihn aus. Schneide jedes seiner Wörter aus und tue es in einen Beutel. Schüttle ihn. Dann nimm einen Ausschnitt nach dem anderen heraus und schreibe ihn ab. Das Gedicht wird sein wie du!" *(nach Tristan Tzara).*

DOUBLE OFFER!

magere Ergebnisse und trägt zu keiner wesentlichen Korrektur dieses Urteils bei. Man könnte das Thema also abhaken, bliebe da nicht die Neugier auf weitere Erklärungen für die geringe Resonanz technischer Themen in der Lyrik. Diese Neugier versucht, die obige Behauptung auch als Frage zu verstehen und kommt so dem faszinierenden Phänomen der Lyrik-Technikbeziehung wesentlich näher. Dabei erweist es sich als sinnvoll, Beantwortung des Fragenkomplexes und Beschreibung der verschiedenen Rezeptionsstufen von Technik innerhalb der lyrikgeschichtlichen Entwicklung gleichzeitig durchzuführen. So soll ein kurzer Überblick über die Probleme und gleichzeitig über die chronologische Entwicklung der Lyrik-Technikbeziehung gewagt werden.

Gewagt ist die Verwendung des Begriffes Lyrik, insbesondere in Verbindung mit Konkreter Poesie. Gerhart Rühm (1930) schlägt zum Beispiel vor, den belasteten Begriff durch „ästhetische Texte" zu ersetzen. Wir bleiben aber bei dem üblichen Begriff, fassen ihn aber so weit wie möglich[3]. Im folgenden meint Lyrik Gedichte, also stark form- und rhythmusgebundene Sprachgebilde, im Gegensatz zu erzählenden Texten. Auf keinen Fall soll hier das Wort Lyrik ausschließlich mit der Staigerschen Vorstellung vom lyrischen Vorgang verknüpft werden,

Wasserräder und Wasserförderung nach der Überlieferung durch Vitruv. Holzschnitt aus Vitruvs „De Architectura", Venedig 1567.

in dem „aus einem ichbezogenen, gemütsbestimmten Erleben heraus der Abstand zwischen Ich und Welt im lyrischen Ineinander (Erinnerung) geschwunden ist“ [4].

Eine noch zu konzipierende Lyrik-Technik-Anthologie kann frühestens im 19. Jahrhundert ansetzen. Zu diesem Zeitpunkt beginnt unter dem Druck der fortschreitenden Industrialisierung, der Erfindung von Dampfmaschine, Schiff und Eisenbahn eine erste, intensive Technikrezeption. In der Anthologie würden die Seiten für die vorhergehenden Jahrhunderte viele Lücken aufweisen, abgesehen von eingestreuten Raritäten: Der römische Architekt Vitruv besingt um Christi Geburt die Erleichterung der Sklavenarbeit durch die Erfindung der Wassermühle:

Hört auf, euch zu bemühen, ihr Mädchen,
die ihr in den Mühlen arbeitet;
jetzt schlaft und ruht und laßt die Vögel
der Morgenröte entgegensingen,
denn Ceres hat den Najaden befohlen,
eure Arbeit zu verrichten;
diese gehorchen, werfen sich auf die Räder,
drehen mächtig die Wellen
und durch diese die schwere Mühle. [5]

Der Dichter Decimus Magnus Ausonius (um 310–nach 393) beschreibt bereits um die Mitte des vierten Jahrhunderts n. Chr. – vorausgesetzt es handelt sich um keinen späteren Einschub – die Mahl- und Marmorsägemühlen am Moselufer, eine frühe Vision der industrialisierten Flußlandschaften des 19. Jahrhunderts.

„Und sieh', die reißende Kyll und auch die Ruwer,
berühmt durch ihren Marmorstein, sie eilen, mit
dienenden Fluten so rasch wie möglich sich an
dich zu schmiegen: die Kyll von edlen Fischen bevölkert,
doch jene dreht in schwindelndem Wirbel die Korn
zermahlenden Steine und zieht die kreischenden
Sägen durch glatte Marmorblöcke: so dröhnt von
beiden Ufern ihr ständig nur der Arbeit Lärm
entgegen. [6]

Aber selbst eine im 19. Jahrhundert einsetzende Gedichtsammlung kann auf kein breites Angebot von Gedichten mit technischen Inhalten zurückgreifen. Das liegt nicht nur an dem allgemein schmalen Angebot von lyrischen Texten gegenüber epischen. Häufig sind Technikgedichte im Gesamtwerk eines Dichters nur singuläre Erscheinungen, und epochale Zuwendungen zu Technikthemen fehlen, abgesehen vom Expressionismus und seinen Ausläufern in der sogenannten Arbeiterdichtung. Charakteristisch ist auch, daß gerade die Dichter des 19. Jahrhunderts, die sich mit dem Thema stärker beschäftigen, sich zwischen den Epochenstilen bewegen.

Welche Gründe haben zur weitgehenden Ablehnung des Themas Technik in der Lyrik geführt?

Die soziale Sonderstellung der Dichtungskultur, das gilt besonders für die Lyrik mit ihrem hohen, formalen Anspruch, verhindert die Aufnahme technischer Themen aus der als sozial niedrig eingestuften Arbeitswelt.

Der Frühe und der Hohe Minnesang (um 1200) bewegen sich in einem strengen, gegenüber Technik hermetisch abgegrenzten Themenkreis. Das erklärt sich nicht allein aus der sozialen Sonderstellung, hinzu kommt eine allgemeine geistesgeschichtliche Grundeinstellung zur Technik. Auch so bahnbrechende technische Erfindungen wie Spezialmühlen, Handspinnrad, Drechselbank, Kumetgeschirr, Trittwebstuhl, Räderuhr und Brille erhalten nicht den ihnen angemessenen Stellenwert im Bewußtsein des mittelalterlichen Menschen. Denn ihm dient Technik nicht zur Bewältigung oder Umwandlung von Naturkräften, der Fortschritt ist nur dann beachtenswert, wenn er dem mitmenschlichen Zusammenleben dienlich ist. Neue Erfindungen, die noch ohne große Auswirkungen auf das Sozialgefüge sind, bleiben ohne Resonanz.

Neben soziokulturellen Gründen erschweren auch sprachliche und stilistische Barrieren eine Aufnahme neuer Technik. Lyrik bewegt sich in einem von der Umgangssprache und ihrem praktisch-technischen Wortschatz abgegrenzten kunstsprachlichen Raum. Die Integration des technischen Wortschatzes, der speziell und nicht allgemein verständlich ist, ist ohne Stilbrüche nicht möglich. Das ist das große Problem des Lyrikers. Er tut sich mit der neuen Technik, mit neuen Begriffen – wie Lokomotive, Eisenbahnschiene, Bombe, Computer und Fax – sehr schwer. Immer muß, das gilt für die traditionelle Lyrik, der technische Wortschatz, wenn er überhaupt aufgenommen wird, der Dichtungssprache anverwandelt werden, d. h. meist ins Bildhafte hochstilisiert werden: Die Lokomotive wird zum „Dampfross" (Adalbert von Chamisso), zum „Eliaswagen", zum „Feuerdrachen" (Gottfried Keller), aus der Maschine entweicht „Dampfmaschinenorgellaut" (Max Barthel), Eisenbahnschienen werden zu „Schienenbändern" (Karl Beck), der Blasebalg wird zur „Windmutter" (Theodor Fontane).

Es gibt jedoch auch lyrische Stilrichtungen, in die technische Vorgänge leichter Eingang finden. Im späten Minnesang – es sind symptomatischerweise die Spätzeiten von Epochen – zum Beispiel bei Neidhart von Reuenthal (um 1180–nach 1236) und Wernher dem Gartenaere (um 1250), erfolgt durch das Ausbrechen aus den Geleisen einer zur leeren Form gewordenen Tradition eine Neigung zur realistischen Darstellung. In Folge davon finden über den dialektischen Sprachalltag der Umgebung auch einfache, bisher ungenannte technische Vorgänge und Geräte Eingang in die Dichtung. Das trifft auch auf umgangssprachlichere Gedichte des 20. Jahrhunderts zu. Während die hohe Dichtung sich aus sozialgeschichtlichen und sprachlich-stilistischen Gründen der Technik verschließt, setzt sich die Trivialliteratur mit diesem Thema eingehender auseinander. Diese Gedichte sind allerdings häufig mündliche Äußerungen und daher meist nicht überliefert.

Für den geringen Umfang der Anthologie ist aber auch die germanistische Qualitätskontrolle verantwortlich, die bei der Flut von Technikgedichten, die die Almanache und Hauspostillen überschwemmen, den Rotstift ansetzt und als Trivialliteratur ausgrenzt. Zudem trägt die im 19. Jahrhundert auftretende Zweikulturen-Debatte, die differenziert zwischen einer geisteswissenschaftlichen einerseits und einer technisch-zivilisatorischen Kultur andererseits, zu einer weiteren Ausdünnung der Technikanthologie bei. Ignoranz und Technikfeindlichkeit vieler Dichter des 19. und 20. Jahrhunderts ist darauf zurückzuführen.

Letztlich sind es gattungsspezifische Gründe, die die Behauptung stützen, „Technik, kein Thema für Lyrik". Das Gedicht als eine kunstvoll geprägte Form ist auf uneigentliches Sprechen ausgerichtet, d. h. auf eine kürzende, vorwiegend bildhafte Sprechweise, die wiederum in einer jahrtausendealten lyrischen Formtradition entwickelt wurde. Lyrik als geprägte Form ist in hohem Maß auf Technik im Sinne von „Gemachtem", von handwerklicher, tradierter Fertigkeit angewiesen. Im Wort „Verseschmieden" wird dieser Sachverhalt bildhaft festgehalten, von Technikgegnern aber als anderer Aspekt von Technik groteskerweise übersehen. Die Diskrepanz zwischen Technikabhängigkeit im Formalen und Technikfeindlichkeit im Inhaltlichen ist ein

Thetis besucht Hephaistos in dessen Werkstatt, um die Waffen für ihren Sohn Achill abzuholen. Innenbild in einer Eisengußschale, entstanden um 480 v. Chr.

Phänomen der Lyrik. In den archaischbäuerlichen Kulturen ist der handwerkliche Aspekt von Kunst noch eine Selbstverständlichkeit. In einem dem Verseschmieden adäquaten Vorgang beschreibt Homer, liebevoll beobachtend, das Schildschmieden des Hephaistos, der im Schild des Achill Kunstfertigkeit mit Kunst und Technik mit Nutzen verbindet.

Als er den Auftrag übernommen hatte, schritt er „zurück an die Bälge,
Brachte sie wieder ans Feuer und trieb sie zu munterer Arbeit.
Zwanzig Bälge bliesen zusammen hinein in die Tiegel,
Manchen starken, sprühenden Luftstrom hauchten sie vorwärts,
Fördernd und mildernd dem Gott beim Eifer der Arbeit zu helfen,
Wie Hephaistos es wünschte und wie es dem Werke vonnöten.
Starkes Kupfer warf er ins Feuer und Zinn und des Goldes

Herrlichen Wert, auch Silber. Dann aber schleppte Hephaistos
An den gebührenden Platz einen riesigen Amboß und faßte
Mit der Rechten den mächtigen Hammer und links eine Zange"[7].

Technische Vorgänge lassen sich leichter in epischer Form wiedergeben, man denke auch an die Balladen Friedrich Schillers. Der Epiker duldet das lyrische Ineinander von Ich und Welt nicht, ein Ineinander[8], in dem der Abstand zwischen Subjekt und Objekt fehlt, also ein Gegenstand als solcher nicht existiert. Der Epiker stellt sich Welt als klar konturiertes Gegenüber vor, ist daher fähiger, technische Vorgänge darzustellen.

Die Wertschätzung des handwerklichen Rüstzeugs des Dichters war für die abendländische Lyriktradition selbstverständlich. In den bewußt dichtenden Epochen war es nicht abträglich, sich des Angebots aus den zahlreichen Poetiken und Versschulen zu bedienen. Denn die gegenüber der Spätantike erfolgte Aufwertung der Arbeit im Mittelalter – bedingt durch das mönchische Tugendideal des „ora et labora" – beeinflußte auch die Poetiken: Dichten ist arbeiten. Lustige Auswüchse sind zum Beispiel die Erfindungen von Spielen zur Versherstellung. Aber selbst Dichter, die die Versschulen als „Beckmesserei" abqualifizieren, können auf die tradierte Gestaltungstechnik grundsätzlich nicht verzichten. Ein Ausbruch aus der Tradition gelingt nur der Konkreten Poesie, die ein anderes Sprachverständnis schafft und damit auch die Berechtigung, den Begriff „Lyrik" durch „ästhetische Texte" zu ersetzen. Die starke Abhängigkeit des Gedichtes von tradierten Vorgaben im formalen Bereich behindert aber merkwürdigerweise die Rezeption von Technik auf inhaltlicher Ebene. Greifen wir dazu die Darstellung von Technik im Sprachbild heraus. Für das lyrische Sprechen, das ein uneigentliches Sprechen ist, ist die bildhafte Gestaltung die wesentliche Ausdrucksmöglichkeit. Sprachbilder gehören zur Lyriktradition und stehen jedem Dichter automatisch zur Verfügung. Findet also in diesen Bildern eine Auseinandersetzung statt, so wird sie mit übernommen. Klassische Berufe: Müller, Schmied, Jäger, Fischer, Köhler bevölkern die Gedichte, auch wenn sie längst überholt sind. Handwerkszeuge und technische Geräte: Mühle, Hammer, Amboß, Nadel, Faden, Waage, Sense, Uhrglas, Netz, Pendel und Mühlrad überleben in Sprachbildern. Die Reaktion auf technische Neuerungen kann, wenn überhaupt, erst mit erheblicher Zeitverzögerung erfolgen. Die Technik im lyrischen Bildervorrat ist meist antiquiert und häufig mit fester metaphorischer oder symbolischer Bedeutung belegt. Die Metaphorisierung baut eine Distanz zum realen technischen Gegenstand auf, die bis zur völligen Enttechnisierung führen kann.

„Es ist ein Schnitter, der heißt Tod,
Hat G'walt vom großen Gott,
Heut wetzt er das Messer, (. . .)[9]

Der Sensenmann ist zur Todesallegorie geworden, die Waage wird zum Symbol der Gerechtigkeit, das Stundenglas zum memento mori.

Jede Epoche schafft sich ihre Dingsymbole. Bei der bloßen Nennung wird die vertraute Bedeutung mitgeliefert. Die metaphorische Fixierung der technischen Gegenstände ist so zählebig, daß erst der Bruch mit der abendländischen Bildtradition eine wertfreie Nennung von Technik möglich macht. Diesen Bruch vollzieht die Konkrete Poesie, wie wir noch sehen werden.

Metaphorische Verwendung von Technik „Gott sei ein Zirkel ohne Maß"[10] und rhetorischer Einsatz als Schmuckfigur sind die für die Barockdichtung charakteristischen Formen der Technikrezeption.

Durch einen Vergleich zwischen zwei Gedichten über den technischen Gegenstand „Waage" kann die Metaphorisierungstendenz der Barockdichtung verdeutlicht werden.

Während im ausgehenden Mittelalter Hans Sachs (1494–1576) die Waage als Gerätschaft mit praktischer Funktion schätzt und beschreibt, ist sie für Abraham a Santa Clara (1644–1709) ausschließlich Metapher für das Schwanken des menschlichen Lebens zwischen diesseitigen und jenseitigen Werten.

Auch die Darstellung des Pumpwerkes zeigt die metaphorisch-allegorische Einkleidung eines technischen Gegenstandes.

Auf die großen technischen Entwürfe der Künstler-Ingenieure der Renaissance und des Manierismus reagieren die barocken Dichter nicht inhaltlich, sondern formal. Eine Ausnahme ist Georg Philip Harsdörffer (1607–1658), der in die Schrift „Deliciae physico mathematicae" von Daniel Schwenter seine Gedichte einstreut, um, ähnlich wie später Max Eyth, zur Popularisierung neuer naturwissenschaftlicher und technischer Erkenntnisse beizutragen.

Bei einigen Balladen aus der Klassik, bei Friedrich von Schillers (1759–1805) „Der Gang nach dem Eisenhammer" (1797/98)[11], der „Glocke" (1799/1800)[12] und auch bei Novalis (1772–1801) „Bergmannslied" (1799/1800)[13] glaubt man zunächst, auf frühe Darstellungen von Arbeitsprozessen zu stoßen. Sie zitieren jedoch die Arbeitswelt nur ausschnitthaft, um Allgemeinmenschliches darzustellen.

Der Wägleinmacher.

Ich mach die Wag / groß vnd klein /
Mit allerley Gwicht in gemein /
Die behenck ich mit Messingschaln /
Wo man mirs anderst thut bezaln /
Mach auch in die Lädlein Goltwag /
Nach den haben die Kauffleut frag /
Darzu ander Würtzwäglein gut /
Die man in Krämen brauchen thut.
X iij

Nach der Zeit der großen Entdeckungen entwickelten sich durch Handel und Gewerbe die handwerklichen Techniken des Messens und Wägens zu großer Präzision. Beschreibungen dieser angesehenen Handwerke finden ihren Niederschlag in der zeitgenössischen Literatur.
Jost Ammann: Eygentliche Beschreybung aller Stände auf Erden. Frankfurt 1568 – Waagenmacher.

Schiller wie Novalis geht es um die Gleichnishaftigkeit von Technik: „Schiller nutzt sie als idealistisches Hintergrundssymbol" und auch Novalis, obwohl selbst Bergwerksingenieur, als „mystisches Sinnbild"[14].

Die stilistische und metaphorische Verwendung von Technik und die Suche nach Sinnbildhaftigkeit sind das belastende Erbe von Barock und Klassik, an dem die Technikrezeption des 19. und weitgehend auch die des 20. Jahrhunderts zu tragen hat, ein Erbe, das ihr den Zugang zur neuen Technik verstellt. Das geringe Interesse an der Technik ließ sich auf soziale, sprachlich-stilistische, überlieferungsbedingte und historische Gründe zurückführen. Wesentlich aber waren die gattungsspezifischen Gründe. Die Bindung an die formtechnische Tradition und die Bildhaftigkeit der Aussage – Voraussetzungen für das uneigentliche, abkürzende Sprechen der Lyrik – erschwerten die aktuelle Technikrezeption.

Das Schicksal der Technik im Gedicht ist aber weniger durch Barock und Klassik bestimmt als durch die Romantik. Der Epochenname ist sehr pauschal. Das Folgende trifft nicht auf alle Strömungen der Romantik zu. Noch heute glaubt man zu wissen, das hat sich in Gefühl und Hinterkopf fest eingenistet, welcher Gegenstand[15] poetisch genug ist, also geeignet, um im lyrischen Gedicht besungen zu werden und welcher nicht. „Es ist schwer, ein Lied über die Mühle am rauschenden Bach zu schreiben, wenn deren Besitzer eine anonyme Aktiengesellschaft und der Bach eine stinkende Kloake ist"[16].

Geeignet ist offenbar der „romantische", was gleichzusetzen ist mit der „nicht technische Gegenstand". Das Wort „romantisch" weist auf die Wurzel für Technikausgrenzung und -feindlichkeit, die allerdings so von der Romantik nicht angestrebt wurde; das Problem stellte sich ihr nicht. Für die Romantik ist der poetische Gegenstand mit seinen von ihr fixierten Eigenschaften Teil ihrer Lyrikvorstellung, die wiederum als Idealvorstellung von Lyrik überhaupt in die Literaturgeschichte eingegangen ist[17]. Die prägende Dominanz gerade dieses Lyrikbegriffs auch im 20. Jahrhundert ist schädlich für die Technikrezeption in der traditionellen Lyrik. Durch die Untersuchung eines technischen Gegenstandes, der Mühle im romantischen Gedicht, lassen sich die Ursachen genauer zeigen.

In einem kühlen Grunde
Da geht ein Mühlenrad,
Mein Liebste ist verschwunden,
Die dort gewohnet hat (. . .)[18]

Das Pumpwerk. In: Agostino Ramelli: Le diverse et artificiose machine. Paris 1588.
Seit der Mitte des 16. Jahrhunderts wächst die Zahl der Bücher mit technischen Inhalten in erstaunlicher Weise. „Technische Bücher" sprießen wie Pilze aus der Erde. Dazu gehören auch die in vielen Sprachen und Auflagen verbreiteten „Maschinenbücher". Ramellis Werk mit seinen ungeheuer phantasievollen, aber kaum realisierbaren Entwürfen von Maschinen und Geräten gehört dazu.

Vier einfache, liedhafte Verse von Eichendorff: Eine Mühle in einer Landschaft, eingebunden in ein ichbezogenes, gemüthaftes Erleben von Liebessehnsucht. Der Gedanke, daß es sich dabei um eine Produktionsstätte und zugleich um ein Werkzeug handelt, käme dem Zuhörer nicht in den Sinn. Das Wort „Mühle" ist ein literarischer Topos, der im Leser eine Fülle tradierter Vorstellungen hervorruft: Die Vorstellung einer Mühle als Hostienmühle, als Rad für den Lebenskreislauf, als märchenhafte Goldmühle, als dämonisch teuflischem Ort und im Sinne von Eichendorff als Ort der Liebe und schicksalhafter Lebenswende. Eichendorff weiß um die Bedeutungsvielfalt des Wortes. Das ist eine der Voraussetzungen des lyrischen Sprechens als uneigentlichem Sprechen: Das bloße Nennen genügt und aus der Bedeutungstradition fließt inhaltliche Dichte in das Gedicht ein. Der technische Aspekt von Mühle kann sich auch bis heute keinen Platz im tradierten Vorstellungsraum sichern. Das ist auch das Problem, vor dem Eisler steht. So ist die im heutigen Schlager genannte Mühle immer noch die romantische Mühle, Ziel einer nostalgischen Sehnsucht. Die Romantik hat in der Mühle einen technischen Gegenstand übernommen, der im Rahmen der langen Bildtradition längst enttechnisiert ist, dessen Ding- und Sachcharakter sich unter einer wechselnden Symbolhaftigkeit verborgen hält. Die Romantik aber räumt dem technischen Gegenstand Mühle noch einen anderen charakteristischen Stellenwert ein, der wegweisend sein wird für die Lyrik des 19. und 20. Jahrhunderts. Die Mühle wird Teil von Landschaft, ist Natur. Der Enttechnisierungsprozeß des technischen Gegenstandes wird um eine Variante erweitert: Neben die sinngebende, symbolhafte Umdeutung tritt die naturalisierende. Mühlrad und kühler Grund deuten Landschaft an: tiefes Tal, Fluß, Mühle, zugleich aber auch sind sie Teil eines individuellen Stimmungsraumes der Liebessehnsucht. Charakteristisch für die romantische Raumauffassung ist die ungenaue Besetzung des Raumes, die Weitung in die Tiefe, die Vorstellung von Ferne. Das Mühlenrad wird entsprechend dieser Raumauffassung eingesetzt.

Warum ist das Mühlrad als pars pro toto auf eine so selbstverständliche Weise in Landschaft aufgegangen? Nur als Landschaftselement kann es in die „gemüthafte Erinnerung" eingehen, aus der heraus in „ichbezogener Sageweise die Distanz zwischen Ich und Welt zum Schwinden gebracht wird"[19]. Der Abstand kann sich aber nur verringern, wenn das Gegenüber, auch das technische Objekt, möglichst vertraut ist, d.h. zum Alltäglich-Natürlichen gehört. Das kann man von der „Aktiengesellschaftsmühle" und der „Abwasserkloake" nicht sagen. Das Technische ist in etwas Naturnahes zu transponieren, um die Annäherung von Ich und Welt, beide sind ja Teil von Natur, zu erreichen und damit einen Zustand von göttlicher Urharmonie. Hinzu kommt die bis heute dominierende ästhetische Vorstellung, die Naturnähe mit Schönheit gleichsetzt.

Die romantische Vorstellung vom lyrischen Gegenstand hat Folgen für die Technikrezeption des 19. und 20. Jahrhunderts: Das poetische Objekt hat naturnah zu sein, folglich ist es vertraut und also durchs Gemüt erfahrbar. So erfüllt es eine der Bedingungen des Schönen. Der neue technische Gegenstand hat es ungeheuer schwer, diesen Vorstellungen zu genügen. Auf diese Vorstellungen hin wird in der traditionellen Lyrik des 19. und 20. Jahrhunderts der technische Gegenstand abgerichtet, wenn er überhaupt wahrgenommen wird. Noch heute lebt die romantische Poesievorstellung beim Umgang mit der Technik wieder auf: Fabriken, Wohnblocks werden in die Natur zurückgeholt, verschönt durch Begrünung, Begrasung, durch Bemalung mit einem Wolkenhimmel. Altes wird unter Denkmalschutz gestellt. Schön ist Technik, wenn sie natürlich und vertraut, die Patina des Alters trägt. So feiert die „klappernde Mühle im Schwarzwäldertal" als das naturhaft verklärte romantische Techniksujet ihr 200jähriges Bestehen, überlebt das Gegenmodell zu einer technisierten, industrialisierten Welt. Grundsätzlich ist zu klären, ob sich Technik nur durch eine derartige Poetisierung ertragen läßt. Auch die Romantik wußte um die Empfindlichkeit ihrer ungestörten Naturwelt und hat besonders in ihrer Spätzeit die Formen vorindustrieller Mobilität, zum Beispiel die Postkutsche, nachträglich mit einer Aura umgeben. Traditionelle Lyrik, die sich der Romantik verpflichtet weiß, befindet sich der Technik gegenüber in einem gattungsbedingten „Miß- bzw. Nichtverhältnis".

Technik, kein Thema für Lyrik?

Drei Dichter nehmen zu diesem Problem unterschiedliche, für das 19. Jahrhundert typische Positionen ein:

Laßt mich in Gras u. Blumen liegen
Und schaun' dem blauen Himmel zu:
Wie goldne Wolken ihn durchfliegen,
Ihn ihm ein Falke kreist in Ruh.

(. . .)

Schau' ich zum Himmel, zu gewahren
Warum's so plötzlich dunkel sey,
Erblick' ich einen Zug von Waaren
Der an der Sonne schifft vorbey.

Fühl' Regen ich beym Sonnenscheine,
Such' nach dem Regenbogen keck,
Ist es nicht Wasser wie ich meine,
Wurd' in der Luft ein Oelfaß leck.

Satt laßt mich schaun vom Erdgetümmel
Zum Himmel eh' es ist zu spät,
Wann wie vom Erdball so vom Himmel
Die Poesie still trauernd geht[20].

(...)

Justinus Kerner (1786–1862) singt ein Klagelied vom Ende der Poesie. In der biedermeierlichen Sehnsucht nach harmonischer Abrundung sieht er die Naturidylle, die Wolke durch den Dampf bedroht. Seine Zivilisationskritik zielt ab auf den Harmonieverlust. Kerner entwirft „Im Eisenbahnhofe" (1850)[21] ein düsteres Zukunftsbild, das auch schon Johann Wolfgang von Goethe (1749–1832) in „Wilhelm Meisters Wanderjahren" beruft[22]. Die Interpretation von Technik als unheilbringende, die gesicherte Ordnung gefährdende, der Poesie abträgliche Erscheinung beherrscht weite Dichterkreise des 19. und 20. Jahrhunderts. Die „Zeit, die dampfestolle" zwingt Kerner zum Rückzug in die Naturidylle, zur Weltflucht. Lyrik ist für das Private, die Technik bleibt draußen. Die Haltung nehmen auch viele Neuromantiker ein. Gottfried Keller (1819–1890) dagegen bezieht eine nüchternere, realistische Position und schickt 1846 eine Replik an Kerner:

(...)

Die Poesie ist angeboren,
Und sie erkennt kein Dort und Hier:
Ja, ging' die Seele mir verloren,
Sie führ' zur Hölle selbst mit mir.

(...)

Ich seh' sie keuchend sprühn und glühen,
Stahlschimmernd bauen Land und Stadt:
Indeß das Menschenkind zu blühen
und singen wieder Muße hat[23].

(. . .)

Seine Stellungnahme ist weniger konträr als die von Anastasius Grün, einem Verfechter des technischen Fortschritts. Keller hält die Poesie für eine dem Menschen angeborene zeitunabhängige Fähigkeit und hebt hervor, daß technische Erleichterungen Freiräume für die Kunst schaffen können.

Zwischen den Meinungen von Kerner, Grün und Keller bewegt sich Emanuel Geibel (1815–1884), der wiederholt versucht, das technische Phänomen zu ergründen, jedoch nicht ohne Zwiespältigkeit der Gefühle. Der Stolz auf die Beherrschung der technischen Kräfte paart sich mit der Angst vor ihrer Unberechenbarkeit:

(. . .)

Und sieh, aus ihrem dunkeln Bunde,
Aus Lieb' und Abscheu, Brunst und Kampf
Erwächst in mitternächt'ger Stunde
Das starke Riesenkind, der Dampf.
Mit wildem Tosen hochgestaltig
Entspringt er aus der Wiege Haft,
Durch all sein Wesen gährt gewaltig
Des Vaters Zorn, der Mutter Kraft.
Er fühlt's in seinen Adern sieden,
Ihn dünkt kein Werk zu schwer, zu groß.
Doch ach, es ward ihm nicht beschieden
Ein Feld des Ruhms, ein Heldenloos.
Nicht darf er in die Wolken greifen,
Nicht spielen mit des Blitzes Loh'n
In Lüften nicht die Welt durchschweifen,
Ein freigeborner Königssohn.

(. . .)

Durch's All, Zerstörung brausend, wehn
Und überm Trümmersturz der Dinge
Aufjauchzen, und in's Nichts vergehn.

Fluch und Segen von Technik stehen eng nebeneinander. Die Apokalypse vom „Trümmersturz der Dinge", die Vision vom Atomkrieg wird verdrängt durch den Glauben an die Weltrevolution durch den „sausenden Webstuhl" im „Tempora mutantur"[25].

Dampf kommt in die Poesie. Die erste Eisenbahnfahrt, ein Jahrhundertereignis, das auch die Lyrik bewegt. Dampf wird zum Lieblingsthema, geht ein in zahlreiche Wortschöpfungen. Vertraute Dinge werden mit Dampf umnebelt, das Wort Maschine wird als zu technisch unterdrückt: Dampfkarosse, Dampfroß, Dampfwagen, Dampfschiff, Dampfzug, Dampfwalze. Die permanente Suche des 19. Jahrhunderts nach Sinngebung, nach Einbettung in die literarische Tradition führt zu einer Darstellungsform, die Geibel im „Mythus vom Dampf" und Wilhelm von Kaulbach (1805–1874) in seinem Bild „Die Erzeugung des Dampfes" (1859) gleichermaßen heranziehen, sie führt zur Form der Allegorie[26]. [VII-5.2]

In metaphorisch-allegorischer Sprechweise kreiert man blumige Dampfallegorien, webt man am Dampfmythos. Der chemische Vorgang der Umsetzung von Feuer und Wasser in Dampf erfährt in Anlehnung an den Prometheusmythos eine literarische Überhöhung,

Wilhelm von Kaulbach: „Die Erzeugung des Dampfes", um 1859. Die Erzeugung von Dampf in der Lokomotive oder in den vielfältig verwendeten Dampfmaschinen in Eisenhütten oder Gießereien wurde in der zweiten Hälfte des vorigen Jahrhunderts als das technische „Urereignis" empfunden und in der Malerei ebenso mystifiziert wie in der Lyrik.

Legitimation durch historische Absicherung als Dampfhochzeit zwischen Meerfey und Feuergeist bei Geibel, zwischen Vulkan und Nymphe bei Kaulbach und in preußischer Version als „Junker Dampf" (Theodor Fontane, 1819–1889).

Aus einem edlen Stamme
Entsproß der Junker Dampf:
Das Wasser und die Flamme
Erzeugten ihn im Kampf;
Doch hin und her getragen,
Ein Spielball jedem Wind.
Schien aus der Art geschlagen
Das Elementenkind. (. . .)[28]

Das Gedicht von Geibel und das Bild von Kaulbach zeigen exemplarisch verschiedene Möglichkeiten des 19. Jahrhunderts, den technischen Gegenstand zu poetisieren. In Anlehnung an die Romantik versucht man dies zunächst über Naturalisierung zu erreichen. Daß der Dampf sich als die poesiegeeignetste technische Errungenschaft erweist, daß er verewigt wird in einer „Poesie des Dampfes", daß er eingeht in das Schlagwort vom „Jahrhundert des Dampfes", ist nicht ausschließlich seiner großen technisch-wirtschaftlichen Bedeutung zuzuschreiben. Die Poesie sieht nur auf seine Naturähnlichkeit: Dampf und Wolke, wer kann sie unterscheiden? Technischen Ursprungs, ist er Teil von Natur geworden; diese Rückführung von Technik in Natur genügt dem Harmoniebedürfnis, der Vorstellung vom „schönen" Gegenstand. Der Dampf ist vergleichbar dem Techniktopos der Romantik, der Mühle, bei der in ähnlicher Weise Rad mit Wasser, Technik und Natur zu einer harmonischen Bewegung verschmelzen. Der Dampf ist darüber hinaus eine flüchtige, amorphe Erscheinung und läßt so der dichterischen Phantasie einen großen Spielraum.

Eine andere tradierte Möglichkeit ist die der Sinngebung, die zum Teil peinliche Formen annehmen kann. Neben die metaphorische Umdeutung der Technik im Gedicht tritt vor allem die allegorische. In der Allegorie wird durch Personifizierung der Dampf zum „Riesenkind", zum „Junker". Die Vermenschlichung von Technik ist ein neuer Beitrag zur Annäherung an das Unbekannte. Auch die vielen organologischen Metaphern lassen sich auf dieses Bestreben zurückführen.

Ein weiterer Versuch kommt besonders im Historismus hinzu. Technik soll historisch legitimiert und so mit Hilfe von selbsterfundenen Mythologien vertrauter gemacht werden. Es ist die hilflose Suche nach Orientierung, die den Dampf in der Nähe des Gottes Vulkanus ansiedelt, ihm eine historische Vergangenheit unterschiebt. Das Neue soll künstlich durch Patinierung legitimiert und vertraut gemacht werden. Max Eyth [29] – geht noch einen Schritt weiter. Er setzt theoretisch und praktisch dieses allegorische-mythologische Grundmuster der traditionellen Lyrik ein mit dem didaktischen Ziel, eine Aufwertung von Technik zu erreichen. Man bemüht sich, Technik zu integrieren. Die ästhetische Lösung, die zum Beispiel die Telegraphie zum lyrischen Objekt umgestaltet: „Es trägt der Blitz das Wort auf Feuerschwingen" [30], geht parallel mit unterschiedlichen, ganzheitlichen Sinndeutungsversuchen. Beliebtes Objekt ist die Eisenbahn. Für Karl Beck (1817–1879) ist sie in „Die Eisenbahn" symbolhaft für den Zeitgeist und sein politisch-wirtschaftliches Wunschziel, die Einheit Deutschlands. „Diese Schienen, Hochzeitsbänder (. . .) Trauungsringe blank gegossen" [31]. Für Ferdinand von Saar (1833–1906), die Nähe zu Erich Kästners (1899–1974) „Eisenbahngleichnis" (1932) [32] ist auffällig, werden im Eisenbahnzug gesellschaftliche und sozialpolitische Zeitprobleme anschaulich.

Abgeteilt nach Wagenklassen,
müde von der Reise auch
schauen die Menschen stumpf gelassen
durch die Fenster eng und schmal [33].

Für Julius Hart (1859–1930) und Detlev von Liliencron (1844–1909) werden Zug und Bahnhof zum Sinnbild für Lebensfahrt und Lebensende. Das Objekt Eisenbahn [34] bleibt ein bevorzugter lyrischer Gegenstand, der ständig neu durch die von Epoche zu Epoche wechselnden Weltansichten der Dichter interpretiert wird. Im 20. Jahrhundert wird der Zug zum Auslösefaktor von Daseinsreflektionen, zur existentiellen Chiffre. Mit einem Paukenschlag bricht der Naturalismus mit den zur Dekoration gewordenen ästhetischen Technikumkleidungen, mit dem zu routinierten Sinngebungssystem. Im Geiste der Naturwissenschaft und des Positivismus fordert er eine Aufdeckung der gesellschaftlichen Wirklichkeit, gekennzeichnet vom wissenschaftlich technischen Fortschritt. Die Naturalisten besitzen den Mut und den Wahrheitswillen, die ausgebeuteten Fabrikarbeiter, die Dirnen, das häßliche Milieu, die Verkommenheit und Entwürdigung des Menschen zum poetischen Stoff zu erklären. Arno Holz (1863–1929) weist die Lyrik an, nicht mehr einzelne technische Objekte, sondern die ganzheitliche gesellschaftliche Wirklichkeit aufzunehmen:

Sie kehrt nicht nur auf ihrem Gang
in Wälder ein und Wirtshausstuben,
sie steigt auch in die Kohlengruben
und setzt sich auf die Hobelbank.

Auch harft sie nicht als Abendwind
nur in zerbröckelnden Ruinen,
sie treibt auch singend die Maschinen
und pocht und hämmert, näht und spinnt[35].

In der dichterischen Praxis wird die realistische Wirklichkeitsdarstellung nicht durchgehalten. Das gelingt im Medium Film, in dem sich die naturalistische Sehweise durchsetzt: Dokumentation, Milieuschilderung, Sekundenstil mit Dehnung des Augenblicks, Nahaufnahme und Gebärde. Hier findet man einen frühen Versuch, der Technik auf formaler Ebene – im Sinne von Strukturanalogie zu begegnen. Dieser Ansatz kann bis zur Konkreten Poesie weiterverfolgt werden. Auch in der formalen Gestaltung gelingt es Holz nicht, sein theoretisches Programm einer „Revolution der Lyrik" (1899) durchzuziehen, obwohl diese Idee von bahnbrechender Bedeutung ist. Der geforderte Bruch mit der gesamten lyrischen Formtradition befreit die Lyrik und macht sie offen für eine formale Reaktion auf die neue Technik, die später von Dadaisten, Montagelyrikern und konkreten Poeten versucht wird. Dem sprachbesessenen Experimentator Arno Holz gelingen Stilmischungen vom Jugendstil mit dekorativen Umrankungen der häßlichen Industriezivilisation über expressionistische Bildlösungen bis hin zu alogischen, dadaistischen Wortketten (Phantasus, 1898–1926). Der sozialkritische Ansatz des Naturalismus hat keine politische Sprengwirkung. Die Befangenheit der Dichter in einer persönlichen Erlebens- und Leidensfähigkeit ist für revolutionäre Lyrik ungeeignet. Stellvertretend für die politische Lyrik, die sich mit den gesellschaftlichen Folgen der Technik kämpferisch auseinandersetzt, sei hier Heinrich Heines (1797–1856) berühmtes „Weberlied" zitiert.

Über Flugblätter 1844 verbreitet, wurde Heine wegen seiner Anklage gegen Kirche, König und Staat politisch verfolgt. Seine große politische Wirkung geht von der Verbindung von Volksliedhaftem mit Agitativem aus. Das gleiche Thema wird auch noch von Ferdinand Freiligrath (1810–1876), Ernst Dronke (1822–1891) und Georg Weerth (1822–1856) lyrisch bearbeitet. Politische Lyrik, die sich zu brisanten Technikthemen der Gegenwart äußert, zum Beispiel zur Atomkraft, kann hier leider nicht berücksichtigt werden.

Weberlied.

Im düstern Auge keine Thräne,
Sie sitzen am Web'stuhl und fletschen die Zähne:
Alt-Deutschland wir weben dein Leichentuch,
Wir weben hinein den dreifachen Fluch.
Wir weben, wir weben!

Ein Fluch dem Gotte, dem blinden, dem tauben,
Zu dem wir gebetet mit kindlichem Glauben.
Wir haben vergeblich gehofft und geharrt,
Er hat uns geäfft und gefoppt und genarrt.
Wir weben, wir weben!

Ein Fluch dem König, dem König der Reichen,
Den unser Elend nicht konnte erweichen,
Der uns den letzten Groschen erpresst
Und uns, wie die Hunde, erschiessen lässt.
Wir weben, wir weben!

Ein Fluch dem falschen Vaterlande,
Wo nur gedeihen Trug und Schande,
Wo nur Verwesung und Totengeruch:
Alt-Deutschland, wir weben dein Leichentuch.
Wir weben, wir weben!

Heinrich Heine.

Emil Orlik: „Die Weber", 1897. Dieses Plakat schuf Orlik für eine Aufführung von Gerhart Hauptmanns „Die Weber" in Berlin.

Die Verelendung des Menschen durch die Technik erschüttert auch die Expressionisten und die sogenannten Arbeiterdichter. Der Expressionismus bleibt zwar noch – ein Rückschritt gegenüber den neuen Formideen des Naturalismus – bei den bekannten ästhetischen Lösungen der Technikbewältigung, er reizt sie jedoch schon aus bis an die Grenze des Möglichen. Die Verbindung von höchster ästhetischer Lösung mit einer daseinsumspannenden gefühlshaften Ergriffenheit führt zu den kunstvollsten, in ihrer Art überzeugenden Technikgedichten deutscher Lyrik.

Zu Beginn des 20. Jahrhunderts, als die technische Entwicklung in eine kritische Phase gekommen ist, muß sich der Expressionismus (1910–1920) in einem gewaltigen, expressiven, explosiven, rauschhaften Aufschrei vom Druck der Technikhörigkeit, Determiniertheit, Ökonomisierung und Mechanisierung, muß sich von Militärgewalt und Vereinsamung lösen. Alle Technikthemen des 20. Jahrhunderts: Zug, Schiff, Flugzeug, Stadt, Fabrik, Arbeitswelt, Maschine, Krieg und Utopie finden lyrische Beachtung. Technik kann nicht länger wie vom Naturalismus logisch, rational analysierend bewältigt werden. Die vom Erdbeben des Denkens, Erlebens und Gestaltens erschütterten Dichter können nur emotional, ausdrucksstark reagieren. Die emotionale Annäherung an die Welt der Technik ist eine große Möglichkeit, das Phänomen selbst und auch seine Wirkung innerhalb eines menschlichen Reaktionsfeldes aus einer persönlichen Erlebnisfähigkeit heraus zu deuten. Technik ist kein fremder Faktor mehr, ist Inhalt und Ausdruck von Zeitgefühl. Die schnelle Bewegung der Räder, der Maschinen, des Zugs, des Autos evozieren das Lebensgefühl der Epoche: Bewegung. Die Bewegung bringt eine ungeheuere Lebenserweiterung. In einer pathetischen Hymne auf ein Autorennen in Mailand preist der Futurist Filippo Tommaso Marinetti (1876–1944) den Rausch der Geschwindigkeit und die Schönheit der Technik: „Ein Rennwagen, dessen Motorhaube mit Auspuffrohren wie mit feuerspeienden Schlangen geschmückt ist, so ein drohender Rennwagen, der wie ein Maschinengewehr ratternd dahinbraust, ist schöner als die geflügelte Nike von Samothrake“ (1909)[37]. Im „Großen Rythmus“ von Max Barthel (1893–1975) steigert sich die hymnisch-rhythmische Erregung von Vers zu Vers.

Wir schlagen unsere Hämmer auf das Eisen, bis es brüllt.
Dann wird es Form und spielt bewußt in den Gelenken,
beginnt zu schwingen und zu stampfen und zu denken,
wenn Feuer oder Heißluft seine Kessel oder Adern füllt.

Die Bahnhofshallen sind viel schöner als die Dome aufgebaut,
sie schweben frei im Netzwerk stählerner Gerüste,
die Kuppeln der Fabriken heben hoch die Betonbrüste
und schwingen auf und ab im Dampfmaschinenorgellaut.

Die Lokomotiven sind wie Urwelttiere auf der Flucht.
Sie rasen donnernd über grelle Schienenbänder,
sie stürzen durch die Grenzen alter Vaterländer,
und halten dampfend erst vor eines Weltmeers Bucht

Und wir, aus deren Händen und Gehirnen schön das Werk entspringt,
wir schwärmen mit im Aufstieg unsrer Flugmaschinen.
Wir donnern auch im Aufruhrtakt der Brücken und Turbinen
und sind berauscht, wenn der Dynamo singt.[38]

Marinettis euphorische Bejubelung der Technik, die auch die Ästhetisierung der Kriegstechnik mit einschließt, findet einen schrecklich grotesken Niederschlag in den Kriegsgedichten der Arbeiterdichter. Extatisch ausgetragene Technikbegeisterung und Haß, dissonantische Spannungen zerreißen die Epoche, der Lebensrausch ist für die meisten Dichter bald auf tragische Weise zu Ende.

CHEMIN DE FER DU NORD
NORD
EXPRESS
A.M.CASSANDRE
DEUTSCHE REICHSBAHN GES.
POLSKIE KOLEJE PANSTWOWE
SOUTHERN RAILWAY
LONDRES
BRUXELLES
RIGA
PARIS
LIEGE
BERLIN
VARSOVIE
COMPAGNIE DES WAGONS-LITS

A. M. Cassandre: Eisenbahnwerbung, 1927. Der Maler, Graphiker und Typograph Cassandre gehörte zu den bedeutendsten Plakatkünstlern des 20. Jahrhunderts. Hervorragend sind seine Werbungen für den Verkehr.

Der neue Zeitmythos „Bewegung" greift nach dem Motiv Eisenbahn und zieht es in den Innenraum seelischen Erlebens. In Ernst Stadlers (1883–1914) großartigem Gedicht „Fahrt über die Kölner Rheinbrücke bei Nacht" vollzieht sich „die Integration von Technik und Leben in ekstatischer Anverwandlung und führt zur rauschhaften Steigerung des Daseinsgefühls. Der Gegenstand ist in reines Geschehen verwandelt, dessen Ablauf in drei aufeinanderfolgenden Bildern gefaßt ist" [39].

Der Schnellzug tastet sich und stößt die Dunkelheit entlang.
Kein Stern will vor. Die ganze Welt ist nur ein enger, nachtumschienter Minengang,
Darein zuweilen Förderstellen blauen Lichtes jähe Horizonte reißen: Feuerkreis
Von Kugellampen, Dächern, Schloten, dampfend, strömend . . nur sekundenweis . .
Und wieder alles schwarz. Als führen wir ins Eingeweid der Nacht zur Schicht.
Nun taumeln Lichter her . . verirrt, trostlos vereinsamt . . mehr . . und sammeln sich . . und werden dicht.
Gerippe grauer Häuserfronten liegen bloß, im Zwielicht bleichend, tot – etwas muß kommen . . o ich fühl es schwer
Im Hirn. Eine Beklemmung singt im Blut. Dann dröhnt der Boden plötzlich wie ein Meer:
Wir fliegen, aufgehoben, königlich durch nachtentrissne Luft, hoch überm Strom. O Biegung der Millionen Lichter, stumme Wacht.
Vor deren blitzender Parade schwer die Wasser abwärts rollen. Endloses Spalier, zum Gruß gestellt bei Nacht!
Wie Fackeln stürmend! Freudiges! Salut von Schiffen über blauer See! Bestirntes Fest!
Wimmelnd, mit hellen Augen hingedrängt! Bis wo die Stadt mit letzten Häusern ihren Gast entläßt.
Und dann: die langen Einsamkeiten. Nackte Ufer. Stille. Nacht. Besinnung. Einkehr: Kommunion. Und Glut und Drang.
Zum Letzten, Segnenden. Zum Zeugungsfest. Zur Wollust. Zum Gebet. Zum Meer. Zum Untergang [40].

Bei Stadler mündet die Entgrenzung ein in religiöse mystische Sammlung und Stille, bei Alfred Wolfensteins (1885–1915) „Fahrt", einem ähnlichen Gedicht, weitet sie sich ins Kosmische:

Seht auf, seht auf . . . da steigt und schreit und hebt der Zug
Uns hoch in Glanz . . . das Gleis verstummt . . . die Nacht wird Flug
Wir alle flammen
Im wildren Schmelz des Sterns zusammen![41].

In diesen Gedichten hat das Phänomen Technik den Stellenwert von Lebensintensivierung, zu der auch religiöse Ergriffenheit gehört. Vom eigentlichen Wesen des technischen Gegenstandes hat man sich entfernt. Gerrit Engelke (1892–1918) will in seinem Dinggedicht das Wesen der Lokomotive aus sich selbst heraus, also immanent, ohne Deutung von außen erfassen.

Da liegt das zwanzigmeterlange Tier,
Die Dampfmaschine,
Auf blankgeschliffener Schiene
Voll heißer Wut und sprungbereiter Gier –
Da lauert, liegt das langgestreckte Eisen-Biest –
  Sieh da: wie Öl- und Wasserschweiß
Wie Lebensblut, gefährlich heiß
Ihm aus den Radgestängen: den offnen Weichen fließt.
Es liegt auf sechzehn roten Räder-Pranken,
Wie fiebernd, langgeduckt zum Sprunge
Und Fieberdampf stößt röchelnd aus den Flanken.
Es kocht und kocht die Röhrenlunge –
Den ganzen Rumpf die Feuerkraft durchzittert,
Er ächzt und siedet, zischt und hackt
Im hastigen Dampf- und Eisentakt-
Dein Menschenwort wie nichts im Qualm zerflittert.
  Das Schnauben wächst und wächst –
Du stummer Mensch erschreckst –
Du siehst die Wut aus allen Ritzen gären –
  Der Kesselröhren-Atemdampf
Ist hochgewühlt auf sechzehn Atmosphären:
Gewalt hat jetzt der heiße Krampf:
  Das Biest es brüllt, das Biest es brüllt,
  Der Führer ist in Dampf gehüllt –
Der Regulatorhebel steigt nach links:
Der Eisen-Stier harrt dieses Winks!:
  Nun bafft vom Rauchrohr Kraftgeschnauf:
  Nun springt es auf! nun springt es auf!

Doch:

Ruhig gleiten und kreisen auf endloser Schiene
Die treibenden Räder hinaus auf dem blänkernden Band.
Gemessen und massig die kraftangefüllte Maschine,
Der schleppende, stampfende Rumpf hinterher –
Dahinter – ein dunkler – verschwindender Punkt –
Darüber – zerflatternder – Qualm[42].

Die Lokomotive, deren tierische Wesenheit sich entfalten kann und bedrohlich auf den Menschen zuwächst, wird plötzlich durch den Menschen bewältigt, als er hinter dem „zwanzigmeterlangen Tier" das technische Objekt „den Kesselröhren-Atemdampf" und den „Regulatorhebel" erkennt. In diesem Gedicht wird zum ersten Mal die für unser Jahrhundert noch ausstehende große Möglichlichkeit realisiert: Technik über eine dem Gegenstand angemessene neue Versprachlichung zu bewältigen. Die Furcht vor dem in sprachlich-antiquierter, metaphorischer Umkleidung heranbrausenden Tier wird erst abgebaut durch eine realistische Nähe zum Gegenstand, die sich in den fachsprachlichen Ausdrücken „Kesselröhre" und „Regulator" niederschlägt. Dieser technische Wortschatz wirkt nicht als Fremdkörper, fügt sich kunstvoll in die gewählte Sprachebene ein. In einer Technik-Anthologie nehmen die Großstadtgedichte des Expressionismus (1910–1920) und die ihres Umfeldes einen sehr breiten Raum ein. Einige von ihnen zählen zu den großen Gedichten deutscher Sprache. Die moderne Industriegroßstadt, eine in der Geschichte neuartige Erscheinung, ist ein durch die Industrialisierung erzwungenes Lebenskonzentrat. Für die Dichter ist sie der Ort, an dem sich fast alle Bedingungen zusammendrängen, unter denen der Mensch des 20. Jahrhunderts schmerzhaft herangewachsen ist. Für die Expressionisten ist sie der geeignete Topos für die existentielle Deutung des modernen, der Technik ausgelieferten Menschen. Die Stadt – viele der Gedichte entstehen aus der Begegnung mit Berlin oder wie für Yvan Goll (1891–1950) mit Paris – ihr „äußerer Glanz und inneres Grauen" (Becher) überwältigt, fasziniert, ängstigt und stößt ab, vitalisiert und ruiniert. Empirisch erlebte Stadtrealität wird meist in Erfahrungen und Stimmungen verinnerlicht. Einige wenige Dichter stellen sich der neuen hereinbrechenden technisierten Ding- und Sachwelt direkter. Die negativen Folgen der technischen Entwicklung nehmen an diesem Ort eine lebensbedrohliche Konzentration an. „Der Gott der Stadt" in einem gleichnamigen Gedicht von Georg Heym (1887–1912) ist

„Baal", der mit „rotem Bauch breit über dem Häuserblock sitzt", der „seine Fleischerfaust ins Dunkle streckt"[43], der – eine visionäre Vorausnahme der brennenden Städte im zweiten Weltkrieg – vernichtende Brände entfacht.

Johannes R. Becher (1891–1958) blickt in seinen Versen von 1911 in einen apokalytischen Abgrund.

(...)

Conrad Felixmüller: „Frau und Kind im Ruhrgebiet", Holzschnitt, 1920.
Der Mensch in seiner alltäglichen Umgebung, geprägt von aggressiver Umgestaltung der Natur, rückt in den Mittelpunkt künstlerischer Darstellung.

Einst kommen wird der Tag! . . . Da mit des Zorns Geschrei
Der Gott wie einst die milbige Kruste sprengt.
Im Scherbenhorizonte treibt ein fetter Hai,
Dem blutiger Leichen Fraß aus zackichtem Maule hängt. (. . .)[44]

Ein Feuer lodert durch die nächtliche Industriestadt Max Barthels[45]. Aus dem Ort der „steingewordenen Not", der „lauten, toten Stadt" von Gustav Sack (1912/1913) gibt es kein Entrinnen[46]. „Das kalte Spinnennetz des Grauens" in Paul Zechs (1881–1946) „Stadt in Eisen" und das „Dickicht der Städte" im gleichnamigen Drama von Bertold Brecht (1898–1956) verschlingen den einzelnen. Der Titel einer Sammlung von Großstadtgedichten liefert das Stichwort für die existentielle Befindlichkeit des unter den Technikfolgen leidenden Menschen: „Im Steinernen Meer" (1910)[47]. Steine als Schlüsselworte: „Die Großstadtjugend" haust in Max Barthels gleichnamigem Gedicht[48] in „steinernen Wänden", „in totem Gemäuer", in „versteinten Straßen" und in „engem Gegitter". Leere, kalte Isolation, Einsamkeit in einer Käfigstadt, „Asphaltgesichter" (Frank Warschauer [1892–1940]) sind die mentalen und geistigen Folgen eines unbewältigten Umgangs mit der Technik.

Mensch ohne Sterne, Asphaltgesicht,
wie trägst Du die schmierigen Abende mit Dir herum.
trüben Dunst, ausgeatmete Luft, ätzenden Dampf des Benzins.
Teerbrodem, Geruch von Kot und Modern aus Kellern.
Nacht ohne Wind und Tag ohne Licht,
Hinweg,
Mensch ohne Sterne, Asphaltgesicht[49].

Großstädtische Arbeits- und Lebensverhältnisse der Arbeiterklasse, die durch Industrialisierung, durch „das Eisen" erzwungen wurden, beschäftigen die Vertreter der sogenannten Arbeiter- und Industriedichtung. Obwohl meist selbstvertraut mit der empirischen Realität der industriellen Arbeitswelt bewegen sie sich stilistisch im Bannkreis des Expressionismus. Wie keine andere Generation hat diese so viele Phänomene der neuen Industriewelt dem Gedicht zugeführt: Mietskasernen, Drecksquartiere, Schornsteine, Schächte, Kohlenhalden, Hammerwerke, Gießereien, Drehbänke, Ruß, Qualm und Öl, Gosse und Dirnen.

Stadt in Eisen

Schrei –: Eisenstadt! Da packen dich der Türme
Stahlscheren schon und pressen Atmung, Denken und Gesicht.
Das Gas der Armut eitert durch dein Blut und sticht
im Fleisch wie Rudel tausendfüßiger Gewürme.

Es nagelt dich an Mauerblöcke die Harpune
der nimmersatten Schicht. Du bist geschweißt
an tausend deinesgleichen und die Eisenspeise kreist
von Jahr zu Jahr euch enger ein. Die Rune

auf eurer Stirn vernarbt nicht mehr. Ihr seid geblendet,
ihr seid zurückgeworfen auf die Stufe Tier.
In faulen Kellerlöchern, Dreckquartier,
da welkt die Lust bei Aas und Maden und verendet.

Die Nacht blitzt manchmal mit den Feuerkronen
der Anarchie durch eure Träume blutig grell,
Dann krallen sich die Nägel tief ins Sorgenfell,
und Fäuste wollen endlich oben thronen.

Die Stadt verlacht die Ohnmacht eurer Flüche.
Die Stadt funkt Sieggeheule frech von Pol zu Pol.
Und vor den Häusern poltern Wächter mit gezogendem Pistol
und schaufeln Kalk auf der Erschossenen Gesichter und Gerüche.

Das Kruzifix verschimmelt in den Hurenecken
der Kathedrale. Vor dem Altar kniet
die Jüngerschaft des Goldes, und der Engel Mammon sieht
schlitzäugig scheel auf den Tribut im Weihrauchbecken.

Die Stadt reißt auf den roten Schoß der Gier
und läßt die Eisenbahnen über Brücken krachen.
Da rollt die Fracht dem nimmersatten Bauch mit tausendfachen
Gewichten zu. Und Stahl wird Zins, und Kohle Wertpapier.

Es schmettern die Sirenen in die Ohren
euch Toren die Ballade vom Schlaraffenland.
Ihr spuckt zum zweiten Male Herzblut in die Hand
und seid für diese Welt zu klein geboren.

Die Stadt streckt schwarzgefrorene Kanäle,
das kalte Spinnennetz des Grauens aus.
Ihr taucht hinunter auf den Grund, ihr seid zu Haus
und ruht auf einem Lager spitzer Pfähle.

Hin rauscht ein Wind und drückt euch lind die runden
demütig großen Hundeaugen zu.
Da unten habt ihr endlich vor den Quälern Ruh.
Und eure Söhne erben die Geschwüre unverbundener Wunden[50].

Die unverwechselbare Gegenständlichkeit der industriellen Arbeitssphäre kommt aber auch in der Industriedichtung nur als Eindruck, als Empfindung in der entsprechenden ästhetischen Form ins Wort. Bei einigen Dichtern, bei Gerrit Engelke und Heinrich Lersch (1889–1936), wird der Realitätsdruck zeitweise so stark, daß er die emotionale und ästhetische Distanz zugunsten einer Nähe zur Sachwelt abbaut. Stärkere Stoffgebundenheit führt aber keineswegs selbstverständlich zu einer realistischen Einschätzung des Technikproblems. Die Dichter, besonders die „Werkleute auf Haus Nyland" um Josef Winckler, Heinrich Lersch sowie Max Barthel, Karl Bröger (1896–1944), Otto Wohlgemuth (1884–1965) u.a., wollen eine Sinngebung von Technik, eine Deutung von Arbeit. Die starke Anbindung dieser Deutung an Ideologie und Emotion entfacht aber zu Recht die Diskussion um die Qualität und die Verführungskraft dieser Gedichte: Sozialutopische Vorstellungen vom technischen und sozialen Fortschritt bei gleichzeitigem Blick auf die proletarische Vereledung, Verbrüderungsideen, Verherrlichung der Arbeit, Vergötterung der Maschine, Kollektivgefühl und expressives Lebensgefühl sind charakteristisch für viele Gedichte der Arbeits- und Industriedichtung (Barthel, „Der große Rhythmus").

Arbeit ist ein schöpferischer Vorgang, ist Gottesdienst: Das Leben ist eine gewaltige Hammerschmiede: „Nun hämmert, ihr Hammer, das neue Werk in die neue Zeit" (Heinrich Lersch, „Wir Werkleute all"[51], und die Technik ist gottähnlich: „Die Bahnhofshallen sind viel schöner als die Dome aufgebaut" (Barthel).

„In den riesigen Hallen der Fabrik
Erfüllt sich heute des Menschen Geschick.
Sie sind die Dome der neuen Zeit
von der Fabrik
des gewaltigen Gottes: Arbeit. (. . .)[52]

Der Wunsch nach Aufwertung und Sinngebung der proletarischen Existenz führt zu übersteigerten, schwer nachvollziehbaren Deutungen: Zur ästhetischen und ethischen Deutung von Technik kommt eine mystische und religiöse hinzu, die – getragen von einer Gefühlsergriffenheit – den Menschen blind macht für den ihn selbst vernichtenden Einsatz von Technik in den Materialschlachten des ersten und zweiten Weltkrieges. Lersch läßt „die Hämmer in die neue Zeit weiterhämmern" in seinem „Heute ist die ganze Stellung eine große Kesselschmiede"[53]. Krieg wird gefeiert, legitimiert als große Lebensschmiede, glorifiziert als Arbeit, als Vaterland – und Gottesdienst, den der „Werkstattkrieger" (Christoph Wieprecht, 1875–1942) leistet. Kriegstechnik ist schön: „Der Granatensang" (Barthel), „Das Bombengeschwader, das durch die Nacht singt" und „Die eisernen Vögel, die das hundertzackige Stahlgefieder entspreiten" (Barthel). Nie zuvor wurde der Technik durch Ästhetisierung soviel Gewalt angetan. Die moralischen Grenzen der Ästhetik werden erreicht: Mordwaffen als Himmelsmusik. Andere wie Max Barthel, Gerrit Engelke, Alfons Petzold und Paul Zech zeigen Skepsis und Erschütterung über den jedem moralischen Verantwortungsgefühl enthobenen Technikeinsatz. Karl Kraus (1874–1936) faßt ihn 1917 in Worte.

Berlin, 22. September 1916:
Eines unserer Unterseeboote
hat am 17. September im
Mittelmeer einen vollbesetzten
feindlichen Truppentransport-
dampfer versenkt. Das Schiff
sank innerhalb 43 Sekunden.

Dies ist das Aug in Aug der Technik mit dem Tod.
Will Tapferkeit noch Anteil an der Macht?
Hier läuft die Uhr ab, aller Tag wird Nacht.
Du mutiger Schlachtengott, errett uns aus der Not!
Nicht dir, der du da dumpf aus der Maschine kamst.
Ein Opfer war es, sondern der Maschine!
Hier stand mit unbewegter Siegermiene
Ein stolzer Apparat, dem du die Seele nahmst. (...)[54].

Viele der Generation überlebten die Materialschlacht nicht, endeten in Selbstmord oder gingen in die Emigration.

Bis in die zwanziger Jahre dieses Jahrhunderts haben die Lyriker – in Abhängigkeit vom jeweiligen Epochenstil – beinahe alle Varianten einer Technikrezeption durchgespielt. Fast ausschließlich beschäftigte man sich mit dem Inhalt von Technik und dessen entsprechender stilistischer Repräsentation. Eine der Zeit weit vorausweisende Variante aber rückt von der inhaltlichen Darstellung von Technik ab, ersetzt sie – wenn auch vorwiegend noch im Konzept – durch die formale Analogie. Nach einem durch die politische Situation erzwungenen Bruch, nach einem Einsatz von Technik in einer Lyrik, die sich – ähnlich wie in der ehemaligen DDR – als Waffe versteht, knüpft man nach 1945 an alte Fäden wieder an.

Generell werden drei verschiedene Richtungen wieder aufgegriffen: die metaphorische, die realistische und die formale Technikrezeption. Für die sogenannte „Naturlyrik" Peter Huchels (1903–1981), Günter Eichs (1907–1972), Karl Krolows (1915), Johannes Bobrowskis (1917–1965) und die hermetische Lyrik Paul Celans (1920–1970) und Ingeborg Bachmanns (1926–1973) ist Technik kein Thema. In einer Lyrik, in der die reale Sprache nicht mehr trägt, in der sich die Dichter auf dem schmalen Grat zwischen Sprachskepsis und Verstummen bewegen, ist kein Platz für eine realistische Darstellung des technischen Gegenstandes. Er hat allenfalls punktuell einen Platz im Strom des Erinnerns. Aus dem sich auflösenden Sinngefüge der Sprache taucht er auf als Kürzel, als Chiffre, nicht mehr als Symbol, denn die allgemeine Verstehensbasis ist aufgelöst. Als Chiffre steht er in einem Feld individueller Sinndeutungen:

Gefangen bist du, Traum,
Dein Knöchel brennt,
Zerschlagen im Tellereisen . . .[55].

Die Struktur des Metaphers – ein wesentliches Mittel des uneigentlichen lyrischen Sprechens – erfährt tiefgreifende Veränderungen, die ihn immer weiter von der dinglichen Realität des technischen Gegenstandes entfernen. „Die Metapher ist ein Fernrohr" (Heinz Piontek). In kühnen Metaphern werden die Grenzen des Sagbaren erweitert, in absoluten Metaphern, in denen der Vergleichscharakter aufgehoben ist, werden die Grenzen der allgemeinen Verständlichkeit überschritten. Für diese Lyrik, deren Realitätsferne aus der Sprachskepsis kommt, ist Technik kein Thema. Auch für Bewegungen, die der Technik, wie schon um 1925 die Neuen Realisten, realistischer gegenüberstehen, ist die direkte Neugier auf das Phänomen Technik vorbei.

Technik ist selbstverständlich in den Alltag integriert. Teils auch politisch motiviert, notiert man ihre Existenz nüchtern und sachlich. Man hat keine metaphysische Intention, braucht keine Metaphorik, hat Raum für die Wirklichkeit, die in prosanahen Gedichten, nach einem im Epischen üblichen Verfahren additiv aufgelistet wird. Günter Eichs Gedicht „Inventur" [56] ist ein Beispiel für die der Realität eines technischen Gegenstandes angemessene objektale Perspektive. Diese puristische Darstellungsweise, ein Darbieten von Dingen, aus denen sich der Autor heraushält, wird abgelöst von einer neuen Natürlichkeit, die die Technik des Alltags wie nebenbei erfaßt: in Momentaufnahmen, in erzählendem und umgangssprachlichem Ton. Auch für Banalität ist Raum. Alltagssprache und Arbeitswelt der Nachkriegsentwicklung sind das Thema zweier Gruppen, der Dortmunder Gruppe 61 (Max von der Grün, Josef Büscher, Günter Westerhoff) und des Bitterfelder Wegs. Die Dortmunder Gruppe knüpft bewußt an die „Werkleute auf Haus Nyland" an. Neues Medium ist der Reportagestil als Bemühen, die umgangssprachlichen Reaktionen auf die Industrialisierung des Lebens direkt darzustellen. In der ehemaligen DDR steht das „Greif zur Feder, Kumpel"-Programm im Schatten der sozialistischen Ideologie und im Bann des Pathos vom Nylandkreis.

Schön wie ein großes Gedicht

Schweres ist leicht zu vergessen.
Erinnerung lockt uns nicht sehr.
Doch um die Zukunft zu messen
wiegt das Erfahrene schwer.
Was dir ein Alp gewesen,
ferner, verwirrender Traum –
heute beim Früchtelesen
trägt auch der dürre Baum.

Einmal vor kahlen Ruinen
ein Habenichts, Hoffnungen bar.
Auslöschten Bomben und Minen,
was dir das Teuerste war.
Und in geborstenen Mauern,
selbst über sprossendem Grün,
fühltest du Drohungen lauern,
grinsend dem neuen Bemüh'n.

Aber das Resignieren
schafft keine Wende herbei
Nur nicht das Letzte verlieren,
angepackt, rief die Partei,
Blutend aus schweren Wunden,
Sowjetvolk half mit der Tat.
So wuchs aus bittersten Stunden
dennoch die neue Saat.

Ja, – fast wie ein Wunder.
Seht nur zum Fenster hinaus.
Leunas Schlote spei'n munter
Volldampf der Zukunft aus.
Trotzend dem Hohn und dem Hass:
schön wie ein großes Gedicht,
schuf die Kraft unserer Klasse
Leuna ein neues Gesicht[57].

Der Technikrezeption der Gruppe 61 ist keine Resonanz beschieden: Ludwig Fels (1946) beschreibt das Dilemma:

Schreib von der Arbeit
rät man mir
dichte was von Fabriken.
Geh zu
eine menge Bürger sind geil
auf Nachrichten vom Fließband.

(. . .)

Ich denke
ihr wollt nur
auf andere Träume kommen
am Feierabend
Exotik genießen[58].

(. . .)

Die anfängliche Kargheit einer notierten Wirklichkeit, die für sich selbst spricht, wird erweitert durch die Erfahrungen einer subjektiven Perspektive, die den technischen Gegenstand vorsichtig in ein Bezugsnetz setzt.

Kotflügel blenden
Alle Ampeln springen auf Hoffnung
Noch ein Stück weiter
an den Kacheln der Unterführung
hängt auch dein Steckbrief nicht mehr
mit dem Brustbild von gestern[59].

Wir waren ruhig,
hockten in den alten Autos,
drehten am Radio
und suchten die Straße
nach Süden[60].

Als ich den Lift im achtzehnten, im letzten Stockwerk
verließ, sah ich draußen vor dem Fenster am Ende
des Korridors einen gelben Hubschrauber
in der Regenluft hängen.
Im Kellergeschoß steht der Flaschen-Container; im Haus
wird ganz schön gesoffen. Benutzer der Tiefgarage; das Büro
des Hausmeisters; das Geritze an den Wänden.
Erdgeschoß. Paare mit Plastiktaschen. Kleine Mädchen
fangen zu kichern an. (...)[61].

Hier wären auch Gedichte von Nicolas Born (1937–1979), Rolf Dieter Brinkmann (1940–1975) und Peter-Paul Zahl (1944) als Dokumente einer unverblümten Ansprache an die Alltagswirklichkeit der 70er und 80er Jahre zu nennen. Gesellschaftskritische Aspekte der Technikentwicklung kommen zum Beispiel bei Zahl und Hans Magnus Enzensberger (1929) zur Sprache, allerdings weniger satirisch als bei Erich Kästner: „Die Zeit fährt Auto. Doch kein Mensch kann lenken"[62] und bei Kurt Tucholsky. Eine Anthologie „Gegen den Tod", 1965 von Bernvard Vesper herausgegeben, enthält Gedichte, die vor einer atomaren Vernichtung warnen.

Leider entspricht die Technikrezeption der Naturlyrik und die des neuen objektiven bzw. subjektiven Realismus nicht den Erwartungen des heimlich immer noch an der romantischen Poesie orientierten Lesers. In den gegenstandsbezogenen Richtungen ist ihm das technische Objekt zu einfach, zu alltäglich, um Ziel seiner nostalgischen Sehnsucht zu sein, und in der Naturlyrik oder der hermetischen Lyrik verschwindet es im Dunkel individueller Metaphorik. Weitgehend verständnislos aber muß er einer Technikrezeption gegenüberstehen, die nicht länger am stofflichen Aspekt von Technik interessiert ist, sondern am strukturellen Aufbau.

Dieser neue Ansatz läßt sich bis ins 19. Jahrhundert zurückverfolgen: „Sie wollen die Poesie maschinisieren, wie man die Welt maschinisiert hat" (Apollinaire). Arno Holz, die Futuristen um Marinetti, die Dadaisten skizzieren in Programmen – oft lange vor der praktischen Realisierung – wie eine Begegnung zwischen Poesie und moderner Technik auszusehen hat: Sie strukturieren zunächst die inhaltliche Seite der Begegnungsebene durch Formanalogie zur Technik, dann aber deuten sie als letzte Konsequenz ein Analogieverfahren an, das über das von semantischen Bedeutungen gereinigte Sprachmaterial erfolgt.

„Der Dichter, ein Ingenieur, das Gedicht ein Laborgedicht". Gottfried Benn (1886–1956) setzt 1951 in seinen Marburger Vorträgen „Probleme der Lyrik" ein Signal, macht den Einfluß von Technik auf Dichter und Gedicht erneut bewußt. Er orientiert sich wie die französischen Symbolisten am Berufsbild des Ingenieurs, der neueste Erfindungen macht und dazu kreativ und frei experimentiert mit Hilfe des Intellekts unter Ausschaltung des Gemüts. Der Ingenieur weiß sich im Besitz einer großen und in Atome zerlegbaren Stoffülle, die dadurch beliebig kombinierbar wird. Das Endprodukt, ein Kunstprodukt, ist perfekt, strukturiert und zweckgebunden. Der Ingenieurdichter erlaubt sich in kreativer Freiheit mit scharfem Intellekt Realitätssplitter aus dem technischen Szenarium auf artistische Weise zu einem „synthetischen" Gedicht zusammenzufügen wie zum Beispiel Helmut Heißenbüttel (1921) und Hans Magnus Enzensberger (1929) in seiner „Bibliographie".

Dies ist für dich geschrieben.
Windungen unter der Rinde,
Zitterschrift hinter den Schläfen,
Ameisenwege.

Das ist keine Kunst.

Gedruckte Schaltung,
Kommunismus
der Polypeptide,
elektronische Schlüsselblumen,
Lerchen, programmgesteuert.

Nimm und lies,
alter Selbstmörder.

Genetische Manifeste,
Permutationen, Triller,
Jeder Kristall ein chef d'œvre.
Libellenaugen zu konstruieren
ist keine Kunst,
aber Weltreiche sind simpler gebaut. (. . .)[63]

Bei Benn sind es medizinische Fachbegriffe, bei Enzensberger ausgefallene Fremdworte moderner Technik, die auf Grund des artifiziellen und intellektuellen Konzepts nicht aus der Sprachebene herausfallen. Enzensberger hat eine überzeugende Form gefunden, neuesten technischen Sprachschatz zu integrieren. Jahrhunderterfindungen der Ingenieure: Fortbewegungsmittel, Film, Fließband und Computer beeinflussen die Lyrik auf indirekte Weise. Die Methoden und Strukturen dieser technischen Errungenschaften werden in adäquater Weise in lyrische bzw. ästhetische Texte übersetzt: als Collagen, als Simultancollagen, als Dokumentation, als Dehnungen des Augenblicks, als Raffung, als Rückblende, als Perspektivenwechsel, als Überblendung. Das Stichwort für diese adäquate Technikannäherung ist Montage. „Der Stil der Zukunft wird der Roboterstil sein, Montagekunst"[64]. Montage ersetzt das harmonische Ganze, beruft sich auf Technik, nicht auf Natur, antwortet auf die industrielle Fertigungswelt, ermöglicht, Dinge aus der Technik heterogenster Herkunft zusammenzufassen, erlaubt Stil-, Gattungs- und Medienmischungen. Inhalte werden in gleicher Weise wie in den industriellen Fertigungsprozessen mit mathematischen Methoden strukturiert: Zum Beispiel seriell, zyklisch und permutativ in Eugen Gomringers (1925) ästhetischem Text:

alles ruht
einzelnes bewegt sich

bewegt sich einzelnes
alles ruht

ruht alles
einzelnes bewegt sich

Hannah Höch: Fotomontage, 1919/20, Ausschnitt.

bewegt sich einzelnes
ruht alles

alles ruht
einzelnes bewegt sich[65]

Erich Fried (1921) verfolgt mit dem kombinatorischen Prinzip in seinem Gedicht „Einbürgerung" politische Ziele:

Weiße Hände
rotes Haar
blaue Augen
Die Erscheinung eines amerkanisches Soldaten in Vietnam.
Weiße Steine
rotes Blut
blaue Lippen
Er ist schwer verwundet, seine Lippen entfärben sich.
Weiße Knochen
roter Sand
blauer Himmel[66]

In der Konkreten Poesie wird mit gleichen Methoden nicht mehr Inhalt strukturiert, sondern Sprachmaterial. Aus der Absage an Sätze und sogar an das Wort als kleinste Sinneinheit entsteht Ernst Jandls (1925) Gedicht „Atombombe". Die Sprachzerstückelung in diesem Gedicht ist eine der Kriegstechnik angemessene Darstellungsform.

wenn die rett
es wird bal
übermor
bis die atombo
ja herr pfa[67]

Der Umgang mit Sprachmaterial geschieht nicht wie bei den Dadaisten aus Protesthaltung heraus oder aus Experimentierfreude. Er ist vielmehr eine Reaktion auf die neuartige Vermittlung von Realität in unserer wissenschaftlich-technischen Welt. Wirklichkeit ist uns über Formen, Signale und Zeichen, also über Medien, zugänglich. Für alle Erkenntnis- und Steuerungsvorgänge ist die Sprache aber primäres Medium und folglich ist eine exakte Sprachanalyse und Neuordnung der Elemente notwendig. Minimalisierung bis hin zu einem Buchstaben macht Sprache für Technik verfügbar, programmierbar. Die optische Qualität des Sprachmaterials wird wieder entdeckt in visuellen Gedichten, die akustische in reinen Lautgedichten. Besonders Gerhard Rühm (1930) experimentiert mit einem breiten Medienspektrum. Die neue Technik zieht ein in ästhetische Texte als Hilfsmittel und auch als

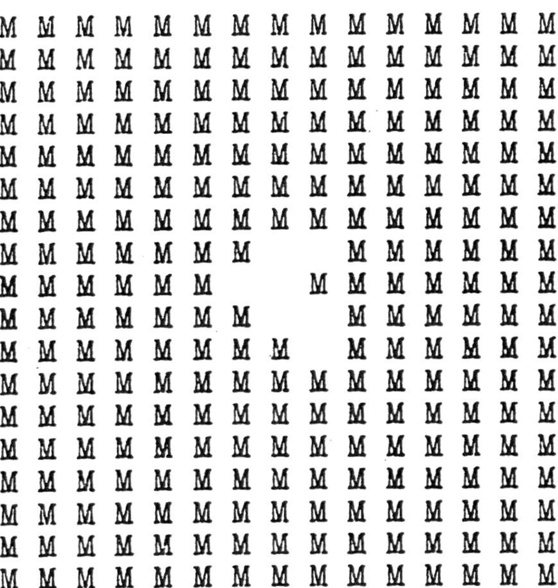

Kurt Mautz: „Verlust der Mitte", Schreibmaschine, 1977.

Methode: das Tonband, die Schreibmaschine in der Schreibmaschinenlyrik und der Computer in Computergedichten.

Autopoem Nr. 303

Wenn die Dunkelheit spielt, erstarrt ein Abend,
Gold und Schönheit strahlen manchmal.
Ich tanze und sinne.
Oft berührt mich das Gras.
Die Glocke wächst rauh und golden.
Pfade und Boten sind drunten stürmisch.
Wer küßt eine Pflanze? – Der Poet[68].

Für sein „Autopoem" hat Stickel dem Computer ein Wortrepertoire – angelehnt an Trakl – eingegeben, das dazu diente, vorgegebene Satzmuster (280 Stück) ohne semantischen Bezug zu füllen. Im Computergedicht entsteht aus einem Spiel von Zufall, Chaos und Ordnung künstliche Kunst. Das ist höchste Annäherung von Kunst an Technik.

Vertreter der Konkreten Poesie, Materialtester wie Eugen Gomringer, Franz Mon, Helmuth Heißenbüttel, Ernst Jandl, Gerhard Rühm, Heinz Gappmaier, Basset und andere reagieren schnell auf neueste technische Entwicklungen über die Strukturanalogie. Dadurch, daß sie Technik weder darstellen noch beschreiben, kommen sie dem Wesen von Technik näher.

Die Lyrik hat sich schwer mit der Technik getan. Das Lyrik-Technikverhältnis hat alle Stadien des wechselnden Wirklichkeitsbewußtseins durchlaufen. Nachdem die Lyrik Technikeuphorie und -furcht überwunden hat und sich zu einer nüchternen Einstellung durchgerungen hat, war es ihr endlich möglich, nicht nur die Symptome zu beschreiben, sondern – besonders im formalen Bereich – sich dem Phänomen selbst zu stellen. Inhaltlich und formal hat Lyrik das Phänomen noch nicht bewältigt. Eine Sinngebung von Technik steht noch aus.

Zweiter Teil, X

Alles Erworbne bedroht die Maschine, solange
sie sich erdreistet, im Geist, statt im Gehorchen zu sein.
Daß nicht der herrlichen Hand schöneres Zögern mehr prange,
zu dem entschlossenern Bau schneidet sie steifer den Stein.

Nirgends bleibt sie zurück, daß wir ihr ein Mal entrönnen
und sie in stiller Fabrik ölend sich selbst gehört.
Sie ist das Leben, – sie meint es am besten zu können,
die mit dem gleichen Entschluß ordnet und schafft und zerstört.

Aber noch ist uns das Dasein verzaubert; an hundert
Stellen ist es noch Ursprung. Ein Spielen von reinen
Kräften, die keiner berührt, der nicht kniet und bewundert.

Worte gehen noch zart am Unsäglichen aus . . .
Und die Musik, immer neu, aus den bebendsten Steinen,
baut im unbrauchbaren Raum ihr vergöttlichtes Haus.

Erster Teil, XXIII

O erst *dann*, wenn der Flug
nicht mehr um seinetwillen

wird in die Himmelsstillen
steigen, sich selber genug,

um in lichten Profilen,
als das Gerät, das gelang,
Liebling der Winde zu spielen,
sicher schwenkend und schlank, –

erst wenn ein reines Wohin
wachsender Apparate
Knabenstolz überwiegt,

wird, überstürzt von Gewinn
jener der Fernen Genahte
sein, was er einsam erfliegt[69].

Literaturnachweise

1 *Grün*, Anastasius: Poesie des Dampfes, 1837. In: Morgenblatt für gebildete Stände. Stuttg. Tüb. 1837, S. 29–30
2 *Heynicke*, Kurt: Der beschossene Mond. Einzelblatt. In: Lit. im Indus. 1, S. 383
3 *Rühm*, Gerhard: Text – Bild – Musik. Wien 1984, S. 21 ff.
4 *Staiger*, Emil: Grundbegriffe der Poetik. Zürich/Freiburg 1961. Aufl. 5, S. 62
5 Zit. n. Bayerl, Günter: Herrn Pfisters und anderer Leute Mühlen (S. 51–101). In: Tech. i. Lit., S. 53
6 Vgl. 5
7 Homer, Ilias: 18. Gesang, Vers 372–379 (Sammlung Dietrich Bd. 13). Wiesbaden o.J.
8 Vgl. 4
9 *Bender*, Ernst (Hrsg.): Deutsche Dichtung der Neuzeit. Karlsruhe 1955, S. 7
10 *Lohenstein*, Daniel Casper von/*Hederer*, Edgar (Hrsg.): Aufschrift eines Labyrinths. In: Deutsche Dichtung des Barock. München ^{3}1961, S. 222
11 *Schiller*, Friedrich von: Sämtliche Werke. Hrsg. v. Fricke, G. München 1958, S. 382–389
12 Vgl. 11, S. 429–441
13 *Novalis*: Werke und Briefe. Hrsg. v. Kelletat, A. München 1953, S. 189 f.
14 *Rademacher*, Gerhard: T. und ind. Arbeitswelt, S. 128
15 Der Begriff kann nur unter Vorbehalt benutzt werden, ist doch nach Staiger gerade die Auflösung des Objekthaften Ziel des lyrischen Vorgangs.
16 Vgl. 5, S. 51
17 Vgl. 4
18 Eichendorff, Joseph von: Das zerbrochene Ringlein. In: Ernst Bender: Deutsche Dichtung der Neuzeit. Karlsruhe 1955, S. 7

19 Vgl. 4
20 *Kerner*, Justinus: Der Totengräber unter dem Himmel, 1845. In: Lit. im Indus. 1, S. 54 ff.
21 *Kerner*, Justinus: In: Der letzte Blütenstrauß. Stuttg. Tüb. 1852, S. 62 ff
22 *Goethe*, Johann Wolfgang von: Wilhelm Meisters Wanderjahre. Vollst. Ausgabe letzter Hand. 3. Buch. 23. Bd. Stuttg. Tüb. 1829, S. 187 f
23 *Keller*, Gottfried: Erwiderung auf Justinus Kerners Lied: Unter dem Himmel. In: Lit. im Indus 1, S. 57 f
24 *Geibel*, Emanuel: Mythus vom Dampf, 1856. In: Lit. im Indus 1, S. 60
25 *Geibel*, Emanuel: Tempora mutantur, 1883. Neue Gedichte in 8 Bdn. Bd. 3. Stuttgart 1883, S. 47
26 *Moeser*, Kurt: „Poesie und Technik". Zur Theorie und Praxis der Technikthematisierung bei Max Eyth. In: Technikgeschichte Bd. 52 (1985), Nr. 4, S. 319 ff
27 *Kaulbach*, Wilhelm von: Abbildung „Die Erzeugung des Dampfes" (1859)
28 *Fontane*, Theodor: Junker Dampf, 1845. In: Fontane, Theodor: Gedichte. Berlin 1851, S. 93 ff.
29 Vgl. 26, S. 328
30 Vgl. 25, S. 167
31 *Beck*, Karl: Die Eisenbahn, 1838. In: Beck, Karl: Gedichte. Leipzig 1852, S. 18–21
32 *Kästner*, Erich: Eisenbahngleichnis. Gesammelte Schriften. Gedichte. Frankfurt a.M. 1958, S. 259 ff
33 *Saar*, Ferdinand von: Gedichte. Heidelberg [2]1888, S. 245 f
34 *Mahr*, Johannes: „Tausend Eisenbahnen hasten (...)". Eisenbahngedichte aus der Zeit des Deutschen Kaiserreichs. In: Tech. i. Lit., S. 132
35 *Holz*, Arno: Das Buch der Zeit. Lieder eines Modernen. Zürich 1886, S. 24
36 *Heine*, Heinrich: Die armen Weber, 1844. In: Vorwärts. Exilzeitschrift. Paris 1844. (1. Fassung des Liedes)
37 *Marinetti*, Filippo Tommaso/*Apollonio*, Umbrio (Hrsg.): In: Der Futurismus. Manifeste und Dokumente einer künstlerischen Revolution 1909–1920. Köln 1972, S. 205
38 *Barthel*, Max: Der große Rhythmus, 1920. In: Dt. Arbeiterdi., S. 150
39 *Daniels*, Karlheinz: Expressionismus und Technik. In: Techn. i. Lit., S. 354
40 *Stadler*, Ernst: Fahrt über die Kölner Rheinbrücke bei Nacht. In: Dichtungen. Bd. 1. Hamburg 1925, S. 161 f.
41 Wolfenstein, Alfred: Fahrt. In: Tech. i. Lit., S. 355
42 *Engelke*, Gerrit: Lokomotive. In: Dt. Arbeiterdi., S. 269
43 *Heym*, Georg: Der Gott der Stadt. In: Dt. Großstadtly., S. 112 f.
44 *Becher*, Johannes: Berlin. In: Dt. Großstadtly., S. 150
45 *Barthel*, Max: Die Stadt. In: Dt. Großstadtly., S. 215
46 *Sack*, Gustav: Der Schrei. In: Dt. Großstadtly., S. 145
47 *Hübner*, Oscar/*Moegelin*, Johannes (Hrsg.): Großstadtgedichte. Berlin 1910
48 *Barthel*, Max: Die Großstadtjugend. In: Arbeiterseele. Jena 1920
49 *Warschauer*, Frank: Asphaltgesicht. In: Dt. Großstadtly., S. 215
50 *Zech*, Paul: Stadt in Eisen. In: Dt. Großstadtly., S. 207
51 *Lersch*, Heinrich: Wir Werkleute all. In: Dt. Arbeiterdi., S. 167–183

52 *Grisar*, Erich (1898–1955): Gesang von der Fabrik. In: Dt. Arbeiterdi., S. 207
53 *Lersch*, Heinrich: Die große Schmiede. In: Dt. Arbeiterdi., S. 81
54 *Kraus*, Karl: Mit der Uhr in der Hand. In: Die Fackel. Jg. 18, 1917, Nr. 445–453, S. 150
55 *Huchel*, Peter: Traum im Tellereisen. In: Chausseen. Frankfurt a.M. 1963, S. 82
56 *Eich*, Günter/*Müller-Hanpft* S. (Hrsg.): Inventur, 1945. Gesammelte Werke. Bd. 1. Frankfurt a.M. 1973, S. 35
57 Brigadetagebuch „Zirkel schreibender Arbeiter" des VEB Leuna-Werke „Walter Ulbricht". In: Lit. im Indus 2, S. 926
58 *Fels*, Ludwig: Alte Befehle. In: Ly. f. Leser, S. 132
59 *Zeller*, Eva: Heute, 1923. In: Großstadtly., S. 471
60 *Wondratschek*, Wolf: In den Autos, 1943. In: Ly. f. Leser, S. 112
61 *Becker*, Jürgen: Lift. In: Ly. f. Leser, S. 31
62 *Kästner*, Erich: Die Zeit fährt Auto. In: Tech. i. Lit. S. 463
63 *Enzensberger*, Hans Magnus: Bibliographie. In: Enzensberger, Hans Magnus: Gedichte 1950–1985. Frankfurt a.M. 1986, S. 47
64 *Benn*, Gottfried: Werke. Bd. 4 S. 162
65 *Gomringer*, Eugen: Konstellationen ideogramme stundenbuch. Stuttgart 1977, S. 35
66 *Fried*, Erich: Einbürgerung. In: Pentagon. In: Fried, und Vietnam und Berlin 1966, S. 36
67 *Jandl*, Ernst: Atombombe. In: Laut und Luise. Freiburg-Olten 1969, S. 50
68 *Stickel*, G.: Autopoem Nr. 303. In: Nake F., Erzeugung ästhetischer Objekte mit Rechenanlagen. In: Gunzenhäuser, Rul (Hrsg.): Nicht-numerische Informationsverarbeitung. Wien 1969, S. 458
69 *Rilke*, Rainer Maria: Die Sonette an Orpheus, Erster Teil, XXIII und Zweiter Teil, X. In: Gedichte, Erster Teil. Hrsg. v. Rilke Archiv. Frankfurt a.M., 1987, S. 745f, S. 757

Literaturanhang (LA)

Einleitung
Dietmar Guderian

Adriani, Bruno: Probleme des Bildhauers. München 1948
Buddensieg, Tilmann/*Sembach* Klaus-Jürgen: Die nützlichen Künste: Rundgang durch die Ausstellung. In: Die nützlichen Künste. Katalog. Hrsg. v. Buddensieg, Tilmann/Rogge, Henning. Berlin 1981, S. 15
Dawson, John (Hrsg.): Handbuch der künstlerischen Drucktechniken. London 1981
Fricke W. u.a.: Aus einem Guß. Museum für Verkehr und Technik. Berlin 1988.
Müller, W.: Kunst ohne Wissenschaft – Scheiterte Balthasar Neumann an der Trennung von Plan und Herstellung? In: Kultur & Technik, Heft 4, 1989
Imhof, A.: Technisches Handzeichnen einer ausgestorbenen Kunst. In: STZ. 48/49, 1960, S. 990–997
Imhof, A.: Skizzieren, eine grundlegende Fertigkeit des Ingenieurs. In: STZ 48/49, 1960, S. 1024
Jesberg, Paulgerd: Über Baukunst zu urteilen. In: Baukultur 2, 1982, S. 4–9
Klein, Heijo: Sachwörterbuch der Drucktechnik und grafischen Kunst. Köln 1955
Klemm, Friedrich: Zur Kulturgeschichte der Technik. Aufsätze und Vorträge von 1954–1978. München 1979, S. 96–108
Schmidt, R. W.: DieTechnik in der Kunst. Stuttgart 1922, S. IX–XVI u. S. 9, 12, 37, 49
Schönenberg, Hans-Jürgen: Mit Kunst leben. In: Baukultur 6, 1983, S. 28–31
Vietinghoff, Egon v.: Handbuch zur Technik der Malerei. Köln 1983

2 Technik als Werkzeug zur Gestaltung von Kunstwerken

2.1 Kunst und Technik im klassischen Altertum – die antike Bronzetechnik
Peter C. Bol

Blümmer, H.: Technologie und Terminologie der Gewerbe und Künste bei den Griechen und Römern. Berlin 1884
Blümel, E.: Griechische Bildhauerarbeit. In: Jahrbuch des Deutschen Archäologischen Instituts, Ergänzungsheft XI. Berlin 1927
Blümel, E.: Griechische Bildhauer an der Arbeit. Berlin 1943
Lippold, G.: Griechische Plastik. In: Handbuch der Archäologie, 5. Lieferung. München 1950

Adam, A.: The Technique of Greek Sculpture in Archaic and Classical Period. London 1966
Mattusch, C. C.: Casting Techniques of Greek Bronce Sculpture. Chapel Hill 1975
Bol, Peter C.: Antike Bronzetechnik. Kunst und Handwerk antiker Erzbildner. München 1985
Vanhove, D. (Hrsg.): Marbres Helleniques, de la Carrière au Chef d'Œuvre. Ausstellungskatalog. Brüssel 1987/88
Zimmer, G.: Griechische Bronzegußwerkstätten. Zur Technologie eines antiken Kunsthandwerks. Mainz 1990
Berger, E. (Hrsg.): Der Entwurf des Künstlers. Bildhauerkanon in der Antike und Neuzeit. Ausstellungskatalog. Basel 1992

2.4 Die Technik der Musikinstrumentenherstellung am Beispiel des klassischen Instrumentariums

Hubert Henkel

Geiringer, Karl: Instrumente in der Musik des Abendlandes. München 1982
Harding, Rosamond E. M.: The Pianoforte. London [2]1978
Heyde, Herbert: Musikinstrumentenbau. 15.–19. Jahrhundert. Kunst – Handwerk – Entwurf. Leipzig 1986
Matzke, Hermann: Unser technisches Wissen von der Musik. Lindau 1949
van der Meer. Johann Henry: Musikinstrumente. München 1983
MGG – Musik in Geschichte und Gegenwart. Allgemeine Enzyklopädie der Musik. Hrsg. v. Blume, Friedrich. 17 Bde. Kassel/Basel 1949–1986
Oberkogler, Friedrich: Vom Wesen und Werden der Musikinstrumente. Schaffhausen 1976
Spektrum der Wissenschaft: Die Physik der Musikinstrumente. Mit einer Einf. v. Winkler, Klaus. Heidelberg 1988
Sachs, Curt: The History of Muscial Instruments. New York 1940
Sachs, Curt: Reallexikon der Musikinstrumente. Hildesheim 1962
Valentin, Erich: Handbuch der Musikinstrumentenkunde. Regensburg [7]1980

2.6 Fotografische Technik und Malerei im Dialog

Erika Billeter

Billeter, Erika: Malerei und Fotografie im Dialog. Bern 1977
Billeter, Erika: Das Selbstportrait im Zeitalter der Fotografie. Bern
Coke, Weren van: The Painter and the Photographer Albuquerque. University of New Mexico 1964
Haus, Andreas: Moholy Nagy: Fotos und Fotogramme. München 1978
Hausmann, Raoul: Gegen den Kalten Blick. Fotografien 1927–1933. Wien 1986
Kraus, Rosalinde, u. a.: Explosante Fixe – Photographie et surréalisme. Paris 1985
Neususs, Floris M.: Das Fotogramm. Köln 1990

Rotzler, Willy: Photographie als künstlerisches Experiment. Luzern 1974
Sheeler, Charles. The Photographs Museum of Fine Arts Boston (Hrsg.) Boston 1987
Sontag, Susan: Über Fotografie. München 1978
Warhol, Andy: Social Disease 76–79. Katalog zur Ausstellungstournee 1992–94. Institut für Kulturaustausch Tübingen
Weiermair, Peter: Photographie als Kunst 1879–1979. 2 Bde. Innsbruck 1979
Weiss, Margaret R. (Hrsg.): Ben Shan, Photographer. New York 1987
Wols: Photograph. Kestnergesellschaft Hannover 1978

3 Kunst und Handwerk

3.1 Kunsthandwerk und Technik
Astrid Guderian

Franke, Monika: Zur Gründung des ersten deutschen Kunstgewerbemuseums in Berlin. In: Buddensieg, Tilmann (Hrsg.): Die nützlichen Künste (Katalog). Berlin 1989, S. 244–250
Gross, Klaus: Kunstgewerbe? In: Die Kunst. Monatshefte für Freie und Angewandte Kunst, Heft 10. München 1918, S. 277–287
Kohlhausen, Heinrich: Europäisches Kunsthandwerk. 3 Bde. 1969–1972
Kohlhausen, Heinrich: Geschichte des deutschen Kunsthandwerks. München 1955
Lucke, Astrid: Kunsthandwerk heute. In: Kunstgewerbemuseum Berlin: Kunsthandwerk der Gegenwart (Katalog). Berlin 1989, S. 8–19

3.2 Möbel: Konstruktion und Gestaltung
Bernhard Bischoff

Brunt, Andrew: Möbel. Antiquitäten-Bibliothek. Freiburg 1983
Feulner, Adolf: Kunstgeschichte des Möbels. In: Propyläen-Kunstgeschichte. Sonderband 2. Frankfurt a.M. 1980
Hinz, Sigrid: Innenraum und Möbel. Von der Antike bis zur Gegenwart. Wilhelmshaven 1989
Mang, Karl: Geschichte des modernen Möbels. Stuttgart 1989
Sembach, Klaus-Jürgen/*Leuthäuser*, Gabriele/*Gössel*, Peter: Möbeldesign des 20. Jahrhunderts. Köln o.J.

4 Grenzbereiche zwischen Technik und Kunst

4.1 Künsterlische Auseinandersetzung mit neuen Technologien
Dietmar Guderian

Block, Ursula/*Glasmeier*, Michael: Broken Music. Artists' recordworks. DAAD Berlin 1989

Douglas, Davis: Vom Experiment zur Idee. Die Kunst des 20. Jahrhunderts im Zeichen von Wissenschaft und Technologie. Schauberg 1986

Eisenbeis, Manfred: Ästhetik und Technologie. (Ästhetik im Alltag. Kolloquium 4). Offenbach 1978

Hensel, A./*Lietzmann*, K.D./*Schlegel*, J.: Metallformung. Geschichte, Kunst und Technik. Leipzig

Huffmann K. R., u.a.: The Arts for Television (Katalog). The Museum of Contemporary Art, Los Angeles, und Stedelijk Museum, Amsterdam 1987

Kunstforum. Im Netz der Systeme. Bd. 103. 1989, S. 63ff.

Leopoldseder, Hannes (Hrsg.): Meisterwerke der Computerkunst. Im Rahmen der Prix Ars Electronica '87. Linz 1987

Leopoldseder, Hannes, u.a.: Die fünf Kulturtechniken. Im Rahmen der Prix Ars Electronica. Linz 1987, S. 10

Teichmann, Jürgen: Die dritte Dimension – Möglichkeit und Schrecken der Holographie. In: Technik & Kultur, Heft 4, 1984

4.2 Computergraphik als Kunst
Herbert W. Franke

Claus, Jürgen: Das elektronische Bauhaus. Gestaltung mit Umwelt. Zürich 1987

Deken, Joseph: Computerbilder. Kreativität und Technik. Basel/Boston/Stuttgart 1984

Franke, Herbert W.: Computergrafik-Galerie. Köln 1984

Franke, Herbert W./*Helbig*, Horst: Die Welt der Mathematik. Computergrafik zwischen Wissenschaft und Kunst. Düsseldorf 1985

Franke, Herbert W.: Computergraphik – Computerkunst. Heidelberg ^{2}1985

Jürgens/*Peitgen*/*Saupe*: Fraktale – eine neue Sprache für komplexe Strukturen. In: Spektrum der Wissenschaften: Chaos und Fraktale. Heidelberg 1989

Leopoldseder, Hannes: Der Prix Ars Electronica. Internationales Compendium der Computerkunst. Linz 1990

Moles, Abraham: Kunst & Computer. Köln 1973

Nake, Frieder: Ästhetik als Informationsverarbeitung. Heidelberg 1974

Nees, Georg: Generative Computergraphik. Berlin/München 1969

Stetter, Erwin: Computer und Kunst. Mannheim/Leipzig/Wien/Zürich 1992

Weibel, Peter: Gesänge des Pluriverums. Katalog der ORF-Videonale 86

Willim, Bernd: Leitfaden der Computergrafik. Visuelle Informationsdarstellung mit dem Computer. Berlin 1989

Anm.: Einen instruktiven *Einblick* in die Zusammenhänge zwischen Computer und Kunst geben die zu den zahlreichen Ausstellungen zu diesem Thema erschienenen Katalogs seit Beginn der achtziger Jahre.

4.4 Technische Erscheinungen von ästhetischem Reiz
Dietmar Guderian

Guderian Dietmar: Mathematik in der Kunst der letzten dreißig Jahre. Galerie Lahumière. Paris/Ebringen 1991
Leopoldseder, Hannes (Hrsg.): Meisterwerke der Computerkunst. Im Rahmen der Prix Ars Electronica. Linz 1987
Leopoldseder, Hannes, u.a.: ORF-Videonale '86 (Katalog). Im Rahmen der Ars Electronica. Linz 1986
Nachtigäller, Roland: Von Schwänen, displacement und der Akropolis. In: Stehr, Werner/Kirschenmann, J.: Materialien zur DOCUMENTA IX. Ostfildern 1992
Trier, Eduard: Das Denkmal als readymake. In: Die nützlichen Künste (Katalog). Hrsg. v. Buddensieg, Tilmann/Rogge, Henning. Berlin 1981, S. 284
Wandrey, Peter: Digitalismus (Katalog). Landesmuseum, Braunschweig 1990

5 Technik als Thema von Kunstwerken

5.1 Der Bergbau des 16. und 17. Jahrhunderts in seinem künstlerischen Ausdruck
Rainer Slotta

Bachmann, Manfred/*Marx*, Harald/*Wächtler*, Eberhard (Hrsg.): Der silberne Boden. Kunst und Bergbau in Sachsen. Leipzig 1990
Barbier, Marcel: Bergbau und Kunst im Laufe der Jahrhunderte. Paris 1956
Braunfels, Wolfgang: Industrielle Frühzeit im Gemälde. Erzbergbau und Eisenhüttenwesen in der europäischen Malerei 1500–1850. Düsseldorf 1960
Heilfurth, Gerhard: Der Bergbau und seine Kultur. Eine Welt zwischen Dunkel und Licht. Zürich/Freiburg i.Br. 1981
Katalog der Ausstellung „Bergbau und Kunst in Sachsen". Dresden 1989
Ludwig, Karl-Heinz: Die Agricola-Zeit im Montangemälde. Frühmoderne Technik in der Malerei des 18. Jahrhunderts. Düsseldorf 1979
Schreiber, Georg: Der Bergbau in Geschichte, Ethos und Sakralkultur (Wissenschaftliche Abhandlungen der Arbeitsgemeinschaft für Forschung des Landes Nordrhein-Westfalen, Bd. 21), Köln/Opladen 1962
Slotta, Rainer: Die kulturbildende Kraft des Bergbaus. In: Schriften der Georg-Agricola-Gesellschaft, Bd. 14, Düsseldorf 1988, S. 18–37
Slotta, Rainer/*Bartels*, Christoph: Meisterwerke bergbaulicher Kunst vom 13. bis 19. Jahrhundert. Bochum 1990
Treptow, Emil: Bergmännische Kunst. In: Beiträge zur Geschichte der Technik und Industrie, Jg. 12, 1922, S. 173–212
Treptow, Emil: Deutsche Meisterwerke bergmännischer Kunst. (Deutsches Museum. Abhandlungen und Berichte, Jg. 1, 1929, Heft 3). München 1929
Wilsdorf, Helmut: Montanwesen – Eine Kulturgeschichte. Ein illustrierter Streifzug durch Zeiten und Kontinente. Leipzig 1987

Winkelmann, Heinrich (Hrsg.): Der Bergbau in der Kunst. Essen 1958

Winkelmann, Heinrich: Bergbau in Kultur und Kunst. In: Das Bergbau-Handbuch (Hrsg. Wirtschaftsvereinigung Bergbau e.V., Bonn). Essen 1983, S. 105–117

Der Anschnitt. Zeitschrift für Kunst und Kultur im Bergbau. Hrsg.: Vereinigung der Freunde von Kunst und Kultur im Bergbau e. V., Bochum (seit 1979 mit der regelmäßigen Farbbeilage „Meisterwerke bergbaulicher Kunst und Kultur")

5.2 Industrielle Revolution in der Bildenden Kunst des 19. Jahrhunderts

Christoph Bertsch

Bertsch, Christoph: ... und immer wieder das Bild von den Maschinenrädern. Beiträge zu einer Kunstgeschichte der Industriellen Revolution. Berlin 1986

Braunfels, Wolfgang: Industrielle Frühzeit im Gemälde. Düsseldorf 1957

Busch, Werner: Die notwendige Arabeske. Berlin 1985

Hoffmeister, Christine: Industrie als Gegenstand der Kunst. In: Bildende Kunst. 1965

Janke, Karl/*Wagner*, Monika: Das Verhältnis von Arbeiter und Maschinerie im Industriebild. In: kritische berichte 5/6, 1976

Kat. Ausst. Das Bild der deutschen Industrie. Darmstadt 1958

Kat. Ausst. Industriebilder aus Westfalen. Münster 1979

Kat. Ausst. Fabrik im Ornament. Münster 1980

Kat. Ausst. Die Nützlichen Künste. Berlin 1981

Kat. Ausst. Kunst und Arbeit. Berlin/Wien 1987/88

Kat. Ausst. Das Bild der Industrie in Österreich 1800–1900 Innsbruck 1988

Motz, Sigrid-Jutta: Fabrikdarstellungen in der deutschen Malerei von 1800–1850. Frankfurt a.M. 1980

Röttgen, Herwarth: Daedalus und Ikarus. Zwischen Kunst und Technik, Mythos und Seele. In: kritische berichte 2, 1984

Schrenk, Klaus: Industriedarstellungen in der Mitte des 19. Jahrhunderts und Aspekte ihres gesellschaftlichen Charakters. In: kritische berichte 5/6, 1975

Wagner, Monika: Die Industrielandschaft in der englischen Malerei und Graphik 1770–1838. Frankfurt a.M. 1979

5.3 Der Arbeitsprozeß und der Mensch im Arbeitsprozeß – vom Beginn der Industrialisierung bis zur Gegenwart

Dietmar Guderian

Baumgart, Fritz: Idealismus und Realismus 1830–1880. Die Malerei der bürgerlichen Gesellschaft (DuMont-Dokumente). Köln 1975

Bertsch, Christoph: Technik und Industrie als Thema der Bildenden Kunst. Ein Beitrag zur Ikonographie des 19. Jahrhunderts. In: Ferrum Nr. 61 (1989), S. 39

Druckgraphik des Expressionismus 1906–1926. Galleria Henze. Campione d'Italia 1991

Fest-Thomas, H.: Das Eisen in der darstellenden Kunst. In: Der Eisenhändler 47, 1934

Freivogel, Max/*Zandonella*, Valentin: Eisen. Schmiedehandwerk, Kunsthandwerk, Kunst. Erscheinungsjahr und -ort unbekannt.

Fuhrmann, Manfred u.a. (Hrsg.): Theorie und Geschichte der Literatur und der schönen Künste. (Ästhetik, Kunst und Literatur in der Geschichte der Neuzeit. Reihe C. Bd. 2/3), S. 94

Gaillard, Françoise/*Jauß*, Hans Robert/*Pfeiffer*, Helmut (Hrsg.): Art social and art industriel. Funktion der Kunst im Zeitalter des Industrialismus. München 1984

Hilger, H. P.: Anfänge der Industriemalerei in Deutschland. In: Der Anschnitt. Zeitschrift für Kunst und Kultur im Bergbau. Jg. 12, Nr. 4. Bochum 1960, S. 10–14

Hofmann, Werner: Das irdische Paradies. Kunst im 19. Jahrhundert. München 1960, S. 265

Jaffe, H. L. C.: Vincent van Gogh bei den Bergleuten im Borinage. In: Der Anschnitt. Zeitschrift für Kunst und Kultur im Bergbau. Jg. 14, Nr. 3. Bochum 1962, S. 19–25

5.4 Die Kunst als Ventil – Technikangst und Technikbegeisterung
Dietmar Guderian

ars viva 76 (Katalog). Künstler arbeiten in Industriebetrieben. Wilhelm-Lehmbruck-Museum. Duisburg 1976

Bergius, Hanne: Im Laboratorium der mechanischen Fiktionen – Zur unterschiedlichen Bewertung von Mensch und Maschine um 1920. In: Die Nützlichen Künste. Katalog, hrsg. v. Buddensieg, Tilman/Rogge, Henning. Berlin 1981, S. 287

Bode, Peter M.: Schön ist, was nicht zusammenpaßt. In: art. Das Kunstmagazin. Heft 10, 1988, S. 50–56

Dienst, Rolf-Gunter: Deutsche Kunst: eine neue Generation. Köln 1970

Glozer, Laszlo: Westkunst. Zeitgenössische Kunst seit 1939 (Katalog). Museen der Stadt Köln 1981.

Granath, Olle: In einem anderen Licht. Schwedische Kunst nach 1945. Katrineholm (Schweden) 1982

Hartmann, G. B. von: Kunst und Industrie. In: Kultur & Technik, Heft 2 (1977)

Hochschule der Künste Berlin (Hrsg.): Technik, Kultur, Gesellschaft. Materialien und Beiträge von Wissenschaftlern und Gewerkschaftern zum Kongreß. „Technik, Kultur, Gesellschaft". Berlin 1985

Koch, J. W.: (. . .) und Wolkensteins lebendige Maschinen. In: Kultur & Technik, Heft 3 (1978)

König, Arno: Die Lokomotive in der Kunst. Hannover-Linden 1922

Kunst und Industrie. Zum 75jährigen Bestehen der Röhm GmbH. In: Baukultur Nr. 1 (1983), S. 26–33
Lebendige Vorzeit (Katalog). Felsbilder der Bronzezeit aus Schweden. Staatliches Museum f. Naturkunde u. Vorgeschichte. Oldenburg 1980
Maek-Gérard, M.: Phantastische Fahrzeuge. In: Kultur & Technik, Heft 1, 1978
Mai, Ekkehard: Das Auto in Kunst und Kunstgeschichte. In: Die Nützlichen Künste: Katalog, hrsg. v. Buddensieg, Tilmann/Rogge, Henning. Berlin 1981, S. 332
Mai, Ekkehard: Maschinen und Automaten-Travestie in der modernen Kunst. In: Die Nützlichen Künste. Katalog, hrsg. v. Buddensieg, Tilmann/Rogge, Henning. Berlin 1981, S. 379
Pflugradt, E.: Maschinenerotik bei van de Velde, Scholz, Klapheck, In: Die Nützlichen Künste. Katalog, hrsg. v. Buddensieg, Tilmann/Rogge, Henning. Berlin 1981, S. 373
Sacharow-Ross, Igor (Katalog). Kraftzellen II. Kunstverein Karlsruhe Ludwigsburg/Innsbruck 1988–1989, S. 975
Settgast, Jürgen: Tutanchamun (Katalog). Kölnisches Stadtmuseum 1980
Stuhrmann, D.: Klimasimulationskammer. In: 225 Jahre Ingenieurtradition Bergakademie Freiberg (Presseinformation). Freiberg 1990
Toussaint, Fritz: Lastenförderung durch fünf Jahrtausende. Duisburg 1965

5.7 Architektur im 20. Jahrhundert – vom floralen Stil zum Dekonstruktivismus

Eva-Maria Schumann-Bacia

Banham, Reyner: The New Brutalism – Ethic or Aesthetic? New York 1966
Benevolo, Leonardo: Geschichte der Architektur des 19. und 20. Jahrhunderts. 2 Bde. München 1964
Curtis, William J. R.: Architektur im 20. Jahrhundert. Stuttgart 1989
Giedion, Siegfried: Space, Time and Architecture. Cambridge/Mass. 1941
Gropius, Walter: Die Entwicklung moderner Industriebaukunst. In: Jahrbuch des Deutschen Werkbundes. 1913
Gropius, Walter: Die neue Architektur und das Bauhaus 1926
Hitchcock, Henry Russell: Architecture, Nineteenth and Twentieth Century. Harmondsworth 1958
Katalog Deutsches Architekturmuseum: Die Revision der Moderne. München 1984
Le Corbusier: Vers une Architecture. Paris 1922
Loos, Adolf: Ornament und Verbrechen. In: Loos, Adolf: Trotzdem. Innsbruck 1930
Otto, Frei: Schriften und Reden 1951–83. Braunschweig/Wiesbaden 1984
Tafuri, Manfredo: Architektur der Gegenwart. Stuttgart 1977
Venturi, Robert: Complexity and Contradiction in Architecture. Chicago 1966
Violett-le-Duc, Eugène: Entretiens sur l'architecture. Paris 1863–72

5.8 Technik als Thema in der Musik des 20. Jahrhunderts
Hans-Joachim Braun

Antheil, Georg: Enfant terrible der Musik. München 1960

Bickel, P.: Musik aus der Maschine, Computervermittelte Musik zwischen synthetischer Produktion und Reproduktion. Berlin 1992

Dibelius, Ulrich: Moderne Musik II, 1965–1985. München 1991

Humpert, Hans Ulrich: Elektronische Musik. Geschichte – Technik – Kompositionen. Mainz 1987

Jungk, Klaus: Musik im technischen Zeitalter. Von der Edison-Walze zur Bildplatte. Berlin 1971

Mayer-Rosa, Eugen: Musik und Technik. Vom Futurismus bis zur Elektronik. Wolfenbüttel/Zürich 1974

Neue Gesellschaft für Bildende Kunst, Berlin (Hrsg.): Absolut modern sein: Zwischen Fahrrad und Fließband – culture technique in Frankreich. Berlin 1986

Prieberg, Fred K.: Musik des technischen Zeitalters. Zürich 1956

Prieberg, Fred K.: Musica ex Machina. Über das Verhältnis von Musik und Technik. Berlin 1960

Reith, Dirk: Zur Situation elektronischen Komponierens heute. In: Grühn, W. (Hrsg.): Reflexionen über Musik heute. Mainz 1981, S. 99–146

Schaeffer, Pierre: Musique concrète. Von den Pariser Anfängen um 1948 bis zur elektronischen Musik von heute. Stuttgart 1974

Stange, Joachim: Die Bedeutung der elektronischen Medien für die Musik im 20. Jahrhundert. Pfaffenweiler 1989

Ungeheuer, Elena: Wie die elektronische Musik „erfunden" wurde (...). Quellenstudie zu Werner Meyer-Epplers Entwurf zwischen 1949 und 1953. Mainz 1992

Wehmeyer, Grete: Edgard Varèse. Regensburg 1977

Winckel, F. (Hrsg.): Klangstruktur der Musik. Neue Erkenntnisse musik-elektronischer Forschung. Berlin-Borsigwalde 1955

5.10 Technik in der Literatur der Neuzeit
Dietrich von Engelhardt

Bullivant, Keith/*Ridley*, Hugh (Hrsg.): Industrie und deutsche Literatur, 1830–1914. Eine Anthologie. München 1976

Clausen, Bettina/*Segeberg*, Harro: Soziale Maschinen. Literarische und soziologische Texte zu Industriearbeit und Technik, Bd. 1–2. Stuttgart 1979

Conermann, Klaus: Der Poet und die Maschine. Zum Verhältnis von Literatur und Technik in der Renaissance und im Barock. In: Teilnahme und Spiegelung. Festschrift für Horst Rüdiger, hrsg. v. Allemann, Beda/Koppen Erwin. Berlin 1975, S. 173–192

Daniels, Karlheinz: Mensch und Maschine. Literarische Dokumente. Frankfurt a.M. 1981

Dithmar, Reinhard: Industrieliteratur. München 1973

Dudley, Fred Adair (Hrsg.): The Relations of Literature and Science. A Selected Bibliography 1930–1967. Ann Arbor 1968

Engelhardt, Dietrich v.: Technik und Naturwissenschaften in der Literatur der Moderne. In: Die Technikgeschichte als Vorbild moderner Technik (Schriften der Georg-Agricola-Gesellschaft, Nr. 11). Düsseldorf 1985, S. 15–27

Franke, Herbert W.: Kunst kontra Technik? Wechselwirkungen zwischen Kunst, Naturwissenschaft und Technik. Frankfurt a.M. 1978

Frobenius, Volkmar: Die Behandlung von Technik und Industrie in der deutschen Dichtung von Goethe bis zur Gegenwart. Phil. Diss. Heidelberg/Bremen 1935

Ginestier, Paul: Le poète et la machine. Paris 1954

Hoeges, Dirk: Alles veloziterisch. Die Eisenbahn – vom schönen Ungeheuer zur Ästhetik der Geschwindigkeit. (Literaturwissenschaftliche Monographien, Bd. 1) Rheinbach-Merzbach 1985

Hoffmann, Henriette: Eine Untersuchung über Kapital, Industrie und Maschine von Goethe bis Immermann. Phil. Diss. Wien 1947

Hüser, Fritz: Von der Arbeitsdichtung zur neuen Industriedichtung der Dortmunder Gruppe 61. Abriß einer Bibliographie. Dortmund 1967

Kolkenbrock-Netz, Jutta: Fabrikation – Experiment – Schöpfung. Strategien ästhetischer Legitimation im Naturalismus. Heidelberg 1981

Kistenmacher, Hans-Werner: Maschine und Dichtung. Ein Beitrag zur Geschichte der deutschen Literatur im 19. Jahrhundert. Phil. Diss. München 1913/Greifswald 1914

Literatur im Industriezeitalter. Eine Ausstellung des Deutschen Literaturarchivs im Schiller-Nationalmuseum Marbach am Neckar, hrsg. v. Schneider, Peter-Paul u.a., Bd. 1–2. Marbach a.N. [2]1987

Mahr, Johannes: Eisenbahnen in der deutschen Dichtung. Der Wandel eines literarischen Motivs im 19. und beginnenden 20. Jahrhundert. München 1982

Mandelkow, Karl Robert: Orpheus und Maschine. In: Euphorion. Jg. 61, 1967, S. 104–118

Milkereit, Gertrud: Das Unternehmerbild zum zeitkritischen Roman des Vormärz. (Kölner Vorträge zur Sozial- und Wirtschaftsgeschichte, H. 10). Köln 1970

Muschg, Walter: Der fliegende Mensch in der Dichtung. In: Neue Schweizer Rundschau, N.F. Jg. 7 (1940), S. 311–320, 384–392, 446–453

Nettesheim, Josefine: Poeta doctus oder die Poetisierung in der Wissenschaft von Musäus bis Benn. Berlin 1975

Niemann, Hans-Werner: Die Beurteilung und Darstellung der modernen Technik in deutschen Romanen des 19. und 20. Jahrhunderts. In: Technikgeschichte. Jg. 46, 1979, S. 306–320

Pinatel, J.: Le rôle de la technique dans les arts. In: Enseignement Chrétien. Jg. 73, 1959/60, S. 266–271

Rademacher, Gerhard: Das Technik-Motiv in der Literatur und seine didaktische Relevanz. Am Beispiel des Eisenbahngedichtes im 19. und 20. Jahrhundert, (Europäische Hochschulschriften I, 425) Frankfurt a.M. 1981

Rarisch, Ilsedore: Das Unternehmerbild in der deutschen Erzählliteratur der ersten Hälfte des 19. Jahrhunderts. Ein Beitrag zur Rezeption der frühen Industrialisierung in der belletristischen Literatur (Einzelveröffentlichungen der Historischen Kommission zu Berlin, Bd. 17). Berlin 1977

Rothe, Wolfgang: Industrielle Arbeitswelt und Literatur. In: Definitionen. Essays zur Literatur, hrsg. von Frisé Adolf, Frankfurt a.M. 1963, S. 85–116

Sachsse, Hans (Hrsg.): Technik und Gesellschaft, Bd. 2. Ausgewählte und kommentierte Texte: Die Darstellung der Technik in der Literatur. München 1976

Scholz, H.: Technik und Wirtschaft in der österreichischen Dichtung seit 1900 (eine Übersichts-Liste). In: Österreich in Geschichte und Literatur. Jg. 10, 1966, S. 188–198

Segeberg, Harro: Literarische Technik-Bilder. Studien zum Verhältnis von Technik und Literaturgeschichte im 19. und frühen 20. Jahrhundert. Tübingen 1987

Staf, Hermann: Technik und Industrie im deutschen Drama. Phil. Diss. Wien 1949

Winterling, Fritz: Die Darstellung der Technik in der Literatur. In: Sachsse, Hans (Hrsg.): Technik und Gesellschaft, Bd. 2. Texte: Technik in der Literatur. Pullach 1976, S. 11–19

Zimmermann, Felix: Die Widerspiegelung der Technik in der deutschen Dichtung von Goethe bis zur Gegenwart. Phil. Diss. Leipzig 1913

5.11 Das literarische Gedankenexperiment – zur Technikgeschichte der Science Fiction

Susanne Päch

Aldiss, Brian W.: Der Millionen-Jahre-Traum. Bastei-Lübbe-Taschenbücher Nr. 24002. Bergisch-Gladbach 1980

Alpers, Hans-Joachim/*Hahn*, Ronald M.: Science Fiction aus Deutschland. Fischer Orbit 43. Frankfurt a.M. 1974

Alpers, Hans-Joachim/*Fuchs*, Werner/*Hahn*, Ronald M./*Jeschke*, Wolfgang (Hrsg.): Lexikon der Science Fiction. Heyne-Taschenbücher Nr. 7111 und 7112. München 1980

Barmeyer, Eike (Hrsg.): Science Fiction. München 1972

Barron, Neil: Anatomy of wonder: science fiction. New York/London 1976

Bleymehl, Jakob: Beiträge zur Geschichte und Bibliographie der utopischen und phantastischen Literatur. Fürth/Saar 1965

Buchner, Hermann: Programmiertes Glück. Wien/Frankfurt a.M./Zürich 1970

Clareson, Thomas D. (Hrsg.): SF: the other side of realism. Bowling Green 1971

Engelmann, Bernt (Hrsg.): VS vertraulich, Goldmann-Taschenbücher Nr. 3885. München 1979

Ermert, Karl (Hrsg.): Neugier oder Flucht? Zu Poetik, Ideologie und Wirkung der Science Fiction. Stuttgart 1980

Franke, Herbert W.: Science Fiction und technische Innovation. In: Schweizerische Technische Zeitschrift 1 (1972), S. 2–5

Graf, Vera: Homo futurus. Hamburg/Düsseldorf 1971

Hasselblatt, Dieter: Grüne Männchen vom Mars. Düsseldorf 1974

Hundertmarck, Rosemarie: Die Frau als Störfaktor. In: Quarber Merkur 45 (1976), S. 13–31 und 46 (1977), S. 3–10
Jaritz, Kurt: Utopischer Mond. Graz/Wien/Köln 1965
Kagarlitzki, Juri: Was ist Phantastik? Berlin 1977
Klein, Klaus-Peter: Zukunft zwischen Trauma und Mythos: Science Fiction. Stuttgart 1976
Lem, Stanislaw: Summa technologiae. Frankfurt a.M. 1976
Lem, Stanislaw: Panthastik und Futurologie I. Frankfurt 1977
Lem, Stanislaw: Sind wir allein im Kosmos? In: Znanie-Sila 7 (1977), S. 40 (russ.)
Lem, Stanislaw: Dialoge: Edition Suhrkamp Band 1013. Frankfurt a.M. 1980
Locke, George: Voyages in space. A bibliography of interplanetary fiction 1801–1914. London 1975
Lück, Hartmut: Fantastik, Science Fiction, Utopie. Das Realismusproblem der utopisch-fantastischen Literatur. Gießen 1977
Manuel, Frank E. (Hrsg.): Wunschtraum und Experiment. Freiburg 1970
Modelmog, Ilse: Die andere Zukunft. Düsseldorf 1970
Morton, A. L.: Die englische Utopia. Berlin 1958
Nagl, Manfred: Science Fiction in Deutschland. Tübingen 1972
Salewski, Michael: Zeitgeist und Zeitmaschine. Science Fiction und Geschichte. München 1986
Sargent, Lyman Tower: British and American utopian literature. Boston 1979
Schwonke, Martin: Vom Staatsroman zur Science Fiction. Göttinger Abhandlungen zur Soziologie. Bd. 2. Stuttgart 1957
Schwonke, Martin: Naturwissenschaft und Technik im utopischen Roman der Neuzeit. In: Futurum 3, 1971
Suvin, Darko: Wissenschaft und Literatur in der Science Fiction. In: Quarber Merkur 23 (1970), S. 30–37
Suvin, Darko: Poetik der Science Fiction. Phantastische Bibliothek Band 31. Frankfurt a.M. 1979
Suvin, Darko: Lagebericht zur SF-Theorie. In: Quarber Merkur 53 (1980), S. 37–48
Swoboda, Helmut: Der künstliche Mensch. München 1967
Versins, Pierre: Encyclopédie de l'utopie et de la science fiction. Lausanne 1972
Weigand, Jörg (Hrsg.): Die triviale Phantasie. Bonn-Bad Godesberg 1976
Winter, Michael: Compendium utopiarum. Von der Antike bis zur Frühaufklärung. Stuttgart 1978

5.12 Technik und Lyrik – Geschichte einer Beziehung
Astrid Guderian

Jost, Theodor: Mechanisierung des Lebens und moderne Lyrik. Mnemosyne – Arbeiten zur Erforschung von Sprache und Dichtung. Heft 10 (1934)
Mahr, Johannes: Eisenbahnen in der deutschen Dichtung. Der Wandel eines literarischen Motivs im 19. Jahrhundert. München 1982

Rademacher, Gerhard: Technik und industrielle Arbeitswelt in der deutschen Lyrik des 19. und 20. Jahrhundert. Versuch einer Bestandsaufnahme. In: Europäische Hochschulschriften I/124. Bern/Frankfurt a.M. 1976

Schneider, Peter-Paul (Hrsg.): Literatur im Industriezeitalter (Katalog). Bd. 1/2. Deutsches Literaturarchiv im Schiller-Nationalmuseum. Marbach a.N. 1987

Hebel, Franz (Hrsg.): Technik in Sprache und Literatur. Der Deutschunterricht, Heft 5 (1989)

Hebel, Franz/*Jahn*, Karl-Heinz: Bibliographie zum Thema „Technik in Sprache und Literatur". Der Deutschunterricht, Heft 5 (1989), S. 81

Sachsse, Hans (Hrsg.): Technik und Gesellschaft. Bd. 2: Ausgewählte und kommentierte Texte. Winterling, Fritz: Die Darstellung der Technik in der Literatur. Tübingen 1987, S. 168

Segeberg, Harro (Hrsg.): Technik in der Literatur. Frankfurt a.M. 1987

Personenregister

Bildquellennachweis

Seite 7: links: Museen des Vatikan: Museo Pio Clementino, Sala delle Muse, Inv. no. 1192.
Seite 7: rechts: Berrocal, Miguel: Goliath. Aus: Galerie Orange-Reinz. Ausstellungskatalog 1970, Köln.
Seite 29: Musée des Beaux Arts, Gent.
Seite 30: Kunsthistorisches Museum, Wien.
Seite 31: Metropolitan Museum of Art, New York.
Seite 35: Internationale DOCUMENTA als Kunstwerk. Aus: Kunstforum Bd. 119, S. 400.
Seite 39: Foto Dilia-Neubert, Prag.
Seite 43: Städtische Galerie Liebighaus, Frankfurt a. M.
Seite 45: aus: Bol, Peter C.: Antike Bronzetechniken. München 1985, S. 128.
Seite 46: aus: Bol, Peter C.: Antike Bronzetechniken. München 1985, S. 35.
Seite 53: Science Museum, London.
Seite 55: aus: Ferrum. Jubiläumsheft z. 175 jähr. Jubiläum der G. Fischer AG, Schaffhausen.
Seite 57: aus: Ferrum. Jubiläumsheft z. 175 jähr. Jubiläum der G. Fischer AG, Schaffhausen.
Seite 65: Eberhard Fiebig, Kassel.
Seite 68: Titelblatt von Sprengel, Peter N.: Handwerke und Künste in Tabellen. Berlin 1773.
Seite 72: links: Bibliothèque Nationale, Ms lat 7295, Paris.
Seite 72: rechts: British Library, London.
Seite 74: aus: Rowley, Gill: Das neue Buch der Musik. Hamburg 1977, S. 98.
Seite 78: aus: Gill, Dominic (Hrsg.): Das große Buch vom Klavier. Freiburg/Basel/Wien o. Jg., S. 29.
Seite 80: Rowley, Gill: Das neue Buch der Musik. Hamburg 1977, S. 99.
Seite 81: Firmenzeichen der Firma Breitkopf & Härtel von 1719, Leipzig.
Seite 83: aus: The Diagram Group: Musikinstrumente der Welt. München 1988, S. 259.
Seite 89: Deutscher Verlag für Musik, Leipzig.
Seite 94: Nationalmuseum, Kopenhagen.
Seite 96: aus: The Diagram Group: Musikinstrumente der Welt. München 1988, S. 279
Seite 98: aus: Lindlar, Heinrich: Meyers Handbuch über die Musik. Mannheim/Wien/Zürich [4]1971, nach S. 120.
Seite 99: Bayerische Staatsbibliothek, München.
Seite 108: Archiv Prof. J. Schmoll, genannt Eisenwerth, München.
Seite 109: Kunsthaus Zürich.
Seite 110: Kunsthaus Zürich.
Seite 111: Foto aus Privatbesitz, Fontainebleau.
Seite 115: International Museum of Photography at George Eastman House, Rochester, N.Y., USA.

Seite 117: aus: Langdon, Alvin: Coburn, Photographer – An Autobiography, S. 65
Seite 118: Privatbesitz, Mailand.
Seite 121: Privatbesitz, Mailand.
Seite 123: The University of New Mexico, University Art Museum, N.M., USA.
Seite 129: aus: Mariacher, Giovanni/Causa, Maria: Kostbarkeiten der Glaskunst. München 1974, Abb. 106.
Seite 133: Antiken-Museum, Basel.
Seite 142: Foto Schultze, Freiburg.
Seite 143: Von der Ausstellungsleitung der Triennale 1951, Mailand.
Seite 148: aus: Brunt, Andrew: Möbel. Freiburg/Basel/Wien 1983, Illustration von Roger Gorrings, S. 41.
Seite 151: Fotoarchiv Hirmer, München.
Seite 153: aus: Kusch, Eugen: Herculanum. Nürnberg 1959, Abb. 37.
Seite 154: Foto O. Bessler, Alpirsbach.
Seite 156: Service de Documentation photographique de la Réunion Musées Nationaux, Paris.
Seite 157: Germanisches Nationalmuseum, Nürnberg.
Seite 159: aus: Feulner, Adolf: Kunstgeschichte des Möbels (Propyläen Kunstgeschichte, Sonderband). Frankfurt a.M. 1980, Abb. 23.
Seite 160: Foto S.-R. Gnamm, München.
Seite 162: Andrew Moore – Editions Dosi Delfini/RW Work Ltd.
Seite 163: Galerie Schüpperhauer, Köln.
Seite 166: aus: Guderian, Astrid: Die Stimme in der Kunst. Bad Rappenau 1989, Abb. 2.14.
Seite 167: Galerie Hans Mayer, Düsseldorf.
Seite 168: Galerie Studio G7/Ginevra Grigolo, Bologna.
Seite 169: Graf + ZYX, Wien.
Seite 172: aus: documenta 6. Bd. 1. Kassel 1977, S. 169.
Seite 178: Archiv Herbert W. Franke.
Seite 179: Archiv Herbert W. Franke.
Seite 180: Archiv Herbert W. Franke.
Seite 188: art ware. Kunst und Elektronik; eine Ausstellung der Deutschen Messe AG und der Siemens AG.
Seite 190: art ware. Kunst und Elektronik; eine Ausstellung der Deutschen Messe AG und der Siemens AG.
Seite 197: aus: high tech 4 (1987), S. 20/21.
Seite 198: Technorama der Schweiz, Winterthur.
Seite 201: Ausstellung Art Affairs 1992, Amsterdam.
Seite 202: oben: The Library of Congress, Washington D.C., USA.
Seite 202: unten: Galerie Bischofsberger, Zürich.
Seite 205: aus: Kunstforum. Bd. 119, S. 250/251.
Seite 206: aus: IBM nachrichten 38 (1988), Special II, S. 60.
Seite 208: Dietmar Guderian.
Seite 211: aus: ART – Die 20. internationale Kunstmesse. Basel 1988. Katalog, S. 235.

Seite 214: Deutsches Bergbaumuseum Bochum, No. 9100827/003.
Seite 217: Titelblatt: Ulrich Rülein von Calw: Ein nützlich Bergbüchlein 1524.
Seite 218: Deutsches Bergbaumuseum Bochum, Cod. 10852.
Seite 219: Deutsches Bergbaumuseum Bochum, No. 9000004/000, Inv. Nr. 3303662.
Seite 223: Deutsches Bergbaumuseum Bochum, No. 9000065.
Seite 226: Deutsches Bergbaumuseum Bochum, No. 9100004.
Seite 235: Staatliche Graphische Sammlungen, München.
Seite 236: Ignatius Taschner.
Seite 237: Privatbesitz.
Seite 238: Westfälisches Wirtschaftsarchiv, Dortmund.
Seite 240: Privatbesitz.
Seite 244: MAN-Archiv.
Seite 248: Rheinisches Landesmuseum, Trier.
Seite 249: Rheinisches Landesmuseum, Trier.
Seite 251: Nationalgalerie, Berlin.
Seite 253: Märkisches Museum, Berlin.
Seite 255: zerstört.
Seite 259: Privatbesitz.
Seite 264: aus: Herman, Werner: Das irdische Paradies. München 1960, S. 151.
Seite 266: VG Bild-Kunst, Bonn.
Seite 268: Ausstellung Waddington, London.
Seite 270: aus: C-Magazine 14 (1987), S. 21.
Seite 271: Archiv Kraemer.
Seite 273: Städtische Kunstsammlungen Ludwigshafen am Rhein.
Seite 280: dpa Frankfurt a. M.
Seite 284: Foto fabio bello; Ausstellung Plura, Milano.
Seite 285: aus: ART – Die 20. internationale Kunstmesse, Basel 1988. Katalog, S. 603.
Seite 287: oben: Brücke-Museum, Berlin.
Seite 287: unten: Kunstmuseum Basel.
Seite 288: Eberhard Fiebig.
Seite 289: oben: aus: Winternitz, Emanuel: Die schönsten Musikinstrumente des Abendlandes. München o. J.
Seite 289: unten: aus: Winternitz, Emanuel: Die schönsten Musikinstrumente des Abendlandes. München o. J.
Seite 290: Kunstmuseum Basel.
Seite 291: aus: Champigneuille, Bernard: Jugendstil. Paris, S. 170.
Seite 292: links: Sammlung Alain Lesieure, Paris.
Seite 292: rechts: Porzellanmanufaktur Rosenthal.
Seite 293: oben: Bernhard Bischoff.
Seite 293: unten: Aylesbury, Buchs.
Seite 294: Raymond Waydelich.
Seite 295: links: documenta 6. Kassel 1977.
Seite 295: rechts: Archiv Herbert W. Franke.

Seite 296: oben: Ilse von Martius, Hattingen/Ruhr.
Seite 296: unten: Leopold Hösch-Museum, Düren.
Seite 297: oben: Staatliche Museen, Berlin.
Seite 297: unten: National Gallery, London.
Seite 298: oben: aus: Guderian, Dietmar: Mathematik in der Kunst der letzten dreißig Jahre. Ludwigshafen 1987. Abb. 3.8.
Seite 298: unten: Galerie Karsten Greve, Köln.
Seite 299: oben: Ägyptisches Museum Kairo: JE 62001.
Seite 299: unten: Ägyptisches Museum Kairo: JE 87847.
Seite 300: oben: Raymond Waydelich/Hilmar Guderian.
Seite 300: unten: Karl Duschek.
Seite 301: Karl Duschek.
Seite 302: links: Kunstmuseum Basel.
Seite 302: rechts: Susanne Päch.
Seite 305: Galerie Walter Storms, München.
Seite 309: Branko Smon, Schloß Hochberg.
Seite 311: Video Mixmedia 80, Genf.
Seite 314: Galerie Klewan, München.
Seite 317: Sonderausstellung des Archäologischen Instituts der Universität Uppsala im Staatlichen Museum für Naturkunde und Vorgeschichte in Oldenburg.
Seite 318: City of Birmingham.
Seite 322: Fabjbasagliagalleria, Bologna.
Seite 323: Richard Baquié.
Seite 327: Wilhelm-Lehmbruck-Museum, Duisburg.
Seite 328: aus: Retrospektive Andy Warhol. Museum Ludwig, Köln.
Seite 329: Thomas Bayrle, Frankfurt a. M.
Seite 332: Karl Duschek.
Seite 333: Karl Duschek.
Seite 334: Karl Duschek.
Seite 338: Karl Duschek.
Seite 258: AEG-Foto.
Seite 360: The Museum of Modern Art, New York.
Seite 369: British Tourist Authority, Frankfurt a. M./London.
Seite 372: Neue Staatsgalerie, Stuttgart.
Seite 374: Vitra Design Museum, Weil am Rhein.
Seite 377: Hans-Joachim Braun.
Seite 384: Hans-Joachim Braun.
Seite 387: Hans-Joachim Braun.
Seite 388: Hans-Joachim Braun.
Seite 394: Hans-Joachim Braun.
Seite 408: Flugblatt vom 11. 2. 1915.
Seite 416: aus: The Complete Works of St. Thomas More. Vol. 4. New Haven/London, P. 17.
Seite 418: Stora Kopparbergs Bergslags AB Falun/Schweden.
Seite 420: Titelblatt von: Eyth, Max: Hinter Pflug und Schraubstock. Leipzig 1899.

Seite 422: Titelblatt von: Spielhagen, Friedrich: Hammer und Amboß. Leipzig 1910.
Seite 424: aus: Verne, Jules: Von der Erde zum Mond. In: Die große Jules-Verne-Ausgabe in 20 Bänden. Bd. 2. Frankfurt a. M. 1966, S. 330.
Seite 426: Theaterprogramm Großes Schauspielhaus Berlin vom 9. 7. 1922: Toller, Ernst: Die Maschinenstürmer.
Seite 432: Stiftung Weimarer Klassik.
Seite 443: Titelblatt von: Fetz, August Friedrich: Ein Blick in die Zukunft. Bremerhaven/Leipzig 1907.
Seite 444: Susanne Päch.
Seite 447: Susanne Päch.
Seite 448: Susanne Päch.
Seite 451: aus: Mon, Franz: Schrift als Sprache. In: Sprache im technischen Zeitalter. 15 (1965), S. 1251–1258.
Seite 452: Vitruv: Architectura. Venedig 1567.
Seite 456: Antikenmuseum, Berlin.
Seite 458: Bildarchiv Deutsches Museum München.
Seite 460: Bildarchiv Deutsches Museum München.
Seite 465: Staatliche Graphische Sammlungen, München.
Seite 470: Plakat von Emil Orlik: Die Weber. Gedruckt bei A. Haase. Prag 1897.
Seite 472: Bilderhefte der Staatlichen Museen Preußischer Kulturbesitz. Berlin 30/31.
Seite 476: Titelholzschnitt für die Ankündigung der Zeitschrift „Menschen", um 1917.
Seite 487: Nationalgalerie Berlin, Staatliche Museen Preußischer Kulturbesitz.
Seite 489: Kurt Mautz.

Inhaltsübersicht des Gesamtwerkes

I TECHNIK UND PHILOSOPHIE
Herausgeber: Friedrich Rapp

II TECHNIK UND RELIGION
Herausgeber: Ansgar Stöcklein, Mohammed Rassem

SPRINGER NATURE

GPSR Compliance

The European Union's (EU) General Product Safety Regulation (GPSR) is a set of rules that requires consumer products to be safe and our obligations to ensure this.

If you have any concerns about our products, you can contact us on ProductSafety@springernature.com

In case Publisher is established outside the EU, the EU authorized representative is:

Springer Nature Customer Service Center GmbH
Europaplatz 3
69115 Heidelberg, Germany

Zeitfracht Medien GmbH
Ferdinand-Jühlke-Straße 7
99095 Erfurt, Deutschland
produktsicherheit@kolibri360.de